21 世纪高职高专通用教材

实用工程数学

主编 蔡奎生 潘 新

苏州大学出版社

图书在版编目(CIP)数据

实用工程数学 / 蔡奎生，潘新主编．—苏州：苏州大学出版社，2014.7
21 世纪高职高专通用教材
ISBN 978-7-5672-0947-3

Ⅰ.①实… Ⅱ.①蔡…②潘… Ⅲ.工程数学-高等职业教育-教材 Ⅳ.①TB11

中国版本图书馆 CIP 数据核字(2014)第 159698 号

内容提要

本书是编者根据多年的教学实践，为适应新形势下高职高专高等数学的教学需要而编写的．考虑到高职高专院校学生的实际，适当降低了某些问题的理论深度，更加注重有实际应用背景的概念、方法和实例的介绍．

全书共九章，主要内容为：函数、极限与连续，导数和微分，导数的应用，积分及其应用，常微分方程与拉普拉斯变换，空间解析几何与多元函数微积分，级数，行列式与矩阵，概率与数理统计初步．本书将不定积分和定积分统称为积分，并且将积分的定义直接和微分联系，而将不定积分的一些相关内容作为寻求原函数的方法或技巧来处理．

实用工程数学

蔡奎生　潘　新　主编

责任编辑　李　娟

苏州大学出版社出版发行

（地址：苏州市十梓街 1 号　邮编：215006）

苏州恒久印务有限公司印装

（地址：苏州市友新路 28 号东侧　邮编：215128）

开本 787×1092　1/16　印张 22.5　字数 499 千

2014 年 7 月第 1 版　2014 年 7 月第 1 次印刷

ISBN 978-7-5672-0947-3　定价：40.00 元

苏州大学版图书若有印装错误，本社负责调换
苏州大学出版社营销部　电话：0512-65225020
苏州大学出版社网址 http://www.sudapress.com

《实用工程数学》编委会名单

主　编　蔡奎生　潘　新

副主编　殷冬琴　顾霞芳

编　委　蔡奎生　潘　新　殷冬琴　顾霞芳
　　　　　顾莹燕　曹文斌　殷建峰　魏彦睿

编写说明

随着教育改革的不断发展，为满足高等职业教育对于数学这一基础学科的教学要求，不少高职院校和教育相关部门已积极组织编写了多种版本的高等数学教材．我们也曾组织编写了《实用经济数学》《实用微积分》《工程数学》等教材，目的也是为了适应高职教学的需要．随着高职教育的不断深入和完善，在以培养学生实践技能为主的教育理念的影响下，基础学科如何来适应这种趋势，确实是一个严峻的挑战．这一次，我们在已编写并出版的《实用微积分》《工程数学》和《工程数学基础》的基础上，组织编写了本教材．本教材的主要特点是：

(1) 力求内容简单实用，并对过去一些传统的观念进行了力度较大的改革．本书力求简化理论的叙述、推导和证明，注重实际应用．尤其是力求将微分和积分作为一个整体有机地结合起来，少走弯路；将不定积分和定积分统称为积分，并且将积分的定义直接和微分相联系，将不定积分的一些相关内容作为寻求原函数的方法或技巧来处理．上述理念得到了中科院林群院士的充分肯定．

(2) 本着“必需、够用”的原则，对于基础理论知识等方面的内容，主要给出概念的定义，对有关定理的条件和结论，一般不给出严格的推导和证明，必要时给出直观、形象的解释和说明．重点放在实际计算和应用等方面，以强化学生解决实际问题的能力．

(3) 将必修内容与选修内容有机地结合起来．教材共 9 章内容，其中，函数、极限与连续，导数和微分，导数的应用，积分及其应用属于必修内容；常微分方程与拉普拉斯变换，空间解析几何与多元函数微积分，级数，行列式与矩阵，概率与数理统计初步属于选修内容．

(4) 每章配备了本章内容小结、自测题，书末附有相关习题的参考答案，以便于学生及时对所学知识进行检验．

本书主编为蔡奎生、潘新，副主编为殷冬琴、顾霞芳，参加编写的还有曹文斌、顾莹燕、殷建峰、魏彦睿．其中，蔡奎生负责全书的总纂并编写第四章和附录，潘新编写第八章，殷冬琴编写第七章，顾霞芳编写第一章，曹文斌编写第六章，顾莹燕编写第五章，殷建峰编写第二章和第三章，魏彦睿编写第九章．

本教材的构思、企划得到了同行专家的指点和兄弟院校的大力支持，在此表示衷心的感谢！尽管我们力求完善，但书中错误和不当之处在所难免，还望各位读者、同行和专家多加批评指正．

编　者

Contents 目录

第1章 函数、极限与连续

第2章 导数和微分

第3章 导数的应用

第4章 积分及其应用

第5章 常微分方程与拉普拉斯变换

第6章 空间解析几何与多元函数微积分

第7章 级 数

第8章 行列式与矩阵

第9章 概率与数理统计初步

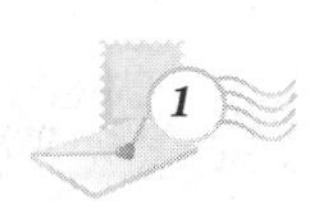

第 1 章 函数、极限与连续

函数是高等数学的主要研究对象，函数的极限是高等数学的重要理论基础，函数的连续性是函数的重要性质之一.本章将在复习和加深函数相关知识的基础上，学习函数的极限、连续及其有关性质，为后续内容的学习奠定基础.

§1-1　初等函数

一、函数的概念

1. 函数的定义

定义 1　设 D 是一非空实数集，如果存在一个对应法则 f，使得对 D 内的每一个值 x，按法则 f，都有唯一的实数 y 与之对应，那么这个对应法则 f 称为定义在集合 D 上的一个函数，记作

$$y=f(x), x\in D.$$

其中 x 称为**自变量**，y 称为**因变量**或**函数值**，D 称为**定义域**，集合 $\{y|y=f(x),x\in D\}$ 称为**值域**.

说明　(1) 构成函数的两个要素是定义域 D 及对应法则 f. 如果两个函数的定义域相同，对应法则也相同，那么这两个函数就是相同的，否则就是不同的.

(2) 函数的表示方法主要有三种：表格法(列表法)、图形法(图象法)、解析法(公式法).

2. 几个特殊的函数

(1) 分段函数：在自变量的不同变化范围中，对应法则用不同式子来表示的函数.

分段函数的定义域是各段定义区间的并集.

例如，函数 $y=\begin{cases}3x+2, & 0<x<3,\\ x^2-1, & -2<x\leqslant 0\end{cases}$ 为分段函数，其定义域为 $(-2,0]\cup(0,3)$，即 $(-2,3)$.

(2) 隐函数：变量之间的关系是由一个方程来确定的函数. 例如，由方程 $x^2+y^2=1$ 确定的函数.

(3) 参数方程 $\begin{cases}x=\varphi(t),\\ y=\psi(t)\end{cases}$ $(\alpha\leqslant t\leqslant\beta)$ 所确定的函数，其中 t 为参数.

3. 函数的定义域

在实际问题中，函数的定义域要根据实际问题的实际意义确定. 当不考虑函数的实际

意义时，其定义域就是使得函数表达式有意义的一切实数组成的集合，这种定义域称为函数的自然定义域.在这种约定之下，一般的用解析式表达的函数可简记为 $y=f(x)$.

常见解析式的定义域求法有：

(1) 分母不能为零；

(2) 偶次根号下非负；

(3) 对数式中的真数恒为正；

(4) 分段函数的定义域应取各分段区间定义域的并集.

例 1 求下列函数的定义域：

(1) $y=\dfrac{1}{x-2}-\sqrt{x^2-1}$；(2) $y=\lg\dfrac{x-1}{2}+\sqrt{x-3}$；(3) $y=\begin{cases}\sin x, & -1\leqslant x<2,\\ \cos x, & 2\leqslant x<3.\end{cases}$

解 (1) 要使函数有意义，必须 $x-2\neq 0$，且 $x^2-1\geqslant 0$，解不等式得 $|x|\geqslant 1$.

所以函数的定义域为 $\{x\,|\,|x|\geqslant 1 且 x\neq 2\}$ 或 $(-\infty,-1]\cup[1,2)\cup(2,+\infty)$.

(2) 要使函数有意义，必须 $\begin{cases}\dfrac{x-1}{2}>0,\\ x-3\geqslant 0,\end{cases}$ 即 $x\geqslant 3$.所以函数的定义域为 $\{x|x\geqslant 3\}$ 或 $[3,+\infty)$.

(3) 函数的定义域为 $[-1,2)\cup[2,3)=[-1,3)$.

二、初等函数

1. 基本初等函数

常数函数：$y=C$（C 为常数）；

幂函数：$y=x^\alpha$（$\alpha\in\mathbf{R}$）；

指数函数：$y=a^x$（$a>0$ 且 $a\neq 1$）；

对数函数：$y=\log_a x$（$a>0$ 且 $a\neq 1$）；

三角函数：$y=\sin x, y=\cos x, y=\tan x, y=\cot x, y=\sec x, y=\csc x$；

反三角函数：$y=\arcsin x, y=\arccos x, y=\arctan x, y=\operatorname{arccot} x$.

以上 6 类函数统称为基本初等函数.

为了方便，我们通常把多项式 $y=a_nx^n+a_{n-1}x^{n-1}+\cdots+a_1x+a_0$ 也看作基本初等函数.

现将一些常用的基本初等函数的定义域、值域和函数特性列表说明如下：

函数类型	函数	定义域与值域	图象	特性
常数函数	$y=C$	$x\in(-\infty,+\infty)$ $y\in\{C\}$	y y=C O x	偶函数 有界

续表

函数类型	函数	定义域与值域	图　　象	特　　性
幂函数	$y=x$	$x\in(-\infty,+\infty)$ $y\in(-\infty,+\infty)$	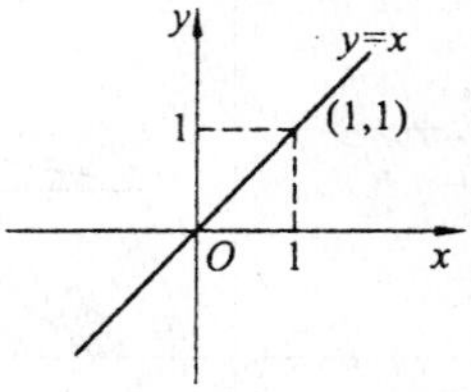	奇函数 单调增加
	$y=x^2$	$x\in(-\infty,+\infty)$ $y\in[0,+\infty)$	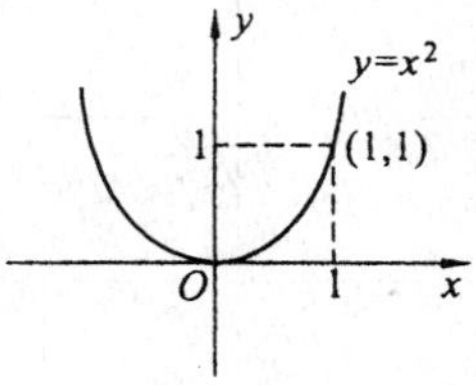	偶函数 在$(0,+\infty)$上单调增加;在$(-\infty,0)$上单调减少
幂函数	$y=x^3$	$x\in(-\infty,+\infty)$ $y\in(-\infty,+\infty)$	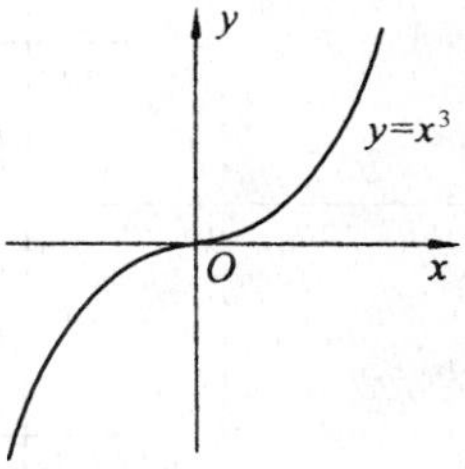	奇函数 单调增加
	$y=\frac{1}{x}$	$x\in(-\infty,0)\cup(0,+\infty)$ $y\in(-\infty,0)\cup(0,+\infty)$	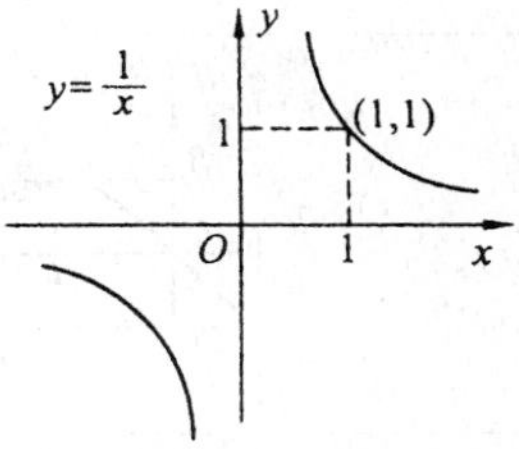	奇函数 在$(-\infty,0)$上单调减少;在$(0,+\infty)$上单调减少
	$y=\sqrt{x}$	$x\in[0,+\infty)$ $y\in[0,+\infty)$	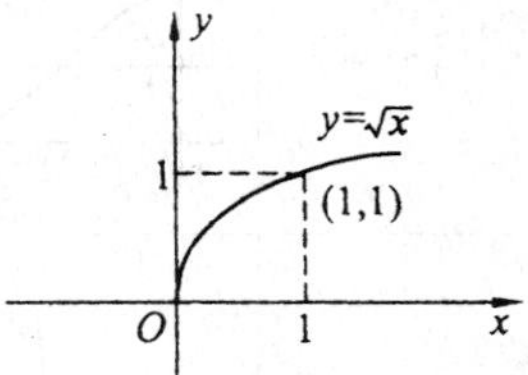	单调增加

续表

函数类型	函数	定义域与值域	图象	特性
指数函数	$y=a^x$ $(a>1)$	$x\in(-\infty,+\infty)$ $y\in(0,+\infty)$	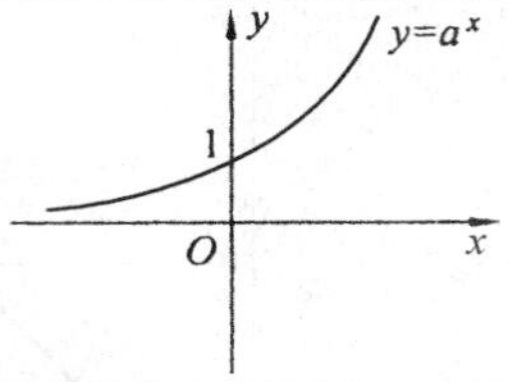	单调增加
	$y=a^x$ $(0<a<1)$	$x\in(-\infty,+\infty)$ $y\in(0,+\infty)$	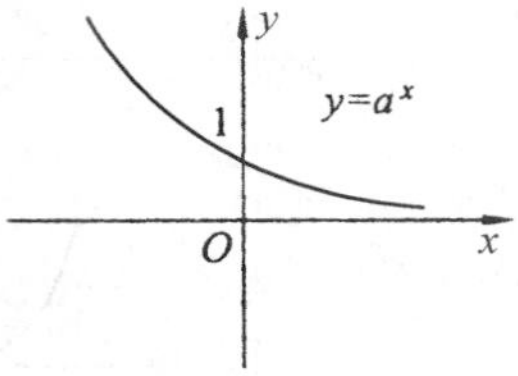	单调减少
对数函数	$y=\log_a x$ $(a>1)$	$x\in(0,+\infty)$ $y\in(-\infty,+\infty)$	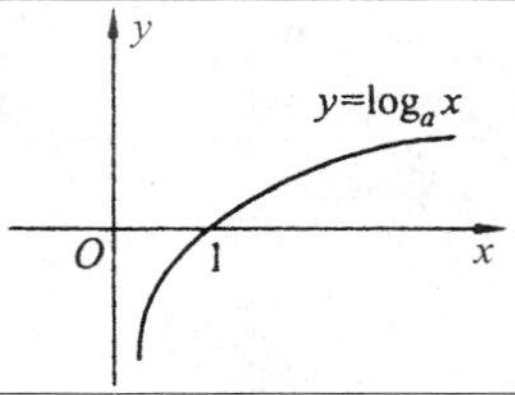	单调增加
	$y=\log_a x$ $(0<a<1)$	$x\in(0,+\infty)$ $y\in(-\infty,+\infty)$	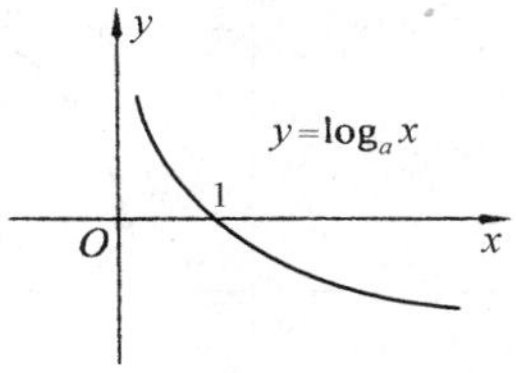	单调减少
三角函数	$y=\sin x$	$x\in(-\infty,+\infty)$ $y\in[-1,1]$	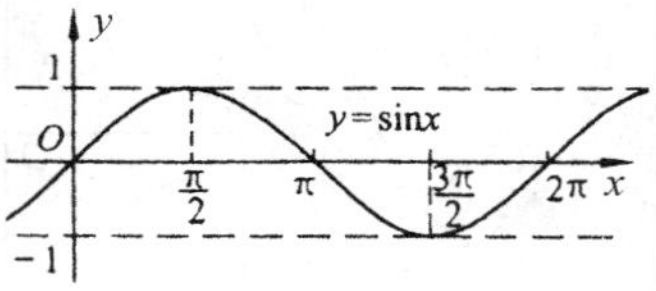	在$\left(2k\pi-\frac{\pi}{2},2k\pi+\frac{\pi}{2}\right)$上单调增加；在$\left(2k\pi+\frac{\pi}{2},2k\pi+\frac{3\pi}{2}\right)$上单调减少$(k\in\mathbf{Z})$ 奇函数、有界、周期为 π
	$y=\cos x$	$x\in(-\infty,+\infty)$ $y\in[-1,1]$	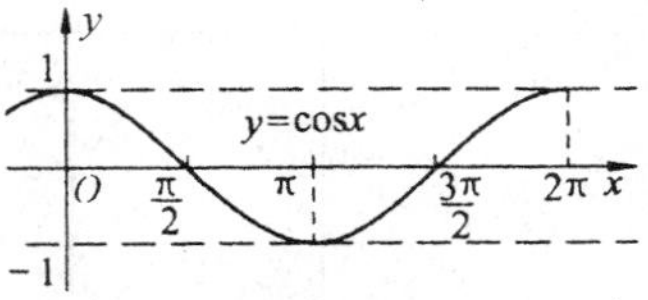	在$(2k\pi,2k\pi+\pi)$上单调减少；在$(2k\pi+\pi,2k\pi+2\pi)$上单调增加$(k\in\mathbf{Z})$ 偶函数 有界 周期为 2π
	$y=\tan x$	$x\neq k\pi+\frac{\pi}{2}(k\in\mathbf{Z})$ $y\in(-\infty,+\infty)$	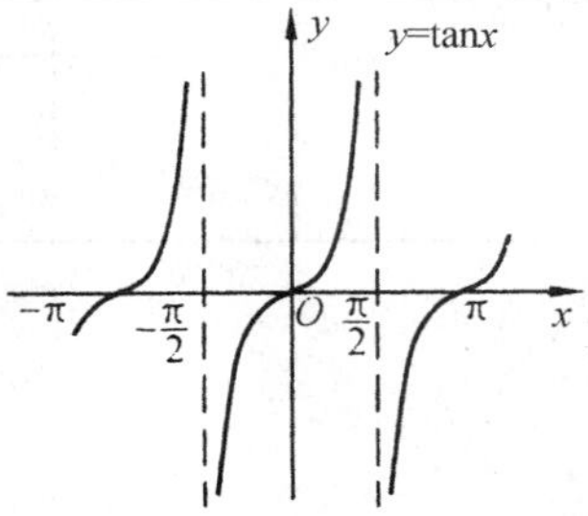	在$\left(k\pi-\frac{\pi}{2},k\pi+\frac{\pi}{2}\right)$上单调增加$(k\in\mathbf{Z})$ 奇函数 周期为 π

续表

函数类型	函数	定义域与值域	图象	特性
	$y=\cot x$	$x\neq k\pi(k\in\mathbf{Z})$ $y\in(-\infty,+\infty)$	$y=\cot x$	在$(k\pi,k\pi+\pi)$上单调减少$(k\in\mathbf{Z})$ 奇函数 周期为 π
反三角函数	$y=\arcsin x$	$x\in[-1,1]$ $y\in\left[-\frac{\pi}{2},\frac{\pi}{2}\right]$	$y=\arcsin x$	单调增加 奇函数 有界
	$y=\arccos x$	$x\in[-1,1]$ $y\in[0,\pi]$	$y=\arccos x$	单调减少 有界
	$y=\arctan x$	$x\in(-\infty,+\infty)$ $y\in\left(-\frac{\pi}{2},\frac{\pi}{2}\right)$	$y=\arctan x$	单调增加 奇函数 有界
	$y=\operatorname{arccot} x$	$x\in(-\infty,+\infty)$ $y\in(0,\pi)$	$y=\operatorname{arccot} x$	单调减少 有界

2. 复合函数

先看这么一个例子：考查具有同样高度 h 的圆柱体的体积 V，显然其体积的不同取决于它的底面积 S 的大小，即由公式 $V=Sh$(h 为常数)确定. 而底面积 S 的大小又由底面半径 r 确定，即公式 $S=\pi r^2$. V 是 S 的函数，S 是 r 的函数，V 与 r 之间通过 S 建立了函数关系式 $V=Sh=\pi r^2\cdot h$. 它是由函数 $V=Sh$ 与 $S=\pi r^2$ 复合而成的，简单地说 V 是 r 的复合函数.

定义 2　设 y 是 u 的函数 $y=f(u)$，而 u 又是 x 的函数 $u=\varphi(x)$，且 $\varphi(x)$的值域与 $f(u)$的定义域的交集非空，那么 y 通过中间变量 u 的联系成为 x 的函数，我们把这个函数称为

是由函数 $y=f(u)$ 与 $u=\varphi(x)$ 复合而成的**复合函数**，记作 $y=f[\varphi(x)]$，其中 u 称为**中间变量**.

注意 并不是任意两个函数都能复合成一个复合函数. 例如，$y=\arcsin u$，$u=x^2+2$ 就不能复合成一个函数.

同时，学习复合函数有两方面的要求：一方面，会把有限个作为中间变量的函数复合成一个函数；另一方面，会把一个复合函数进行分解. 分解复合函数时应自外向内逐层分解，并把各层函数分解到基本初等函数或基本初等函数经有限次四则运算所构成的函数为止.

例 2 将 $y=\sin u$，$u=3x^2$ 复合成一个函数.

解 $y=\sin u=\sin 3x^2$.

例 3 将 $y=u^2$，$u=\tan v$，$v=5x$ 复合成一个函数.

解 $y=u^2=\tan^2 v=\tan^2 5x$.

从例 2、例 3 可以看出，复合的过程实际上是把中间变量依次代入的过程，而且由例 3 得出中间变量可以不限于一个.

例 4 指出下列函数的复合过程：

(1) $y=\ln(x^2+3x-10)$； (2) $y=\arctan\dfrac{1}{\sqrt{x^2+2}}$.

解 (1) $y=\ln(x^2+3x-10)$ 是由 $y=\ln u$ 和 $u=x^2+3x-10$ 复合而成的.

(2) $y=\arctan\dfrac{1}{\sqrt{x^2+2}}$ 是由 $y=\arctan u$，$u=\dfrac{1}{\sqrt{v}}$ 和 $v=x^2+2$ 复合而成的.

例 5 设 $y=f(u)$ 的定义域为 $[0,2]$，求函数 $y=f(\ln x)$ 的定义域.

解 由复合函数的定义域知 $0\leqslant \ln x\leqslant 2$，即 $1\leqslant x\leqslant \mathrm{e}^2$，所以所求函数的定义域为 $[1,\mathrm{e}^2]$.

3. 初等函数

定义 3 由基本初等函数经过有限次的四则运算或有限次的复合运算所构成的并可用一个式子表示的函数，称为**初等函数**，否则称为**非初等函数**.

例如，$y=\sqrt{1-x^2}+\sin^2 x$，$y=\dfrac{\tan x}{1+x^3}$，$y=\lg(3x-\sqrt{\mathrm{e}^x}+1)$ 等都是初等函数，而大部分分段函数都是非初等函数.

4. 平面上点的邻域

为了讨论函数在一点附近的某些性态，在此我们引入邻域的概念.

定义 4 设 $x_0,\delta\in\mathbf{R},\delta>0$，集合 $\{x\in\mathbf{R}\mid |x-x_0|<\delta\}$，即数轴上到点 x_0 的距离小于 δ 的点的全体，称为点 x_0 的 δ **邻域**，记为 $U(x_0,\delta)$. 点 x_0，δ 分别称为该邻域的**中心**和**半径**，集合 $\{x\in\mathbf{R}\mid 0<|x-x_0|<\delta\}$ 称为点 x_0 的 δ **空心邻域**，记为 $\mathring{U}(x_0,\delta)$.

说明 点 x_0 的某邻域是指以 x_0 为中心，以任意小的正数为半径的邻域，记为 $U(x_0)$；点 x_0 的某空心邻域是指以 x_0 为中心，以任意小的正数为半径的空心邻域，记为 $\mathring{U}(x_0)$.

习题 1-1（A）

1. 判断下列说法是否正确：

(1) 复合函数 $y=f[\varphi(x)]$ 的定义域即为 $u=\varphi(x)$ 的定义域；

(2) 函数 $y=\lg x^2$ 与函数 $y=2\lg x$ 相同；

(3) $y=\ln u, u=-x^2-1$ 这两个函数可以复合成一个函数 $y=\ln(-x^2-1)$.

2. 求下列函数的定义域：

(1) $y=\dfrac{1}{\sqrt{x^2-1}}+\lg(x-2)$；　(2) $y=\arcsin\dfrac{x-1}{2}$；　(3) $y=\begin{cases}x-1, & 1<x<3,\\ 3x, & 3\leqslant x<6.\end{cases}$

3. 下列函数中，哪些是偶函数，哪些是奇函数，哪些是既非奇函数又非偶函数？

(1) $y=x^2+\cos x$；　(2) $y=x^5-\sin x$；

(3) $y=\sqrt{x}$；　(4) $y=x^3\tan x+[f(x)+f(-x)]$.

4. 求由所给函数复合而成的函数：

(1) $y=\ln u,\ u=2x-1$；　(2) $y=\tan u, u=v^2, v=x+3$.

5. 指出下列函数的复合过程：

(1) $y=\sqrt{x^3-1}$；　(2) $y=\sin^2 2x$.

习题 1-1（B）

1. 求下列函数的定义域：

(1) $y=\dfrac{\ln(x+2)}{\sqrt{3-x}}$；　(2) $y=\dfrac{1}{1+\sqrt{x^2-x-6}}$；

(3) $y=\sqrt{x^2-4}-\dfrac{3x}{x-5}$；　(4) $y=\ln(\ln x)$；

(5) $y=f(x-1)+f(x+1)$，其中 $f(u)$ 的定义域为 $(0,3)$.

2. 确定下列函数的奇偶性：

(1) $y=\dfrac{x\sin x}{3+x^2}$；　(2) $y=x^2+2^x-1$；

(3) $y=\lg\dfrac{1-x}{1+x}$；　(4) $y=\tan(\sin x)$.

3. 求下列函数的函数值：

(1) 设 $f(x)=\begin{cases}2x-1, & x\geqslant 0,\\ 2^x, & x<0,\end{cases}$ 求 $f(-2), f(0), f(3)$；

(2) 设 $f(x)=x\cdot 4^{x-1}$，求 $f(-1), f(t^2), f\left(\dfrac{1}{t}\right)$；

(3) 设 $f(x)=2x-1$，求 $f(a^2), f[f(a)], [f(a)]^2$.

4. 将下列函数复合成一个函数：

(1) $y=\tan u, u=\ln v, v=3x$；　(2) $y=\sqrt{u}, u=\sin v, v=2^x$.

5. 将下列复合函数进行分解：

(1) $y=\sin\sqrt{x-1}$；　(2) $y=(x+\log_2 x)^5$；

(3) $y=\cos^3(2x+3)$；　(4) $y=e^{\ln x}$；

(5) $y=\sqrt{\tan(x-1)}$；　(6) $y=\cos[\cos(x^2-1)]$；

(7) $y=[\lg(\arcsin x^3)]^3$；　(8) $y=\sqrt{\ln\sqrt{x}}$.

§1-2 极 限

极限是高等数学中一个重要的基本概念，其描述的是在自变量的某个变化过程中函数的变化趋势.本节，我们先讨论数列的极限，然后再讨论函数的极限.

一、数列极限

1. 数列的定义

定义1 按一定规律排列得到的一串数 $x_1, x_2, x_3, \cdots, x_n, \cdots$ 就称为**数列**，记为 $\{x_n\}$，其中第 n 项 x_n 称为数列的**一般项**或**通项**.

说明 (1) 数列 $\{x_n\}$ 可看作定义在正整数集合上的函数 $x_n = f(n)(n=1,2,3,\cdots)$；

(2) 数列 $\{x_n\}$ 可以看作数轴上的一族动点，它依次取数轴上的点 $x_1, x_2, x_3, \cdots, x_n, \cdots$.

数列的例子：

(1) $\{2^n\}$：$2,4,8,\cdots,2^n,\cdots$；

(2) $\left\{\frac{1}{n}\right\}$：$1,\frac{1}{2},\frac{1}{3},\cdots,\frac{1}{n},\cdots$；

(3) $\{(-1)^n\}$：$-1,1,-1,1,\cdots,(-1)^n,\cdots$.

观察上面三个数列：(1)当 n 无限增大时，2^n 也无限增大；(2)当 n 无限增大时，$\frac{1}{n}$ 无限趋近于0；(3)当 n 无限增大时，$(-1)^n$ 总在 $1,-1$ 两个数值之间跳跃.

2. 数列的极限

定义2 对于数列 $\{x_n\}$，如果当项数 n 无限增大时，数列的一般项 x_n 无限地趋近于某一确定的常数 A，那么称常数 A 是**数列 $\{x_n\}$ 的极限**，记为 $\lim\limits_{n\to\infty} x_n = A$，或者记为 $x_n \to A(n\to\infty)$，读作：当 n 趋向于无穷大时，x_n 的极限等于 A.

若数列存在极限，则称数列是收敛的；若数列没有极限，则称数列是发散的.

由数列极限的定义知，以上(1)、(3)中的数列是发散的，而(2)中的数列是收敛的，且收敛于0，即 $\lim\limits_{n\to\infty}\frac{1}{n}=0$.

说明 (1) 一个数列有无极限，应该分析随着项数的无限增大，数列中相应的项是否无限趋近于某个确定的常数，如果这样的数存在，那么这个数就是该数列的极限，否则该数列的极限就不存在；

(2) 一般地，任何一个常数数列的极限就是这个常数本身，如常数数列 $3,3,3,3,\cdots$，其极限就是3.

我们已经知道数列可看作一类特殊的函数，即自变量取正整数.若自变量不再限于正整数的顺序，而是连续变化的，就成了函数.下面结合数列的极限来学习函数极限的概念.

二、函数极限

根据自变量的变化过程，将函数极限分为两种情形：一种是 x 的绝对值 $|x|$ 无限增大(记作 $x\to\infty$)；另一种是 x 无限趋近于某一定值 x_0(记作 $x\to x_0$).下面分别对 x 在上述两种

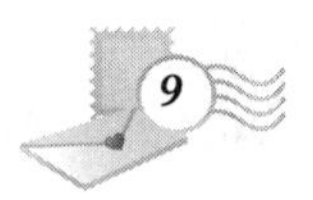

情况下函数 $f(x)$ 的极限进行讨论.

1. 当 $x\to\infty$ 时,函数 $f(x)$ 的极限

定义 3　如果当 $|x|$ 无限增大(即 $x\to\infty$)时,函数 $f(x)$ 无限地趋近于某一确定的常数 A,那么称常数 A 是**函数 $f(x)$ 当 $x\to\infty$ 时的极限**,记为

$$\lim_{x\to\infty}f(x)=A \text{ 或 } f(x)\to A(x\to\infty).$$

注意　$x\to\infty$ 表示两层含义:(1) x 取正值,无限增大(即 $x\to+\infty$);(2) x 取负值,无限减小(即 $x\to-\infty$).

若 x 不指定正负,只是 $|x|$ 无限增大,则写成 $x\to\infty$.

当自变量只能或只需取其中一种变化时,我们可类似地定义单向极限:

如果当 $x\to+\infty$(或 $x\to-\infty$)时,函数 $f(x)$ 无限地趋近于某一确定的常数 A,那么称常数 A 是函数 $f(x)$ 当 $x\to+\infty$(或 $x\to-\infty$)时的极限,记为

$$\lim_{x\to+\infty}f(x)=A\left(\text{或}\lim_{x\to-\infty}f(x)=A\right).$$

例 1　考察函数 $y=\dfrac{1}{x}+1$ 当 $x\to\infty$ 时的极限.

解　如图 1-1 所示,当 $|x|$ 无限增大时,$\dfrac{1}{x}+1$ 无限地趋近于 1,所以

$$\lim_{x\to\infty}\left(\frac{1}{x}+1\right)=1.$$

显然也有 $\lim\limits_{x\to+\infty}\left(\dfrac{1}{x}+1\right)=1$, $\lim\limits_{x\to-\infty}\left(\dfrac{1}{x}+1\right)=1$.

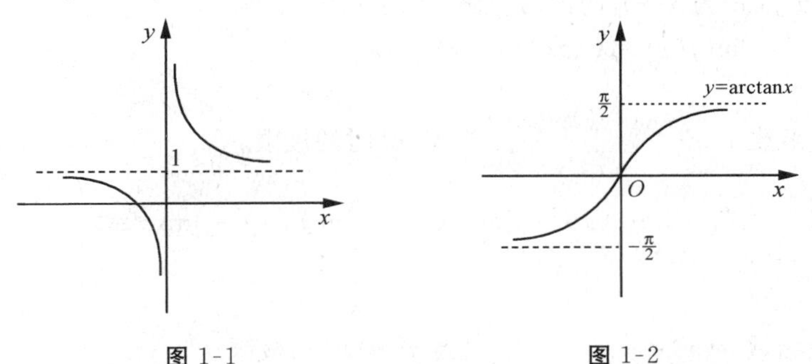

图 1-1　　　　图 1-2

例 2　讨论函数 $y=\arctan x$ 当 $x\to\infty$ 时的极限是否存在.

解　由图 1-2 可知, $\lim\limits_{x\to+\infty}\arctan x=\dfrac{\pi}{2}$, $\lim\limits_{x\to-\infty}\arctan x=-\dfrac{\pi}{2}$.

所以当 $x\to\infty$ 时,$y=\arctan x$ 不能趋近于一个确定的常数,从而 $y=\arctan x$ 当 $x\to\infty$ 时的极限不存在.

由例 2 我们可以得出下面的结论:当且仅当 $\lim\limits_{x\to+\infty}f(x)$ 和 $\lim\limits_{x\to-\infty}f(x)$ 都存在并且都为 A 时,有 $\lim\limits_{x\to\infty}f(x)=A$,即

$$\lim_{x\to\infty}f(x)=A\Leftrightarrow\lim_{x\to+\infty}f(x)=\lim_{x\to-\infty}f(x)=A.$$

2. 当 $x\to x_0$ 时,函数 $f(x)$ 的极限

定义 4　设函数 $f(x)$ 在 x_0 的某邻域(点 x_0 可除外)内有定义,如果当 $x\to x_0$ 且 $x\neq x_0$ 时,函数 $f(x)$ 无限地趋近于某一确定的常数 A,那么称常数 A 是**函数 $f(x)$ 当 $x\to x_0$ 时的极**

限，记为$\lim\limits_{x\to x_0}f(x)=A$或$f(x)\to A(x\to x_0)$.

例 3 求下列极限：

(1) $\lim\limits_{x\to x_0}C$(C为常数)；　　　　(2) $\lim\limits_{x\to x_0}x$.

解 (1) 因为$y=C$是常数函数，不论x怎么变化，y始终为常数C，所以$\lim\limits_{x\to x_0}C=C$；

(2) 因为$y=x$，当$x\to x_0$时，$y=x\to x_0$，所以$\lim\limits_{x\to x_0}x=x_0$.

在定义 4 中我们需注意以下两点：

(1) 定义中考虑的是当$x\to x_0$且$x\neq x_0$时，函数$f(x)$的变化趋势，并不考虑$f(x)$在x_0处是否有定义，如下例：

例 4 考察函数$y=\lim\limits_{x\to 1}\dfrac{x^2-1}{x-1}$的极限.

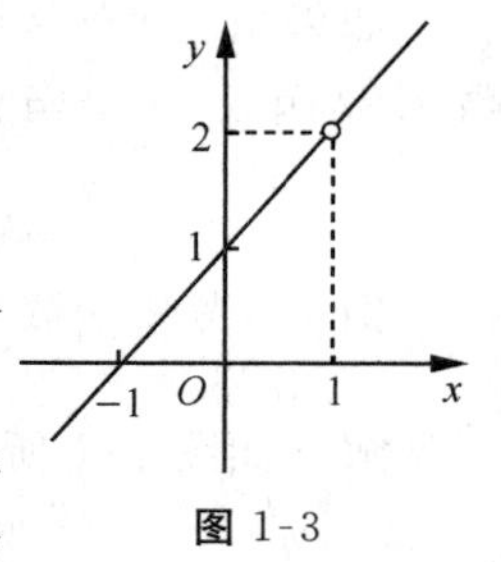

图 1-3

解 由图 1-3 可知，$\lim\limits_{x\to 1}\dfrac{x^2-1}{x-1}=2$.

(2) 定义中$x\to x_0$是指x以任意方式趋近于x_0，包括$x>x_0$，$x\to x_0$(即$x\to x_0^+$)和$x<x_0$，$x\to x_0$(即$x\to x_0^-$).

研究函数的性质，有时我们需要知道x仅从大于x_0的方向趋近于x_0或仅从小于x_0的方向趋近于x_0时函数$f(x)$的变化趋势. 因此，下面给出当$x\to x_0$时，函数$f(x)$的左极限和右极限的定义.

定义 5 如果当$x\to x_0^+$(或$x\to x_0^-$)时，函数$f(x)$无限地趋近于某一确定的常数A，那么称常数A是函数$f(x)$当$x\to x_0$时的**右极限**(或**左极限**)，记为

$$\lim_{x\to x_0^+}f(x)=A\ (\text{或}\lim_{x\to x_0^-}f(x)=A).$$

例 5 讨论函数$f(x)=\begin{cases}x, & x<0,\\ \sqrt{x}, & x\geqslant 0\end{cases}$当$x\to 0$时的极限.

图 1-4

解 由图 1-4 可知，$\lim\limits_{x\to 0^+}f(x)=\lim\limits_{x\to 0^+}\sqrt{x}=0$，$\lim\limits_{x\to 0^-}f(x)=\lim\limits_{x\to 0^-}x=0$，故$\lim\limits_{x\to 0}f(x)=0$.

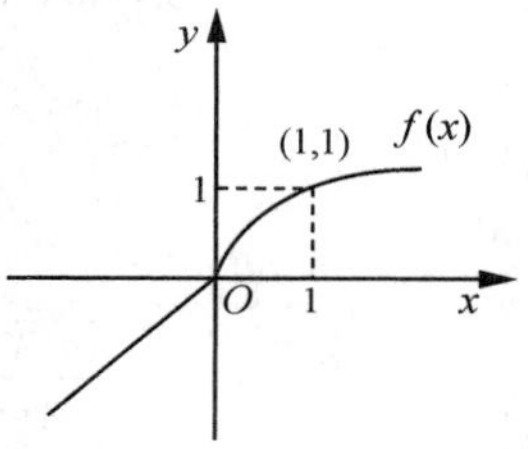

例 6 讨论函数$f(x)=\begin{cases}x, & x<0,\\ 1, & x\geqslant 0\end{cases}$当$x\to 0$时的极限.

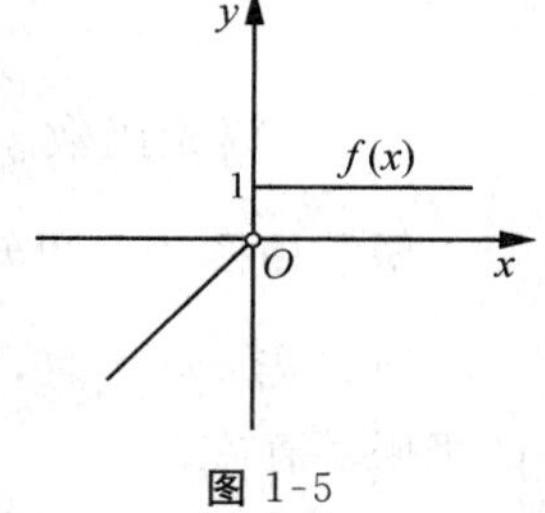

图 1-5

解 由图 1-5 可知，$\lim\limits_{x\to 0^+}f(x)=\lim\limits_{x\to 0^+}1=1$，$\lim\limits_{x\to 0^-}f(x)=\lim\limits_{x\to 0^-}x=0$，所以$f(x)$当$x\to 0$时的极限不存在.

由例 6 我们可以得出下面结论：当且仅当$\lim\limits_{x\to x_0^-}f(x)$和$\lim\limits_{x\to x_0^+}f(x)$都存在并且都为$A$时，有$\lim\limits_{x\to x_0}f(x)=A$，即

$$\lim_{x\to x_0}f(x)=A\Leftrightarrow\lim_{x\to x_0^+}f(x)=\lim_{x\to x_0^-}f(x)=A.$$

例 7 设$f(x)=\begin{cases}2x-1, & x<0,\\ 0, & x=0,\\ x+2, & x>0,\end{cases}$求：(1) $\lim\limits_{x\to 0}f(x)$；(2) $\lim\limits_{x\to 1}f(x)$.

解 (1)由于$x=0$是函数$f(x)$的分段点(图 1-6)，且函数在它左、右两侧的表达式不

同,因此要根据函数在一点极限存在的充要条件讨论. 因为 $\lim\limits_{x\to 0^-} f(x)=\lim\limits_{x\to 0^-}(2x-1)=-1$, $\lim\limits_{x\to 0^+} f(x)=\lim\limits_{x\to 0^+}(x+2)=2$, $\lim\limits_{x\to 0^-} f(x)\neq \lim\limits_{x\to 0^+} f(x)$, 所以 $\lim\limits_{x\to 0} f(x)$ 不存在.

(2) 由于函数 $f(x)$ 在点 $x=1$ 左、右两侧的表达式相同,所以

$$\lim_{x\to 1} f(x)=\lim_{x\to 1}(x+2)=3.$$

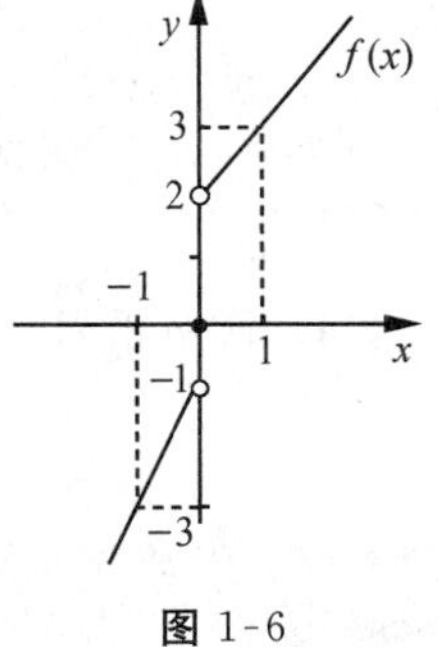

图 1-6

习题 1-2 (A)

1. 判断下列说法是否正确:

(1) 有界数列必收敛;

(2) 若函数 $f(x)$ 在点 x_0 处无定义,则函数 $f(x)$ 在点 x_0 处的极限不存在;

(3) 若 $\lim\limits_{x\to x_0^-} f(x)$ 和 $\lim\limits_{x\to x_0^+} f(x)$ 都存在,则 $\lim\limits_{x\to x_0} f(x)$ 必存在.

2. 观察下列数列当 $n\to\infty$ 时的变化趋势,写出它们的极限:

(1) $x_n=\dfrac{1}{2^n}$;　　(2) $x_n=(-1)^n n$;

(3) $x_n=\dfrac{n}{n+1}$;　　(4) $x_n=\sin\dfrac{n\pi}{2}$.

3. 作出下列函数的图象并求极限:

(1) $\lim\limits_{x\to 2}(2x+1)$;　　(2) $\lim\limits_{x\to+\infty}\left(\dfrac{1}{3}\right)^x$;

(3) $\lim\limits_{x\to -1}\dfrac{x^2-x-2}{x+1}$;　　(4) $\lim\limits_{x\to-\infty} e^x$.

4. 设 $f(x)=\begin{cases} x, & x<3, \\ 3x-1, & x\geqslant 3, \end{cases}$ 作出 $f(x)$ 的图象,并讨论 $x\to 3$ 时 $f(x)$ 的极限是否存在.

5. 讨论符号函数 $\operatorname{sgn}x=\begin{cases} -1, & x<0, \\ 0, & x=0, \\ 1, & x>0 \end{cases}$ 当 $x\to 0$ 和 $x\to 1$ 时是否有极限. 若有,求出极限.

习题 1-2 (B)

1. 作出下列函数的图象,并求极限:

(1) $\lim\limits_{x\to\infty}\left(2+\dfrac{1}{x}\right)$;　　(2) $\lim\limits_{x\to-\infty} 2^x$;

(3) $\lim\limits_{x\to+\infty}\left(\dfrac{1}{10}\right)^x$;　　(4) $\lim\limits_{x\to 1}\ln x$;

(5) $\lim\limits_{x\to\frac{\pi}{4}}\tan x$;　　(6) $\lim\limits_{x\to 3}(x^2-6x+8)$.

2. 已知 $f(x)=\dfrac{|x|}{x}$,讨论 $\lim\limits_{x\to 0} f(x)$ 是否存在.

3. 设 $f(x)=\begin{cases}2^x, & x<0,\\ 2, & 0\leqslant x<1,\\ -x+3, & x\geqslant 1,\end{cases}$作图并讨论 $x\to 0$ 和 $x\to 1$ 时的极限是否存在.

4. 证明函数 $f(x)=\begin{cases}x^2+1, & x<1,\\ 1, & x=1,\\ -1, & x>1\end{cases}$当 $x\to 1$ 时极限不存在.

§1-3 极限运算法则

根据极限的定义,通过观察和分析我们可求出一些简单函数的极限,对于一些较为复杂的函数,我们如何去求其极限呢? 本节将介绍如何运用极限的四则运算法则来求函数的极限.

定理(极限的四则运算法则) 在自变量的某个变化过程中,如果 $\lim f(x)=A$,$\lim g(x)=B$,那么

(1) $\lim[f(x)\pm g(x)]=\lim f(x)\pm \lim g(x)=A\pm B$;

(2) $\lim[f(x)\cdot g(x)]=\lim f(x)\cdot \lim g(x)=A\cdot B$;

(3) 若 $B\neq 0$,则 $\lim \dfrac{f(x)}{g(x)}=\dfrac{\lim f(x)}{\lim g(x)}=\dfrac{A}{B}$.

说明 法则(1)、(2)可推广到有限个函数的情况.

推论 如果 $\lim f(x)=A$,那么

(1) $\lim kf(x)=k\cdot \lim f(x)=kA$,$k$ 为常数;

(2) $\lim f^n(x)=[\lim f(x)]^n=A^n$,$n$ 为正整数.

说明 推论(2)中,只要 x 使函数有意义,可以把正整数 n 推广到实数范围内,即 $\lim f^\alpha(x)=[\lim f(x)]^\alpha=A^\alpha$, $\alpha\in\mathbf{R}$.

例 1 求 $\lim\limits_{x\to 2}(2x^2-x+1)$.

解 $\lim\limits_{x\to 2}(2x^2-x+1)=\lim\limits_{x\to 2}2x^2-\lim\limits_{x\to 2}x+\lim\limits_{x\to 2}1=2(\lim\limits_{x\to 2}x)^2-\lim\limits_{x\to 2}x+1=2\cdot 2^2-2+1=7$.

例 2 求 $\lim\limits_{x\to 2}\dfrac{2x^2-x+5}{3x+1}$.

解 因为 $\lim\limits_{x\to 2}(3x+1)\neq 0$,所以

$$\lim_{x\to 2}\frac{2x^2-x+5}{3x+1}=\frac{\lim\limits_{x\to 2}(2x^2-x+5)}{\lim\limits_{x\to 2}(3x+1)}=\frac{2(\lim\limits_{x\to 2}x)^2-\lim\limits_{x\to 2}x+\lim\limits_{x\to 2}5}{3(\lim\limits_{x\to 2}x)+\lim\limits_{x\to 2}1}=\frac{2\cdot 2^2-2+5}{3\cdot 2+1}=\frac{11}{7}.$$

例 3 求 $\lim\limits_{x\to 3}\dfrac{x-3}{x^2-9}$.

解 因为 $\lim\limits_{x\to 3}(x^2-9)=0$,所以不能直接用四则运算法则. 但当 $x\to 3$ 的过程中,$x\neq 3$,因此 $\lim\limits_{x\to 3}\dfrac{x-3}{x^2-9}=\lim\limits_{x\to 3}\dfrac{x-3}{(x-3)(x+3)}=\lim\limits_{x\to 3}\dfrac{1}{x+3}=\dfrac{\lim\limits_{x\to 3}1}{\lim\limits_{x\to 3}(x+3)}=\dfrac{1}{6}$.

例 4 求 $\lim\limits_{x\to 0}\dfrac{\sqrt{1+x}-1}{x}$.

解　因为$\lim\limits_{x\to 0}x=0$，所以不能直接用四则运算法则. 但通过根式有理化可将分母上极限为零的因子消去，因此

$$\lim_{x\to 0}\frac{\sqrt{1+x}-1}{x}=\lim_{x\to 0}\frac{(\sqrt{1+x}-1)(\sqrt{1+x}+1)}{x(\sqrt{1+x}+1)}=\lim_{x\to 0}\frac{x}{x(\sqrt{1+x}+1)}=\lim_{x\to 0}\frac{1}{\sqrt{1+x}+1}=\frac{1}{2}.$$

例 5　求$\lim\limits_{x\to 1}\left(\frac{1}{1-x}-\frac{3}{1-x^3}\right)$.

解　$$\lim_{x\to 1}\left(\frac{1}{1-x}-\frac{3}{1-x^3}\right)=\lim_{x\to 1}\frac{1+x+x^2-3}{(1-x)(1+x+x^2)}=-\lim_{x\to 1}\frac{(1-x)(x+2)}{(1-x)(1+x+x^2)}$$
$$=-\lim_{x\to 1}\frac{x+2}{1+x+x^2}=-1.$$

说明　这是$\infty-\infty$型极限，通过通分转化.

例 6　求$\lim\limits_{x\to\infty}\frac{x^2-1}{2x^2-x-1}$.

解　$$\lim_{x\to\infty}\frac{x^2-1}{2x^2-x-1}=\lim_{x\to\infty}\frac{1-\frac{1}{x^2}}{2-\frac{1}{x}-\frac{1}{x^2}}=\frac{1}{2}.$$

例 7　求$\lim\limits_{x\to\infty}\frac{3x^2+x-1}{2x^3-3x+2}$.

解　$$\lim_{x\to\infty}\frac{3x^2+x-1}{2x^3-3x+2}=\lim_{x\to\infty}\frac{\frac{3}{x}+\frac{1}{x^2}-\frac{1}{x^3}}{2-\frac{3}{x^2}+\frac{2}{x^3}}=\frac{0}{2}=0.$$

注　以下结论在极限的反问题中常用：

若$\lim g(x)=0$，且$\lim\frac{f(x)}{g(x)}$存在，则必有$\lim f(x)=0$.

例 8　设$\lim\limits_{x\to 1}\frac{x^2+bx+c}{x^2-1}=2$，求$b,c$的值.

解　因为$\lim\limits_{x\to 1}(x^2-1)=0$，而分式极限又存在，所以分子$\lim\limits_{x\to 1}(x^2+bx+c)$也必须为 0，即$1+b+c=0$，得$c=-1-b$. 因为

$$\lim_{x\to 1}\frac{x^2+bx+c}{x^2-1}=\lim_{x\to 1}\frac{x^2+bx-1-b}{x^2-1}=\lim_{x\to 1}\frac{(x^2-1)+b(x-1)}{x^2-1}=\lim_{x\to 1}\frac{x+1+b}{x+1}=\frac{2+b}{2}=2,$$

所以$b=2,c=-3$.

从上述各例中，我们发现在应用四则运算法则求极限时，首先要判断是否满足法则中的条件，如果不满足，根据函数的特点作适当的恒等变换，使之符合条件，然后再使用极限的运算法则求出结果.

习题 1-3（A）

1. 判断下列说法是否正确：

(1) 设$\lim\limits_{x\to x_0}[f(x)+g(x)]$，$\lim\limits_{x\to x_0}f(x)$都存在，则极限$\lim\limits_{x\to x_0}g(x)$一定存在；

(2) 设$\lim\limits_{x\to x_0}[f(x)+g(x)]$存在，则$\lim\limits_{x\to x_0}f(x)$，$\lim\limits_{x\to x_0}g(x)$一定都存在；

(3) 设$\lim\limits_{x\to x_0}[f(x)\cdot g(x)]$,$\lim\limits_{x\to x_0}f(x)$都存在,则极限$\lim\limits_{x\to x_0}g(x)$一定存在;

(4) 设$\lim\limits_{x\to x_0}[f(x)\cdot g(x)]$,$\lim\limits_{x\to x_0}f(x)$都存在,且$\lim\limits_{x\to x_0}f(x)\neq 0$,则极限$\lim\limits_{x\to x_0}g(x)$一定存在.

2. 求下列各极限:

(1) $\lim\limits_{x\to 2}\dfrac{x^2+5}{x-3}$;

(2) $\lim\limits_{x\to 1}\dfrac{x^2-2x+1}{x^2-1}$;

(3) $\lim\limits_{h\to 0}\dfrac{(x+h)^2-x^2}{h}$;

(4) $\lim\limits_{x\to 0}\dfrac{4x^3-2x^2+x}{3x^2+2x}$;

(5) $\lim\limits_{x\to\infty}\left(2-\dfrac{1}{x}+\dfrac{1}{x^2}\right)$;

(6) $\lim\limits_{x\to 3}\dfrac{x-3}{\sqrt{x+1}-2}$;

(7) $\lim\limits_{x\to\infty}\dfrac{x^2+x}{x^2-3x-1}$;

(8) $\lim\limits_{n\to\infty}\left(1+\dfrac{1}{2}+\dfrac{1}{4}+\cdots+\dfrac{1}{2^n}\right)$.

习题 1-3(B)

1. 计算下列极限:

(1) $\lim\limits_{x\to 1}\dfrac{x^2-3}{x^2+1}$;

(2) $\lim\limits_{x\to 4}\dfrac{x^2-6x+8}{x^2-5x+4}$;

(3) $\lim\limits_{x\to -2}\dfrac{x^3+8}{x+2}$;

(4) $\lim\limits_{x\to\infty}\dfrac{1-x^2}{2x^2-1}$;

(5) $\lim\limits_{x\to\infty}\left(1+\dfrac{1}{x}\right)\left(2-\dfrac{1}{x^2}\right)$;

(6) $\lim\limits_{x\to\infty}\left(\dfrac{x^3}{x^2-1}-\dfrac{x^2+1}{x+1}\right)$;

(7) $\lim\limits_{x\to 4}\dfrac{\sqrt{x+5}-3}{x-4}$;

(8) $\lim\limits_{x\to +\infty}(\sqrt{x+1}-\sqrt{x})$;

(9) $\lim\limits_{n\to\infty}\dfrac{1+2+3+\cdots+(n-1)}{n^2}$;

(10) $\lim\limits_{n\to\infty}\left[\dfrac{1+3+5+\cdots+(2n-1)}{n+1}-\dfrac{2n+1}{2}\right]$;

(11) $\lim\limits_{x\to 1}\dfrac{\sqrt{5x-4}-\sqrt{x}}{x-1}$;

(12) $\lim\limits_{x\to 0}\dfrac{x^2}{1-\sqrt{1+x^2}}$.

2. 已知$\lim\limits_{x\to 3}\dfrac{x^2-2x+k}{x-3}$存在,确定$k$的值,并求此极限.

3. 已知$\lim\limits_{x\to -1}\dfrac{x^3-ax^2-x+4}{x+1}=l$($l$为有限值),确定$a,l$的值.

§1-4 两个重要极限

本节将运用极限存在准则讨论两个重要的极限,进而运用这两个重要极限求一些函数的极限.首先介绍一个极限存在准则:

极限存在准则(夹逼定理) 如果函数$f(x)$,$g(x)$及$h(x)$满足下列条件:

(1) $g(x)\leqslant f(x)\leqslant h(x)$,

(2) $\lim\limits_{x\to x_0}g(x)=A$,$\lim\limits_{x\to x_0}h(x)=A$,

那么$\lim\limits_{x\to x_0}f(x)$存在且$\lim\limits_{x\to x_0}f(x)=A$.

一、极限：$\lim\limits_{x\to 0}\dfrac{\sin x}{x}=1$

当$x\to 0$时，我们来观察一下函数$\dfrac{\sin x}{x}$的变化趋势：

x(弧度)	±0.50	±0.10	±0.05	±0.04	±0.03	±0.02	…
$\dfrac{\sin x}{x}$	0.9585	0.9983	0.9996	0.9997	0.9998	0.9999	…

从上表可以看出：$\lim\limits_{x\to 0}\dfrac{\sin x}{x}=1$.

简要证明　在图1-7所示的单位圆中，设圆心角$\angle AOB=x\ (0<x<\frac{\pi}{2})$，于是有$BC=\sin x$，$\overset{\frown}{AB}=x$，$AD=\tan x$.

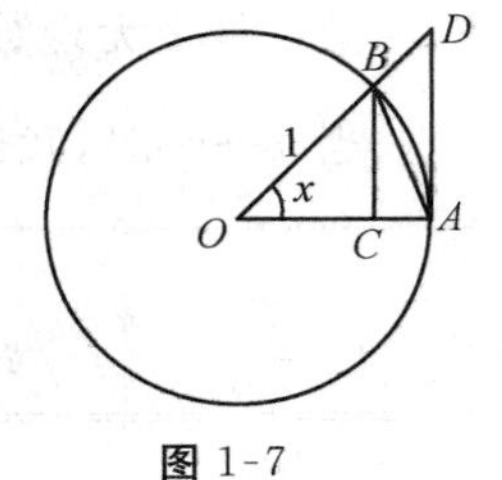

图1-7

因为$S_{\triangle AOB}<S_{扇形AOB}<S_{\triangle AOD}$，即$\frac{1}{2}\sin x<\frac{1}{2}x<\frac{1}{2}\tan x$，所以

$$\cos x<\frac{\sin x}{x}<1.$$

因为$\lim\limits_{x\to 0}\cos x=1$，$\lim\limits_{x\to 0}1=1$，故根据极限存在准则，$\lim\limits_{x\to 0}\dfrac{\sin x}{x}=1$.

这个极限在形式上具有以下特点：

(1) 它是$\dfrac{0}{0}$不定型；(2) 在分式中同时出现三角函数和x的幂.

如果$\lim\limits_{x\to a}\varphi(x)=0$($a$可以是有限数$x_0$，$\pm\infty$或$\infty$)，那么得到的结果是

$$\lim_{x\to a}\frac{\sin[\varphi(x)]}{\varphi(x)}=\lim_{\varphi(x)\to 0}\frac{\sin[\varphi(x)]}{\varphi(x)}=1.$$

这个极限本身及上述推广的结果，在极限计算及理论推导中有着广泛的应用.

例1　求$\lim\limits_{x\to 0}\dfrac{\tan x}{x}$.

解　$\lim\limits_{x\to 0}\dfrac{\tan x}{x}=\lim\limits_{x\to 0}\left(\dfrac{\sin x}{x}\cdot\dfrac{1}{\cos x}\right)=\lim\limits_{x\to 0}\dfrac{\sin x}{x}\cdot\lim\limits_{x\to 0}\dfrac{1}{\cos x}=1$.

例2　求$\lim\limits_{x\to 0}\dfrac{\sin 2x}{x}$.

解　$\lim\limits_{x\to 0}\dfrac{\sin 2x}{x}=\lim\limits_{x\to 0}\left(2\cdot\dfrac{\sin 2x}{2x}\right)=2\lim\limits_{x\to 0}\dfrac{\sin 2x}{2x}$，令$2x=t$，则$x\to 0$时，$t\to 0$，所以

$$\lim_{x\to 0}\frac{\sin 2x}{x}=2\lim_{t\to 0}\frac{\sin t}{t}=2.$$

例3　求$\lim\limits_{x\to 0}\dfrac{\tan 3x}{\sin 5x}$.

解　$\lim\limits_{x\to 0}\dfrac{\tan 3x}{\sin 5x}=\lim\limits_{x\to 0}\left(\dfrac{3}{5}\cdot\dfrac{\tan 3x}{3x}\cdot\dfrac{5x}{\sin 5x}\right)=\dfrac{3}{5}\lim\limits_{x\to 0}\dfrac{\tan 3x}{3x}\cdot\lim\limits_{x\to 0}\dfrac{5x}{\sin 5x}=\dfrac{3}{5}$.

例4　求$\lim\limits_{x\to 0}\dfrac{1-\cos x}{x^2}$.

解 $\lim\limits_{x\to 0}\dfrac{1-\cos x}{x^2}=\lim\limits_{x\to 0}\dfrac{2\sin^2\dfrac{x}{2}}{x^2}=\dfrac{1}{2}\lim\limits_{x\to 0}\left(\dfrac{\sin\dfrac{x}{2}}{\dfrac{x}{2}}\right)^2=\dfrac{1}{2}$.

例 5 求$\lim\limits_{x\to 0}\dfrac{3x}{\arcsin x}$.

解 设 $\arcsin x=t$,则 $x=\sin t$,且 $x\to 0$ 时 $t\to 0$,所以$\lim\limits_{x\to 0}\dfrac{3x}{\arcsin x}=\lim\limits_{t\to 0}\dfrac{3\sin t}{t}=3$.

二、极限:$\lim\limits_{x\to\infty}\left(1+\dfrac{1}{x}\right)^x=\mathrm{e}$

数 e 是个无理数,它的值是 $\mathrm{e}=2.718281828\cdots$.

当 $x\to\infty$时,我们来观察一下函数$\left(1+\dfrac{1}{x}\right)^x$的变化趋势:

x	2	10	1000	10000	100000	…
$\left(1+\frac{1}{x}\right)^x$	2.25	2.594	2.717	2.7181	2.7182	…
x	−10	−100	−1000	−10000	−100000	…
$\left(1+\frac{1}{x}\right)^x$	2.88	2.732	2.720	2.7183	2.71828	…

从上表可以得出:$\lim\limits_{x\to\infty}\left(1+\dfrac{1}{x}\right)^x=\mathrm{e}$. 该极限的证明略.

令$\dfrac{1}{x}=t$,当 $x\to\infty$时,$t\to 0$,从而有$\lim\limits_{t\to 0}(1+t)^{\frac{1}{t}}=\mathrm{e}$.

上述两个公式可以看成是一个重要极限的两种不同形式,它们在形式上具有共同特点:都是 1^∞ 的形式,因此称之为 1^∞ 不定型. 它有以下推广形式:

如果$\lim\limits_{x\to a}\varphi(x)=0$($a$ 可以是有限数 x_0,$\pm\infty$或∞),那么得到的结果是

$$\lim_{x\to a}[1+\varphi(x)]^{\frac{1}{\varphi(x)}}=\lim_{\varphi(x)\to 0}[1+\varphi(x)]^{\frac{1}{\varphi(x)}}=\mathrm{e}.$$

如果$\lim\limits_{x\to a}\varphi(x)=\infty$($a$ 可以是有限数 x_0,$\pm\infty$或∞),那么得到的结果是

$$\lim_{x\to a}\left[1+\frac{1}{\varphi(x)}\right]^{\varphi(x)}=\lim_{\varphi(x)\to\infty}\left[1+\frac{1}{\varphi(x)}\right]^{\varphi(x)}=\mathrm{e}.$$

例 6 求$\lim\limits_{x\to\infty}\left(1+\dfrac{1}{x}\right)^{3x}$.

解 $\lim\limits_{x\to\infty}\left(1+\dfrac{1}{x}\right)^{3x}=\lim\limits_{x\to\infty}\left[\left(1+\dfrac{1}{x}\right)^x\right]^3=\mathrm{e}^3$.

例 7 求$\lim\limits_{x\to 0}(1-3x)^{\frac{1}{x}}$.

解 $\lim\limits_{x\to 0}(1-3x)^{\frac{1}{x}}=\lim\limits_{x\to 0}\{[1+(-3x)]^{\frac{1}{-3x}}\}^{-3}=\mathrm{e}^{-3}$.

例 8 求$\lim\limits_{x\to\infty}\left(1+\dfrac{1}{2x}\right)^{4x+3}$.

解 $\lim\limits_{x\to\infty}\left(1+\dfrac{1}{2x}\right)^{4x+3}=\lim\limits_{x\to\infty}\left[\left(1+\dfrac{1}{2x}\right)^{2x}\right]^2\cdot\lim\limits_{x\to\infty}\left(1+\dfrac{1}{2x}\right)^3=\mathrm{e}^2\cdot 1=\mathrm{e}^2$.

例 9 求$\lim\limits_{x\to 0}(1+\tan x)^{\cot x}$.

解 $\lim\limits_{x\to 0}(1+\tan x)^{\cot x}=\lim\limits_{x\to 0}(1+\tan x)^{\frac{1}{\tan x}}=\mathrm{e}.$

例 10 求$\lim\limits_{x\to\infty}\left(\dfrac{x+2}{x+1}\right)^{2x}$.

解
$$\lim_{x\to\infty}\left(\frac{x+2}{x+1}\right)^{2x}=\lim_{x\to\infty}\left(1+\frac{1}{x+1}\right)^{2(x+1)-2}$$
$$=\lim_{x\to\infty}\left[\left(1+\frac{1}{x+1}\right)^{x+1}\right]^{2}\cdot\lim_{x\to\infty}\left(1+\frac{1}{x+1}\right)^{-2}=\mathrm{e}^2\cdot 1=\mathrm{e}^2.$$

习题 1-4 (A)

1. 判断下列说法及运算是否正确：

(1) 两个重要极限是指 $\lim\limits_{x\to\infty}\dfrac{\sin x}{x}=1,\lim\limits_{x\to\infty}(1+x)^{\frac{1}{x}}=\mathrm{e}$；

(2) $\lim\limits_{x\to 1}\dfrac{\sin(x-1)}{x^2-1}=1$；

(3) $\lim\limits_{x\to 0}(1-x)^{\frac{1}{x}}=\mathrm{e}$.

2. $\lim\limits_{x\to\infty}x\cdot\sin\dfrac{1}{x}$与$\lim\limits_{x\to 0}\dfrac{\sin x}{x}$结果分别为多少，使用的求极限的方法是否一样？

3. 计算下列极限：

(1) $\lim\limits_{x\to 0}\dfrac{\tan 3x}{x}$；

(2) $\lim\limits_{x\to 2}\dfrac{x-2}{\sin(x^2-4)}$；

(3) $\lim\limits_{x\to 0}(1-2x)^{\frac{3}{x}}$；

(4) $\lim\limits_{x\to 0}(1+\sin x)^{\csc x}$.

习题 1-4 (B)

1. 计算下列极限：

(1) $\lim\limits_{x\to\infty}x\sin\dfrac{2}{x}$；

(2) $\lim\limits_{x\to 0}\dfrac{\arctan 3x}{x}$；

(3) $\lim\limits_{x\to 0}\dfrac{\sin 2x}{\sin 5x}$；

(4) $\lim\limits_{x\to 0}\dfrac{\tan x-\sin x}{x^3}$；

(5) $\lim\limits_{x\to 0}\dfrac{1-\cos 2x}{x\sin x}$；

(6) $\lim\limits_{x\to 1}\dfrac{x^2-1}{\sin(x^3-1)}$.

2. 计算下列极限：

(1) $\lim\limits_{x\to 0}(1+5x)^{\frac{1}{x}}$；

(2) $\lim\limits_{x\to\infty}\left(1-\dfrac{1}{x}\right)^{kx}$($k$ 为正整数)；

(3) $\lim\limits_{t\to 0}(1-t^2)^{\frac{1}{t}}$；

(4) $\lim\limits_{x\to\infty}\left(\dfrac{2-2x}{3-2x}\right)^{2x}$；

(5) $\lim\limits_{x\to\infty}\left(\dfrac{x}{1+x}\right)^{-2x}$；

(6) $\lim\limits_{x\to\frac{\pi}{2}}(\sin x)^{2\sec^2 x}$.

§1-5 无穷小与无穷大

我们研究函数的变化趋势时，经常遇到下面两种情况：(1)函数的绝对值无限减小；(2)函数的绝对值无限增大. 本节专门讨论这两种情况.

一、无穷小

1. 无穷小的定义

定义1 如果函数 $f(x)$ 当 $x \to x_0$(或 $x \to \infty$)时的极限为零，那么称函数 $f(x)$ 为当 $x \to x_0$(或 $x \to \infty$)时的**无穷小**.

例如，函数 $\frac{1}{x}$ 为当 $x \to \infty$ 时的无穷小；函数 $x-1$ 为当 $x \to 1$ 时的无穷小.

注意 (1) 无穷小是以零为极限的变量，而零是唯一一个可以看作无穷小的常数，不能把很小的数(如 0.001^{1000}，-0.0001^{10000})看作无穷小；

(2) 无穷小是相对于自变量的变化趋势而言的，如：当 $x \to \infty$ 时，$\frac{1}{x}$ 是无穷小，而当 $x \to 2$ 时，$\frac{1}{x}$ 就不是无穷小.

2. 无穷小的性质

在自变量的同一变化过程中，无穷小具有以下性质：

性质1 有限个无穷小的代数和仍为无穷小.

性质2 有限个无穷小的乘积仍为无穷小.

性质3 有界函数与无穷小的乘积仍为无穷小.

推论 常数与无穷小的乘积仍为无穷小.

以上性质均可以用极限的运算法则推出.

例1 求 $\lim\limits_{x \to 0} x\sin\frac{1}{x}$.

解 因为 $\lim\limits_{x \to 0} x=0$，且 $\left|\sin\frac{1}{x}\right| \leqslant 1$，由无穷小的性质3知，$\lim\limits_{x \to 0} x\sin\frac{1}{x}=0$.

3. 无穷小与函数极限的关系

函数、函数极限与无穷小三者之间有着密切的联系，它们有如下的定理：

定理1 在自变量的同一变化过程 $x \to x_0$(或 $x \to \infty$)中，函数 $f(x)$ 具有极限 A 的充分必要条件是 $f(x)=A+\alpha$，其中 α 是当 $x \to x_0$(或 $x \to \infty$)时的无穷小.

证明 以 $x \to x_0$ 为例.

必要性 设 $\lim\limits_{x \to x_0} f(x)=A$，令 $\alpha=f(x)-A$，则 $f(x)=A+\alpha$，且

$$\lim_{x \to x_0}\alpha=\lim_{x \to x_0}[f(x)-A]=\lim_{x \to x_0}f(x)-A=0.$$

充分性 设 $f(x)=A+\alpha$，其中 A 是常数，$\lim\limits_{x \to x_0}\alpha=0$，于是

$$\lim_{x \to x_0}f(x)=\lim_{x \to x_0}(A+\alpha)=A+\lim_{x \to x_0}\alpha=A.$$

类似地可证明 $x\to\infty$ 时的情形.

二、无穷大

定义2　如果当 $x\to x_0$（或 $x\to\infty$）时 x 对应的函数的绝对值 $|f(x)|$ 无限增大，那么称函数 $f(x)$ 为当 $x\to x_0$（或 $x\to\infty$）时的**无穷大**，记为 $\lim\limits_{x\to x_0}f(x)=\infty$（或 $\lim\limits_{x\to\infty}f(x)=\infty$）.

注意　(1) 无穷大是变量，不能把绝对值很大的数（如 100^{1000}，-1000^{10000}）看作无穷大.

(2) 无穷大也是相对于自变量的变化趋势而言的，如：当 $x\to\infty$ 时，x 是无穷大，而当 $x\to 2$ 时，x 就不是无穷大.

(3) 当 $x\to x_0$（或 $x\to\infty$）时为无穷大的函数 $f(x)$，按函数极限的定义来说，极限是不存在的，但为了便于叙述函数的这一性态，我们也说"函数的极限是无穷大"，并记作 $\lim\limits_{x\to x_0}f(x)=\infty$（或 $\lim\limits_{x\to\infty}f(x)=\infty$）. 例如，$\lim\limits_{x\to\infty}x=\infty$，$\lim\limits_{x\to 0}\dfrac{1}{x}=\infty$.

(4) 在无穷大的定义中，对于 x_0 附近的 x，对应函数 $f(x)$ 的值恒为正（或负）的，则称 $f(x)$ 为 $x\to x_0$ 时的正无穷大（或负无穷大），记为 $\lim\limits_{x\to x_0}f(x)=+\infty$（或 $\lim\limits_{x\to x_0}f(x)=-\infty$）. 例如，$\lim\limits_{x\to 0^+}\ln x=-\infty$，$\lim\limits_{x\to+\infty}\ln x=+\infty$.

三、无穷大与无穷小之间的关系

定理2　在自变量的同一变化过程中，若 $f(x)$ 为无穷大，则 $\dfrac{1}{f(x)}$ 为无穷小；反之，若 $f(x)$ 为无穷小，且 $f(x)\neq 0$，则 $\dfrac{1}{f(x)}$ 为无穷大.

例2　求 $\lim\limits_{x\to 1}\dfrac{x+2}{x-1}$.

解　因为 $\lim\limits_{x\to 1}\dfrac{x-1}{x+2}=0$，即 $\dfrac{x-1}{x+2}$ 是当 $x\to 1$ 时的无穷小，根据无穷大与无穷小的关系，它的倒数 $\dfrac{x+2}{x-1}$ 是当 $x\to 1$ 时的无穷大，即 $\lim\limits_{x\to 1}\dfrac{x+1}{x-1}=\infty$.

说明　由无穷大和无穷小的关系，可得有理分式函数的极限 $\lim\dfrac{P(x)}{Q(x)}$ 有以下三种情况：

(1) 当 $\lim Q(x)\neq 0$ 且 $\lim P(x)=0$ 时，$\lim\dfrac{P(x)}{Q(x)}=0$；

(2) 当 $\lim Q(x)=0$ 且 $\lim P(x)\neq 0$ 时，$\lim\dfrac{P(x)}{Q(x)}=\infty$；

(3) 当 $\lim Q(x)=\lim P(x)=0$ 时，$\lim\dfrac{P(x)}{Q(x)}$ 为 $\dfrac{0}{0}$ 型未定式，应作进一步讨论.（通常要约去零因子）

例3　求 $\lim\limits_{x\to\infty}\dfrac{3x^3+x^2+2}{4x^3+2x^2-3}$.

解　分子、分母同时除以 x^3，然后取极限：

$$\lim_{x\to\infty}\frac{3x^3+x^2+2}{4x^3+2x^2-3}=\lim_{x\to\infty}\frac{3+\frac{1}{x}+\frac{2}{x^3}}{4+\frac{2}{x}-\frac{3}{x^3}}=\frac{3}{4}.$$

例 4 求$\lim\limits_{x\to\infty}\frac{3x^2-2x-1}{2x^3-x^2+5}$.

解 分子、分母同时除以 x^3,然后取极限:

$$\lim_{x\to\infty}\frac{3x^2-2x-1}{2x^3-x^2+5}=\lim_{x\to\infty}\frac{\frac{3}{x}-\frac{2}{x^2}-\frac{1}{x^3}}{2-\frac{1}{x}+\frac{5}{x^3}}=\frac{0}{2}=0.$$

例 5 求$\lim\limits_{x\to\infty}\frac{2x^3-x^2+5}{3x^2-2x-1}$.

解 因为$\lim\limits_{x\to\infty}\frac{3x^2-2x-1}{2x^3-x^2+5}=0$,所以$\lim\limits_{x\to\infty}\frac{2x^3-x^2+5}{3x^2-2x-1}=\infty$.

分析例 3—例 5 的特点和结果,可得当自变量趋向于无穷大时有理分式的极限法则:

$$\lim_{x\to\infty}\frac{a_0x^n+a_1x^{n-1}+\cdots+a_n}{b_0x^m+b_1x^{m-1}+\cdots+b_m}=\begin{cases}0, & n<m,\\ \frac{a_0}{b_0}, & n=m,\\ \infty, & n>m.\end{cases}$$

例 6 求$\lim\limits_{x\to\infty}\frac{(2x+1)^3(x-3)^2}{x^5+4}$.

解 因为 $m=n=5$,$a_0=2^3\cdot 1^2=8$,$b_0=1$,所以 $\lim\limits_{x\to\infty}\frac{(2x+1)^3(x-3)^2}{x^5+4}=8$.

四、无穷小的比较

已知两个无穷小的和与积仍为无穷小,但两个无穷小的商却会出现不同的结果.例如,当 $x\to 0$ 时,x^2,$3x$,$\sin x$ 都是无穷小,但是$\lim\limits_{x\to 0}\frac{x^2}{3x}=0$,$\lim\limits_{x\to 0}\frac{3x}{x^2}=\infty$,$\lim\limits_{x\to 0}\frac{\sin x}{x}=1$.两个无穷小比值的极限的各种不同情况,反映了不同的无穷小趋于零的"快慢"程度.在 $x\to 0$ 的过程中,$x^2\to 0$ 比 $3x\to 0$"快些",反过来 $3x\to 0$ 比 $x^2\to 0$"慢些",而 $\sin x\to 0$ 与 $x\to 0$"快慢相仿".

下面,我们就两个无穷小之比的极限的情况,来说明两个无穷小之间的比较.

定义 3 设 α 及 β 都是在同一个自变量的变化过程中的无穷小.

(1) 如果 $\lim\frac{\beta}{\alpha}=0$,就说 β 是比 α 高阶的无穷小,记为 $\beta=o(\alpha)$;

(2) 如果 $\lim\frac{\beta}{\alpha}=\infty$,就说 β 是比 α 低阶的无穷小;

(3) 如果 $\lim\frac{\beta}{\alpha}=C\neq 0$,就说 β 与 α 是同阶无穷小.

特别地,如果 $\lim\frac{\beta}{\alpha}=1$(即 $C=1$ 的情形),就说 β 与 α 是等价无穷小,记为 $\alpha\sim\beta$.

例 7 因为$\lim\limits_{n\to\infty}\frac{\frac{1}{n}}{\frac{1}{n^2}}=\infty$,所以当 $n\to\infty$时,$\frac{1}{n}$是比$\frac{1}{n^2}$低阶的无穷小.

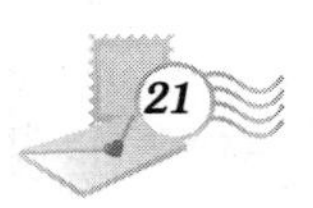

例 8　因为$\lim\limits_{x\to 3}\dfrac{x^2-9}{x-3}=6$,所以当 $x\to 3$ 时,x^2-9 与 $x-3$ 是同阶无穷小.

例 9　因为$\lim\limits_{x\to 0}\dfrac{\tan x}{x}=1$,所以当 $x\to 0$ 时,$\tan x$ 与 x 是等价无穷小,即 $\tan x\sim x(x\to 0)$.

关于等价无穷小,有如下有关定理:

定理 3　设 $\alpha,\alpha',\beta,\beta'$是在自变量的同一个变化过程中的无穷小,$\alpha\sim\alpha',\beta\sim\beta'$,且 $\lim\dfrac{\beta'}{\alpha'}$存在,则 $\lim\dfrac{\beta}{\alpha}=\lim\dfrac{\beta'}{\alpha'}$.

以上定理表明,求两个无穷小之比的极限时,分子及分母都可用等价无穷小来代替.因此,如果用来代替的无穷小选取得适当,则可使计算简化.经常用到的一些等价无穷小:

当 $x\to 0$ 时,$\sin x\sim x$,$\tan x\sim x$,$\arcsin x\sim x$,$\arctan x\sim x$,$\ln(1+x)\sim x$,$1-\cos x\sim\dfrac{1}{2}x^2$,$e^x-1\sim x$,$\sqrt[n]{1+x}-1\sim\dfrac{1}{n}x$.

例 10　求$\lim\limits_{x\to 0}\dfrac{\tan 3x}{\sin 4x}$.

解　当 $x\to 0$ 时,$\tan 3x\sim 3x$,$\sin 4x\sim 4x$,所以$\lim\limits_{x\to 0}\dfrac{\tan 3x}{\sin 4x}=\lim\limits_{x\to 0}\dfrac{3x}{4x}=\dfrac{3}{4}$.

例 11　求$\lim\limits_{x\to 0}\dfrac{\sin x}{x^3+3x}$.

解　当 $x\to 0$ 时 $\sin x\sim x$,无穷小 x^3+3x 与它本身显然是等价的,所以

$$\lim_{x\to 0}\frac{\sin x}{x^3+3x}=\lim_{x\to 0}\frac{x}{x^3+3x}=\lim_{x\to 0}\frac{1}{x^2+3}=\frac{1}{3}.$$

例 12　求$\lim\limits_{x\to 0}\dfrac{x\ln(1+x)\cdot(e^x-1)}{(1-\cos x)\cdot\sin 2x}$.

解　因为当 $x\to 0$ 时,$\ln(1+x)\sim x$,$(e^x-1)\sim x$,$(1-\cos x)\sim\dfrac{1}{2}x^2$,$\sin 2x\sim 2x$,所以

$$\lim_{x\to 0}\frac{x\ln(1+x)\cdot(e^x-1)}{(1-\cos x)\cdot\sin 2x}=\lim_{x\to 0}\frac{x\cdot x\cdot x}{\frac{1}{2}x^2\cdot 2x}=1.$$

例 13　用等价无穷小的代换,求 $\lim\limits_{x\to 0}\dfrac{\tan x-\sin x}{x^3}$.

解　因为 $\tan x-\sin x=\tan x(1-\cos x)$,而 $x\to 0$ 时 $\tan x\sim x$,$(1-\cos x)\sim\dfrac{1}{2}x^2$,所以

$$\lim_{x\to 0}\frac{\tan x-\sin x}{x^3}=\lim_{x\to 0}\frac{\frac{1}{2}x^3}{x^3}=\frac{1}{2}.$$

在运算时要注意正确地使用等价无穷小的代换,例 13 的错误代换如下:

$$\lim_{x\to 0}\frac{\tan x-\sin x}{x^3}=\lim_{x\to 0}\frac{x-x}{x^3}=0.$$

为什么是错误的,请读者思考.

习题 1-5 (A)

1. 判断下列说法及运算是否正确：

(1) 10^{-10000} 是无穷小；

(2) $\frac{1}{x}$ 是无穷小；

(3) 无穷小的倒数是无穷大；

(4) 任意多个无穷小的和是无穷小；

(5) $\lim\limits_{x\to 0}\frac{\sin x-\tan x}{x^2\sin x}=\lim\limits_{x\to 0}\frac{x-x}{x^2\cdot x}=0$；

(6) $\lim\limits_{x\to 0}\frac{1-\cos x}{\tan x}=\lim\limits_{x\to 0}\frac{\frac{1}{2}x}{x}=\frac{1}{2}$.

2. 当 $x\to 0$ 时，$2x-x^2$ 与 x^2-x^3 相比，哪一个是高阶无穷小？

3. 当 $x\to 1$ 时，无穷小 $1-x$ 和 $\frac{1}{2}(1-x^2)$ 是否同阶？是否等价？

4. 计算下列极限：

(1) $\lim\limits_{x\to 2}\frac{x^3+2x^2}{(x-2)^2}$；　　(2) $\lim\limits_{x\to\infty}\frac{2x}{x^2+1}$；

(3) $\lim\limits_{x\to\infty}(2x^3-x+1)$；　　(4) $\lim\limits_{x\to\infty}\frac{(2x+1)^5(x-3)^2}{x^7+4}$.

5. 计算下列极限：

(1) $\lim\limits_{x\to 0}x^2\sin\frac{1}{x}$；　　(2) $\lim\limits_{x\to\infty}\frac{\arctan x}{x}$.

6. 利用等价无穷小的性质求下列极限：

(1) $\lim\limits_{x\to 0}\frac{\sin 3x}{e^{2x}-1}$；　　(2) $\lim\limits_{x\to 0}\frac{\ln(1+3x)}{\arctan 3x}$；

(3) $\lim\limits_{\Delta x\to 0}\frac{\sin 3\Delta x}{\Delta x}$；　　(4) $\lim\limits_{x\to 0}\frac{\sin 3x\cdot(\sqrt{1-2x}-1)}{\arcsin x\cdot\ln(1+6x)}$.

习题 1-5 (B)

1. 指出下列函数在自变量的相应变化过程中是无穷小，还是无穷大：

(1) $y=2x+1\left(x\to -\frac{1}{2}\right)$；　　(2) $y=\frac{1}{x^2-1}(x\to 1)$；

(3) $y=\ln x(x\to 1)$；　　(4) $y=e^x(x\to +\infty)$.

2. 求下列极限：

(1) $\lim\limits_{x\to\infty}\frac{1}{x^2}\cos x$；　　(2) $\lim\limits_{x\to 2}\frac{x+2}{x-2}$；

(3) $\lim\limits_{x\to\infty}\frac{3x^3+x^2+2x}{5x^3+3x-1}$；　　(4) $\lim\limits_{x\to\infty}\frac{x-1}{x^2+1}$；

(5) $\lim\limits_{x\to\infty}\dfrac{x^3+3x+1}{2x^2-5}$；　　(6) $\lim\limits_{x\to\infty}\dfrac{(5x^2+3x-1)^5}{(3x+1)^{10}}$.

3. 利用等价无穷小的性质，求下列极限：

(1) $\lim\limits_{x\to 0}\dfrac{\tan 3x}{\ln(1+2x)}$；　　(2) $\lim\limits_{x\to 0}\dfrac{\sin(x^n)}{(\sin x)^m}$($n,m$ 为正整数,$n>m$)；

(3) $\lim\limits_{x\to 0}\dfrac{\arcsin 2x\cdot(\mathrm{e}^{-x}-1)}{\ln(1-x^2)}$；　　(4) $\lim\limits_{\Delta x\to 0}\dfrac{\mathrm{e}^{x+\Delta x}-\mathrm{e}^x}{\Delta x}$；

(5) $\lim\limits_{x\to 0}\dfrac{\arctan x^2\cdot\sin 4x}{(\sqrt{1-3x}-1)(1-\cos 2x)}$；　　(6) $\lim\limits_{x\to 0}\dfrac{\sin x-\tan x}{(\mathrm{e}^{x^2}-1)(\sqrt{1+\sin x}-1)}$.

§1-6　函数的连续性

连续性是函数的重要性质之一,它不仅是函数研究的重要内容之一,也为计算极限提供了新的方法.在现实生活中有很多变量都是连续变化的,如气温的变化、植物的生长、河水的流动等.本节将运用极限的概念对它加以描述和研究,并在此基础上解决更多的极限计算问题.

一、函数在一点处连续

1. 变量的增量

设变量 u 从它的一个初值 u_1 变到终值 u_2,终值与初值的差 u_2-u_1 就称为变量 u 的增量,记作 Δu,即 $\Delta u=u_2-u_1$.

设函数 $y=f(x)$在点 x_0 的某一个邻域内有定义,当自变量 x 在该邻域内从 x_0 变到 $x_0+\Delta x$ 时,函数 y 相应地从 $f(x_0)$变到 $f(x_0+\Delta x)$,因此函数 y 对应的增量为

$$\Delta y=f(x_0+\Delta x)-f(x_0).$$

2. 连续的定义

所谓"函数连续变化",从直观上来看,就是它的图象是连续不间断的.

例如,函数 $g(x)=x+1$ 在 $x=1$ 处是连续的;而函数 $f_1(x)=\ln|1-x|$,$f_2(x)=\dfrac{x^2-1}{x-1}$,$f_3(x)=\begin{cases}x+1, & x>1,\\ x-1, & x\leqslant 1\end{cases}$在 $x=1$ 处是不连续的(可作图观察).

一般地,对于函数在某一点处连续有以下定义:

定义1　如果函数 $y=f(x)$在点 x_0的某一邻域内有定义,$\lim\limits_{x\to x_0}f(x)$存在并且$\lim\limits_{x\to x_0}f(x)=f(x_0)$,那么称**函数** $y=f(x)$ **在点** x_0 **处连续**,x_0称为函数 $y=f(x)$的**连续点**.

注意　从定义1可以看出,$y=f(x)$在点 x_0处连续必须同时满足以下三个条件:

(1) 函数 $y=f(x)$在点 x_0的某一邻域内有定义;

(2) 极限$\lim\limits_{x\to x_0}f(x)$存在;

(3) 极限值等于函数值,即$\lim\limits_{x\to x_0}f(x)=f(x_0)$.

例1　研究函数 $f(x)=x^2+x+1$ 在 $x=2$ 处的连续性.

解　(1) 函数 $f(x)=x^2+x+1$ 在点 $x=2$ 的某一邻域内有定义;

(2) $\lim\limits_{x\to 2}f(x)=\lim\limits_{x\to 2}(x^2+x+1)=7$；

(3) $\lim\limits_{x\to 2}f(x)=7=f(2)$.

因此函数 $f(x)=x^2+x+1$ 在 $x=2$ 处连续.

为了应用方便，还要介绍函数 $y=f(x)$ 在点 x_0 处连续的等价定义：

定义 1′ 设函数 $y=f(x)$ 在点 x_0 的某一邻域内有定义，如果当自变量 x 在 x_0 处的增量 Δx 趋近于零时，函数 $y=f(x)$ 相应的增量 $\Delta y=f(x_0+\Delta x)-f(x_0)$ 也趋近于零，也就是说，有 $\lim\limits_{\Delta x\to 0}\Delta y=0$ 或 $\lim\limits_{\Delta x\to 0}[f(x_0+\Delta x)-f(x_0)]=0$，那么称函数 $y=f(x)$ 在点 x_0 处连续，x_0 称为函数 $y=f(x)$ 的连续点.

对应于函数 $f(x)$ 在 x_0 处的左、右极限的概念，有如下定义：

定义 2 设函数 $y=f(x)$ 在点 x_0 及其左半(或右半)邻域内有定义，如果 $\lim\limits_{x\to x_0^-}f(x)=f(x_0)$ (或 $\lim\limits_{x\to x_0^+}f(x)=f(x_0)$)，那么称函数 $y=f(x)$ 在点 x_0 处**左连续**(或**右连续**).

例如，前面提过的 $f_3(x)=\begin{cases}x+1, & x>1,\\ x-1, & x\leqslant 1\end{cases}$ 在 $x=1$ 处只是左连续.

不难知道，$y=f(x)$ 在点 x_0 处连续$\Leftrightarrow$$y=f(x)$ 在点 x_0 处既左连续又右连续.

例 2 讨论函数 $f(x)=\begin{cases}x+1, & x>1,\\ 3x-1, & x\leqslant 1\end{cases}$ 在 $x=1$ 处的连续性.

解 函数 $f(x)=\begin{cases}x+1, & x>1,\\ 3x-1, & x\leqslant 1\end{cases}$ 在点 $x=1$ 的某一邻域内有定义，且

$$\lim_{x\to 1^-}f(x)=\lim_{x\to 1^-}(3x-1)=2=f(1),\ \lim_{x\to 1^+}f(x)=\lim_{x\to 1^+}(x+1)=2=f(1),$$

即 $f(x)$ 在点 $x=1$ 处既左连续又右连续，故 $f(x)$ 在点 $x=1$ 处连续.

二、连续函数及其运算

1. 连续函数的定义

定义 3 如果函数 $y=f(x)$ 在开区间 (a,b) 内的每一点都连续，那么称函数 $y=f(x)$ 在**开区间** (a,b) **内连续**，或称函数 $y=f(x)$ 为开区间 (a,b) 内的**连续函数**，开区间 (a,b) 称为函数 $y=f(x)$ 的**连续区间**.

如果函数 $y=f(x)$ 在闭区间 $[a,b]$ 上有定义，在开区间 (a,b) 内连续，且在右端点 b 处左连续，在左端点 a 处右连续，那么称函数 $y=f(x)$ 在**闭区间** $[a,b]$ **上连续**.

在几何上，连续函数的图象是一条连续不间断的曲线.

因为基本初等函数的图象在其定义域内是连续不间断的曲线，所以有以下结论：基本初等函数在其定义域内都是连续的.

2. 连续函数的运算

定理 1 如果函数 $f(x)$ 和 $g(x)$ 在 x_0 处连续，那么它们的和、差、积、商(分母在 x_0 处不等于零)也都在 x_0 处连续，即

(1) $\lim\limits_{x\to x_0}[f(x)\pm g(x)]=f(x_0)\pm g(x_0)$；

(2) $\lim\limits_{x\to x_0}[f(x)\cdot g(x)]=f(x_0)g(x_0)$；

(3) $\lim\limits_{x \to x_0} \dfrac{f(x)}{g(x)} = \dfrac{f(x_0)}{g(x_0)}, g(x_0) \neq 0$.

$f(x) \pm g(x)$连续性的证明：因为 $f(x)$和 $g(x)$在点 x_0 处连续，所以它们在点 x_0 的某一邻域内有定义，从而$f(x) \pm g(x)$在点 x_0 的某一邻域内也有定义. 再由连续性和极限运算法则，有

$$\lim_{x \to x_0}[f(x) \pm g(x)] = \lim_{x \to x_0} f(x) \pm \lim_{x \to x_0} g(x) = f(x_0) \pm g(x_0).$$

根据连续性的定义，$f(x) \pm g(x)$在点 x_0 处连续.

同样可证明后两个结论.

注意　和、差、积的情况可以推广到有限个函数的情形.

3. 复合函数的连续性

定理2　如果函数 $u = \varphi(x)$在 x_0处连续，且 $\varphi(x_0) = u_0$，而函数 $y = f(u)$在 u_0处连续，那么复合函数 $y = f[\varphi(x)]$在 x_0处也连续.

推论　如果$\lim\limits_{x \to x_0} \varphi(x)$存在且为 u_0，而函数 $y = f(u)$在 u_0处连续，则

$$\lim_{x \to x_0} f[\varphi(x)] = f[\lim_{x \to x_0} \varphi(x)] = f(u_0).$$

例3　求$\lim\limits_{x \to 0} \ln \dfrac{\sin x}{x}$.

解　$\lim\limits_{x \to 0} \ln \dfrac{\sin x}{x} = \ln \lim\limits_{x \to 0} \dfrac{\sin x}{x} = \ln 1 = 0$.

4. 初等函数的连续性

根据初等函数的定义，由基本初等函数的连续性以及本节有关定理可得下列重要结论：一切初等函数在其定义区间(包含在定义域内的区间)内都是连续的.

这个结论不仅为我们判断一个函数是不是连续函数提供了根据，也给出了计算初等函数极限的一种方法：若 $f(x)$是初等函数，且 x_0 是 $f(x)$定义区间内的点，则$\lim\limits_{x \to x_0} f(x) = f(x_0)$.

例4　求$\lim\limits_{x \to 0} \sqrt{1 - x + x^2}$.

解　初等函数 $f(x) = \sqrt{1 - x + x^2}$在点 $x_0 = 0$ 是有定义的，所以$\lim\limits_{x \to 0} \sqrt{1 - x + x^2} = \sqrt{1} = 1$.

例5　求$\lim\limits_{x \to \frac{\pi}{2}} \ln \sin x$.

解　初等函数 $f(x) = \ln \sin x$ 在点 $x_0 = \dfrac{\pi}{2}$是有定义的，所以$\lim\limits_{x \to \frac{\pi}{2}} \ln \sin x = \ln \sin \dfrac{\pi}{2} = 0$.

例6　求$\lim\limits_{x \to 0} \dfrac{\sqrt{1 + x^2} - 1}{x^2}$.

解　$\lim\limits_{x \to 0} \dfrac{\sqrt{1 + x^2} - 1}{x^2} = \lim\limits_{x \to 0} \dfrac{(\sqrt{1 + x^2} - 1)(\sqrt{1 + x^2} + 1)}{x^2(\sqrt{1 + x^2} + 1)} = \lim\limits_{x \to 0} \dfrac{1}{\sqrt{1 + x^2} + 1} = \dfrac{1}{2}$.

例7　求$\lim\limits_{x \to 0} \dfrac{\ln(1 + x)}{x}$.

解　$\lim\limits_{x \to 0} \dfrac{\ln(1 + x)}{x} = \lim\limits_{x \to 0} \ln(1 + x)^{\frac{1}{x}} = \ln e = 1$.

例8　求$\lim\limits_{x \to 0} \dfrac{a^x - 1}{x}$.

解 令 $a^x-1=t$，则 $x=\log_a(1+t)$，$x\to 0$ 时 $t\to 0$，于是

$$\lim_{x\to 0}\frac{a^x-1}{x}=\lim_{t\to 0}\frac{t}{\log_a(1+t)}=\lim_{t\to 0}\frac{t\cdot\ln a}{\ln(1+t)}=\ln a.$$

三、函数的间断点

1. 间断点的概念

定义 4 设函数 $f(x)$ 在点 x_0 的某去心邻域内有定义，在此前提下，如果函数 $f(x)$ 有下列三种情形之一：

(1) 在 x_0 处没有定义；

(2) 虽然在 x_0 处有定义，但 $\lim\limits_{x\to x_0}f(x)$ 不存在；

(3) 虽然在 x_0 处有定义且 $\lim\limits_{x\to x_0}f(x)$ 存在，但 $\lim\limits_{x\to x_0}f(x)\neq f(x_0)$.

那么函数 $f(x)$ 在点 x_0 处不连续，而点 x_0 称为函数 $f(x)$ 的**不连续点**或**间断点**.

2. 间断点的分类

设 x_0 是函数 $y=f(x)$ 的间断点，若 $y=f(x)$ 在 x_0 处的左、右极限都存在，则称 x_0 是函数 $y=f(x)$ 的**第一类间断点**；凡不是第一类间断点的间断点都称为**第二类间断点**.

在第一类间断点中，如果左、右极限存在但不相等，这种间断点称为**跳跃间断点**；如果左、右极限存在且相等（即极限存在），这类间断点称为**可去间断点**.

例如，$x=0$ 是函数 $y=\frac{1}{x}$ 的第二类间断点，而 $x=0$ 是函数 $y=\frac{\sin x}{x}$ 的第一类间断点中的可去间断点.

例 9 讨论函数 $f(x)=\begin{cases}x-5, & -2\leqslant x<0,\\ -x+1, & 0\leqslant x\leqslant 2\end{cases}$ 在点 $x=0$ 与 $x=1$ 处的连续性.

解 函数 $f(x)=\begin{cases}x-5, & -2\leqslant x<0,\\ -x+1, & 0\leqslant x\leqslant 2\end{cases}$ 在点 $x=0$ 及点 $x=1$ 的某一邻域内都有定义，且

$$\lim_{x\to 0^-}f(x)=\lim_{x\to 0^-}(x-5)=-5\neq f(0),$$
$$\lim_{x\to 0^+}f(x)=\lim_{x\to 0^+}(-x+1)=1=f(0),$$
$$\lim_{x\to 1}f(x)=\lim_{x\to 1}(-x+1)=0=f(1),$$

所以 $f(x)$ 在点 $x=1$ 处连续，在点 $x=0$ 处不连续，且 $x=0$ 是函数 $f(x)$ 的第一类间断点.

例 10 讨论函数 $f(x)=\frac{x-1}{x(x-1)}$ 的连续性，若有间断点，指出其类型.

解 函数 $f(x)$ 的定义域为 $(-\infty,0)\cup(0,1)\cup(1,+\infty)$，故 $x=0$ 与 $x=1$ 是它的两个间断点. 由于

$$\lim_{x\to 1}f(x)=\lim_{x\to 1}\frac{x-1}{x(x-1)}=\lim_{x\to 1}\frac{1}{x}=1,\lim_{x\to 0}f(x)=\lim_{x\to 0}\frac{x-1}{x(x-1)}=\infty,$$

所以 $x=0$ 与 $x=1$ 分别是 $f(x)$ 的第二类间断点、第一类间断点.

一般地，初等函数的间断点出现在没有定义的点处，而分段函数的间断点还可能出现在分段点处.

四、闭区间上连续函数的性质

闭区间上的连续函数有一些重要性质，这些性质在直观上比较明显，因此下面不加证明直接给出结论.

定理3（最大值和最小值定理）　如果函数 $y=f(x)$ 在闭区间 $[a,b]$ 上连续，那么函数 $y=f(x)$ 在 $[a,b]$ 上一定有最大值和最小值.

注意　如果函数在开区间内连续或在闭区间上有间断点，那么函数在该区间上就不一定有最大值或最小值.

例如，在开区间 $(1,2)$ 内考察函数 $y=2x$，无最大值和最小值.

又如，函数 $y=f(x)=\begin{cases}-x+1, & 0\leqslant x<1,\\ 1, & x=1,\\ -x+3, & 1<x\leqslant 2\end{cases}$ 在闭区间 $[0,2]$ 上无最大值和最小值.

定理4（介值定理）　设函数 $f(x)$ 在闭区间 $[a,b]$ 上连续，m 与 M 分别是 $f(x)$ 在闭区间 $[a,b]$ 上的最小值和最大值，u 是介于 m 与 M 之间的任一实数：$m<u<M$，则在 $[a,b]$ 上至少存在一点 ξ，使得 $f(\xi)=u$.

定理4的直观几何意义是：介于两条水平直线 $y=m$ 和 $y=M$ 之间的任一条直线 $y=u$，与 $y=f(x)$ 的图象曲线至少有一个交点.

定理5（零点定理）　设函数 $f(x)$ 在闭区间 $[a,b]$ 上连续，且 $f(a)$ 与 $f(b)$ 异号，那么在开区间 (a,b) 内至少有一点 ξ，使得 $f(\xi)=0$.

定理5的直观几何意义是：一条连续曲线 $y=f(x)$，若其上的点的纵坐标由负值变到正值或由正值变到负值，则曲线 $y=f(x)$ 至少要经过 x 轴一次.

例11　证明方程 $x^3-9x+1=0$ 在区间 $(0,1)$ 内至少有一个根.

证明　函数 $f(x)=x^3-9x+1$ 在闭区间 $[0,1]$ 上连续，又 $f(0)=1>0$，$f(1)=-7<0$. 根据零点定理，在 $(0,1)$ 内至少有一点 ξ，使得 $f(\xi)=0$，即 $\xi^3-9\xi+1=0$ $(0<\xi<1)$. 此等式说明方程 $x^3-9x+1=0$ 在区间 $(0,1)$ 内至少有一个根是 ξ.

习题1-6（A）

1. 判断下列说法是否正确：

(1) 若 $f(x)$ 在 x_0 处连续，则 $\lim\limits_{x\to x_0}f(x)$ 存在；

(2) 若 $\lim\limits_{x\to x_0}f(x)$ 存在，则 $f(x)$ 在 x_0 处连续；

(3) 初等函数在其定义域内都是连续的；

(4) 函数 $y=f(x)$ 在 $[a,b)$ 上连续，则它在 $[a,b)$ 上必定取得最大值和最小值.

2. 已知函数 $f(x)=\begin{cases}x^2+1, & x\leqslant 1,\\ 3-x, & x>1,\end{cases}$ 讨论函数在 $x=1$ 处是否连续.

3. 求函数 $f(x)=\dfrac{x^3-2x^2-x+2}{x^2+x-6}$ 的连续区间，并求 $\lim\limits_{x\to 0}f(x)$，$\lim\limits_{x\to 2}f(x)$，$\lim\limits_{x\to -3}f(x)$，指出间断点的类型.

4. 计算下列极限：

(1) $\lim\limits_{x\to 0}\sqrt{x^2-2x+9}$；　　(2) $\lim\limits_{x\to 0}\ln(3+6x-x^2)$；

(3) $\lim\limits_{x\to 0}\ln\dfrac{\tan x}{x}$；　　(4) $\lim\limits_{x\to\infty}e^{\frac{1}{x}}$.

习题 1-6（B）

1. 求下列极限：

(1) $\lim\limits_{x\to\frac{\pi}{4}}(\sin 2x)^3$；　　(2) $\lim\limits_{x\to 1}\left(\dfrac{x-1}{\sin x}\right)^3$；

(3) $\lim\limits_{x\to\frac{\pi}{6}}\ln(2\cos 2x)$；　　(4) $\lim\limits_{x\to 0}\dfrac{\sqrt{x+1}-1}{x}$；

(5) $\lim\limits_{x\to+\infty}(\sqrt{x^2+x}-\sqrt{x^2-x})$；　　(6) $\lim\limits_{x\to 0}\dfrac{\sqrt{1+\tan x}-\sqrt{1-\tan x}}{x}$.

2. 下列函数在给定点处间断，说明这些间断点的类型：

(1) $y=\dfrac{x^2-1}{x^2-3x+2}, x=1, x=2$；　　(2) $y=\dfrac{x}{\tan x}, x=\dfrac{k\pi}{2}\ (k=0,\pm1,\pm2,\cdots)$；

(3) $y=\cos^2\dfrac{1}{x}, x=0$；　　(4) $y=\begin{cases}x, & |x|\leqslant 1,\\ 1, & |x|>1,\end{cases}$ $x=-1$.

3. 证明方程 $x^4-4x+2=0$ 至少有一个根介于 1 和 2 之间.

4. 证明方程 $x=a\sin x+b(a>0,b>0)$ 至少有一个正根，并且它不超过 $a+b$.

5. 设函数 $f(x)=\begin{cases}e^x, & x<0,\\ a+x, & x\geqslant 0,\end{cases}$ 应当如何选择数 a，使得 $f(x)$ 成为在 $(-\infty,+\infty)$ 内的连续函数？

6. 研究下列函数的连续性，并画出函数的图形：

$$f(x)=\begin{cases}x^2, & 0\leqslant x\leqslant 1,\\ 2-x, & 1<x<2,\\ x+1, & 2\leqslant x\leqslant 3.\end{cases}$$

本章内容小结

本章是为学习后面几章内容做准备的，后几章遇到的函数主要是初等函数. 极限是描述数列和函数变化趋势的重要概念，是从近似认识精确、从有限认识无限、从量变到质变的一种数学方法，是学习后面几章的基本思想和方法. 连续概念是函数的一种特性，函数在某点存在极限与在该点连续是有区别的，一切初等函数在其定义区间内都是连续的.

1. 几个重要概念：函数的概念，基本初等函数、复合函数和初等函数的概念，函数极限的定义，函数极限的运算法则，两个重要极限，无穷小与无穷大的概念，函数连续性的概念以及闭区间上连续函数的性质.

2. 函数是微积分研究的对象，要熟练掌握函数定义域的求法和函数值的计算，熟悉常见基本初等函数的图象，利用图象了解它们的性质，从而理解复合函数和初等函数的概念.

3. 极限的概念是本章内容的重点，应理解它的定义以及各种求极限的方法.

4. 无穷小和无穷大是两类具有特殊变化趋势的函数，不指出自变量的变化过程，笼统地说某个函数是无穷小或无穷大是没有意义的，同时要理解无穷小和无穷大两者的关系.

5. 熟记几个常用的基本极限：

(1) $\lim\limits_{x\to x_0}C=C$ (C 为常数)；　(2) $\lim\limits_{x\to x_0}x=x_0$；

(3) $\lim\limits_{x\to\infty}\dfrac{1}{x}=0$；　(4) $\lim\limits_{x\to\infty}\dfrac{1}{x^\alpha}=0$ (α 为正实数)；

(5) 当 $a_0\neq0,b_0\neq0,m\in\mathbf{N}_+,n\in\mathbf{N}_+$ 时，

$$\lim_{x\to\infty}\frac{a_0x^n+a_1x^{n-1}+\cdots+a_n}{b_0x^m+b_1x^{m-1}+\cdots+b_m}=\begin{cases}\dfrac{a_0}{b_0}, & n=m,\\ 0, & n<m,\\ \infty, & n>m.\end{cases}$$

6. 掌握求极限的几种方法：

(1) 利用函数的连续性求极限；

(2) 利用极限的四则运算法则求极限；

(3) 利用无穷小的性质求极限；

(4) 利用无穷大与无穷小的倒数关系求极限；

(5) 利用两个重要极限求极限；

(6) 利用变量代换求极限；

(7) 利用等价无穷小的替换定理求极限.

7. 连续是函数的一个重要性态，应注意函数在一点连续的两个定义的内在联系，掌握函数在区间连续的概念，并能判断函数的间断点，了解闭区间上连续函数的性质.

自测题一

1. 填空题：

(1) 函数 $f(x)=\dfrac{x}{\ln(x-1)}+\sqrt{x^2-3x-4}$ 的定义域为__________；

(2) 设 $f(x+1)=x^2+2x-5$，则 $f(x)=$__________；

(3) $\lim\limits_{x\to1}(\ln x-x^2-1)=$__________；　(4) $\lim\limits_{x\to-3}\dfrac{x^2-x-12}{x^2+4x+3}=$__________；

(5) $\lim\limits_{x\to1}\dfrac{x}{x-1}=$__________；　(6) $\lim\limits_{x\to\infty}\dfrac{(2x-1)^{10}}{(3x^2-1)^5}=$__________；

(7) 设 $f(x)=\begin{cases}x-1, & x<1,\\ 2x+1, & 1\leqslant x\leqslant2,\\ x^2+1, & x>2,\end{cases}$ 则

$\lim\limits_{x\to1}f(x)=$__________，$\lim\limits_{x\to2}f(x)=$__________，$\lim\limits_{x\to3}f(x)=$__________；

(8) 当 $x \to$ ______ 时，$f(x)=\dfrac{(x-1)(x+2)}{(x-1)(x+3)}$ 是无穷大，当 $x \to$ ______ 时，$f(x)=\dfrac{(x-1)(x+2)}{(x-1)(x+3)}$ 是无穷小；

(9) 设 $f(x)=x \cdot \sin\dfrac{1}{x}$，$g(x)=\dfrac{\sin x}{x}$，则 $\lim\limits_{x\to 0} f(x)=$ ______，$\lim\limits_{x\to\infty} f(x)=$ ______，$\lim\limits_{x\to 0} g(x)=$ ______，$\lim\limits_{x\to\infty} g(x)=$ ______.

2. 选择题：

(1) 函数 $f(x)$ 在点 x_0 处连续是极限 $\lim\limits_{x\to x_0} f(x)$ 存在的 ( )

A. 必要条件　　B. 充分条件

C. 充分必要条件　　D. 既非充分也非必要条件

(2) 若 $\lim\limits_{x\to x_0^-} f(x)=\lim\limits_{x\to x_0^+} f(x)=A$，则下列说法正确的是 ( )

A. $f(x)$ 在点 x_0 处有定义　　B. $f(x)$ 在点 x_0 处连续

C. $\lim\limits_{x\to x_0} f(x)=A$　　D. $f(x_0)=A$

(3) 设 $f(x)=\dfrac{|x-2|}{x-2}$，则 $\lim\limits_{x\to 2} f(x)$ 等于 ( )

A. -1　　B. 1　　C. 不存在　　D. 0

(4) 下列说法正确的是 ( )

A. 初等函数是由基本函数经复合得到的

B. 无穷小的倒数是无穷大

C. 函数 $f(x)$ 在 x_0 处存在极限，必在 x_0 处有定义

D. 函数 $y=\ln x^5$ 和 $y=5\ln x$ 是相等的

(5) 函数 $y=\ln\cos(3x+1)$ 的复合过程是 ( )

A. $y=\ln u, u=\cos v, v=3x+1$

B. $y=u, u=\ln\cos v, v=3x+1$

C. $y=\ln u, u=\cos(3x+1)$

D. $y=\ln u, u=v, v=\cos(3x+1)$

(6) 设 $f(x)=\dfrac{e^x-1}{x}$，则 $x=0$ 是函数 $f(x)$ 的 ( )

A. 连续点　　B. 可去间断点　　C. 跳跃间断点　　D. 第二类间断点

(7) 当 $x\to 0^+$ 时，下列变量是无穷小的是 ( )

A. $\ln x$　　B. $\dfrac{\sin x}{x}$　　C. $\dfrac{\cos x}{x}$　　D. $\dfrac{x}{\cos x}$

(8) $\lim\limits_{x\to 0}\dfrac{(e^{-x}-1)\ln(1-x)}{\sin^2 x}$ 等于 ( )

A. 1　　B. -1　　C. 0　　D. ∞

3. 求下列极限：

(1) $\lim\limits_{x\to 1}\dfrac{x^2+x+3}{x+1}$；　　(2) $\lim\limits_{x\to 0}\dfrac{\sqrt{x+4}-2}{x}$；

(3) $\lim\limits_{x\to 1}\dfrac{x^2+4x-5}{x^2-1}$；

(4) $\lim\limits_{x\to\infty}\dfrac{2x^3+1}{3x^4+x^2-5}$；

(5) $\lim\limits_{x\to\infty}\dfrac{2x^3+x-1}{3x^2+x+1}$；

(6) $\lim\limits_{x\to\infty}\dfrac{4x^2+4x+3}{3x^2+5x-6}$；

(7) $\lim\limits_{x\to 0}x\left(\sin\dfrac{1}{x}-\dfrac{1}{\sin 2x}\right)$；

(8) $\lim\limits_{x\to 0}\dfrac{\tan 6x}{\sin 3x}$；

(9) $\lim\limits_{x\to 0}(1-2x)^{\frac{1}{x}}$；

(10) $\lim\limits_{x\to\infty}\left(\dfrac{x-1}{x+1}\right)^{2x}$；

(11) $\lim\limits_{x\to 0}\left(\dfrac{1}{\sin x}-\dfrac{1}{\tan x}\right)$；

(12) $\lim\limits_{x\to 0}\dfrac{\sqrt[3]{1-4x}-1}{\tan 4x}$.

4. 设 $f(x)=\begin{cases}e^x-1, & x\leqslant 0,\\ 3x+1, & 0<x<1,\\ (x+1)^2, & x\geqslant 1,\end{cases}$ 求$\lim\limits_{x\to 0}f(x)$，$\lim\limits_{x\to 1}f(x)$.

5. 设 $f(x)=\begin{cases}x\sin\dfrac{1}{x}, & x>0,\\ a+x^2, & x\leqslant 0,\end{cases}$ 要使 $f(x)$在$(-\infty,+\infty)$内连续，应怎样选择数 a？

6. 设 $f(x)=\begin{cases}3x+2, & x\leqslant -1,\\ \dfrac{\ln(x+2)}{x+1}+a, & -1<x<0,\\ -2+x+b, & x\geqslant 0\end{cases}$ 在$(-\infty,+\infty)$内连续，求 a，b 的值.

7. 验证方程 $x^3-4x^2+1=0$ 在区间$(0,1)$内至少有一个根.

8. 求函数 $f(x)=\dfrac{1}{1-e^{\frac{x}{1-x}}}$的间断点，并对间断点进行分类.

第 2 章 导数和微分

导数和微分是微分学中两个重要的概念.导数反映的是函数相对于自变量的变化率,微分反映了自变量有微小变化时函数本身相应变化的主要部分.

本章将从讨论一些非均匀变化现象的变化率和分析函数增量的近似表达的数学模型入手,抽象概括出导数和微分的概念;进而研究基本初等函数的导数和微分公式,以及常用的求导数和微分的法则与方法;最后在明确导数和微分的有关实际意义的基础上,讨论它们在几何、物理等方面的简单应用.

§2-1 导数的概念

一、两个实例

当我们在观察某一变量的变化状况时,首先是注意这个变化是急剧还是缓慢的,这就提出了怎样衡量变量变化快慢的问题,即如何把变化快慢数量化.

有这样一类变化,当我们在不同时刻观察时,它的快慢程度总是一致的,也就是说它的变化是均匀的.例如,质点的匀速直线运动,它的位移 $s(t)-s(0)$ 与所经过时间 t 的比,就是质点的运动速度,所以 $v=\frac{s(t)-s(0)}{t}=$常数.但是,实际问题中变量变化的快慢并不总是均匀的.请看下面的实例:

实例 1 变速直线运动的瞬时速度.

现在考察质点的自由落体运动.真空中,质点在时刻 $t=0$ 到时刻 t 这一时间段内下落的路程 s 由公式 $s=\frac{1}{2}gt^2$ 来确定.因为不同的时刻 t,质点在相同的时间段内下落的距离不等,所以运动不是匀速的,速度时刻在变化.现在来求 $t=1$ s 这一时刻质点的速度.

当 Δt 很小时,从 1 s 到 1 s$+\Delta t$ 这段时间内,质点运动的速度变化不大,可以以这段时间内的平均速度作为质点在 $t=1$ s 时速度的近似值.一般来讲,当 Δt 越小时,这种近似就越精确.现在我们来计算一下 t 从 1 s 分别到 1.1 s、1.01 s、1.001 s、1.0001 s、1.00001 s 各段时间内的平均速度,取 $g=9.8\ \text{m/s}^2$,所得数据如下表所示:

Δt(s)	Δs(m)	$\frac{\Delta s}{\Delta t}$(m/s)
0.1	1.029	10.29
0.01	0.09849	9.849
0.001	0.0098049	9.8049
0.0001	0.000980049	9.80049
0.00001	0.00009800049	9.800049

从表中可以看出，平均速度$\frac{\Delta s}{\Delta t}$随着 Δt 的变化而变化，Δt 越小，$\frac{\Delta s}{\Delta t}$越接近于一个定值——9.8 m/s. 考察下列各式：

$$\Delta s=\frac{1}{2}g\cdot(1+\Delta t)^2-\frac{1}{2}g\cdot 1^2=\frac{1}{2}g\cdot\left[2\cdot\Delta t+(\Delta t)^2\right],$$

$$\frac{\Delta s}{\Delta t}=\frac{1}{2}g\cdot\frac{2\Delta t+(\Delta t)^2}{\Delta t}=\frac{1}{2}g\cdot(2+\Delta t).$$

当 Δt 越来越接近于 0 时，$\frac{\Delta s}{\Delta t}$越来越接近于 1 s 时的“速度”. 对上式取 $\Delta t\to 0$ 的极限，得

$$\lim_{\Delta t\to 0}\frac{\Delta s}{\Delta t}=\lim_{\Delta t\to 0}\frac{1}{2}g(2+\Delta t)=9.8(\text{m/s}).$$

我们有理由认为这正是 $t=1$ s 时的速度. 称质点在 $t=1$ s 时的速度为质点在 $t=1$ s 时的**瞬时速度**.

一般地，设质点的位移规律是 $s=f(t)$，在时刻 t 时，时间有改变量 Δt，位移相应的改变量为 $\Delta s=f(t+\Delta t)-f(t)$，在时间段 t 到 $t+\Delta t$ 内的平均速度为

$$\bar{v}=\frac{\Delta s}{\Delta t}=\frac{f(t+\Delta t)-f(t)}{\Delta t}.$$

对平均速度取 $\Delta t\to 0$ 的极限，得

$$v(t)=\lim_{\Delta t\to 0}\frac{\Delta s}{\Delta t}=\lim_{\Delta t\to 0}\frac{f(t+\Delta t)-f(t)}{\Delta t},$$

称 $v(t)$ 为质点在时刻 t 时的瞬时速度.

从变化率的观点来看，平均速度 $\bar{v}$ 表示 s 关于 t 在时间段 t 到 $t+\Delta t$ 内的平均变化率，而瞬时速度 $v(t)$ 则表示 s 关于 t 在时刻 t 时的变化率.

实例 2　曲线的切线的斜率.

关于曲线在某一点的切线，我们在初中平面几何中学过：和圆周交于一点的直线称为圆的切线. 这一说法对圆来说是对的，但对其他曲线来说就未必成立.

现在研究一般曲线在某一点处的切线. 设方程为 $y=f(x)$ 的曲线 L 上一点 A 的坐标为 $(x_0, f(x_0))$，在曲线上点 A 附近另取一点 B，它的坐标是 $(x_0+\Delta x, f(x_0+\Delta x))$. 直线 AB 是曲线 L 的割线，它的倾斜角记作 β. 由图 2-1 中的 Rt△ACB 可知割线 AB 的斜率为

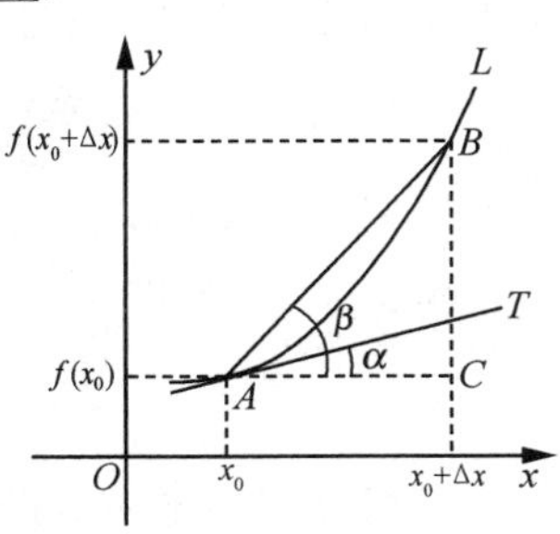

图 2-1

$$\tan\beta=\frac{CB}{AC}=\frac{\Delta y}{\Delta x}=\frac{f(x_0+\Delta x)-f(x_0)}{\Delta x}.$$

在数量上，它表示当自变量从 x 变到 $x+\Delta x$ 时，函数 $f(x)$

关于变量 x 的平均变化率(增长率或减小率).

现在让点 B 沿着曲线趋向于点 A,此时 $\Delta x\to 0$,过点 A 的割线 AB 如果也能趋向于一个极限位置——直线 AT,我们就称在点 A 处存在切线 AT. 记 AT 的倾斜角为 α,则 α 为 β 的极限. 若 $\alpha\neq 90^\circ$,根据正切函数的连续性,可得到切线 AT 的斜率为

$$\tan\alpha=\lim_{\Delta x\to 0}\tan\beta=\lim_{\Delta x\to 0}\frac{f(x_0+\Delta x)-f(x_0)}{\Delta x}.$$

在数量上,它表示函数 $f(x)$ 在 x_0 处的变化率.

在实践中经常会遇到类似于上述两个实例的问题,虽然它们表达问题的函数形式 $y=f(x)$ 和自变量 x 的具体内容不同,但本质都是求函数 y 关于自变量 x 在某一点 x 处的变化率,所有这类问题的基本分析方法都与上述两个实例相同:

(1) 自变量 x 作微小变化 Δx,求出函数自变量在这段内的平均变化率 $\overline{y}=\dfrac{\Delta y}{\Delta x}$,作为点 x 处变化率的近似值;

(2) 对 $\overline{y}$ 求 $\Delta x\to 0$ 时的极限 $\lim\limits_{\Delta x\to 0}\dfrac{\Delta y}{\Delta x}$,若它存在,这个极限即为 y 在点 x 处变化率的精确值.

二、导数的定义

1. 函数在一点处可导的概念

现在我们把这种分析方法应用到一般的函数,得到函数导数的概念.

定义 设函数 $y=f(x)$ 在点 x_0 的某个邻域内有定义,对应于自变量 x 在 x_0 处有改变量 Δx($x_0+\Delta x$ 仍在上述邻域内),函数 $y=f(x)$ 有相应的改变量 $\Delta y=f(x_0+\Delta x)-f(x_0)$. 若这两个改变量的比

$$\frac{\Delta y}{\Delta x}=\frac{f(x_0+\Delta x)-f(x_0)}{\Delta x}$$

当 $\Delta x\to 0$ 时存在极限,即 $\lim\limits_{\Delta x\to 0}\dfrac{\Delta y}{\Delta x}$ 存在,我们就称**函数** $y=f(x)$ **在点** x_0 **处可导**,并把这一极限称为**函数** $y=f(x)$ **在点** x_0 **处的导数**,记作 $y'|_{x=x_0}$ 或 $f'(x_0)$ 或 $\left.\dfrac{\mathrm{d}y}{\mathrm{d}x}\right|_{x=x_0}$ 或 $\left.\dfrac{\mathrm{d}f(x)}{\mathrm{d}x}\right|_{x=x_0}$,即

$$y'|_{x=x_0}=f'(x_0)=\lim_{\Delta x\to 0}\frac{f(x_0+\Delta x)-f(x_0)}{\Delta x}. \tag{1}$$

比值 $\dfrac{\Delta y}{\Delta x}$ 表示函数 $y=f(x)$ 从 x_0 到 $x_0+\Delta x$ 的平均变化率,导数 $y'|_{x=x_0}$ 则表示了函数在点 x_0 处的变化率,它反映了函数 $y=f(x)$ 在点 x_0 处变化的快慢.

如果当 $\Delta x\to 0$ 时 $\dfrac{\Delta y}{\Delta x}$ 的极限不存在,我们就称函数 $y=f(x)$ 在点 x_0 处不可导或导数不存在.

在定义中,若设 $x=x_0+\Delta x$,则(1)式可写成

$$f'(x_0)=\lim_{x\to x_0}\frac{f(x)-f(x_0)}{x-x_0}. \tag{2}$$

根据导数的定义,可得到求函数在点 x_0 处导数的步骤如下:

第一步 求函数的改变量 $\Delta y=f(x_0+\Delta x)-f(x_0)$;

第二步　求比值$\dfrac{\Delta y}{\Delta x}=\dfrac{f(x_0+\Delta x)-f(x_0)}{\Delta x}$；

第三步　求极限 $f'(x_0)=\lim\limits_{\Delta x\to 0}\dfrac{\Delta y}{\Delta x}$.

例 1　求函数 $y=f(x)=x^2$ 在点 $x=2$ 处的导数.

解　因为 $\Delta y=f(2+\Delta x)-f(2)=(2+\Delta x)^2-2^2=4\Delta x+(\Delta x)^2$，所以

$$\frac{\Delta y}{\Delta x}=\frac{4\Delta x+(\Delta x)^2}{\Delta x}=4+\Delta x,$$

所以$\lim\limits_{\Delta x\to 0}\dfrac{\Delta y}{\Delta x}=\lim\limits_{\Delta x\to 0}(4+\Delta x)=4$，即 $y'|_{x=2}=4$.

第一章中我们已经学过左、右极限的概念，因此可以用左、右极限相应地定义左、右导数.

当左极限 $\lim\limits_{\Delta x\to 0^-}\dfrac{f(x_0+\Delta x)-f(x_0)}{\Delta x}$存在时，称其极限值为函数 $y=f(x)$在点 x_0处的**左导数**，记作 $f'_-(x_0)$；同理，当右极限 $\lim\limits_{\Delta x\to 0^+}\dfrac{f(x_0+\Delta x)-f(x_0)}{\Delta x}$存在时，称其极限值为函数 $y=f(x)$在点 x_0处的**右导数**，记作 $f'_+(x_0)$.

根据极限与左、右极限之间的关系，立即可得：

$f'(x_0)$存在$\Leftrightarrow f'_-(x_0)$和 $f'_+(x_0)$同时存在且 $f'_-(x_0)=f'_+(x_0)$.

2. 导函数的概念

如果函数 $y=f(x)$在开区间(a,b)内每一点处都可导，就称函数 $y=f(x)$在开区间(a,b)内可导. 这时，对开区间(a,b)内每一个确定的值 x_0都对应着一个确定的导数 $f'(x_0)$，这样就在开区间(a,b)内构成了一个新的函数，我们把这一新的函数称为 $f(x)$的**导函数**，记作 $f'(x)$或 y'或$\dfrac{\mathrm{d}y}{\mathrm{d}x}$.

根据导数的定义，可得出导函数

$$f'(x)=y'=\lim_{\Delta x\to 0}\frac{\Delta y}{\Delta x}=\lim_{\Delta x\to 0}\frac{f(x+\Delta x)-f(x)}{\Delta x}. \tag{3}$$

导函数也简称为导数. 今后，如不特别指明求某一点处的导数，就是指求导函数. 但要注意：函数 $y=f(x)$的导函数 $f'(x)$与函数 $y=f(x)$在点 x_0处的导数$f'(x_0)$是有区别的，$f'(x)$是 x 的函数，而 $f'(x_0)$是一个数值；但它们又是有联系的，$f(x)$在点 x_0处的导数 $f'(x_0)$就是导函数 $f'(x)$在点 x_0处的函数值. 这样，如果知道了导函数 $f'(x)$，要求 $f(x)$在点 x_0处的导数，只要把 $x=x_0$代入导函数 $f'(x)$中去求函数值就可以了.

下面，我们根据导数的定义来求常数和几个基本初等函数的导数.

例 2　求函数 $y=C$（C 为常数）的导数.

解　因为 $\Delta y=C-C=0$，$\dfrac{\Delta y}{\Delta x}=\dfrac{0}{\Delta x}=0$，所以 $y'=\lim\limits_{\Delta x\to 0}\dfrac{\Delta y}{\Delta x}=0$，即

$$(C)'=0\text{（常数的导数恒等于零）}.$$

例 3　求函数 $y=x^n$（$n\in\mathbf{N},x\in\mathbf{R}$）的导数.

解　因为$\Delta y=(x+\Delta x)^n-x^n=nx^{n-1}\Delta x+C_n^2x^{n-2}(\Delta x)^2+\cdots+(\Delta x)^n$，

$$\frac{\Delta y}{\Delta x}=nx^{n-1}+C_n^2x^{n-2}\Delta x+\cdots+(\Delta x)^{n-1},$$

所以有 $$y'=\lim_{\Delta x\to 0}\frac{\Delta y}{\Delta x}=\lim_{\Delta x\to 0}[nx^{n-1}+C_n^2x^{n-2}\Delta x+\cdots+(\Delta x)^{n-1}]=nx^{n-1},$$

即 $$(x^n)'=nx^{n-1}.$$

可以证明，一般的幂函数 $y=x^\alpha(\alpha\in\mathbf{R},x>0)$ 的导数为 $(x^\alpha)'=\alpha x^{\alpha-1}$.

例如，$\sqrt{x}'=(x^{\frac{1}{2}})'=\frac{1}{2}x^{-\frac{1}{2}}=\frac{1}{2\sqrt{x}}$，　$\left(\frac{1}{x}\right)'=(x^{-1})'=-x^{-2}=-\frac{1}{x^2}$.

例 4　求函数 $y=\sin x(x\in\mathbf{R})$ 的导数.

解 $$\lim_{\Delta x\to 0}\frac{\Delta y}{\Delta x}=\frac{\sin(x+\Delta x)-\sin x}{\Delta x}=\lim_{\Delta x\to 0}\frac{2\cos\left(x+\frac{\Delta x}{2}\right)\sin\frac{\Delta x}{2}}{\Delta x}$$

$$=\lim_{\Delta x\to 0}\cos\left(x+\frac{\Delta x}{2}\right)\cdot\frac{\sin\frac{\Delta x}{2}}{\frac{\Delta x}{2}}=\cos x,$$

即 $$(\sin x)'=\cos x.$$

用类似的方法可以求得 $y=\cos x(x\in\mathbf{R})$ 的导数为 $(\cos x)'=-\sin x$.

例 5　求函数 $y=\log_a x$ 的导数 $(a>0,a\neq 1,x>0)$.

解 $$\lim_{\Delta x\to 0}\frac{\Delta y}{\Delta x}=\lim_{\Delta x\to 0}\frac{\log_a(x+\Delta x)-\log_a x}{\Delta x}=\lim_{\Delta x\to 0}\frac{1}{\Delta x}\log_a\frac{x+\Delta x}{x}$$

$$=\lim_{\Delta x\to 0}\frac{1}{x}\cdot\frac{x}{\Delta x}\log_a\left(1+\frac{\Delta x}{x}\right)=\frac{1}{x}\lim_{\Delta x\to 0}\log_a\left(1+\frac{\Delta x}{x}\right)^{\frac{x}{\Delta x}}=\frac{1}{x\ln a},$$

即 $$(\log_a x)'=\frac{1}{x\ln a}.$$

特别地，当 $a=\mathrm{e}$ 时，由上式得到自然对数函数的导数：$(\ln x)'=\frac{1}{x}$.

三、导数的几何意义

在实例 2 中我们可以得到结论：方程为 $y=f(x)$ 的曲线 L 在点 $A(x_0,f(x_0))$ 处存在非垂直切线，与 $y=f(x)$ 在 x_0 处存在极限 $\lim\limits_{\Delta x\to 0}\frac{f(x_0+\Delta x)-f(x_0)}{\Delta x}$ 是等价的，且极限就是 L 在点 A 处切线的斜率. 根据导数的定义，这正好表示函数 $y=f(x)$ 在 x_0 处可导，且极限就是导数值 $f'(x_0)$. 由此可得结论：

方程为 $y=f(x)$ 的曲线，在点 $A(x_0,f(x_0))$ 处存在非垂直切线 AT（图 2-1）的充分必要条件是 $f(x)$ 在 x_0 处存在导数 $f'(x_0)$，且切线 AT 的斜率 $k=f'(x_0)$.

这个结论一方面给出了导数的几何意义——函数 $y=f(x)$ 在 x_0 处的导数 $f'(x_0)$ 就是函数对应的曲线在点 $(x_0,f(x_0))$ 处切线的斜率，另一方面也可立即得到切线的方程为

$$y-f(x_0)=f'(x_0)(x-x_0).\tag{4}$$

过切点 $A(x_0,f(x_0))$ 且垂直于切线的直线，称为曲线 $y=f(x)$ 在点 $A(x_0,f(x_0))$ 处的法线. 当切线非水平（即 $f'(x_0)\neq 0$）时的法线方程为

$$y-f(x_0)=-\frac{1}{f'(x_0)}(x-x_0).\tag{5}$$

例 6　求曲线 $y=\sin x$ 在点 $\left(\frac{\pi}{6},\frac{1}{2}\right)$ 处的切线和法线方程.

解　$(\sin x)'|_{x=\frac{\pi}{6}}=\cos x|_{x=\frac{\pi}{6}}=\frac{\sqrt{3}}{2}$，据公式(4)和(5)即得所求的切线和法线方程分别为

$$y-\frac{1}{2}=\frac{\sqrt{3}}{2}\left(x-\frac{\pi}{6}\right),\quad y-\frac{1}{2}=-\frac{2\sqrt{3}}{3}\left(x-\frac{\pi}{6}\right).$$

例 7　求曲线 $y=\ln x$ 上平行于直线 $y=2x$ 的切线方程.

解　设切点为 $A(x_0,y_0)$，则曲线在点 A 处的切线的斜率为 $y'(x_0)=(\ln x)'|_{x=x_0}=\frac{1}{x_0}$. 由切线平行于直线 $y=2x$，得 $\frac{1}{x_0}=2$，即 $x_0=\frac{1}{2}$. 又切点位于曲线上，因而 $y_0=\ln\frac{1}{2}=-\ln 2$. 故所求的切线方程为 $y+\ln 2=2\left(x-\frac{1}{2}\right)$，即 $y=2x-1-\ln 2$.

四、可导和连续的关系

如果函数 $y=f(x)$ 在点 x_0 处可导，即存在极限 $\lim\limits_{\Delta x\to 0}\frac{\Delta y}{\Delta x}=f(x_0)$，那么

$$\frac{\Delta y}{\Delta x}=f'(x_0)+\alpha(\lim_{\Delta x\to 0}\alpha=0)\text{或 }\Delta y=f'(x)\Delta x+\alpha\cdot\Delta x(\lim_{\Delta x\to 0}\alpha=0),$$

所以 $\lim\limits_{\Delta x\to 0}\Delta y=\lim\limits_{\Delta x\to 0}[f'(x_0)\Delta x+\alpha\cdot\Delta x]=0$. 这表明函数 $y=f(x)$ 在点 x_0 处连续.

但函数 $y=f(x)$ 在点 x_0 处连续，却不一定在 x_0 处可导. 例如，$y=|x|$（图 2-2）和 $y=\sqrt[3]{x}$（图 2-3 ）在 $x=0$ 处都连续但却不可导（前者是因为在 $x=0$ 处左、右极限分别为 -1 和 1，所以导数不存在；后者是因为 $k=\tan\alpha$ 不存在，但是在点 $(0,0)$ 处存在垂直于 x 轴的切线）.

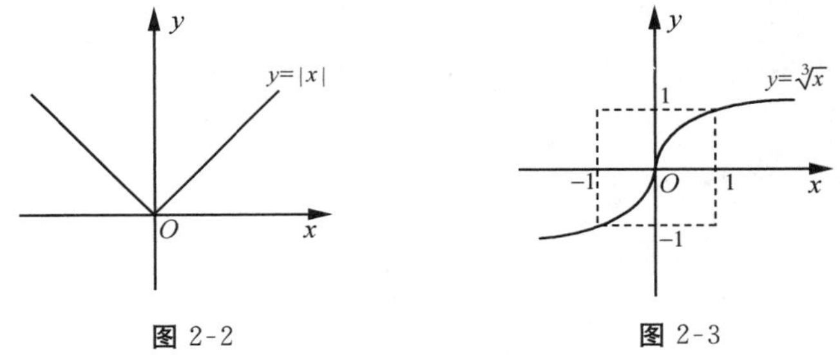

图 2-2　　　　图 2-3

通过以上讨论，我们得到以下结论：

若函数 $y=f(x)$ 在点 x_0 处可导，则函数 $y=f(x)$ 一定在 x_0 处连续；若函数 $y=f(x)$ 在点 x_0 处连续，则不能断定函数 $y=f(x)$ 在 x_0 处可导.

例 8　设函数 $f(x)=\begin{cases}x^2, & x\geqslant 0,\\ x+1, & x<0,\end{cases}$ 讨论函数 $f(x)$ 在 $x=0$ 处的连续性和可导性.

解　因为　$\lim\limits_{x\to 0^-}f(x)=\lim\limits_{x\to 0^-}(x+1)=1\neq f(0)=0$，

所以 $f(x)$ 在 x_0 处不连续. 由以上结论可知，$f(x)$ 在 x_0 处不可导.

习题 2-1（A）

1. (1) $f'(x_0)=[f(x_0)]'$ 是否成立？

(2) 若函数 $y=f(x)$ 在点 x_0 处的导数不存在，则曲线 $y=f(x)$ 在点 $(x_0,f(x_0))$ 处的切

线是否存在？

(3) 函数 $y=f(x)$ 在点 x_0 处可导与连续的关系是什么？

2. 设物体做直线运动的方程为 $s=3t^2-5t$，求：

(1) 物体从时刻 t_0 到 $t_0+\Delta t$ 的平均速度； (2) 物体在时刻 t_0 的瞬时速度.

3. 根据导数的定义，求下列函数在指定点处的导数：

(1) $y=2x^2-3x+1, x=-1$； (2) $y=\sqrt{x}-1, x=4$.

4. 设函数 $f(x)=\begin{cases} x+2, & 0\leqslant x<1, \\ 3x-1, & x\geqslant 1, \end{cases}$ $f(x)$ 在 $x=1$ 是否可导？为什么？

习题 2-1 (B)

1. 根据导数的定义，求下列函数的导数：

(1) $y=x^3$； (2) $y=\dfrac{2}{x}$.

2. 已知一抛物线 $y=x^2$，求：

(1) 该抛物线在 $x=1$ 和 $x=3$ 处的切线的斜率；

(2) 该抛物线上何点处的切线与 Ox 轴正向成 $45°$ 角.

3. 曲线 $y=x^3$ 和曲线 $y=x^2$ 在何点处的切线斜率相同？

4. 设 $f(x)=(x-a)\varphi(x)$，其中 $\varphi(x)$ 在 $x=a$ 处连续，求 $f'(a)$.

5. 求曲线 $y=\log_3 x$ 在 $x=3$ 处的切线和法线方程.

6. 讨论下列函数在指定点处的连续性和可导性：

(1) $f(x)=\begin{cases} x, & x<0, \\ \ln(1+x), & x\geqslant 0 \end{cases}$ 在 $x=0$ 处；

(2) $f(x)=\begin{cases} \sin(x-1), & x\neq 1, \\ 0, & x=1 \end{cases}$ 在 $x=1$ 处.

§2-2 导数的基本公式和求导四则运算法则

上一节我们以实际问题为背景给出了函数导数的概念，并用导数的定义求得了常数函数、正弦函数、余弦函数、对数函数及幂函数的导数. 从前面的例题中可以看出，对一般的函数，用定义求它的导数是极为复杂、困难的，也是没有必要的. 因此，我们总是希望找到一些基本公式与运算法则，借助它们简化求导数的计算. 本节和后面几节将建立一系列的求导法则和方法，以已经得到的五个函数的导数为基础，导出所有基本初等函数的导数. 所有基本初等函数的导数称为导数的基本公式. 有了导数基本公式，再利用求导法则和方法，原则上就可以求出全部初等函数的导数. 因此，求初等函数的导数必须做到：第一，熟记导数基本公式；第二，熟练掌握求导法则和方法.

为了让读者尽快熟悉导数，先列出导数基本公式，再逐步利用求导法则予以验证.

一、导数的基本公式

1. $(C)'=0$；　　2. $(x^{\alpha})'=\alpha x^{\alpha-1}$；

3. $(\sin x)'=\cos x$；　　4. $(\cos x)'=-\sin x$；

5. $(\tan x)'=\sec^2 x$；　　6. $(\cot x)'=-\csc^2 x$；

7. $(\sec x)'=\sec x\tan x$；　　8. $(\csc x)'=-\csc x\cot x$；

9. $(a^x)'=a^x\ln a$；　　10. $(\mathrm{e}^x)'=\mathrm{e}^x$；

11. $(\log_a x)'=\dfrac{1}{x\ln a}$；　　12. $(\ln x)'=\dfrac{1}{x}$；

13. $(\arcsin x)'=\dfrac{1}{\sqrt{1-x^2}}$；　　14. $(\arccos x)'=-\dfrac{1}{\sqrt{1-x^2}}$；

15. $(\arctan x)'=\dfrac{1}{1+x^2}$；　　16. $(\mathrm{arccot}\, x)'=-\dfrac{1}{1+x^2}$.

二、导数的四则运算法则

设 $u=u(x)$，$v=v(x)$都是可导函数，则有

(1) 和差法则：$(u\pm v)'=u'\pm v'$.

(2) 乘法法则：$(uv)'=u'v+uv'$.

特别地，$(Cu)'=Cu'$（C 是常数）.

(3) 除法法则：$\left(\dfrac{u}{v}\right)'=\dfrac{u'v-uv'}{v^2}(v\neq 0)$.

注意　法则1、法则2都可以推广到有限多个函数的情形，即若 $u_1,u_2,\cdots,u_n$ 均为可导函数，则

$$(u_1\pm u_2\pm\cdots\pm u_n)'=u_1'\pm u_2'\pm\cdots\pm u_n',$$

$$(u_1u_2\cdots u_n)'=u_1'u_2\cdots u_n+u_1u_2'\cdots u_n+\cdots+u_1u_2\cdots u_n'.$$

以上三个法则都可以用导数的定义和极限的运算法则来验证.下面给出乘法法则的验证过程.

证明　设 $\Delta u=u(x+\Delta x)-u(x)$，$\Delta v=v(x+\Delta x)-v(x)$，则

$$u(x+\Delta x)=u(x)+\Delta u,v(x+\Delta x)=v(x)+\Delta v,$$

于是　$$(uv)'=\lim_{\Delta x\to 0}\frac{u(x+\Delta x)v(x+\Delta x)-u(x)v(x)}{\Delta x}$$

$$=\lim_{\Delta x\to 0}\frac{[u(x)+\Delta u][v(x)+\Delta v]-u(x)v(x)}{\Delta x},$$

即　$$(uv)'=\lim_{\Delta x\to 0}\left[\frac{\Delta u}{\Delta x}v(x)+u(x)\frac{\Delta v}{\Delta x}+\frac{\Delta u}{\Delta x}\Delta v\right].$$

由于 $v(x)$在 x 处可导，因此在 x 处连续，当 $\Delta x\to 0$ 时有 $\Delta v\to 0$.则

$$\lim_{\Delta x\to 0}\left[\frac{\Delta u}{\Delta x}v(x)\right]=u'(x)v(x),\lim_{\Delta x\to 0}\left[\frac{\Delta v}{\Delta x}u(x)\right]=u(x)v'(x),\lim_{\Delta x\to 0}\left(\frac{\Delta u}{\Delta x}\Delta v\right)=0,$$

代入上式即得所证法则.

例1　设函数 $f(x)=2x^2-3x+\sin\dfrac{\pi}{7}+\ln 2$，求 $f'(x)$，$f'(1)$.

解　注意到 $\sin\dfrac{\pi}{7}$，$\ln 2$ 都是常数，则有

$$f'(x)=\left(2x^2-3x+\sin\frac{\pi}{7}+\ln 2\right)'=(2x^2)'-(3x)'+\left(\sin\frac{\pi}{7}\right)'+(\ln 2)'$$
$$=2(x^2)'-3(x)'+0+0=4x-3,$$

从而 $f'(1)=4\times 1-3=1$.

例 2 设函数 $y=\tan x$,求 y'(见导数基本公式 5).

解 $y'=(\tan x)'=\left(\dfrac{\sin x}{\cos x}\right)'=\dfrac{(\sin x)'\cos x-\sin x(\cos x)'}{\cos^2 x}=\dfrac{\cos^2 x+\sin^2 x}{\cos^2 x}=\dfrac{1}{\cos^2 x}$,

即
$$(\tan x)'=\sec^2 x.$$

同理可验证导数基本公式 6:$(\cot x)'=-\csc^2 x$.

例 3 设函数 $y=\sec x$,求 y'(见导数基本公式 7).

解 $y'=(\sec x)'=\left(\dfrac{1}{\cos x}\right)'=\dfrac{0-1\cdot(\cos x)'}{\cos^2 x}=\dfrac{\sin x}{\cos^2 x}$,

即
$$(\sec x)'=\sec x\tan x.$$

同理可验证导数基本公式 8:$(\csc x)'=-\csc x\cot x$.

例 4 设函数 $f(x)=x+x^2+x^3\sec x$,求 $f'(x)$.

解 $f'(x)=1+2x+(x^3)'\sec x+x^3(\sec x)'=1+2x+3x^2\sec x+x^3\sec x\tan x$.

例 5 设函数 $y=\dfrac{1+\tan x}{\tan x}-2\log_2 x+x\sqrt{x}$,求 y'.

解 改写 $y=1+\cot x-2\log_2 x+x^{\frac{3}{2}}$,由此求得 $y'=-\csc^2 x-\dfrac{2}{x\ln 2}+\dfrac{3}{2}\sqrt{x}$.

例 6 设函数 $g(x)=\dfrac{(x^2-1)^2}{x^2}$,求 $g'(x)$.

解 改写 $g(x)=x^2-2+x^{-2}$,由此求得 $g'(x)=2x-2x^{-3}=\dfrac{2}{x^3}(x^4-1)$.

例 7 设函数 $f(x)=\dfrac{\arctan x}{1+\sin x}$,求 $f'(x)$.

解 $f'(x)=\dfrac{(\arctan x)'(1+\sin x)-\arctan x(1+\sin x)'}{(1+\sin x)^2}$

$$=\frac{\frac{1}{1+x^2}(1+\sin x)-\arctan x\cdot\cos x}{(1+\sin x)^2}=\frac{(1+\sin x)-(1+x^2)\cdot\arctan x\cdot\cos x}{(1+x^2)(1+\sin x)^2}.$$

例 8 求曲线 $y=x^3-2x$ 上的垂直于直线 $x+y=0$ 的切线方程.

解 设所求切线切曲线于点(x_0,y_0),由于 $y'=3x^2-2$,直线 $x+y=0$ 的斜率为-1,所以所求切线的斜率为 $3x_0^2-2$,且 $3x_0^2-2=1$,解得 $x_0=\pm 1$. 由此得两点$(1,-1)$,$(-1,1)$.

所以所求的切线方程有两条:$y+1=x-1$,$y-1=x+1$,即 $y=x\pm 2$.

习题 2-2 (A)

1. 判断下列说法或式子是否正确:

(1) $(uv)'=u'v'$;

(2) $\left(\dfrac{u}{v}\right)'=\dfrac{u'}{v'}$;

(3) 若 $f(x)$ 在 x_0 处可导，$g(x)$ 在 x_0 处不可导，则 $f(x)+g(x)$ 在 x_0 处必不可导；

(4) 若 $f(x)$ 和 $g(x)$ 在 x_0 处都不可导，则 $f(x)+g(x)$ 在 x_0 处也不可导.

2. 求下列各函数的导数：

(1) $y=\ln x+3\cos x-5x$；　　(2) $y=x^2(1+\sqrt[3]{x})$；

(3) $y=\dfrac{\sin x}{x}$；　　(4) $y=x\csc x\arctan x$.

3. 求 $y=\sin x\cos x$ 在 $x=\dfrac{\pi}{6}$ 和 $x=\dfrac{\pi}{4}$ 处的导数.

习题 2-2 (B)

1. 求下列函数的导数：

(1) $y=\log_3 x-5\arccos x+2\sqrt[3]{x^2}$；　　(2) $y=\dfrac{x^2-3x+3}{\sqrt{x}}$；

(3) $y=\sqrt{x\sqrt{x\sqrt{x}}}$；　　(4) $y=\sqrt{x}\arcsin x$；

(5) $\rho=\dfrac{\varphi}{1-\cos\varphi}$；　　(6) $u=\dfrac{\arcsin v}{\arccos v}$；

(7) $y=\dfrac{1}{1+\sqrt{x}}-\dfrac{1}{1-\sqrt{x}}$；　　(8) $y=x\cos x\ln x$；

(9) $s=t\csc t-3\sec t$；　　(10) $s=\dfrac{1-\ln t}{1+\ln t}$.

2. 求下列函数在指定点处的导数值：

(1) $y=x^5+3\sin x, x=0, x=\dfrac{\pi}{2}$；　　(2) $f(x)=2x^2+3\operatorname{arccot}x, x=0, x=1$.

3. 曲线 $y=x^{\frac{3}{2}}$ 上哪一点处的切线与直线 $y=3x-1$ 平行？

§2-3　复合函数的导数

我们先来看下面的例子：

已知函数 $y=\sin 2x$，求 y'. 可能有人这样解题：

$$y'=(\sin 2x)'=\cos 2x.$$

这个结果对吗？让我们换一种方法求导：

$$y'=(\sin 2x)'=(2\sin x\cos x)'=2(\cos^2 x-\sin^2 x)=2\cos 2x.$$

到底哪个结果正确？后者有把握是对的，那前者肯定错了！那么错在哪儿呢？事实上，$y=\sin 2x$ 是由 $y=\sin u$，$u=2x$ 复合而成的复合函数，前者实际上是对中间变量 $u=2x$ 求导数，而不是对自变量 x 求导数. 但题目要求的是求自变量的导数，因此出了错. 这个例子启发我们，在讨论复合函数的导数时，由于出现了中间变量，求导时一定要弄清楚是函数对中间变量求导，还是对自变量求导.

对一般的复合函数，通常不能由现有的求导方法求得其导数，故我们需要引入复合函数的求导法则. 下面我们来推导复合函数的求导方法.

设函数 $u=\varphi(x)$ 在点 x_0 处可导,函数 $y=f(u)$ 在对应点 $u_0=\varphi(x_0)$ 处可导,求函数 $y=f[\varphi(x)]$ 在点 x_0 处的导数.

设 x 在 x_0 处有改变量 Δx,则对应的 u 有改变量 Δu,y 也有改变量 Δy. 因为 $u=\varphi(x)$ 在点 x_0 处可导,所以在 x_0 处连续. 因此,当 $\Delta x\to 0$ 时 $\Delta u\to 0$. 若 $\Delta u\neq 0$,由

$$\frac{\Delta y}{\Delta x}=\frac{\Delta y}{\Delta u}\cdot\frac{\Delta u}{\Delta x},\lim_{\Delta x\to 0}\frac{\Delta y}{\Delta u}=\lim_{\Delta u\to 0}\frac{\Delta y}{\Delta u}=f'(u_0),\lim_{\Delta x\to 0}\frac{\Delta u}{\Delta x}=\varphi'(x_0),$$

得 $$\{f[\varphi(x)]\}'|_{x=x_0}=\lim_{\Delta x\to 0}\frac{\Delta y}{\Delta x}=\lim_{\Delta u\to 0}\frac{\Delta y}{\Delta u}\cdot\lim_{\Delta x\to 0}\frac{\Delta u}{\Delta x}=f'(u_0)\cdot\varphi'(x_0),$$

即 $$y'_x\big|_{x=x_0}=y'_u\big|_{u=u_0}\cdot u'_x\big|_{x=x_0},$$

或 $$\left.\frac{\mathrm{d}y}{\mathrm{d}x}\right|_{x=x_0}=\left.\frac{\mathrm{d}y}{\mathrm{d}u}\right|_{u=u_0}\cdot\left.\frac{\mathrm{d}u}{\mathrm{d}x}\right|_{x=x_0}.$$

可以证明当 $\Delta u=0$ 时,上述公式仍然成立.

复合函数的求导法则 设函数 $u=\varphi(x)$ 在 x 处有导数 $u'_x=\varphi'(x)$,函数 $y=f(u)$ 在点 x 的对应点 u 处也有导数 $y'_u=f'(u)$,则复合函数 $y=f[\varphi(x)]$ 在点 x 处有导数,且

$$y'_x=y'_u\cdot u'_x \text{ 或 } \frac{\mathrm{d}y}{\mathrm{d}x}=\frac{\mathrm{d}y}{\mathrm{d}u}\cdot\frac{\mathrm{d}u}{\mathrm{d}x}.$$

这个法则可以推广到两个以上的中间变量的情形. 如果 $y=y(u)$,$u=u(v)$,$v=v(x)$,且在各对应点处的导数存在,则

$$y'_x=y'_u\cdot u'_v\cdot v'_x \text{ 或 } \frac{\mathrm{d}y}{\mathrm{d}x}=\frac{\mathrm{d}y}{\mathrm{d}u}\cdot\frac{\mathrm{d}u}{\mathrm{d}v}\cdot\frac{\mathrm{d}v}{\mathrm{d}x}.$$

通常称这个公式为复合函数求导的**链式法则**.

在对复合函数求导时,关键在于选取适当的中间变量,通常是把要计算的函数与基本初等函数进行比较,从而把复合函数分解成基本初等函数与复合中间变量或分解成基本初等函数与常数的和、差、积、商,化繁为简,逐层求导. 求导时,要按照复合次序,由最外层开始,向内一层一层地对中间变量求导,直到对自变量求导为止.

例 1 求函数 $y=\sin 2x$ 的导数.

解 令 $y=\sin u$,$u=2x$,则 $y'_x=y'_u\cdot u'_x=\cos u\cdot 2=2\cos 2x$.

例 2 求函数 $y=(3x+5)^2$ 的导数.

解 令 $y=u^2$,$u=3x+5$,则 $y'_x=y'_u\cdot u'_x=2u\cdot 3=6(3x+5)$.

例 3 求函数 $y=\ln(\sin x)^2$ 的导数.

解 令 $y=\ln u$,$u=v^2$,$v=\sin x$,则

$$y'_x=y'_u\cdot u'_v\cdot v'_x=\frac{1}{u}\cdot 2v\cdot\cos x=\frac{1}{\sin^2 x}\cdot 2\sin x\cdot\cos x=2\cot x.$$

上述几例详细地写出了中间变量及复合关系,熟练之后就不必写出中间变量,只要分析清楚函数的复合关系,心里记着而不必写出分解过程,中间变量代表什么就直接写什么,具体做法是逐步、反复地利用链式求导法则. 以例 2 来说,只是默想着用 u 去代替 $3x+5$,而不必把它写出来,运用复合函数的链式求导法则,得

$$y'=2(3x+5)\cdot(3x+5)'=6(3x+5).$$

这里,y'_x 可简单地写成 y',右下角的 x 不必再写出,因为 y 本来就是 x 的函数,又没有明确写出中间变量,所以不写 x 不会引起误解.

例 4　求函数 $y=\sqrt{a^2-x^2}$ 的导数.

解　把 (a^2-x^2) 看作中间变量，得

$$y=[(a^2-x^2)^{\frac{1}{2}}]'=\frac{1}{2}(a^2-x^2)^{\frac{1}{2}-1}\cdot(a^2-x^2)'$$

$$=\frac{1}{2\sqrt{a^2-x^2}}\cdot(-2x)=-\frac{x}{\sqrt{a^2-x^2}}.$$

例 5　求函数 $y=\ln(1+x^2)$ 的导数.

解　$y'=[\ln(1+x^2)]'=\frac{1}{1+x^2}\cdot(1+x^2)'=\frac{2x}{1+x^2}.$

例 6　求函数 $y=\sin^2\left(2x+\frac{\pi}{3}\right)$ 的导数.

解　$y'=\left[\sin^2\left(2x+\frac{\pi}{3}\right)\right]'=2\sin\left(2x+\frac{\pi}{3}\right)\cdot\left[\sin\left(2x+\frac{\pi}{3}\right)\right]'$

$$=2\sin\left(2x+\frac{\pi}{3}\right)\cdot\cos\left(2x+\frac{\pi}{3}\right)\cdot\left(2x+\frac{\pi}{3}\right)'$$

$$=2\sin\left(2x+\frac{\pi}{3}\right)\cdot\cos\left(2x+\frac{\pi}{3}\right)\cdot 2=2\sin\left(4x+\frac{2\pi}{3}\right).$$

本例中我们用了两次中间变量，遇到这种多层复合的情况，只要按照前面的方法一步一步地做下去，每一步用一个中间变量，使外层函数成为这个中间变量的基本初等函数，直到求出对自变量的导数.

例 7　求函数 $y=\cos\sqrt{x^2+1}$ 的导数.

解　$y'=-\sin\sqrt{x^2+1}\cdot(\sqrt{x^2+1})'=-\sin\sqrt{x^2+1}\cdot\frac{1}{2}(x^2+1)^{-\frac{1}{2}}\cdot(x^2+1)'$

$$=-\frac{\sin\sqrt{x^2+1}}{2\sqrt{x^2+1}}\cdot 2x=-\frac{x\sin\sqrt{x^2+1}}{\sqrt{x^2+1}}.$$

例 8　求函数 $y=\ln(x+\sqrt{x^2+1})$ 的导数.

解　$y'=\frac{1}{x+\sqrt{x^2+1}}\cdot(x+\sqrt{x^2+1})'=\frac{1}{x+\sqrt{x^2+1}}\cdot\left[1+(\sqrt{x^2+1})'\right]$

$$=\frac{1}{x+\sqrt{x^2+1}}\cdot\left[1+\frac{1}{2\sqrt{x^2+1}}\cdot(x^2+1)'\right]$$

$$=\frac{1}{x+\sqrt{x^2+1}}\cdot\left(1+\frac{x}{\sqrt{x^2+1}}\right)=\frac{1}{\sqrt{x^2+1}}.$$

例 9　已知 $y=\ln|x|(x\neq 0)$，求 y'.

解　当 $x>0$ 时，$y=\ln x$，据基本求导公式，有 $y'=\frac{1}{x}$；

当 $x<0$ 时，$y=\ln|x|=\ln(-x)$，所以 $y'=[\ln(-x)]'=\frac{1}{-x}\cdot(-x)'=\frac{1}{x}.$

综合得 $(\ln|x|)'=\frac{1}{x}.$

这也是常用的导数公式，必须熟记.

例 10　设 $f(x)$ 是可导的非零函数，$y=\ln|f(x)|$，求 y'.

解 由例 9 的结果立即可得 $y'=\dfrac{1}{f(x)}\cdot f'(x)$.

例 11 设函数 $f(x)=\sin nx\cdot\cos^n x$,求 $f'(x)$.

解
$$
\begin{aligned}
f'(x)&=(\sin nx)'\cdot\cos^n x+\sin nx\cdot(\cos^n x)'\\
&=\cos nx\cdot(nx)'\cdot\cos^n x+\sin nx\cdot n\cos^{n-1}x\cdot(\cos x)'\\
&=n\cos^{n-1}x(\cos nx\cos x-\sin nx\sin x)\\
&=n\cos^{n-1}x\cos(n+1)x.
\end{aligned}
$$

例 12 设 $f(u)$,$g(u)$都是可导函数,$y=f(\sin^2 x)+g(\cos^2 x)$,求 y'.

解
$$
\begin{aligned}
y'&=[f(\sin^2 x)]'+[g(\cos^2 x)]'\\
&=f'(\sin^2 x)\cdot(\sin^2 x)'+g'(\cos^2 x)\cdot(\cos^2 x)'\\
&=f'(\sin^2 x)\cdot 2\sin x\cdot(\sin x)'+g'(\cos^2 x)\cdot 2\cos x\cdot(\cos x)'\\
&=\sin 2x\cdot f'(\sin^2 x)-\sin 2x\cdot g'(\cos^2 x)\\
&=[f'(\sin^2 x)-g'(\cos^2 x)]\sin 2x.
\end{aligned}
$$

注意 这里的记号“f'”“g'”分别表示 f,g 对中间变量求导,而不是对 x 求导.

例 13 设函数 $y=x^\alpha(\alpha\in\mathbf{R},x>0)$,利用公式 $(e^x)'=e^x$证明基本求导公式 $y'=\alpha x^{\alpha-1}$.

解 因为 $x^\alpha=(e^{\ln x})^\alpha=e^{\alpha\ln x}$,所以
$$
(x^\alpha)'=(e^{\alpha\ln x})'=e^{\alpha\ln x}\cdot(\alpha\ln x)'=e^{\alpha\ln x}\cdot\alpha\cdot\frac{1}{x}=x^\alpha\cdot\alpha\cdot\frac{1}{x}=\alpha x^{\alpha-1}.
$$

习题 2-3(A)

1. 判断下面的计算是否正确:

(1) $(2^{\sin^2 2x})'=2^{\sin^2 2x}\cdot\ln 2\cdot 2\cos 2x=\cdots$;

(2) $(x+\sqrt{x+\sqrt{x}})'=(1+\sqrt{x+\sqrt{x}})\cdot(x+\sqrt{x})'=\cdots$;

(3) $(\ln\cos\sqrt{2x})'=\dfrac{\sqrt{2}}{\cos\sqrt{2x}}\cdot\dfrac{1}{2\sqrt{x}}=\cdots$;

(4) $\left[\ln\left(\dfrac{2}{x}-\ln 2\right)\right]'=\dfrac{1}{\frac{2}{x}}-\dfrac{1}{2}=\cdots$.

2. 求下列函数的导数:

(1) $y=\tan\left(2x+\dfrac{\pi}{6}\right)$;　　(2) $y=(3x^3-2x^2+x-5)^5$;

(3) $y=\ln(\sin 2x+2^x)$;　　(4) $y=\cos[\cos(\cos x)]$;

(5) $y=\sqrt{x+\sqrt{x}}$;　　(6) $y=\ln(\sec x+\tan x)$;

(7) $y=f(2^{\sin x})$(其中 $f(u)$可导);　　(8) $y=\sin^2 x\cdot\cos x^2$.

习题 2-3(B)

1. 求下列函数的导数:

(1) $y=\frac{1}{\sqrt{1-x^2}}$；　(2) $y=\sqrt[5]{(x^4-3x^2+2)^3}$；

(3) $y=3^{-x}\cdot\cos 3x$；　(4) $y=\ln(3x+3^x)$；

(5) $y=\sin^2(2x-1)$；　(6) $y=2^{\tan\frac{1}{x}}$；

(7) $y=\ln(x+\sqrt{x+a^2})$；　(8) $y=\ln\sqrt{\frac{x}{1+x^2}}$；

(9) $y=\frac{x}{\sqrt{x^2-1}}$；　(10) $y=\cot(2x+1)\cdot\sec 3x$；

(11) $y=\sqrt{1+\cos 2x}$；　(12) $y=\arctan\sqrt{x^2+1}$；

(13) $y=\sin^2(\csc 2x)$；　(14) $y=\ln\left|\tan\frac{x}{2}\right|$；

(15) $y=\frac{\sin^2 x}{\sin x^2}$；　(16) $y=\arcsin\frac{1}{x}$.

2. 求下列函数在指定点处的导数值：

(1) $y=\cos 2x+x\tan 3x, x=\frac{\pi}{4}$；　(2) $y=\cot^2\sqrt{x^2+1}, x=0$；

(3) $y=\ln\frac{\sqrt{x+1}-1}{\sqrt{x+1}+1}, x=1$.

3. 设 $f(x)$是可导函数，$f(x)>0$，求下列函数的导数：

(1) $y=\ln f(2x)$；　(2) $y=[f(\mathrm{e}^x)]^2$.

§2-4　隐函数和参数式函数的导数

在前面几节学习了形如 $y=f(x)$的函数的导数，这类函数的表示特征是因变量、自变量分列在等号的两边，习惯上称以这种形式表示的函数为 x 的显函数，简称显式. 但在实际应用中并不是所有的函数都能表示为显函数，本节学习非显式表示的函数以及它们导数的求法.

一、隐函数的导数

如果变量 x,y 之间的对应规律是把 y 直接表示成 x 的解析式，即我们熟知的 $y=f(x)$ 的形式的显函数，如 $y=x^2+1$，$y=\sin x$ 等，那么它们的导数可由前面的方法求得. 但有时在实际应用中 x,y 之间的对应关系是以方程 $F(x,y)=0$ 的形式给出的，其函数关系是被隐含在这个方程中的. 例如，$x^2+y^2=a^2$ 在 $y\geqslant 0$ 范围内，隐含函数关系式 $y=\sqrt{a^2-x^2}$ $(|x|\leqslant a)$，把这个函数称为由方程 $x^2+y^2=a^2$ 在 $y\geqslant 0$ 范围内所确定的隐函数. 一般地，如果能由方程 $F(x,y)=0$ 确定 y 为 x 的函数 $y=f(x)$，则称 $y=f(x)$为由方程 $F(x,y)=0$ 所确定的隐函数.

注意　由方程确定的隐函数未必可解出显函数表达形式，如方程 $x^2-y^3-\sin y=0$ $\left(0\leqslant y\leqslant\frac{\pi}{2}, x\geqslant 0\right)$. 因为在 $x\geqslant 0$ 时，y 是 x 的单调增函数，所以对于每一个 $x\in\left[0,\sqrt{\left(\frac{\pi}{2}\right)^3+1}\right]$，

必定唯一地对应一个 y，但却不能解出 y 关于 x 的显函数表达式.

如果已知隐函数可导，如何求出它的导数呢？下面通过例题来探讨隐函数的求导方法.

例 1 求由方程 $x^2+y^2=4$ 所确定的隐函数的导数.

解 在等式的两边同时对 x 求导，注意现在方程中的 y 是 x 的函数，所以 y^2 是 x 的复合函数，于是得

$$2x+2y\cdot y'=0,$$

解得

$$y'=-\frac{x}{y}.$$

其中分母中的 y 是 x 的函数.

其实这个隐函数是可以解出显函数表达形式的，读者不妨解出后再求导，看看结果是否相同.

上述过程的实质是：视 $F(x,y)=0$ 为 x 的恒等式，把 y 看成是 x 的函数，把 y 的函数看成是 x 的复合函数，利用复合函数求导法则对等式两边各项求关于 x 的导数，最后解出的 y' 即为所求隐函数的导数，求出的隐函数导数通常是一个含有 x,y 的表达式.

例 2 求由方程 $x^2-y^3-\sin y=0\left(0\leqslant y\leqslant\frac{\pi}{2},x\geqslant 0\right)$ 所确定的隐函数的导数.

解 在方程两边关于 x 求导，视其中的 y 为 x 的函数，y 的函数为 x 的复合函数，得

$$2x-3y^2\cdot y'-\cos y\cdot y'=0,$$

解得

$$y'=\frac{2x}{3y^2+\cos y}.$$

例 3 求证：过椭圆 $\frac{x^2}{a^2}+\frac{y^2}{b^2}=1$ 上一点 $M(x_0,y_0)$ 的切线方程为 $\frac{xx_0}{a^2}+\frac{yy_0}{b^2}=1$.

证明 先根据导数的几何意义，求出椭圆在点 $M(x_0,y_0)$ 处切线的斜率.

对方程两边求关于 x 的导数，得

$$\frac{2x}{a^2}+\frac{2y}{b^2}\cdot y'=0,$$

解得 $y'=-\frac{b^2x}{a^2y}$，即椭圆在点 $M(x_0,y_0)$ 处切线的斜率为 $k=y'|_{(x_0,y_0)}=-\frac{b^2x_0}{a^2y_0}$.

应用直线的点斜式方程，得椭圆在点 $M(x_0,y_0)$ 处的切线方程为

$$y-y_0=-\frac{b^2x_0}{a^2y_0}(x-x_0)\text{，即}\frac{x_0x}{a^2}+\frac{y_0y}{b^2}=1.$$

下面利用隐函数的求导方法验证基本求导公式中指数函数、反三角函数的导数公式.

例 4 设函数 $y=a^x(a>0,a\neq 1)$，证明 $y'=a^x\ln a$.

证明 函数 $y=a^x$ 的反函数为 $x=\log_a y$，或者说 $y=a^x$ 是由方程 $x=\log_a y$ 所确定的隐函数.

方程两边对 x 求导，得 $1=\frac{1}{y\ln a}\cdot y'$，所以 $y'=y\ln a$. 以 $y=a^x$ 回代，得

$$(a^x)'=a^x\ln a.$$

当 $a=\mathrm{e}$ 时，上式即为 $(\mathrm{e}^x)'=\mathrm{e}^x$.

例 5 设函数 $y=\arcsin x(|x|<1)$，证明 $y'=\frac{1}{\sqrt{1-x^2}}$.

证明　函数 $y=\arcsin x$ 的反函数为 $x=\sin y$，$y\in\left(-\frac{\pi}{2},\frac{\pi}{2}\right)$，或者说 $y=\arcsin x$是由方程 $x=\sin y$ 所确定的隐函数.

方程两边对 x 求导，得 $1=\cos y\cdot y'$，解得 $y'=\frac{1}{\cos y}$.

因为 $y\in\left(-\frac{\pi}{2},\frac{\pi}{2}\right)$，$\cos y>0$，所以 $y'=\frac{1}{\sqrt{1-\sin^2 y}}=\frac{1}{\sqrt{1-x^2}}$，即

$$(\arcsin x)'=\frac{1}{\sqrt{1-x^2}}.$$

类似地可得到　$(\arccos x)'=-\frac{1}{\sqrt{1-x^2}}$.

例 6　求函数 $y=x^x$ 的导数.

解　这个函数既不是幂函数，也不是指数函数，因此，不能用这两种函数的求导公式来求导数. 我们可以对方程两边取自然对数，把函数关系隐含在方程 $F(x,y)=0$ 中，然后用隐函数求导方法得到所求的导数.

方程两边取自然对数，得 $\ln y=x\ln x$. 再两边对 x 求导，得$\frac{1}{y}y'=\ln x+1$，即

$$y'=y(\ln x+1)=x^x(\ln x+1).$$

可以把例 6 的函数推广到 $y=u(x)^{v(x)}$ 的形式，称这类函数为幂指函数，如 $y=(\sin x)^{\tan x}$，$y=(\ln x)^{\cos x}$ 等都是幂指函数. 例 6 中使用的求导方法，也可以推广：为了求 $y=f(x,y)$的导数 y'，两边先取对数，然后用隐函数求导的方法得到 y'. 通常称这种求导数的方法为**对数求导法**. 根据对数能把积商转化为和差、幂转化为指数与底的对数的积的特点，对幂指函数或多项乘积函数求导时，用对数求导法比较简单.

例 7　利用对数求导法求函数 $y=(\sin x)^x$ 的导数.

解　两边取对数，得 $\ln y=x\cdot\ln\sin x$. 两边对 x 求导，得

$$\frac{1}{y}\cdot y'=\ln\sin x+x\cdot\frac{1}{\sin x}\cdot\cos x,$$

故

$$y'=y(\ln\sin x+x\cot x),$$

即

$$y'=(\sin x)^x(\ln\sin x+x\cot x).$$

注意　例 7 也能用下面的方法求导：把 $y=(\sin x)^x$改写为 $y=e^{x\ln\sin x}$，则

$$y'=(e^{x\ln\sin x})'=e^{x\ln\sin x}\cdot(x\ln\sin x)'=e^{x\ln\sin x}(\ln\sin x+x\cot x),$$

即

$$y'=(\sin x)^x(\ln\sin x+x\cot x).$$

这种方法的基本思想仍然是化幂为积，但可以避免牵涉隐函数. 因此，这两种方法各有其优点，采用哪一种方法可由读者根据具体问题适当选择.

例 8　设函数 $y=(3x-1)^{\frac{5}{3}}\sqrt{\frac{x-1}{x-2}}$，求 y'.

解　函数表现为多项式积和商的形式，可采用对数求导法.

对等式两边取对数，得

$$\ln y=\frac{5}{3}\ln(3x-1)+\frac{1}{2}\ln(x-1)-\frac{1}{2}\ln(x-2),$$

两边对 x 求导，得

$$\frac{1}{y}\cdot y'=\frac{5}{3}\cdot\frac{3}{3x-1}+\frac{1}{2}\cdot\frac{1}{x-1}-\frac{1}{2}\cdot\frac{1}{x-2},$$

所以
$$y'=(3x-1)^{\frac{5}{3}}\sqrt{\frac{x-1}{x-2}}\left[\frac{5}{3x-1}+\frac{1}{2(x-1)}-\frac{1}{2(x-2)}\right].$$

二、参数式函数的导数

在平面解析几何中，我们学过曲线的参数方程，它的一般形式为

$$\begin{cases}x=\varphi(t),\\ y=\psi(t)\end{cases}(t\text{ 为参数},a\leqslant t\leqslant b).$$

如果画出曲线，那么在一定的范围内，可以通过图象上点的横、纵坐标对应，来确定 y 为 x 的函数 $y=f(x)$. 这种函数关系式是通过参数 t 联系起来的，称 $y=f(x)$ 是由参数方程所确定的函数，或称原方程组为函数 $y=f(x)$ 的参数式.

对于参数方程，有的可以消去参数 t，得到函数 $y=f(x)$，有的无法消去参数 t，如 $\begin{cases}x=2t+t^3,\\ y=t+\sin t,\end{cases}$ 这就有必要推导参数式函数的求导法则.

当 $\varphi'(t)$，$\psi'(t)$ 都存在，且 $\varphi'(t)\neq 0$ 时，可以证明由参数方程所确定的函数 $y=f(x)$ 的求导公式为

$$y'=\frac{\mathrm{d}y}{\mathrm{d}x}=\frac{\frac{\mathrm{d}y}{\mathrm{d}t}}{\frac{\mathrm{d}x}{\mathrm{d}t}}=\frac{y'_t}{x'_t}.$$

这就是由参数方程所确定的函数 y 对 x 的求导公式，求导的结果一般是参数 t 的一个解析式.

例 9 求由方程 $\begin{cases}x=a\cos t,\\ y=a\sin t\end{cases}(0<t<\pi)$ 所确定的函数 $y=f(x)$ 的导数 y'.

解 $y'=\dfrac{y'_t}{x'_t}=\dfrac{a\cos t}{-a\sin t}=-\cot t\ (0<t<\pi).$

题中的参数方程表示半径为 a 的圆 $x^2+y^2=a^2$，在例 1 中已经求过 y'，读者可以比较一下结果是否相同，同时也有助于理解求导得到的含参数 t 的解析式的含义.

例 10 求摆线 $\begin{cases}x=a(t-\sin t),\\ y=a(1-\cos t)\end{cases}$ (a 为常数) 上对应于 $t=\dfrac{\pi}{2}$ 的点 M_0 处的切线方程.

解 摆线上对应于 $t=\dfrac{\pi}{2}$ 的点 M_0 的坐标为 $\left(\dfrac{(\pi-2)a}{2},a\right)$，又

$$\frac{\mathrm{d}y}{\mathrm{d}x}=\frac{[a(1-\cos t)]'}{[a(t-\sin t)]'}=\frac{\sin t}{1-\cos t}=\cot\frac{t}{2},$$

所以 $\left.\dfrac{\mathrm{d}y}{\mathrm{d}x}\right|_{t=\frac{\pi}{2}}=1$，即摆线在 M_0 处的切线斜率为 1，故所求的切线方程为

$$y-a=1\cdot\left[x-\frac{(\pi-2)a}{2}\right]，\text{即 } x-y+\left(2-\frac{\pi}{2}\right)a=0.$$

例 11 以初速度 v_0、发射角 α 发射炮弹，已知炮弹的运动规律是 $\begin{cases}x=(v_0\cos\alpha)t,\\ y=(v_0\sin\alpha)t-\dfrac{1}{2}gt^2\end{cases}$

$(0 \leqslant t \leqslant t_0$, g 为重力加速度).

(1) 求炮弹在任一时刻 t 的运动方向;

(2) 求炮弹在任一时刻 t 的速率(图 2-4).

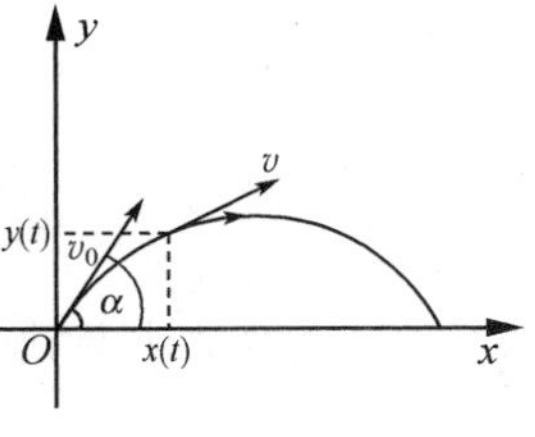

图 2-4

解　(1) 炮弹在任一时刻 t 的运动方向,就是指炮弹运动轨迹在时刻 t 的切线方向,而切线方向可由切线的斜率反映.因此,求炮弹的运动方向,即要求轨迹的切线的斜率.

根据参数方程的求导公式,得

$$\frac{\mathrm{d}y}{\mathrm{d}x}=\frac{\left[(v_0\sin\alpha)t-\dfrac{1}{2}gt^2\right]'}{[(v_0\cos\alpha)t]'}=\frac{v_0\sin\alpha-gt}{v_0\cos\alpha}=\tan\alpha-\frac{g}{v_0\cos\alpha}t.$$

(2) 炮弹的运动速度是一个向量 $\boldsymbol{v}(\boldsymbol{v}_x,\boldsymbol{v}_y)$,其中

$$\boldsymbol{v}_x=\frac{\mathrm{d}x}{\mathrm{d}t}=\boldsymbol{v}_0\cos\alpha,\ \boldsymbol{v}_y=\frac{\mathrm{d}y}{\mathrm{d}t}=v_0\sin\alpha-gt.$$

设炮弹在时刻 t 时的速率为 $v(t)$,则

$$v(t)=\sqrt{\boldsymbol{v}_x^2+\boldsymbol{v}_y^2}=\sqrt{(v_0\cos\alpha)^2+(v_0\sin\alpha-gt)^2}=\sqrt{v_0^2-2v_0gt\sin\alpha+g^2t^2}.$$

习题 2-4 (A)

1. 判断下面的计算是否正确:

(1) 求方程 $x^3+y^3-3axy=0$ 所确定的隐函数 y 的导数 y'.

解:两边对 x 求导,得 $3x^2+3y^2-3a(y-xy')=0$,故 $y'=\dfrac{x^2+y^2-ay}{ax}$.

(2) 用对数求导法求 $y=x^{\sin x}$ 的导数.

解:对 $y=x^{\sin x}$ 两边取对数,得 $\ln y=\sin x\cdot\ln x$.

两边对 x 求导后解出 y',得 $y'=\cos x\cdot\ln x+\dfrac{\sin x}{x}$.

(3) 设 $\begin{cases}x=\mathrm{e}^t\sin t,\\ y=\mathrm{e}^t\cos t,\end{cases}$ 求 y'_x.

解:由参数式函数的求导公式得 $y'_x=\dfrac{(\mathrm{e}^t\sin t)'_t}{(\mathrm{e}^t\cos t)'_t}=\dfrac{\mathrm{e}^t\sin t+\mathrm{e}^t\cos t}{\mathrm{e}^t\cos t-\mathrm{e}^t\sin t}=\dfrac{\sin t+\cos t}{\cos t-\sin t}$.

2. 解下列各题:

(1) 求由方程 $xy-\mathrm{e}^x+\mathrm{e}^y=0$ 所确定的隐函数的导数 y' 及 $y'|_{(x=0,y=0)}$;

(2) 求函数 $y=\sqrt{\dfrac{(x-1)(x-2)}{(x-3)(x-4)}}$ 的导数;

(3) 设 $y=\left(1+\dfrac{1}{x}\right)^x$,求 y';

(4) 求曲线 $\begin{cases}x=2\sin t,\\ y=\cos 2t\end{cases}$ 在 $t=\dfrac{\pi}{4}$ 处的切线方程.

习题 2-4 (B)

1. 求由下列方程确定的隐函数的导数或在指定点的导数:

(1) $\sqrt{x}+\sqrt{y}=\sqrt{a}(a>0)$；　　(2) $\arctan\dfrac{y}{x}=\ln\sqrt{x^2+y^2}$；

(3) $x^2+2xy-y^2=2x,y'|_{(x=2,y=0)}$；　　(4) $2^x+2y=2^{x+y},y'|_{(x=0,y=1)}$.

2. 求曲线 $x^3+y^5+2xy=0$ 在点$(-1,-1)$处的切线方程.

3. 用对数求导法求下列函数的导数：

(1) $y=(1+\cos x)^{\frac{1}{x}}$；　　(2) $y=(x-1)^{\frac{2}{3}}\sqrt{\dfrac{x-2}{x-3}}$；

(3) $y=(\sin x)^{\cos x},x\in\left(0,\dfrac{\pi}{2}\right)$；　　(4) $y=\sqrt{x\sin x\sqrt{e^x}}$.

4. 求曲线 $y=x^{x^2}$ 在点$(1,1)$处的切线方程和法线方程.

5. 求下列参数式函数的导数或在指定点的导数：

(1) $\begin{cases}x=t\cos t,\\y=t\sin t;\end{cases}$　　(2) $\begin{cases}x=t-\arctan t,\\y=\ln(1+t^2),\end{cases}y'_x|_{t=1}$；

(3) $\begin{cases}x=a\cos^3 t,\\y=b\sin^3 t\end{cases}$$(a,b$ 是正常数$)$.

6. 已知曲线$\begin{cases}x=t^2+at+b,\\y=ce^t-e\end{cases}$在 $t=1$ 时过原点，且曲线在原点处的切线平行于直线 $2x-y+1=0$，求 a,b,c 的值.

§2-5 高阶导数

若函数 $y=f(x)$的导函数 $y'=f'(x)$是可导的，则可以对导函数 $y'=f'(x)$继续求导，对 $y=f(x)$而言则是多次求导了，这就是本节将要学习的高阶导数问题.

一、高阶导数的概念

在运动学中，不但需要了解物体运动的速度，有时还要了解物体运动速度的变化，即加速度问题. 所谓加速度，从变化率的角度来看，就是速度关于时间的变化率，也即速度的导数.

例如，自由落体下落的距离 s 与时间 t 的关系为 $s=\dfrac{1}{2}gt^2$，在任意时刻 t 时的速度 $v(t)$ 和加速度 $a(t)$分别为

$$v(t)=\frac{ds}{dt}=\left(\frac{1}{2}gt^2\right)'=gt,a(t)=\frac{dv}{dt}=(gt)'=g.$$

如果加速度直接用距离 $s(t)$表示，将得到 $a(t)=\dfrac{dv}{dt}=\dfrac{d}{dt}\left(\dfrac{ds}{dt}\right)$. 对 $s(t)$而言，“$\dfrac{d}{dt}\left(\dfrac{ds}{dt}\right)$”是导数的导数. 这种求导数的导数问题在运动学中经常会遇到，在其他工程技术中也经常会遇到同样的问题. 也就是说，我们对一个可导函数求导之后，还需要研究其导函数的导数问题. 为此给出如下定义：

定义 设函数 $y=f(x)$存在导函数 $f'(x)$，若导函数 $f'(x)$的导数$[f'(x)]'$存在，则称

$[f'(x)]'$为原来函数 $y=f(x)$ 的**二阶导数**，记作 y'' 或 $f''(x)$ 或 $\frac{d^2y}{dx^2}$ 或 $\frac{d^2f(x)}{dx^2}$，即

$$y''=(y')'=\frac{d}{dx}\left(\frac{dy}{dx}\right)=\frac{d^2y}{dx^2}.$$

若二阶导函数 $f''(x)$ 的导数存在，则称 $f''(x)$ 的导数$[f''(x)]'$为 $y=f(x)$ 的**三阶导数**，记作 y''' 或 $f'''(x)$.

一般地，若 $y=f(x)$ 的 $n-1$ 阶导函数存在导数，则称函数的 $n-1$ 阶导函数的导数为 $y=f(x)$ 的 n **阶导数**，记作 $y^{(n)}$ 或 $f^{(n)}(x)$ 或 $\frac{d^ny}{dx^n}$ 或 $\frac{d^nf(x)}{dx^n}$，即

$$y^{(n)}=[y^{(n-1)}]' \text{或} f^{(n)}(x)=[f^{(n-1)}(x)]' \text{或} \frac{d^ny}{dx^n}=\frac{d}{dx}\left(\frac{d^{n-1}y}{dx^{n-1}}\right).$$

因此，函数 $y=f(x)$ 的 n 阶导数是由 $y=f(x)$ 依次地对 x 求 n 次导数得到的.

函数的二阶和二阶以上的导数称为函数的**高阶导数**. 函数 $y=f(x)$ 的 n 阶导数在 x_0 处的导数值记作 $y^{(n)}(x_0)$ 或 $f^{(n)}(x_0)$ 或 $\left.\frac{d^ny}{dx^n}\right|_{x=x_0}$ 等.

例 1　求函数 $y=3x^3+2x^2+x+1$ 的四阶导数 $y^{(4)}$.

解　$y'=9x^2+4x+1$,

$y''=(y')'=(9x^2+4x+1)'=18x+4$,

$y'''=(y'')'=(18x+4)'=18$,

$y^{(4)}=(y''')'=(18)'=0$.

例 2　求函数 $y=a^x$ 的 n 阶导数.

解　$y'=(a^x)'=a^x\ln a$,

$y''=(y')'=(a^x\ln a)'=\ln a\cdot(a^x)'=a^x(\ln a)^2$,

$y'''=(y'')'=[a^x(\ln a)^2]'=(\ln a)^2\cdot(a^x)'=a^x(\ln a)^3$.

依此类推最后可得　$y^{(n)}=(a^x)^{(n)}=a^x(\ln a)^n$.

例 3　若 $f(x)$ 存在二阶导数，求函数 $y=f(\ln x)$ 的二阶导数.

解　$y'=f'(\ln x)\cdot(\ln x)'=\frac{f'(\ln x)}{x}$,

$$y''=\left[\frac{f'(\ln x)}{x}\right]'=\frac{f''(\ln x)\cdot\frac{1}{x}\cdot x-f'(\ln x)\cdot 1}{x^2}=\frac{f''(\ln x)-f'(\ln x)}{x^2}.$$

例 4　求函数 $y=\sin x$ 的 n 阶导数 $y^{(n)}$.

解　$y'=(\sin x)'=\cos x$，为了得到 n 阶导数的规律，改写 $y'=\cos x=\sin\left(x+\frac{\pi}{2}\right)$,

$$y''=\left[\sin\left(x+\frac{\pi}{2}\right)\right]'=\sin\left[\left(x+\frac{\pi}{2}\right)+\frac{\pi}{2}\right]\cdot\left(x+\frac{\pi}{2}\right)'=\sin\left(x+2\cdot\frac{\pi}{2}\right),$$

$$y'''=\left[\sin\left(x+2\cdot\frac{\pi}{2}\right)\right]'=\sin\left[\left(x+2\cdot\frac{\pi}{2}\right)+\frac{\pi}{2}\right]\cdot\left(x+2\,\frac{\pi}{2}\right)'=\sin\left(x+3\cdot\frac{\pi}{2}\right).$$

依此类推最后可得　$y^{(n)}=(\sin x)^{(n)}=\sin\left(x+n\cdot\frac{\pi}{2}\right)$.

例 5　设隐函数 $f(x)$ 由方程 $y=\sin(x+y)$ 确定，求 y''.

解　在 $y=\sin(x+y)$ 两端对 x 求导，得

$$y'=\cos(x+y)\cdot(x+y)',$$

即
$$y'=\cos(x+y)(1+y'),\tag{1}$$

解得
$$y'=\frac{\cos(x+y)}{1-\cos(x+y)}.\tag{2}$$

对(1)式两端关于 x 求导，并注意 y，y'都是 x 的函数，得

$$y''=-\sin(x+y)\cdot(1+y')^2+\cos(x+y)\cdot(1+y')',$$

即
$$y''=-\sin(x+y)\cdot(1+y')^2+\cos(x+y)\cdot y'',$$

解得
$$y''=\frac{\sin(x+y)}{\cos(x+y)-1}(1+y')^2.\tag{3}$$

将(2)式代入(3)式，得

$$y''=\frac{\sin(x+y)}{\cos(x+y)-1}\left[1+\frac{\cos(x+y)}{1-\cos(x+y)}\right]^2=\frac{\sin(x+y)}{[\cos(x+y)-1]^3}.$$

所以
$$y''=\frac{\sin(x+y)}{[\cos(x+y)-1]^3}.$$

例 6 设函数 $f(x)$的参数式为$\begin{cases}x=a(t-\sin t),\\ y=a(1-\cos t)\end{cases}$ $(t\neq 2n\pi,n\in\mathbf{Z})$，求 y 的二阶导数$\frac{\mathrm{d}^2y}{\mathrm{d}x^2}$.

解 $\frac{\mathrm{d}y}{\mathrm{d}x}=\frac{y_t'}{x_t'}=\frac{[a(1-\cos t)]'}{[a(t-\sin t)]'}=\frac{\sin t}{1-\cos t}=\cot\frac{t}{2}\,(t\neq 2n\pi,n\in\mathbf{Z})$.

因为$\frac{\mathrm{d}^2y}{\mathrm{d}x^2}=\frac{\mathrm{d}}{\mathrm{d}x}\left(\frac{\mathrm{d}y}{\mathrm{d}x}\right)$，所以求二阶导数相当于求由参数方程$\begin{cases}x=a(t-\sin t),\\ y=\cot\frac{t}{2}\end{cases}$确定的函数 $y'(x)$的导数，继续应用参数式函数的求导法则，得到

$$\frac{\mathrm{d}^2y}{\mathrm{d}x^2}=\frac{(y')_t'}{x_t'}=\frac{\left(\cot\frac{t}{2}\right)'}{[a(t-\sin t)]'}=\frac{-\frac{1}{2}\csc^2\frac{t}{2}}{a(1-\cos t)}=-\frac{1}{a(1-\cos t)^2}\,(t\neq 2n\pi,n\in\mathbf{Z}).$$

二、导数的物理含义

函数 $y=f(x)$的导数表示函数 y 在某点关于自变量 x 的变化率，很多物理量的变化规律都归结为函数形式. 例如，做直线运动的物体，位移 s 与时间 t 之间的关系表示成位移函数 $s=s(t)$；物体位移是由于力的作用，因此力做功 W 与时间 t 之间也有关系 $W=W(t)$；非均匀的线材的质量 H 与线材长度 s 有关系 $H=H(s)$……建立了物理量之间的函数关系后，就会普遍关心变化率的问题，而变化率就是导数，因此导数是研究物理问题的基本工具. 特别地，在物理上这种变化率通常会导出一个新的物理概念，这样就使一些导数有了明确的物理含义. 下面举几个简单的例子.

1. 速度与加速度

设物体做直线运动，位移函数 $s=s(t)$，速度函数 $v(t)$和加速度函数 $a(t)$分别为

$$v(t)=\frac{\mathrm{d}s}{\mathrm{d}t},a(t)=\frac{\mathrm{d}^2s}{\mathrm{d}t^2}.$$

若设位移函数为 $s=2t^3-\frac{1}{2}gt^2$（g 为重力加速度，取 $g=9.8\ \mathrm{m/s^2}$），求 $t=2$ s 时的速度和加速度. 则

$$v(2)=\frac{\mathrm{d}s}{\mathrm{d}t}\bigg|_{t=2}=\left(2t^3-\frac{1}{2}gt^2\right)'\bigg|_{t=2}=(6t^2-gt)\big|_{t=2}=4.4(\mathrm{m/s}),$$

$$a(2)=\frac{\mathrm{d}^2s}{\mathrm{d}t^2}\bigg|_{t=2}=\left(2t^3-\frac{1}{2}gt^2\right)''\bigg|_{t=2}=(6t^2-gt)'\big|_{t=2}=(12t-g)\big|_{t=2}=14.2(\mathrm{m/s^2}).$$

又如，做微小摆动的单摆，记 s 为偏离平衡位置的位移，则 $s(t)=A\sin(\omega t+\varphi)$（其中 A，ω 为与重力加速度、物体质量有关的常数，φ 为以弧度计算的初始偏移角度），则

$$v(t)=[A\sin(\omega t+\varphi)]'=A\omega\cos(\omega t+\varphi),$$

$$a(t)=[A\sin(\omega t+\varphi)]''=-A\omega^2\sin(\omega t+\varphi).$$

2. 线密度

设非均匀的线材质量 H 与线材长度 s 有关系 $H=H(s)$，则在 $s=s_0$ 处的线密度（即单位长度的质量）$\mu(s_0)=H'(s)\big|_{s=s_0}$.

如图 2-5 所示的柱形铁棒，铁的密度为 7.8 g/cm^3，$d=2$ cm，$D=10$ cm，$l=50$ cm，从小端开始计长，求中点处的线密度. 因为长为 s 处的截面的直径 $d(s)=\dfrac{Ds-ds+ld}{l}$，所以长为 s 的柱形体的体积为

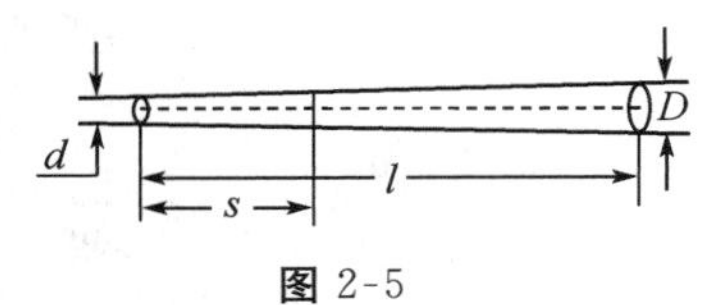

图 2-5

$$V(s)=\frac{1}{3}\pi s\left[\left(\frac{d}{2}\right)^2+\frac{d}{2}\cdot\frac{Ds-ds+ld}{2l}+\left(\frac{Ds-ds+ld}{2l}\right)^2\right]=\frac{\pi}{3}\left(\frac{4}{625}s^3+\frac{6}{25}s^2+3s\right),$$

质量函数为

$$H(s)=7.8V(s)=\frac{2.6\pi}{625}(4s^3+150s^2+1875s),$$

则密度函数为

$$\mu(s)=H'(s)=\frac{2.6\pi}{625}(12s^2+300s+1875),$$

中点处的线密度为

$$\mu(s)\big|_{s=25}=2.6\pi(12+12+3)=70.2\pi(\mathrm{g/cm^3}).$$

3. 功率

单位时间内做的功称为功率，若做功函数为 $W=W(t)$，则 $t=t_0$ 时的功率 $N(t_0)=W'(t_0)$. 例如，设质量为 1100 kg 的汽车，能在 2 s 时间内从静止状态加速到 36 km/h，若汽车启动后做匀加速直线运动，求发动机的最大输出功率.

36 km/h=10 m/s，加速度 $a=10\div 2=5(\mathrm{m/s^2})$，汽车的位移函数为

$$s(t)=\frac{1}{2}at^2=2.5t^2\ (0\leqslant t\leqslant 2).$$

据牛顿第二定律 $F=ma$，汽车受到的推力为 $F=1100\times 5=5500(\mathrm{N})$，所以推力做功函数为

$$W(t)=Fs=5500\times 2.5t^2.$$

功率函数 $N(t)=W'(t)=5500\times 5t$，当 $t=2$ s 时达到最大输出功率，为

$$N_{\max}=5500\times 5\times 2=5.5\times 10^4(\mathrm{W}).$$

4. 电流

电流是单位时间内通过导体截面的电荷量，即电荷量关于时间的变化率. 记 $q(t)$ 为通过截面的电荷量，$I(t)$ 为截面上的电流，则 $I(t)=q'(t)$.

现设通过截面的电荷量 $q(t)=20\sin\left(\frac{25}{\pi}t+\frac{\pi}{2}\right)$，则通过该截面的电流为

$$I(t)=\left[20\sin\left(\frac{25}{\pi}t+\frac{\pi}{2}\right)\right]'=20\times\frac{25}{\pi}\cos\left(\frac{25}{\pi}t+\frac{\pi}{2}\right)=\frac{500}{\pi}\cos\left(\frac{25}{\pi}t+\frac{\pi}{2}\right).$$

习题 2-5（A）

1. 判断下面的解答是否正确：

(1) 求由方程 $x^2+y^2=1$ 所确定的隐函数 $y=y(x)$ 的二阶导数.

解：方程两边分别对 x 求导，得 $2x+2yy'=0$，故 $y'=-\frac{x}{y}(y\neq 0)$.

再将上式两边分别对 x 求导，有 $y''=-\frac{y-xy'}{y^2}(y\neq 0)$.

(2) 设 $\begin{cases}x=2t,\\ y=t,\end{cases}$ 求 $\frac{d^2y}{dx^2}$.

解：$\frac{dy}{dx}=\frac{2t}{2}=t$，$\frac{d^2y}{dx^2}=t'=1$.

(3) 设 $y=xe^{x^2}$，求 y''.

解：$y'=e^{x^2}+xe^{x^2}\cdot 2x=e^{x^2}\cdot(1+2x^2)$，$y''=e^{x^2}\cdot(1+2x^2)'=e^{x^2}\cdot 4x=4x\cdot e^{x^2}$.

2. 已知 $y^{(n-2)}=\sin^2x$，求 $y^{(n)}$.

3. 求下列函数的二阶导数：

(1) 由方程 $x^2+2xy+y^2-4x+4y-2=0$ 所确定的函数 $y=y(x)$；

(2) $y=\ln f(x^2)$（假设 $f''(x)$ 存在）；

(3) 由参数方程 $\begin{cases}x=1+t^2,\\ y=1+t^3\end{cases}$ 所确定的函数 $y=y(x)$.

4. 已知一物体的运动规律为 $s(t)=\frac{1}{4}t^4+2t^2-2(\text{m})$，求 $t=1$ s 时的速度和加速度.

习题 2-5（B）

1. 已知 $y=1-x^2-x$，求 y''，y'''.

2. 如果 $f(x)=(x+10)^5$，求 $f'''(x)$.

3. 求下列各函数的二阶导数：

(1) $y=x\cos x$；

(2) $y=\frac{x}{\sqrt{1-x^2}}$；

(3) $y=\frac{\arcsin x}{\sqrt{1-x^2}}$；

(4) $y=f(e^x)$，其中 $f(x)$ 存在二阶导数.

4. 设 $y^{(n-4)}=x^3\ln x$，求 $y^{(n)}$.

5. 验证函数 $y=e^x\cos x$ 满足 $y^{(4)}+4y=0$.

6. 求下列各隐函数的二阶导数：

(1) $xy^3=y+x$；

(2) $y=1+xe^y$；

(3) $y^2+2\ln y=x^4$.

7. 求下列各参数方程所确定的函数的二阶导数：

(1) $\begin{cases}x=1-t^2,\\ y=1-t^3;\end{cases}$　　　　(2) $\begin{cases}x=a\cos t,\\ y=a\sin t.\end{cases}$

8. 设质点做直线运动，其运动规律分别如下，求质点在指定时刻的速度和加速度：

(1) $s(t)=t^3-3t+2(\mathrm{m})$，$t=2$ s；　　(2) $s(t)=A\cos\dfrac{\pi t}{3}(\mathrm{m})$ (A 为常数)，$t=1$ s.

9. 设通过某截面的电荷 $q(t)=A\cos(\omega t+\varphi)$，其中 A,ω,φ 为常数，求通过该截面的电流 $I(t)$.

§2-6　微　分

导数反映函数 $y=f(x)$ 在某点 x_0 处关于自变量 x 的变化率，那么当 x_0 有了微小改变量 Δx 后，函数本身的变化量 Δy 的情况又如何呢？这就是本节要学习的微分.

一、微分的概念

1. 微分的定义

对已给函数 $y=f(x)$，在很多情况下，给自变量 x 以改变量 Δx，要准确得到函数 y 相应的改变量 Δy 并不十分简单. 例如，简单的函数 $y=x^n(n\in\mathbf{N})$，对应于 Δx 的改变量

$$\Delta y=nx^{n-1}\Delta x+\frac{n(n-1)}{2}x^{n-2}(\Delta x)^2+\cdots+(\Delta x)^n \tag{1}$$

就已经比较复杂了. 因此，我们希望能有一种简单的方法. 为此先看一个具体例子：

一块正方形金属薄片，由于温度的变化，其边长由 x_0 变化到 $x_0+\Delta x$，问其面积改变了多少(图 2-6)？

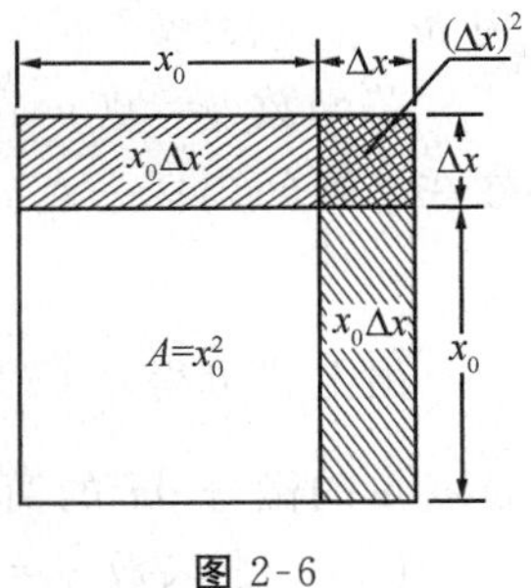

图 2-6

边长为 x_0 时此薄片的面积为 $A=x_0^2$，当边长由 x_0 变化到 $x_0+\Delta x$ 时，面积的改变量为

$$\Delta A=(x_0+\Delta x)^2-x_0^2=2x_0\Delta x+(\Delta x)^2.$$

它由两部分构成：第一部分 $2x_0\Delta x$ 是 Δx 的线性函数(即是 Δx 的一次函数)，也就是图 2-6 中带有斜线的两矩形面积之和；第二部分是 $(\Delta x)^2$，是图 2-6 中右上角的带有交叉斜线的小正方形块，当 $\Delta x\to 0$ 时，它是比 Δx 更高阶的无穷小，当 $|\Delta x|$ 很小时可忽略不计. 因此，可以只留下 Δx 的主要部分，即 Δx 的线性部分，得到 $\Delta A\approx 2x_0\Delta x$.

对于(1)式表示的函数改变量，当 $\Delta x\to 0$ 时也可以忽略比 Δx 更高阶的无穷小，只留下 A 的主要部分即 Δx 的线性部分，得到 $\Delta y\approx nx^{n-1}\Delta x$.

若函数改变量的主要部分能表示为 Δx 的线性函数，则为计算函数改变量的近似值提供了极大的方便. 因此，对于一般的函数，我们给出下面的定义：

定义　若函数 $y=f(x)$ 在点 x_0 处的改变量 Δy 可以表示为 Δx 的线性函数 $A\Delta x$(A 是与 Δx 无关，与 x_0 有关的常数)与一个比 Δx 更高阶的无穷小之和，即 $\Delta y=A\Delta x+o(\Delta x)$，则

称函数 $y=f(x)$ **在** x_0 **处可微**，且称 $A\Delta x$ 为函数 $y=f(x)$ 在点 x_0 处的**微分**，记作 $\mathrm{d}y|_{x=x_0}$，即 $\mathrm{d}y|_{x=x_0}=A\Delta x$.

函数的微分 $A\Delta x$ 是 Δx 的线性函数，且与函数的改变量 Δy 相差一个比 Δx 更高阶的无穷小. 当 $\Delta x\to 0$ 时，它是 Δy 的主要部分，所以也称微分 $\mathrm{d}y$ 是函数改变量 Δy 的线性主部. 当 $|\Delta x|$ 很小时，就可以用微分 $\mathrm{d}y$ 作为改变量 Δy 的近似值：$\Delta y\approx \mathrm{d}y$.

下面我们讨论何时函数 $y=f(x)$ 在点 x_0 处是可微的.

若函数 $y=f(x)$ 在点 x_0 处可微，则按定义有 $\Delta y=A\Delta x+o(\Delta x)$，两端同时除以 Δx，取 $\Delta x\to 0$ 时的极限，得

$$\lim_{\Delta x\to 0}\frac{\Delta y}{\Delta x}=\lim_{\Delta x\to 0}\left[A+\frac{o(\Delta x)}{\Delta x}\right]=A.$$

这表明：若 $y=f(x)$ 在 x_0 处可微，则在 x_0 处必定可导，且 $A=f'(x_0)$.

反之，如果函数 $y=f(x)$ 在点 x_0 处可导，即 $\lim\limits_{\Delta x\to 0}\frac{\Delta y}{\Delta x}=f'(x_0)$ 存在，根据极限与无穷小的关系，上式可写成 $\frac{\Delta y}{\Delta x}=f'(x_0)+\alpha$，其中 α 为 $\Delta x\to 0$ 时的无穷小，从而

$$\Delta y=f'(x_0)\Delta x+\alpha\Delta x.$$

这里 $f'(x_0)$ 是不依赖于 Δx 的常数，$\alpha\Delta x$ 是当 $\Delta x\to 0$ 时比 Δx 更高阶的无穷小. 按微分的定义，可见 $y=f(x)$ 在点 x_0 处是可微的，且微分为 $f'(x_0)\Delta x$.

由此可得重要结论：函数 $y=f(x)$ 在点 x_0 处可微的充分必要条件是 $f(x)$ 点 x_0 处可导，且

$$\mathrm{d}y|_{x=x_0}=f'(x_0)\Delta x.$$

由于自变量 x 的微分 $\mathrm{d}x=(x)'\Delta x=\Delta x$，所以 $y=f(x)$ 在点 x_0 处的微分常记为

$$\mathrm{d}y|_{x=x_0}=f'(x_0)\mathrm{d}x.$$

对函数 y，通常 $\Delta y\neq \mathrm{d}y$，彼此相差一个比 Δx 更高阶的无穷小，但当 $\Delta x\to 0$ 时，Δy 可以用 $\mathrm{d}y$ 来代替.

若函数 $y=f(x)$ 在某区间内的每一点处都可微，则称函数在该区间内是可微函数，函数在该区间内任一点 x 处的微分为

$$\mathrm{d}y=f'(x)\mathrm{d}x.$$

由上式可得 $f'(x)=\frac{\mathrm{d}y}{\mathrm{d}x}$，这是导数记号 $\frac{\mathrm{d}y}{\mathrm{d}x}$ 的来历，同时也表明导数是函数的微分 $\mathrm{d}y$ 与自变量的微分 $\mathrm{d}x$ 的商，故导数也称为**微商**.

例 1 求函数 $y=x^2$ 在 $x=1$ 处，对应于自变量的改变量 Δx 分别为 0.1 和 0.01 时的改变量 Δy 及微分 $\mathrm{d}y$.

解 $\Delta y=(x+\Delta x)^2-x^2=2x\Delta x+(\Delta x)^2$，$\mathrm{d}y=(x^2)'\Delta x=2x\Delta x$.

在 $x=1$ 处，当 $\Delta x=0.1$ 时，$\Delta y=2\times1\times0.1+0.1^2=0.21$，$\mathrm{d}y=2\times1\times0.1=0.2$；

当 $\Delta x=0.01$ 时，$\Delta y=2\times1\times0.01+0.01^2=0.0201$，$\mathrm{d}y=2\times1\times0.01=0.02$.

例 2 将单摆的摆长 l 由 100 cm 增长 1 cm，求周期 T 的改变量（精确到小数点后 4 位）.

解 摆长为 l 的单摆的摆动周期 $T=2\pi\sqrt{\frac{l}{g}}$（重力加速度 g 取 980 cm/s^2）. 当摆长 l 改

变 $\Delta l=1$，因为 1 相对于原摆长 100 很小，故 T 的改变量

$$\Delta T\approx \mathrm{d}T\big|_{l=100}=\left(2\pi\sqrt{\frac{l}{g}}\right)'\bigg|_{l=100}\Delta l=\frac{\pi}{10\sqrt{g}}\times 1\approx 0.0100(\mathrm{s}).$$

直接计算 ΔT 的结果也是 0.0100，但计算 $\mathrm{d}T$ 比较简便.

例 3　求函数 $y=x\ln x$ 的微分.

解　$y'=(x\ln x)'=1+\ln x,\mathrm{d}y=(x\ln x)'\mathrm{d}x=(1+\ln x)\mathrm{d}x.$

2. 微分的几何意义

为了直观理解函数的微分，下面说明微分的几何意义.

设函数 $y=f(x)$ 的图象如图 2-7 所示，点 $M(x_0,y_0)$，$N(x_0+\Delta x,y_0+\Delta y)$ 在曲线上，过点 M,N 分别作 x 轴、y 轴的平行线，相交于点 Q，则有向线段 $MQ=\Delta x$，$QN=\Delta y$. 过点 M 再作曲线的切线 MT 交 QN 于点 P，设其倾斜角为 α，则

$$QP=MQ\tan\alpha=\Delta x f'(x_0)=\mathrm{d}y.$$

因此，函数 $y=f(x)$ 在点 x_0 处的微分 $\mathrm{d}y$ 在几何上表示函数图象在点 $M(x_0,y_0)$ 处切线的纵坐标的相应改变量.

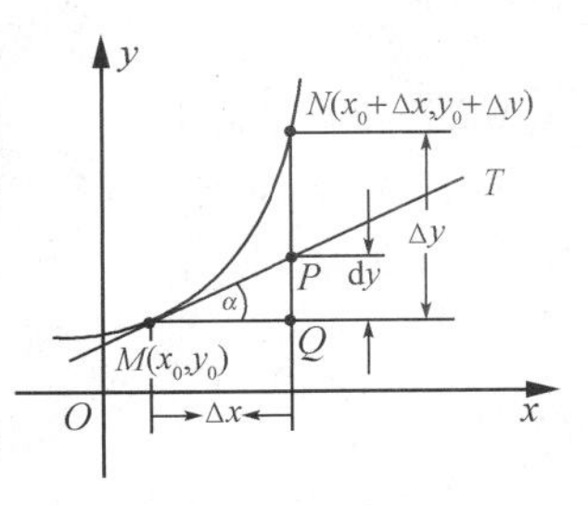

图 2-7

由图 2-7 还可以看出：

(1) 线段 PN 的长表示用 $\mathrm{d}y$ 来近似代替 Δy 时所产生的误差，当 $|\Delta x|=|\mathrm{d}x|$ 很小时，它比 $|\mathrm{d}y|$ 要小得多；

(2) 近似式 $\Delta y\approx \mathrm{d}y$ 表示当 $\Delta x\to 0$ 时，可以以 QP 近似代替 QN，即以曲线在点 M 处的切线来近似代替曲线本身，即在一点的附近可以用“直”代“曲”. 这就是以微分近似代替函数改变量之所以简便的本质所在，这个重要思想以后还要多次用到.

二、微分的基本公式与运算法则

根据微分和导数的关系式 $\mathrm{d}y=f'(x)\mathrm{d}x$，易知求函数 $y=f(x)$ 在某一点 x_0 处的微分，只要求出函数的导数，再乘以自变量的微分 $\mathrm{d}x$ 就行了，因此微分的计算方法和导数的计算方法在原则上就没有什么差别. 由导数的基本公式和运算法则，就可以直接得到微分的基本公式与运算法则.

1. 微分的基本公式

(1) $\mathrm{d}(C)=0$；　(2) $\mathrm{d}(x^\alpha)=\alpha x^{\alpha-1}\mathrm{d}x$；

(3) $\mathrm{d}(\sin x)=\cos x\mathrm{d}x$；　(4) $\mathrm{d}(\cos x)=-\sin x\mathrm{d}x$；

(5) $\mathrm{d}(\tan x)=\sec^2 x\mathrm{d}x$；　(6) $\mathrm{d}(\cot x)=-\csc^2 x\mathrm{d}x$；

(7) $\mathrm{d}(\sec x)=\sec x\tan x\mathrm{d}x$；　(8) $\mathrm{d}(\csc x)=-\csc x\cot x\mathrm{d}x$；

(9) $\mathrm{d}(a^x)=a^x\ln a\mathrm{d}x$；　(10) $\mathrm{d}(\mathrm{e}^x)=\mathrm{e}^x\mathrm{d}x$；

(11) $\mathrm{d}(\log_a x)=\dfrac{1}{x\ln a}\mathrm{d}x$；　(12) $\mathrm{d}(\ln x)=\dfrac{1}{x}\mathrm{d}x$；

(13) $\mathrm{d}(\arcsin x)=\dfrac{1}{\sqrt{1-x^2}}\mathrm{d}x$；　(14) $\mathrm{d}(\arccos x)=-\dfrac{1}{\sqrt{1-x^2}}\mathrm{d}x$；

(15) $\mathrm{d}(\arctan x)=\dfrac{1}{1+x^2}\mathrm{d}x$；　(16) $\mathrm{d}(\mathrm{arccot}\, x)=-\dfrac{1}{1+x^2}\mathrm{d}x$.

2. 微分的四则运算法则

(1) $d(u \pm v)=du \pm dv$;

(2) $d(uv)=vdu+udv$，特别地 $d(Cu)=Cdu$（C 为常数）;

(3) $d\left(\frac{u}{v}\right)=\frac{vdu-udv}{v^2}(v\neq 0)$.

3. 复合函数的微分法则

设 $y=f(u)$，$u=\varphi(x)$，则复合函数 $y=f[\varphi(x)]$ 的微分为

$$dy=y'_x dx=f'(u)\varphi'(x)dx=f'(u)du.$$

注意 最后得到的结果与 u 是自变量时的形式是相同的，这说明对于函数 $y=f(u)$，不论 u 是自变量还是中间变量，y 的微分都有 $f'(u)du$ 的形式. 这个性质称为一阶微分形式的不变性，它为求复合函数的微分提供了方便.

例 4 求 $d[\ln(\sin 2x)]$.

解 $d[\ln(\sin 2x)]=\frac{1}{\sin 2x}d(\sin 2x)=\frac{1}{\sin 2x}\cdot\cos 2x\cdot d(2x)=2\cot 2x dx$.

例 5 已知函数 $f(x)=\sin\left(\frac{1-\ln x}{x}\right)$，求 $d[f(x)]$.

解 $d[f(x)]=d\left[\sin\left(\frac{1-\ln x}{x}\right)\right]=\cos\left(\frac{1-\ln x}{x}\right)d\left(\frac{1-\ln x}{x}\right)$

$$=\cos\left(\frac{1-\ln x}{x}\right)\frac{d(1-\ln x)\cdot x-(1-\ln x)\cdot dx}{x^2}$$

$$=\cos\left(\frac{1-\ln x}{x}\right)\frac{-\frac{1}{x}\cdot xdx-(1-\ln x)\cdot dx}{x^2}=\frac{\ln x-2}{x^2}\cos\left(\frac{1-\ln x}{x}\right)dx.$$

例 6 证明参数式函数的求导公式.

证明 设函数 $y=y(x)$ 的参数方程形式为 $\begin{cases}x=\varphi(t),\\ y=\psi(t),\end{cases}$ 其中 $\varphi(t)$，$\psi(t)$ 可导，则

$$dx=\varphi'(t)dt,\ dy=\psi'(t)dt.$$

导数 $\frac{dy}{dx}$ 是 y 和 x 的微分之商，所以当 $\varphi'(t)\neq 0$ 时，有

$$\frac{dy}{dx}=\frac{\psi'(t)dt}{\varphi'(t)dt}=\frac{\psi'(t)}{\varphi'(t)}.$$

例 7 用求微分的方法，求由方程 $4x^2-xy-y^2=0$ 所确定的隐函数 $y=y(x)$ 的微分与导数.

解 对方程两端分别求微分，有 $8xdx-(ydx+xdy)-2ydy=0$，即

$$(x+2y)dy=(8x-y)dx.$$

当 $x+2y\neq 0$ 时，可得 $dy=\frac{8x-y}{x+2y}dx$，即

$$y'=\frac{dy}{dx}=\frac{8x-y}{x+2y}.$$

三、微分在数值计算上的应用

工程设计和科学研究都离不开数值计算，所使用的公式有时很复杂，所遇到的数据有

时也会比较繁杂. 为了使计算简便易行, 往往需要寻求简单的近似公式, 利用微分在某些时候能使我们达到目的.

对可导函数 $y=f(x)$, 需要计算改变量 $\Delta y=f(x_0+\Delta x)-f(x_0)$ 或 $f(x_0+\Delta x)$. 因为当 $|\Delta x|$ 很小时有近似式

$$\Delta y\approx \mathrm{d}y,$$

即
$$f(x_0+\Delta x)-f(x_0)\approx f'(x_0)\Delta x \text{ 或 } f(x_0+\Delta x)\approx f(x_0)+f'(x_0)\Delta x. \tag{2}$$

若记 $x=x_0+\Delta x$, 则 $\Delta x=x-x_0$, (2)式变为

$$f(x)\approx f(x_0)+f'(x_0)(x-x_0). \tag{3}$$

显然, 只要 $f(x_0)$, $f'(x_0)$ 易于计算, 那么 $f(x_0+\Delta x)$, $f(x)$ 就不难从(2)、(3)式得到, 因此(2)、(3)式就是我们所寻求的简单的近似公式. 根据微分的原理, 这种近似的精度将随着 $|\Delta x|$ 的减小而提高.

例 8　求 $\sin 31°$ 的近似值(精确到第 4 位小数).

解　需要计算 $\sin\left(\frac{31\pi}{180}\right)$.

因为 $\frac{30\pi}{180}=\frac{\pi}{6}$ 是一个特殊角, 它的三角函数值是已知的, 故取 $x_0=\frac{\pi}{6}$. 这样

$$\frac{31\pi}{180}=\frac{\pi}{6}+\frac{\pi}{180}=x_0+\frac{\pi}{180}=x_0+\Delta x, \Delta x=\frac{\pi}{180}.$$

由(2)式得 $\sin\left(\frac{31\pi}{180}\right)=\sin(x_0+\Delta x)\approx \sin x_0+\cos x_0\cdot\Delta x$

$$=\sin\frac{\pi}{6}+\cos\frac{\pi}{6}\cdot\frac{\pi}{180}=0.5+\frac{\sqrt{3}}{2}\times\frac{\pi}{180}\approx 0.5151.$$

若在(3)式中令 $x_0=0$, 则(3)式变为

$$f(x)\approx f(0)+f'(0)x(|x|\text{较小}). \tag{4}$$

应用(4)式可得到工程上常用的一些近似公式. 当 $|x|$ 较小时, 有

(1) $\sqrt[n]{1+x}\approx 1+\frac{x}{n}$;

(2) $\sin x\approx x$(x 以弧度为单位);

(3) $\mathrm{e}^x\approx 1+x$;

(4) $\tan x\approx x$(x 以弧度为单位);

(5) $\ln(1+x)\approx x$.

我们仅证明(1), 其余四个公式可类似证明.

证明　记 $f(x)=\sqrt[n]{1+x}$, 则 $f(0)=1$, $f'(x)=\frac{1}{n}(1+x)^{\frac{1}{n}-1}$, 则 $f'(0)=\frac{1}{n}$.

代入(4)式即得公式(1).

例 9　计算 $\sqrt[6]{65}$ 的近似值.

解　所求算式属于常用工程公式(1)的类型, 把 $\sqrt[6]{65}$ 写成 $\sqrt[6]{A(x+1)}=\sqrt[6]{A}\cdot\sqrt[6]{1+x}$ 的形式, 其中 $\sqrt[6]{A}$ 易求且 $|x|$ 较小. 因为 $\sqrt[6]{64}=2$, 所以

$$\sqrt[6]{65}=\sqrt[6]{64\left(1+\frac{1}{64}\right)}=\sqrt[6]{64}\cdot\sqrt[6]{1+\frac{1}{64}}\approx 2\times\left(1+\frac{1}{6}\times\frac{1}{64}\right)\approx 2.014.$$

四、绝对误差与相对误差

在生产实践中，经常要求各种数据，这些数据常常是根据有关量的测量值通过公式计算得到的. 例如，要求圆钢的截面积 A，可以用卡尺测量圆钢的直径 D，然后用公式 $A=\frac{\pi}{4}D^2$ 算出 A. 由于测量仪器的精度、测量的条件和测量方法等各种因素的影响，测量值往往带有误差，我们称这种误差为直接测量误差；将带有误差的数据代入公式计算，所得的结果也会有误差，这种误差称为间接测量误差.

误差可以从两个方面估计：一是近似值与精确值差的绝对值，称为**绝对误差**；二是绝对误差与近似值绝对值之比，称为**相对误差**. 例如，某个量的精确值为 A，近似值为 a，那么绝对误差为 $|A-a|$，相对误差为 $\frac{|A-a|}{|a|}$.

在实际工作中，某个量的精确值是不知道的，于是绝对误差、相对误差也就无法求得. 但是通过估计测量仪器的精度等产生误差的因素，测量误差的范围有时是可以确定的. 若某个量的精确值为 A，测得它的近似值为 a，又知道它的误差不会超过 σ_A，即 $|A-a|\leqslant\sigma_A$，那么 σ_A 称为测量值 A 的**绝对误差限**，$\frac{\sigma_A}{|a|}$ 称为测量值 A 的**相对误差限**.

下面通过一个具体的例子，讨论怎样利用微分来估计间接误差.

例 10 设测得圆钢的直径 $D=60.03$ mm，测量直径的绝对误差限 $\sigma_D=0.05$ mm，利用公式 $A=\frac{\pi}{4}D^2$ 计算圆钢的截面积，并估计截面积的误差.

解 面积计算公式是函数 $A=f(D)$，把测量 D 所产生的误差当成 D 的改变量 ΔD，那么利用公式 $A=f(D)$ 计算 A 时所产生的误差就是 A 的对应改变量 ΔA. 一般 $|\Delta D|$ 很小，故可用微分 $\mathrm{d}A$ 来近似代替 ΔA，即

$$\Delta A\approx \mathrm{d}A=A'(D)\cdot\Delta D=\frac{\pi}{2}D\cdot\Delta D. \tag{5}$$

由于 D 的绝对误差限 $\sigma_D=0.05$ mm，所以 $|\Delta D|\leqslant\sigma_D=0.05$. 由(5)式可得

$$|\Delta A|\approx|\mathrm{d}A|=\frac{\pi}{2}D\cdot|\Delta D|\leqslant\frac{\pi}{2}D\cdot\sigma_D.$$

因此得出 A 的绝对误差限为

$$\sigma_A=\frac{\pi}{2}D\cdot\sigma_D=\frac{\pi}{2}\times60.03\times0.05\approx4.715(\mathrm{mm}^2),$$

A 的相对误差限为

$$\frac{\sigma_A}{|A|}=\frac{\frac{\pi}{2}D\cdot\sigma_D}{\frac{\pi}{4}D^2}=2\frac{\sigma_D}{D}=2\times\frac{0.05}{60.03}\approx0.17\%.$$

一般地，根据测量值 x 按公式 $y=f(x)$ 计算 y 的值时，如果已知测量值 x 的绝对误差限是 σ_x，即 $|\Delta x|\leqslant\sigma_x$，那么当 $y'\neq0$ 时，y 的绝对误差

$$|\Delta y|\approx|\mathrm{d}y|=|y'|\cdot|\Delta x|\leqslant|y'|\cdot\sigma_x,$$

即 y 的绝对误差限约为

$$\sigma_y=|y'|\cdot\sigma_x,$$

y 的相对误差限约为

$$\frac{\sigma_y}{|y|}=\frac{|y'|}{|y|}=\sigma_x.$$

以后常把绝对误差限与相对误差限简称为绝对误差和相对误差.

习题 2-6（A）

1. 判断下列说法是否正确：

(1) 函数 $y=f(x)$ 在点 x_0 处可导与可微是等价的；

(2) 函数 $y=f(x)$ 在点 x_0 处的导数值与微分值只与 $f(x)$ 和 x_0 有关；

(3) 函数 $y=f(x)$ 在点 x_0 处可微，则 $\Delta y-\mathrm{d}y$ 是 Δy 的高阶无穷小.

2. 求下列函数的微分：

(1) $y=x^3a^x$；　　(2) $y=\dfrac{\sin x}{\ln x}$；

(3) $y=\cos(2-x^2)$；　　(4) $y=\arctan\sqrt{1-\ln x}$.

3. 计算 $\sqrt[3]{1.03}$ 的近似值.

习题 2-6（B）

1. 设函数 $y=x^3$，计算在 $x=2$ 处，Δx 分别等于 $-0.1,0.01$ 时的改变量 Δy 及微分 $\mathrm{d}y$.

2. 求下列函数的微分：

(1) $y=\dfrac{x}{1-x}$；　　(2) $y=\ln\left(\sin\dfrac{x}{2}\right)$；

(3) $y=\arcsin\sqrt{1-x^2}$；　　(4) $y=\mathrm{e}^{-x}\cos(3-x)$；

(5) $y=\sin^2[\ln(3x+1)]$；　　(6) $y=(1+x)^{\sec x}$.

3. 求由方程 $x+y=\arctan(x-y)$ 所确定的函数 $y=f(x)$ 的微分和导数.

4. 求由参数方程 $\begin{cases}x=\dfrac{t}{1+t},\\ y=\dfrac{t^2}{1+t}\end{cases}$ 所确定的函数 $y=f(x)$ 的一阶导数和二阶导数.

5. 利用微分求近似值：

(1) $\tan 46°$；　　(2) $\mathrm{e}^{1.01}$；

(3) $\sqrt[3]{996}$；　　(4) $\ln(1.001)$.

6. 当 $|x|$ 很小时，证明下列近似公式：

(1) $\ln(1+x)\approx x$；　　(2) $\dfrac{1}{1+x}\approx 1-x$.

7. 已知单摆的摆动周期为 $T=2\pi\sqrt{\dfrac{l}{g}}$，其中 g 取 980 cm/s^2，l 为摆长（单位：cm），设原摆长为 20 cm，为使周期 T 增大 0.05 s，摆长约需加长多少？

8. 有一立方体形的铁箱，它的边长为 (70 ± 0.1)cm，求出它的体积，并估计绝对误差和相对误差.

本章内容小结

数学中研究变量时，既要了解彼此的对应规律——函数关系，各量的变化趋势——极限，还要对各量在变化过程中某一时刻的相互动态关系——各量变化快慢及一个量相对于另一个量的变化率等，做出准确的数量分析，作为本章主要内容的导数和微分，就是用来刻画这种相互动态关系的.

在这一章中，我们学习了导数和微分的概念，以及求导数和微分的方法、运算法则.

1. 导数的概念和运算.

导数概念极为重要，应准确理解. 领会导数的基本思想，掌握它的基本分析方法，是会应用导数的前提. 要动态地考察函数 $y=f(x)$ 在某点 x_0 附近变量间的关系. 由于存在变化"均匀与不均匀"或图形"曲与直"等不同变化性态，如果孤立地考察一点 x_0，除了能求得函数值 $f(x_0)$ 外，是难以反映函数的变化性态的，所以要在小范围 $[x_0, x_0+\Delta x]$ 内研究函数的变化情况，再结合极限，就得出点变化率的概念. 有了点变化率的概念，在小范围内就可以"以均匀代不均匀""以直代曲"，使得函数 $y=f(x)$ 在某点 x_0 附近变量间关系的动态研究得到简化，运用这一基本思想和分析方法，可以解决实际问题中的大量问题.

本章内容的重点是导数、微分的概念，但大量的工作则是求导运算，目的在于加深对导数的理解，并提高运算能力. 求导运算的对象分为两类，一类是初等函数，另一类是非初等函数. 由于初等函数是由基本初等函数和常数经过有限次四则运算与复合运算得到的，求初等函数的导数必须熟记基本导数公式及求导法则，特别是复合函数的求导法则. 在本章中遇到的非初等函数有由方程确定的隐函数和用参数方程形式表示的函数，对这两类函数的求导，前者总是先在方程两边同时对自变量求导，然后解出所求的导数，后者则有现成公式可用.

2. 导数的几何意义与物理含义.

(1) 导数的几何意义.

函数 $y=f(x)$ 在点 x_0 处的导数 $f'(x_0)$，在几何上表示函数的图象在点 $(x_0, f(x_0))$ 处的切线的斜率.

(2) 导数的物理含义.

在物理领域中，大量运用导数来表示一个物理量相对于另一个物理量的变化率，而且这种变化率本身常常是一个物理概念. 由于具体物理量的含义不同，导数的含义也不同，所得的物理概念也就不同. 常见的是：速度——位移关于时间的变化率，加速度——速度关于时间的变化率，密度——质量关于容量的变化率，功率——功关于时间的变化率，电流——电荷量关于时间的变化率.

3. 微分的概念与运算.

函数 $y=f(x)$ 在点 x_0 处可微，表示 $f(x)$ 在 x_0 附近的一种变化性态：随着自变量 x 的改变量 Δx 的变化，始终成立 $\Delta y=f(x_0+\Delta x)-f(x_0)=f'(x_0)\Delta x+o(\Delta x)$. 这在数值上表示 $f'(x_0)\Delta x$ 是 Δy 的线性主部：$\Delta y\approx f'(x_0)\Delta x$；在几何上表示 x_0 附近可以以"直"(图象在点 $(x_0, f(x_0))$ 处的切线)代"曲"($y=f(x)$ 图象本身)，误差是 Δx 的高阶无穷小，称 $\mathrm{d}y=$

$f'(x_0)\Delta x=f'(x_0)\mathrm{d}x$ 为 $f(x)$ 在 x_0 处的微分.

在运算上,求函数 $y=f(x)$ 的导数 $f'(x)$ 与微分 $f'(x)\mathrm{d}x$ 是互通的,即

$$y'=\frac{\mathrm{d}y}{\mathrm{d}x}=f'(x)\Leftrightarrow \mathrm{d}y=f'(x)\mathrm{d}x.$$

因此可以先求导数然后乘以 $\mathrm{d}x$ 计算微分,也可以利用微分公式与微分法则进行计算.

4. 可导、可微与连续的关系.

函数 $y=f(x)$ 在 x_0 处可导$\Rightarrow$函数 $y=f(x)$ 在 x_0 处连续;

函数 $y=f(x)$ 在 x_0 处可微$\Rightarrow$函数 $y=f(x)$ 在 x_0 处连续;

函数 $y=f(x)$ 在 x_0 处可导$\Leftrightarrow$函数 $y=f(x)$ 在 x_0 处可微.

而由函数 $y=f(x)$ 在 x_0 处连续不能得出它在 x_0 处可导或可微.

自测题二

1. 选择题:

(1) 设函数 $f(x)$ 在点 x_0 处可导,则 $f'(x_0)$ 等于　(　　)

A. $\lim\limits_{\Delta x\to 0}\frac{f(x_0-\Delta x)-f(x_0)}{\Delta x}$　　B. $\lim\limits_{\Delta x\to 0}\frac{f(x_0-\Delta x)-f(x_0)}{2\Delta x}$

C. $\lim\limits_{\Delta x\to 0}\frac{f(x_0)-f(x_0-\Delta x)}{\Delta x}$　　D. $\lim\limits_{\Delta x\to 0}\frac{f(x_0+\Delta x)-f(x_0-\Delta x)}{\Delta x}$

(2) 函数 $f(x)$ 在点 x_0 处连续是函数在该点可导的　(　　)

A. 充分条件　　B. 必要条件

C. 充要条件　　D. 非充分条件也非必要条件

(3) 设 $f(u)$ 可导,$y=f(\ln^2 x)$,则 y' 等于　(　　)

A. $f'(\ln^2 x)$　　B. $2\ln x f'(\ln^2 x)$

C. $\frac{2\ln x}{x}f'(\ln^2 x)$　　D. $\frac{2\ln x}{x}[f(\ln x)]'$

(4) 设函数 $f(x)$ 在点 x_0 处的导数不存在,则曲线 $y=f(x)$　(　　)

A. 在点 $(x_0,f(x_0))$ 的切线必不存在　B. 在点 $(x_0,f(x_0))$ 的切线可能存在

C. 在点 x_0 处间断　　D. $\lim\limits_{x\to x_0}f(x)$ 不存在

(5) 设 $f(x)$ 在点 x_0 处可导,且 $f(x_0)=1$,则 $\lim\limits_{x\to x_0}f(x_0)$ 等于　(　　)

A. 1　　B. x_0　　C. $f'(x_0)$　　D. 不存在

(6) 设 $y=\mathrm{e}^{f(x)}$,其中 $f(x)$ 为可导函数,则 y'' 等于　(　　)

A. $\mathrm{e}^{f(x)}$　　B. $\mathrm{e}^{f(x)}f''(x)$

C. $\mathrm{e}^{f(x)}[f'(x)+f''(x)]$　　D. $\mathrm{e}^{f(x)}\{[f'(x)]^2+f''(x)\}$

(7) 设 $y=\frac{\varphi(x)}{x}$,$\varphi(x)$ 可导,则 $\mathrm{d}y$ 等于　(　　)

A. $\frac{x\mathrm{d}[\varphi(x)]-\varphi(x)\mathrm{d}x}{x^2}$　　B. $\frac{\varphi'(x)-\varphi(x)}{x^2}\mathrm{d}x$

C. $-\frac{\mathrm{d}[\varphi(x)]}{x^2}$　　D. $\frac{x\mathrm{d}[\varphi(x)]-\mathrm{d}[\varphi(x)]}{x^2}$

(8) 直线 L 与 x 轴平行，且与曲线 $y=x-e^x$ 相切，则切点坐标为 ( )

A. $(1,1)$　　B. $(-1,1)$　　C. $(0,-1)$　　D. $(0,1)$

2. 填空题：

(1) 过曲线 $y=\dfrac{4+x}{4-x}$ 上一点$(2,3)$处的法线的斜率为__________；

(2) 已知函数 $y=\ln\sin^2 x$，则 $y'=$__________，$y'|_{x=\frac{\pi}{6}}=$__________；

(3) 设 $f(x)=x(x-1)(x-2)(x-3)(x-4)$，则 $f'(0)=$__________；

(4) 设 $y=y(x)$是由方程 $xy+\ln y=0$ 确定的函数，则 $dy=$__________；

(5) 若 $f'(x_0)=0$，则曲线 $y=f(x)$在点 x_0 处的切线方程为__________，法线方程为__________；

(6) 已知函数 $y=xe^x$，则 $y''=$__________；

(7) 某物体沿直线运动，其运动规律为 $s=f(t)$，则在时间间隔$[t,t+\Delta t]$内，物体经过的路程 $\Delta s=$__________，平均速度为$\bar{v}=$__________，在时刻 t 的速度$v=$__________；

(8) $\sqrt{25.01}\approx$__________.

3. 设 $f(x)=\begin{cases}x^2, & x\leqslant 1,\\ ax+b, & x>1,\end{cases}$ 若欲使函数 $f(x)$在 $x=1$ 处连续且可导，则 a,b 各等于多少？

4. 求下列函数的导数 y'：

(1) $y=\ln\cos x^2$；　　(2) $y=\ln[\ln(\ln x)]$；

(3) $y=\arccos\dfrac{1-x}{\sqrt{2}}$；　　(4) $y=\dfrac{\sqrt{x^2+a^2}-\sqrt{x^2-a^2}}{\sqrt{x^2+a^2}+\sqrt{x^2-a^2}}$；

(5) $y=e^{\tan\frac{1}{x}}$；　　(6) $y=(\tan x)^{\sin x}$；

(7) $y=\sqrt[3]{\dfrac{x-5}{\sqrt[3]{x^2+2}}}$；　　(8) $\sqrt{x}+\sqrt{y}=\sqrt{a}$；

(9) $\begin{cases}x=\sqrt[3]{1-\sqrt{t}},\\ y=\sqrt{1-\sqrt[3]{t}};\end{cases}$　　(10) $y=e^{\sin x}\cos(\sin x)$.

5. 求下列各函数的二阶导数 y''：

(1) $y=x\sqrt{1+x^2}$；　　(2) $y=(1+x^2)\arctan x$；

(3) $\begin{cases}x=2t-t^2,\\ y=3t-t^2;\end{cases}$　　(4) $x^2-xy+y^2=1$.

6. 求下列各函数的微分 dy：

(1) $y=\dfrac{x}{\sqrt{1-x^2}}$；　　(2) $y=\arcsin\dfrac{x}{a}$；

(3) $y=\dfrac{\arctan 2x}{1+x^2}$；　　(4) $y=\dfrac{x\ln x}{1-x}+\ln(1-x)$.

7. 一物体的运动方程是 $s=e^{-kt}\sin\omega t$（k,ω 为常数），求该物体的速度和加速度.

第 3 章 导数的应用

上一章中，我们从实际问题中因变量对自变量的变化率出发，引进了导数的概念，并讨论了导数的计算方法．本章中，我们将应用导数来计算未定式的极限（洛必达法则）、研究函数及曲线的某些性态（单调性、极值、凹凸性和拐点等），并利用这些知识解决有关最大、最小值等一些实际问题．为此，首先介绍微分中值定理，它既是微分学的理论基础，也是导数应用的理论基础．

§3-1　微分中值定理

本节将介绍微分中的两个重要定理：罗尔定理、拉格朗日中值定理．这样就可以不求极限而直接在函数和它的导数之间建立起联系．

一、罗尔定理

定理 1（罗尔定理）　设函数 $f(x)$ 满足下列三个条件：

（1）在闭区间 $[a,b]$ 上连续，

（2）在开区间 (a,b) 内可导，

（3）在两端点处的函数值相等，即 $f(a)=f(b)$，

则在 (a,b) 内至少有一点 $\xi(a<\xi<b)$，使得函数 $f(x)$ 在该点的导数等于零，即 $f'(\xi)=0$．

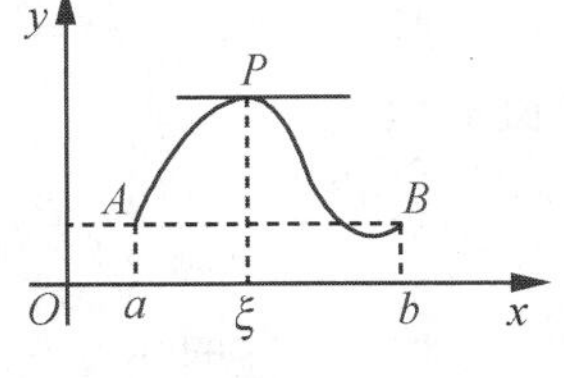

图 3-1

罗尔定理在直观上是很明显的：在两个高度相同的点之间的一段连续曲线上，如果除端点外各点都有不垂直于 x 轴的切线，那么至少有一点处的切线是水平的（如图3-1中的点 P）．

注意　罗尔定理要求函数同时满足三个条件，否则结论不一定成立．

例 1　验证函数 $f(x)=x^2+x-6$ 在区间 $[-2,1]$ 上罗尔定理成立，并求出 ξ．

解　$f(x)=x^2+x-6$ 在区间 $[-2,1]$ 上连续，$f'(x)=2x+1$ 在 $(-2,1)$ 内存在，$f(-2)=f(1)=-4$，所以 $f(x)$ 在 $[-2,1]$ 上满足罗尔定理的三个条件．

令 $f'(x)=2x+1=0$，得 $x=-\dfrac{1}{2}$．所以存在 $\xi=-\dfrac{1}{2}$，使得 $f'(\xi)=0$．

由罗尔定理可知，如果函数 $y=f(x)$ 满足定理的三个条件，那么方程 $f'(x)=0$ 在区间 (a,b) 内至少有一个实根．这个结论常被用来证明某些方程的根的存在性．

例 2 如果方程 $ax^3+bx^2+cx=0$ 有正根 x_0，证明方程 $3ax^2+2bx+c=0$ 必定在 $(0,x_0)$ 内有根.

证明 设 $f(x)=ax^3+bx^2+cx$，则 $f(x)$ 在 $[0,x_0]$ 上连续，$f'(x)=3ax^2+2bx+c$ 在 $(0,x_0)$ 内存在，且 $f(0)=f(x_0)=0$，所以 $f(x)$ 在 $[0,x_0]$ 上满足罗尔定理的条件.

由罗尔定理的结论，在 $(0,x_0)$ 内至少存在一点 ξ，使 $f'(\xi)=3a\xi^2+2b\xi+c=0$，即 ξ 为方程 $3ax^2+2bx+c=0$ 的根.

二、拉格朗日中值定理

定理 2（拉格朗日中值定理） 设函数 $f(x)$ 满足下列条件：

(1) 在闭区间 $[a,b]$ 上连续，

(2) 在开区间 (a,b) 内可导，

则在 (a,b) 内至少有一点 $\xi(a<\xi<b)$，使得 $f'(\xi)=\dfrac{f(b)-f(a)}{b-a}$.

这个定理在直观上也很明显. 由图 3-2 可以看出，$\dfrac{f(b)-f(a)}{b-a}$ 表示连接端点 $A(a,f(a))$，$B(b,f(b))$ 的线段所在直线的斜率，而 $f'(\xi)$ 表示曲线在点 P 处的切线的斜率. 所以拉格朗日中值定理的几何意义是：如果曲线 $f(x)$ 在 $[a,b]$ 上连续，且除端点 A，B 外处处都有不垂直于 x 轴的切线，那么在这条曲线上（两端点除外）至少有一点 P，使得该点处的切线与线段 AB 平行.

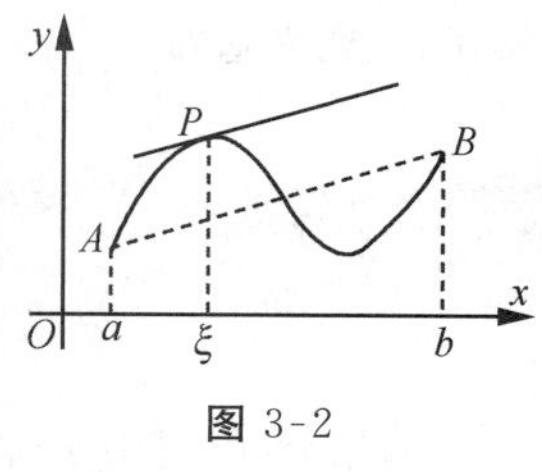

图 3-2

与罗尔定理比较可以发现：拉格朗日中值定理是罗尔定理把端点连线由水平向斜线的推广. 或者说，罗尔定理是拉格朗日中值定理当端点连线为水平时的特例.

注意 拉格朗日中值定理要求函数同时满足两个条件，否则结论不一定成立.

例 3 验证 $f(x)=x^2$ 在区间 $[1,2]$ 上拉格朗日中值定理成立，并求 ξ.

解 显然 $f(x)=x^2$ 在区间 $[1,2]$ 上连续，$f'(x)=2x$ 在 $(1,2)$ 内存在，所以拉格朗日中值定理成立.

令 $\dfrac{f(2)-f(1)}{2-1}=f'(x)$，即 $2x=3$，得 $x=1.5$，所以 $\xi=1.5$.

例 4 证明当 $x>0$ 时，不等式 $\dfrac{x}{1+x}<\ln(1+x)<x$ 成立.

证明 改写欲求证的不等式为

$$\frac{1}{1+x}<\frac{\ln(1+x)}{x}<1, \tag{1}$$

构造函数 $f(x)=\ln(1+x)$，因为 $f(0)=\ln 1=0$，所以要证明原不等式即要证

$$\frac{1}{1+x}<\frac{\ln(1+x)-\ln 1}{x-0}<1.$$

因为 $f(x)=\ln(1+x)$ 在 $[0,x]$ 上连续，$f'(x)=\dfrac{1}{1+x}$ 在 $(0,x)$ 内存在，由拉格朗日中值定理得：至少存在一点 $\xi(0<\xi<x)$，使得 $\dfrac{\ln(1+x)-\ln 1}{x-0}=f'(\xi)$，即 $\dfrac{\ln(1+x)}{x}=\dfrac{1}{1+\xi}$. 显然 $1<1+\xi<1+x$，则 $\dfrac{1}{1+x}<\dfrac{1}{1+\xi}<1$，所以 (1) 式成立，原不等式得证.

拉格朗日中值定理可以改写成另外的形式，如：

$f(b)-f(a)=f'(\xi)(b-a)$ 或 $f(b)=f(a)+f'(\xi)(b-a)$，$a<\xi<b$；

$f(x)=f(x_0)+f'(\xi)(x-x_0)$，$x_0<\xi<x$；

$f(x+\Delta x)-f(x)=f'(\xi)\Delta x$ 或 $\Delta y=f'(\xi)\Delta x$，$x<\xi<x+\Delta x$.

从拉格朗日中值定理可以推出一些很有用的结论.

推论 1　若 $f'(x)\equiv 0$，$x\in(a,b)$，则 $f(x)\equiv C(x\in(a,b),C\in\mathbf{R})$，即在 (a,b) 内 $f(x)$ 是常数函数.

证明　任取 $x_1,x_2\in(a,b)$，不妨设 $x_1<x_2$. 因为 $[x_1,x_2]\subset(a,b)$，显然 $f(x)$ 在 $[x_1,x_2]$ 上连续，在 (x_1,x_2) 内可导. 于是由拉格朗日中值定理有

$$f(x_2)-f(x_1)=f'(\xi)(x_2-x_1),\ x_1<\xi<x_2.$$

又因为对 (a,b) 内的一切 x 都有 $f'(x)=0$，而 $\xi\in(x_1,x_2)\subset(a,b)$，所以 $f'(\xi)=0$，于是得 $f(x_2)-f(x_1)=0$，即 $f(x_2)=f(x_1)$.

因为对于 (a,b) 内的任意 x_1,x_2 都有 $f(x_2)=f(x_1)$，所以 $f(x)$ 在 (a,b) 内是一个常数.

注意　我们以前证明过常数的导数等于零，推论 1 说明它的逆命题也是真命题.

推论 2　若 $f'(x)\equiv g'(x)$，$x\in(a,b)$，则 $f(x)=g(x)+C(x\in(a,b),C\in\mathbf{R})$.

证明　因为 $[f(x)-g(x)]'=f'(x)-g'(x)\equiv 0$，$x\in(a,b)$，所以据推论 1，得

$$f(x)-g(x)=C(x\in(a,b),C\in\mathbf{R}),$$

移项即得结论.

前面我们知道“两个函数相等，则它们的导数也相等”，现在又知道“如果两个函数的导数相等，那么它们至多只相差一个常数”.

例 1、例 3 都是求拉格朗日中值定理及其特例——罗尔定理中的那个 ξ，读者不要误以为 ξ 总是可以求得的. 事实上，在绝大多数情况下，可以验证 ξ 的存在性却很难求得. 但就是这个存在性，确立了中值定理在微分学中的重要地位. 本来函数 $y=f(x)$ 与导数 $f'(x)$ 之间的关系是通过极限建立的，因此导数 $f'(x_0)$ 只能近似反映 $f(x)$ 在 x_0 附近的性态，如 $f(x)\approx f(x_0)+f'(x_0)(x-x_0)$. 中值定理却通过中间值处的导数，证明了函数 $f(x)$ 与导数 $f'(x)$ 之间可以直接建立精确的等式关系，即只要 $f(x)$ 在 x,x_0 之间连续、可导，且在点 x,x_0 也连续，那么一定存在中间值 ξ，使 $f(x)=f(x_0)+f'(\xi)(x-x_0)$. 这样就为由导数的性质推断函数的性质、由函数的局部性质研究函数的整体性质架起了桥梁.

习题 3-1（A）

1. 判断下列结论是否正确：

(1) 设函数 $f(x)$ 在 $[a,b]$ 上有定义，在 (a,b) 内可导，$f(a)=f(b)$，则至少存在一点 $\xi\in(a,b)$，使 $f'(\xi)=0$；

(2) 若函数 $f(x)$ 在 $[a,b]$ 上连续，在 (a,b) 内可导，但 $f(a)\neq f(b)$，则在 (a,b) 内不存在 ξ，使 $f'(\xi)=0$.

2. 验证函数 $f(x)=x^2-5x+2$ 在区间 $[0,5]$ 上罗尔定理的正确性，并求出 ξ 的值.

3. 验证函数 $f(x)=\sqrt{x}$ 在区间 $[1,4]$ 上拉格朗日中值定理的正确性，并求出 ξ 的值.

习题 3-1（B）

1. 验证函数 $y=\ln\sin x$ 在区间 $\left[\frac{\pi}{6},\frac{5\pi}{6}\right]$ 上罗尔定理的正确性，并求出 ξ 的值.

2. 验证函数 $y=4x^3+x-2$ 在区间 $[0,1]$ 上拉格朗日中值定理的正确性，并求出 ξ 的值.

3. 不用求出函数 $f(x)=(x-1)(x-2)(x-3)(x-4)$ 的导数，说明方程 $f'(x)=0$ 有几个实根，并指出它们所在的区间.

4. 利用格朗日中值定理证明下列不等式：

(1) $nb^{n-1}(a-b)<a^n-b^n<na^{n-1}(a-b)(a>b>0,n>1)$；

(2) $\frac{a-b}{a}<\ln\frac{a}{b}<\frac{a-b}{b}(a>b>0)$；

(3) $|\sin x-\sin y|\leqslant|x-y|$.

§3-2 洛必达法则

在极限的讨论中已经看到：若当 $x\to x_0$ 时，两个函数 $f(x)$，$g(x)$ 都是无穷小或无穷大，则求极限 $\lim\limits_{x\to x_0}\frac{f(x)}{g(x)}$ 时不能直接用商的极限运算法则，其结果可能存在，也可能不存在. 即使存在，其值也因式而异. 因此，常把两个无穷小之比或无穷大之比的极限，称为 $\frac{0}{0}$ 型或 $\frac{\infty}{\infty}$ 型未定式（也称为 $\frac{0}{0}$ 型或 $\frac{\infty}{\infty}$ 型未定型）极限. 对这类极限，一般可以用下面介绍的洛必达法则，它的特点是在求极限时以导数为工具.

一、$\frac{0}{0}$ 型未定式

定理 1（洛必达法则 1） 设函数 $f(x)$ 和 $g(x)$ 满足：

(1) $\lim\limits_{x\to x_0}f(x)=0$，$\lim\limits_{x\to x_0}g(x)=0$，

(2) 函数 $f(x)$ 和 $g(x)$ 在 x_0 的某邻域内（点 x_0 可除外）可导，且 $g'(x)\neq0$，

(3) $\lim\limits_{x\to x_0}\frac{f'(x)}{g'(x)}=A$（$A$ 可以是有限数，也可以是 ∞，$\pm\infty$），

则

$$\lim_{x\to x_0}\frac{f(x)}{g(x)}=\lim_{x\to x_0}\frac{f'(x)}{g'(x)}=A.$$

在具体使用洛必达法则时，一般应先验证定理的条件(1)，如果是 $\frac{0}{0}$ 型未定式，则可以做下去，只要最终能得到结果就达到求极限的目的了.

例 1 求 $\lim\limits_{x\to0}\frac{\sin ax}{\sin bx}$ $(b\neq0)$.

解　$\lim\limits_{x\to0}\dfrac{\sin ax}{\sin bx}=\lim\limits_{x\to0}\dfrac{a\cos ax}{b\cos bx}=\dfrac{a}{b}$.

例 2　求$\lim\limits_{x\to1}\dfrac{x^3-3x+2}{x^3-x^2-x+1}$.

解　$\lim\limits_{x\to1}\dfrac{x^3-3x+2}{x^3-x^2-x+1}=\lim\limits_{x\to1}\dfrac{3x^2-3}{3x^2-2x-1}=\lim\limits_{x\to1}\dfrac{6x}{6x-2}=\dfrac{3}{2}$.

注意　(1) 如果应用洛必达法则后的极限仍然是$\dfrac{0}{0}$型未定式,那么只要相关导数存在,就可以继续使用洛必达法则,直至能求出极限;

(2) 上式中的$\lim\limits_{x\to1}\dfrac{6x}{6x-2}$已不是未定式,不能使用洛必达法则,否则要导致错误结果.

例 3　求$\lim\limits_{x\to0}\dfrac{x-\sin x}{x^3}$.

解　$\lim\limits_{x\to0}\dfrac{x-\sin x}{x^3}=\lim\limits_{x\to0}\dfrac{1-\cos x}{3x^2}=\lim\limits_{x\to0}\dfrac{\sin x}{6x}=\lim\limits_{x\to0}\dfrac{\cos x}{6}=\dfrac{1}{6}$.

二、$\dfrac{\infty}{\infty}$型未定式

定理 2(洛必达法则 2)　设函数 $f(x)$和 $g(x)$满足:

(1) $\lim\limits_{x\to x_0}f(x)=\infty$, $\lim\limits_{x\to x_0}g(x)=\infty$,

(2) 函数 $f(x)$和 $g(x)$在 x_0 的某邻域内(点 x_0 可除外)可导,且 $g'(x)\neq0$,

(3) $\lim\limits_{x\to x_0}\dfrac{f'(x)}{g'(x)}=A$($A$ 可以是有限数,也可以是∞,$\pm\infty$),

则
$$\lim_{x\to x_0}\frac{f(x)}{g(x)}=\lim_{x\to x_0}\frac{f'(x)}{g'(x)}=A.$$

例 4　求$\lim\limits_{x\to\frac{\pi}{2}}\dfrac{\tan 3x}{\tan x}$.

解　$$\lim_{x\to\frac{\pi}{2}}\frac{\tan 3x}{\tan x}=\lim_{x\to\frac{\pi}{2}}\frac{3\sec^2 3x}{\sec^2 x}=\lim_{x\to\frac{\pi}{2}}\frac{3\cos^2 x}{\cos^2 3x}=\lim_{x\to\frac{\pi}{2}}\frac{6\cos x(-\sin x)}{2\cos 3x(-3\sin 3x)}$$
$$=\lim_{x\to\frac{\pi}{2}}\frac{\sin 2x}{\sin 6x}=\lim_{x\to\frac{\pi}{2}}\frac{2\cos 2x}{6\cos 6x}=\frac{1}{3}.$$

例 5　求 $\lim\limits_{x\to+\infty}\dfrac{\ln x}{x^n}$ $(n>0)$.

解　$\lim\limits_{x\to+\infty}\dfrac{\ln x}{x^n}=\lim\limits_{x\to+\infty}\dfrac{\frac{1}{x}}{nx^{n-1}}=\lim\limits_{x\to+\infty}\dfrac{1}{nx^n}=0$.

例 6　求 $\lim\limits_{x\to+\infty}\dfrac{x^n}{e^{\lambda x}}$ (n 为正整数,$\lambda>0$).

解　相继应用洛必达法则 n 次,得

$$\lim_{x\to+\infty}\frac{x^n}{e^{\lambda x}}=\lim_{x\to+\infty}\frac{nx^{n-1}}{\lambda e^{\lambda x}}=\lim_{x\to+\infty}\frac{n(n-1)x^{n-2}}{\lambda^2 e^{\lambda x}}=\cdots=\lim_{x\to+\infty}\frac{n!}{\lambda^n e^{\lambda x}}=0.$$

三、其他类型的未定式

对函数 $f(x)$ 和 $g(x)$ 求 $x\to x_0, x\to\infty, x\to\pm\infty$ 时的极限时，除 $\frac{0}{0}$ 型与 $\frac{\infty}{\infty}$ 型未定式之外，还有下列一些其他类型的未定式：

(1) $0\cdot\infty$ 型：$f(x)\cdot g(x)$ 中一个函数的极限为 0，另一函数的极限为 ∞，求 $f(x)\cdot g(x)$ 的极限；

(2) $\infty-\infty$ 型：$f(x)$ 与 $g(x)$ 的极限都为 ∞，求 $f(x)-g(x)$ 的极限；

(3) 1^{∞} 型：$f(x)$ 的极限为 1，$g(x)$ 的极限为 ∞，求 $f(x)^{g(x)}$ 的极限；

(4) 0^0 型：$f(x)$ 与 $g(x)$ 的极限都为 0，求 $f(x)^{g(x)}$ 的极限；

(5) ∞^0 型：$f(x)$ 的极限为 ∞，$g(x)$ 的极限为 0，求 $f(x)^{g(x)}$ 的极限.

这些类型的未定式，可按下述方法处理：对(1)、(2)两种类型，可利用适当变换将它们化为 $\frac{0}{0}$ 型或 $\frac{\infty}{\infty}$ 型未定式，再用洛必达法则求极限；对(3)、(4)、(5)三种类型的未定式，直接用 $\lim f(x)^{g(x)}=\lim e^{g(x)\ln f(x)}=e^{\lim g(x)\ln f(x)}$ 将其化为 $0\cdot\infty$ 型.

例 7 求 $\lim\limits_{x\to0}x\cot 3x$.

解 这是 $0\cdot\infty$ 型未定式，把 $\cot 3x$ 写为 $\frac{1}{\tan 3x}$，可将其化为 $\frac{0}{0}$ 型未定式.

$$\lim_{x\to0}x\cot 3x=\lim_{x\to0}\frac{x}{\tan 3x}=\lim_{x\to0}\frac{1}{3\sec^2 3x}=\lim_{x\to0}\frac{\cos^2 3x}{3}=\frac{1}{3}.$$

例 8 求 $\lim\limits_{x\to1^+}\left(\frac{x}{x-1}-\frac{1}{\ln x}\right)$.

解 这是 $\infty-\infty$ 型未定式，通过“通分”将其化为 $\frac{0}{0}$ 型未定式.

$$\lim_{x\to1^+}\left(\frac{x}{x-1}-\frac{1}{\ln x}\right)=\lim_{x\to1^+}\frac{x\ln x-x+1}{(x-1)\ln x}=\lim_{x\to1^+}\frac{\ln x}{\ln x+1-\frac{1}{x}}=\lim_{x\to1^+}\frac{\frac{1}{x}}{\frac{1}{x}+\frac{1}{x^2}}=\frac{1}{2}.$$

例 9 求 $\lim\limits_{x\to0^+}x^{\sin x}$.

解 这是 0^0 型未定式，利用恒等关系将其转化为 $0\cdot\infty$ 型，再将其转化为 $\frac{\infty}{\infty}$ 型.

$$\lim_{x\to0^+}x^{\sin x}=\lim_{x\to0^+}e^{\sin x\ln x}=e^{\lim\limits_{x\to0^+}\frac{\ln x}{\csc x}}=e^{\lim\limits_{x\to0^+}\frac{\frac{1}{x}}{-\csc x\cot x}}=e^{\lim\limits_{x\to0^+}\frac{\sin^2 x}{-x\cos x}}=e^{\lim\limits_{x\to0^+}\frac{x^2}{-x\cos x}}=1.$$

注意 洛必达法则与其他求极限法(如无穷小的等价代换等)混合使用，往往能简化运算.

例 10 验证极限 $\lim\limits_{x\to\infty}\frac{x+\sin x}{x}$ 存在，但不能用洛必达法则求出.

解 $\lim\limits_{x\to\infty}\frac{x+\sin x}{x}=\lim\limits_{x\to\infty}\left(1+\frac{\sin x}{x}\right)=1+\lim\limits_{x\to\infty}\frac{\sin x}{x}=1.$

但由于 $\lim\limits_{x\to\infty}\frac{(x+\sin x)'}{(x)'}=\lim\limits_{x\to\infty}\frac{1+\cos x}{1}$ 的极限不存在，不满足洛必达法则的条件，所以所给的极限无法用洛必达法则求出.

在使用洛必达法则时，应注意以下几点：

(1) 每次使用洛必达法则时，必须检验极限是否属于$\frac{0}{0}$型或$\frac{\infty}{\infty}$型未定式，如果不是这两种未定式就不能使用该法则；

(2) 若有可约因子或非零极限的乘积因子，则可先约去或直接提出，然后再利用洛必达法则，以简化演算步骤；

(3) 洛必达法则与其他求极限法(如无穷小的等价代换等)混合使用，往往能简化运算；

(4) 当 $\lim\frac{f'(x)}{g'(x)}$不存在时，并不能断定 $\lim\frac{f(x)}{g(x)}$不存在，此时应考虑使用其他方法求极限.

实际上，有些极限用洛必达法则求反而复杂(如计算$\lim\limits_{x\to 0}\frac{\tan x-\sin x}{x^3}$，读者可自行验证).同时，虽然有些极限用洛必达法则求不出，但是洛必达法则仍然是求$\frac{0}{0}$型或$\frac{\infty}{\infty}$型未定式极限的一种重要方法.

习题 3-2 (A)

1. 用洛必达法则求下列极限：

(1) $\lim\limits_{x\to 0}\frac{\ln(1+x)}{x}$；　　(2) $\lim\limits_{x\to 0^+}\frac{\ln\sin 3x}{\ln\sin x}$；

(3) $\lim\limits_{x\to +\infty}\frac{\ln(\ln 3x)}{x}$；　　(4) $\lim\limits_{x\to 0}\tan x\cot 2x$；

(5) $\lim\limits_{x\to\infty}\left(1+\frac{a}{x}\right)^x$；　　(6) $\lim\limits_{x\to 0^+}\left(\frac{1}{x}\right)^{\tan x}$.

2. 验证极限$\lim\limits_{x\to\infty}\frac{x-\sin x}{2x+\cos x}$存在，但不能用洛必达法则求出.

习题 3-2 (B)

用洛必达法则求下列极限：

(1) $\lim\limits_{x\to 0}\frac{e^x-e^{-x}}{\sin x}$；　　(2) $\lim\limits_{x\to a}\frac{\ln x-\ln a}{x-a}(a>0)$；

(3) $\lim\limits_{x\to\pi}\frac{\sin 3x}{\sin 7x}$；　　(4) $\lim\limits_{x\to 0}\frac{1}{x}\arcsin 3x$；

(5) $\lim\limits_{x\to 0^+}\frac{\ln\tan 7x}{\ln\tan 2x}$；　　(6) $\lim\limits_{x\to\frac{\pi}{2}}\frac{\tan x}{\tan 5x}$；

(7) $\lim\limits_{x\to +\infty}\frac{\ln\left(1+\frac{1}{x}\right)}{\operatorname{arccot} x}$；　　(8) $\lim\limits_{x\to 0}\frac{\sec x-\cos x}{\ln(1+x^2)}$；

(9) $\lim\limits_{x\to 1^-}\ln x\ln(1-x)$；　　(10) $\lim\limits_{x\to 0}x^2 e^{\frac{1}{x^2}}$；

(11) $\lim\limits_{x\to 2^+}\frac{\ln(x-2)}{\ln(e^x-e^2)}$；　　(12) $\lim\limits_{x\to 0}\left(\cot x-\frac{1}{x}\right)$；

(13) $\lim\limits_{x\to 0^+}(\sin x)^{\tan x}$；　　(14) $\lim\limits_{x\to 0^+}x^{\ln(1+x)}$.

§3-3 函数的单调性、极值和最值

本节我们将以导数为工具，研究函数的单调性及相关的极值、最值问题，学习如何确定函数的单调区间，如何判定极值和最值.

一、函数的单调性

定理 1 设函数 $f(x)$在闭区间$[a,b]$上连续，在开区间(a,b)内可导，则有：

(1) 若在(a,b)内 $f'(x)>0$，则函数 $f(x)$在$[a,b]$上单调增加；

(2) 若在(a,b)内 $f'(x)<0$，则函数 $f(x)$在$[a,b]$上单调减少.

证明 设 x_1,x_2是$[a,b]$内任意两点，不妨设 $x_1<x_2$，利用拉格朗日中值定理有

$$f(x_2)-f(x_1)=f'(\xi)(x_2-x_1),x_1<\xi<x_2.$$

若 $f'(x)>0$，则必有 $f'(\xi)>0$. 又因为 $x_2-x_1>0$，所以$f(x_2)-f(x_1)>0$，即$f(x_2)>f(x_1)$. 由于 x_1,x_2是$[a,b]$内任意两点，所以 $f(x)$在$[a,b]$上单调增加.

同理可证，若 $f'(x)<0$，则函数 $f(x)$在$[a,b]$上单调减少.

有时，函数在整个考察范围内并不单调，这时就需要把考察范围划分为若干个单调区间. 如图 3-3 所示，在考察范围$[a,b]$上，函数 $f(x)$并不单调，但可以划分$[a,b]$为$[a,x_1]$，$[x_1,x_2]$，$[x_2,b]$三个区间，$f(x)$在$[a,x_1]$，$[x_2,b]$上单调增加，而在$[x_1,x_2]$上单调减少.

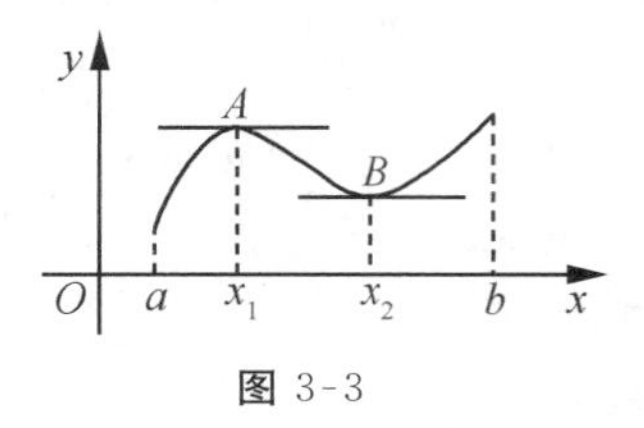

图 3-3

如果函数 $f(x)$在$[a,b]$上可导，那么函数 $f(x)$在单调区间的分界点处的导数为零，即 $f'(x_1)=f'(x_2)=0$(在图 3-3 上表现为表示函数的曲线在点 A,B 处有水平切线). 一般地，称导数 $f'(x)$在区间内部的零点为函数 $f(x)$的驻点. 这就启发我们，对可导函数，为了确定函数的单调区间，只要求出考察范围内的**驻点**. 同时，如果函数在考察范围内有若干个不可导点，而函数在考察范围内由这些不可导点所分割的每个子区间内都是可导的，由于函数在经过不可导点时也可能会改变单调性(如 $y=|x|$在 x 从小到大经过不可导点 $x=0$ 时由单调减少变为单调增加)，所以还需要找出函数的全部不可导点.

综上，我们得到确定函数 $f(x)$的单调区间的做法：首先确定函数 $f(x)$的考察范围 I(除指定范围外，一般是指函数的定义域)内部的全部驻点和不可导点；其次，用这些驻点和不可导点将考察区间 I 分成若干个子区间；最后，在每个子区间上用定理 1 判断函数 $f(x)$的单调性. 为了清楚，最后一步常用列表的方式.

例 1 讨论函数 $f(x)=\dfrac{x^2}{3}-\sqrt[3]{x^2}$的单调性.

解 考察范围 $I=\mathbf{R}$.

求导得 $f'(x)=\dfrac{2x}{3}-\dfrac{2}{3\sqrt[3]{x}}$，令 $f'(x)=0$，得驻点为 $x_1=-1,x_2=1$. 此外 $f(x)$有不可导点为 $x_3=0$. 划分考察区间 $\mathbf{R}$ 为 4 个子区间：$(-\infty,-1)$，$(-1,0)$，$(0,1)$，$(1,+\infty)$.

列表确定在每个子区间内导数的符号，用定理 1 判断函数的单调性. 列表如下（符号“↘”表示函数单调减少，符号“↗”表示函数单调增加）：

x	$(-\infty,-1)$	$(-1,0)$	$(0,1)$	$(1,+\infty)$
$f'(x)$	$-$	$+$	$-$	$+$
$f(x)$	↘	↗	↘	↗

所以，$f(x)$在$(-\infty,-1)$和$(0,1)$内是单调减少的，在$(-1,0)$和$(1,+\infty)$内是单调增加的.

应用函数的单调性，还可证明一些不等式.

例 2　证明：当 $x>0$ 时，$1+\frac{1}{2}x>\sqrt{1+x}$.

证明　构造函数 $f(x)=1+\frac{1}{2}x-\sqrt{1+x}$，则 $f'(x)=\frac{1}{2}-\frac{1}{2\sqrt{1+x}}=\frac{1}{2}\left(1-\frac{1}{\sqrt{1+x}}\right)$.

当 $x>0$ 时，$0<\frac{1}{\sqrt{1+x}}<1$，所以 $f'(x)>0$，$f(x)$在$(0,+\infty)$内单调增加，所以有 $f(x)>f(0)$. 又 $f(0)=1-1=0$，即 $1+\frac{1}{2}x-\sqrt{1+x}>0\ (x>0)$，移项即得结论.

二、函数的极值

定义　设函数 $f(x)$在$U(x_0,\delta)(\delta>0)$内有定义，若对于任意一点 $x\in\mathring{U}(x_0,\delta)(\delta>0)$，都有 $f(x)<f(x_0)$（或 $f(x)>f(x_0)$），则称 $f(x_0)$是函数 $f(x)$的**极大**（或**极小**）**值**，x_0称为函数 $f(x)$的**极大**（或**极小**）**值点**. 函数的极大、极小值统称为函数的**极值**，极大、极小值点统称为函数的**极值点**.

由定义可以看出，极值是一个局部概念. 在函数整个考察范围内往往有多个极值，极大值未必是最大值，极小值也未必是最小值. 从图 3-4 可直观地看出，x_0，x_2，x_4都是极大值点，x_1，x_3，x_5是极小值点.

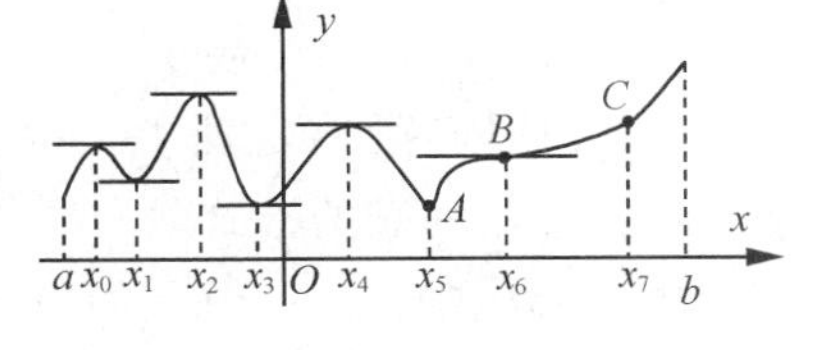

图 3-4

从图 3-4 可以看出，若函数在极值点处可导（如 x_0，x_1，x_2，x_3，x_4），则图象上对应点处的切线是水平的，由此可得函数在这类极值点处的导数为 0（在图 3-4 中，$f'(x_0)=f'(x_1)=\cdots=f'(x_4)=0$），即这类极值点必定是驻点. 注意图象在 x_5所对应的点 A 处无切线，因此 x_5是函数的不可导点，但函数在 x_5处取得了极小值. 这说明不可导点也可能是函数的极值点.

定理 2（极值的必要条件）　设函数 $f(x)$在其考察范围 I 内是连续的，x_0不是 I 的端点. 若函数在 x_0处取得极值，则 x_0或者是函数的不可导点，或者是可导点. 当 x_0是 $f(x)$的可导点时，x_0 必定是函数的驻点，即 $f'(x_0)=0$.

注意　$f(x)$的驻点不一定是 $f(x)$的极值点. 例如，图 3-4 中的点 x_6，尽管图象在点 B 处有水平切线，即 x_6是驻点（$f'(x_6)=0$），但函数在 x_6处并无极值. 此外，$f(x)$的不可导点也未必是极值点. 例如，在图 3-4 中的点 C 处，图象无切线，因此函数在点 C 处是不可导的，但 x_7并非极值点. 这样就需要给出判断这两类点是否为极值点的方法.

定理3(极值的第一充分条件) 设函数 $f(x)$ 在点 x_0 处连续,在 $\mathring{U}(x_0,\delta)(\delta>0)$ 内可导.当 x 由小到大经过 x_0 时,如果

(1) $f'(x)$ 由正变负,那么 x_0 是 $f(x)$ 的极大值点;

(2) $f'(x)$ 由负变正,那么 x_0 是 $f(x)$ 的极小值点;

(3) $f'(x)$ 不改变符号,那么 x_0 不是 $f(x)$ 的极值点.

证明 (1) 任取一点 $x\in U(x_0,\delta)(\delta>0)$,在以 x 和 x_0 为端点的闭区间上,对函数 $f(x)$ 使用拉格朗日中值定理,得

$$f(x)-f(x_0)=f'(\xi)(x-x_0)(\xi \text{ 在 } x \text{ 和 } x_0 \text{ 之间}).$$

当 $x<x_0$ 时,$x<\xi<x_0$,由已知条件 $f'(\xi)>0$,所以

$$f(x)-f(x_0)=f'(\xi)(x-x_0)<0,\text{即 } f(x)<f(x_0);$$

当 $x>x_0$ 时,$x_0<\xi<x$,由已知条件 $f'(\xi)<0$,所以

$$f(x)-f(x_0)=f'(\xi)(x-x_0)<0,\text{即 } f(x)<f(x_0).$$

综上,对 x_0 附近的任意 x 都有 $f(x)<f(x_0)$.由极值的定义,x_0 是 $f(x)$ 的极大值点.

类似地可以证明(2)、(3).

定理4(极值的第二充分条件) 设函数 $f(x)$ 在驻点 x_0 处有二阶导数,且 $f''(x_0)\neq 0$,则 x_0 必定是函数 $f(x)$ 的极值点,且

(1) 当 $f''(x_0)<0$ 时,$f(x)$ 在 x_0 处取得极大值;

(2) 当 $f''(x_0)>0$ 时,$f(x)$ 在 x_0 处取得极小值.

比较两个判定方法,定理3适用于驻点和不可导点,而定理4只适用于对驻点的判断,所以,一般我们推荐使用定理3求函数的极值.

根据定理3和定理4,求函数 $f(x)$ 的极值的步骤归纳如下:

(1) 确定函数的考察范围;

(2) 求出函数的导数 $f'(x)$,令 $f'(x)=0$,求出所有的驻点和不可导点;

(3) 利用定理3(定理4),判定上述驻点或不可导点是否为函数的极值点,并求出极值,这一步常采用列表的方式.

例3 求函数 $y=x^2e^{-x}$ 的极值.

解法1 (1) 函数的考察范围为 $(-\infty,+\infty)$;

(2) $y'=2xe^{-x}-x^2e^{-x}=xe^{-x}(2-x)$,令 $y'=0$,得驻点为 $x_1=0$,$x_2=2$,无不可导点;

(3) 利用定理3,判定驻点是否为函数的极值点.列表如下:

x	$(-\infty,0)$	0	$(0,2)$	2	$(2,+\infty)$
y'	$-$	0	$+$	0	$-$
y	↘	极小值 0	↗	极大值 $\frac{4}{e^2}$	↘

解法2 (1)、(2)同解法1;

(3) $y''=e^{-x}(x^2-4x+2)$,$y''|_{x_1=0}=2>0$,$y''|_{x_2=2}=-2e^{-2}<0$,由定理4,$x_1=0$ 为极小值点,$x_2=2$ 为极大值点.

例4 求函数 $f(x)=x^{\frac{2}{3}}-(x^2-1)^{\frac{1}{3}}$ 的极值.

解 (1) 函数的考察范围为 $(-\infty,+\infty)$;

(2) $f'(x)=\frac{2}{3}x^{-\frac{1}{3}}-\frac{1}{3}(x^2-1)^{-\frac{2}{3}}\cdot 2x=\frac{2}{3}\cdot\frac{(x^2-1)^{\frac{2}{3}}-x^{\frac{4}{3}}}{x^{\frac{1}{3}}(x^2-1)^{\frac{2}{3}}}$，令 $f'(x)=0$，得驻点为 $x_1=-\frac{\sqrt{2}}{2}$，$x_2=\frac{\sqrt{2}}{2}$，另有不可导点为 $x_3=-1$，$x_4=0$，$x_5=1$.

(3) 利用定理 3，判定驻点或不可导点是否为函数的极值点. 列表如下：

x	$(-\infty,-1)$	-1	$\left(-1,-\frac{\sqrt{2}}{2}\right)$	$-\frac{\sqrt{2}}{2}$	$\left(-\frac{\sqrt{2}}{2},0\right)$	0
$f'(x)$	$+$	不存在	$+$	0	$-$	不存在
$f(x)$	↗	无极值	↗	极大值$\sqrt[3]{4}$	↘	极小值 1
x	$\left(0,\frac{\sqrt{2}}{2}\right)$	$\frac{\sqrt{2}}{2}$	$\left(\frac{\sqrt{2}}{2},1\right)$	1	$(1,+\infty)$	
$f'(x)$	$+$	0	$-$	不存在	$-$	
$f(x)$	↗	极大值$\sqrt[3]{4}$	↘	无极值	↘	

三、函数的最大值与最小值

设函数 $f(x)$ 的考察范围为 I，x_0 是 I 上一点. 若对于任意的 $x\in I$，都有 $f(x)\leqslant f(x_0)$（或 $f(x)\geqslant f(x_0)$），则称 $f(x_0)$ 为 $f(x)$ 在 I 上的**最大（或最小）值**，把 x_0 称为函数 $f(x)$ 的**最大（或最小）值点**. 函数的最大值、最小值统称为**最值**，最大值点、最小值点统称为最值点.

最值与极值不同，极值是一个仅与一点附近的函数值有关的局部概念，最值却是一个与函数考察范围 I 有关的整体概念. 随着 I 的变化，最值的存在性及数值可能发生变化. 因此一个函数的极值可以有若干个，但函数的最大值、最小值如果存在，只能是唯一的.

但两者之间也有一定的关系. 如果最值点不是 I 的边界点，那么它必定是极值点，这样就为求极值提供了方法.

设函数 $f(x)$ 在 $I=[a,b]$ 上连续（最大、最小值一定存在），则可按下列步骤求出最值：

(1) 求出函数 $f(x)$ 在 (a,b) 内的所有可能的极值点：驻点和不可导点；

(2) 计算函数 $f(x)$ 在驻点、不可导点及区间端点 a,b 处的函数值；

(3) 比较这些函数值，其中最大的即为函数的最大值，最小的即为函数的最小值.

例 5　求函数 $f(x)=x^4-2x^2+5$ 在区间 $I=[-2,3]$ 上的最大值和最小值.

解　因为函数 $f(x)$ 在区间 $[-2,3]$ 上连续，所以在该区间上必定存在最大值和最小值.

(1) $f'(x)=4x^3-4x=4x(x+1)(x-1)=0$，得驻点 $x_1=-1$，$x_2=0$，$x_3=1$，函数无不可导点；

(2) 计算函数 $f(x)$ 在驻点、区间两端点处的函数值：

$f(-2)=13$，$f(-1)=4$，$f(0)=5$，$f(1)=4$，$f(3)=68$；

(3) 比较这些值，即得函数在 $[-2,3]$ 上的最大值为 68，最大值点为 3；最小值为 4，最小值点为 -1，1.

在实际问题中遇到的函数，一般可按下述原则处理：若实际问题归结出的函数 $f(x)$ 在考察范围 I 上是可导的，且可断定最大值（或最小值）必定在 I 的内部达到，而在 I 的内部函数 $f(x)$ 仅有唯一驻点 x_0，那么可断定 $f(x)$ 的最大值（或最小值）就在点 x_0 处取得.

例 6　要做一个容积为 V 的圆柱形水桶，问怎样设计才能使所用材料最省？

解 要使所用材料最省，就是它的表面积最小. 设水桶的底面半径为 r，高为 h，则水桶的表面积为 $S=2\pi r^2+2\pi rh$. 由体积公式 $V=\pi r^2 h$，得 $h=\frac{V}{\pi r^2}$，所以

$$S=2\pi r^2+\frac{2V}{r}, r\in(0,+\infty).$$

由问题的实际意义可知，$S=2\pi r^2+\frac{2V}{r}$ 在 $r\in(0,+\infty)$ 内必定有最小值. 令 $S'=4\pi r-\frac{2V}{r^2}=\frac{2(2\pi r^3-V)}{r^2}=0$，得唯一驻点 $r=\sqrt[3]{\frac{V}{2\pi}}\in(0,+\infty)$，因此它一定是使 S 达到最小值的点，此时对应的高 $h=\frac{V}{\pi r^2}=2\sqrt[3]{\frac{V}{2\pi}}=2r$.

所以，当水桶的高和底面直径相等时，所用材料最省.

习题 3-3 (A)

1. 判断下列说法是否正确：

(1) 若 $f'(x_0)=0$，则 x_0 一定是函数 $f(x)$ 的极值点；

(2) 若 $f(x)$ 在 x_0 处取得极值，则一定有 $f'(x_0)=0$；

(3) 函数的不可导点一定是函数的极值点.

2. 求下列函数的单调区间并求极值：

(1) $y=x^3(1-x)$； (2) $y=\frac{x}{1+x^2}$.

3. 利用单调性证明：当 $x>0$ 时，$\ln(1+x)>\frac{x}{1+x}$.

4. 求下列函数在给定区间上的最值：

(1) $y=x^5-5x^4+5x^3+1, x\in[-1,2]$； (2) $y=x+\cos x, x\in[0,2\pi]$.

5. 从周长为 l 的一切矩形中，找出面积最大者，并求出最大面积.

习题 3-3 (B)

1. 求下列函数的单调区间：

(1) $y=x-e^x$； (2) $y=(x-1)(x+1)^3$；

(3) $y=\sqrt{2x-x^2}$； (4) $y=\frac{10}{4x^3-9x^2+6x}$.

2. 利用单调性，证明下列不等式：

(1) 当 $x>0$ 时，$\ln(1+x)>\frac{\arctan x}{1+x}$；

(2) 当 $0<x<\frac{\pi}{2}$ 时，$\sin x+\tan x>2x$.

3. 求下列函数的极值：

(1) $y=x^3-3x^2+7$； (2) $y=\arctan x-\frac{1}{2}\ln(1+x^2)$；

(3) $y=x-\ln(1+x)$；　　　(4) $y=e^{x}\cos x, x\in\left[0,\frac{\pi}{2}\right]$.

4. 求下列函数在给定区间上的最值：

(1) $y=\ln(1+x^2), x\in[-1,2]$；　　　(2) $y=2\tan x-\tan^2 x, x\in\left[0,\frac{\pi}{2}\right)$；

(3) $y=\sqrt[3]{(x^2-2x)^2}, x\in[0,3]$；　　　(4) $y=\frac{a^2}{x}+\frac{b^2}{1-x}(a>b>0), x\in(0,1)$.

5. 将数8分为两数之和，使它们的立方和最小.

6. 将半径为 r 的圆形铁皮截去一个扇形后做成一个圆锥形漏斗，问截去扇形的圆心角多大时，余下扇形做成的漏斗容积最大？

7. 设用某仪器进行测量时，读得 n 次实测数据为 $x_1, x_2, x_3, \cdots, x_n$. 问以怎样的数 x 表达所要测量的真值，才能使它与这 n 个数之差的平方和最小？

§3-4　函数图形的凹凸性与拐点

函数的曲线是函数变化形态的几何表示，而曲线的凹凸性则反映函数增减的快慢. 图3-5是某种商品的销售曲线 $y=f(x)$，其中 y 表示销售总量，x 表示时间. 曲线始终是上升的，说明随着时间的推移，销售总量不断增加. 但在不同时间段情况有所区别，在 $(0,x_0)$ 段，曲线上升的趋势由缓慢逐渐加快；而在 $(x_0,+\infty)$ 段，曲线上升的趋势又逐渐转向缓慢. 这表示在时间 x_0 以前，即销售量没有达到 $f(x_0)$ 时，市场需求旺盛，销售量越来越多；在时间 x_0 以后，也即销售量超过 $f(x_0)$ 后，市场需求趋于平稳，且逐渐进入饱和状态. 其中 $(x_0, f(x_0))$ 是销售量由加快转向平稳的转折点.

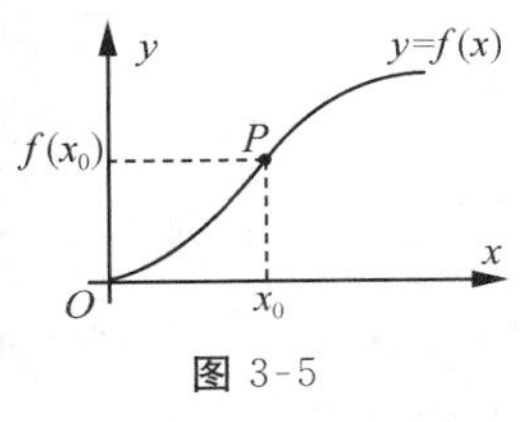

图3-5

作为经营者来说，掌握这种销售动向，对决策产量、投入等是必要的. 这就需要我们不仅能分析函数的增减区间，而且要会判断函数何时越增(减)越快，何时又越增(减)越慢. 这种越增(减)越快或越增(减)越慢的现象，反映在图象上，就是本节要学习的曲线的凹凸性.

一、曲线的凹凸性及其判别法

观察图3-6中的曲线 $y=f(x)$. 在 (a,c) 段，曲线上各点的切线都位于曲线的上方；在 (c,b) 段，曲线上各点的切线都位于曲线的下方. 在数学上以曲线的凹凸性来区分这种不同的现象.

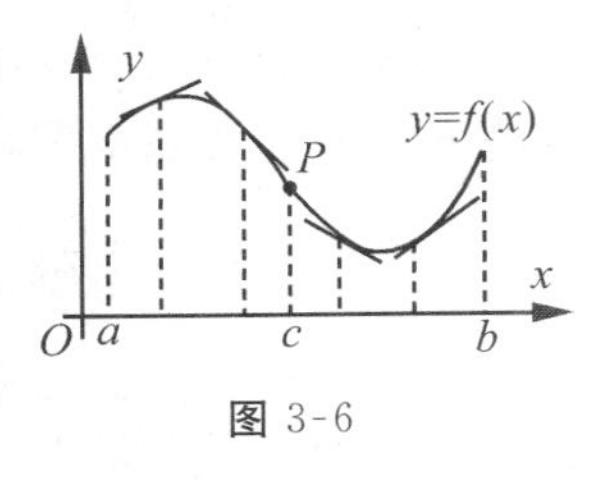

图3-6

定义1　若在区间 (a,b) 内，曲线 $y=f(x)$ 的各点的切线都位于曲线的下方，则称此曲线在 (a,b) 内是**凹的**；若曲线 $y=f(x)$ 的各点的切线都位于曲线的上方，则称此曲线在 (a,b) 内是**凸的**.

据此定义，图3-6中曲线在 (a,c) 段是凸的，在 (c,b) 段则是凹的. 在凸弧段，曲线上各点的切线的斜率随着 x 的增加而减小，因此 $f'(x)$ 是 x 的递减函数，即有 $f''(x)<0$；在凹弧段，曲线上各点的切线的斜率随着 x 的增加而增加，因此 $f'(x)$ 是 x 的递增函数，即有 $f''(x)>0$. 于是，我们得到曲线凹凸性的判定方法.

定理(曲线凹凸性的判定定理)　设函数 $y=f(x)$ 在区间 (a,b) 内 $f''(x)$ 存在.

(1) 若在区间(a,b)内 $f''(x)>0$,则曲线 $y=f(x)$在(a,b)内是凹的;

(2) 若在区间(a,b)内 $f''(x)<0$,则曲线 $y=f(x)$在(a,b)内是凸的.

这个定理告诉我们,要定出曲线的凹凸区间,只要在函数的考察范围内,定出 $f''(x)$的同号区间及相应的符号.而要定出 $f''(x)$的同号区间,首先要找出 $f''(x)$可能改变符号的那些转折点,这些点(必须在考察范围的内部)应该是 $f''(x)$的零点以及不存在的点;然后用上述各点由小到大将考察区间分成若干个子区间,在每个子区间内确定 $f''(x)$的符号,并根据定理得出相应的结论,这一步通常列表表示.

例 1 判定曲线 $f(x)=\cos x$ 在$[0,2\pi]$内的凹凸性.

解 (1) 函数 $f(x)=\cos x$ 的考察范围是$[0,2\pi]$;

(2) $f'(x)=-\sin x, f''(x)=-\cos x$,令 $f''(x)=0$,得 $x_1=\frac{\pi}{2}, x_2=\frac{3\pi}{2}\in(0,2\pi)$, 无 $f''(x)$不存在的点;

(3) 列表(符号"⌣"表示曲线弧是凹的,符号"⌢"表示曲线弧是凸的)如下:

x	$\left(0,\frac{\pi}{2}\right)$	$\left(\frac{\pi}{2},\frac{3\pi}{2}\right)$	$\left(\frac{3\pi}{2},2\pi\right)$
$f''(x)$	$-$	$+$	$-$
$f(x)$	⌢	⌣	⌢

二、拐点及其求法

定义 2 若连续曲线 $y=f(x)$上的点 P 是凹的曲线弧与凸的曲线弧的分界点,则称点 P 是曲线 $y=f(x)$的**拐点**.

由于拐点是曲线上凹的曲线弧与凸的曲线弧的分界点,所以若曲线对应的函数有二阶导数,则拐点两侧附近的 $f''(x)$必然异号,于是可得拐点的求法:

(1) 确定函数 $y=f(x)$的考察范围;

(2) 求出 $f''(x)$在考察范围内部的零点及 $f''(x)$不存在的点;

(3) 用上述各点由小到大将考察区间分成若干个子区间,在每个子区间内确定 $f''(x)$的符号.若 $f''(x)$在某分割点 x^* 两侧异号,则$(x^*,f(x^*))$是曲线 $y=f(x)$的拐点,否则不是.这一步通常列表表示.

例 2 求曲线 $f(x)=3-(x-2)^{\frac{1}{3}}$的凹凸区间及拐点.

解 (1) 考察范围是函数的定义域$(-\infty,+\infty)$;

(2) $f'(x)=-\frac{1}{3}(x-2)^{-\frac{2}{3}}, f''(x)=\frac{2}{9}(x-2)^{-\frac{5}{3}}$,在$(-\infty,+\infty)$内无 $f''(x)$的零点,$f''(x)$不存在的点为 $x=2$;

(3) 列表如下:

x	$(-\infty,2)$	2	$(2,+\infty)$
$f''(x)$	$-$	不存在	$+$
$f(x)$	⌢	拐点$(2,3)$	⌣

三、函数的渐近线

当函数的考察范围是无限区间或者函数是无界函数的时候，函数的图象会无限延伸. 我们会关心当自变量无限大(或小)时的函数的变化特性，函数图象的渐近线是反映这种特性的方式之一. 所谓渐近线，在中学里已经有过接触，如双曲线$\frac{x^2}{a^2}-\frac{y^2}{b^2}=1(a>0,b>0)$有两条渐近线 $y=\pm\frac{b}{a}x$.

定义 3　若曲线 C 上的动点 P 沿着曲线无限地远离原点时，点 P 与某一固定直线 L 的距离趋近于零，则称直线 L 为曲线 C 的**渐近线**.

注意　只有当函数的考察范围是无限区间或者函数是无界函数的时候，函数才有可能有渐近线，即使有渐近线，也有水平、垂直和斜渐近线之分.

下面将主要讨论函数的水平渐近线和垂直渐近线.

1. 水平渐近线

定义 4　设曲线对应的函数为 $y=f(x)$，若当 $x\to-\infty$ 或 $x\to+\infty$ 时，有 $f(x)\to b$(b 为常数)，则称曲线有水平渐近线 $y=b$.

例 3　求曲线 $y=\frac{x^2}{1+x^2}$的水平渐近线.

解　因为$\lim\limits_{x\to\infty}\frac{x^2}{1+x^2}=\lim\limits_{x\to\infty}\frac{1}{1+\frac{1}{x^2}}=1$，所以当曲线向左、右两端无限延伸时，均以 $y=1$ 为水平渐近线.

2. 垂直渐近线

定义 5　设曲线对应的函数为 $y=f(x)$，若当 $x\to a^-$ 或 $x\to a^+$(a 为常数)时，有 $f(x)\to-\infty$ 或 $f(x)\to+\infty$，则称曲线有垂直渐近线.

例 4　求曲线 $y=\frac{x+1}{x-1}$的渐近线.

解　因为$\lim\limits_{x\to1^-}\frac{x+1}{x-1}=-\infty$，$\lim\limits_{x\to1^+}\frac{x+1}{x-1}=+\infty$，所以当 x 从左、右两侧趋向于 1 时，曲线分别向下、上无限延伸，且以 $x=1$ 为其垂直渐近线.

又$\lim\limits_{x\to\infty}\frac{x+1}{x-1}=1$，所以当曲线向左、右两端无限延伸时，均以 $y=1$ 为其水平渐近线.

四、函数的分析作图法

作函数的图象，基本方法就是描点法. 但对于一些不常见函数的整体性质不甚了解，取点容易盲目，描点也带有盲目性，这大大影响了作图的准确性. 现在我们已经能利用导数来确定函数的单调区间与极值、曲线的凹凸性和拐点，还会求曲线的渐近线，这样一方面可以取极值点、拐点等关键点作为描点的基础，减少取点的盲目性；另一方面因为对函数的变化有了整体的了解，可以结合单调性、凹凸性等，描绘出较为准确的图象，这就为以分析函数为基础的描点法创造了条件.

函数的分析作图法的步骤如下：

(1) 确定函数的考察范围(一般就是函数的定义域),判断函数有无奇偶性、周期性,确定作图范围;

(2) 求函数的一阶导数,确定函数的单调区间与极值点;

(3) 求函数的二阶导数,确定函数的凹凸区间与拐点;

(4) 考察范围是否是无限区间或者函数是否是无界函数,考察函数有无渐近线;

(5) 根据上述分析,最后以描点法作出函数图象.

其中第(2)、(3)步常常以列表方式一气呵成. 若关键点太少,可以再适当计算一些特殊点的函数值,如曲线与坐标轴的交点等.

例 5 描绘函数 $y=e^{-x^2}$ 的图象.

解 (1) 函数的定义域是 $(-\infty,+\infty)$,函数是偶函数,所以关于 y 轴对称,只要作出函数在 $x\in[0,+\infty)$ 内的图象,再关于 y 轴作对称图形,即得全部图象.

(2) $y'=-2xe^{-x^2}$,令 $y'=0$,得驻点 $x=0$,无不可导点.

(3) $y''=2(2x^2-1)e^{-x^2}$,令 $y''=0$,得 $x=\dfrac{\sqrt{2}}{2}\in[0,+\infty)$.

列出函数图象走势分析表(符号"↗"表示曲线弧上升且凸,"↑"表示曲线弧上升且凹,"↘"表示曲线弧下降且凹,"↓"表示曲线弧下降且凸):

x	$\left(-\frac{\sqrt{2}}{2},0\right)$	0	$\left(0,\frac{\sqrt{2}}{2}\right)$	$\frac{\sqrt{2}}{2}$	$\left(\frac{\sqrt{2}}{2},+\infty\right)$
y'	+	0	−	−	−
y''	−	−	−	0	+
y	↗	极大值 1	↓	拐点 $\left(\frac{\sqrt{2}}{2},\frac{\sqrt{e}}{e}\right)$	↘

(4) 当 $x\to+\infty$ 时,有 $y\to0$,所以图象有水平渐进线 $y=0$.

(5) 根据上述讨论结果,作出函数在 $[0,+\infty)$ 上的图形,并利用对称性,画出全部图形(图 3-7). 所得图象称为概率曲线.

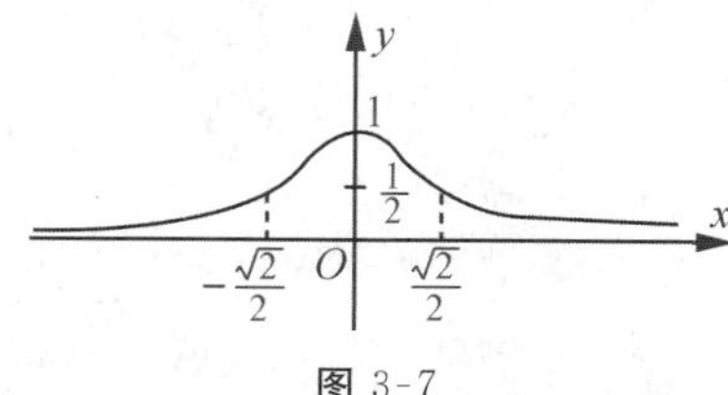

图 3-7

例 6 描绘函数 $y=\dfrac{x^2}{x^2-1}$ 的图象.

解 (1) 函数的定义域是 $(-\infty,-1)\cup(-1,1)\cup(1,+\infty)$,是偶函数,所以只要作出函数在 $[0,1)\cup(1,+\infty)$ 内的图象.

(2) $y'=\dfrac{-2x}{(x^2-1)^2}$,令 $y'=0$,得驻点 $x=0$,无不可导点.

(3) $y''=\dfrac{2+6x^2}{(x^2-1)^3}$,$y''$ 无零点,也无二阶导数不存在的点.

列出函数图象走势分析表:

x	$(-1,0)$	0	$(0,1)$	$(1,+\infty)$
y'	+	0	−	−
y''	−	−	−	+
y	↗	极大值0	↘	↘

(4) $\lim\limits_{x\to+\infty}\dfrac{x^2}{x^2-1}=1$，所以 $y=1$ 是水平渐近线.

$\lim\limits_{x\to1^-}\dfrac{x^2}{x^2-1}=-\infty$，$\lim\limits_{x\to1^+}\dfrac{x^2}{x^2-1}=+\infty$，图象有垂直渐近线 $x=1$，且在 $x=1$ 的左、右两侧分别向下、上无限延伸.

(5) 因为关键点太少，故加取特殊点 $x=0.5,0.75,1.75,2\in[0,1)\cup(1,+\infty)$，

$y(0.5)\approx-0.33$，$y(0.75)\approx-1.29$，$y(1.75)\approx1.49$，$y(2)\approx1.33$.

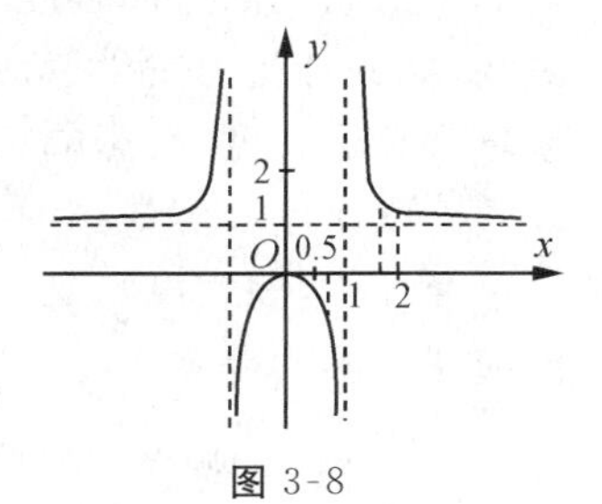

图 3-8

再根据上述讨论的结果，描绘出函数的图象(图 3-8).

习题 3-4(A)

1. 判断下列说法是否正确：

(1) 如果曲线 $y=f(x)$ 在 $x>x_0$ 时是凸的，在 $x<x_0$ 时是凹的，那么点 $(x_0,f(x_0))$ 必定是曲线的拐点；

(2) 如果 $f''(x_0)$ 不存在，那么曲线 $y=f(x)$ 有拐点 $(x_0,f(x_0))$.

2. 确定下列函数的凹凸区间与拐点：

(1) $y=x^3-5x^2+3x+5$；　　(2) $y=xe^{-x}$.

3. 描绘函数 $y=2x^3-3x^2$ 的图象.

习题 3-4(B)

1. 确定下列函数的凹凸区间与拐点：

(1) $y=x^4-2x^3$；　　(2) $y=e^{\arctan x}$；

(3) $y=\ln(x^2+1)$；　　(4) $y=a-\sqrt[3]{x-b}$.

2. 描绘下列函数的图象：

(1) $y=\dfrac{1}{x}+9x^2$；　　(2) $y=\dfrac{2x-1}{(x-1)^2}$.

3. 问 a,b 为何值时，点 $(1,3)$ 为曲线 $y=ax^3+bx^2$ 的拐点？

4. 试决定曲线 $y=ax^3+bx^2+cx+d$ 中的 a,b,c,d，使得曲线在 $x=-2$ 处有水平切线，点 $(1,-10)$ 为拐点，且点 $(-2,44)$ 在曲线上.

§3-5 曲线的曲率

两条曲线，即使它们的增减性、凹凸性相同，形状还是可以有很大差别的. 如图 3-9 所示的曲线 C_1，C_2，都是上升的、凸的，但差别是明显的——它们的弯曲程度不同. 弯曲程度在实际生活中也受到人们的关注，如杆件受力发生弯曲变形，弯到什么程度会断裂？高速公路弯道弯到什么程度，会影响车辆高速行驶？家用电器的弯曲外形如何设计才能既耐用又美观？

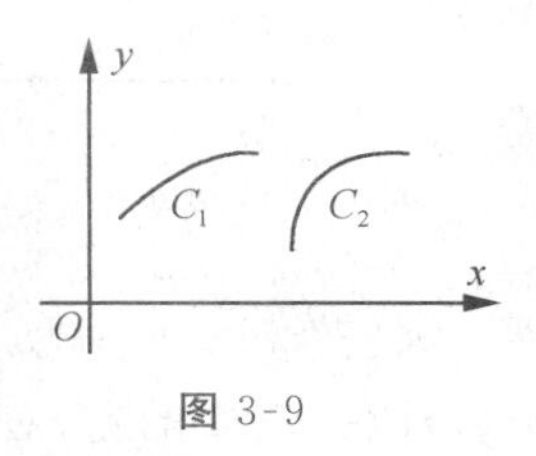

图 3-9

至今，弯曲程度只是一个感官认识，在数学上对弯曲程度如何度量？这就是本节学习的曲线曲率的概念.

一、曲率概念

如何来衡量曲线的弯曲程度呢？俗话说“转弯抹角”，可见“转”过的“弯”可以用所“抹”过的角来度量它. 例如，如图 3-10 所示，直线 L 上一段 AB，点 A 到点 B 切线（就是直线本身）的方向没有改变，即切线的倾斜角没有改变，或者说，切线抹过的角度是零. 在直观上，我们觉得直线段是没有弯曲的.

但曲线 C_1 上的曲线弧 $\overset{\frown}{A_1B_1}$ 不一样（图 3-10），从点 A_1 到点 B_1，切线的倾斜角 α“抹”过了（转过了）一个角度 $\Delta\alpha_1$. 直观上，我们觉得曲线弧 $\overset{\frown}{A_1B_1}$ 是弯曲的. 再看曲线 C_2，取与曲线弧 $\overset{\frown}{A_1B_1}$ 等长的曲线弧 $\overset{\frown}{A_2B_2}$，切线从点 A_2 到 B_2“抹”过的角度 $\Delta\alpha_2$ 显然比 $\Delta\alpha_1$ 大，我们觉得曲线弧 $\overset{\frown}{A_2B_2}$ 的弯曲程度比曲线弧 $\overset{\frown}{A_1B_1}$ 大，因此曲线的弯曲程度与一段曲线上切线转过的角度有关. 为了避免曲线段长度对转角的干扰，进一步可以以单位曲线长度上切线转过的角度 $\dfrac{\Delta\alpha_1}{\overset{\frown}{A_1B_1}}$，$\dfrac{\Delta\alpha_2}{\overset{\frown}{A_2B_2}}$ 来衡量它们的平均弯曲程度.

在曲线 C_1 上，固定点 A_1，让点 B_1 在 C_1 上移动，$\dfrac{\Delta\alpha_1}{\overset{\frown}{A_1B_1}}$ 也将随之不断改变，这说明曲线段 $\overset{\frown}{A_1B_1}$ 的平均弯曲程度不是固定的. 要准确地反映曲线的弯曲程度，必须逐点考虑，即曲线在点 A_1 处的弯曲程度如何.

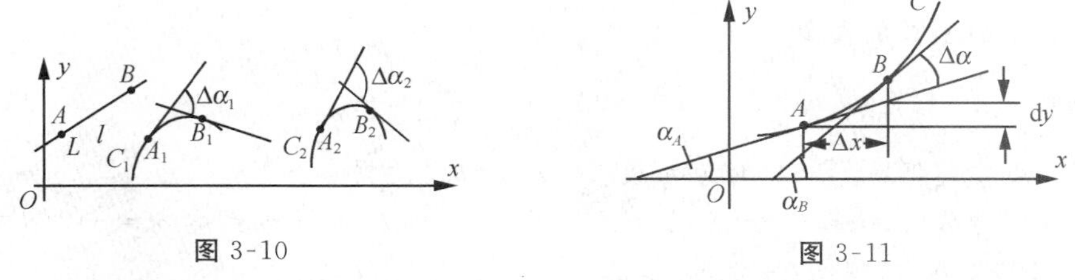

图 3-10　　图 3-11

定义　设曲线 C 在每点都有切线，点 $A,B\in C$，记 $\Delta\alpha$ 为 C 在点 A，B 处切线的夹角，Δs 为曲线弧 $\overset{\frown}{AB}$ 的长度（图 3-11）. 若极限 $K=\lim\limits_{\Delta s\to 0}\dfrac{|\Delta\alpha|}{|\Delta s|}$ 存在，则称 K 为 C 在点 A 处的**曲率**.

曲率 K 越大，说明曲线 C 在点 A 处的弯曲程度越大，反之则越小.

二、曲率的计算公式

如图 3-11 所示，设曲线 C 的方程为 $y=f(x)$，$f(x)$ 在 x_0 的某邻域内有二阶导数，$A(x_0,f(x_0))$ 为 C 上一点，C 上另一点 B 的坐标为 $(x_0+\Delta x,f(x_0+\Delta x))$.

依次记 α_A,α_B 为 C 在 A,B 处的切线的倾斜角，$|\Delta\alpha|=|\alpha_A-\alpha_B|$，则 $\tan\alpha_A=f'(x_0)$，$\tan\alpha_B=f'(x_0+\Delta x)$. 记 Δs 为曲线弧 $\overset{\frown}{AB}$ 的长度，则

$$\Delta s\approx\sqrt{(\Delta x)^2+(\Delta y)^2}=\sqrt{(\mathrm{d}x)^2+(\mathrm{d}y)^2}.$$

当 $\Delta x\to0$ 时，$\Delta s\to0$，而 $|\tan\Delta\alpha|=|\tan(\alpha_A-\alpha_B)|$，于是

$$\begin{aligned}|\tan\Delta\alpha|=|\tan(\alpha_A-\alpha_B)|&=\left|\frac{\tan\alpha_A-\tan\alpha_B}{1+\tan\alpha_A\tan\alpha_B}\right|=\left|\frac{f'(x_0)-f'(x_0+\Delta x)}{1+f'(x_0)f'(x_0+\Delta x)}\right|\\&=\left|\frac{f'(x_0)-[f'(x_0)+f''(x_0)\Delta x+o(\Delta x)]}{1+f'(x_0)f'(x_0+\Delta x)}\right|\\&=\left|\frac{-f''(x_0)\Delta x-o(\Delta x)}{1+f'(x_0)f''(x_0+\Delta x)}\right|,\end{aligned}$$

所以

$$\begin{aligned}\lim_{\Delta s\to0}\frac{|\Delta\alpha|}{|\Delta s|}&=\lim_{\Delta x\to0}\frac{|\Delta\alpha|}{|\Delta s|}=\lim_{\Delta x\to0}\frac{|\tan\Delta\alpha|}{|\Delta s|}=\lim_{\Delta x\to0}\frac{|f''(x_0)\Delta x+o(\Delta x)|}{|1+f'(x_0)f'(x_0+\Delta x)|\sqrt{(\mathrm{d}x)^2+(\mathrm{d}y)^2}}\\&=\lim_{\Delta x\to0}\frac{\left|f''(x_0)+\dfrac{o(\Delta x)}{\Delta x}\right|}{|1+f'(x_0)f'(x_0+\Delta x)|\left|\sqrt{1+\left(\dfrac{\mathrm{d}y}{\mathrm{d}x}\right)^2}\right|}=\frac{|f''(x_0)|}{\{1+[f'(x_0)]^2\}^{\frac{3}{2}}}.\end{aligned}$$

这样就得到了方程为 $y=f(x)$ 的曲线 C 在点 $A(x_0,f(x_0))$ 处的曲率的计算公式：

$$K=\frac{|f''(x_0)|}{\{1+[f'(x_0)]^2\}^{\frac{3}{2}}}\left(\text{或 }K=\left.\frac{|y''|}{[1+(y')^2]^{\frac{3}{2}}}\right|_{x=x_0}\right).\tag{1}$$

例 1　求直线上各点的曲率.

解　设直线方程为 $y=ax+b$，则 $y''\equiv0$，所以曲率 $K\equiv0$，即直线上各点的曲率都是零. 这与直线不弯曲的直观表现是相符合的.

例 2　求半径为 R 的圆上各点的曲率.

解　先考虑上半圆 $y=\sqrt{R^2-x^2}$ 上各点.

$y'=\dfrac{-x}{\sqrt{R^2-x^2}}$，$y''=\dfrac{-R^2}{\sqrt{(R^2-x^2)^3}}$，代入曲率计算公式(1)得 $K=\dfrac{1}{R}$.

对下半圆上各点可得同样的结果. 所以圆上各点曲率相同，为半径的倒数，即圆上各点的弯曲程度相同，且半径越小(大)，弯曲程度越大(小). 这与我们对圆的直观认识也是一致的.

例 3　求抛物线 $y^2=4x$ 在点 $M(1,2)$ 的曲率.

解　点 $M(1,2)$ 在抛物线的上半支，故取 $y=2\sqrt{x}$，于是

$$y'=\frac{1}{\sqrt{x}},\ y''=-\frac{1}{2\sqrt{x^3}};\ y'|_{x=1}=1,\ y''|_{x=1}=-\frac{1}{2}.$$

故抛物线 $y^2=4x$ 在点 $M(1,2)$ 的曲率是 $K=\left.\dfrac{|y''|}{[1+(y')^2]^{\frac{3}{2}}}\right|_{(x=1,y=2)}=\dfrac{1}{4\sqrt{2}}=\dfrac{\sqrt{2}}{8}$.

例 4 求曲线 $y=\sin x$ 在点 $M(\pi,0)$ 处的曲率.

解 $y'=\cos x, y''=-\sin x; y'|_{x=\pi}=-1, y''|_{x=\pi}=0$,

所以曲线 $y=\sin x$ 在点 $M(\pi,0)$ 处的曲率为 $K=\left.\dfrac{|y''|}{[1+(y')^2]^{\frac{3}{2}}}\right|_{(x=\pi, y=0)}=0$.

例 5 求曲线 $y=\dfrac{1}{x}$ 的右半支上曲率最大的点及对应的曲率.

解 因为考虑右半支,所以 $x\in(0,+\infty)$. $y'=-\dfrac{1}{x^2}, y''=\dfrac{2}{x^3}, \dfrac{|y''|}{[1+(y')^2]^{\frac{3}{2}}}=\dfrac{2x^3}{\sqrt{(1+x^4)^3}}$.

令 $K'=\dfrac{6x^2(1-x^4)}{\sqrt{(1+x^4)^5}}=0$,得 $x=1\in(0,+\infty)$,对应曲率 $K=\dfrac{1}{\sqrt{2}}=\dfrac{\sqrt{2}}{2}$.

所给曲线以 x 轴、y 轴分别为水平、垂直渐近线,故最大曲率的点必定存在,而驻点又唯一,所以 K 的最大值必定在 $x=1$ 处达到,所以曲线在点(1,1)处达到最大曲率 $K_{\max}=\dfrac{\sqrt{2}}{2}$.

三、曲率圆与曲率中心

如果方程为 $y=f(x)$ 的曲线 C 在点 M 处的曲率 K 不为零,那么我们把它的倒数称为曲线在点 M 的曲率半径,一般以 ρ 表示,即

$$\rho=\frac{1}{K}=\frac{[1+(y')^2]^{\frac{3}{2}}}{|y''|}. \tag{2}$$

作曲线 C 在点 M 处的法线,在曲线凹向一侧的法线上取点 D 使得 MD 的长等于曲率半径 ρ,即线段 $|MD|=\rho$,点 D 称为曲线 C 在点 M 的曲率中心. 以 D 为中心、ρ 为半径的圆,称为曲线 C 在点 M 的曲率圆(图 3-12).

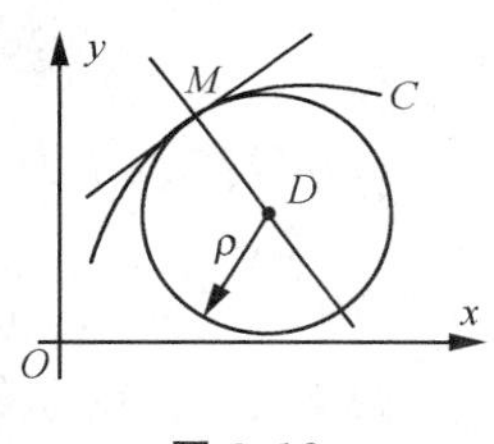

图 3-12

以曲率的倒数作为曲率半径的定义源于圆. 在例 2 中已经知道圆上各点曲率相等,为半径的倒数,由曲率半径的定义,又可得圆上各点的曲率半径处处相等,为圆的半径,这与我们对圆的直观认识一致.

曲线 C 和曲率圆在点 M 处有公共切线,因此是相切的. 又因为圆的曲率是半径的倒数,所以曲线 C 与曲率圆在点 M 处的弯曲程度——曲率也相同,都等于 $\dfrac{1}{\rho}$. 由此可见曲率圆不但给出了曲率的几何直观形象,而且在实际应用中,在局部小范围里可以用曲率圆弧近似地代替曲线弧. 这虽然不像“以直代曲”那样简单,但得到了保持凹凸性、曲率的好处.

例 6 如图 3-13,用圆柱形铣刀加工一弧长不大的椭圆形工件,问应选用直径多大的铣刀,可得较好的近似结果?(图上尺寸单位:mm)

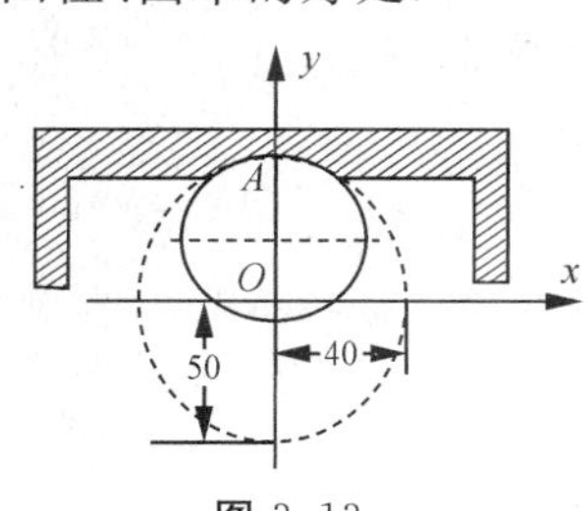

图 3-13

解 铣刀的半径应等于要加工的椭圆弧段在点 A 处的曲率半径. 建立如图 3-13 所示的坐标系,则加工段在椭圆 $\dfrac{x^2}{40^2}+\dfrac{y^2}{50^2}=1$ 上,且点 A 的坐标为(0,50),问题化为求椭圆在点 A 处的曲率

半径. 改写椭圆方程为 $y=\frac{50}{40}\sqrt{40^2-50^2}=\frac{5}{4}\sqrt{1600-x^2}$,则

$$y'=\frac{-5x}{4\sqrt{1600-x^2}},y''=\frac{-2000}{\sqrt{(1600-x^2)^3}},y'|_{x=0}=0,y''|_{x=0}=-\frac{1}{32},$$

所以
$$\rho=\frac{1}{K}=\frac{[1+(y')^2]^{\frac{3}{2}}}{|y''|}=32.$$

所以应该用直径 $d=2\times 32=64$(mm)的圆柱形铣刀加工这一弧段可得较好的近似结果.

与曲率中心、曲率半径等相关联的,还有渐开线、渐屈线等概念,这些特殊的曲线在机械的齿轮、蜗杆等传动件上广泛应用,在此略作介绍.

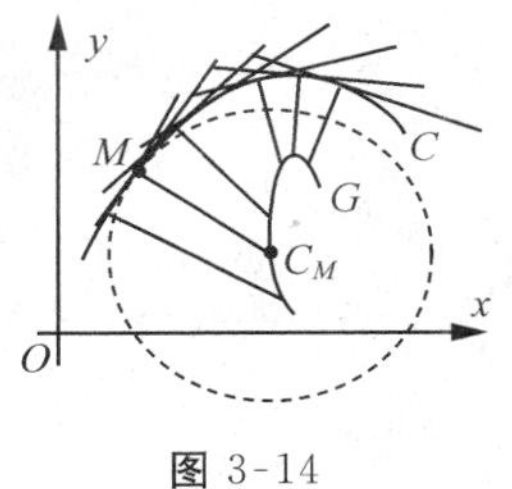

图 3-14

曲线每一点对应一个曲率中心,当点 M 在曲线 C 上移动时,对应的曲率中心 C_M 会描出一条曲线 G,称曲线 G 为 C 的渐屈线. 反过来,称曲线 C 为 G 的渐开线(图 3-14).

设曲线 C 的方程 $y=f(x)$ 处处有非零二阶导数,点 C 在 $M(x,f(x))$处的曲率中心为$C_M(X,Y)$. 根据曲率中心的定义及曲率半径公式,可以得到

$$\begin{cases}X=x-\dfrac{y'(1+y'^2)}{y''},\\ Y=y+\dfrac{1+y'^2}{y''}.\end{cases} \tag{3}$$

即为曲线 C 的以 x 为参数的参数式表示的渐屈线 G 的方程.

例 7　求抛物线 $y=x^2$ 在点 $M(1,1)$处的曲率半径、曲率中心和曲率圆,并求其渐屈线方程.

解　$y'=2x,y''=2;y'|_{x=1}=2,y''|_{x=1}=2.$

代入公式(2)、(3),得抛物线在点 $M(1,1)$处的曲率半径、曲率中心分别为

$$\rho=\frac{5\sqrt{5}}{2},\quad \begin{cases}X=-4,\\ Y=\dfrac{7}{2}.\end{cases}$$

从而可得在点 $M(1,1)$处的曲率圆方程为$(x+4)^2+\left(y-\frac{7}{2}\right)^2=\frac{125}{4}$.

以 $y'=2x,y''=2$ 代入公式(3),即得抛物线的渐屈线方程为

$$\begin{cases}X=x-\dfrac{2x(1+4x^2)}{2}=-4x^3,\\ Y=x^2+\dfrac{1+4x^2}{2}=3x^2+\dfrac{1}{2},\end{cases}$$

如果消去参数 x,可以得到 $Y=\frac{3}{2\sqrt[3]{2}}\sqrt[3]{X^2}+\frac{1}{2}$,即 $y=\frac{3}{2\sqrt[3]{2}}\sqrt[3]{x^2}+\frac{1}{2}$.

习题 3-5(A)

1. 求下列曲线在指定点处的曲率和曲率半径:

(1) $y=\ln x, A(1,0)$； (2) $\begin{cases} x = \cos t, \\ y = 2\sin t, \end{cases} B: t=\dfrac{\pi}{2}$.

2. 求抛物线 $y=4x^2$ 上曲率最大的点和最大曲率.

3. 如果曲线 C 由参数方程 $\begin{cases} x = \varphi(t), \\ y = \psi(t) \end{cases}$ 的形式给出，导出其曲率公式.

习题 3-5（B）

1. 求下列曲线在指定点处的曲率和曲率半径：

(1) $y=x^2+x$ 在$(0,0)$处； (2) $y^2+\dfrac{x^2}{4}=1$ 在$(0,1)$处；

(3) $y=\cos x$ 在$(0,1)$处； (4) $\begin{cases} x = a(t-\sin t), \\ y = a(1-\cos t) \end{cases}$ 在 $t=\dfrac{\pi}{3}$处，$a>0$.

2. 求曲线 $y=a\ln\left(1-\dfrac{x^2}{a^2}\right)(a>0)$上曲率半径最小的点.

3. 求曲线 $r=a\sin^3\dfrac{\theta}{3}$在 $M(r,\theta)$处的曲率半径.

4. 求曲线 $y=\tan x$ 在 $M\left(\dfrac{\pi}{4},1\right)$处的曲率圆.

5. 求曲线 $y=\sqrt{x}$的渐屈线方程.

本章内容小结

本章由微分中值定理、洛必达法则求未定式极限、函数单调性和极值的判定、函数最值的求法和应用、函数凹凸性和拐点的判定、描绘函数图象等内容组成.

1. 微分中值定理.

微分中值定理是讨论函数单调性、极值、凹凸性等的基础，应明确罗尔定理、拉格朗日中值定理的条件、结论及几何意义.

2. 用洛必达法则求未定式极限.

洛必达法则是导数应用的体现，是求极限的重要方法，在使用时应注意以下几个问题：

(1) 使用之前要先检查极限是否是$\dfrac{0}{0}$或$\dfrac{\infty}{\infty}$未定型；

(2) 只要是这两种不定型，可以连续使用法则；

(3) 如果含有某些非零因子，可以单独对它们求极限，不必参与洛必达法则求导运算，以简化运算；

(4) 注意使用时结合等价无穷小的代换，以简化运算；

(5) 对其他类型的未定型，以适当方式将其转化为$\dfrac{0}{0}$或$\dfrac{\infty}{\infty}$未定型；

(6) 有些$\dfrac{0}{0}$或$\dfrac{\infty}{\infty}$未定型，用洛必达法则求不出极限，此时应使用其他方法.

3. 函数的单调性与极值、曲线的凹凸性与拐点.

判定函数 $y=f(x)$的单调区间、图象的凹凸区间的基本思想和步骤是相似的，只是判断的依据不同. 前者依据一阶导数 y'的符号，后者则依据二阶导数 y''的符号. y'与单调性、y''与凹凸性的关系，最好从几何方面记忆. 在具体使用中，要注意不要漏掉不可导点.

4. 函数的最值及应用.

函数的最值与极值在概念上有本质的区别，但在具体求最值时通常与求驻点(或不可导点)相联系. 求函数在考察范围 I 内的最值，是通过比较驻点、不可导点及 I 的端点处的函数值的大小而得到的，并不需要判定驻点是否是极值点. 对于实际应用题，应首先以数学模型思想建立优化目标与优化对象之间的函数关系，确定其考察范围. 在实际问题中，经常使用"最值存在、驻点唯一，则驻点即为最值点"的判定方法.

5. 描绘函数图象.

函数的分析作图法是本章所学内容的综合应用. 通过这方面的练习，可以发现掌握本章知识的薄弱环节和存在问题，以便进行有针对性的演练，达到掌握本章内容的目的.

6. 曲率.

曲率是曲线弯曲程度的定量表示. 曲率计算公式的推导虽不要求掌握，但在推导过程中，较多使用了前面章节的知识，是一个复习的机会. 对今后需要用到曲率的读者来说，曲率、曲率半径公式是需要熟记的，同时要了解在局部范围内可以以曲率圆近似代替曲线本身.

自测题三

1. 填空题：

(1) 拉格朗日中值定理中，如果 $f(x)$满足条件__________，即为罗尔定理；

(2) 函数 $f(x)=x^3$ 在$[0,1]$上满足拉格朗日中值定理的条件，则 $\xi=$______；

(3) 函数 $f(x)=2x^3+3x^2-12x+1$ 在区间____________上为单调减函数；

(4) $\lim\limits_{x\to 0}\dfrac{\ln(1+\sin^2 x)}{x^2}=$_____________；

(5) 设 $x_1=1, x_2=2$ 均为函数 $y=a\ln x+bx^2+3x$ 的极值点，则 $a=$_______，$b=$________；

(6) 函数 $y=x+\sqrt{1-x}$在$[-5,1]$上的最大值是__________；

(7) 函数 $f(x)=x-\sin x$ 在$\left[-\dfrac{\pi}{2},\dfrac{\pi}{2}\right]$上的拐点为_________；

(8) 曲线 $f(x)=\dfrac{x}{x^2-1}$的水平渐近线为__________，垂直渐近线为________.

2. 选择题：

(1) 罗尔定理中条件是结论成立的　(　　)

A. 必要非充分条件　　B. 充分非必要条件

C. 充分必要条件　　D. 既非充分也非必要条件

(2) 设函数 $f(x)=(x+1)^{\frac{2}{3}}$，则点 $x=-1$ 是 $f(x)$的　(　　)

A. 间断点　　B. 驻点　　C. 可微点　　D. 极值点

(3) 曲线 $y=e^{-x^2}$ ( )

A. 没有拐点 B. 有一个拐点 C. 有两个拐点 D. 有三个拐点

(4) 下列函数对应的曲线在定义域上是凹的的是 ( )

A. $y=e^{-x}$ B. $y=\ln(1+x^2)$ C. $y=x^2-x^3$ D. $y=\sin x$

(5)下面结论正确的是 ( )

A. 若 x_0 是函数的极值点,则必有 $f'(x_0)=0$

B. 若 $f'(x_0)=0$,则 x_0 一定是函数的极值点

C. 可导函数的极值点必定是函数的驻点

D. 可导函数的驻点必定是函数的极值点

(6) 函数 $y=2x^3-6x^2-18x-7, x\in[1,4]$ 的最大值为 ( )

A. -61 B. -29 C. -47 D. -9

(7) 函数 $y=x-\ln(1+x^2)$ 的极值为 ( )

A. 0 B. $1-\ln 2$ C. $-1-\ln 2$ D. 不存在

(8) 计算 $\lim\limits_{x\to a}\frac{\sin x-\sin a}{x-a}$ 的结果为 ( )

A. $\cos a$ B. $-\cos a$ C. -1 D. 1

3. 求下列极限:

(1) $\lim\limits_{x\to 0}\frac{x-\sin x}{x^3}$; (2) $\lim\limits_{x\to+\infty}x\ln\left(1+\frac{1}{x}\right)$;

(3) $\lim\limits_{x\to 0^+}\sqrt[x]{1-2x}$; (4) $\lim\limits_{x\to 0}\frac{e^{\sin^3 x}-1}{x(1-\cos x)}$;

(5) $\lim\limits_{x\to 0^+}\left[\frac{1}{x}-\frac{1}{\ln(1+x)}\right]$; (6) $\lim\limits_{x\to 0^+}\frac{\ln\cos 3x}{\ln\cos x}$.

4. 研究下列函数的单调性并求极值:

(1) $y=x-\frac{3}{2}x^{\frac{2}{3}}$; (2) $y=\frac{\ln x^2}{x}$;

(3) $y=x-2\sin x, x\in[0,2\pi]$; (4) $y=2\sin x+\cos 2x, x\in(0,\pi)$.

5. 确定下列函数的凹凸性并求拐点:

(1) $y=e^x\cos x, x\in(0,2\pi)$; (2) $y=x^3(1+x)$.

6. 证明下列不等式:

(1) $e^x>ex(x>1)$; (2) $x^2>\ln(1+x^2)(x\neq 0)$.

7. 确定 a,b,c 的值,使曲线 $y=ax^3+bx^2+cx$ 有拐点(1,2),且在该点处切线的斜率为-1.

8. 在函数 $y=xe^{-x}$ 的定义域内求一个区间,使函数在该区间内单调递增,且其图象在该区间内是凸的.

9. 在区间[0,8]上求曲线 $y=x^2$ 的切线,使切线与 $y=0$ 与 $x=8$ 所围成的面积最大.

10. 作函数 $y=\frac{x}{x+1}$ 的图象.

第 4 章　积分及其应用

前面我们学习了导数和微分,导数反映函数相对于自变量的变化率,微分反映自变量有微小变化时函数本身相应变化的主要部分.然而,实际问题中往往会有这样的要求:已知 $f(x)$ 关于自变量 x 的变化率 $f'(x)$,求 $f(x)$ 在 x 的某个变化范围 $[a,b]$ 内的累积量,这个累积量就叫积分.此类问题在自然科学、工程技术及经济领域中会经常遇到.本章将以曲边梯形的面积为例引入积分的定义,同时得到积分的计算公式和性质,进一步讨论计算积分的一些具体方法和技巧,最后介绍积分在几何以及物理上的部分应用.

§4-1　积分的概念和性质

一、积分的定义

1. 单曲边梯形的面积

所谓单曲边梯形是指将直角梯形的斜腰换成连续曲线段后的图形,如图 4-1 所示.如何计算曲边梯形的面积呢?

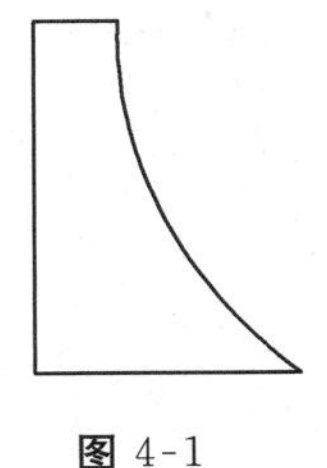

图 4-1

适当选取直角坐标系,将曲边梯形的直腰放在 x 轴上,两底边为 $x=a$, $x=b$,设曲边的方程为 $y=f(x)$.不妨设 $f(x)$ 在 $[a,b]$ 上连续,且 $f(x)\geqslant 0$,如图 4-2 所示.具体做法如下:

(1) 化整为微.任取一组分点 $a=x_0<x_1<x_2<\cdots<x_{i-1}<x_i<\cdots<x_{n-1}<x_n=b$,将区间 $[a,b]$ 分成 n 个小区间:$[a,b]=[x_0,x_1]\cup[x_1,x_2]\cup\cdots\cup[x_{i-1},x_i]\cup\cdots\cup[x_{n-1},x_n]$,第 i 个小区间的长度为 $\Delta x_i=x_i-x_{i-1}(i=1,2,\cdots,n)$.过各个分点作 x 轴的垂线,将原来的曲边梯形分成 n 个小曲边梯形,第 i 个小曲边梯形的面积为 ΔA_i.

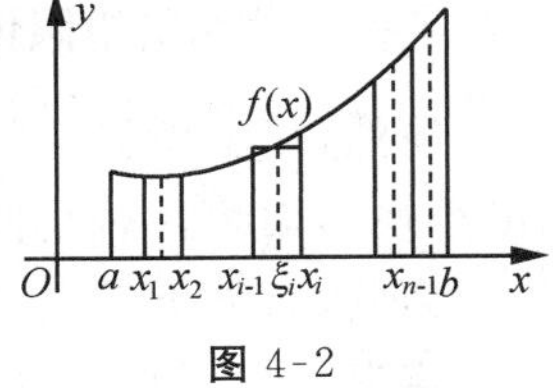

图 4-2

(2) 微量近似.在每一个小区间 $[x_{i-1},x_i]$ 上任取一点 $\xi_i(i=1,2,\cdots,n)$,把以 Δx_i 为底、$f(\xi_i)$ 为高的小矩形的面积作为第 i 个小曲边梯形面积的近似值,即

$$\Delta A_i\approx f(\xi_i)\Delta x_i(i=1,2,\cdots,n).$$

(3) 积微为整.将 n 个小矩形的面积相加,作为原曲边梯形面积的近似值,即

$$A=\sum_{i=1}^{n}\Delta A_i\approx\sum_{i=1}^{n}f(\xi_i)\Delta x_i.$$

(4) 极限求精. 设$\|\Delta x\|=\max\{\Delta x_1,\Delta x_2,\cdots,\Delta x_n\}$,当$\|\Delta x\|\to 0$时,原曲边梯形的面积为

$$A=\lim_{\|\Delta x\|\to 0}\sum_{i=1}^{n}f(\xi_i)\Delta x_i.$$

2. 积分的定义

以$S(x)$表示以$[a,x]$为底边的曲边梯形的面积($a\leqslant x\leqslant b$),则所求面积$A=S(b)-S(a)$. $\Delta S=S(x+\Delta x)-S(x)$表示以$[x,x+\Delta x]$为底的小曲边梯形的面积($\Delta x>0$). 因为$f(x)$在$[x,x+\Delta x]$上连续,所以$f(x)$在$[x,x+\Delta x]$上必有最小值$m$和最大值$M$. 因此

$$m\Delta x\leqslant\Delta S\leqslant M\Delta x,\text{即 } m\leqslant\frac{\Delta S}{\Delta x}\leqslant M.$$

由连续函数的介值定理,存在$\xi\in[x,x+\Delta x]$,使

$$\frac{\Delta S}{\Delta x}=f(\xi),\Delta S=f(\xi)\Delta x.$$

当$\Delta x\to 0$时,$\xi\to x$,又因为$f(x)$连续,所以$f(\xi)\to f(x)$,所以

$$S'(x)=\lim_{\Delta x\to 0}\frac{\Delta S}{\Delta x}=f(x).$$

原来,$f(x)$恰好是面积函数$S(x)$关于x的变化率,即$\Delta S(x)=f(x)\mathrm{d}x+o(\Delta x)$. 这里的$o(\Delta x)$与$x$在区间$[a,b]$的位置、区间$[a,b]$的划分及$\xi$在$[x,x+\Delta x]$中的取法毫无关系. 因此,可以假设将$[a,b]$进行$n$等分,此时$\Delta x=\dfrac{b-a}{n}$,分别取

$$x_0=a,x_1=a+\Delta x,x_2=a+2\Delta x,\cdots,x_{n-1}=a+(n-1)\Delta x=b-\Delta x,$$

此时有

$$A=S(b)-S(a)=\sum_{i=0}^{n-1}f(x_i)\mathrm{d}x+\sum_{i=1}^{n}o_i(\Delta x). \tag{1}$$

令$\overline{o(\Delta x)}=\dfrac{\sum\limits_{i=1}^{n}o_i(\Delta x)}{n}$,当$n\to\infty$或$\Delta x\to 0$时,(1)式右边第二项

$$\sum_{i=1}^{n}o_i(\Delta x)=n\overline{o(\Delta x)}=\frac{(b-a)\overline{o(\Delta x)}}{\Delta x}\to 0.$$

而(1)式左边是常数,所以(1)式右边的第一项(和式$\sum\limits_{i=0}^{n-1}f(x_i)\mathrm{d}x$)必有极限.

若把上述和的极限记为$\int_a^b f(x)\mathrm{d}x$,则有$\int_a^b f(x)\mathrm{d}x=S(b)-S(a)$,且$S'(x)=f(x)$.

虽然,以上所讨论的只是一个求曲边梯形面积的数学模型,但这种局部以"直"代"曲"(以小矩形面积代替小曲边梯形面积),然后相加并求极限的思想,正是微积分的精华所在.

为此,有如下定义:

定义 设函数$f(x)$在区间$[a,b]$上连续,且$F'(x)=f(x)$,则

$$\int_a^b f(x)\mathrm{d}x=F(b)-F(a)=F(x)\Big|_a^b$$

表示$f(x)$在$[a,b]$上的积分. 这个式子也就是著名的**牛顿-莱布尼兹公式**,或称**微积分基本公式**. 其中,$f(x)$称为**被积函数**,a和b分别称为**积分下限**和**积分上限**,$f(x)\mathrm{d}x$称为**被积表达式**,x为**积分变量**,$[a,b]$称为**积分区间**.

注意　(1) $\int_a^b f(x)\mathrm{d}x=F(b)-F(a)=F(x)\big|_a^b$ 表示的是一个具体的数值，并且是唯一的. 若另有一个函数 $G(x)$ 的导数 $G'(x)=f(x)$，则必有 $G(x)=F(x)+C$（C 为常数），代入上式结果不变.

(2) $\int_a^b f(x)\mathrm{d}x=\int_a^b f(t)\mathrm{d}t=F(b)-F(a)$，即积分值与积分变量无关；

(3) $F(x)\big|_a^b$ 也可写成 $[F(x)]_a^b$.

例 1　求 $\int_0^2 x^3\mathrm{d}x$.

解　因为 $\left(\frac{x^4}{4}\right)'=x^3$，所以原式 $=\frac{2^4}{4}-0=4$.

例 2　求 $\int_{-\frac{\pi}{2}}^{\frac{\pi}{2}}\cos x\mathrm{d}x$.

解　因为 $(\sin x)'=\cos x$，所以原式 $=\sin\frac{\pi}{2}-\sin\left(-\frac{\pi}{2}\right)=1+1=2$.

二、积分的几何意义

若 $f(x)$ 在 $[a,b]$ 上连续且非负，则 $\int_a^b f(x)\mathrm{d}x=F(b)-F(a)$ 恰好表示由曲线 $f(x)$、直线 $x=a$，$x=b$ 以及 x 轴所围图形的面积，如图 4-3 所示.

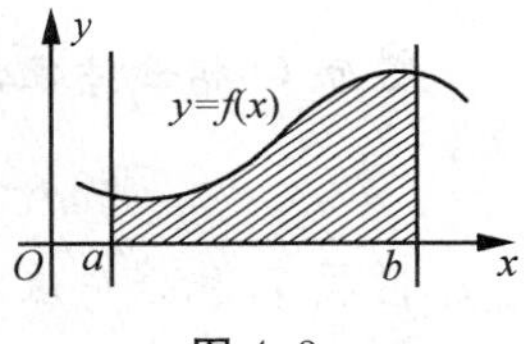

图 4-3

若 $f(x)$ 在 $[a,b]$ 上连续且非正，则 $\int_a^b f(x)\mathrm{d}x=F(b)-F(a)$ 恰好表示由曲线 $f(x)$、直线 $x=a$，$x=b$ 以及 x 轴所围图形面积的负值，如图 4-4 所示.

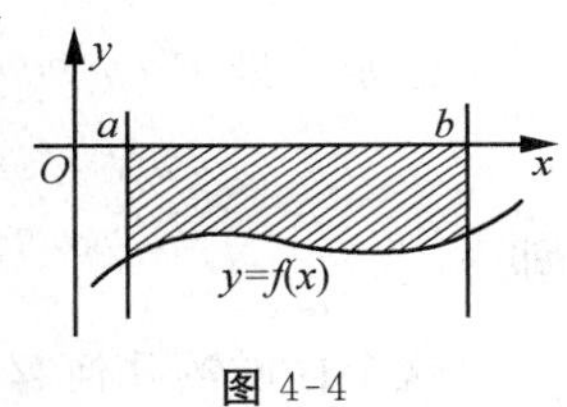

图 4-4

一般情况下，若 $f(x)$ 在 $[a,b]$ 上连续，则 $\int_a^b f(x)\mathrm{d}x=F(b)-F(a)$ 表示由曲线 $f(x)$、直线 $x=a$，$x=b$ 以及 x 轴所围图形面积的代数值，如图 4-5 所示.

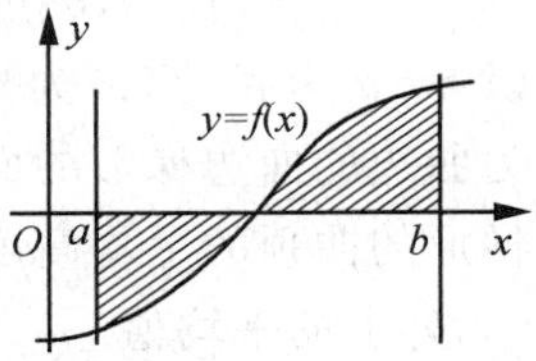

图 4-5

三、积分的性质

由积分的定义，可以推出积分具有以下一些性质（假设被积函数在积分区间上连续）：

性质 1（常数性质）

$$\int_a^a f(x)\mathrm{d}x=0,\ \int_a^b \mathrm{d}x=b-a.$$

性质 2（反积分区间性质）

$$\int_a^b f(x)\mathrm{d}x=-\int_b^a f(x)\mathrm{d}x.$$

证明　右边 $=-[F(a)-F(b)]=F(b)-F(a)=$ 左边.

性质 3（线性性质）

$$\int_a^b[\lambda f(x)+\mu g(x)]\mathrm{d}x=\lambda\int_a^b f(x)\mathrm{d}x+\mu\int_a^b g(x)\mathrm{d}x\ (\lambda,\mu\ 为常数).$$

证明 设 $F'(x)=f(x)$，$G'(x)=g(x)$，则

右边 $=\lambda[F(b)-F(a)]+\mu[G(b)-G(a)]=[\lambda F(b)+\mu G(b)]-[\lambda F(a)+\mu G(a)]=$ 左边.

性质 4（积分区间的可加性）

$$\int_a^b f(x)\mathrm{d}x=\int_a^c f(x)\mathrm{d}x+\int_c^b f(x)\mathrm{d}x\,(a,b,c\text{ 为常数}).$$

证明 设 $F'(x)=f(x)$，则

右边 $=F(c)-F(a)+F(b)-F(c)=F(b)-F(a)=$ 左边.

性质 5（有序性） 如果在区间 $[a,b]$ 上有 $f(x)\leqslant g(x)$，那么

$$\int_a^b f(x)\mathrm{d}x\leqslant\int_a^b g(x)\mathrm{d}x.$$

证明 设 $F'(x)=g(x)-f(x)\geqslant 0$，于是 $F(x)$ 在 $[a,b]$ 上单调增加. 又因为 $b>a$，所以 $\int_a^b g(x)\mathrm{d}x-\int_a^b f(x)\mathrm{d}x=\int_a^b[g(x)-f(x)]\mathrm{d}x=F(b)-F(a)\geqslant 0$，即

$$\int_a^b f(x)\mathrm{d}x\leqslant\int_a^b g(x)\mathrm{d}x.$$

性质 6（积分估值性质） 设函数 $m\leqslant f(x)\leqslant M$，$x\in[a,b]$，则

$$m(b-a)\leqslant\int_a^b f(x)\mathrm{d}x\leqslant M(b-a).$$

性质 7（积分中值定理） 在 (a,b) 内至少存在一个 ξ（中值），使

$$\int_a^b f(x)\mathrm{d}x=f(\xi)(b-a).$$

证明 设 $F'(x)=f(x)$，由拉格朗日中值定理，必有 $\xi\in(a,b)$，使得

$$F(b)-F(a)=F'(\xi)(b-a)=f(\xi)(b-a),$$

即

$$\int_a^b f(x)\mathrm{d}x=f(\xi)(b-a).$$

这个性质的几何解释是明显的，如图 4-6 所示.

若 $f(x)$ 在 $[a,b]$ 上连续且非负，在 (a,b) 内至少存在一点 ξ，使得以 $b-a$ 为底、$f(\xi)$ 为高的矩形面积等于以 $[a,b]$ 为底边、曲线 $f(x)$ 为曲边的曲边梯形的面积. 因此，从几何角度看，$f(\xi)$ 可以看作曲边梯形的曲顶的平均高度；从函数值的角度看，$f(\xi)$ 可以看作 $f(x)$ 在 $[a,b]$ 上的平均值.

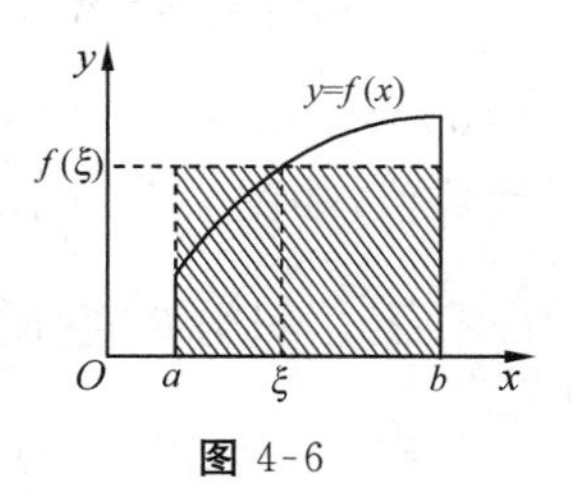

图 4-6

习题 4-1（A）

1. 利用牛顿-莱布尼兹公式计算下列积分：

(1) $\int_1^2\frac{1}{x}\mathrm{d}x$； (2) $\int_0^{\frac{\pi}{2}}\cos x\mathrm{d}x$；

(3) $\int_0^{\frac{\pi}{4}}\sec x\tan x\mathrm{d}x$； (4) $\int_0^1 2^x\mathrm{d}x$.

2. 利用积分的几何意义计算下列积分：

(1) $\int_{1}^{2} x\mathrm{d}x$；　　(2) $\int_{-1}^{1} x^3\mathrm{d}x$.

3. 比较下列各积分值的大小：

(1) $\int_{1}^{2} \ln x\mathrm{d}x$ 与 $\int_{1}^{2} \ln^2 x\mathrm{d}x$；　　(2) $\int_{3}^{4} \ln x\mathrm{d}x$ 与 $\int_{3}^{4} \ln^2 x\mathrm{d}x$.

4. 估计下列积分的值：

(1) $\int_{\frac{\pi}{4}}^{\frac{\pi}{2}} \frac{1}{1+\sin^2 x}\mathrm{d}x$；　　(2) $\int_{-1}^{1} \mathrm{e}^{-x^2}\mathrm{d}x$.

习题 4-1（B）

1. 利用牛顿-莱布尼兹公式计算下列积分：

(1) $\int_{1}^{2} \frac{1}{x^2}\mathrm{d}x$；　　(2) $\int_{0}^{\frac{\pi}{2}} \sin x\mathrm{d}x$；

(3) $\int_{0}^{\frac{\pi}{4}} \csc x\cot x\mathrm{d}x$；　　(4) $\int_{0}^{1} \frac{1}{1+x^2}\mathrm{d}x$；

(5) $\int_{0}^{2\pi} |\sin x|\mathrm{d}x$；　　(6) $\int_{0}^{2} |1-x|\mathrm{d}x$.

2. 利用积分的几何意义计算下列积分：

(1) $\int_{1}^{2} 3x\mathrm{d}x$；　　(2) $\int_{-1}^{1} x^3\cos x\mathrm{d}x$.

3. 比较下列各积分值的大小：

(1) $\int_{1}^{2} x^2\mathrm{d}x$ 与 $\int_{1}^{2} x^3\mathrm{d}x$；　　(2) $\int_{0}^{1} x\mathrm{d}x$ 与 $\int_{0}^{1} x^2\mathrm{d}x$.

4. 估计下列积分的值：

(1) $\int_{\frac{\pi}{4}}^{\frac{\pi}{2}} \frac{1}{1+\cos^2 x}\mathrm{d}x$；　　(2) $\int_{\frac{\sqrt{3}}{3}}^{\sqrt{3}} x\arctan x\mathrm{d}x$.

*5. 求 $\lim\limits_{x\to 0}\frac{\int_{0}^{x}\cos t^2\mathrm{d}t}{x}$.

§4-2　直接积分法

一、原函数的概念

在上一节积分定义的阐述过程中，我们已经知道，若 $f(x)$ 在 $[a,b]$ 上连续，则必存在 $F(x)$，使得 $F'(x)=f(x)$，$x\in[a,b]$. 我们称 $F(x)$ 为 $f(x)$ 在 $[a,b]$ 上的一个原函数. 例如，$(\sin x)'=\cos x$，所以 $\sin x$ 就是 $\cos x$ 的一个原函数. 又如，$(\sin x+C)'=\cos x$（C 为常数），所以 $\cos x$ 的原函数不止一个，而是无穷多个. 由拉格朗日中值定理的推论可知，若 $F(x)$ 为 $f(x)$ 的一个原函数，则 $f(x)$ 的全部原函数为 $F(x)+C$（C 为常数），我们可以记为

$$\int f(x)\mathrm{d}x=F(x)+C.$$

上述表达式也可称为 $f(x)$ 的不定积分，其几何意义是很明显的：$F(x)+C$ 表示一个曲线族，如图 4-7 所示.

平行于 y 轴的直线与曲线族中每一条曲线的交点处的切线斜率都等于 $f(x)$，所以曲线族可以由一条曲线通过平移得到.

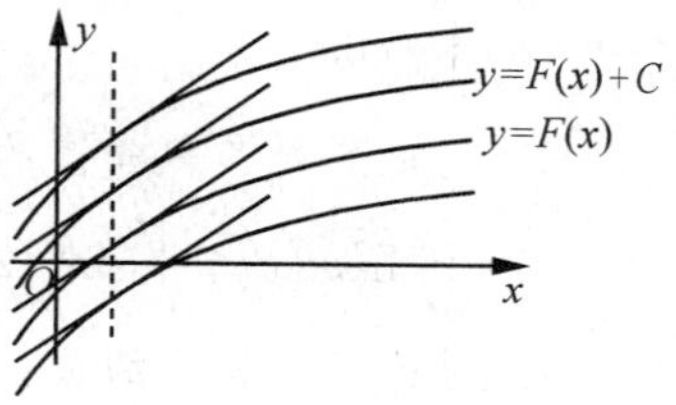

图 4-7

由于 $\int_a^b f(x)\mathrm{d}x$ 如果存在就是唯一的（见上一节），所以从理论上说，只要 $f(x)$ 在 $[a,b]$ 上连续，则 $\int_a^b f(x)\mathrm{d}x$ 必然存在，并且就是一个原函数 $F(x)$ 在 $[a,b]$ 上两端点函数值的差 $F(b)-F(a)$. 这里我们之所以强调指出 $f(x)$ 的全部原函数 $F(x)+C$，不单是为了计算积分，更主要的是为后面要讲的微分方程等提供理论基础和基本方法.

二、直接积分法

由导数或微分的基本公式可直接得到如下原函数的计算公式：

(1) $\int \mathrm{d}x=x+C$；

(2) $\int x^{\alpha}\mathrm{d}x=\frac{x^{\alpha+1}}{\alpha+1}+C(\alpha\neq-1)$；

(3) $\int \frac{1}{x}\mathrm{d}x=\ln|x|+C$；

(4) $\int \mathrm{e}^{x}\mathrm{d}x=\mathrm{e}^{x}+C$；

(5) $\int a^{x}\mathrm{d}x=\frac{a^{x}}{\ln a}+C$；

(6) $\int \cos x\mathrm{d}x=\sin x+C$；

(7) $\int \sin x\mathrm{d}x=-\cos x+C$；

(8) $\int \sec^{2}x\mathrm{d}x=\tan x+C$；

(9) $\int \csc^{2}x\mathrm{d}x=-\cot x+C$；

(10) $\int \sec x\tan x\mathrm{d}x=\sec x+C$；

(11) $\int \cos x\cot x\mathrm{d}x=-\csc x+C$；

(12) $\int \frac{1}{1+x^{2}}\mathrm{d}x=\arctan x+C$；

(13) $\int \frac{1}{\sqrt{1-x^{2}}}\mathrm{d}x=\arcsin x+C$.

另外，若 $f(x)$ 和 $g(x)$ 都存在原函数 $F(x)$ 和 $G(x)$，因为

$$[\mu F(x)\pm\lambda G(x)]'=\mu f(x)\pm\lambda g(x),$$

所以

$$\int[\mu f(x)\pm\lambda g(x)]\mathrm{d}x=\mu\int f(x)\mathrm{d}x\pm\lambda\int g(x)\mathrm{d}x=\mu F(x)\pm\lambda G(x)+C(\mu,\lambda\text{ 为非零常数}).$$

由上述 13 个基本公式结合 §4-1 中的积分性质 3 或上面这个公式，对被积函数进行恒等变换而进行的积分方法称为**直接积分法**.

例 1 计算 $\int_0^1 \mathrm{e}^{x}(3+\mathrm{e}^{-x})\mathrm{d}x$.

解 因为

$$\int \mathrm{e}^{x}(3+\mathrm{e}^{-x})\mathrm{d}x=\int(3\mathrm{e}^{x}+1)\mathrm{d}x=3\int \mathrm{e}^{x}\mathrm{d}x+\int \mathrm{d}x=3\mathrm{e}^{x}+x+C,$$

所以，原式 $=(3\mathrm{e}^{x}+x)\big|_0^1=(3\mathrm{e}+1)-(3+0)=3\mathrm{e}-2$.

例 2　计算 $\int_0^1 \frac{x^4}{1+x^2}\mathrm{d}x$.

解　因为

$$\int \frac{x^4}{1+x^2}\mathrm{d}x=\int \frac{(x^4-1)+1}{1+x^2}\mathrm{d}x=\int \left(x^2-1+\frac{1}{1+x^2}\right)\mathrm{d}x=\frac{1}{3}x^3-x+\arctan x+C,$$

所以，原式 $=\left(\frac{1}{3}x^3-x+\arctan x\right)\Big|_0^1=\frac{\pi}{4}-\frac{2}{3}$.

例 3　计算 $\int_{\frac{\sqrt{3}}{3}}^{\sqrt{3}} \frac{2x^2+1}{x^2(1+x^2)}\mathrm{d}x$.

解　原式 $=\int_{\frac{\sqrt{3}}{3}}^{\sqrt{3}} \frac{(x^2+1)+x^2}{x^2(1+x^2)}\mathrm{d}x=\int_{\frac{\sqrt{3}}{3}}^{\sqrt{3}} \left(\frac{1}{x^2}+\frac{1}{1+x^2}\right)\mathrm{d}x$

$$=\left(-\frac{1}{x}+\arctan x\right)\Big|_{\frac{\sqrt{3}}{3}}^{\sqrt{3}}=\frac{2\sqrt{3}}{3}+\frac{\pi}{6}.$$

例 4　计算 $\int_{\frac{\pi}{4}}^{\frac{\pi}{3}} \tan^2 x\mathrm{d}x$.

解　原式 $=\int_{\frac{\pi}{4}}^{\frac{\pi}{3}} (\sec^2 x-1)\mathrm{d}x=(\tan x-x)\Big|_{\frac{\pi}{4}}^{\frac{\pi}{3}}=(\sqrt{3}-1)-\frac{\pi}{12}$.

例 5　计算 $\int_{\frac{\pi}{6}}^{\frac{\pi}{4}} \frac{1}{\sin^2 x\cos^2 x}\mathrm{d}x$.

解　原式 $=\int_{\frac{\pi}{6}}^{\frac{\pi}{4}} \frac{\sin^2 x+\cos^2 x}{\sin^2 x\cos^2 x}\mathrm{d}x=\int_{\frac{\pi}{6}}^{\frac{\pi}{4}} \left(\frac{1}{\cos^2 x}+\frac{1}{\sin^2 x}\right)\mathrm{d}x=(\tan x-\cot x)\Big|_{\frac{\pi}{6}}^{\frac{\pi}{4}}=\frac{2\sqrt{3}}{3}$.

例 6　计算 $\int_0^{\frac{\pi}{2}} \sin^2\frac{x}{2}\mathrm{d}x$.

解　原式 $=\int_0^{\frac{\pi}{2}} \frac{1-\cos x}{2}\mathrm{d}x=\frac{1}{2}(x-\sin x)\Big|_0^{\frac{\pi}{2}}=\frac{\pi}{4}-\frac{1}{2}$.

习题 4-2（A）

计算下列积分：

(1) $\int_0^1 \frac{x^2}{1+x^2}\mathrm{d}x$；　　(2) $\int_0^{\frac{\pi}{4}} \cos^2\frac{x}{2}\mathrm{d}x$；

(3) $\int_{\frac{\pi}{4}}^{\frac{\pi}{3}} \cot^2 x\mathrm{d}x$；　　(4) $\int_{\frac{\pi}{6}}^{\frac{\pi}{3}} \frac{\cos 2x}{\cos^2 x\sin^2 x}\mathrm{d}x$.

习题 4-2（B）

计算下列积分：

(1) $\int_0^{\frac{1}{2}} \frac{\sqrt{1+x^2}}{\sqrt{1-x^4}}\mathrm{d}x$；　　(2) $\int_{\frac{\pi}{6}}^{\frac{\pi}{3}} \frac{1+\cos^2 x}{1+\cos 2x}\mathrm{d}x$；

(3) $\int_0^1 \frac{5x^4+5x^2+1}{x^2+1}\mathrm{d}x$；　　(4) $\int_1^{\sqrt{3}} \frac{3x^2+1}{x^2(x^2+1)}\mathrm{d}x$.

§4-3 换元积分法

直接积分法所能计算的积分是很有限的，有些积分运算单靠直接积分法是不能进行的. 为此，需要引进新的积分方法. 本节将给出两种换元积分方法.

一、第一换元积分法

定理 1 设 $f(x)$在$[a,b]$上连续，$\varphi'(x)$在$[a,b]$上连续，$x\in(a,b)$，且 $\varphi(a)=\alpha,\varphi(b)=\beta$. 则

$$\int_a^b f[\varphi(x)]\varphi'(x)\mathrm{d}x \xlongequal{\text{令 } u=\varphi(x),x=a\leftrightarrow u=\alpha,x=b\leftrightarrow u=\beta} \int_\alpha^\beta f(u)\mathrm{d}u.$$

例 1 计算下列积分：

(1) $\int_0^1 x\mathrm{e}^{x^2}\mathrm{d}x$；　　(2) $\int_0^1 \frac{x}{1+x^2}\mathrm{d}x$；

(3) $\int_0^{\frac{\pi}{2}} \cos^2 x\sin x\mathrm{d}x$；　　(4) $\int_1^{\mathrm{e}} \frac{\ln x}{x}\mathrm{d}x$.

解 (1) $\int_0^1 x\mathrm{e}^{x^2}\mathrm{d}x = \frac{1}{2}\int_0^1 \mathrm{e}^{x^2}\mathrm{d}(x^2) \xlongequal{\text{令 } u=x^2,x=0\leftrightarrow u=0,x=1\leftrightarrow u=1} \frac{1}{2}\int_0^1 \mathrm{e}^u\mathrm{d}u$

$$=\frac{1}{2}\mathrm{e}^u\Big|_0^1=\frac{1}{2}(\mathrm{e}-1).$$

(2) $\int_0^1 \frac{x}{1+x^2}\mathrm{d}x = \frac{1}{2}\int_0^1 \frac{1}{1+x^2}\mathrm{d}(1+x^2) \xlongequal{\text{令 } 1+x^2=u,x=0\leftrightarrow u=1,x=1\leftrightarrow u=2} \frac{1}{2}\int_1^2 \frac{1}{u}\mathrm{d}u$

$$=\frac{1}{2}\ln u\Big|_1^2=\frac{1}{2}\ln 2.$$

(3) $\int_0^{\frac{\pi}{2}} \cos^2 x\sin x\mathrm{d}x = -\int_0^{\frac{\pi}{2}} \cos^2 x\mathrm{d}(\cos x) \xlongequal{\text{令 } u=\cos x,x=0\leftrightarrow u=1,x=\frac{\pi}{2}\leftrightarrow u=0} -\int_1^0 u^2\mathrm{d}u$

$$=-\frac{u^3}{3}\Big|_1^0=\frac{1}{3}.$$

(4) $\int_1^{\mathrm{e}} \frac{\ln x}{x}\mathrm{d}x=\int_1^{\mathrm{e}} \ln x\mathrm{d}(\ln x) \xlongequal{\text{令 } u=\ln x,x=1\leftrightarrow u=0,x=\mathrm{e}\leftrightarrow u=1} \int_0^1 u\mathrm{d}u=\frac{u^2}{2}\Big|_0^1=\frac{1}{2}.$

上述计算也可不必写出换元的过程，只需注意积分上、下限仍是对 x 而言的，如第(2)题也可以计算如下：

$$\int_0^1 \frac{x}{1+x^2}\mathrm{d}x=\frac{1}{2}\int_0^1 \frac{1}{1+x^2}\mathrm{d}(1+x^2)=\frac{1}{2}\ln(1+x^2)\Big|_0^1=\frac{1}{2}\ln 2.$$

上述题目都有一个共同的特征：将 $\varphi'(x)\mathrm{d}x$ 写成 $\mathrm{d}[\varphi(x)]$. 我们称这种方法为**凑微分法**. 用凑微分法求积分时，可以换元也可以不换元，不换元则不必换积分上、下限，而换元则必换限.

凑微分法在计算积分中应用广泛且十分有效，常用的微分式子有(C 为常数)：

(1) $\mathrm{d}x=\frac{1}{a}\mathrm{d}(ax+C)$；　　(2) $x\mathrm{d}x=\frac{1}{2}\mathrm{d}(x^2+C)$；

(3) $\frac{1}{x}\mathrm{d}x=\mathrm{d}(\ln|x|+C)$；　　(4) $\frac{1}{\sqrt{x}}\mathrm{d}x=2\mathrm{d}(\sqrt{x}+C)$；

(5) $\frac{1}{x^2}\mathrm{d}x=-\mathrm{d}\left(\frac{1}{x}+C\right)$；　　(6) $\frac{1}{1+x^2}\mathrm{d}x=\mathrm{d}(\arctan x+C)$；

(7) $\frac{1}{\sqrt{1-x^2}}\mathrm{d}x=\mathrm{d}(\arcsin x+C)$；　　(8) $\mathrm{e}^x\mathrm{d}x=\mathrm{d}(\mathrm{e}^x+C)$；

(9) $\sin x\mathrm{d}x=-\mathrm{d}(\cos x+C)$；　　(10) $\cos x\mathrm{d}x=\mathrm{d}(\sin x+C)$；

(11) $\sec^2x\mathrm{d}x=\mathrm{d}(\tan x+C)$；　　(12) $\csc^2x\mathrm{d}x=-\mathrm{d}(\cot x+C)$；

(13) $\sec x\tan x\mathrm{d}x=\mathrm{d}(\sec x+C)$；　　(14) $\csc x\cot x\mathrm{d}x=-\mathrm{d}(\csc x+C)$.

在应用凑微分法熟练之后，可以省略 $\varphi(x)=u$ 这一步，直接写出结果.

例 2　计算 $\int_0^1\frac{1}{\sqrt{4-x^2}}\mathrm{d}x$.

解　$\int_0^1\frac{1}{\sqrt{4-x^2}}\mathrm{d}x=\int_0^1\frac{1}{2\sqrt{1-\left(\frac{x}{2}\right)^2}}\mathrm{d}x=\int_0^1\frac{1}{\sqrt{1-\left(\frac{x}{2}\right)^2}}\mathrm{d}\left(\frac{x}{2}\right)=\arcsin\frac{x}{2}\Big|_0^1=\frac{\pi}{6}$.

例 3　计算 $\int_0^1\frac{1}{4-x^2}\mathrm{d}x$.

解

$$\int_0^1\frac{1}{4-x^2}\mathrm{d}x=\frac{1}{4}\int_0^1\left(\frac{1}{2+x}+\frac{1}{2-x}\right)\mathrm{d}x=\frac{1}{4}\left[\int_0^1\frac{1}{2+x}\mathrm{d}(2+x)-\int_0^1\frac{1}{2-x}\mathrm{d}(2-x)\right]$$
$$=\frac{1}{4}\ln\frac{2+x}{2-x}\Big|_0^1=\frac{1}{4}\ln 3.$$

注意　$\int\frac{1}{a^2-x^2}\mathrm{d}x=\frac{1}{2a}\ln\left|\frac{a+x}{a-x}\right|+C$.

例 4　计算 $\int_0^{\frac{\pi}{4}}\sec x\mathrm{d}x$.

解

$$\int_0^{\frac{\pi}{4}}\sec x\mathrm{d}x=\int_0^{\frac{\pi}{4}}\frac{\cos x}{\cos^2x}\mathrm{d}x=\int_0^{\frac{\pi}{4}}\frac{\mathrm{d}\sin x}{1-\sin^2x}=\frac{1}{2}\ln\frac{1+\sin x}{1-\sin x}\Big|_0^{\frac{\pi}{4}}$$
$$=\frac{1}{2}\ln\frac{1+\frac{\sqrt{2}}{2}}{1-\frac{\sqrt{2}}{2}}=\frac{1}{2}\ln(3+2\sqrt{2}).$$

二、第二换元积分法

定理 2　设 $f(x)$在$[a,b]$上连续，$x=\varphi(t)$在$[\alpha,\beta]$上单调且 $\varphi'(t)$在$[\alpha,\beta]$上连续，$\varphi(\alpha)=a$，$\varphi(\beta)=b$. 则

$$\int_a^b f(x)\mathrm{d}x\xlongequal{\text{令 }x=\varphi(t),x=a\leftrightarrow t=\alpha,x=b\leftrightarrow t=\beta}\int_\alpha^\beta f[\varphi(t)]\varphi'(t)\mathrm{d}t.$$

例 5　计算 $\int_1^4\frac{1}{x+\sqrt{x}}\mathrm{d}x$.

解　令 $t=\sqrt{x}$，即 $x=t^2$，则 $\mathrm{d}x=2t\mathrm{d}t$，$x=1\leftrightarrow t=1$，$x=4\leftrightarrow t=2$. 所以

$$\int_1^4\frac{1}{x+\sqrt{x}}\mathrm{d}x=\int_1^2\frac{2t\mathrm{d}t}{t^2+t}=2\int_1^2\frac{\mathrm{d}t}{t+1}=2\ln(t+1)\big|_1^2=2\ln\frac{3}{2}.$$

例 6 计算 $\int_0^a \sqrt{a^2-x^2}\mathrm{d}x$.

解 令 $x=a\sin t$，则 $\mathrm{d}x=a\cos t\mathrm{d}t$，$x=0\leftrightarrow t=0$，$x=a\leftrightarrow t=\frac{\pi}{2}$. 所以

$$\int_0^a \sqrt{a^2-x^2}\mathrm{d}x=\int_0^{\frac{\pi}{2}} a\cos t\cdot a\cos t\mathrm{d}t=\frac{a^2}{2}\int_0^{\frac{\pi}{2}}(1+\cos 2t)\mathrm{d}t$$

$$=\frac{a^2}{2}\left(t+\frac{1}{2}\sin 2t\right)\bigg|_0^{\frac{\pi}{2}}=\frac{1}{4}\pi a^2.$$

思考一下，例 6 中 t 的积分区间可以取成 $\left[2\pi,2\pi+\frac{\pi}{2}\right]$ 吗？取成 $\left[\pi,2\pi+\frac{\pi}{2}\right]$ 怎么样？

例 7 计算 $\int_0^a \frac{1}{\sqrt{x^2+a^2}}\mathrm{d}x$.

解 令 $x=a\tan t$，则 $\mathrm{d}x=a\sec^2 t\mathrm{d}t$，$x=0\leftrightarrow t=0$，$x=a\leftrightarrow t=\frac{\pi}{4}$. 所以

$$\int_0^a \frac{1}{\sqrt{x^2+a^2}}\mathrm{d}x=\int_0^{\frac{\pi}{4}} \frac{a\sec^2 t}{a\sec t}\mathrm{d}t=\int_0^{\frac{\pi}{4}}\sec t\mathrm{d}t=\ln(\sec t+\tan t)\Big|_0^{\frac{\pi}{4}}=\ln(\sqrt{2}+1).$$

例 8 计算 $\int_{\sqrt{2}a}^{2a} \frac{1}{\sqrt{x^2-a^2}}\mathrm{d}x$.

解 令 $x=a\sec t$，则 $\mathrm{d}x=a\sec t\tan t\mathrm{d}t$，$x=\sqrt{2}a\leftrightarrow t=\frac{\pi}{4}$，$x=2a\leftrightarrow t=\frac{\pi}{3}$. 所以

$$\int_{\sqrt{2}a}^{2a} \frac{1}{\sqrt{x^2-a^2}}\mathrm{d}x=\int_{\frac{\pi}{4}}^{\frac{\pi}{3}} \frac{a\sec t\tan t}{a\tan t}\mathrm{d}t=\int_{\frac{\pi}{4}}^{\frac{\pi}{3}}\sec t\mathrm{d}t=\ln(\sec t+\tan t)\Big|_{\frac{\pi}{4}}^{\frac{\pi}{3}}$$

$$=\ln(2+\sqrt{3})-\ln(\sqrt{2}+1).$$

例 9 设函数 $f(x)$ 在闭区间 $[-a,a]$ 上连续，证明：

(1) 当 $f(x)$ 为奇函数时，$\int_{-a}^a f(x)\mathrm{d}x=0$；

(2) 当 $f(x)$ 为偶函数时，$\int_{-a}^a f(x)\mathrm{d}x=2\int_0^a f(x)\mathrm{d}x$.

证明 $\int_{-a}^a f(x)\mathrm{d}x=\int_{-a}^0 f(x)\mathrm{d}x+\int_0^a f(x)\mathrm{d}x$.

对 $\int_{-a}^0 f(x)\mathrm{d}x$ 换元：令 $x=-t$，则 $\mathrm{d}x=-\mathrm{d}t$，$x=-a\leftrightarrow t=a$，$x=0\leftrightarrow t=0$. 于是

$$\int_{-a}^0 f(x)\mathrm{d}x=\int_a^0 f(-t)\mathrm{d}(-t)=\int_0^a f(-t)\mathrm{d}t=\int_0^a f(-x)\mathrm{d}x,$$

从而 $\int_{-a}^a f(x)\mathrm{d}x=\int_0^a f(-x)\mathrm{d}x+\int_0^a f(x)\mathrm{d}x=\int_0^a [f(-x)+f(x)]\mathrm{d}x$.

(1) 当 $f(x)$ 为奇函数时，有 $f(-x)+f(x)=0$，所以 $\int_{-a}^a f(x)\mathrm{d}x=0$；

(2) 当 $f(x)$ 为偶函数时，有 $f(-x)+f(x)=2f(x)$，所以 $\int_{-a}^a f(x)\mathrm{d}x=2\int_0^a f(x)\mathrm{d}x$.

本例所证明的等式称为奇、偶函数在对称区间上的积分性质，在理论或计算中经常会用到这个结论.

例 10 计算下列各积分：

(1) $\int_{-\frac{\pi}{4}}^{\frac{\pi}{4}} \frac{1+x^3}{\cos^2 x}\mathrm{d}x$；　　(2) $\int_{-2}^{2} x^2 |x| \mathrm{d}x$.

解　(1) $\int_{-\frac{\pi}{4}}^{\frac{\pi}{4}} \frac{1+x^3}{\cos^2 x}\mathrm{d}x=\int_{-\frac{\pi}{4}}^{\frac{\pi}{4}} \frac{1}{\cos^2 x}\mathrm{d}x+\int_{-\frac{\pi}{4}}^{\frac{\pi}{4}} \frac{x^3}{\cos^2 x}\mathrm{d}x=2\int_{0}^{\frac{\pi}{4}} \frac{1}{\cos^2 x}\mathrm{d}x=2\tan x\Big|_0^{\frac{\pi}{4}}=2.$

(2) $\int_{-2}^{2} x^2 |x| \mathrm{d}x=2\int_0^2 x^3\mathrm{d}x=\frac{x^4}{2}\Big|_0^2=8.$

例 11　设 $f(x)$ 是一个以 T 为周期的连续函数，证明对于任意常数 a，有

$$\int_a^{a+T} f(x)\mathrm{d}x=\int_0^T f(x)\mathrm{d}x.$$

证明　由积分的性质，有

$$\begin{aligned}\int_a^{a+T} f(x)\mathrm{d}x &= \int_a^0 f(x)\mathrm{d}x+\int_0^T f(x)\mathrm{d}x+\int_T^{a+T} f(x)\mathrm{d}x\\ &=-\int_0^a f(x)\mathrm{d}x+\int_0^T f(x)\mathrm{d}x+\int_T^{a+T} f(x)\mathrm{d}x.\end{aligned}$$

在最后一个积分中作变换 $x=t+T$，则

$$\int_T^{a+T} f(x)\mathrm{d}x=\int_0^a f(t+T)\mathrm{d}t=\int_0^a f(t)\mathrm{d}t=\int_0^a f(x)\mathrm{d}x,$$

代入即得 $\int_a^{a+T} f(x)\mathrm{d}x=\int_0^T f(x)\mathrm{d}x$.

习题 4-3（A）

1. 计算下列积分：

(1) $\int_0^1 (1+2x)^3\mathrm{d}x$；　　(2) $\int_0^1 \sqrt{5-2x}\mathrm{d}x$；

(3) $\int_1^{\mathrm{e}} \frac{\ln x}{x}\mathrm{d}x$；　　(4) $\int_1^2 \frac{1}{x^2}\mathrm{e}^{\frac{1}{x}}\mathrm{d}x$；

(5) $\int_0^{\frac{\pi}{2}} \mathrm{e}^{\sin x}\cos x\mathrm{d}x$；　　(6) $\int_{\frac{\pi^2}{9}}^{\frac{\pi^2}{4}} \frac{\cos\sqrt{x}}{\sqrt{x}}\mathrm{d}x$；

(7) $\int_0^{\sqrt{2}} \frac{1}{\sqrt{4-x^2}}\mathrm{d}x$；　　(8) $\int_0^2 \frac{1}{4+x^2}\mathrm{d}x$；

(9) $\int_1^{\mathrm{e}} \frac{\sin(\ln x)}{x}\mathrm{d}x$；　　(10) $\int_0^{\frac{\pi}{4}} \frac{\sin^4 x}{\cos^2 x}\mathrm{d}x$.

2. 计算下列积分：

(1) $\int_0^1 \frac{1}{1+\sqrt{2x}}\mathrm{d}x$；　　(2) $\int_0^1 \frac{1}{(x^2+1)^{\frac{3}{2}}}\mathrm{d}x$；

(3) $\int_2^3 \frac{1}{\sqrt{x^2-1}}\mathrm{d}x$；　　(4) $\int_0^{\sqrt{2}} \sqrt{4-x^2}\mathrm{d}x$.

3. 在 $\int_{-1}^1 \frac{\mathrm{d}x}{1+x^2}$ 中作如下换元：令 $x=\frac{1}{t}$，则 $\mathrm{d}x=-\frac{1}{t^2}\mathrm{d}t$，$x=-1\leftrightarrow t=-1$，$x=1\leftrightarrow t=1$. 所以 $\int_{-1}^1 \frac{\mathrm{d}x}{1+x^2}=-\int_{-1}^1 \frac{\mathrm{d}t}{1+t^2}=-\int_{-1}^1 \frac{\mathrm{d}x}{1+x^2}$，移项得 $\int_{-1}^1 \frac{\mathrm{d}x}{1+x^2}=0$. 以上运算是否正确？为什么？

4. 若$\int_{-a}^{a} f(x)\mathrm{d}x=0$，则 $f(x)$ 必定是奇函数. 这个结论正确吗？

习题 4-3（B）

1. 计算下列积分：

(1) $\int_0^1 (3+2x)^4 \mathrm{d}x$；　　(2) $\int_0^2 \sqrt{5-x}\mathrm{d}x$；

(3) $\int_{\mathrm{e}}^{\mathrm{e}^2} \frac{\ln x}{x}\mathrm{d}x$；　　(4) $\int_1^2 \frac{1}{x^2}\mathrm{e}^{-\frac{1}{x}}\mathrm{d}x$；

(5) $\int_0^{\frac{\pi}{2}} \mathrm{e}^{\cos x}\sin x\mathrm{d}x$；　　(6) $\int_{\frac{\pi^2}{9}}^{\frac{\pi^2}{4}} \frac{\sin\sqrt{x}}{\sqrt{x}}\mathrm{d}x$；

(7) $\int_0^1 \frac{1}{\sqrt{4-x^2}}\mathrm{d}x$；　　(8) $\int_0^3 \frac{1}{9+x^2}\mathrm{d}x$；

(9) $\int_0^1 \frac{x^2}{1+x^6}\mathrm{d}x$；　　(10) $\int_1^{\sqrt{\mathrm{e}}} \frac{1}{x\sqrt{1-\ln^2 x}}\mathrm{d}x$.

2. 计算下列积分：

(1) $\int_0^3 \frac{1}{1+\sqrt{x+1}}\mathrm{d}x$；　　(2) $\int_0^{\sqrt{3}} \frac{1}{(x^2+1)^{\frac{3}{2}}}\mathrm{d}x$；

(3) $\int_2^4 \frac{1}{\sqrt{x^2-2}}\mathrm{d}x$；　　(4) $\int_0^{\sqrt{3}} \sqrt{9-x^2}\mathrm{d}x$.

3. 计算下列积分：

(1) $\int_{-\frac{1}{2}}^{\frac{1}{2}} \frac{1+\sin^3 x}{\sqrt{1-x^2}}\mathrm{d}x$；　　(2) $\int_{-1}^{1} \frac{x^2\sin x+2}{1+x^2}\mathrm{d}x$.

§4-4 分部积分法

换元积分法是一种常用的积分方法，但是有些函数的积分单靠换元积分法是无法解决的. 本节将介绍另一种积分方法——分部积分法，它是在函数乘积的微分法则基础上推导出来的.

设函数 $u=u(x)$，$v=v(x)$在$[a,b]$上均具有连续导数，则有

$$\mathrm{d}(uv)=v\mathrm{d}u+u\mathrm{d}v \text{ 或 } u\mathrm{d}v=\mathrm{d}(uv)-v\mathrm{d}u,$$

两边积分得

$$\int_a^b u\mathrm{d}v=\int_a^b \mathrm{d}(uv)-\int_a^b v\mathrm{d}u=uv\big|_a^b-\int_a^b v\mathrm{d}u.$$

称这个公式为**分部积分公式**.

公式把计算$\int_a^b u\mathrm{d}v$转化为计算$\int_a^b v\mathrm{d}u$，它的意义在于当前者不易计算，而后者容易计算时，起到化难为易的作用.

例 1　求$\int_0^{\pi} x\sin x\mathrm{d}x$.

解　令 $u = x, \sin x\mathrm{d}x = -\mathrm{d}(\cos x) = -\mathrm{d}v$,则

$$\int_0^{\pi} x\sin x\mathrm{d}x = -\int_0^{\pi} x\mathrm{d}(\cos x) = -\left(x\cos x\big|_0^{\pi} - \int_0^{\pi}\cos x\mathrm{d}x\right) = \pi + \sin x\big|_0^{\pi} = \pi.$$

注意　例 1 中如果令 $u = \sin x, x\mathrm{d}x = \mathrm{d}\left(\frac{1}{2}x^2\right) = \mathrm{d}v$,则

$$\int_0^{\pi} x\sin x\mathrm{d}x = \frac{1}{2}\int_0^{\pi}\sin x\mathrm{d}(x^2) = \frac{1}{2}\left[x^2\sin x\big|_0^{\pi} - \int_0^{\pi} x^2\mathrm{d}(\sin x)\right] = -\frac{1}{2}\int_0^{\pi} x^2\cos x\mathrm{d}x.$$

此时,右式反而比左式更复杂,这真是弄巧成拙了.因此,这样选取 u,v 是不合适的.由此可见,应用分部积分法是否有效,选择 u,v 是十分关键的.一般可根据以下两个原则选取:

(1) 由 $\varphi(x)\mathrm{d}x=\mathrm{d}v$,求 v 比较容易;

(2) $\int_a^b v\mathrm{d}u$ 比$\int_a^b u\mathrm{d}v$ 更容易计算.

例 2　求$\int_0^{\pi} x^2\cos x\mathrm{d}x$.

解　令 $u = x^2$($\mathrm{d}u$ 的结果能降低 x 的次数),$\cos x\mathrm{d}x = \mathrm{d}(\sin x) = \mathrm{d}v$,则

$$\int_0^{\pi} x^2\cos x\mathrm{d}x = \int_0^{\pi} x^2\mathrm{d}(\sin x) = x^2\sin x\big|_0^{\pi} - \int_0^{\pi}\sin x\mathrm{d}(x^2) = -2\int_0^{\pi} x\sin x\mathrm{d}x = -2\pi.$$

(例 1 中,$\int_0^{\pi} x\sin x\mathrm{d}x = \pi$)

例 3　求$\int_0^1 x(\mathrm{e}^x)\mathrm{d}x$.

解　令 $u = x, \mathrm{e}^x\mathrm{d}x = \mathrm{d}(\mathrm{e}^x) = \mathrm{d}v$,则

$$\int_0^1 x\mathrm{e}^x\mathrm{d}x = x\mathrm{e}^x\big|_0^1 - \int_0^1 \mathrm{e}^x\mathrm{d}x = \mathrm{e} - \mathrm{e}^x\big|_0^1 = \mathrm{e} - (\mathrm{e} - 1) = 1.$$

例 4　求$\int_1^{\mathrm{e}} x\ln x\mathrm{d}x$.

解　令 $u = \ln x$($\mathrm{d}u$ 后能化为有理式),$x\mathrm{d}x = \mathrm{d}\left(\frac{1}{2}x^2\right) = \mathrm{d}v$,则

$$\begin{aligned}\int_1^{\mathrm{e}} x\ln x\mathrm{d}x &= \frac{1}{2}\int_1^{\mathrm{e}}\ln x\mathrm{d}(x^2) = \frac{1}{2}\left[x^2\ln x\big|_1^{\mathrm{e}} - \int_1^{\mathrm{e}} x^2\mathrm{d}(\ln x)\right] = \frac{\mathrm{e}^2}{2} - \frac{1}{2}\int_1^{\mathrm{e}} x^2\cdot\frac{1}{x}\mathrm{d}x \\ &= \frac{\mathrm{e}^2}{2} - \frac{x^2}{4}\bigg|_1^{\mathrm{e}} = \frac{\mathrm{e}^2}{2} - \left(\frac{\mathrm{e}^2}{4} - \frac{1}{4}\right) = \frac{1}{4}(\mathrm{e}^2 + 1).\end{aligned}$$

例 5　求$\int_0^1 \arctan x\mathrm{d}x$.

解　令 $u=\arctan x, \mathrm{d}x=\mathrm{d}v$,则

$$\begin{aligned}\int_0^1 \arctan x\mathrm{d}x &= x\arctan x\big|_0^1 - \int_0^1 x\mathrm{d}(\arctan x) = \frac{\pi}{4} - \int_0^1\frac{x}{1+x^2}\mathrm{d}x \\ &= \frac{\pi}{4} - \frac{1}{2}\int_0^1\frac{1}{1+x^2}\mathrm{d}(1+x^2) = \frac{\pi}{4} - \frac{1}{2}\ln(1+x^2)\big|_0^1 = \frac{\pi}{4} - \frac{1}{2}\ln 2.\end{aligned}$$

例 6　求$\int_0^{\frac{1}{2}} \arcsin x\mathrm{d}x$.

解 令 $u = \arcsin x, \mathrm{d}x = \mathrm{d}v$，则

$$\int_0^{\frac{1}{2}} \arcsin x\mathrm{d}x = x\arcsin x\Big|_0^{\frac{1}{2}} - \int_0^{\frac{1}{2}} x\mathrm{d}(\arcsin x) = \frac{\pi}{12} - \int_0^{\frac{1}{2}} \frac{x}{\sqrt{1-x^2}}\mathrm{d}x$$

$$= \frac{\pi}{12} + \frac{1}{2}\int_0^{\frac{1}{2}} \frac{\mathrm{d}(1-x^2)}{\sqrt{1-x^2}} = \frac{\pi}{12} + \sqrt{1-x^2}\Big|_0^{\frac{1}{2}} = \frac{\pi}{12} + \frac{\sqrt{3}}{2} - 1.$$

例 7 求 $\int_0^{\pi} \mathrm{e}^x \cos x\mathrm{d}x$.

解 令 $u = \mathrm{e}^x, \cos x\mathrm{d}x = \mathrm{d}(\sin x) = \mathrm{d}v$，则

$$\int_0^{\pi} \mathrm{e}^x \cos x\mathrm{d}x = \mathrm{e}^x \sin x\Big|_0^{\pi} - \int_0^{\pi} \sin x\mathrm{d}(\mathrm{e}^x) = -\int_0^{\pi} \mathrm{e}^x \sin x\mathrm{d}x.$$

对于等式右端仍令 $u = \mathrm{e}^x, \sin x\mathrm{d}x = \mathrm{d}(-\cos x) = \mathrm{d}v$，得

$$-\int_0^{\pi} \mathrm{e}^x \sin x\mathrm{d}x = \int_0^{\pi} \mathrm{e}^x \mathrm{d}(\cos x) = \mathrm{e}^x \cos x\Big|_0^{\pi} - \int_0^{\pi} \cos x\mathrm{d}(\mathrm{e}^x) = -(\mathrm{e}^{\pi}+1) - \int_0^{\pi} \mathrm{e}^x \cos x\mathrm{d}x,$$

即 $2\int_0^{\pi} \mathrm{e}^x \cos x\mathrm{d}x = -(\mathrm{e}^{\pi}+1)$，所以 $\int_0^{\pi} \mathrm{e}^x \cos x\mathrm{d}x = -\frac{\mathrm{e}^{\pi}+1}{2}$.

一般地，$\int \mathrm{e}^x \cos x\mathrm{d}x = \frac{1}{2}\mathrm{e}^x(\sin x + \cos x) + C$.

对于这个题目，如果令 $u = \cos x, \mathrm{e}^x\mathrm{d}x = \mathrm{d}(\mathrm{e}^x) = \mathrm{d}v$ 是否也可以？

从上述这些例题来看，当被积函数具有下表所列形式时，使用分部积分法一般都能奏效，而且 u, v 的选择是有规律可循的：

被积表达式（$P_n(x)$ 为多项式）	$u(x)$	$\mathrm{d}v$
$P_n(x)\cdot\sin ax\mathrm{d}x, P_n(x)\cdot\cos ax\mathrm{d}x$, $P_n(x)\cdot\mathrm{e}^{ax}\mathrm{d}x$	$P_n(x)$	$\sin ax\mathrm{d}x, \cos ax\mathrm{d}x$, $\mathrm{e}^{ax}\mathrm{d}x$
$P_n(x)\cdot\ln x\mathrm{d}x, P_n(x)\cdot\arcsin x\mathrm{d}x$, $P_n(x)\cdot\arctan x\mathrm{d}x$	$\ln x, \arcsin x, \arctan x$	$P_n(x)\mathrm{d}x$
$\mathrm{e}^{ax}\cdot\sin bx\mathrm{d}x, \mathrm{e}^{ax}\cdot\cos bx\mathrm{d}x$	$\mathrm{e}^{ax}, \sin bx, \cos bx$ 均可选作为 $u(x)$，余下作为 $\mathrm{d}v$	

例 8 证明 $\int_0^{\frac{\pi}{2}} \sin^n x\mathrm{d}x = \int_0^{\frac{\pi}{2}} \cos^n x\mathrm{d}x$，并求 $\int_0^{\frac{\pi}{2}} \sin^n x\mathrm{d}x$.

解 (1) 先证明两个积分相等.

对 $\int_0^{\frac{\pi}{2}} \cos^n x\mathrm{d}x$ 进行换元，令 $x = \frac{\pi}{2} - t$，则 $\mathrm{d}x = -\mathrm{d}t, x = 0 \leftrightarrow t = \frac{\pi}{2}, x = \frac{\pi}{2} \leftrightarrow t = 0$.

所以 $$\int_0^{\frac{\pi}{2}} \cos^n x\mathrm{d}x = \int_{\frac{\pi}{2}}^0 \cos^n\left(\frac{\pi}{2} - t\right)(-\mathrm{d}t) = \int_0^{\frac{\pi}{2}} \sin^n t\mathrm{d}t = \int_0^{\frac{\pi}{2}} \sin^n x\mathrm{d}x.$$

(2) 求 $\int_0^{\frac{\pi}{2}} \sin^n x\mathrm{d}x$. 记 $I_n = \int_0^{\frac{\pi}{2}} \sin^n x\mathrm{d}x$，则有

$$I_n = -\int_0^{\frac{\pi}{2}} \sin^{n-1} x\mathrm{d}(\cos x) = -\sin^{n-1} x\cos x\Big|_0^{\frac{\pi}{2}} + \int_0^{\frac{\pi}{2}} \cos x\mathrm{d}(\sin^{n-1} x)$$

$$= (n-1)\int_0^{\frac{\pi}{2}} \sin^{n-2} x\cos^2 x\mathrm{d}x = (n-1)\left(\int_0^{\frac{\pi}{2}} \sin^{n-2} x\mathrm{d}x - \int_0^{\frac{\pi}{2}} \sin^n x\mathrm{d}x\right)$$

$$= (n-1)I_{n-2} - (n-1)I_n,$$

所以 $I_n = \frac{n-1}{n}I_{n-2}\ (n \geqslant 2, n \in \mathbf{N})$.

当 n 为偶数 $2k$ 时，$I_{2k}=\frac{2k-1}{2k}\cdot\frac{2k-3}{2k-2}\cdot\cdots\cdot\frac{3}{4}\cdot\frac{1}{2}I_0$；

当 n 为奇数 $2k-1$ 时，$I_{2k-1}=\frac{2k-2}{2k-1}\cdot\frac{2k-4}{2k-3}\cdot\cdots\cdot\frac{4}{5}\cdot\frac{2}{3}I_1$.

因为 $I_0=\int_0^{\frac{\pi}{2}}1\cdot\mathrm{d}x=\frac{\pi}{2}$，$I_1=\int_0^{\frac{\pi}{2}}\sin x\mathrm{d}x=-\cos x\Big|_0^{\frac{\pi}{2}}=1$，所以

$$\int_0^{\frac{\pi}{2}}\sin^n x\,\mathrm{d}x=\begin{cases}\frac{2k-1}{2k}\cdot\frac{2k-3}{2k-2}\cdot\cdots\cdot\frac{3}{4}\cdot\frac{1}{2}\cdot\frac{\pi}{2}, & n=2k,\\ \frac{2k-2}{2k-1}\cdot\frac{2k-4}{2k-3}\cdot\cdots\cdot\frac{4}{5}\cdot\frac{2}{3}, & n=2k-1.\end{cases}$$

习题 4-4 (A)

计算下列积分：

(1) $\int_0^{\frac{\pi}{2}}x\sin 2x\mathrm{d}x$；　　(2) $\int_1^{\mathrm{e}}(x^2+1)\ln x\mathrm{d}x$；

(3) $\int_0^1\ln(x+\sqrt{1+x^2})\mathrm{d}x$；　　(4) $\int_1^{\mathrm{e}}\sin(\ln x)\mathrm{d}x$；

(5) $\int_0^1\mathrm{e}^x\cos 2x\mathrm{d}x$；　　(6) $\int_0^1\cos\sqrt{x}\mathrm{d}x$.

习题 4-4 (B)

1. 计算下列积分：

(1) $\int_0^1\frac{x}{\mathrm{e}^x}\mathrm{d}x$；　　(2) $\int_0^1 x\arctan x\mathrm{d}x$；

(3) $\int_0^{\frac{1}{2}}\arccos x\mathrm{d}x$；　　(4) $\int_0^{\frac{\pi}{4}}x\sec^2 x\mathrm{d}x$；

(5) $\int_0^1 x^3\mathrm{e}^{x^2}\mathrm{d}x$；　　(6) $\int_0^1\mathrm{e}^{\sqrt{x}}\mathrm{d}x$.

2. 已知 $f(x)$ 的一个原函数为 $\sin x\cdot\ln x$，求 $\int_1^{\pi}xf'(x)\mathrm{d}x$.

3. 设 $f(x)$ 在 $[0,1]$ 上连续，证明：

$$\int_0^{\pi}xf(\sin x)\mathrm{d}x=\frac{\pi}{2}\int_0^{\pi}f(\sin x)\mathrm{d}x\text{（提示：令 }x=\pi-t\text{）}.$$

§ 4-5　广义积分

前面所学积分定义中的条件是函数 $f(x)$ 在有限区间 $[a,b]$ 上连续，也就是说，积分处理的是已知变量在有限范围内的变化率，且变化率是有界的，求变量在此范围内的累积量. 但在实际问题中往往会遇到这样的问题：累积范围是无限的，或者变化率是无界的. 这就是我

们下面要讨论的问题——广义积分.

一、无穷区间上的广义积分

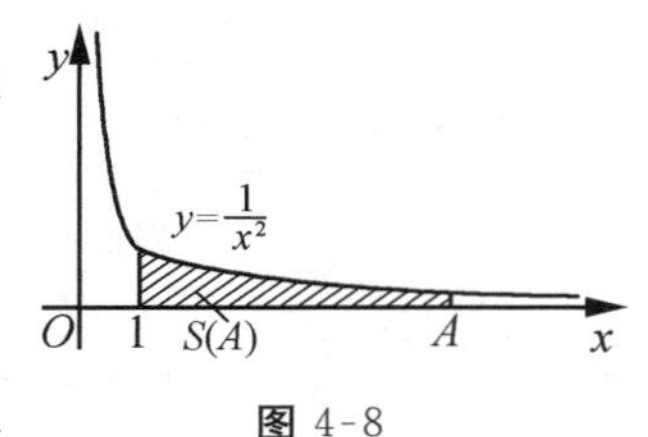

图 4-8

例 1 如图 4-8,若求以 $y=\frac{1}{x^2}$ 为曲顶、$[1,A]$为底的单曲边梯形的面积 $S(A)$,则

$$S(A)=\int_1^A \frac{1}{x^2}\mathrm{d}x=-\frac{1}{x}\Big|_1^A=1-\frac{1}{A}.$$

现在若要求出由 $x=1,y=\frac{1}{x^2}$和 x 轴所"界定"的"区域"的面积 S,则因为区域是$[1,+\infty)$,它已经不是通常意义的积分了(累积范围是无限的).不过,我们可以这样处理:通过求 $S(A)$,再令 $A\to+\infty$来获取面积,即

$$S=\lim_{A\to+\infty}\int_1^A \frac{1}{x^2}\mathrm{d}x=\lim_{A\to+\infty}\left(1-\frac{1}{A}\right)=1.$$

一般来说,对于已知在无穷区间上的变化率的量,求其在无穷区间上的累积问题,都可以采用先截取无穷区间为有限区间,求出变量在有限区间上的积分后再求其极限的方法来处理.下面对这个过程给出明确的定义:

定义 1 设函数 $f(x)$在$[a,+\infty)$内有定义,对任意 $A\in[a,+\infty)$,$f(x)$在$[a,A]$上可积(即$\int_a^A f(x)\mathrm{d}x$ 存在),称 $\lim\limits_{A\to+\infty}\int_a^A f(x)\mathrm{d}x$ 为**函数 $f(x)$ 在$[a,+\infty)$ 上的无穷区间广义积分**(简称**无穷积分**),记作$\int_a^{+\infty} f(x)\mathrm{d}x$,即

$$\int_a^{+\infty} f(x)\mathrm{d}x=\lim_{A\to+\infty}\int_a^A f(x)\mathrm{d}x.$$

若等式右边的极限存在,则称**无穷积分**$\int_a^{+\infty} f(x)\mathrm{d}x$ **收敛**,否则就称为**发散**.

现在例 1 的问题可以用无穷积分表示为 $S=\int_1^{+\infty}\frac{1}{x^2}\mathrm{d}x$,而且这个无穷积分是收敛的.

同样可以定义:

$\int_{-\infty}^b f(x)\mathrm{d}x=\lim\limits_{B\to-\infty}\int_B^b f(x)\mathrm{d}x$(极限号下的积分存在);

$\int_{-\infty}^{+\infty} f(x)\mathrm{d}x=\lim\limits_{B\to-\infty}\int_B^a f(x)\mathrm{d}x+\lim\limits_{A\to+\infty}\int_a^A f(x)\mathrm{d}x$(两个极限号下的积分都存在,$a\in(-\infty,+\infty)$).

它们也称为无穷积分.若等式右边的极限都存在,则称无穷积分收敛,否则就是发散.

例 2 计算下列广义积分:

(1) $\int_1^{+\infty} x\mathrm{e}^{-x^2}\mathrm{d}x$;　　(2) $\int_{-\infty}^{-1}\frac{1}{x^2}\mathrm{d}x$;

(3) $\int_{-\infty}^{+\infty}\frac{1}{1+x^2}\mathrm{d}x$;　　(4) $\int_1^{+\infty}\frac{1}{x}\mathrm{d}x$.

解 (1) $\int_1^{+\infty} x\mathrm{e}^{-x^2}\mathrm{d}x=\lim\limits_{A\to+\infty}\int_1^A x\mathrm{e}^{-x^2}\mathrm{d}x=\lim\limits_{A\to+\infty}\left[-\frac{1}{2}\int_1^A \mathrm{e}^{-x^2}\mathrm{d}(-x^2)\right]$

$$=-\frac{1}{2}\lim_{A\to+\infty}\left(\mathrm{e}^{-A^2}-\frac{1}{\mathrm{e}}\right)=\frac{1}{2\mathrm{e}}(\text{收敛}).$$

(2) $\int_{-\infty}^{-1}\frac{1}{x^2}\mathrm{d}x=\lim\limits_{B\to-\infty}\int_{B}^{-1}\frac{1}{x^2}\mathrm{d}x=\lim\limits_{B\to-\infty}\left(\frac{1}{-x}\right)\Big|_{B}^{-1}=\lim\limits_{B\to-\infty}\left(1+\frac{1}{B}\right)=1$(收敛).

(3) $$\int_{-\infty}^{+\infty}\frac{1}{1+x^2}\mathrm{d}x=\lim_{B\to-\infty}\int_{B}^{0}\frac{1}{1+x^2}\mathrm{d}x+\lim_{A\to+\infty}\int_{0}^{A}\frac{1}{1+x^2}\mathrm{d}x$$
$$=-\lim_{B\to-\infty}\arctan B+\lim_{A\to+\infty}\arctan A=\frac{\pi}{2}+\frac{\pi}{2}=\pi\text{(收敛)}.$$

(4) $\int_{1}^{+\infty}\frac{1}{x}\mathrm{d}x=\lim\limits_{A\to+\infty}\int_{1}^{A}\frac{1}{x}\mathrm{d}x=\lim\limits_{A\to+\infty}(\ln x)\big|_{1}^{A}=\lim\limits_{A\to+\infty}\ln A=+\infty$(发散).

例 3　证明无穷积分 $\int_{1}^{+\infty}\frac{1}{x^p}\mathrm{d}x\,(p>0)$ 当 $p>1$ 时收敛，当 $0<p\leqslant 1$ 时发散.

证明　当 $p=1$ 时，$\int_{1}^{+\infty}\frac{1}{x}\mathrm{d}x=+\infty$，即$\int_{1}^{+\infty}\frac{1}{x^p}\mathrm{d}x$ 发散.

当 $0<p<1$ 时，$1-p>0$，所以
$$\int_{1}^{+\infty}\frac{1}{x^p}\mathrm{d}x=\lim_{A\to+\infty}\int_{1}^{A}\frac{1}{x^p}\mathrm{d}x=\lim_{A\to+\infty}\left(\frac{x^{1-p}}{1-p}\right)\Bigg|_{1}^{A}=\frac{1}{1-p}\lim_{A\to+\infty}(A^{1-p}-1)=+\infty,$$
即$\int_{1}^{+\infty}\frac{1}{x^p}\mathrm{d}x$ 发散；

当 $p>1$ 时，$1-p<0$，所以
$$\int_{1}^{+\infty}\frac{1}{x^p}\mathrm{d}x=\lim_{A\to+\infty}\int_{1}^{A}\frac{1}{x^p}\mathrm{d}x=\lim_{A\to+\infty}\left(\frac{x^{1-p}}{1-p}\right)\Bigg|_{1}^{A}=\frac{1}{1-p}\lim_{A\to+\infty}(A^{1-p}-1)=\frac{1}{p-1},$$
即$\int_{1}^{+\infty}\frac{1}{x^p}\mathrm{d}x$ 收敛.

综上可知，$\int_{1}^{+\infty}\frac{1}{x^p}\mathrm{d}x\,(p>0)$ 当 $p>1$ 时收敛，当 $0<p\leqslant 1$ 时发散.

二、无界函数的广义积分

例 4　如图 4-9，若求以 $y=\frac{1}{\sqrt{x}}$为曲顶、$[\varepsilon,1]\,(\varepsilon>0)$为底的单曲边梯形的面积 $S(\varepsilon)$，则
$$S(\varepsilon)=\int_{\varepsilon}^{1}\frac{1}{\sqrt{x}}\mathrm{d}x=2\sqrt{x}\,\big|_{\varepsilon}^{1}=2(1-\sqrt{\varepsilon}).$$

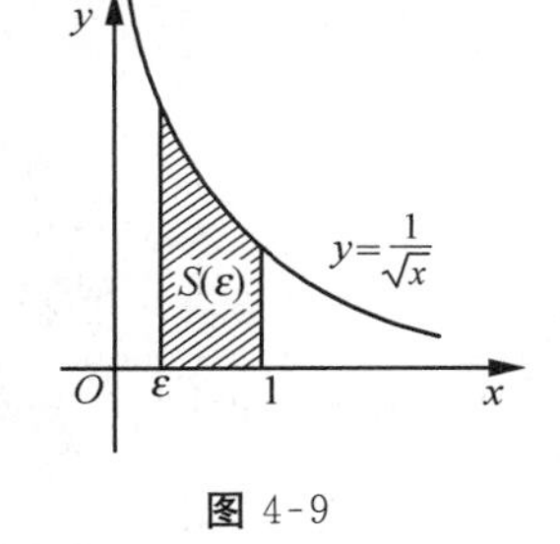

图 4-9

现在若要求出由 $x=1$，$y=\frac{1}{\sqrt{x}}$和 x 轴、y 轴所“界定”的“区域”的面积 S，则因为函数 $y=\frac{1}{\sqrt{x}}$在 $x=0$ 处没有意义，且在$(0,2]$上无界，与例 1 类似，它已经不是通常意义的积分了(函数是无界的). 不过，我们可以这样处理：通过求 $S(\varepsilon)$，再令 $\varepsilon\to0^+$ 来获取面积，即
$$S=\lim_{\varepsilon\to0^+}\int_{\varepsilon}^{1}\frac{1}{\sqrt{x}}\mathrm{d}x=\lim_{\varepsilon\to0^+}2\sqrt{x}\,\big|_{\varepsilon}^{1}=\lim_{\varepsilon\to0^+}2(1-\sqrt{\varepsilon})=2.$$

一般来说，对于已知一个量在区间$(a,b]$上的变化率，且靠近端点 a 时，变化率趋于无穷，求在该区间上的累积量，都可以采用先将区间$(a,b]$改写为$[a+\varepsilon,b]\,(\varepsilon>0)$，求出积分后再求其极限的方法来处理. 下面对这个过程给出明确的定义：

定义 2 设函数 $f(x)$ 在 $(a,b]$ 上有定义，$\lim\limits_{x\to a^+}f(x)=\infty$. 对任意 $\varepsilon(\varepsilon>0,a+\varepsilon<b)$，$f(x)$ 在 $[a+\varepsilon,b]$ 上可积，即 $\int_{a+\varepsilon}^{b}f(x)\mathrm{d}x$ 存在，则称 $\lim\limits_{\varepsilon\to 0^+}\int_{a+\varepsilon}^{b}f(x)\mathrm{d}x$ 为**无界函数 $f(x)$ 在 $(a,b]$ 上的广义积分**，记作

$$\int_a^b f(x)\mathrm{d}x=\lim_{\varepsilon\to 0^+}\int_{a+\varepsilon}^{b}f(x)\mathrm{d}x.$$

若等式右边的极限存在，则称**无界函数广义积分** $\int_a^b f(x)\mathrm{d}x$ **收敛**，否则就称为**发散**.

无界函数广义积分也称为**瑕积分**，其中 a 称为**瑕点**.

瑕点也可以是区间的右端点 b 或区间中的内部点，类似地，可以有如下定义：

$$\int_a^b f(x)\mathrm{d}x=\lim_{\varepsilon\to 0^+}\int_{a}^{b-\varepsilon}f(x)\mathrm{d}x\ (b\text{ 为瑕点})；$$

$$\int_a^b f(x)\mathrm{d}x=\lim_{\varepsilon_1\to 0^+}\int_{a}^{c-\varepsilon_1}f(x)\mathrm{d}x+\lim_{\varepsilon_2\to 0^+}\int_{c+\varepsilon_2}^{b}f(x)\mathrm{d}x\ (c\in(a,b)\text{ 为瑕点}).$$

若等式右端的极限都存在，则瑕积分收敛，否则就是发散.

例 5 计算下列瑕积分：

(1) $\int_0^1\frac{1}{\sqrt{1-x^2}}\mathrm{d}x$；　(2) $\int_1^2\frac{x}{\sqrt{x-1}}\mathrm{d}x$；　(3) $\int_0^2\frac{1}{\sqrt[3]{x-1}}\mathrm{d}x$.

解 (1) $\int_0^1\frac{1}{\sqrt{1-x^2}}\mathrm{d}x=\lim\limits_{\varepsilon\to 0^+}\int_0^{1-\varepsilon}\frac{1}{\sqrt{1-x^2}}\mathrm{d}x=\lim\limits_{\varepsilon\to 0^+}\arcsin(1-\varepsilon)=\arcsin 1=\frac{\pi}{2}$.

(2) $$\int_1^2\frac{x}{\sqrt{x-1}}\mathrm{d}x=\lim_{\varepsilon\to 0^+}\int_{1+\varepsilon}^2\frac{x}{\sqrt{x-1}}\mathrm{d}x\xlongequal{\sqrt{x-1}=t,x=1+t^2,\mathrm{d}x=2t\mathrm{d}t}\lim_{\varepsilon\to 0^+}2\int_{\sqrt{\varepsilon}}^1(1+t^2)\mathrm{d}t$$

$$=\lim_{\varepsilon\to 0^+}2\left(t+\frac{t^3}{3}\right)\Big|_{\sqrt{\varepsilon}}^1=2\lim_{\varepsilon\to 0^+}\left(\frac{4}{3}-\sqrt{\varepsilon}-\frac{\sqrt{\varepsilon^3}}{3}\right)=\frac{8}{3}.$$

(3) $$\int_0^2\frac{1}{\sqrt[3]{x-1}}\mathrm{d}x=\lim_{\varepsilon_1\to 0^+}\int_0^{1-\varepsilon_1}\frac{1}{\sqrt[3]{x-1}}\mathrm{d}x+\lim_{\varepsilon_2\to 0^+}\int_{1+\varepsilon_2}^2\frac{1}{\sqrt[3]{x-1}}\mathrm{d}x$$

$$=\lim_{\varepsilon_1\to 0^+}\frac{3}{2}(x-1)^{\frac{2}{3}}\Big|_0^{1-\varepsilon_1}+\lim_{\varepsilon_2\to 0^+}\frac{3}{2}(x-1)^{\frac{2}{3}}\Big|_{1+\varepsilon_2}^2$$

$$=\frac{3}{2}\lim_{\varepsilon_1\to 0^+}(\sqrt[3]{\varepsilon_1^2}-1)+\frac{3}{2}\lim_{\varepsilon_2\to 0^+}(1-\sqrt[3]{\varepsilon_2^2})=-\frac{3}{2}+\frac{3}{2}=0.$$

例 6 证明 $\int_0^1\frac{1}{x^p}\mathrm{d}x$ 当 $0<p<1$ 时收敛，当 $p\geqslant 1$ 时发散.

证明 当 $p=1$ 时，$\int_0^1\frac{1}{x}\mathrm{d}x=\lim\limits_{\varepsilon\to 0^+}\int_\varepsilon^1\frac{1}{x}\mathrm{d}x=\lim\limits_{\varepsilon\to 0^+}(-\ln\varepsilon)=+\infty$，即 $\int_0^1\frac{1}{x^p}\mathrm{d}x$ 发散；

当 $0<p<1$ 时，$1-p>0$，所以

$$\int_0^1\frac{1}{x^p}\mathrm{d}x=\lim_{\varepsilon\to 0^+}\int_\varepsilon^1\frac{1}{x^p}\mathrm{d}x=\lim_{\varepsilon\to 0^+}\left(\frac{x^{1-p}}{1-p}\right)\Big|_\varepsilon^1=\frac{1}{1-p}\lim_{\varepsilon\to 0^+}(1-\varepsilon^{1-p})=\frac{1}{1-p},$$

即 $\int_0^1\frac{1}{x^p}\mathrm{d}x$ 收敛；

当 $p>1$ 时，$1-p<0$，所以

$$\int_0^1\frac{1}{x^p}\mathrm{d}x=\lim_{\varepsilon\to 0^+}\int_\varepsilon^1\frac{1}{x^p}\mathrm{d}x=\lim_{\varepsilon\to 0^+}\left(\frac{x^{1-p}}{1-p}\right)\Big|_\varepsilon^1=\frac{1}{1-p}\lim_{\varepsilon\to 0^+}(1-\varepsilon^{1-p})=+\infty,$$

即$\int_0^1 \frac{1}{x^p}\mathrm{d}x$发散.

综上可知，$\int_0^1 \frac{1}{x^p}\mathrm{d}x$当$0<p<1$时收敛，当$p\geqslant 1$时发散.

习题 4-5（A）

计算下列广义积分：

(1) $\int_0^{+\infty} x\mathrm{e}^{-x^2}\mathrm{d}x$；　　(2) $\int_{-\infty}^{-1} \frac{1}{x^3}\mathrm{d}x$；

(3) $\int_{-\infty}^{+\infty} \frac{2}{1+x^2}\mathrm{d}x$；　　(4) $\int_1^{+\infty} \frac{1}{\sqrt{x}}\mathrm{d}x$；

(5) $\int_0^2 \frac{1}{\sqrt{4-x^2}}\mathrm{d}x$；　　(6) $\int_2^4 \frac{x}{\sqrt{x-2}}\mathrm{d}x$；

(7) $\int_0^2 \frac{1}{\sqrt[5]{x-1}}\mathrm{d}x$.

习题 4-5（B）

计算下列广义积分：

(1) $\int_1^{+\infty} \frac{1}{x^2}\mathrm{d}x$；　　(2) $\int_{-\infty}^{0} \frac{1}{1-x}\mathrm{d}x$；

(3) $\int_{-\infty}^{+\infty} \frac{1}{x^2+2x+2}\mathrm{d}x$；　　(4) $\int_1^{+\infty} \frac{1}{\sqrt[3]{x}}\mathrm{d}x$；

(5) $\int_0^3 \frac{1}{\sqrt{9-x^2}}\mathrm{d}x$；　　(6) $\int_3^9 \frac{x}{\sqrt{x-3}}\mathrm{d}x$；

(7) $\int_0^3 \frac{1}{\sqrt[7]{x-1}}\mathrm{d}x$.

§4-6　积分在几何上的应用

几何中求面积、体积、长度等问题，最终差不多都归结为求某种形式的积分. 本节将集中这类能用积分解决的问题，介绍解决的方法及结论.

一、积分的微元法

再看曲边梯形的面积：

设函数$y=f(x)$在区间$[a,b]$上连续且$f(x)\geqslant 0$. 前面我们已讨论过以曲线$y=f(x)$为曲边、$[a,b]$为底的曲边梯形面积A的计算方法. 它分四个步骤完成，其中第二步确定$\Delta A_i \approx f(\xi_i)\Delta x_i$是关键. 在实际应用中，为简便起见，省略下标$i$，用$[x,x+\mathrm{d}x]$表示一个小区间，并取这个小区间的左端点$x$为$\xi_i$. 这样，以点$x$处的函数值$f(x)$为高、$\mathrm{d}x$为宽的小矩形面

积 $f(x)\mathrm{d}x$ 就是区间$[x,x+\mathrm{d}x]$上的小曲边梯形面积 ΔA 的近似值. 如图 4-10 中的阴影部分所示，有

$$\Delta A\approx f(x)\mathrm{d}x,$$

其中 $f(x)\mathrm{d}x$ 称为面积微元，记作 $\mathrm{d}A$，即 $\mathrm{d}A=f(x)\mathrm{d}x$.

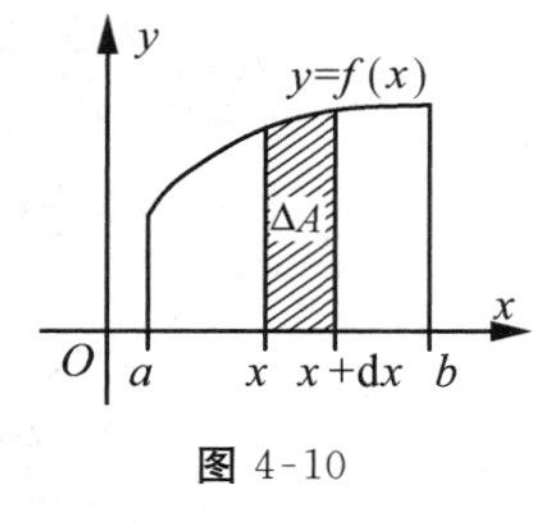

图 4-10

因此 $A=\sum\Delta A\approx\sum f(x)\mathrm{d}x$，从而

$$A=\int_a^b f(x)\mathrm{d}x.$$

这种求曲边梯形面积的方法可以推广到利用积分计算某个量 U 上，具体步骤如下：

(1) 确定积分变量 x，求出积分区间$[a,b]$；

(2) 在区间$[a,b]$上任取一小区间$[x,x+\mathrm{d}x]$，并在该区间上找到所求量 U 的微元 $\mathrm{d}U=f(x)\mathrm{d}x$；

(3) 所求量 U 的积分表达式为 $U=\int_a^b f(x)\mathrm{d}x$，求出它的值.

这种方法称为积分的**微元法**.

二、平面图形的面积

1. 直角坐标系下平面图形的面积

通常把由上、下两条曲线 $y=f_1(x)$ 与 $y=f_2(x)$ 及左、右两条直线 $x=a$ 与 $x=b$ 所围成的平面图形称为 X-型图形(图 4-11(a))，而由左、右两条曲线 $x=g_1(y)$ 与 $x=g_2(y)$ 及上、下两条直线 $y=d$ 与 $y=c$ 所围成的平面图形称为Y-型 图形(图 4-11(b)). 注意构成图形的两条直线，有时也可能退化为点.

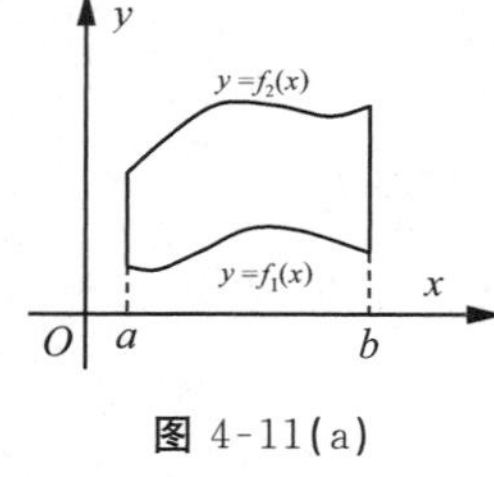

图 4-11(a)

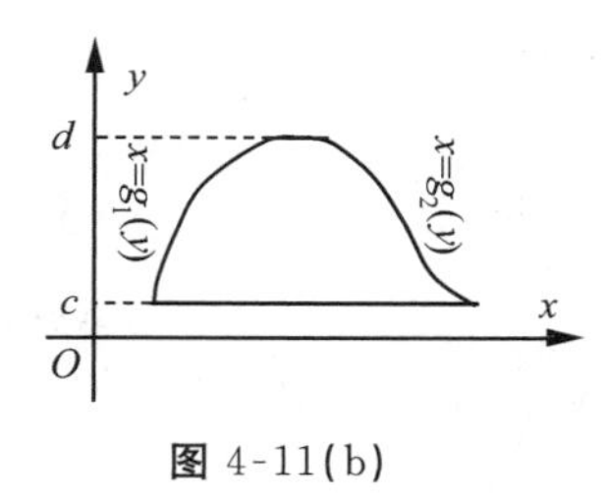

图 4-11(b)

下面用微元法求 X-型图形的面积.

取横坐标 x 为积分变量，$x\in[a,b]$. 在区间$[a,b]$上任取一微段$[x,x+\mathrm{d}x]$，该微段上的图形的面积 ΔA 可以用高为 $f_2(x)-f_1(x)$、底为 $\mathrm{d}x$ 的矩形的面积近似代替. 因此

$$\mathrm{d}A=[f_2(x)-f_1(x)]\mathrm{d}x,$$

从而

$$A=\int_a^b [f_2(x)-f_1(x)]\mathrm{d}x. \tag{1}$$

类似地，利用微元法求 Y-型图形的面积，可以得到它的面积为

$$A=\int_c^d [g_2(y)-g_1(y)]\mathrm{d}y. \tag{2}$$

对于非 X-型、Y-型的平面图形，我们可以对图形进行适当的分割，将其划分成若干个 X-型或 Y-型平面图形，然后求其面积.

例 1 计算由曲线 $y=\sqrt{x}$，$y=x$ 所围成的图形的面积 A.

解　解方程组$\begin{cases} y=\sqrt{x}, \\ y=x \end{cases}$ 得交点为(0,0),(1,1).

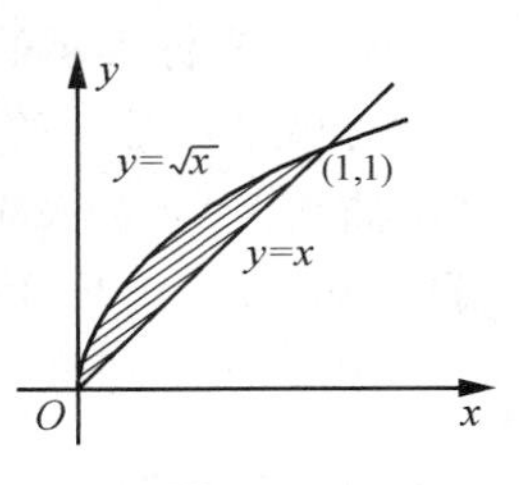

图 4-12

如图 4-12 所示,将该平面图形视为 X-型图形,确定积分变量为 x,积分区间为[0,1]. 由(1)式,所求图形的面积为

$$A=\int_0^1(\sqrt{x}-x)\mathrm{d}x=\left(\frac{2}{3}x^{\frac{3}{2}}-\frac{1}{2}x^2\right)\Big|_0^1=\frac{1}{6}.$$

例 2　计算由抛物线 $y^2=2x$ 与直线 $y=x-4$ 所围成的图形的面积 A.

解　解方程组$\begin{cases} y^2=2x, \\ y=x-4 \end{cases}$ 得交点为(2,−2),(8,4).

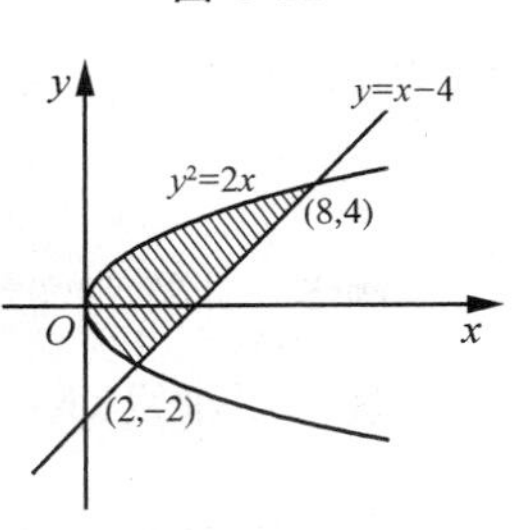

图 4-13

如图 4-13 所示,将该平面图形视为 Y-型图形,确定积分变量为 y,积分区间为[−2,4]. 由(2)式,所求图形的面积为

$$A=\int_{-2}^4\left(y+4-\frac{1}{2}y^2\right)\mathrm{d}y=\left(\frac{1}{2}y^2+4y-\frac{1}{6}y^3\right)\Big|_{-2}^4=18.$$

例 3　求由曲线 $y=\sin x$,$y=\cos x$ 和直线 $x=2\pi$ 及 y 轴所围成的图形的面积 A.

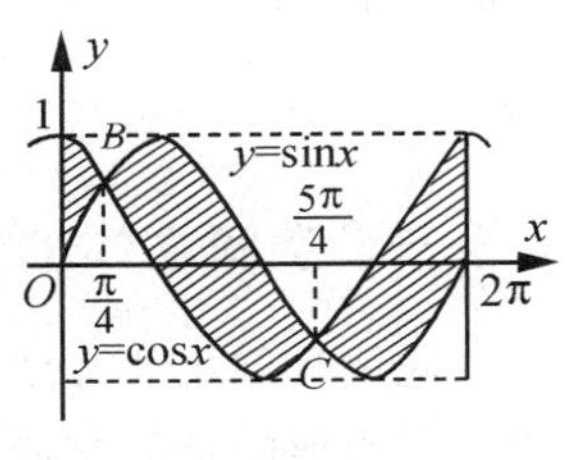

图 4-14

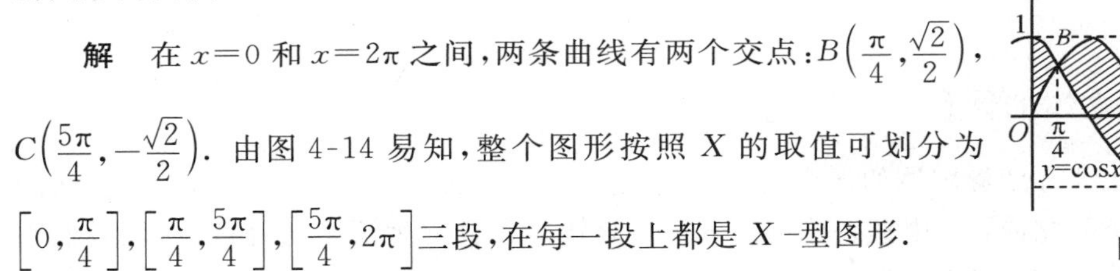

解　在 $x=0$ 和 $x=2\pi$ 之间,两条曲线有两个交点:$B\left(\frac{\pi}{4},\frac{\sqrt{2}}{2}\right)$,$C\left(\frac{5\pi}{4},-\frac{\sqrt{2}}{2}\right)$. 由图 4-14 易知,整个图形按照 X 的取值可划分为 $\left[0,\frac{\pi}{4}\right]$,$\left[\frac{\pi}{4},\frac{5\pi}{4}\right]$,$\left[\frac{5\pi}{4},2\pi\right]$三段,在每一段上都是 X-型图形.

应用(1)式,所求面积为

$$A=\int_0^{\frac{\pi}{4}}(\cos x-\sin x)\mathrm{d}x+\int_{\frac{\pi}{4}}^{\frac{5\pi}{4}}(\sin x-\cos x)\mathrm{d}x+\int_{\frac{5\pi}{4}}^{2\pi}(\cos x-\sin x)\mathrm{d}x=4\sqrt{2}.$$

2. 曲边以参数方程给出的平面图形的面积

如果 X-型或 Y-型平面图形的曲线边界是由参数方程$\begin{cases} x=\varphi(t), \\ y=\psi(t) \end{cases}$ 给出的,仍可以使用上述公式来计算它的面积,只是在计算过程中要对曲边方程作换元.

例 4　求摆线一拱$\begin{cases} x=a(t-\sin t), \\ y=a(1-\cos t) \end{cases}$ $(a>0,t\in[0,2\pi])$与 x 轴所围图形的面积 A.

解　如图 4-15 所示,所围图形为 X-型图形,曲边方程为 $y=f(x)$,$x\in[0,2\pi a]$. 由(1)式得

$$A=\int_0^{2\pi a}f(x)\mathrm{d}x.$$

图 4-15

换元 $x=a(t-\sin t)$,则 $\mathrm{d}x=a(1-\cos t)\mathrm{d}t$,$x$ 从 $0\to 2\pi a \Leftrightarrow t$ 从 $0\to 2\pi$,而 $y=f[a(t-\sin t)]=a(1-\cos t)$,所以

$$A=\int_0^{2\pi}a^2(1-\cos t)^2\mathrm{d}t=a^2\int_0^{2\pi}(1-2\cos t+\cos^2 t)\mathrm{d}t$$

$$=a^2\int_0^{2\pi}\left[1-2\cos t+\frac{1}{2}(1+\cos 2t)\right]\mathrm{d}t=3\pi a^2.$$

3. 极坐标表示的平面图形的面积

对极坐标系中的图形，我们将从极角 θ 的变化特点来考虑求面积问题. 在极坐标系中，称由曲线 $r=r(\theta)$ 及射线 $\theta=\alpha,\theta=\beta(\alpha<\beta)$ 所围成的图形称为曲边扇形(图 4-16). 下面利用微元法求它的面积公式.

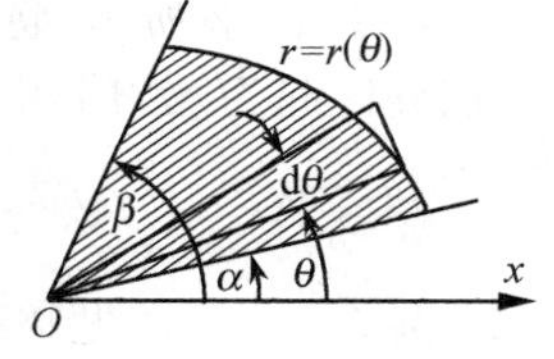

图 4-16

在$[\alpha,\beta]$上任取一微段$[\theta,\theta+\mathrm{d}\theta]$，面积微元 $\mathrm{d}A$ 表示这个角内的小曲边扇形的面积，$\mathrm{d}A=\frac{1}{2}[r(\theta)]^2\mathrm{d}\theta$(等式右边表示以 $r(\theta)$为半径，中心角为 $\mathrm{d}\theta$ 的扇形面积)，所以曲边扇形的面积为

$$A=\frac{1}{2}\int_\alpha^\beta[r(\theta)]^2\mathrm{d}\theta. \tag{3}$$

例 5 计算双纽线 $r^2=a^2\sin2\theta\ (a>0)$ 所围成的图形的面积(图 4-17).

解 双纽线即 $r=a\sqrt{\sin2\theta},\theta\in\left[0,\frac{\pi}{2}\right]\cup\left[\pi,\frac{3\pi}{2}\right]$.

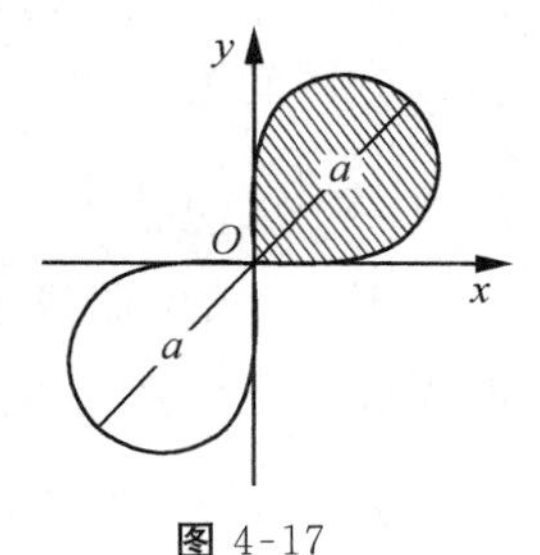

图 4-17

因为图形关于极点对称，所以所求面积 A 是 $\theta\in\left[0,\frac{\pi}{2}\right]$部分面积的两倍. 由(3)式得

$$A=2\times\frac{1}{2}\int_0^{\frac{\pi}{2}}a^2\sin2\theta\mathrm{d}\theta=\frac{a^2}{2}[-\cos2\theta]_0^{\frac{\pi}{2}}=a^2.$$

三、空间立体的体积

这里我们主要介绍旋转体的体积. 旋转体就是由一个平面图形绕该平面内一条直线旋转一周而成的空间立体，其中直线称为旋转轴. 旋转体在日常生活中随处可见，如我们在中学学过的圆柱、圆锥、圆台、球体都是旋转体.

把 X-型单曲边梯形绕 x 轴旋转一周得到旋转体(图 4-18(a))，下面用微元法求它的体积 V_x.

设曲边梯形的曲边为连续曲线 $y=f(x),x\in[a,b](a<b)$，则过任意 $x\in[a,b]$处作垂直于 x 轴的截面，所得截面是半径为$|f(x)|$的圆. 取横坐标 x 为积分变量，$x\in[a,b]$. 在区间$[a,b]$上任取一微段$[x,x+\mathrm{d}x]$，该微段上的旋转体的体积 ΔV_x，可用底面半径为$|f(x)|$、高为 $\mathrm{d}x$ 的圆柱体的体积近似代替. 因此

$$\mathrm{d}V_x=\pi|f(x)|^2\mathrm{d}x,$$

从而

$$V_x=\pi\int_a^b[f(x)]^2\mathrm{d}x. \tag{4}$$

类似可得把 Y-型单曲边梯形绕 y 轴旋转一周所得旋转体(图 4-18(b))的体积 V_y 的计算公式

$$V_y=\pi\int_c^d[g(y)]^2\mathrm{d}y. \tag{5}$$

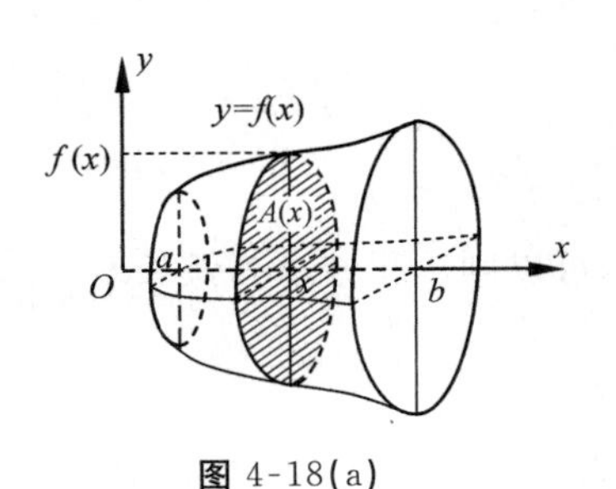

图 4-18(a)

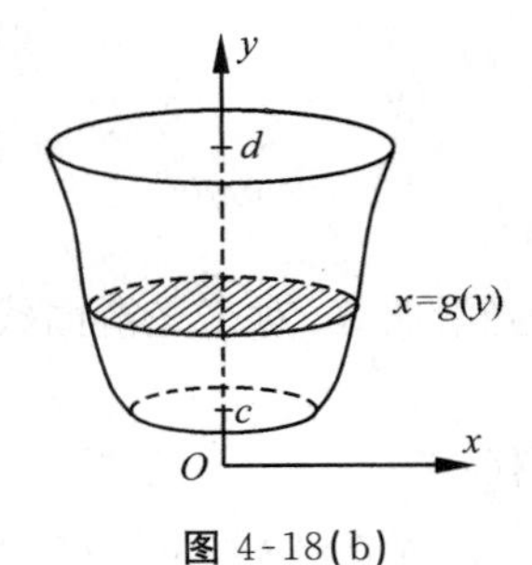

图 4-18(b)

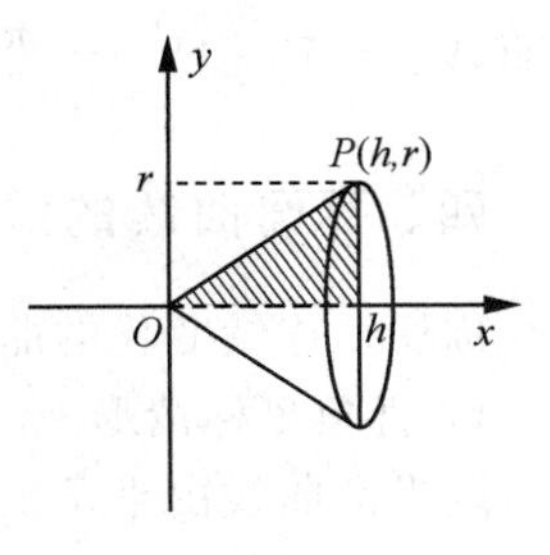

图 4-19

例 6　连结坐标原点 O 及点 $P(h,r)$ 的直线、直线 $x=h$ 及 x 轴围成一个直角三角形. 将它绕 x 轴旋转构成一个底面半径为 r、高为 h 的圆锥体(图 4-19),计算此圆锥体的体积.

解　直角三角形斜边的直线方程为 $y=\dfrac{r}{h}x$,所以所求圆锥体的体积为

$$V=\pi\int_0^h\left(\frac{r}{h}x\right)^2\mathrm{d}x=\frac{\pi r^2}{h^2}\left[\frac{1}{3}x^3\right]_0^h=\frac{1}{3}\pi hr^2.$$

例 7　计算椭圆 $\dfrac{x^2}{a^2}+\dfrac{y^2}{b^2}=1(a>b>0)$ 分别绕 x 轴、y 轴旋转而成的椭球体的体积.

解　(1) 绕 x 轴旋转所得的椭球体(图 4-20(a)),可以看作是由上半个椭圆 $y=\dfrac{b}{a}\sqrt{a^2-x^2}$ 及 x 轴围成的图形绕 x 轴旋转而成的立体,由公式(4) 得

$$V_x=\pi\int_{-a}^{a}\frac{b^2}{a^2}(a^2-x^2)\mathrm{d}x=\pi\frac{b^2}{a^2}\left[a^2x-\frac{1}{3}x^3\right]_{-a}^{a}=\frac{4}{3}\pi ab^2.$$

(2) 绕 y 轴旋转所得的椭球体(图 4-20(b)),可以看作是由右半个椭圆 $x=\dfrac{b}{a}\sqrt{b^2-y^2}$ 及 y 轴围成的图形绕 y 轴旋转而成的立体,由(5)式得

$$V_y=\pi\int_{-b}^{b}\frac{b^2}{a^2}(b^2-y^2)\mathrm{d}y=\pi\frac{b^2}{a^2}\left[b^2y-\frac{1}{3}y^3\right]_{-b}^{b}=\frac{4}{3}\pi a^2b.$$

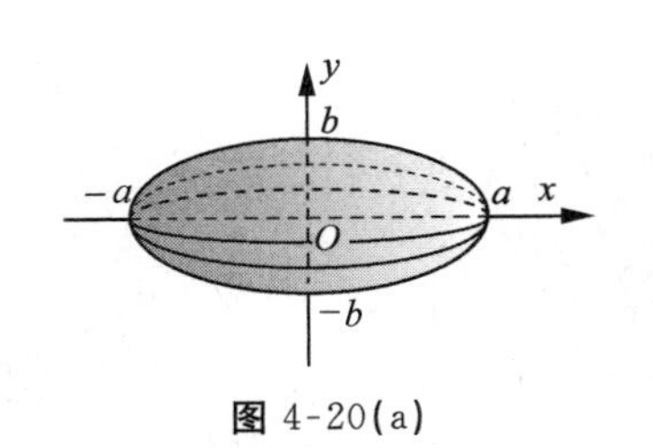

图 4-20(a)

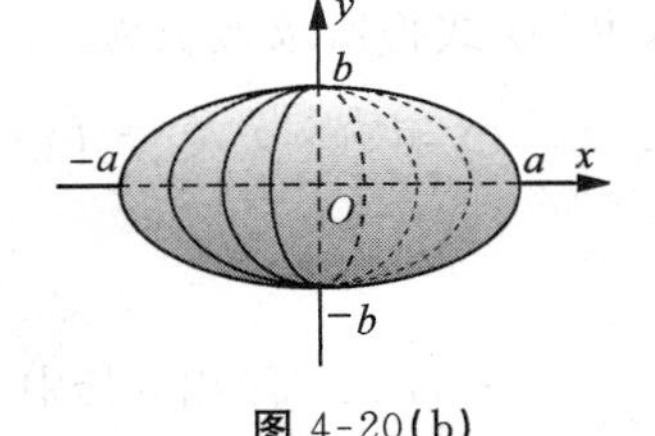

图 4-20(b)

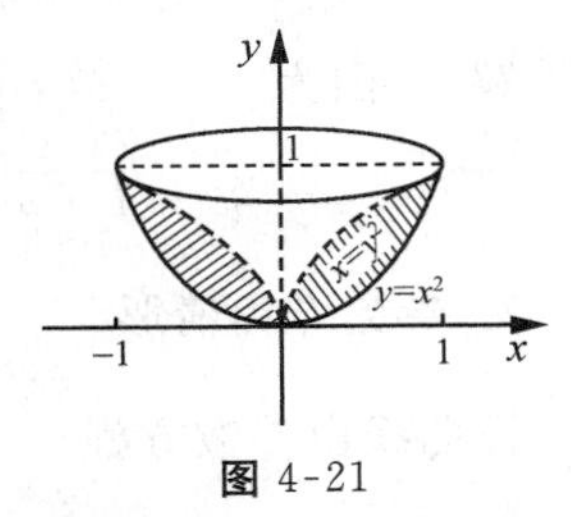

图 4-21

例 8　求由抛物线 $y=x^2$ 与 $x=y^2$ 围成的平面图形,绕 y 轴旋转而成的旋转体的体积.

解　由方程组 $\begin{cases}y=x^2,\\x=y^2\end{cases}$ 得交点为(0,0),(1,1).

记 $y=x^2$ 绕 y 轴旋转所得旋转体的体积为 V_1,记 $x=y^2$ 绕 y 轴旋转所得旋转体的体积为 V_2. 由图 4-21 可见,所求旋转体体积 $V_y=V_1-V_2$. 因为绕 y 轴旋转,故把 $y=x^2,x\in[0,1]$ 改写为 $x=\sqrt{y},y\in[0,1]$.

由公式(5),得

$$V_1=\pi\int_0^1(\sqrt{y})^2\mathrm{d}y=\frac{\pi}{2},V_2=\pi\int_0^1(y^2)^2\mathrm{d}y=\frac{\pi}{5},$$

从而，$V_y=V_1-V_2=\frac{\pi}{2}-\frac{\pi}{5}=\frac{3\pi}{10}$.

四、平面曲线的弧长

称切线连续变化的曲线为光滑曲线. 对于光滑曲线我们可以利用积分求其弧长.

1. 直角坐标情形

设光滑曲线由直角坐标方程

$$y=f(x)\ (a\leqslant x\leqslant b)$$

给出，则 $f(x)$ 在区间 $[a,b]$ 上具有一阶连续导数. 现在我们来计算这段曲线弧的长度.

如图 4-22 所示，取横坐标 x 为积分变量，它的变化区间为 $[a,b]$. 在 $[a,b]$ 上任取一微段 $[x,x+\mathrm{d}x]$，它所对应的曲线 $y=f(x)$ 上相应的一段弧的长度，可以用该曲线在点 $(x,f(x))$ 处的切线上相应一小段的长度来近似代替，于是得曲线长度微元 $\mathrm{d}s$ 的计算公式

$$\mathrm{d}s=\sqrt{(\mathrm{d}x)^2+(\mathrm{d}y)^2}.$$

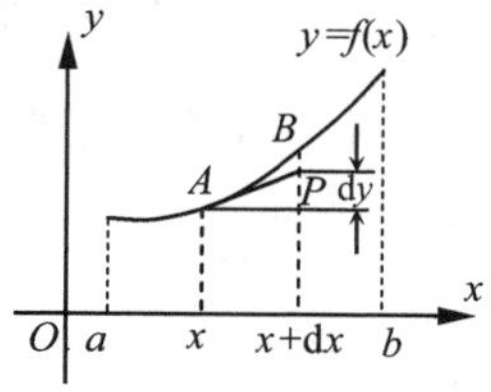

该公式称为弧微分公式. 以曲线方程 $y=f(x)$ 代入，得

$$\mathrm{d}s=\sqrt{1+[f'(x)]^2}\,\mathrm{d}x.$$

图 4-22

据微元法，得所求的弧长为

$$s=\int_a^b\sqrt{1+[f'(x)]^2}\,\mathrm{d}x. \tag{6}$$

若光滑曲线由直角坐标方程 $x=g(y)\ (c\leqslant y\leqslant d)$ 给出，则 $g'(y)$ 在区间 $[c,d]$ 上连续. 由弧微分公式和微元法，得所求的弧长为

$$s=\int_c^d\sqrt{1+[g'(y)]^2}\,\mathrm{d}y.$$

例 9 计算曲线 $y=\frac{2}{3}x^{\frac{3}{2}}\ (a\leqslant x\leqslant b)$ 的弧长.

解 因为 $y'=x^{\frac{1}{2}}$，所以由(6)式得所求弧长为

$$s=\int_a^b\sqrt{1+x}\,\mathrm{d}x=\left[\frac{2}{3}(1+x)^{\frac{3}{2}}\right]_a^b=\frac{2}{3}\left[(1+b)^{\frac{3}{2}}-(1+a)^{\frac{3}{2}}\right].$$

2. 参数方程情形

设曲线由参数方程 $\begin{cases}x=\varphi(t),\\ y=\psi(t)\end{cases}$ $(t\in[\alpha,\beta])$ 给出，其中 $\varphi'(t),\psi'(t)$ 在 $[\alpha,\beta]$ 上连续且不同时为 0，代入弧微分公式得对应于参数微段 $[t,t+\mathrm{d}t]$ 的弧长微元为

$$\mathrm{d}s=\sqrt{[\varphi'(t)]^2+[\psi'(t)]^2}\,\mathrm{d}t.$$

由微元法得所求弧长为

$$s=\int_\alpha^\beta\sqrt{[\varphi'(t)]^2+[\psi'(t)]^2}\,\mathrm{d}t. \tag{7}$$

例 10 计算星形线 $\begin{cases}x=a\cos^3 t,\\ y=a\sin^3 t\end{cases}$ $(a>0,t\in[0,2\pi])$ 的长度(图 4-23).

解 由对称性知，星形线的长度是其在第一象限部分长度的 4 倍. 所以由(7)式得所求弧长为

$$s=4\int_0^{\frac{\pi}{2}}\sqrt{[(a\cos^3t)']^2+[(a\sin^3t)']^2}\,dt$$

$$=4\int_0^{\frac{\pi}{2}}3a\sqrt{\sin^2t\cos^2t}\,dt$$

$$=4\int_0^{\frac{\pi}{2}}3a\,|\sin t\cos t|\,dt=12a\left[\frac{\sin^2t}{2}\right]_0^{\frac{\pi}{2}}=6a$$

$$=12a\int_0^{\frac{\pi}{2}}\sin t\cos t\,dt.$$

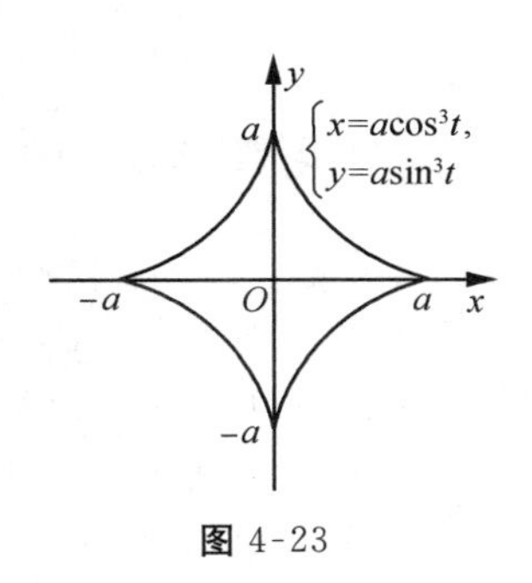

图 4-23

3. 极坐标情形

设曲线由极坐标方程 $r=r(\theta)$ $(\alpha\leqslant\theta\leqslant\beta)$ 给出，其中 $r(\theta)$ 在 $[\alpha,\beta]$ 上具有连续导数. 由直角坐标与极坐标的关系，曲线相当于以参数方程 $\begin{cases}x=\varphi(\theta)=r(\theta)\cos\theta,\\ y=\psi(\theta)=r(\theta)\sin\theta\end{cases}$ $(\theta\in[\alpha,\beta])$ 给出. 于是得对应于参数微段 $[\theta,\theta+d\theta]$ 的弧长微元为

$$ds=\sqrt{[\varphi'(\theta)]^2+[\psi'(\theta)]^2}\,d\theta=\sqrt{r^2(\theta)+[r'(\theta)]^2}\,d\theta.$$

由微元法得所求弧长为

$$s=\int_\alpha^\beta\sqrt{r^2(\theta)+[r'(\theta)]^2}\,d\theta. \tag{8}$$

例 11　求心形线 $r=a(1+\cos\theta)$ $(a>0)$ 的全长(图 4-24).

解　心形线关于极轴对称，全长是其半长的两倍.

于是由(8)式得所求弧长为

$$s=2\int_0^\pi\sqrt{r^2(\theta)+[r'(\theta)]^2}\,d\theta=2\int_0^\pi a\sqrt{2(1+\cos\theta)}\,d\theta$$

$$=2\int_0^\pi 2a\left|\cos\frac{\theta}{2}\right|d\theta=4a\int_0^\pi\cos\frac{\theta}{2}d\theta=8a.$$

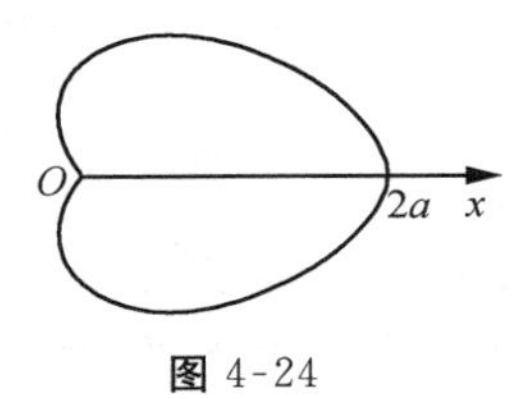

图 4-24

习题 4-6 (A)

1. 求下列平面图形的面积：

(1) 由直线 $y=x,y=4x,y=2$ 所围成的平面图形；

(2) 由抛物线 $y^2=2x$ 与直线 $y=-2x+2$ 所围成的平面图形；

(3) 由曲线 $y=e^x$ 与直线 $y=e$ 所围成的平面图形；

(4) 由曲线 $y=\cos x$、直线 $y=\frac{3\pi}{2}-x$ 与 y 轴所围成的平面图形.

2. 求下列旋转体的体积：

(1) $y=x^3$ 与直线 $x=2,y=0$ 所围成的平面图形，分别绕 x 轴和 y 轴旋转；

(2) $y=\sqrt{x}$ 与直线 $y=1$ 和 y 轴所围成的平面图形，分别绕 x 轴和 y 轴旋转.

3. 求曲线 $y=1-\ln\cos x$ 在 $x=0$ 到 $x=\frac{\pi}{4}$ 一段的弧长.

4. 以直角坐标方程、参数方程和极坐标方程表示圆，并证明半径为 R 的圆的周长为 $2\pi R$.

习题 4-6(B)

1. 求下列平面图形的面积：

(1) 由曲线 $x=y^2-a(a>0)$ 与 y 轴所围成的图形；

(2) 由曲线 $y=x^3$ 与直线 $y=x$ 所围成的图形；

(3) 由曲线 $y=x^2$ 与 $y=2-x^2$ 所围成的图形；

(4) 由曲线 $y=\mathrm{e}^x, y=\mathrm{e}^{-x}$ 与直线 $x=1$ 所围成的图形；

(5) 由曲线 $y=\ln x$ 与 y 轴及直线 $y=\ln 2, y=\ln 7$ 所围成的图形；

(6) 由曲线 $y=\dfrac{1}{x}$ 与直线 $y=x, x=2$ 所围成的图形；

(7) 由抛物线 $y=3-x^2$ 与直线 $y=2x$ 所围成的图形；

(8) 介于抛物线 $y^2=2x$ 与圆 $y^2=4x-x^2$ 之间的三块图形.

2. 求星形线 $\begin{cases} x=a\cos^3 t, \\ y=a\sin^3 t \end{cases}$ $(a>0)$ 所围成的图形的面积.

3. 求心形线 $r=a(1+\cos\theta)(a>0)$ 所围成的图形的面积.

4. 求阿基米德螺线 $r=a\theta$，θ 从 0 变到 2π 的一段弧与极轴所围图形的面积.

5. 求下列平面图形绕指定坐标轴旋转所产生的立体的体积：

(1) 曲线段 $y=\cos x\left(x\in\left[0,\dfrac{\pi}{2}\right]\right)$ 与直线 $x=0, y=0$ 所围成的图形绕 x 轴旋转；

(2) 曲线 $y=x^{\frac{3}{2}}$ 与直线 $x=4, y=0$ 所围成的图形绕 y 轴旋转；

(3) 抛物线 $y=x^2$ 与圆 $x^2+y^2=2$ 所围成的图形绕 x 轴旋转；

(4) 圆 $x^2+y^2=4$ 被 $y^2=3x$ 割成的两部分中较小的一块，分别绕 x 轴和 y 轴旋转.

6. 求下列已知曲线上指定两点间一段曲线的弧长：

(1) $y=\dfrac{1}{4}x^2-\dfrac{1}{2}\ln x$ 上相应于 $x=1$ 到 $x=\mathrm{e}$ 的一段；

(2) $y=\dfrac{\sqrt{x}}{3}(3-x)$ 上相应于 $1\leqslant x\leqslant 3$ 的一段；

(3) $y=\ln x$ 上相应于 $x=\sqrt{3}$ 到 $x=\sqrt{8}$ 的一段.

7. 求摆线一拱 $\begin{cases} x=a(t-\sin t), \\ y=a(1-\cos t) \end{cases}$ $(a>0, t\in[0,2\pi])$ 的长度.

8. 求阿基米德螺线 $\rho=a\theta$ 一圈(即 $\theta\in[0,2\pi]$)的长.

§4-7 积分在物理上的应用

在物理中，我们也会遇到大量已知变化率，求总量的问题. 这里，我们仅介绍比较常见的几个问题.

一、变力做功

在中学物理中已经知道，物体在常力作用下沿力的方向做直线运动，所做的功为力和

位移的乘积. 但在实际问题中,我们经常遇到的是物体在变力作用下做功的问题. 我们仍用微元法来解决这个问题.

取物体运动路径为 x 轴,位移量为 x,则力 $F=F(x)$. 现物体从点 $x=a$ 移动到点$x=b$,求力 F 对物体所做的功 W 的做法如下:

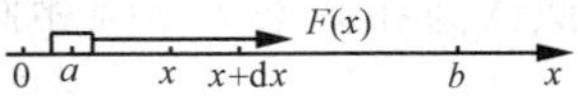

如图 4-25 所示,在区间$[a,b]$上任取一微段$[x,x+\mathrm{d}x]$,力 F 在此微段上做功微元为 $\mathrm{d}W$. 假设在微段$[x,x+\mathrm{d}x]$上 $F(x)$不变,则功的微元为 $\mathrm{d}W=F(x)\mathrm{d}x$. 由微元法得到

图 4-25

$$W=\int_a^b \mathrm{d}W=\int_a^b F(x)\mathrm{d}x.$$

例 1　半径为 1 m 的半球形水池(图 4-26)中充满了水,把池内水全部抽完需做多少功?(取 $g=9.8$ N/kg)

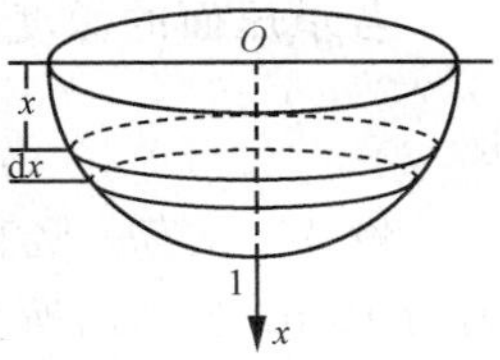

解　把水看作是一层一层地抽出来的,任取一个与池面距离为 x 的小薄层,厚度为 $\mathrm{d}x$,做功的微元(把这层水抽到地面)为 $\mathrm{d}W=9.8\times10^3\pi(1-x^2)x\mathrm{d}x$,所以抽干水所做的功为

$$W=9.8\times10^3\pi\int_0^1(x-x^3)\mathrm{d}x=2.45\times10^3\pi(\mathrm{J}).$$

图 4-26

例 2　弹簧在弹性限度之内,外力拉长或压缩弹簧需要克服弹力做功. 已知弹簧每拉长 0.1 m 需用 9.8 N 的力,求把弹簧拉长 0.5 m 时,外力所做的功 W.

解　据胡克定律,$F(x)=kx$,其中 k 为弹性系数. 由题设知 $9.8=0.1k$,即 $k=98$. 所以 $F(x)=98x$,功的微元为 $\mathrm{d}W=98x\mathrm{d}x$. 所以,外力克服弹力所做的功为

$$W=\int_0^{0.5}98x\mathrm{d}x=49x^2\Big|_0^{0.5}=12.25(\mathrm{J}).$$

例 3　把质量为 1000 kg 的物体,用钢缆从 20 m 深的井底提升到井口,假设钢缆的线密度为 10 kg/m,求拉力所做的功 W.(取 $g=9.8$ N/kg)

解　W 可分为两部分:第一部分为拉重物到井口所做的功 W_1,第二部分为克服钢缆自重所做的功 W_2,即 $W=W_1+W_2$. 其中

$$W_1=1000\times9.8\times20=1.96\times10^5(\mathrm{J}).$$

在提升过程中,钢缆的长度逐渐变短,因此,克服自重的拉力也逐渐变小,所以 W_2 为变力做功.

在井口下 x m 处,取钢缆微段$[x,x+\mathrm{d}x]$,则微段重为 $10\times9.8\mathrm{d}x$,提升该微段钢缆到井口的做功微元为 $\mathrm{d}W_2=10\times9.8x\mathrm{d}x$. 所以,克服钢缆自重做功

$$W_2=10\times9.8\int_0^{20}x\mathrm{d}x=10\times4.9x^2\Big|_0^{20}=1.96\times10^4(\mathrm{J}).$$

从而,拉力所做总功为

$$W=W_1+W_2=1.96\times10^5+1.96\times10^4=2.156\times10^5(\mathrm{J}).$$

二、液体的压力

中学物理中已经学过,平行于液体表面,深度为 h,上表面的面积为 S 的物体,其上表面所承受的压力为 $P=g\rho hS$,其中 ρ 为液体的密度,g 为重力加速度. 但在实际问题中,往往会遇到物体表面和液体表面不是平行而是呈现一定的角度的现象. 比如,水闸的闸门一般是

与水面垂直的.这里,我们只就承压面与液体表面垂直的情况,讨论液体对承压面的压力.

承压面沿深度为 x 的水平线上的压强相同,为 $g\rho x$,如图 4-27 所示,现在在深 x 处取一高为 $\mathrm{d}x$ 的微条,设其面积为 $\mathrm{d}S$,微条所受液体的压力微元为 $\mathrm{d}P$,近似认为在微条上压强相同,则

$$\mathrm{d}P=g\rho x\mathrm{d}S.$$

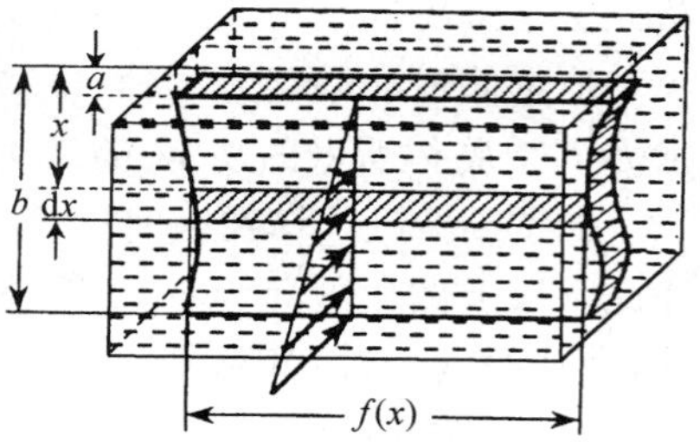

若深为 x 处的承压面宽为 $f(x)$,则 $\mathrm{d}S=f(x)\mathrm{d}x$,因此

$$\mathrm{d}P=g\rho xf(x)\mathrm{d}x.$$

图 4-27

若承压面的深度从 a 到 $b(a<b)$,则承压面所受液体的总压力为

$$P=\int_a^b g\rho xf(x)\mathrm{d}x=g\rho\int_a^b xf(x)\mathrm{d}x.$$

例 4 设有一竖直的水闸门,形状是等腰梯形,上底与水面平齐,长为 8 m,下底长 4 m,高为 10 m.求闸门所受水的压力.(取 $g=9.8$ N/kg)

解 由图 4-28 容易推出,水深为 x 处水闸面的宽度为 $f(x)=8-\frac{2}{5}x$.水的密度为 $\rho=10^3(\mathrm{kg/m^3})$,闸门入水深度从 0 m 到 10 m,所以闸门受水的总压力为

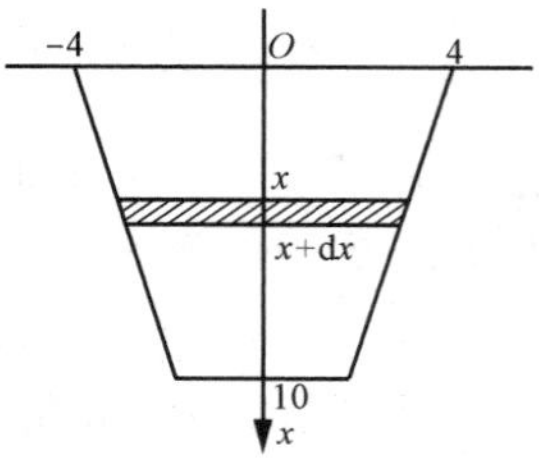

图 4-28

$$P=g\rho\int_0^{10}xf(x)\mathrm{d}x=9.8\times10^3\int_0^{10}x\left(8-\frac{2}{5}x\right)\mathrm{d}x$$

$$=9.8\times10^3\left(4x^2-\frac{2}{15}x^3\right)\Big|_0^{10}$$

$$=9.8\times10^3\times400\times\frac{2}{3}\approx2.62\times10^6(\mathrm{N}).$$

* 三、流量问题

若流体通过某截面处的流速为 $v=v(t)$,求在时间段$[t_0,t_1]$内,通过该截面的流量 Q.这是一个典型的需用微元法解决的问题.在$[t_0,t_1]$内任取时间微段$[t,t+\mathrm{d}t]$,则对应的流量微元 $\mathrm{d}Q=v(t)\mathrm{d}t$,所以

$$Q=\int_{t_0}^{t_1}v(t)\mathrm{d}t.$$

例 5 在某水闸处,测得某 1 h 内水流流速变化为 $v(t)=\frac{10}{t+1}(\mathrm{m^3/s})$,求在这 1 h 内通过该水闸的水的流量 Q.

解 1 h 相当于 3600 s,所以

$$Q=\int_0^{3600}\frac{10}{t+1}\mathrm{d}t=10\ln(t+1)\Big|_0^{3600}=10\ln3601\approx82(\mathrm{m^3}).$$

* 四、平均值

我们知道,n 个数 $y_1,y_2,\cdots,y_n$ 的算术平均值为

$$\overline{y}=\frac{y_1+y_2+\cdots+y_n}{n}=\frac{1}{n}\sum_{i=1}^{n}y_i.$$

那么,如何求连续函数 $y=f(x)$ 在$[a,b]$上的平均值呢?

将区间$[a,b]$ n 等分,当 n 很大时,每个子区间$[x_i,x_i+\Delta x](i=1,2,\cdots,n)$的长度 $\Delta x=\frac{b-a}{n}$就很小.由于 $y=f(x)$ 在$[a,b]$上连续,它在子区间$[x_i,x_i+\Delta x](i=1,2,\cdots,n)$上的函数值的差别就很小,因此可以取 $f(x_i)$ 作为函数在该子区间上平均值的近似值,于是

$$\overline{y}\approx\frac{f(x_1)+f(x_2)+\cdots+f(x_n)}{n}=\frac{1}{b-a}\sum_{i=1}^{n}f(x_i)\Delta x.$$

当 $n\to\infty$ 时,函数的平均值为

$$\overline{y}=\lim_{n\to\infty}\frac{1}{n}\sum_{i=1}^{n}f(x_i)=\lim_{\Delta x\to 0}\frac{1}{b-a}\sum_{i=1}^{n}f(x_i)\Delta x=\frac{1}{b-a}\int_a^b f(x)\mathrm{d}x,$$

即
$$\overline{y}=\frac{1}{b-a}\int_a^b f(x)\mathrm{d}x.$$

例 6　求从 1 s 到 2 s 这段时间内,自由落体的平均速度.

解　因为自由落体的速度 $v=gt$,所以$\overline{v}=\frac{1}{2-1}\int_1^2 gt\,\mathrm{d}t=\frac{3}{2}g(\mathrm{m/s})$.

例 7　求 $y=\sin x$ 在$\left[0,\frac{\pi}{2}\right]$上的平均值.

解　$\overline{y}=\frac{2}{\pi}\int_0^{\frac{\pi}{2}}\sin x\mathrm{d}x=-\frac{2}{\pi}\cos x\Big|_0^{\frac{\pi}{2}}=\frac{2}{\pi}$.

习题 4-7(A)

1. 有一长为 20 cm 的弹簧,若加以 2 N 的力,则弹簧伸长 10 cm,求使弹簧由20 cm伸长 15 cm 所做的功.

2. 有一宽为 2 m、高为 4 m 的平板直立在水中,上端距水面 2 m,求平板一侧受到的水的压力大小.

习题 4-7(B)

1. 两个小球的中心相距 r,各带同性电荷 Q_1,Q_2,其相互间的斥力可由库仑定律 $F=k\frac{Q_1Q_2}{r^2}$(k 为常数)计算.设当 $r=0.5$ m 时,$F=0.196$ N,今两球之距离自 $r=0.75$ m 变为 $r=1$ m,求电场力所做的功.

2. 设有一弹簧,一端固定,用力拉另一端,假定所受的力与弹簧拉长的长度成正比,如果 5 N 的力能使弹簧拉长 1 cm,求把弹簧拉长 10 cm 所做的功.

3. 边长为 2 m 的正方形薄片直立地沉没在水中,它的一个顶点位于水面而一对角线与水面平行,求薄片一侧所受的水的压力.

4. 垂直的水闸为等腰梯形,它的上、下两底分别为 20 m 和 10 m,高为 5 m,若上底与水面平齐,计算水闸所受的压力.

本章内容小结

本章将传统的不定积分和定积分融合为积分这一概念进行叙述.在第一节中,通过求曲边梯形的面积直接将著名的牛顿-莱布尼兹公式作为积分的定义给出,这和传统的定积分的讨论是不同的.在第二节中,将传统的不定积分作为求原函数的工具来处理.第三节和第四节分别讨论了换元积分法和分部积分法.前面四节内容中都要求:被积函数在积分区间是连续的,同时积分区间是有限的.在第五节中讨论了广义积分,包括无穷区间和无界函数两种类型的广义积分.通过上面各节的讨论,基本上说清楚了积分的内容.但是,还有更多的函数,虽然在积分区间上连续,理论上具有原函数,但无法用有限的初等函数来表示,进而也就无法使用牛顿-莱布尼兹公式,此类问题要待以后进行讨论.此外,第六节和第七节分别介绍了积分在几何和物理中的部分应用.

自测题四

1. 填空题:

(1) 如果 $f(x)$在$[a,b]$上连续且非正,那么 $\int_a^b f(x)\mathrm{d}x=F(b)-F(a)$恰好表示由曲线 $f(x)$,直线________、________以及 x 轴所围图形面积的________;

(2) 如果 $f(x)$ 在 $[a,b]$ 上连续,那么在 (a,b) 内至少存在一个 ξ,使 $\int_a^b f(x)\mathrm{d}x$ = ________;

(3) $\int_a^b f(x)\mathrm{d}x+\int_a^a f(x)\mathrm{d}x+\int_b^a f(x)\mathrm{d}x=$ ________;

(4) 若$\int_a^b \dfrac{f(x)}{f(x)+g(x)}\mathrm{d}x=0$,则$\int_a^b \dfrac{g(x)}{f(x)+g(x)}\mathrm{d}x=$ ________;

(5) 设 $f(x)$ 为连续函数,则$\int_{-a}^a [f(x)-f(-x)]\mathrm{d}x=$ ________;

(6) $\lim\limits_{x\to 0}\dfrac{\int_0^x \sin t\mathrm{d}t}{2x}=$ ________;

(7) $\int_{-1}^1 |x^3|\mathrm{d}x=$ ________;

(8) $\int_{-\infty}^1 \dfrac{\mathrm{d}x}{1+x^2}=$ ________.

2. 选择题:

(1) 以下各式错误的是 ( )

A. $\int_a^a f(x)\mathrm{d}x=0$　　B. $\int_a^b f(x)\mathrm{d}x=\int_a^b f(t)\mathrm{d}t$

C. $\int_a^b f'(x)\mathrm{d}x=f(b)-f(a)$　　D. $\int_a^b f(x)\mathrm{d}x=2\int_a^b f(2t)\mathrm{d}t$

(2) $\frac{d}{dx}\int_0^{\pi}\sin x dx$ 等于 (　　)

A. $\sin x$　　B. $\cos x$　　C. 1　　D. 0

(3) 已知$\int_0^b \cos x dx = m$,则$\int_{-b}^b \cos x dx$ 等于 (　　)

A. 0　　B. m　　C. $2m$　　D. $\sin 2b$

(4) 下列式子正确的是 (　　)

A. $\int_0^1 e^{x^2} dx > 0$　　B. $\int_0^1 e^{x^2} dx < 0$

C. $\int_0^1 e^{x^2} dx = 0$　　D. 以上都不对

(5) 下列各式可直接使用牛顿-莱布尼兹公式求值的是 (　　)

A. $\int_{-1}^1 \frac{1}{x^2}dx$　　B. $\int_{\frac{1}{e}}^{e} \frac{dx}{x\ln x}$　　C. $\int_0^1 \frac{dx}{\sqrt{x}}$　　D. $\int_{-1}^1 |x^3| dx$

3. 计算下列积分:

(1) $\int_0^1 \frac{x dx}{x^2+1}$;　　(2) $\int_1^e \frac{\ln x}{x}dx$;

(3) $\int_0^{\pi}(\sin x - 1)^3\cos x dx$;　　(4) $\int_0^1 x\sqrt{1+x^2}dx$;

(5) $\int_2^5 |x-4| dx$;　　(6) $\int_{\frac{\pi}{6}}^{\frac{\pi}{3}} \frac{\sqrt{x^2-1}}{x}dx$;

(7) $\int_0^1 x\sqrt{2+3x}dx$;　　(8) $\int_0^{e-1}\ln(x+1)dx$;

(9) $\int_{-1}^1 (x^6+x)\sin x dx$;　　(10) $\int_{-\infty}^0 \frac{dx}{3+x^2}$.

4. 设 $f(x)$ 是定义在$(-\infty, +\infty)$上的连续函数,$F(x) = \int_0^x f(t)dt$,证明:

(1) 若 $f(x)$ 为奇函数,则 $F(x)$ 为偶函数;

(2) 若 $f(x)$ 为偶函数,则 $F(x)$ 为奇函数.

5. 求抛物线 $y=-x^2+4x-3$ 及其在点$(0,-3)$和点$(3,0)$处的切线所围成的图形的面积.

6. 设曲线 $y = x - x^2$ 与直线 $y = ax$ 所围成的图形的面积为$\frac{9}{2}$,求参数 a.

7. 求 $y = x^2, y = 0, x = 1$ 分别绕 x 轴和 y 轴旋转所得的旋转体的体积.

8. 求 $x^2+(y-5)^2 = 16$ 绕 x 轴旋转所得的旋转体的体积.

9. 求曲线 $y = \ln(1-x^2)$ 上自$(0,0)$至$\left(\frac{1}{3}, \ln\frac{8}{9}\right)$一段的长度.

10. 一块高为 5 cm、底为 8 cm 的三角形薄片垂直地沉没在水中,三角形的底边与水面齐平,顶在水下面,求其一面所承受的水的压力.

第5章 常微分方程与拉普拉斯变换

微分方程是研究自然科学和社会科学中的事物和现象运动、演化、变化规律的最为基本的数学理论和方法. 物理、化学、生物、工程、航空、医学、经济和金融等领域中的许多原理和规律都可以描述成适当的微分方程,从而对这些规律的描述、认识和分析就归结为对相应的微分方程描述的数学模型的研究. 本章主要介绍微分方程的基本概念和几类常见的微分方程的解法. 此外,还将介绍拉普拉斯(Laplace)变换的基本概念、主要性质、逆变换以及它们在解常系数线性微分方程中的应用.

§5-1 微分方程的基本概念

在科学研究和大量的应用实践中,往往需要求得变量之间的函数关系,但是根据问题本身所提供的条件往往不能直接归结出函数表达式,仅能得到含有未知函数的导数或微分的关系式,这种关系就是所谓的微分方程. 本节主要介绍微分方程的相关概念.

我们先看两个具体的实例.

例1 已知曲线过点(2,6),且该曲线上任意点$M(x,y)$处的切线的斜率等于$-\frac{y}{x}$,求此曲线方程.

解 设所求的曲线方程为$y=f(x)$,根据题意和导数的几何意义,得

$$\frac{dy}{dx}=-\frac{y}{x}, \tag{1}$$

且$f(x)$还满足条件

$$f(2)=6. \tag{2}$$

将(1)式变为$\frac{dy}{y}=-\frac{dx}{x}$,两端积分,得

$$\ln y=-\ln x+\ln C, \tag{*}$$

即

$$y=\frac{C}{x}. \tag{3}$$

其中,C为大于零的任意常数.

再将已知条件(2)代入,得$6=\frac{C}{2}$,求出$C=12$. 从而得出曲线方程为

$$y=\frac{12}{x}. \tag{4}$$

注 严格地讲,(*)式应为$\ln|y|=-\ln|x|+\ln|C|$,但在解微分方程时绝对值符号的

作用往往可以与常数 C 的任意性相抵消. 为简便起见,在本书中求解微分方程时,$\frac{1}{x}$ 的原函数都写成 $\ln x$.

例 2　一质量为 m 的质点从高 h 处只受重力作用从静止状态自由下落,试求其运动方程.

解　在中学阶段就已经知道,从高度为 h 处下落的自由落体,离地面高度 s 的变化规律为 $s=h-\frac{1}{2}gt^2$,其中 g 为重力加速度. 下面我们来推导出这个公式.

如图 5-1 所示,取质点下落的铅垂线为 s 轴,它与地面的交点为原点,并规定正向朝上. 设质点在时刻 t 的位置在 $s(t)$. 因为质点只受方向向下的重力的作用,由牛顿第二定律 $F=ma$,得

$$m\frac{\mathrm{d}^2 s(t)}{\mathrm{d}t^2}=-mg,$$

即

$$\frac{\mathrm{d}^2 s(t)}{\mathrm{d}t^2}=-g. \tag{5}$$

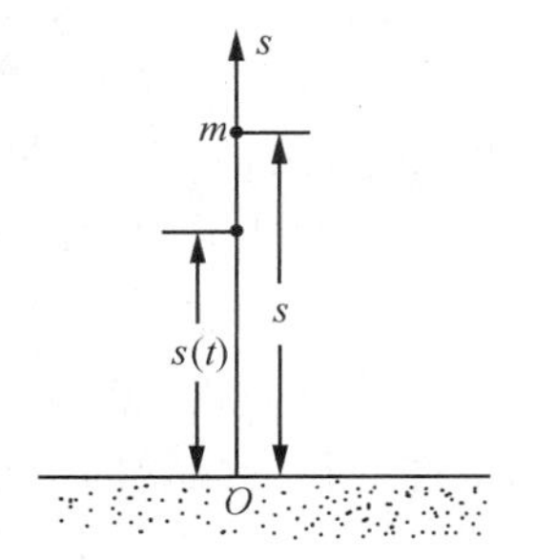

图 5-1

因为质点从高 h 处由静止状态自由下落,初始速度为 0,所以 $s=s(t)$ 还满足以下条件:

$$s(0)=h, s'(0)=0. \tag{6}$$

对(5)式两端积分得到

$$s'(t)=-gt+C_1, \tag{7}$$

再对上式两端积分得到

$$s(t)=-\frac{gt^2}{2}+C_1t+C_2, \tag{8}$$

其中 C_1,C_2 是两个任意常数.

将(6)式带入(7)式和(8)式,得 $C_1=0$,$C_2=h$,于是所求的运动方程为

$$s(t)=h-\frac{1}{2}gt^2. \tag{9}$$

上面两个实际例子的公共特征是: 首先,问题要求的是一个未知函数,而由已知条件并不能直接得到未知函数,只是得到了含有未知函数导数的关系式和未知函数应该满足的附加条件;其次,从求解方法看,都是通过求不定积分求出满足附加条件的未知函数;最后,从求解结果看,求出的是一个函数,而不是变量值或函数值.

总结这类问题,给出下面的定义:

定义　若在一个方程中涉及的函数是未知的,自变量仅有一个,且在方程中含有未知函数的导数(或微分),则称这样的方程为**常微分方程**,简称**微分方程**.

例 1 中的方程(1)和例 2 中的方程(5)都是常微分方程.

微分方程中所出现的未知函数的最高阶导数的阶数,称为**微分方程的阶**. 比如,例 1 中的方程(1)是一阶微分方程,例 2 中的方程(5)是二阶微分方程.

满足微分方程的函数(把函数代入微分方程能使该方程成为恒等式)称为**微分方程的解**.

求微分方程的解免不了要求不定积分,因此得到的解常含有任意常数. 如果微分方程的解中含有相互独立的任意常数,且其个数与微分方程的阶数相同,则称这样的解为**微分**

方程的通解.其中,独立的任意常数是指这些常数不能进行合并.

容易验证,例1中的(3)、例2中的(8)都是微分方程的通解.通解表示满足微分方程的未知函数的一般形式,在大部分情况下,也表示了满足微分方程的解的全体.在几何上,通解的图象是一族曲线,称为**积分曲线族**.

微分方程中对未知函数的附加条件,若以限定未知函数及其各阶导数在某一个特定点的值的形式表示,则称这种条件为微分方程的**定解条件**或**初始条件**.比如,例1中的(2)、例2中的(6)都是初始条件.

微分方程的初始条件的作用是用来确定通解中的任意常数.不含任意常数的解称为**特解**.比如,例1中的(4)、例2中的(9)分别是微分方程(1)、(5)满足初始条件(2)、(6)的特解.求微分方程满足初始条件的特解的问题,称为**初值问题**.特解表示了微分方程通解中一个满足初始条件的特定的解,在几何上表示为积分曲线族中一条特定的积分曲线.图5-2是例1中微分方程的积分曲线族及满足初始条件的积分曲线的示意图.

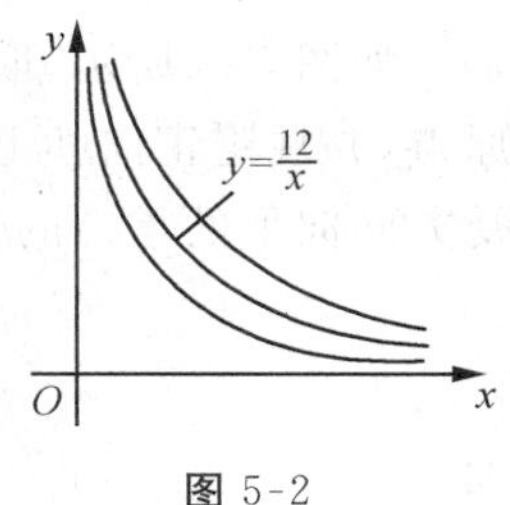

图5-2

例3 验证:函数 $x=C_1\cos kt+C_2\sin kt$ 是微分方程 $\frac{d^2x}{dt^2}+k^2x=0$ 的通解,并求满足初始条件 $x|_{t=0}=A,x'|_{t=0}=0$ 的特解.

解 求所给函数的导数:

$$\frac{dx}{dt}=-kC_1\sin kt+kC_2\cos kt,$$

$$\frac{d^2x}{dt^2}=-k^2C_1\cos kt-k^2C_2\sin kt=-k^2(C_1\cos kt+C_2\sin kt).$$

将$\frac{d^2x}{dt^2}$的表达式代入所给方程,得

$$-k^2(C_1\cos kt+C_2\sin kt)+k^2(C_1\cos kt+C_2\sin kt)=0,$$

所以函数 $x=C_1\cos kt+C_2\sin kt$ 是方程$\frac{d^2x}{dt^2}+k^2x=0$的解.又因为$\frac{\cos kt}{\sin kt}=\cot kt\neq$常数,所以解中含有两个相互独立的任意常数 C_1 和 C_2,而微分方程是二阶的,即任意常数的个数与方程的阶数相同,所以它是该方程的通解.

将初始条件 $x|_{t=0}=A,x'|_{t=0}=0$ 分别代入 $x=C_1\cos kt+C_2\sin kt$ 及 $x'(t)=-kC_1\sin kt+kC_2\cos kt$,得 $C_1=A,C_2=0$.

把 C_1,C_2 的值代入 $x=C_1\cos kt+C_2\sin kt$ 中,得所求特解为 $x=A\cos kt$.

习题 5-1(A)

1. 指出下列方程中哪些是微分方程,并说明它们的阶数:

(1) $\frac{d^2y}{dx^2}-y=2x$;　(2) $e^y+3xy-\sin x=0$;

(3) $x(y')^4-2y=1$;　(4) $(x^2+y^2)dx-xydy=0$;

(5) $x'+2xy=0$;　(6) $xy^{(4)}+(y')^5=2$.

2. 判断下列方程右边所给函数是否为该方程的解,如果是解,是通解还是特解?

(1) $y''-2y'+y=2e^x, y=x^2e^x$；

(2) $y'+y=0, y=3\sin x-4\cos x$；

(3) $y''+y=0, y=C_1\sin x+C_2\cos\left(x+\frac{\pi}{2}\right)$ (C_1, C_2为任意常数).

习题 5-1(B)

1. 验证函数 $y=C_1e^{2x}+C_2e^{-2x}$(C_1, C_2为任意常数)是方程 $y''-4y=0$ 的通解，并求满足初始条件 $y|_{x=0}=0, y'|_{x=0}=1$ 的特解.

2. 写出下列条件确定的曲线所满足的微分方程：

(1) 曲线上任一点 $P(x,y)$处切线的斜率等于该点的坐标之和；

(2) 曲线上任一点 $P(x,y)$处切线与横轴交点的横坐标等于切点横坐标的一半.

3. 已知曲线通过点(0,1)，且该曲线上任一点 $P(x,y)$处的切线斜率为 $x\sin x$，求该曲线的方程.

4. 一质量为 m 的物体由静止开始从水面沉入水中，下沉时质点受到的阻力与下沉速度成正比(比例系数为 $k, k>0$). 求物体的运动速度 $v(t)$和沉入水下深度 $s(t)$所满足的微分方程及初始条件.

5. 验证函数 $x^2-xy+y^2=C$(C 为任意常数)是方程$(x-2y)y'=2x-y$ 的通解，并求满足初始条件 $y|_{x=2}=1$ 的特解.

§5-2　一阶微分方程

一阶微分方程中出现的未知函数的导数或微分是一阶的，所以它的一般形式为

$$F(x,y,y')=0.$$

对于一阶微分方程或一阶微分方程的初值问题，首先有一个解的存在性问题，如果解存在，还有一个如何解的问题. 本节仅介绍几种解存在且有固定求解方法的一阶微分方程类型.

一、可分离变量的微分方程

如果一个一阶微分方程能写成

$$g(y)dy=f(x)dx\text{(或写成 }y'=\varphi(x)\psi(y)\text{)}$$

的形式，也就是说，能把微分方程写成一端只含 y 的函数和 dy，另一端只含 x 的函数和 dx，那么原方程就称为**可分离变量的微分方程**.

可分离变量的微分方程的一般解法如下：

第一步(分离变量)：将方程写成 $g(y)dy=f(x)dx$ 的形式；

第二步(两端积分)：若函数 $f(x)$和 $g(x)$连续，两端同时求不定积分，即 $\int g(y)dy=\int f(x)dx$，设 $G(y), F(x)$分别是 $g(y), f(x)$的一个原函数，则有 $G(y)=F(x)+C$.

此时称 $G(y)=F(x)+C$ 为方程的隐式通解. 若能求出 $G(y)$的反函数，则可得方程的

通解为 $y=G^{-1}[f(x)+C]$；否则，求出隐式通解即可. 如果是初值问题，再利用初始条件确定通解中的任意常数 C 即可.

例 1 求微分方程 $\frac{dy}{dx}=1+x+y^2+xy^2$ 满足条件 $y|_{x=0}=1$ 的特解.

解 方程可化为 $\frac{dy}{dx}=(1+x)(1+y^2)$，属于可分离变量类型.

分离变量，得
$$\frac{1}{1+y^2}dy=(1+x)dx,$$
两边积分，得
$$\int\frac{1}{1+y^2}dy=\int(1+x)dx,$$
即通解为
$$\arctan y=\frac{1}{2}x^2+x+C.$$

将 $y|_{x=0}=1$ 代入，得 $C=\frac{\pi}{4}$. 因此，特解为
$$\arctan y=\frac{1}{2}x^2+x+\frac{\pi}{4}，即\ y=\tan\left(\frac{1}{2}x^2+x+\frac{\pi}{4}\right).$$

某些方程在通过适当的变量代换之后，可以化为可分离变量的方程.

例 2 求微分方程 $ydx+xdy=2x^2y(\ln x+\ln y)dx$ 的通解.

解 原方程不属于可分离变量类型. 改写原方程为 $d(xy)=xy\ln(xy)2xdx$.

引入新未知函数 $u=xy$，则原方程变成 $du=2xu\ln udx$，这是 u 的可分离变量的微分方程. 分离变量，得
$$\frac{du}{u\ln u}=2xdx,$$
两边积分，得
$$\ln(\ln u)=x^2+\ln C，即\ \ln u=Ce^{x^2}.$$

将 $u=xy$ 代入，得通解为 $\ln(xy)=Ce^{x^2}$.

二、齐次方程

如果由一阶微分方程 $F(x,y,y')=0$ 可解出
$$\frac{dy}{dx}=\varphi\left(\frac{y}{x}\right),$$
那么称此方程为**齐次方程**.

对齐次方程只要作一个变量代换，就能将其转化为新变量的可分离变量的一阶微分方程，具体解法如下：

第一步 在齐次方程 $\frac{dy}{dx}=\varphi\left(\frac{y}{x}\right)$ 中，令 $u=\frac{y}{x}$，即 $y=ux$，有 $\frac{dy}{dx}=u+x\frac{du}{dx}$，原方程变为
$$u+x\frac{du}{dx}=\varphi(u);$$

第二步 分离变量，得
$$\frac{du}{\varphi(u)-u}=\frac{dx}{x};$$

第三步 两端积分，得
$$\int\frac{du}{\varphi(u)-u}=\int\frac{dx}{x};$$

第四步　求出不定积分后，再用$\frac{y}{x}$代替u，便得所给齐次方程的通解.

例3　求微分方程$(2y-x)y'=y-2x$满足$y|_{x=0}=10$的特解.

解　原方程可化为$y'=\dfrac{\frac{y}{x}-2}{2\frac{y}{x}-1}$. 令$u=\frac{y}{x}$，得

$$u'x+u=\frac{u-2}{2u-1},$$

分离变量，得

$$\frac{2u-1}{2u^2-2u+2}du=-\frac{dx}{x},$$

两边积分，得

$$\frac{1}{2}\ln(u^2-u+1)=-\ln x+\ln C,$$

即$u^2-u+1=\left(\frac{C}{x}\right)^2$. 将$u=\frac{y}{x}$代回，得$y^2-yx+x^2=C^2$.

因为$y|_{x=0}=10$，代入得$C^2=100$，所以满足初始条件的特解为

$$y^2-yx+x^2=100.$$

有些齐次方程需化成$\frac{dx}{dy}=\varphi\left(\frac{x}{y}\right)$的形式，把$y$看作自变量，$x$看作未知函数，令$v=\frac{x}{y}$，再化为可分离变量的微分方程求解.

例4　求微分方程$(1+2e^{\frac{x}{y}})dx+2e^{\frac{x}{y}}\left(1-\frac{x}{y}\right)dy=0$的通解.

解　原方程可化为$\dfrac{dx}{dy}=\dfrac{2e^{\frac{x}{y}}\left(\frac{x}{y}-1\right)}{1+2e^{\frac{x}{y}}}$. 令$v=\frac{x}{y}$，得

$$v+y\frac{dv}{dy}=\frac{2e^v(v-1)}{1+2e^v},$$

分离变量，得

$$\frac{1+2e^v}{v+2e^v}dv=-\frac{dy}{y},$$

两边积分，得

$$\ln(v+2e^v)=-\ln y+\ln C,$$

即

$$v+2e^v=\frac{C}{y}.$$

将$v=\frac{x}{y}$代回，得通解$x+2ye^{\frac{x}{y}}=C$.

三、一阶线性微分方程

如果一阶微分方程可化为

$$y'+P(x)y=Q(x) \tag{1}$$

的形式，即方程关于未知函数及其导数是线性的，而$P(x)$和$Q(x)$是已知的连续函数，那么称此方程为**一阶线性微分方程**. 当$Q(x)\neq 0$时，方程(1)称为关于未知函数y,y'的**一阶线性非齐次微分方程**. 反之，当$Q(x)\equiv 0$时，方程(1)即变为

$$y'+P(x)y=0, \tag{2}$$

称其为方程(1)所对应的**一阶线性齐次微分方程**.

先考虑齐次方程(2)的解法. 显然它是可分离变量的方程. 分离变量,得

$$\frac{\mathrm{d}y}{y}=-P(x)\mathrm{d}x,$$

两边积分,得

$$\ln y=-\int P(x)\mathrm{d}x+\ln C,$$

其中$\int P(x)\mathrm{d}x$表示$P(x)$的一个原函数. 于是一阶线性齐次微分方程(2)的通解为

$$y=C\mathrm{e}^{-\int P(x)\mathrm{d}x}.$$

下面研究非齐次方程(1)的解法.

设$y=y(x)(y\neq 0)$是非齐次方程(1)的解,则

$$\frac{\mathrm{d}y}{y}=\left[-P(x)+\frac{Q(x)}{y}\right]\mathrm{d}x.$$

因为y是x的函数,所以$\frac{Q(x)}{y}$也是x的函数. 两边积分,得

$$\ln y=-\int P(x)\mathrm{d}x+\int\frac{Q(x)}{y}\mathrm{d}x+\ln C,$$

故

$$y=C\mathrm{e}^{-\int P(x)\mathrm{d}x}\cdot\mathrm{e}^{\int\frac{Q(x)}{y}\mathrm{d}x}=C\mathrm{e}^{\int\frac{Q(x)}{y}\mathrm{d}x}\cdot\mathrm{e}^{-\int P(x)\mathrm{d}x}.$$

设$u(x)=C\mathrm{e}^{\int\frac{Q(x)}{y}\mathrm{d}x}$,则$y=u(x)\mathrm{e}^{-\int P(x)\mathrm{d}x}$是非齐次方程(1)的通解.

比较非齐次方程(1)与它所对应的齐次方程(2)的通解,发现它们具有相同的表示形式,仅仅将齐次方程(2)的通解中的任意常数C换成了未知函数$u(x)$,所以可以用如下方法求解非齐次方程(1).

设非齐次方程(1)的通解为

$$y=u(x)\mathrm{e}^{-\int P(x)\mathrm{d}x},$$

即将对应齐次方程(2)的通解中的任意常数C换成x的未知函数$u(x)$,将其代入非齐次方程(1)得

$$u'(x)\mathrm{e}^{-\int P(x)\mathrm{d}x}-u(x)\mathrm{e}^{-\int P(x)\mathrm{d}x}P(x)+P(x)u(x)\mathrm{e}^{-\int P(x)\mathrm{d}x}=Q(x),$$

化简,得

$$u'(x)=Q(x)\mathrm{e}^{\int P(x)\mathrm{d}x},$$

从而$u(x)=\int Q(x)\mathrm{e}^{\int P(x)\mathrm{d}x}\mathrm{d}x+C$,其中$\int Q(x)\mathrm{e}^{\int P(x)\mathrm{d}x}\mathrm{d}x$表示$Q(x)\mathrm{e}^{\int P(x)\mathrm{d}x}$的一个原函数. 于是非齐次方程(1)的通解为

$$y=\mathrm{e}^{-\int P(x)\mathrm{d}x}\left[\int Q(x)\mathrm{e}^{\int P(x)\mathrm{d}x}\mathrm{d}x+C\right]$$

或

$$y=C\mathrm{e}^{-\int P(x)\mathrm{d}x}+\mathrm{e}^{-\int P(x)\mathrm{d}x}\int Q(x)\mathrm{e}^{\int P(x)\mathrm{d}x}\mathrm{d}x.$$

上式称为非齐次方程(1)的通解公式,它的右端第一项恰是对应的齐次方程(2)的通解;第二项可由非齐次方程(1)的通解中取$C=0$得到,所以是非齐次方程(1)的一个特解. 由此可见,一阶线性非齐次方程的通解的结构是:对应的线性齐次方程的通解与它的一个特解之和.

上述通过把对应的线性齐次方程的通解中的任意常数C换成待定函数$u(x)$,然后求出线性非齐次方程通解的方法,称为**常数变易法**.

例5　求微分方程$(x+1)y'-2y=(x+1)^{\frac{7}{2}}$的通解.

解　这是一个线性非齐次方程,即$y'-\frac{2}{x+1}y=(x+1)^{\frac{5}{2}}$.下面用两种方法求解.

方法1(常数变易法):先求对应的线性齐次方程$\frac{dy}{dx}-\frac{2y}{x+1}=0$的通解.

分离变量,得
$$\frac{dy}{y}=\frac{2dx}{x+1},$$
两边积分,得
$$\ln y=2\ln(x+1)+\ln C,$$
对应线性齐次方程的通解为
$$y=C(x+1)^2.$$

用常数变易法.把C换成$u(x)$,即令$y=u(x)(x+1)^2$,代入所给线性非齐次方程,得
$$[u'(x)(x+1)^2+2u(x)(x+1)]-2u(x)(x+1)=(x+1)^{\frac{5}{2}},$$
化简,得
$$u'(x)=(x+1)^{\frac{1}{2}},$$
两边积分,得
$$u(x)=\frac{2}{3}(x+1)^{\frac{3}{2}}+C,$$
由此得原方程的通解为
$$y=(x+1)^2\left[\frac{2}{3}(x+1)^{\frac{3}{2}}+C\right].$$

方法2(公式法):原方程即为$\frac{dy}{dx}-\frac{2y}{x+1}=(x+1)^{\frac{5}{2}}$,这里$P(x)=-\frac{2}{x+1}$,$Q(x)=(x+1)^{\frac{5}{2}}$.代入通解公式得原方程的通解为
$$y=e^{\int\frac{2}{x+1}dx}\left[\int(x+1)^{\frac{5}{2}}e^{-\int\frac{2}{x+1}dx}dx+C\right]=e^{\ln(x+1)^2}\left[\int\frac{(x+1)^{\frac{5}{2}}}{(x+1)^2}dx+C\right]$$
$$=(x+1)^2\left[\frac{2}{3}(x+1)^{\frac{3}{2}}+C\right].$$

有时所求微分方程不是关于未知函数y,y'的一阶线性方程,而把x看成y的未知函数$x=x(y)$,方程成为关于未知函数$x(y),x'(y)$的一阶线性方程$\frac{dx}{dy}+P_1(y)x=Q_1(y)$.这时也可以利用上述方法得通解公式$x=e^{-\int P_1(y)dy}\left[\int Q_1(y)e^{\int P_1(y)dy}dy+C\right]$.

例6　求微分方程$ydx+(x-y^3)dy=0$满足条件$y|_{x=1}=1$的特解.

解　原方程不是关于未知函数y,y'的一阶线性方程,现改写为
$$\frac{dx}{dy}+\frac{1}{y}x=y^2,$$
则它是关于$x(y),x'(y)$的一阶线性方程,其中$P_1(y)=\frac{1}{y}$,$Q_1(y)=y^2$.代入相应的通解公式,得通解为
$$x=e^{-\int P_1(y)dy}\left[\int Q_1(y)e^{\int P_1(y)dy}dy+C\right]=e^{-\int\frac{1}{y}dy}\left(\int y^2e^{\int\frac{1}{y}dy}dy+C\right)$$
$$=e^{-\ln y}\left(\int y^2e^{\ln y}dy+C\right)=\frac{1}{y}\left(\int y^2\cdot y\,dy+C\right)=C\frac{1}{y}+\frac{1}{4}y^3.$$

将条件$y|_{x=1}=1$代入上式,得$C=\frac{3}{4}$,于是特解为$x=\frac{1}{4}y^3+\frac{3}{4y}$.

习题 5-2 (A)

1. 判断下列一阶微分方程的类型：

(1) $x\cos x\mathrm{d}y+y^3\sin x\mathrm{d}x=0$；

(2) $\dfrac{\mathrm{d}y}{\mathrm{d}x}=\dfrac{x^3+x^2y}{y^3}+\sin\dfrac{y}{x}$；

(3) $\mathrm{d}y=\dfrac{\mathrm{d}x}{x+y^2}$；

(4) $x^2y'-3y\ln x=\mathrm{e}^x(1+x)^3$；

(5) $x\dfrac{\mathrm{d}y}{\mathrm{d}x}+y=2\sqrt{xy}(x>0)$；

(6) $y'=10^{x+y^2}$.

2. 求解下列微分方程：

(1) $x\mathrm{d}y-y\ln y\mathrm{d}x=0$；

(2) $y'=\mathrm{e}^{2x-y},y|_{x=0}=0$；

(3) $(x-y)y\mathrm{d}x-x^2\mathrm{d}y=0$；

(4) $y'+2xy+2x^3=0,y(0)=1$；

(5) $\dfrac{\mathrm{d}y}{\mathrm{d}x}=\dfrac{y}{x+y^3}$.

习题 5-2 (B)

1. 求解下列微分方程：

(1) $3x^2+5x-5y'=0$；

(2) $y'\sin x=y\ln y,y|_{x=\frac{\pi}{2}}=\mathrm{e}$；

(3) $x(y^2-1)\mathrm{d}x+y(x^2-1)\mathrm{d}y=0$；

(4) $\cos x\sin y\mathrm{d}y=\cos y\sin x\mathrm{d}x,y|_{x=0}=\dfrac{\pi}{4}$；

(5) $(\mathrm{e}^{x+y}-\mathrm{e}^x)\mathrm{d}x+(\mathrm{e}^{x+y}+\mathrm{e}^y)\mathrm{d}y=0$；

(6) $\sqrt{1-x^2}y'=\sqrt{1-y^2},y|_{x=0}=0$.

2. 求解下列微分方程：

(1) $\dfrac{\mathrm{d}y}{\mathrm{d}x}=\dfrac{y}{x}+\tan\dfrac{y}{x}$；

(2) $x\dfrac{\mathrm{d}y}{\mathrm{d}x}=y\ln\dfrac{y}{x}$；

(3) $2x^3\mathrm{d}y+y(y^2-2x^2)\mathrm{d}x=0$；

(4) $xy\dfrac{\mathrm{d}y}{\mathrm{d}x}=y^2+x^2,y(1)=2$；

(5) $y'=\mathrm{e}^{\frac{y}{x}}+\dfrac{y}{x},y|_{x=1}=0$；

(6) $y\mathrm{d}x=\left(x+y\sec\dfrac{x}{y}\right)\mathrm{d}y,y(0)=1$.

3. 求解下列微分方程：

(1) $\dfrac{\mathrm{d}r}{\mathrm{d}\theta}+3r=2$；

(2) $y'+y\cos x=\mathrm{e}^{-\sin x},y(0)=0$；

(3) $(x^2-6y)\mathrm{d}x+2x\mathrm{d}y=0$；

(4) $y\mathrm{d}x+(x-\mathrm{e}^y)\mathrm{d}y=0,y|_{x=2}=3$；

(5) $(x^2-1)y'+2xy-\cos x=0$；

(6) $\dfrac{\mathrm{d}y}{\mathrm{d}x}-\dfrac{2xy}{1+x^2}=1+x,y(0)=\dfrac{1}{2}$.

4. 设一曲线过原点，且在点(x,y)处的切线斜率等于$y\tan x-\sec x$，求此曲线方程.

5. 已知曲线过点$\left(1,\dfrac{1}{3}\right)$，且在该曲线上任意一点处的切线斜率等于自原点到该点连线的斜率的两倍，求此曲线方程.

§5-3　可降阶的高阶微分方程

二阶及二阶以上的微分方程称为高阶微分方程. §5-1 中的例 2 就是一个高阶微分方程,当时我们把二阶方程降为一阶,通过连续两次解一阶方程得到要求的结果. 把高阶方程降阶为阶数较低的方程求解,是求解高阶微分方程的常用技巧之一. 本节将介绍几种特殊类型的高阶微分方程,它们都有固定的降阶方法,能最终化为一阶方程求解.

一、$y^{(n)}=f(x)$型的微分方程

这种类型的微分方程的特点是:在方程中解出最高阶导数后,等号右边仅是自变量 x 的函数.

解法　只要两边同时逐次积分,就能逐次降阶. 两边积分一次,得

$$y^{(n-1)}=\int f(x)\mathrm{d}x+C_1,$$

再积分一次,得

$$y^{(n-2)}=\int\left[\int f(x)\mathrm{d}x+C_1\right]\mathrm{d}x+C_2=\int\left[\int f(x)\mathrm{d}x\right]\mathrm{d}x+C_1x+C_2,$$

如此继续,积分 n 次便可求得通解.

例 1　求微分方程 $y'''=\mathrm{e}^{2x}-\cos x$ 的通解.

解　方程两边积分一次,得

$$y''=\int(\mathrm{e}^{2x}-\cos x)\mathrm{d}x=\frac{1}{2}\mathrm{e}^{2x}-\sin x+C_1,$$

两边再积分,得

$$y'=\int\left(\frac{1}{2}\mathrm{e}^{2x}-\sin x+C_1\right)\mathrm{d}x=\frac{1}{4}\mathrm{e}^{2x}+\cos x+C_1x+C_2,$$

第三次积分,得通解

$$y=\int\left(\frac{1}{4}\mathrm{e}^{2x}+\cos x+C_1x+C_2\right)\mathrm{d}x=\frac{1}{8}\mathrm{e}^{2x}+\sin x+\frac{1}{2}C_1x^2+C_2x+C_3.$$

二、缺项型二阶微分方程

从二阶微分方程解出二阶导数后,它的一般形式应该是

$$y''=f(x,y,y').$$

所谓缺项型,是指等号右边不显含未知函数项 y,成为

$$y''=f(x,y');$$

或者不显含自变量项 x,成为

$$y''=f(y,y').$$

这两种缺项型二阶微分方程的求解思想都是引入新变量 $p=y'$,将二阶方程降为一阶方程求解. 具体步骤如下:

(1) $y''=f(x,y')$型的微分方程.

解法 设 $y'=p$，则 $y''=\frac{dy'}{dx}=\frac{dp}{dx}$，方程化为

$$\frac{dp}{dx}=f(x,p).$$

设$\frac{dp}{dx}=f(x,p)$的通解为 $y'=p=\varphi(x,C_1)$，再两边同时积分，得原方程的通解为

$$y=\int\varphi(x,C_1)dx+C_2.$$

(2) $y''=f(y,y')$型的微分方程.

解法 设 $y'=p$，有

$$y''=\frac{dp}{dx}=\frac{dp}{dy}\cdot\frac{dy}{dx}=p\frac{dp}{dy}.$$

原方程化为

$$p\frac{dp}{dy}=f(y,p).$$

设方程 $p\frac{dp}{dy}=f(y,p)$的通解为 $y'=p=\psi(y,C_1)$，则分离变量，两边积分得通解为

$$\int\frac{dy}{\psi(y,C_1)}=x+C_2.$$

例 2 求微分方程 $y''=y'+x$ 满足初始条件 $y'|_{x=0}=3,y|_{x=0}=1$ 的特解.

解 所给方程是 $y''=f(x,y')$型的. 设 $y'=p$，代入方程，有

$$\frac{dp}{dx}-p=x.$$

由一阶线性非齐次方程的通解公式，有

$$y'=p=e^{-\int(-1)dx}\left[\int xe^{\int(-1)dx}dx+C_1\right]=-x-1+C_1e^x.$$

由条件 $y'|_{x=0}=3$，得 $C_1=4$，所以 $y'=-x-1+4e^x$.

两边积分，得 $y=-\frac{x^2}{2}-x+4e^x+C_2$. 又由条件 $y|_{x=0}=1$，得 $C_2=-3$. 于是所求特解为

$$y=-\frac{x^2}{2}-x+4e^x-3.$$

例 3 求微分方程 $yy''-y'^2=0$ 的通解.

解 所给方程是 $y''=f(y,y')$型的. 设 $y'=p$，则 $y''=p\frac{dp}{dy}$，原方程化为

$$yp\frac{dp}{dy}-p^2=0,$$

分离变量，得

$$\frac{dp}{p}=\frac{dy}{y},$$

两边积分，得 $p=C_1y$，即 $y'-C_1y=0$，从而原方程的通解为 $y=C_2e^{\int C_1dx}=C_2e^{C_1x}$.

例 4 求微分方程 $y''-3(y')^2=0$ 满足初始条件 $y(0)=0,y'(0)=-1$ 的特解.

解 该方程可看成 $y''=f(x,y')$型，也可看成 $y''=f(y,y')$型，但视方程为$y''=f(x,y')$型较方便. 设 $y'=p$，则方程降阶为

$$p'-3p^2=0,$$

分离变量，得

$$\frac{dp}{p^2}=3dx,$$

两边积分，得 $-\frac{1}{p}=3x+C_1$. 由 $y'(0)=p(0)=-1$，得 $C_1=1$. 所以 $y'=-\frac{1}{3x+1}$.

再两边积分，得 $y=-\frac{1}{3}\ln(3x+1)+C_2$. 又由 $y(0)=0$，得 $C_2=0$，所以原方程的特解为

$$y=-\frac{1}{3}\ln(3x+1).$$

对于 $y''=f(y')$ 型的微分方程，究竟按 $y''=f(x,y')$ 型还是 $y''=f(y,y')$ 型求解，要具体问题具体分析，多数情况下按 $y''=f(x,y')$ 型求解较方便.

习题 5-3（A）

求解下列微分方程：

(1) $y'''=x+1$；　(2) $y'''=2x+\cos x$；

(3) $xy''=y'$；　(4) $y''-\frac{y'}{x}=xe^x$；

(5) $y''=2yy', y|_{x=0}=1, y'|_{x=0}=2$；　(6) $y''=1+y'^2, y(0)=1, y'(0)=0$.

习题 5-3（B）

1. 求解下列微分方程的通解：

(1) $y''=\frac{1}{1+x^2}$；　(2) $y'''=xe^x$；

(3) $(1+x^2)y''=2xy'$；　(4) $x^2y''+xy'=1$；

(5) $yy''+(y')^3=0$；　(6) $y''=y'^3+y'$.

2. 求解下列微分方程的特解：

(1) $y''=(y')^{\frac{1}{2}}, y|_{x=0}=y'|_{x=0}=1$；　(2) $(1-x^2)y''-xy'=3, y(0)=y'(0)=0$.

§5-4　二阶常系数线性微分方程

本节探讨一种特殊类型的二阶微分方程，它不能降阶为一阶微分方程来求解，但仍有求其通解的一般方法.

形如 $y''+py'+qy=f(x)$（其中 p,q 为与 x,y 无关的常数）的方程称为**二阶常系数线性微分方程**，其中，函数 $f(x)$ 称为**自由项**.

当 $f(x)\equiv 0$ 时，方程

$$y''+py'+qy=0 \tag{1}$$

称为**二阶常系数线性齐次微分方程**；否则，称

$$y''+py'+qy=f(x) \tag{2}$$

为**二阶常系数线性非齐次微分方程**.

一、二阶常系数线性齐次微分方程的解法

如果 y_1,y_2 是齐次方程(1)的两个解，且 $\frac{y_1}{y_2}\neq$ 常数，那么齐次方程(1)的通解为

$$y=C_1y_1+C_2y_2\ (C_1,C_2\text{是任意常数}).\tag{3}$$

因为函数 $y=e^{rx}$ 的各阶导数与函数本身仅相差常数因子，根据齐次方程(1)的常系数的特点，可设想齐次方程(1)的解是 $y=e^{rx}$ 形式的函数. 事实上，将 $y=e^{rx}$ 代入齐次方程(1)，得

$$e^{rx}(r^2+pr+q)=0,$$

而 $e^{rx}\neq 0$，故只要 r 是代数方程 $r^2+pr+q=0$ 的根，那么函数 $y=e^{rx}$ 就是齐次方程(1)的解.

可见，代数方程 $r^2+pr+q=0$ 在求二阶常系数线性齐次方程中起着决定性作用，故称之为齐次方程(1)的**特征方程**，并称其根为齐次方程(1)的**特征根**.

以下根据特征根的不同情况，讨论齐次方程(1)的通解.

(1) 两个相异的实数根.

设 $r^2+pr+q=0$ 有两个相异实根 $r_1\neq r_2$，则 $y_1=e^{r_1x}$，$y_2=e^{r_2x}$ 是齐次方程(1)的解且 $\frac{y_1}{y_2}\neq$ 常数，由(3)式可知齐次方程(1)的通解为

$$y=C_1e^{r_1x}+C_2e^{r_2x}\ (C_1,C_2\text{是任意常数}).$$

(2) 两个相等的实数根.

设 $r^2+pr+q=0$ 有两个相等的实特征根 $r_1=r_2=-\frac{p}{2}$，则 $y=e^{r_1x}$ 是齐次方程(1)的一个解. 因为 $r^2+pr+q=0$ 有重根，所以 $\Delta=p^2-4q=0$. 齐次方程(1)可改写为

$$y''+py'+qy=y''+py'+\frac{p^2}{4}y=\left(y'+\frac{p}{2}y\right)'+\frac{p}{2}\left(y'+\frac{p}{2}y\right)=0.$$

令 $u=y'+\frac{p}{2}y$，则齐次方程(1)成为 u 的一阶线性齐次方程 $u'+\frac{p}{2}u=0$. 它的一个特解为 $u=e^{-\frac{p}{2}x}=e^{r_1x}$，即 $y'+\frac{p}{2}y=e^{-\frac{p}{2}x}$，利用一阶线性非齐次微分方程的求解公式，可得齐次方程(1)的另一个解($C=0$)

$$y_2=e^{-\frac{p}{2}x}\int e^{-\frac{p}{2}x}e^{\frac{p}{2}x}\,dx=xe^{-\frac{p}{2}x}=xe^{r_1x}.$$

因为 y_1,y_2 都是齐次方程(1)的解，且 $\frac{y_1}{y_2}=x\neq$ 常数，所以齐次方程(1)的通解为

$$y=C_1e^{r_1x}+C_2xe^{r_1x}=(C_1+C_2x)e^{r_1x}\ (C_1,C_2\text{是任意常数}).$$

(3) 一对共轭复数根.

设 $r^2+pr+q=0$ 有一对共轭复数根 $r_1=\alpha+\beta i$，$r_2=\alpha-\beta i\ (\beta\neq 0)$，则齐次方程(1)有两个特解 $y_1=e^{r_1x}$，$y_2=e^{r_2x}$. 这是两个复数解，不便于应用. 为了得到实数解，利用欧拉公式 $e^{i\theta}=\cos\theta+i\sin\theta$，可得 $y_1=e^{(\alpha+\beta i)x}=e^{\alpha x}(\cos\beta x+i\sin\beta x)$，$y_2=e^{(\alpha-\beta i)x}=e^{\alpha x}(\cos\beta x-i\sin\beta x)$. 代入齐次方程(1)可知 $\frac{1}{2}(y_1+y_2)=e^{\alpha x}\cos\beta x$，$\frac{1}{2i}(y_1-y_2)=e^{\alpha x}\sin\beta x$ 也是齐次方程(1)的解，且 $\frac{e^{\alpha x}\cos\beta x}{e^{\alpha x}\sin\beta x}=\cot\beta x\neq$ 常数，因此齐次方程(1)的通解可以表示为

$$y=e^{\alpha x}(C_1\cos\beta x+C_2\sin\beta x)\ (C_1,C_2\text{是任意常数}).$$

综上所述，求二阶常系数线性齐次微分方程(1)的通解的步骤如下：

(1) 写出微分方程所对应的特征方程 $r^2+pr+q=0$；

(2) 求出特征方程的两个根 r_1,r_2；

(3) 根据特征根的不同情况，按下表写出其通解：

特征根的情况	齐次方程 $y''+py'+qy=0$ 的通解形式
两个不等的实根 $r_1\neq r_2$	$y=C_1e^{r_1x}+C_2e^{r_2x}$
两个相等的实根 $r_1=r_2$	$y=(C_1+C_2x)e^{r_1x}$
一对共轭复数根 $r_{1,2}=\alpha\pm\beta i(\beta>0)$	$y=e^{\alpha x}(C_1\cos\beta x+C_2\sin\beta x)$

例1　求微分方程 $y''-5y'+6y=0$ 满足初始条件 $y'|_{x=0}=-1, y|_{x=0}=0$ 的特解.

解　特征方程为 $r^2-5r+6=0$，特征根为 $r_1=2,r_2=3$，所以微分方程的通解为

$$y=C_1e^{2x}+C_2e^{3x}，且\ y'=2C_1e^{2x}+3C_2e^{3x}.$$

将初始条件代入，得 $\begin{cases}2C_1+3C_2=-1,\\C_1+C_2=0.\end{cases}$ 解得 $\begin{cases}C_1=1,\\C_2=-1.\end{cases}$

所以，所求特解为 $y=e^{2x}-e^{3x}$.

例2　求微分方程 $\dfrac{d^2s}{dt^2}+4\dfrac{ds}{dt}+4s=0$ 的通解.

解　特征方程为 $r^2+4r+4=0$，特征根为 $r_1=r_2=-2$，所以，微分方程的通解为

$$s=(C_1+C_2t)e^{-2t}.$$

例3　求微分方程 $y''-4y'+13y=0$ 的通解.

解　特征方程为 $r^2-4r+13=0$，特征根为 $r_{1,2}=\dfrac{4\pm6i}{2}=2\pm3i, \alpha=2, \beta=3$，所以，微分方程的通解为

$$y=e^{2x}(C_1\cos3x+C_2\sin3x).$$

二、二阶常系数线性非齐次微分方程的解法

设 y^* 是非齐次方程(2)的特解，Y 是对应的齐次方程(1)的通解，则代入可知，$y=Y+y^*$ 是非齐次方程(2)的解. 又 Y 是对应的齐次方程(1)的通解，它含有两个相互独立的任意常数，故 $y=Y+y^*$ 中含有两个相互独立的任意常数，从而 $y=Y+y^*$ 是非齐次方程(2)的通解. 所以，为了求得非齐次方程(2)的通解，只需求出其对应齐次方程的通解和它本身的一个特解. 求前者的问题已经解决，余下的是解决如何求非齐次方程(2)的一个特解 y^*.

设对应齐次方程(1)的特征根为 r_1,r_2，由韦达定理知 $p=-(r_1+r_2), q=r_1r_2$，于是非齐次方程(2)可改写为

$$y''-(r_1+r_2)y'+r_1r_2y=f(x)，即(y'-r_1y)'-r_2(y'-r_1y)=f(x).$$

令 $u=y'-r_1y$，则 $u'-r_2u=f(x)$. 根据一阶线性非齐次方程的求解公式，有 $u=e^{r_2x}\int f(x)e^{-r_2x}dx(C=0)$，即

$$y'-r_1y=e^{r_2x}\int f(x)e^{-r_2x}dx.$$

再利用一阶线性非齐次方程的求解公式，得非齐次方程(2)的一个特解

$$y^* = e^{r_1 x}\int\left[e^{-r_1 x}\cdot e^{r_2 x}\int f(x)e^{-r_2 x}dx\right]dx = e^{r_1 x}\int\left[e^{(r_2-r_1)x}\int f(x)e^{-r_2 x}dx\right]dx(C=0).$$

如果特征根是实数且自由项 $f(x)$ 较简单,可以根据上述公式直接求出特解.但对于一般的自由项 $f(x)$,由于特征根有各种不同情况,想按上述公式求出特解 y^* 并非易事.当 $f(x)=P_n(x)e^{\lambda x}$(其中 $P_n(x)$ 是 n 次多项式,λ 是常数)或 $f(x)=e^{\lambda x}(a\cos\omega x+b\sin\omega x)$(其中 λ,a,b,ω 均为常数)时,我们可以用待定系数法求非齐次方程(2)的特解.

1. $f(x)=P_n(x)e^{\lambda x}$ 型

其中 λ 为常数,$P_n(x)$ 为 x 的 n 次多项式,即 $P_n(x)=a_nx^n+a_{n-1}x^{n-1}+\cdots+a_0$,此时方程为 $y''+py'+qy=P_n(x)e^{\lambda x}$.可以证明它的特解 y^* 总具有形式 $y^*=x^kQ_n(x)e^{\lambda x}$,$Q_n(x)$ 为 n 次待定多项式,即 $Q_n(x)=b_nx^n+b_{n-1}x^{n-1}+\cdots+b_0$,$b_n,b_{n-1},\cdots,b_0$ 为待定系数.而 k 的取法如下:

$$k=\begin{cases}0, & \text{当 }\lambda\text{ 不是特征根时},\\ 1, & \text{当 }\lambda\text{ 是两个相异特征根之一时},\\ 2, & \text{当 }\lambda\text{ 是重特征根时}.\end{cases}$$

例 4 求微分方程 $y''-2y'-3y=3xe^{2x}$ 的一个特解.

解 方法 1(公式法):该方程对应的齐次方程的特征方程为

$$r^2-2r-3=0,$$

从而,特征根为

$$r_1=3,r_2=-1.$$

由特解公式,得

$$y^* = e^{r_1 x}\int\left[e^{(r_2-r_1)x}\int f(x)e^{-r_2 x}dx\right]dx = e^{3x}\int\left(e^{-4x}\int 3xe^{2x}e^{x}dx\right)dx$$

$$= e^{3x}\int\left[e^{-4x}\left(xe^{3x}-\frac{1}{3}e^{3x}\right)\right]dx = e^{3x}\left(-xe^{-x}-\frac{2e^{-x}}{3}\right)=-\left(x+\frac{2}{3}\right)e^{2x}.$$

方法 2(待定系数法):该方程对应的齐次方程的特征根为 $r_1=3,r_2=-1$.

由于 $\lambda=2$ 不是特征根,所以令特解 $y^*=(Ax+B)e^{2x}$,则

$$(y^*)'=(2Ax+A+2B)e^{2x},(y^*)''=4(Ax+A+B)e^{2x}.$$

代入原方程,得

$$-3Axe^{2x}+(2A-3B)e^{2x}=3xe^{2x}.$$

比较两边系数,得 $\begin{cases}-3A=3,\\ 2A-3B=0,\end{cases}$ 解得 $\begin{cases}A=-1,\\ B=-\dfrac{2}{3}.\end{cases}$

所以,特解为 $y^*=-\left(x+\dfrac{2}{3}\right)e^{2x}$.

例 5 求微分方程 $y''-6y'+9y=(x^2+3x-5)e^{3x}$ 的通解.

解 该方程对应的齐次方程的特征方程为

$$r^2-6r+9=0,$$

从而,特征根为 $r_1=r_2=3$,故对应的齐次方程的通解为 $Y=(C_1+C_2x)e^{3x}$.

因为方程的自由项 $f(x)=(x^2+3x-5)e^{3x}$,其中 $\lambda=3$ 是重特征根,所以令特解为

$$y^*=x^2(Ax^2+Bx+C)e^{3x},$$

其中 A,B,C 为待定系数,则

$$(y^*)'=[3Ax^4+(4A+3B)x^3+3(B+C)x^2+2Cx]e^{3x},$$

$$(y^*)''=[9Ax^4+3(8A+3B)x^3+3(4A+6B+3C)x^2+6(B+2C)x+2C]e^{3x}.$$

代入原方程并整理,得

$$(12Ax^2+6Bx+2C)e^{3x}=(x^2+3x-5)e^{3x}.$$

比较两边系数,得$\begin{cases}12A=1,\\6B=3,\\2C=-5,\end{cases}$ 解得$\begin{cases}A=\dfrac{1}{12},\\B=\dfrac{1}{2},\\C=-\dfrac{5}{2}.\end{cases}$

所以,特解为 $y^*=x^2\left(\dfrac{1}{12}x^2+\dfrac{1}{2}x-\dfrac{5}{2}\right)e^{3x}$.

于是原方程的通解为 $y=Y+y^*=\left(\dfrac{x^4}{12}+\dfrac{x^3}{2}-\dfrac{5}{2}x^2+C_2x+C_1\right)e^{3x}$.

2. $f(x)=e^{\lambda x}(a\cos\omega x+b\sin\omega x)$ 型

其中 λ,a,b,ω 均为常数,此时方程为 $y''+py'+qy=e^{\lambda x}(a\cos\omega x+b\sin\omega x)$. 可以证明它的特解 y^* 总具有形式 $y^*=x^ke^{\lambda x}(A\cos\omega x+B\sin\omega x)$,其中 A,B 为待定系数,而 k 的取法如下:

$$k=\begin{cases}0, & \text{当 } \lambda\pm\omega i \text{ 不是特征根时},\\1, & \text{当 } \lambda\pm\omega i \text{ 是特征根时}.\end{cases}$$

例 6　求微分方程 $y''+y'-2y=e^x(\cos x-7\sin x)$的一个特解.

解　该方程对应的齐次方程的特征方程为

$$r^2+r-2=0,$$

从而,特征根为 $r_1=1,r_2=-2$.

因为 $\lambda\pm\omega i=1\pm i$ 不是特征根,故设原方程的一个特解为

$$y^*=e^x(A\cos x+B\sin x),$$

其中 A,B 为待定系数,则

$$(y^*)'=e^x[(A+B)\cos x+(B-A)\sin x],(y^*)''=2e^x(B\cos x-A\sin x).$$

代入原方程整理,得

$$(3B-A)\cos x+(-3A-B)\sin x=\cos x-7\sin x.$$

比较两边系数,得$\begin{cases}-3A-B=-7,\\-A+3B=1,\end{cases}$解得$\begin{cases}A=2,\\B=1.\end{cases}$

所以,原方程的一个特解为 $y^*=e^x(2\cos x+\sin x)$.

例 7　求微分方程 $y''+y=2\sin x$ 满足 $y'|_{x=0}=-1,y|_{x=0}=0$ 的特解.

解　该方程对应的齐次方程的特征方程为

$$r^2+1=0,$$

从而,特征根为 $r_{1,2}=\pm i$. 故对应的齐次方程的通解为 $Y=C_1\cos x+C_2\sin x$.

因为 $\lambda\pm\omega i=\pm i$ 是特征方程的特征根,所以令原方程的特解为

$$y^*=x(A\cos x+B\sin x),$$

其中 A,B 为待定系数,则

$$(y^*)'=(A+Bx)\cos x+(B-Ax)\sin x,$$

$$(y^*)''=(2B-Ax)\cos x-(2A+Bx)\sin x.$$

代入原方程整理，得

$$2B\cos x-2A\sin x=2\sin x.$$

比较两边系数，得 $A=-1,B=0$.

因此，原方程的一个特解为 $y^*=-x\cos x$，通解为

$$y=y^*+Y=-x\cos x+C_1\cos x+C_2\sin x.$$

此时 $y'=-\cos x+x\sin x-C_1\sin x+C_2\cos x$. 将条件 $y'|_{x=0}=-1, y|_{x=0}=0$ 代入，得 $C_1=C_2=0$.

所以，满足条件的特解为 $y=-x\cos x$.

上述例5、例6、例7中的特解 y^* 也可用公式法求解，但积分会比较麻烦，特别是当特征根为复数时，还要使用欧拉公式等，有兴趣的读者可参阅其他教材.

习题 5-4（A）

1. 求下列微分方程的通解：

(1) $y''-3y'-10y=0$；　　(2) $y''+5y=0$.

2. 求微分方程 $y''+2y'+2y=0$ 满足初始条件 $y'(0)=-2, y(0)=4$ 的特解.

3. 写出下列微分方程特解的形式：

(1) $y''+3y'+2y=xe^{-x}$；　　(2) $y''-2y'+y=e^{-x}$；

(3) $y''+2y'+2y=\sin x$.

4. 求方程 $y''-2y'-3y=3x+1$ 的一个特解.

5. 求方程 $y''+4y=\sin 2x$ 的一个特解.

习题 5-4（B）

1. 求下列微分方程的通解：

(1) $y''-9y=0$；　　(2) $y''-2y'+y=0$；

(3) $y''+4y=0$；　　(4) $y''+6y'+10y=0$.

2. 求下列微分方程满足初始条件的特解：

(1) $y''-4y'+3y=0, y(0)=6, y'(0)=10$；

(2) $4y''+4y'+y=0, y(0)=2, y'(0)=0$；

(3) $y''+2y'+5y=0, y(0)=2, y'(0)=0$.

3. 求下列微分方程的一个特解：

(1) $y''+y=2x^2-3$；　　(2) $y''+4y'+4y=2e^{-2x}$；

(3) $y''+2y'+5y=3e^{-x}\cos x$；　　(4) $y''+9y=3\sin 3x$.

4. 求下列微分方程的通解：

(1) $y''+6y'+9y=5xe^{-3x}$；　　(2) $y''+3y'-4y=5e^{x}$；

(3) $y''+y=\cos x$；　　(4) $4y''+4y'+y=e^{\frac{x}{2}}$.

5. 求下列微分方程满足初始条件的特解：

(1) $y''+y'-2y=2x, y|_{x=0}=0, y'|_{x=0}=3$；

(2) $x''+x=2\cos t, x|_{t=0}=2, x'|_{t=0}=0$.

6. 求满足方程 $y''+4y'+4y=0$ 的曲线 $y=y(x)$，使该曲线在点 $P(2,4)$ 处与直线 $y=x+2$ 相切.

§5-5　微分方程的应用

本章前面几节主要研究了几类常见的微分方程的解法，下面将举例说明如何通过建立微分方程解决一些实际问题.

应用微分方程解决实际问题通常按照下列步骤进行：

(1) 建立模型：分析实际问题，建立微分方程，确定初始条件；

(2) 求解方程：求出所列微分方程的通解，并根据初始条件确定出符合实际情况的特解；

(3) 解释问题：通过微分方程的解，解释、分析实际问题，预测变化趋势.

例 1　设 R-C 电路如图 5-3 所示，其中电阻 R 和电容 C 均为正常数，电源电压为 E. 如果开关 K 闭合($t=0$)时，电容两端的电压 $U_C=0$，求开关合上后电压随时间 t 的变化规律.

解　由基尔霍夫定律，$E=U_R+U_C$. 这里，电容两端的电压 $U_C=U_C(t)$ 是时间 t 的函数，电阻两端的电压为 $U_R=RI$，而 $I=\frac{\mathrm{d}Q}{\mathrm{d}t}$，电容器上的电量 $Q=CU_C$，所以有 $I=\frac{\mathrm{d}Q}{\mathrm{d}t}=C\frac{\mathrm{d}U_C}{\mathrm{d}t}$，从而

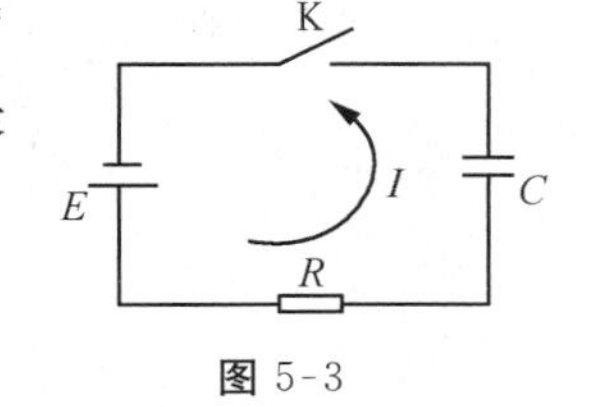

图 5-3

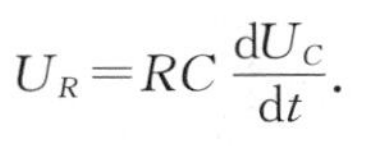

$$U_R=RC\frac{\mathrm{d}U_C}{\mathrm{d}t}.$$

于是，得到 U_C 满足微分方程 $RC\frac{\mathrm{d}U_C}{\mathrm{d}t}+U_C=E$，初始条件为 $U_C|_{t=0}=0$.

下面就两种不同的电源进行讨论.

1. 直流电源

这时电源电压 E 为常量，则方程 $RC\frac{\mathrm{d}U_C}{\mathrm{d}t}+U_C=E$ 是一个可分离变量的一阶微分方程，分离变量再两边积分，求得其通解为

$$U_C=E+A\mathrm{e}^{-\frac{t}{RC}}\ (A\text{ 为任意常数}).$$

将初始条件代入，得 $A=-E$. 因此，电容两端的电压 U_C 随时间 t 的变化规律为

$$U_C=E(1-\mathrm{e}^{-\frac{t}{RC}}).$$

2. 交流电源

这时电源电压为 $E=E_0\sin\omega t$(其中 E_0 和 ω 都是常数)，则方程 $RC\frac{\mathrm{d}U_C}{\mathrm{d}t}+U_C=E_0\sin\omega t$ 是一个一阶线性非齐次微分方程，代入通解公式可得其通解为

$$U_C=\frac{E_0}{1+(RC\omega)^2}(\sin\omega t-RC\omega\cos\omega t)+A\mathrm{e}^{-\frac{t}{RC}}\ (A\text{ 为任意常数}),$$

即 $$U_C=\frac{E_0}{\sqrt{1+(RC\omega)^2}}\sin(\omega t-\varphi)+A\mathrm{e}^{-\frac{t}{RC}},\text{其中 }\varphi=\arctan(RC\omega).$$

将初始条件代入,得 $A=\frac{E_0RC\omega}{1+(RC\omega)^2}$. 因此,电容两端电压 U_C 随时间 t 的变化规律为

$$U_C=\frac{E_0}{\sqrt{1+(RC\omega)^2}}\sin(\omega t-\varphi)+\frac{E_0RC\omega}{1+(RC\omega)^2}\mathrm{e}^{-\frac{t}{RC}}.$$

因为 $\lim\limits_{t\to+\infty}\mathrm{e}^{-\frac{t}{RC}}=0$,所以由上述两种结果可知,当 t 增大时,电容电压 U_C 将逐步稳定. 使用直流电源充电时,电容电压 U_C 从零逐渐增大,经过一段时间后,基本上达到电源电压 E;使用交流电源充电时,电容电压 U_C 的表达式中第二项经过一段时间后,就会变得很小而不起作用(这一项称为暂态电压),即电压 U_C 可由第一项决定,而第一项是正弦函数(这一项称为稳态电压),它的周期和电源电压周期相同而相角落后 φ,U_C 的这种变化过程称为过渡过程,它是电子技术中最常见的现象.

例 2 离地面 10 m 高的钉子上悬挂着一链条,链条开始滑落时一端距离钉子 4 m,另一端距离钉子 5 m,若不计钉子与链条间的摩擦力,试求整条链子滑下钉子所用的时间.

解 设链条悬挂时与钉子的接触点为 P,链条起动滑下某一时刻 t 时,P 点离开钉子的距离为 s,s 与时间 t 的函数关系式为 $s=s(t)$,则 $s(0)=0,s'(0)=0$.

如图 5-4 所示,不计摩擦力,链条 P 点受到两个力:一个是向下的滑力 f_1,一个是向上的阻力 f_2. 设链条单位长度的质量为 m,则

$$f_1=5mg+smg,f_2=(4-s)mg.$$

由牛顿第二运动定律,有 $f_1-f_2=Ma$,其中链条的质量 $M=9m$,加速度 $a=\frac{\mathrm{d}^2s}{\mathrm{d}t^2}$,所以有

$$5mg+smg-(4-s)mg=9m\frac{\mathrm{d}^2s}{\mathrm{d}t^2}.$$

钉子 s P

图 5-4

整理,得 P 点离开钉子的距离 s 满足微分方程 $\frac{\mathrm{d}^2s}{\mathrm{d}t^2}-\frac{2g}{9}s=\frac{g}{9}$,且初始条件为 $s(0)=0,s'(0)=0$.

解二阶常系数非齐次线性微分方程,得

$$s=C_1\mathrm{e}^{\frac{\sqrt{2g}}{3}t}+C_2\mathrm{e}^{-\frac{\sqrt{2g}}{3}t}-\frac{1}{2}(C_1,C_2\text{为任意常数}).$$

将初始条件 $s(0)=0,s'(0)=0$ 代入,得 $C_1=C_2=\frac{1}{4}$.

因此,P 点离开钉子的距离 s 的变化规律为

$$s=\frac{1}{4}\mathrm{e}^{\frac{\sqrt{2g}}{3}t}+\frac{1}{4}\mathrm{e}^{-\frac{\sqrt{2g}}{3}t}-\frac{1}{2}.$$

可以解得时间 $t=\frac{3\ln(2s+1\pm2\sqrt{s^2+s})}{\sqrt{2g}}$,当 $s=4$ m,g 取 9.8 m/s^2 时,$t\approx1.96$ s. 所以,整条链条滑下钉子所用的时间约为 1.96 s.

例 3 质量为 m 的重物挂在弹簧下端,使弹簧有一定的伸长而达到平衡. 现再把重物拉下 x_0 个单位长度后放手,如果不计重物与滑道之间的摩擦力,求在弹簧弹力作用下重物

在滑道内的位移规律.

解　如图 5-5 所示，以重物的平衡点位置为原点，建立计算位移的数轴，取向下的方向为正方向.

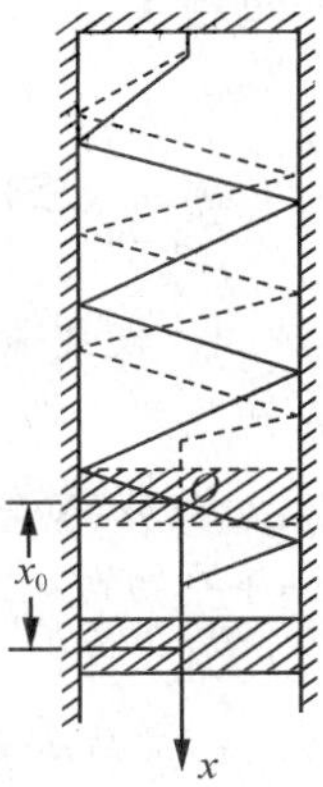

设重物的质量为 m，弹簧的弹性系数为 k_1. 因为下拉从平衡位置开始，所以重力已被弹力抵消，故在以后考虑重物位移时不必再顾及重力的作用.

记重物的位移函数为 $x(t)(t\geqslant 0)$. 在任意时刻 t，重物的位移加速度 $a=x''(t)$，重物所受的作用力仅为弹簧弹力 F_1. 当 $x>0$ 时，弹力向上为负，所以 $F_1=-k_1x(t)$（胡克定律）. 据牛顿第二定律，有

$$mx''(t)=-k_1x(t)\text{，即 } x''(t)+k^2x(t)=0,k^2=\frac{k_1}{m}.$$

图 5-5

由题意 $x(t)$ 应该满足初始条件：$x(0)=x_0,x'(0)=0$.

解该二阶常系数线性齐次方程，得

$$x(t)=C_1\cos kt+C_2\sin kt(C_1,C_2\text{ 为任意常数}).$$

以初始条件代入，得

$$x(0)=C_1=x_0,x'(0)=k(-C_1\sin kt+C_2\cos kt)\big|_{t=0}=kC_2=0\text{，故 } C_2=0.$$

所以重物的位移规律为

$$x(t)=x_0\cos kt.$$

这表明如果不存在摩擦力，重物将永远以余弦函数的规律上下振动，振幅为 x_0，振动周期为 $\dfrac{2\pi}{k}=\dfrac{2\sqrt{m}\pi}{\sqrt{k_1}}$，与重物质量及弹性系数有关. 当物体越重或弹性系数越小（即弹簧越软）时，周期越长，反之则越短.

例 4　对例 3 的问题，如果不计重物与滑道之间的摩擦力，但对重物施加外力 $F_2=A_1\sin\omega t$ 干扰其振动，求重物的位移规律.

解　此时重物受力 $F_1+F_2=-k_1x(t)+A_1\sin\omega t$，所以位移方程为

$$mx''(t)=-k_1x(t)+A_1\sin\omega t\text{，即 } x''(t)+k^2x(t)=A\sin\omega t\left(k^2=\frac{k_1}{m},A=\frac{A_1}{m}\right).$$

此时 $x(t)$ 是二阶常系数线性非齐次微分方程.

在例 3 中已经得到对应齐次方程的通解为 $x(t)=C_1\cos kt+C_2\sin kt$，注意 $(\sin bt)''=-b^2\sin bt$，因此不必再通过公式去求得非齐次方程的一个特解，而是直接可以设一个特解为 $x^*(t)=B\sin\omega t$，代入非齐次方程后得

$$-B\omega^2\sin\omega t+k^2B\sin\omega t=A\sin\omega t,B=\frac{A}{k^2-\omega^2}(\text{设 } k\neq\omega),$$

所以该非齐次方程的通解是

$$x(t)=C_1\cos kt+C_2\sin kt+\frac{A}{k^2-\omega^2}\sin\omega t.$$

由初始条件得 $x(0)=C_1=x_0,x'(0)=C_2k+\dfrac{\omega A}{k^2-\omega^2}=0$，故 $C_2=-\dfrac{\omega A}{k(k^2-\omega^2)}$.

所以满足初始条件的特解为

$$x(t)=x_0\cos kt-\frac{\omega A}{k(k^2-\omega^2)}\sin kt+\frac{A}{k^2-\omega^2}\sin\omega t.$$

从解的形式可以发现，当外力频率 ω 与重物自身振动频率 k 很接近时，位移的振幅将变得很大，此即所谓的共振现象.

习题 5-5

1. 设质量为 m 的降落伞从飞机上下落后，所受空气的阻力与速度成正比，并设降落伞离开飞机时($t=0$)速度为零. 求降落伞下落的速度与时间的函数关系.

2. 设火车在平直的轨道上以 16 m/s 的速度行驶. 当司机发现前方约 200 m 处的铁轨上有异物时，立即以加速度 $-0.8\ \mathrm{m/s^2}$ 制动(刹车). 试问：

(1) 自刹车后需经多长时间火车才能停车？

(2) 自开始刹车到停车，火车行驶了多少路程？

3. 假定某物体在空气中的冷却速度与该物体和空气温度的差成正比例，试解以下问题：如果空气温度为 20 ℃，此物体在 20 分钟内由 100 ℃冷却至 60 ℃，求 100 ℃的物体的冷却规律及物体由 100 ℃冷却至 30 ℃所需的时间.

§5-6 拉普拉斯变换的基本概念

下面几节将介绍拉普拉斯(Laplace)变换(以下简称拉氏变换)的基本概念、主要性质、逆变换以及它们在解常系数线性微分方程中的应用. 这是一种把复杂运算转化为简单运算的做法，即利用积分运算把一种函数简化为另一种函数，从而使运算更为简洁.

定义 1 设函数 $f(t)$的定义域为$[0,+\infty)$，若广义积分 $\int_0^{+\infty} f(t)\mathrm{e}^{-pt}\mathrm{d}t$ 在 p 的某一范围内收敛，则此积分就确定了一个参数为 p 的函数，记作 $F(p)$，即

$$F(p)=\int_0^{+\infty} f(t)\mathrm{e}^{-pt}\mathrm{d}t.$$

函数 $F(p)$ 称为 $f(t)$ 的**拉普拉斯**(Laplace) **变换**，简称**拉氏变换**(或称 $f(t)$ 的象函数)，用记号 $L[f(t)]$ 表示，即

$$F(p)=L[f(t)]=\int_0^{+\infty} f(t)\mathrm{e}^{-pt}\mathrm{d}t.$$

上式称为函数 $f(t)$ 的**拉氏变换式**.

如果 $F(p)$ 是 $f(t)$ 的拉氏变换，那么把 $f(t)$ 称为 $F(p)$ 的**拉氏逆变换**(或 $F(p)$ 的**象原函数**)，记作 $L^{-1}[F(p)]$，即

$$f(t)=L^{-1}[F(p)].$$

有关拉氏变换定义的几点说明：

(1) 为了研究拉氏变换性质的方便，定义中只要求 $f(t)$ 在 $t\geqslant 0$ 时有定义，假定在 $t<0$ 时，$f(t)\equiv 0$；

(2) $F(p)$ 中的 p 是一个复参数，为了研究方便，本章把 p 作为实参数来讨论；

(3) 拉氏变换将给定的函数通过广义积分转换成一个新的函数，它是一种积分变换；

(4) 在自然科学和工程技术中经常遇到的函数，总能满足拉氏变换的存在条件，故此处

略去拉氏变换存在性的讨论.

例 1　求指数函数 $f(t)=e^{3t}(t\geqslant 0)$ 的拉氏变换.

解　由公式得 $L[e^{3t}]=\int_0^{+\infty}e^{3t}e^{-pt}dt=\int_0^{+\infty}e^{-(p-3)t}dt$. 当 $p>3$ 时,此积分收敛,有

$$L[e^{3t}]=\int_0^{+\infty}e^{-(p-3)t}dt=-\frac{1}{p-3}e^{-(p-3)t}\Big|_0^{+\infty}=\frac{1}{p-3}.$$

例 2　求一次函数 $f(t)=at(t\geqslant 0,a$ 是常数$)$ 的拉氏变换.

解　$L[at]=\int_0^{+\infty}ate^{-pt}dt=-\frac{a}{p}\int_0^{+\infty}td(e^{-pt})=-\left[\frac{at}{p}e^{-pt}\right]_0^{+\infty}+\frac{a}{p}\int_0^{+\infty}e^{-pt}dt.$

根据洛必达法则,有

$$\lim_{t\to+\infty}\left(-\frac{at}{p}e^{-pt}\right)=-\lim_{t\to+\infty}\frac{at}{pe^{pt}}=-\lim_{t\to+\infty}\frac{a}{p^2e^{pt}}=0(p>0),$$

因此
$$L[at]=\frac{a}{p}\int_0^{+\infty}e^{-pt}dt=-\left[\frac{a}{p^2}e^{-pt}\right]_0^{+\infty}=\frac{a}{p^2}(p>0).$$

下面介绍自动控制系统中常用的两个函数.

1. 单位阶梯函数

单位阶梯函数的表示形式为

$$u(t)=\begin{cases}0, & t<0,\\ 1, & t\geqslant 0.\end{cases}$$

其图象如图 5-6(1)所示.

若将 $u(t)$平移$|a|$个单位,如图 5-6(2)所示,则有

$$u(t-a)=\begin{cases}0, & t<a,\\ 1, & t\geqslant a.\end{cases}\qquad(1)$$

又如,若将 $u(t)$平移$|b|$个单位,如图 5-6(3)所示,则有

$$u(t-b)=\begin{cases}0, & t<b,\\ 1, & t\geqslant b.\end{cases}\qquad(2)$$

当 $a<b$ 时,(1)、(2) 两式相减得

$$u(t-a)-u(t-b)=\begin{cases}1, & a\leqslant t<b,\\ 0, & t<a \text{ 或 } t\geqslant b.\end{cases}$$

其图象如图 5-6(4) 所示.

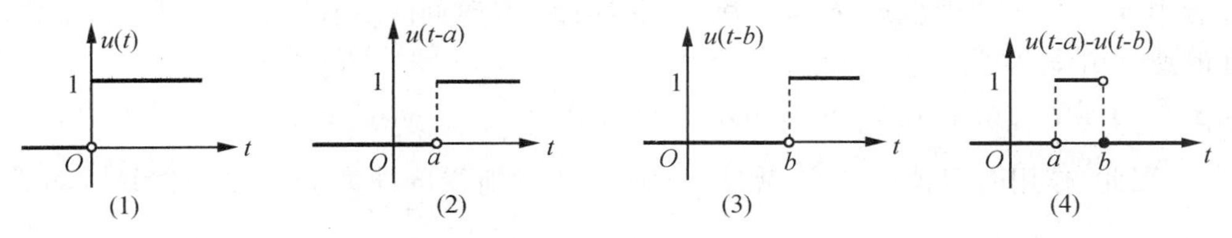

图 5-6

单位阶梯函数 $u(t)$ 有下面的性质:

$$u(at-b)=u\left(t-\frac{b}{a}\right)(a>0,b>0).$$

在某些函数的拉氏变换中,常会用到上面的性质. 该性质表明:将单位阶梯函数 $u(t-b)$ 的

横坐标变化 a 倍与 $u(t)$ 平移 $\frac{b}{a}$ 个单位所得到的单位阶梯函数 $u\left(t-\frac{b}{a}\right)$ 是相同的.

我们可以利用以上内容将某些分段函数的表达式合写成一个式子.

例 3 已知分段函数(图 5-7(1))

$$f(t)=\begin{cases}c, & 0\leqslant t<a,\\ 2c, & a\leqslant t<3a,\\ 0, & \text{其他}.\end{cases}$$

试用单位阶梯函数 $u(t)$ 将 $f(t)$ 合写成一个式子.

解 根据
$$u(t)-u(t-a)=\begin{cases}1, & 0\leqslant t<a,\\ 0, & t<0\text{ 或 }t\geqslant a\end{cases}$$

及
$$u(t-a)-u(t-3a)=\begin{cases}1, & a\leqslant t<3a,\\ 0, & t<a\text{ 或 }t\geqslant 3a,\end{cases}$$

得
$$f_1(t)=c[u(t)-u(t-a)]=\begin{cases}c, & 0\leqslant t<a,\\ 0, & t<0\text{ 或 }t\geqslant a,\end{cases}\tag{3}$$

$$f_2(t)=2c[u(t-a)-u(t-3a)]=\begin{cases}2c, & a\leqslant t<3a,\\ 0, & t<a\text{ 或 }t\geqslant 3a.\end{cases}\tag{4}$$

其图象如图 5-7(2) 及图 5-7(3) 所示.

将(3)、(4) 两式相加得

$$\begin{aligned}f(t)&=f_1(t)+f_2(t)=c[u(t)-u(t-a)]+2c[u(t-a)-u(t-3a)]\\&=cu(t)+cu(t-a)-2cu(t-3a).\end{aligned}$$

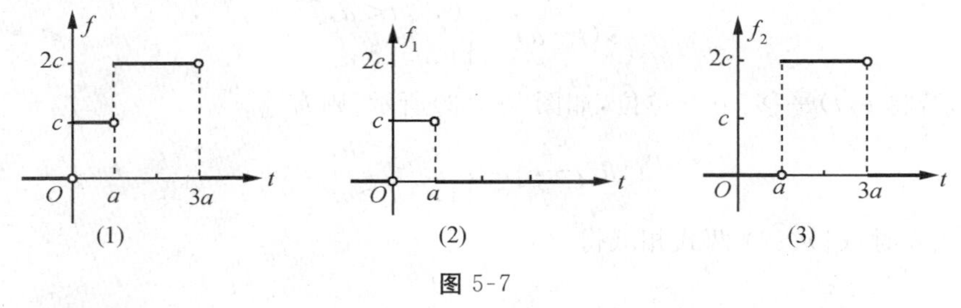

图 5-7

2. 狄拉克函数

在许多实际问题中,常会遇到一种集中在极短时间内作用的量,如集中冲力问题. 设一个质量为 m 的小球以速度 v_0 撞击一块固定的钢板,在时间 $[0,\tau]$(τ 是一个很小的正数) 内,小球的速度由 v_0 变为 0.

根据物理中的动量定理:$Ft=mv_t-mv_0$,有 $F\tau=0-mv_0$,则钢板所受的冲力大小为 $F=\frac{mv_0}{\tau}$. 因此,作用时间越短,冲力就越大. 所以,钢板所受的冲力 F 可以看作是时间 t 的函数,近似地表示为

$$F_\tau(t)=\begin{cases}\frac{mv_0}{\tau}, & 0\leqslant t\leqslant\tau,\\ 0, & \text{其他}.\end{cases}$$

当 $\tau\to 0$ 时,若 $t\neq 0$,则 $F_\tau(t)\to 0$;若 $t=0$,则 $F_\tau(t)\to\infty$,即

$$\lim_{\tau \to 0} F_\tau(t) = \begin{cases} 0, & t \neq 0, \\ \infty, & t = 0. \end{cases}$$

显然,可以看出,对于函数 $F_\tau(t)$ 的极限 $\lim\limits_{\tau \to 0} F_\tau(t)$,不能用我们学过的通常的函数来表示. 对于具有这样特性的式子,我们给出下面的定义.

定义 2　设 $\delta_\tau(t) = \begin{cases} \dfrac{1}{\tau}, & 0 \leqslant t \leqslant \tau, \\ 0, & \text{其他}. \end{cases}$ 当 $\tau \to 0$ 时,记 $\delta_\tau(t)$ 的极限为 $\delta(t) = \lim\limits_{\tau \to 0} \delta_\tau(t)$,称 $\delta(t)$ 为**狄拉克**(Dirac) **函数**,简称为 δ- 函数.

当 $t \neq 0$ 时,$\delta(t) = 0$;当 $t = 0$ 时,$\delta(t) \to \infty$. 如图 5-8 所示,即 $\delta(t) = \begin{cases} 0, & t \neq 0, \\ \infty, & t = 0. \end{cases}$

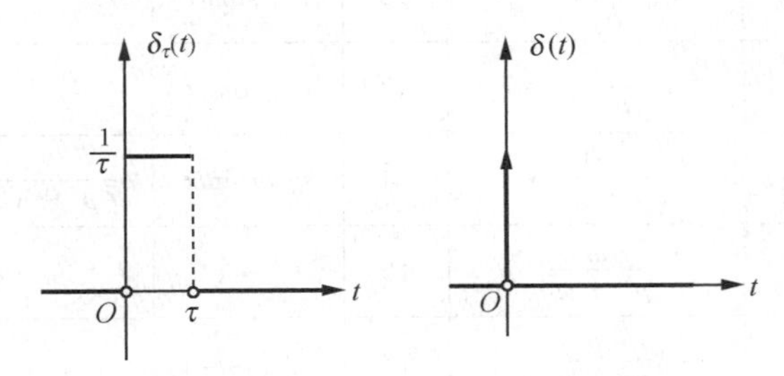

图 5-8

又因为 $\int_{-\infty}^{+\infty} \delta_\tau(t) \mathrm{d}t = \int_{-\infty}^{0} \delta_\tau(t) \mathrm{d}t + \int_{0}^{\tau} \delta_\tau(t) \mathrm{d}t + \int_{\tau}^{+\infty} \delta_\tau(t) \mathrm{d}t = \int_{0}^{\tau} \frac{1}{\tau} \mathrm{d}t = 1$,所以规定 $\int_{-\infty}^{+\infty} \delta(t) \mathrm{d}t = 1$.

狄拉克函数 $\delta(t)$ 有下述性质:

性质　设 $g(t)$ 是 $(-\infty, +\infty)$ 上的一个连续函数,则 $g(t)\delta(t)$ 在 $(-\infty, +\infty)$ 上的积分等于函数 $g(t)$ 在 $t = 0$ 处的函数值,即

$$\int_{-\infty}^{+\infty} g(t)\delta(t) \mathrm{d}t = g(0).$$

证明　因为当 $t \neq 0$ 时,$\delta(t) = 0$,而 $g(t)$,$g(0)$ 均有定义,所以在 $t \neq 0$ 时,下列等式成立:

$$g(t)\delta(t) = g(0)\delta(t).$$

当 $t = 0$ 时,$g(t) = g(0)$,所以上式也成立. 因此,有

$$\int_{-\infty}^{+\infty} g(t)\delta(t) \mathrm{d}t = \int_{-\infty}^{+\infty} g(0)\delta(t) \mathrm{d}t = g(0)\int_{-\infty}^{+\infty} \delta(t) \mathrm{d}t = g(0) \times 1 = g(0).$$

例 4　求单位阶梯函数 $u(t)$ 的拉氏变换.

解　$L[u(t)] = \int_{0}^{+\infty} u(t) \mathrm{e}^{-pt} \mathrm{d}t = \int_{0}^{+\infty} \mathrm{e}^{-pt} \mathrm{d}t = -\frac{1}{p} \mathrm{e}^{-pt} \Big|_{0}^{+\infty} = \frac{1}{p} (p > 0)$,

即
$$L[1] = \frac{1}{p}.$$

例 5　求狄拉克函数 $\delta(t)$ 的拉氏变换.

解　因为 $t < 0$,$\delta(t) = 0$,所以

$$L[\delta(t)] = \int_{0}^{+\infty} \delta(t) \mathrm{e}^{-pt} \mathrm{d}t = \int_{-\infty}^{+\infty} \delta(t) \mathrm{e}^{-pt} \mathrm{d}t.$$

由 δ- 函数的性质得 $L[\delta(t)]=\int_{-\infty}^{+\infty}\delta(t)\mathrm{e}^{-pt}\mathrm{d}t=\mathrm{e}^{-p\cdot 0}=1$.

在实际应用中，直接用定义的方法求函数的拉氏变换比较繁琐. 为了方便应用，我们将常用函数的拉氏变换列表如下，供读者使用.

表 5-1　常用函数的拉氏变换表

序号	$f(t)$	$F(p)$	序号	$f(t)$	$F(p)$
1	$\delta(t)$	1	10	$t\sin\omega t$	$\dfrac{2\omega p}{(p^2+\omega^2)^2}$
2	$u(t)$	$\dfrac{1}{p}$	11	$t\cos\omega t$	$\dfrac{p^2-\omega^2}{(p^2+\omega^2)^2}$
3	$t^n(n=1,2,\cdots)$	$\dfrac{n!}{p^{n+1}}$	12	$\mathrm{e}^{-at}\sin\omega t$	$\dfrac{\omega}{(p+a)^2+\omega^2}$
4	e^{at}	$\dfrac{1}{p-a}$	13	$\mathrm{e}^{-at}\cos\omega t$	$\dfrac{p+a}{(p+a)^2+\omega^2}$
5	$t^n\mathrm{e}^{at}(n=1,2,\cdots)$	$\dfrac{n!}{(p-a)^{n+1}}$	14	$\sin at\sin bt$	$\dfrac{2abp}{[p^2+(a+b)^2][p^2+(a-b)^2]}$
6	$\sin\omega t$	$\dfrac{\omega}{p^2+\omega^2}$	15	$\mathrm{e}^{at}-\mathrm{e}^{bt}$	$\dfrac{a-b}{(p-a)(p-b)}$
7	$\cos\omega t$	$\dfrac{p}{p^2+\omega^2}$	16	$2\sqrt{\dfrac{t}{\pi}}$	$\dfrac{1}{p\sqrt{p}}$
8	$\sin(\omega t+\varphi)$	$\dfrac{p\sin\varphi+\omega\cos\varphi}{p^2+\omega^2}$	17	$\dfrac{1}{\sqrt{\pi t}}$	$\dfrac{1}{\sqrt{p}}$
9	$\cos(\omega t+\varphi)$	$\dfrac{p\cos\varphi-\omega\sin\varphi}{p^2+\omega^2}$			

例 6　根据拉氏变换表求以下函数的拉氏变换：

(1) $f(t)=\mathrm{e}^{-4t}$；　(2) $f(t)=t^4$；　(3) $f(t)=\mathrm{e}^{2t}\sin 4t$.

解　(1) 由拉氏变换表中 $L[\mathrm{e}^{at}]=\dfrac{1}{p-a}$，得 $L[\mathrm{e}^{-4t}]=\dfrac{1}{p+4}$.

(2) 由拉氏变换表中 $L[t^n]=\dfrac{n!}{p^{n+1}}$，得 $L[t^4]=\dfrac{4!}{p^{4+1}}=\dfrac{4\times3\times2\times1}{p^5}=\dfrac{24}{p^5}$.

(3) 由 $L[\mathrm{e}^{-at}\sin\omega t]=\dfrac{\omega}{(p+a)^2+\omega^2}$，得 $L[\mathrm{e}^{2t}\sin 4t]=\dfrac{4}{(p-2)^2+16}$.

习题 5-6

1. 根据拉氏变换的定义求下列函数的拉氏变换：

(1) $f(t)=t(t\geqslant0)$；　*(2) $f(t)=\sin\omega t(t\geqslant0)$.

2. 利用拉氏变换表求下列函数的拉氏变换：

(1) $f(t)=t^2$；　(2) $f(t)=\cos 2t$；

(3) $f(t)=\sin\left(3t-\dfrac{\pi}{6}\right)$；　(4) $f(t)=\mathrm{e}^{3t}\sin 3t$；

(5) $f(t)=\mathrm{e}^{-t}$；　(6) $f(t)=\mathrm{e}^{-t}-\mathrm{e}^{-2t}$；

(7) $f(t)=t^2\mathrm{e}^{2t}$；　(8) $f(t)=\sin 3t\cdot\sin 4t$.

*3. 已知分段函数 $f(t)=\begin{cases}\cos t, & 0\leqslant t<\pi,\\ t, & t\geqslant\pi,\end{cases}$ 试用单位阶梯函数 $u(t)$ 将 $f(t)$ 合写成一个式子.

§5-7　拉普拉斯变换的性质

拉氏变换有以下几个主要的性质，利用这些性质，可以更方便地求一些较复杂函数的拉氏变换.

性质1（线性性质）　如果 a_1,a_2 是任意常数，且设 $L[f_1(t)]=F_1(p)$，$L[f_2(t)]=F_2(p)$，那么

$$L[a_1f_1(t)+a_2f_2(t)]=a_1L[f_1(t)]+a_2L[f_2(t)]=a_1F_1(p)+a_2F_2(p).$$

证明　只需根据定义，利用积分性质即可.

此性质还可以推广到有限个函数的情形，即

$L\left[\sum\limits_{k=1}^{n}a_kf_k(t)\right]=\sum\limits_{k=1}^{n}a_kL[f_k(t)]$，其中 $a_k(k=1,2,\cdots,n)$ 为常数.

该性质表明：函数线性组合的拉氏变换等于各个函数的拉氏变换的线性组合.

例1　求函数 $f(t)=\dfrac{1}{a}(1-\cos\omega t)$ 的拉氏变换.

解　$$L\left[\frac{1}{a}(1-\cos\omega t)\right]=\frac{1}{a}L[1]-\frac{1}{a}L[\cos\omega t]=\frac{1}{a}\cdot\frac{1}{p}-\frac{1}{a}\cdot\frac{p}{p^2+\omega^2}$$
$$=\frac{1}{ap}-\frac{p}{a(p^2+\omega^2)}=\frac{p^2+\omega^2-p^2}{ap(p^2+\omega^2)}=\frac{\omega^2}{ap(p^2+\omega^2)},$$

即
$$L\left[\frac{1}{a}(1-\cos\omega t)\right]=\frac{\omega^2}{ap(p^2+\omega^2)}.$$

性质2（平移性质）　如果 $L[f(t)]=F(p)$，那么 $L[\mathrm{e}^{at}f(t)]=F(p-a)(p>a)$.

证明　$L[\mathrm{e}^{at}f(t)]=\displaystyle\int_0^{+\infty}\mathrm{e}^{at}f(t)\mathrm{e}^{-pt}\mathrm{d}t=\int_0^{+\infty}f(t)\mathrm{e}^{-(p-a)t}\mathrm{d}t=F(p-a)$.

该性质说明：象原函数 $f(t)$ 乘以 e^{at} 取拉氏变换等于其象函数 $F(p)$ 平移 a 个单位.

例2　求 $L[\mathrm{e}^{-at}\sin\omega t]$.

解　因为 $L[\sin\omega t]=\dfrac{\omega}{p^2+\omega^2}$，根据平移性质，得 $L[\mathrm{e}^{-at}\sin\omega t]=\dfrac{\omega}{(p+a)^2+\omega^2}$.

同理可得 $L[\mathrm{e}^{-at}\cos\omega t]=\dfrac{p+a}{(p+a)^2+\omega^2}$.

性质3（延滞性质）　如果 $L[f(t)]=F(p)$，那么 $L[f(t-a)]=\mathrm{e}^{-ap}F(p)(a>0)$.

证明　在函数 $f(t)$ 中，当 $t<0$ 时，$f(t)\equiv0$，所以当 $t<a$ 时，$f(t-a)\equiv0$.

$$L[f(t-a)]=\int_0^{+\infty}f(t-a)\mathrm{e}^{-pt}\mathrm{d}t=\int_0^{a}f(t-a)\mathrm{e}^{-pt}\mathrm{d}t+\int_a^{+\infty}f(t-a)\mathrm{e}^{-pt}\mathrm{d}t$$
$$=\int_a^{+\infty}f(t-a)\mathrm{e}^{-pt}\mathrm{d}t,$$

令 $t-a=s$，得 $L[f(t-a)]=\displaystyle\int_0^{+\infty}f(s)\mathrm{e}^{-p(s+a)}\mathrm{d}s=\mathrm{e}^{-pa}\int_0^{+\infty}f(s)\mathrm{e}^{-ps}\mathrm{d}s=\mathrm{e}^{-pa}F(p)$.

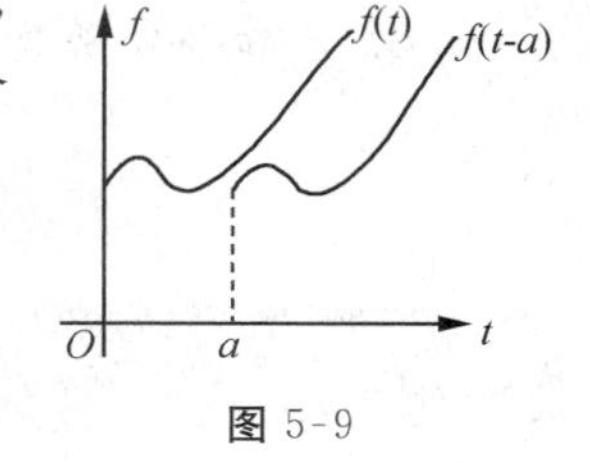

图 5-9

此性质中,函数 $f(t-a)$ 表示函数 $f(t)$ 在时间上滞后 a 个单位,所以这个性质称为延滞性质. 在实际应用中,为了突出"滞后"这个特点,往往在 $f(t-a)$ 上乘以单位阶梯函数 $u(t-a)$,如图 5-9 所示. 因此该性质可表示为

$$L[u(t-a)f(t-a)] = \mathrm{e}^{-ap}F(p)(a>0).$$

例 3 求:(1) $L[u(t-a)](a>0)$;(2) $L\left[\sin\left(t-\frac{\pi}{3}\right)\right]$.

解 (1) 因为 $L[u(t)]=\frac{1}{p}$,由延滞性质得 $L[u(t-a)]=\mathrm{e}^{-pa}\ \frac{1}{p}(p>0)$.

(2) 因为 $L[\sin t]=\frac{1}{p^2+1}$,由延滞性质得 $L\left[\sin\left(t-\frac{\pi}{3}\right)\right]=\mathrm{e}^{-\frac{\pi}{3}p}\ \frac{1}{p^2+1}$.

例 4 求 $L\left[u\left(2t-\frac{\pi}{3}\right)\sin\left(2t-\frac{\pi}{3}\right)\right]$.

解 根据单位阶梯函数的性质,可得 $u\left(2t-\frac{\pi}{3}\right)=u\left(t-\frac{\pi}{6}\right)$,因此

$$L\left[u\left(2t-\frac{\pi}{3}\right)\sin\left(2t-\frac{\pi}{3}\right)\right]=L\left[u\left(t-\frac{\pi}{6}\right)\sin 2\left(t-\frac{\pi}{6}\right)\right]=\mathrm{e}^{-\frac{\pi}{6}p}\cdot\frac{2}{p^2+4}.$$

性质 4(微分性质) 如果 $L[f(t)]=F(p)$,$f(t)$ 在$[0,+\infty)$上连续、可微,那么

$$L[f'(t)]=pF(p)-f(0).$$

证明 由拉氏变换的定义,得

$$L[f'(t)]=\int_0^{+\infty}f'(t)\mathrm{e}^{-pt}\,\mathrm{d}t=\int_0^{+\infty}\mathrm{e}^{-pt}\,\mathrm{d}[f(t)]=[f(t)\mathrm{e}^{-pt}]_0^{+\infty}+p\int_0^{+\infty}f(t)\mathrm{e}^{-pt}\,\mathrm{d}t.$$

可以证明,在 $L[f(t)]$ 存在的条件下,必有 $\lim\limits_{t\to+\infty}f(t)\mathrm{e}^{-pt}=0$,所以

$$L[f'(t)]=0-f(0)+pL[f(t)]=pF(p)-f(0).$$

微分性质表明:一个函数求导后取拉氏变换,等于这个函数的拉氏变换乘以参数 p,再减去函数的初始值.

同理,在相应条件成立时,还可推得二阶导数以及高阶导数的拉氏变换公式:

$$\begin{aligned}L[f''(t)]&=pL[f'(t)]-f'(0)=p\{pL[f(t)]-f(0)\}-f'(0)\\&=p^2F(p)-[pf(0)+f'(0)].\end{aligned}$$

一般地, $L[f^{(n)}(t)]=p^nF(p)-[p^{n-1}f(0)+p^{n-2}f'(0)+\cdots+f^{(n-1)}(0)]$.

特别地,当 $f(0)=f'(0)=\cdots=f^{(n-1)}(0)=0$ 时,有更简单的结果:

$$L[f^{(n)}(t)]=p^nF(p)(n=1,2,3,\cdots).$$

利用这个性质可以将微分运算转化为代数运算,在解微分方程时有重要作用.

例 5 利用微分性质求 $L[\sin t]$.

解 设 $f(t)=\sin t$,那么 $f(0)=0$,$f'(t)=\cos t$,$f'(0)=1$,$f''(t)=-\sin t$.

利用线性性质得

$$L[f''(t)]=L[-\sin t]=-L[\sin t].$$

由微分性质得

$$L[f''(t)]=p^2L[f(t)]-[pf(0)+f'(0)]=p^2L[\sin t]-1,$$

所以

$$-L[\sin t]=p^2L[\sin t]-1,$$

即
$$L[\sin t]=\frac{1}{p^2+1}.$$

同理可得
$$L[\cos t]=\frac{p}{p^2+1}.$$

性质5(积分性质) 如果$L[f(t)]=F(p)(p\neq 0)$,$f(t)$是连续函数且可积,那么
$$L\left[\int_0^t f(t)\mathrm{d}t\right]=\frac{F(p)}{p}.$$

证明 令$\omega(t)=\int_0^t f(t)\mathrm{d}t$,则$\omega(0)=0$,$\omega'(t)=f(t)$,由微分性质可得
$$L[\omega'(t)]=pL[\omega(t)]-\omega(0)=pL[\omega(t)].$$
又因为$L[\omega'(t)]=L[f(t)]=F(p)$,所以$pL[\omega(t)]=F(p)$,即
$$L\left[\int_0^t f(t)\mathrm{d}t\right]=\frac{1}{p}F(p).$$

积分性质表明:一个函数积分后再取拉氏变换,等于这个函数的象函数除以p.

重复利用积分性质可得$L\left[\underbrace{\int_0^t \mathrm{d}t\int_0^t \mathrm{d}t\cdots\int_0^t}_{n个} f(t)\mathrm{d}t\right]=\frac{1}{p^n}F(p).$

例6 利用积分性质求$L[t^3]$.

解 因为$t=\int_0^t \mathrm{d}t$,$t^2=\int_0^t 2t\mathrm{d}t$,$t^3=\int_0^t 3t^2\mathrm{d}t$,由积分性质得
$$L[t]=L\left[\int_0^t \mathrm{d}t\right]=\frac{1}{p}L[1]=\frac{1}{p^2},L[t^2]=L\left[\int_0^t 2t\mathrm{d}t\right]=\frac{2}{p}L[t]=\frac{2}{p^3},$$
$$L[t^3]=L\left[\int_0^t 3t^2\mathrm{d}t\right]=\frac{3}{p}L[t^2]=\frac{6}{p^4}=\frac{3!}{p^4}.$$

以上是拉普拉斯变换的主要性质,我们还可以根据拉氏变换的定义得到以下三个性质(证明从略).

性质6(相似性质) 如果$L[f(t)]=F(p)$,那么当$a>0$时,有$L[f(at)]=\frac{1}{a}F\left(\frac{p}{a}\right)$.

例7 求$L[\sin 3t]$.

解 因为由例5得$L[\sin t]=\frac{1}{p^2+1}$,根据相似性质得$L[\sin 3t]=\frac{1}{3}\cdot\frac{1}{\left(\frac{p}{3}\right)^2+1}=\frac{3}{p^2+9}$.

同理得$L[\sin\omega t]=\frac{1}{\omega}\cdot\frac{1}{\left(\frac{p}{\omega}\right)^2+1}=\frac{\omega}{p^2+\omega^2}$.

性质7 如果$L[f(t)]=F[p]$,那么$L[t^n f(t)]=(-1)^n F^{(n)}(p)$.

例8 求$L[t\sin\omega t]$.

解 因为$L[\sin\omega t]=\frac{\omega}{p^2+\omega^2}$,由性质7得$L[t\sin\omega t]=-\left(\frac{\omega}{p^2+\omega^2}\right)'=\frac{2\omega p}{(p^2+\omega^2)^2}$.

同理可得$L[t\cos\omega t]=\frac{p^2-\omega^2}{(p^2+\omega^2)^2}$.

性质8 如果$L[f(t)]=F(p)$,且$\lim\limits_{t\to 0}\frac{f(t)}{t}$存在,那么$L\left[\frac{f(t)}{t}\right]=\int_p^{+\infty}F(p)\mathrm{d}p$.

例 9 求 $L\left[\frac{\sin t}{t}\right]$.

解 因为 $L[\sin t]=\frac{1}{p^2+1}$，且 $\lim\limits_{t\to 0}\frac{\sin t}{t}=1$，所以

$$L\left[\frac{\sin t}{t}\right]=\int_p^{+\infty}\frac{1}{p^2+1}\mathrm{d}p=\arctan p\Big|_p^{+\infty}=\frac{\pi}{2}-\arctan p.$$

当 $p=0$ 时，可以得到广义积分 $\int_0^{+\infty}\frac{\sin t}{t}\mathrm{d}t=\frac{\pi}{2}$，这个结果用原来的广义积分的计算方法是得不到的. 为了更方便地应用拉氏变换的 8 个常用性质，我们将其列表如下：

表 5-2 拉氏变换的性质表

	设 $L[f(t)]=F(p)$
性质 1	$L[a_1f_1(t)+a_2f_2(t)]=a_1L[f_1(t)]+a_2L[f_2(t)]=a_1F_1(p)+a_2F_2(p)$
性质 2	$L[\mathrm{e}^{at}f(t)]=F(p-a)$
性质 3	$L[u(t-a)f(t-a)]=\mathrm{e}^{-ap}F(p)(a>0)$
性质 4	$L[f'(t)]=pF(p)-f(0)$， $L[f^{(n)}(t)]=p^nF(p)-[p^{n-1}f(0)+p^{n-2}f'(0)+\cdots+f^{(n-1)}(0)]$
性质 5	$L\left[\int_0^t f(t)\mathrm{d}t\right]=\frac{F(p)}{p}$
性质 6	$L[f(at)]=\frac{1}{a}F\left(\frac{p}{a}\right)(a>0)$
性质 7	$L[t^nf(t)]=(-1)^nF^{(n)}(p)$
性质 8	$L\left[\frac{f(t)}{t}\right]=\int_p^{+\infty}F(p)\mathrm{d}p$

习题 5-7

1. 利用拉氏变换的性质求下列各函数的拉氏变换：

(1) $f(t)=t^2+5t-3$； (2) $f(t)=3\sin 2t-5\cos 2t$；

(3) $f(t)=1+t\mathrm{e}^t$； (4) $u(t-1)$；

(5) $f(t)=2\sin^2 3t$； (6) $f(t)=\sin 4t\cdot\cos 4t$.

2. 对函数 $f(t)=\sin 5t$ 验证拉氏变换的微分性质：$L[f'(t)]=pL[f(t)]-f(0)$.

3. 利用拉氏变换的微分性质，求下列拉氏变换的象函数：

(1) $L[\cos\omega t]$； (2) $L[t^n]$.

*4. 利用拉氏变换的性质 7 和性质 8，求下列函数的拉氏变换：

(1) $L[t\sin 2t]$； (2) $L[t^2\cos 3t]$； (3) $L\left[\frac{\mathrm{e}^{2t}-1}{t}\right]$.

§5-8　拉普拉斯变换的逆变换

前面我们讨论了由已知函数 $f(t)$ 求它的象函数 $F(p)$ 的问题，但在实际问题中会遇到许多与此相反的问题，即由象函数 $F(p)$ 去求它的象原函数 $f(t)$. 这就是本节要解决的问题.

一、直接公式法

1. 利用拉氏变换表求拉氏变换的逆变换

在求象函数的逆变换时，一些简单的象函数 $F(p)$，常常可以从拉氏变换表中查找到它的象原函数 $f(t)$.

例 1　求下列函数的拉氏逆变换：

(1) $F(p)=\dfrac{1}{p+5}$；　　(2) $F(p)=\dfrac{4}{p^2+16}$.

解　(1) $L^{-1}[F(p)]=L^{-1}\left[\dfrac{1}{p+5}\right]$，由拉氏变换表得 $L^{-1}\left[\dfrac{1}{p+5}\right]=e^{-5t}$.

(2) $L^{-1}[F(p)]=L^{-1}\left[\dfrac{4}{p^2+16}\right]$，由拉氏变换表得 $L^{-1}\left[\dfrac{4}{p^2+16}\right]=\sin 4t$.

2. 利用拉氏变换的性质求拉氏变换的逆变换

用拉氏变换表求逆变换时，要结合使用拉氏变换的性质. 下面把求拉氏逆变换时常用的拉氏变换的性质用逆变换的形式给出.

性质 1(线性性质)

$L^{-1}[a_1F_1(p)+a_2F_2(p)]=a_1L^{-1}[F_1(p)]+a_2L^{-1}[F_2(p)]=a_1f_1(t)+a_2f_2(t)$.

性质 2(平移性质)　$L^{-1}[F(p-a)]=e^{at}L^{-1}[F(p)]=e^{at}f(t)$.

性质 3(延滞性质)　$L^{-1}[e^{-ap}F(p)]=f(t-a)u(t-a)$.

例 2　求下列函数的拉氏逆变换：

(1) $F(p)=\dfrac{3p-7}{p^2}$；　(2) $F(p)=\dfrac{1}{(p-3)^3}$；　(3) $F(p)=\dfrac{3p+1}{p^2+2p+2}$.

解　(1) 由性质 1 及拉氏变换表得

$$L^{-1}[F(p)]=L^{-1}\left[\frac{3p-7}{p^2}\right]=3L^{-1}\left[\frac{1}{p}\right]-7L^{-1}\left[\frac{1}{p^2}\right]=3-7t.$$

(2) 由性质 2 及拉氏变换表得

$$L^{-1}[F(p)]=L^{-1}\left[\frac{1}{(p-3)^3}\right]=e^{3t}L^{-1}\left[\frac{1}{p^3}\right]=\frac{e^{3t}}{2}L^{-1}\left[\frac{2!}{p^3}\right]=\frac{e^{3t}}{2}\cdot t^2=\frac{1}{2}t^2e^{3t}.$$

(3)
$$\begin{aligned}L^{-1}[F(p)]&=L^{-1}\left[\frac{3p+1}{p^2+2p+2}\right]=L^{-1}\left[\frac{3(p+1)-2}{(p+1)^2+1}\right]\\&=L^{-1}\left[\frac{3(p+1)}{(p+1)^2+1}-\frac{2}{(p+1)^2+1}\right]\\&=3L^{-1}\left[\frac{(p+1)}{(p+1)^2+1}\right]-2L^{-1}\left[\frac{1}{(p+1)^2+1}\right]\end{aligned}$$

$$=3e^{-t}L^{-1}\left[\frac{p}{p^2+1}\right]-2e^{-t}L^{-1}\left[\frac{1}{p^2+1}\right]$$
$$=3e^{-t}\cos t-2e^{-t}\sin t.$$

二、部分分式法

我们在应用拉氏变换解决工程问题时，通常遇到的象函数 $F(p)$ 是有理分式，求它们相应的象原函数 $f(t)$ 时，除需运用拉氏变换的性质及公式外，有时还需要对有理分式采用部分分式方法，将其分解为几个简单的分式之和. 下面我们介绍部分分式法.

有理函数 $R(x)$ 是指两个多项式的商，即

$$R(x)=\frac{P(x)}{Q(x)}=\frac{a_0x^m+a_1x^{m-1}+\cdots+a_{m-1}x+a_m}{b_0x^n+b_1x^{n-1}+\cdots+b_{n-1}x+b_n},$$

其中 m,n 是非负整数，$a_i(i=0,1,2,\cdots,m)$ 和 $b_j(j=0,1,2,\cdots,n)$ 均为实数，而且 $a_0\neq0,b_0\neq0$，假设分子、分母之间没有公因子.

当 $m<n$ 时，称 $R(x)$ 为真分式；当 $m\geqslant n$ 时，称 $R(x)$ 为假分式.

当 $R(x)$ 为假分式时，可通过多项式的除法法则将其化为一个多项式与一个真分式之和的形式. 例如，$\frac{x^3-3x^2+2x+8}{x^2-5x+6}=x+2+\frac{6x-4}{x^2-5x+6}$.

下面我们只需介绍真分式化为部分分式的方法.

在代数中，我们已经学过分母不同的分式的加减法，如

$$\frac{1}{x}-\frac{1}{x-1}+\frac{1}{(x-1)^2}=\frac{1}{x(x-1)^2},\frac{2}{x+2}+\frac{x+2}{x^2+2x+2}=\frac{3x^2+8x+8}{(x+2)(x^2+2x+2)}.$$

由以上两例可以看出，等式的左端是若干个简单的真分式（称为部分分式）相加，它们经过通分、合并同类项变成右边的式子，即一个复杂的真分式. 根据代数学的有关知识，每一个真分式都可以反过来分解成若干个简单的部分分式之和，这种方法称为部分分式法.

一般地，先将真分式的分母分解为质因式的连乘积，如果真分式的分母中

(1) 有一次因式 $x-a$，那么真分式分解后有形如 $\frac{A}{x-a}$ 的部分分式；

(2) 有 k 重一次因式 $(x-a)^k$，那么真分式分解后有下列 k 个部分分式之和，即形如 $\frac{A_1}{x-a}+\frac{A_2}{(x-a)^2}+\cdots+\frac{A_k}{(x-a)^k}$，其中 $A_i(i=1,2,\cdots,k)$ 都是常数；

(3) 有不可分解的二次因式 $x^2+px+q(p^2-4p<0)$，那么真分式分解后有形如 $\frac{Bx+C}{x^2+px+q}$ 的部分分式，其中 B,C 均为常数；

(4) 有不可分解的 k 重二次因式 $(x^2+px+q)^k(p^2-4q<0)$，那么真分式分解后有下列 k 个部分分式之和，即形如 $\frac{B_1x+C_1}{x^2+px+q}+\frac{B_2x+C_2}{(x^2+px+q)^2}+\cdots+\frac{B_kx+C_k}{(x^2+px+q)^k}$，其中 $B_i,C_i(i=1,2,\cdots,k)$ 均为常数.

例 3 将 $\frac{x}{x^2-5x+6}$ 分解为部分分式.

解 令 $\frac{x}{x^2-5x+6}=\frac{x}{(x-3)(x-2)}=\frac{A}{x-3}+\frac{B}{x-2}$，其中 A,B 为待定常数，有

$$\frac{x}{x^2-5x+6}=\frac{A(x-2)+B(x+3)}{(x-3)(x-2)},$$

则
$$x=A(x-2)+B(x-3)=(A+B)x+(-2A-3B),$$

从而有 $\begin{cases}A+B=1,\\-2A-3B=0,\end{cases}$ 解得 $\begin{cases}A=3,\\B=-2.\end{cases}$ 因此，有

$$\frac{x}{x^2-5x+6}=\frac{3}{x-3}-\frac{2}{x-2}.$$

亦可根据代数中的一条性质：在恒等式中给变量 x 以任何值代入，等式两边应该得到相同的值. 因此，我们得到求 A,B 的简便方法. 在上例中，只要在恒等式 $x=A(x-2)+B(x-3)$ 中令 $x-3=0$，将 $x=3$ 代入恒等式就有 $A=3$；再令 $x-2=0$，就有 $B=-2$.

例 4　将下列式子分解为部分分式：

(1) $\frac{1}{x(x-1)}$；　　(2) $\frac{x^2}{(x+1)(x^2+2x+2)}$.

解　(1) 令 $\frac{1}{x(x-1)}=\frac{A}{x}+\frac{B}{x-1}$，故 $1=A(x-1)+Bx$.

令 $x=0$，得 $A=-1$；令 $x=1$，得 $B=1$. 从而有 $\frac{1}{x(x-1)}=\frac{1}{x-1}-\frac{1}{x}$.

(2) 令 $\frac{x^2}{(x+1)(x^2+2x+2)}=\frac{A}{x+1}+\frac{Bx+C}{x^2+2x+2}$，故 $x^2=A(x^2+2x+2)+(Bx+C)(x+1)$.

令 $x+1=0$，得 $A=1$；令 $x=0$，得 $C=-2$.

再比较式中等号两边 x^2 项的系数，得 $1=A+B$，所以 $B=0$. 因此，

$$\frac{x^2}{(x+1)(x^2+2x+2)}=\frac{1}{x+1}-\frac{2}{x^2+2x+2}.$$

例 5　求下列函数的拉氏逆变换：

(1) $F(p)=\frac{1}{p(p-1)}$；　　(2) $F(p)=\frac{p^2}{(p+1)(p^2+2p+2)}$.

解　(1) 由例 4 知

$$L^{-1}[F(p)]=L^{-1}\left[\frac{1}{p(p-1)}\right]=L^{-1}\left[\frac{1}{p-1}-\frac{1}{p}\right]=L^{-1}\left[\frac{1}{p-1}\right]-L^{-1}\left[\frac{1}{p}\right]=\mathrm{e}^t-1.$$

(2) 由例 4 知

$$\begin{aligned}L^{-1}[F(p)]&=L^{-1}\left[\frac{p^2}{(p+1)(p^2+2p+2)}\right]=L^{-1}\left[\frac{1}{p+1}-\frac{2}{p^2+2p+2}\right]\\&=L^{-1}\left[\frac{1}{p+1}\right]-2L^{-1}\left[\frac{1}{(p+1)^2+1}\right]=\mathrm{e}^{-t}-2L^{-1}\left[\frac{1}{(p+1)^2+1}\right]\\&=\mathrm{e}^{-t}-2\mathrm{e}^{-t}\sin t=\mathrm{e}^{-t}(1-2\sin t).\end{aligned}$$

习题 5-8

求下列函数的拉氏逆变换：

(1) $F(p)=\frac{3}{p+3}$；　　(2) $F(p)=\frac{1}{9p^2+16}$；

(3) $F(p)=\frac{1}{p(p+1)}$；　　(4) $F(p)=\frac{2p-8}{p^2+36}$；

(5) $F(p)=\frac{p+9}{p^2+5p+6}$；　　(6) $F(p)=\frac{p+3}{p^3+4p^2+4p}$.

§5-9 拉普拉斯变换的简单应用

在研究电路理论和自动控制理论时，所用的数学模型多为常系数线性微分方程. 本节讨论应用拉氏变换解常系数线性微分方程及微分方程组问题.

一、利用拉氏变换解线性微分方程

例1 求微分方程 $y'(t)+3y(t)=0$ 满足初始条件 $y|_{t=0}=3$ 的解.

解 设 $L[y(t)]=Y(p)$，对微分方程两端取拉氏变换，有

$$L[y'(t)+3y(t)]=L[0],$$
$$L[y'(t)]+3L[y(t)]=0,$$
$$pY(p)-y(0)+3Y(p)=0.$$

所以将 $y|_{t=0}=3$ 代入，得 $(p+3)Y(p)=3$，即 $Y(p)=\frac{3}{p+3}$.

对上述方程两边取拉氏逆变换得

$$y(t)=L^{-1}[Y(p)]=L^{-1}\left[\frac{3}{p+3}\right]=3L^{-1}\left[\frac{1}{p+3}\right]=3e^{-3t}.$$

于是，得到方程的解为 $y(t)=3e^{-3t}$.

由例1可知，用拉氏变换解常系数线性微分方程的方法及步骤如下：

(1) 对微分方程两边取拉氏变换，得象函数的代数方程；

(2) 解象函数的代数方程求出象函数；

(3) 对象函数取拉氏逆变换，求出象原函数，即为微分方程的解.

例2 求方程 $y''+9y=0(t>0)$ 满足初始条件 $y(0)=2, y'(0)=4$ 的解.

解 设 $L[y(t)]=Y(p)$，对方程两边取拉氏变换，得

$$[p^2Y(p)-py(0)-y'(0)]+9Y(p)=0,$$

代入初始条件得
$$p^2Y(p)-2p-4+9Y(p)=0,$$

所以
$$Y(p)=\frac{2p+4}{p^2+9}=\frac{2p}{p^2+9}+\frac{4}{p^2+9}.$$

取拉氏逆变换得
$$y=L^{-1}[Y(p)]=2L^{-1}\left[\frac{p}{p^2+9}\right]+\frac{4}{3}L^{-1}\left[\frac{3}{p^2+9}\right].$$

于是，得到方程的解为 $y=2\cos 3t+\frac{4}{3}\sin 3t(t>0)$.

从以上两个例题可以看出，用拉氏变换的方法解微分方程时，将初始条件同时用上，求出的结果即为满足初始条件的特解. 这样也就避免了在一般微分方程的解法中，先求通解，再代入初始条件求特解的复杂过程.

二、利用拉氏变换解线性微分方程组

用拉氏变换还可以解常系数线性微分方程组，下面举例说明.

例3 求微分方程组$\begin{cases}x''-2y'-x=0,\\x'-y=0\end{cases}$满足初始条件$x(0)=0, x'(0)=1, y(0)=1$的特解.

解 设$L[x(t)]=X(p), L[y(t)]=Y(p)$. 对方程组两边取拉氏变换,得

$$\begin{cases}p^2X(p)-px(0)-x'(0)-2[pY(p)-y(0)]-X(p)=0,\\pX(p)-x(0)-Y(p)=0.\end{cases}$$

代入初始条件,得

$$\begin{cases}(p^2-1)X(p)-2pY(p)+1=0,\\pX(p)-Y(p)=0,\end{cases}$$

解方程组,得

$$\begin{cases}X(p)=\dfrac{1}{p^2+1},\\Y(p)=\dfrac{p}{p^2+1}.\end{cases}$$

取拉氏逆变换,得特解为$\begin{cases}x(t)=\sin t,\\y(t)=\cos t.\end{cases}$

由此可以看出利用拉氏变换解线性微分方程组的优越性.

习题 5-9

1. 利用拉氏变换解下列微分方程:

(1) $y'+5y=10e^{-4t}, y(0)=0$;　　(2) $y''+4y=0, y(0)=0, y'(0)=2$;

(3) $y''+y=1, y(0)=y'(0)=0$;　　(4) $y'''+y=1, y(0)=y'(0)=y''(0)=0$.

2. 解微分方程组$\begin{cases}x'+x-y=e^t,\\y'+3x-2y=2e^t\end{cases}$满足初始条件$x(0)=y(0)=1$的特解.

本章内容小结

本章介绍了常微分方程以及拉普拉斯变换的一些基础内容.

1. 微分方程.

基本概念:微分方程,微分方程的阶,微分方程的解、通解、特解.

重点是求解微分方程. 求解微分方程首先是判断方程的类型,然后确定解题方法. 此外,还要了解微分方程的一些简单应用.

主要知识结构如下:

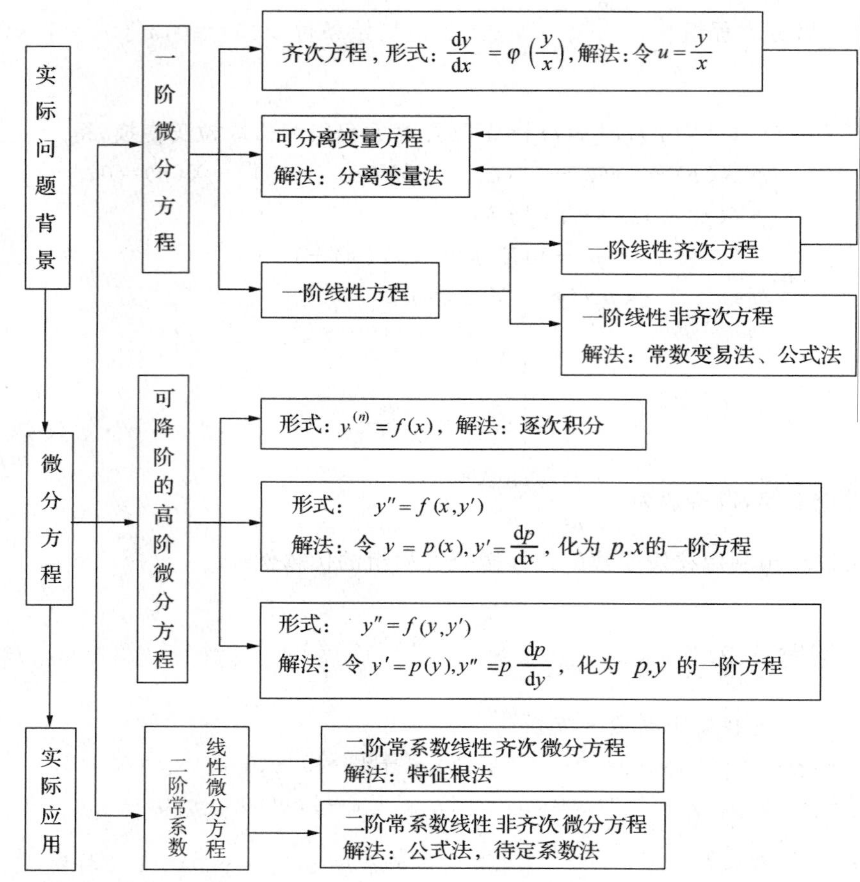

2. 拉普拉斯变换.

基本知识点：拉普拉斯变换的基本概念、性质.

重点是会灵活运用拉氏变换表（表 5-1）、拉氏变换的性质表（表 5-2）求函数的拉氏变换、拉氏逆变换. 同时了解拉氏变换在解线性微分方程（组）中的一些简单应用.

自测题五

1. 填空题：

(1) 微分方程 $y'+2xy=0$ 的通解是____________；

(2) 微分方程 $y''+2y=0$ 的通解是____________；

(3) 微分方程 $y''+y'-2y=0$ 的通解是____________；

(4) 微分方程 $xy'+y=3$ 满足初始条件 $y|_{x=1}=0$ 的特解是____________；

(5) 求 $y''+2y'=2x^2-1$ 的一个特解时，用待定系数法应设特解为________；

(6) 象原函数 $f(t)$乘以 e^{at} 取拉氏变换等于其象函数 $F(p)$____________，即 $L[e^{at}f(t)]$ =____________；

(7) 设 $f(t)=3\delta(t)+4u(t)$，则 $L[f(t)]=$____________；

(8) 设 $f(t)=\begin{cases}0, & t<0,\\ 1, & 0\leqslant t<1,\\ 2, & 1\leqslant t,\end{cases}$ 将 $f(t)$ 用 $u(t)$ 表示，则 $f(t)=$ ________，它的拉氏变换为 $L[f(t)]=$ ________.

2. 选择题：

(1) 方程 $(y-\ln x)\mathrm{d}x+x\mathrm{d}y=0$ 是　　(　　)

A. 可分离变量方程　　B. 齐次方程

C. 一阶线性非齐次方程　　D. 一阶线性齐次方程

(2) 若 $x(t)=-\frac{1}{4}\cos 2t$ 是方程 $\frac{\mathrm{d}^2x}{\mathrm{d}t^2}+4x=\sin 2t$ 的一个特解，则方程的通解是　　(　　)

A. $x=C_1\sin 2t+C_2\cos 2t-\frac{1}{4}\cos 2t$　　B. $x=C_1\sin 2t-\cos 2t$

C. $x=(C_1+C_2t)\mathrm{e}^{2t}-\frac{1}{4}\cos 2t$　　D. $x=C_1\mathrm{e}^{2t}+C_2\mathrm{e}^{-2t}-\frac{1}{4}\cos 2t$

(3) 微分方程 $y''-2y'+y=0$ 的一个特解是　　(　　)

A. $y=x^2\mathrm{e}^x$　　B. $y=\mathrm{e}^x$　　C. $y=x^3\mathrm{e}^x$　　D. $y=\mathrm{e}^{-x}$

(4) 微分方程 $(y')^2+y'(y'')^3+xy^4=0$ 的阶数是　　(　　)

A. 1　　B. 2　　C. 3　　D. 4

(5) 在下列微分方程中，其通解为 $y=C_1\cos x+C_2\sin x$ 的是　　(　　)

A. $y''-y'=0$　　B. $y''+y'=0$　　C. $y''+y=0$　　D. $y''-y=0$

(6) 下列式子正确的是　　(　　)

A. $L[u(t-a)]=\frac{1}{p}$　　B. $L[\delta(t)]=\frac{1}{p}$　　C. $L[\delta(t)]=1$　　D. $L[t]=\frac{1}{p}$

(7) 设 $F(p)=\frac{p+3}{(p+1)(p-3)}$，则 $L^{-1}[F(p)]$ 为　　(　　)

A. $\frac{3}{2}\mathrm{e}^{3t}-\frac{1}{2}\mathrm{e}^{-t}$　　B. $\frac{3}{2}\mathrm{e}^{-3t}-\frac{1}{2}\mathrm{e}^{t}$　　C. $\frac{1}{2}\mathrm{e}^{t}-\frac{3}{2}\mathrm{e}^{-3t}$　　D. $\frac{1}{2}\mathrm{e}^{t}-\frac{3}{2}\mathrm{e}^{3t}$

3. 求下列微分方程的解：

(1) $\sec^2x\tan y\mathrm{d}x+\sec^2y\tan x\mathrm{d}y=0, y\left(\frac{\pi}{4}\right)=\frac{\pi}{3}$；　　(2) $y'=\frac{2(\ln x-y)}{x}$；

(3) $y''=\mathrm{e}^{3x}, y(1)=y'(1)=0$；　　(4) $y''-y'=x$；

(5) $y''+5y'+4y=3-2x$；　　(6) $y''+3y=2\sin x$.

4. 求下列函数的拉氏变换：

(1) $f(t)=2t^3+6t-4$；　　(2) $f(t)=\mathrm{e}^{-2t}\sin 6t$；

(3) $f(t)=\mathrm{e}^{4t}\cos 3t\sin 3t$；　　(4) $f(t)=\frac{1-\mathrm{e}^{-t}}{t}$.

5. 求下列函数的拉氏逆变换：

(1) $F(p)=\frac{2}{p-3}$；　　(2) $F(p)=\frac{1}{4p^2+16}$；

(3) $F(p)=\frac{1}{p(p-1)^2}$；　　(4) $F(p)=\frac{2\mathrm{e}^{-p}-\mathrm{e}^{-3p}}{p}$.

6. 用拉氏变换求下列微分方程的特解：

(1) $y'+2y=0,y(0)=1$；　　(2) $y''+16y=0,y(0)=0,y'(0)=4$.

7. 一条曲线通过点(1,2)，它在两坐标轴间的任意切线线段均被切点所平分，求这条曲线的方程.

8. 方程 $y''+4y=\sin x$ 的一条积分曲线过点(0,1)，并在这一点与直线 $y=1$ 相切，求此曲线的方程.

9. 一个质量为 m 的物体，其密度大于水的密度，将物体放在水面上松开手后，物体在重力作用下会下沉. 设水的阻力与物体下沉速度的平方成正比，比例系数为 $k>0$. 求物体下沉速度的变化规律，并证明物体速度很快接近于常数 $v_0=\sqrt{\frac{mg}{k}}$，即物体近似于以速度 v_0 匀速下沉.

第 6 章 空间解析几何与多元函数微积分

以前我们讨论的函数只依赖于一个自变量，但在自然科学和工程技术上常常会遇到依赖于两个或更多个自变量的函数，这种函数称为多元函数. 本章先介绍空间解析几何的初步知识，然后在一元函数的基础上，讨论多元函数的基本概念、多元函数的微积分及其应用. 学习本章时，在方法上要注意二维向量与三维向量及一元函数与二元函数之间的异同点，以便更好地掌握多元函数微积分法的基本概念和方法.

§6-1 空间解析几何初步

解析几何的基本思想是用代数的方法来研究几何问题，本节先讨论空间向量，然后用空间向量讨论空间的直线和平面.

一、空间直角坐标系

1. 空间直角坐标系的概念

过空间一个定点 O 作三条互相垂直的数轴，它们都以 O 为原点，且有相同的长度单位，它们所构成的坐标系称为**空间直角坐标系**. 点 O 称为**原点**，这三条轴分别称为 x **轴**(**横轴**)、y **轴**(**纵轴**)、z **轴**(**竖轴**). 该坐标系记为 $O\text{-}xyz$.

通常把 x 轴、y 轴放置在水平平面上，z 轴垂直于水平平面，并规定 x 轴、y 轴、z 轴的位置关系遵循右手螺旋法则，即让右手的四个手指指向 x 轴的正向，然后让四指沿握拳方向转向 y 轴的正向，大拇指所指的方向就是 z 轴的正向(图 6-1)，这样的坐标系就是本书所使用的空间直角坐标系.

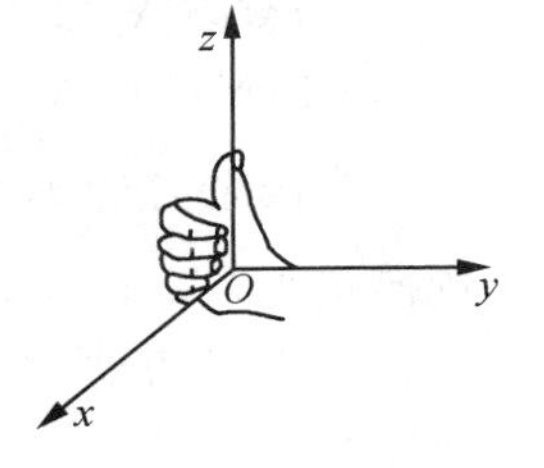

图 6-1

由任意两个坐标轴所确定的平面称为**坐标面**. 三个坐标面把整个空间分隔成八个部分，每个部分称为一个**卦限**. 含有 x 轴、y 轴与 z 轴正半轴的那个卦限称为第一卦限，其他第二、第三、第四卦限，在 xOy 平面的上方，按逆时针方向确定. 第五至第八卦限，在 xOy 平面的下方，由第一卦限之下的第五卦限，按逆时针方向确定.

2. 空间点的直角坐标

在空间建立了直角坐标系之后，空间中任意一点就可以用它的三个坐标来表示. 设 M 为空间任一点，过点 M 作三个分别与 x 轴、y 轴、z 轴垂直的平面，分别交 x 轴、y 轴、z 轴于

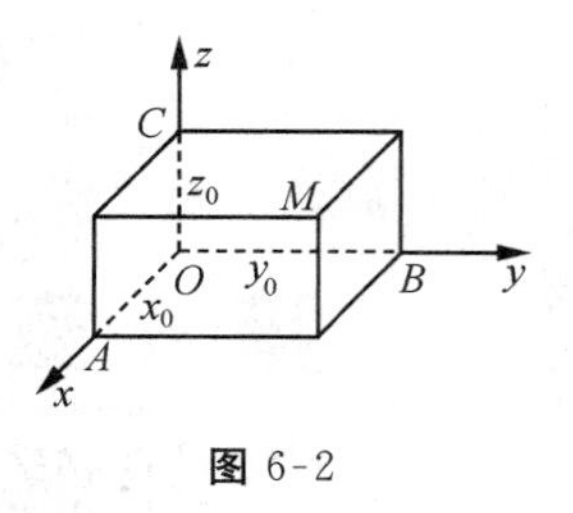

图 6-2

A,B,C 三点(图 6-2). 若 A,B,C 三点在坐标轴上的坐标分别是 x_0，y_0，z_0，则空间点 M 就唯一确定了一个有序数组 x_0，y_0，z_0. 反之任意一个有序数组 x_0，y_0，z_0，我们可以在 x 轴、y 轴、z 轴上取坐标为 x_0，y_0，z_0的点 A,B,C，并过 A,B,C 分别作与坐标轴垂直的平面，则它们相交于唯一的点 M. 这样就建立了空间的点 M 与有序数组 x_0，y_0，z_0之间的一一对应关系. 这组数 x_0，y_0，z_0称为点 M 的坐标，记为 $M(x_0,y_0,z_0)$，x_0，y_0，z_0分别称为 M 的横坐标、纵坐标和竖坐标.

二、向量及其运算

1. 向量的概念

在研究力学及其他一些实际问题时，我们经常遇到这样一类量，它既有大小又有方向，我们把这一类量称为**向量**，如力、速度、位移等.

在数学上通常用有向线段来表示向量. 有向线段的长度表示向量的大小，有向线段的方向表示向量的方向. 以 A 为起点、B 为终点的有向线段所表示的向量记为$\overrightarrow{AB}$，有时也用一个粗体小写字母 $\boldsymbol{a},\boldsymbol{b},\boldsymbol{c}$ 或一个带箭头的小写字母 $\vec{a},\vec{b},\vec{c}$ 表示向量.

向量的大小称为向量的**模**，向量$\overrightarrow{AB}$的模记为$|\overrightarrow{AB}|$. 模等于 1 的向量称为**单位向量**. 模为 0 的向量称为**零向量**，记为 $\mathbf{0}$. 零向量的方向是任意的. 与起点无关的向量称为**自由向量**. 本节所研究的向量主要就是这种自由向量. 若两个向量 $\boldsymbol{a},\boldsymbol{b}$ 所在的线段平行，我们就说这两个向量平行，记作 $\boldsymbol{a}/\!/\boldsymbol{b}$. 两个向量只要大小相等且方向相同，便称这两个向量相等.

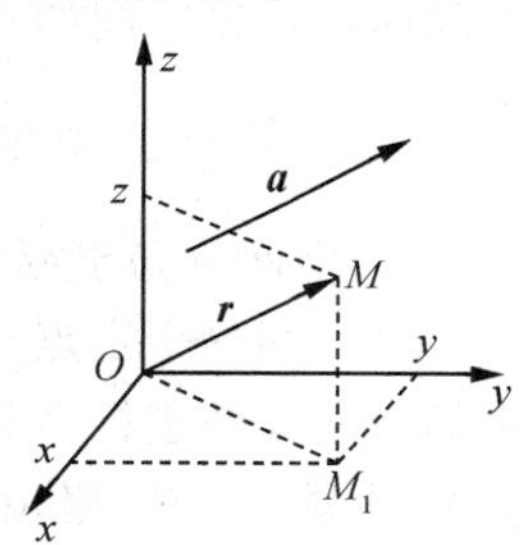

图 6-3

设在空间已建立了直角坐标系 $O\text{-}xyz$，把已知向量 $\boldsymbol{a}$ 的起点移到原点 O 时，其终点为 M，即 $\boldsymbol{a}=\overrightarrow{OM}$，称$\overrightarrow{OM}$为**向径**，通常记作 $\boldsymbol{r}$. 称点 M 的坐标(x,y,z)为 $\boldsymbol{a}$ 的坐标，记作 $\boldsymbol{a}=(x,y,z)$，即向量 $\boldsymbol{a}$ 的坐标就是与其相等的向径的终点坐标(图 6-3). 这样在建立了直角坐标系的空间中，向量、向径、坐标之间就有了一一对应的关系. 根据图 6-3 的几何关系可得，若 $\boldsymbol{a}=(x,y,z)$，则$|\boldsymbol{a}|=\sqrt{x^2+y^2+z^2}$.

2. 向量的线性运算

(1) 向量的加法.

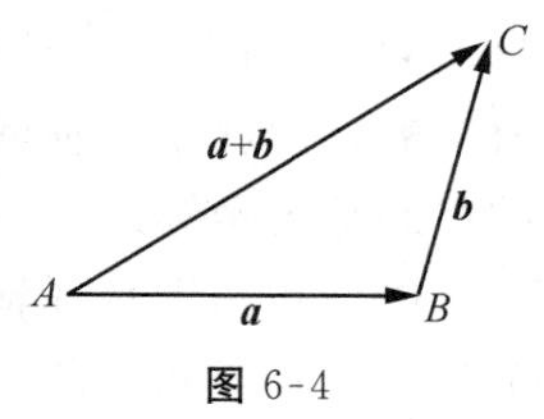

图 6-4

设有两个向量 $\boldsymbol{a},\boldsymbol{b}$，任取一点 A，作$\overrightarrow{AB}=\boldsymbol{a}$，以 B 为起点作$\overrightarrow{BC}=\boldsymbol{b}$，则向量$\overrightarrow{AC}=\boldsymbol{c}$ 称为向量 $\boldsymbol{a},\boldsymbol{b}$ 的和，记作 $\boldsymbol{c}=\boldsymbol{a}+\boldsymbol{b}$，如图 6-4 所示. 这种求向量和的方法称为三角形法则. 容易验证向量的加法满足以下运算定律：

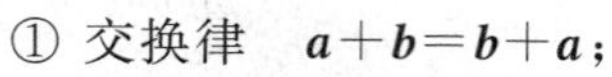
① 交换律　$\boldsymbol{a}+\boldsymbol{b}=\boldsymbol{b}+\boldsymbol{a}$；

② 结合律　$(\boldsymbol{a}+\boldsymbol{b})+\boldsymbol{c}=\boldsymbol{a}+(\boldsymbol{b}+\boldsymbol{c})$.

(2) 向量的减法.

图 6-5

设 $\boldsymbol{a}$ 为一向量，与 $\boldsymbol{a}$ 方向相反且模相等的向量称为 $\boldsymbol{a}$ 的负向量，记作$-\boldsymbol{a}$. 我们规定两个向量 $\boldsymbol{a},\boldsymbol{b}$ 的差为 $\boldsymbol{a}-\boldsymbol{b}=\boldsymbol{a}+(-\boldsymbol{b})$，即把$-\boldsymbol{b}$ 与 $\boldsymbol{a}$ 相加，便得到向量 $\boldsymbol{a},\boldsymbol{b}$ 的差 $\boldsymbol{a}-\boldsymbol{b}$，如图 6-5 所示.

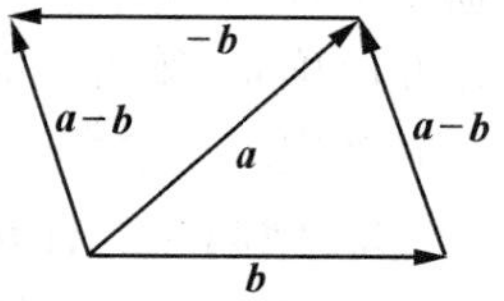

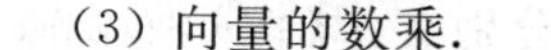
(3) 向量的数乘.

向量 $\boldsymbol{a}$ 与实数 λ 的乘数是一个向量，记作 $\lambda\boldsymbol{a}$，它的模 $|\lambda\boldsymbol{a}|=|\lambda||\boldsymbol{a}|$. 当 $\lambda>0$ 时，$\lambda\boldsymbol{a}$ 的方向与 $\boldsymbol{a}$ 的方向相同；当 $\lambda<0$ 时，$\lambda\boldsymbol{a}$ 的方向与 $\boldsymbol{a}$ 的方向相反；当 $\lambda=0$ 时，$\lambda\boldsymbol{a}$ 为零向量.

容易验证向量与数的乘法满足以下运算定律：

① 结合律　$(\lambda\mu)\boldsymbol{a}=\lambda(\mu\boldsymbol{a})=\mu(\lambda\boldsymbol{a})$；

② 分配律　$\lambda(\boldsymbol{a}+\boldsymbol{b})=\lambda\boldsymbol{a}+\lambda\boldsymbol{b}$，$(\lambda+\mu)\boldsymbol{a}=\lambda\boldsymbol{a}+\mu\boldsymbol{a}$.

由于向量 $\lambda\boldsymbol{a}$ 与 $\boldsymbol{a}$ 平行，所以常用向量与数的乘积来说明两个向量的平行关系：

定理 1　设向量 $\boldsymbol{a}\neq\boldsymbol{0}$，则向量 $\boldsymbol{b}$ 平行于 $\boldsymbol{a}$ 的充分必要条件是存在唯一的实数 λ，使 $\boldsymbol{b}=\lambda\boldsymbol{a}$.

(4) 坐标基本向量及向量关于基本向量的分解.

在空间已建立了直角坐标系 $O\text{-}xyz$，以 O 为始点的三个单位向量 $\boldsymbol{i}(1,0,0)$，$\boldsymbol{j}(0,1,0)$，$\boldsymbol{k}(0,0,1)$ 称为**坐标基本向量**(图 6-6). $\boldsymbol{a}=(x,y,z)$ 为已知向量，对应向径为 $\overrightarrow{OM}$. $\overrightarrow{OM}$ 在三个坐标轴上的投影依次为 $\overrightarrow{OP}$，$\overrightarrow{OQ}$，$\overrightarrow{OR}$，则

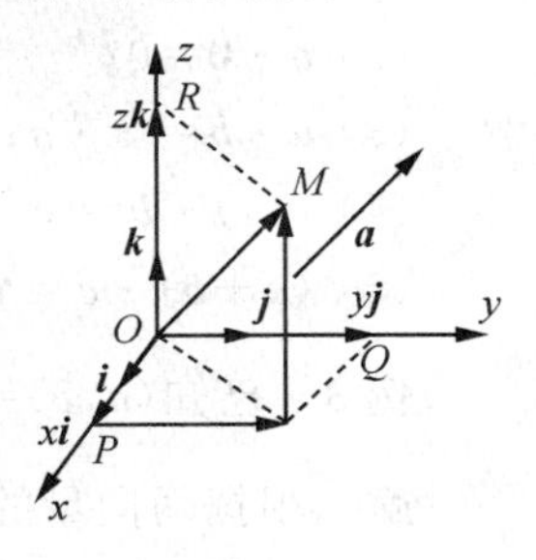

图 6-6

$$\overrightarrow{OP}=x\boldsymbol{i},\overrightarrow{OQ}=y\boldsymbol{j},\overrightarrow{OR}=z\boldsymbol{k}.$$

依次称这三个向量为向量 $\boldsymbol{a}$ 关于 x 轴、y 轴和 z 轴的分量，如图 6-6 所示.

根据向量和的法则，$\boldsymbol{a}=\overrightarrow{OM}=x\boldsymbol{i}+y\boldsymbol{j}+z\boldsymbol{k}$.

上式表明，在建立了空间坐标系之后，任何空间向量都可以分解成坐标基本向量的线性组合，且系数就是向量的坐标；反之，若一个向量是用坐标基本向量的线性组合来表示的，则向量的坐标就是系数. 由此，立即可以得到向量加减运算时的坐标运算.

设 $\boldsymbol{a}=(x_1,y_1,z_1)=x_1\boldsymbol{i}+y_1\boldsymbol{j}+z_1\boldsymbol{k}$，$\boldsymbol{b}=(x_2,y_2,z_2)=x_2\boldsymbol{i}+y_2\boldsymbol{j}+z_2\boldsymbol{k}$，则

$$\boldsymbol{a}\pm\boldsymbol{b}=(x_1\boldsymbol{i}+y_1\boldsymbol{j}+z_1\boldsymbol{k})\pm(x_2\boldsymbol{i}+y_2\boldsymbol{j}+z_2\boldsymbol{k})=(x_1\pm x_2)\boldsymbol{i}+(y_1\pm y_2)\boldsymbol{j}+(z_1\pm z_2)\boldsymbol{k},$$

所以
$$\boldsymbol{a}\pm\boldsymbol{b}=(x_1\pm x_2,y_1\pm y_2,z_1\pm z_2),$$

即和、差向量的坐标等于原向量对应坐标的和、差.

例 1　设 $\boldsymbol{a}=(0,-1,2)$，$\boldsymbol{b}=(-1,3,4)$，求 $\boldsymbol{a}+\boldsymbol{b}$，$2\boldsymbol{a}-\boldsymbol{b}$.

解　$\boldsymbol{a}+\boldsymbol{b}=(0+(-1),-1+3,2+4)=(-1,2,6)$，

$2\boldsymbol{a}-\boldsymbol{b}=(2\times0,2\times(-1),2\times2)-(-1,3,4)=(0-(-1),-2-3,4-4)=(1,-5,0)$.

例 2　已知两点 $A(0,1,-4)$，$B(2,3,0)$，试用坐标表示向量 $\overrightarrow{AB}$.

解　因为 $\overrightarrow{OA}=(0,1,-4)$，$\overrightarrow{OB}=(2,3,0)$，所以 $\overrightarrow{AB}=\overrightarrow{OB}-\overrightarrow{OA}=(2,2,4)$.

3. 向量的数量积

由力学知识可知，一物体在力 $\boldsymbol{F}$ 的作用下沿直线从点 M_1 移动到点 M_2，若以 $\boldsymbol{s}$ 表示位移 $\boldsymbol{s}=\overrightarrow{M_1M_2}$，则力 $\boldsymbol{F}$ 所做的功 $W=|\boldsymbol{F}|\cdot|\boldsymbol{s}|\cos\theta$，其中 θ 是 $\boldsymbol{F}$ 与 $\boldsymbol{s}$ 的夹角.

为对一般的两个向量描述这种运算，首先定义两个向量夹角的概念.

设 $\boldsymbol{a}$，$\boldsymbol{b}$ 为非零向量，平移使它们的起点重合，所得射线之间的在 0 与 π 之间的夹角，称为向量 $\boldsymbol{a}$，$\boldsymbol{b}$ 的夹角，记为 $(\boldsymbol{a},\boldsymbol{b})$ 或 $(\boldsymbol{b},\boldsymbol{a})$. 若 $(\boldsymbol{a},\boldsymbol{b})=\dfrac{\pi}{2}$，则称 $\boldsymbol{a}$，$\boldsymbol{b}$ 垂直，记作 $\boldsymbol{a}\perp\boldsymbol{b}$；$\boldsymbol{0}$ 与任意向量的夹角无意义；向量与坐标轴的夹角指向量与坐标轴正向所成的角.

定义 1　设 $\boldsymbol{a}$，$\boldsymbol{b}$ 是两个向量，它们的模及夹角的余弦的乘积，称为向量 $\boldsymbol{a}$ 与 $\boldsymbol{b}$ 的数量积，记作 $\boldsymbol{a}\cdot\boldsymbol{b}$，即

$$\boldsymbol{a}\cdot\boldsymbol{b}=|\boldsymbol{a}||\boldsymbol{b}|\cos(\boldsymbol{a},\boldsymbol{b}).$$

由以上叙述容易知道向量的数量积是一个数量.

由数量积的定义,立即可得三个坐标基本向量 $\boldsymbol{i},\boldsymbol{j},\boldsymbol{k}$ 之间的数量积关系:

$$\boldsymbol{i}\cdot\boldsymbol{i}=\boldsymbol{j}\cdot\boldsymbol{j}=\boldsymbol{k}\cdot\boldsymbol{k}=1,\ \boldsymbol{i}\cdot\boldsymbol{j}=\boldsymbol{j}\cdot\boldsymbol{i}=\boldsymbol{i}\cdot\boldsymbol{k}=\boldsymbol{k}\cdot\boldsymbol{i}=\boldsymbol{j}\cdot\boldsymbol{k}=\boldsymbol{k}\cdot\boldsymbol{j}=0.$$

向量的数量积有以下性质:

(1) $\boldsymbol{a}\cdot\boldsymbol{a}=|\boldsymbol{a}|^2$;

(2) $\boldsymbol{a}\cdot\boldsymbol{0}=0$;

(3) $\boldsymbol{a}\cdot\boldsymbol{b}=\boldsymbol{b}\cdot\boldsymbol{a}$;

(4) $(\lambda\boldsymbol{a})\cdot\boldsymbol{b}=\boldsymbol{a}\cdot(\lambda\boldsymbol{b})=\lambda(\boldsymbol{a}\cdot\boldsymbol{b})$,其中 λ 是任意实数;

(5) $(\boldsymbol{a}+\boldsymbol{b})\cdot\boldsymbol{c}=\boldsymbol{a}\cdot\boldsymbol{c}+\boldsymbol{b}\cdot\boldsymbol{c}$.

例 3 已知$(\boldsymbol{a},\boldsymbol{b})=\frac{2\pi}{3}$,$|\boldsymbol{a}|=3$,$|\boldsymbol{b}|=4$,求向量 $\boldsymbol{c}=3\boldsymbol{a}+2\boldsymbol{b}$ 的模.

解 根据两向量的数量积的性质及定义,得

$$\begin{aligned}|\boldsymbol{c}|^2&=\boldsymbol{c}\cdot\boldsymbol{c}=(3\boldsymbol{a}+2\boldsymbol{b})\cdot(3\boldsymbol{a}+2\boldsymbol{b})=9\boldsymbol{a}^2+12\boldsymbol{a}\cdot\boldsymbol{b}+4\boldsymbol{b}^2\\&=9|\boldsymbol{a}|^2+12|\boldsymbol{a}||\boldsymbol{b}|\cos(\boldsymbol{a},\boldsymbol{b})+4|\boldsymbol{b}|^2.\end{aligned}$$

把$(\boldsymbol{a},\boldsymbol{b})=\frac{2\pi}{3}$,$|\boldsymbol{a}|=3$,$|\boldsymbol{b}|=4$ 代入,即得$|\boldsymbol{c}|^2=9\times3^2+12\times3\times4\cos\frac{2\pi}{3}+4\times4^2=73$,所以$|\boldsymbol{c}|=|3\boldsymbol{a}+2\boldsymbol{b}|=\sqrt{73}$.

与向量的加减法一样,也可以运用坐标运算,求向量的数量积.

设 $\boldsymbol{a}=(x_1,y_1,z_1)=x_1\boldsymbol{i}+y_1\boldsymbol{j}+z_1\boldsymbol{k}$,$\boldsymbol{b}=(x_2,y_2,z_2)=x_2\boldsymbol{i}+y_2\boldsymbol{j}+z_2\boldsymbol{k}$,则有

$\boldsymbol{a}\cdot\boldsymbol{b}=(x_1\boldsymbol{i}+y_1\boldsymbol{j}+z_1\boldsymbol{k})\cdot(x_2\boldsymbol{i}+y_2\boldsymbol{j}+z_2\boldsymbol{k})=x_1x_2+y_1y_2+z_1z_2$.

上式表明,两个向量的数量积等于它们对应坐标的乘积之和.

例 4 已知三点 $M_1(3,1,1)$,$M_2(2,0,1)$,$M_3(1,0,0)$,求向量$\overrightarrow{M_1M_2}$与$\overrightarrow{M_2M_3}$的夹角 θ.

解 因为$\overrightarrow{M_1M_2}=(-1,-1,0)$,$\overrightarrow{M_2M_3}=(-1,0,-1)$,由两向量的数量积的定义知

$$\cos\theta=\frac{\overrightarrow{M_1M_2}\cdot\overrightarrow{M_2M_3}}{|\overrightarrow{M_1M_2}|\cdot|\overrightarrow{M_2M_3}|}=\frac{(-1)\cdot(-1)+(-1)\cdot0+0\cdot(-1)}{\sqrt{(-1)^2+(-1)^2+0^2}\cdot\sqrt{(-1)^2+0^2+(-1)^2}}=\frac{1}{2},$$

所以 $\theta=\frac{\pi}{3}$.

4. 向量的向量积

定义 2 两个向量 $\boldsymbol{a},\boldsymbol{b}$ 的向量积是一个向量,记作 $\boldsymbol{a}\times\boldsymbol{b}$,它的模为$|\boldsymbol{a}\times\boldsymbol{b}|=|\boldsymbol{a}||\boldsymbol{b}|\sin(\boldsymbol{a},\boldsymbol{b})$,它的方向与 $\boldsymbol{a},\boldsymbol{b}$ 所在的平面垂直,且使 $\boldsymbol{a},\boldsymbol{b},\boldsymbol{a}\times\boldsymbol{b}$ 成右手系.

由平面几何知识知道,$\boldsymbol{a}\times\boldsymbol{b}$ 的模$|\boldsymbol{a}\times\boldsymbol{b}|$刚好是以 $\boldsymbol{a},\boldsymbol{b}$ 为边的平行四边形的面积,这也是两向量向量积的模的几何意义.

注意,在这里向量的数量积计算"·"与向量积计算"×"表示的是两向量在向量空间中的两种不同的运算,要与数域中的乘法区分开来.

向量的向量积有以下运算性质:

(1) $\boldsymbol{a}\times\boldsymbol{a}=\boldsymbol{0}$;

(2) $\boldsymbol{a}\times\boldsymbol{0}=\boldsymbol{0}$;

(3) $\boldsymbol{a}\times\boldsymbol{b}=-\boldsymbol{b}\times\boldsymbol{a}$;

(4) $(\lambda \boldsymbol{a})\times \boldsymbol{b}=\boldsymbol{a}\times(\lambda \boldsymbol{b})=\lambda(\boldsymbol{a}\times \boldsymbol{b})$,其中 λ 是任意实数;

(5) $(\boldsymbol{a}+\boldsymbol{b})\times \boldsymbol{c}=\boldsymbol{a}\times \boldsymbol{c}+\boldsymbol{b}\times \boldsymbol{c}$,$\boldsymbol{a}\times(\boldsymbol{b}+\boldsymbol{c})=\boldsymbol{a}\times \boldsymbol{b}+\boldsymbol{a}\times \boldsymbol{c}$.

说明　(1) 向量的向量积不满足交换律,如任意两个坐标基本向量的向量积:$\boldsymbol{i}\times\boldsymbol{j}=\boldsymbol{k}$,$\boldsymbol{j}\times\boldsymbol{k}=\boldsymbol{i}$,$\boldsymbol{k}\times\boldsymbol{i}=\boldsymbol{j}$,而 $\boldsymbol{j}\times\boldsymbol{i}=-\boldsymbol{k}$,$\boldsymbol{k}\times\boldsymbol{j}=-\boldsymbol{i}$,$\boldsymbol{i}\times\boldsymbol{k}=-\boldsymbol{j}$;

(2) 分配律有左、右之分:使用左分配律的向量只能在“×”的左边,使用右分配律的向量只能在“×”的右边;

(3) 结合律只能对实数使用,向量本身不满足结合律.

向量积也可以用坐标运算:

设 $\boldsymbol{a}=(x_1,y_1,z_1)=x_1\boldsymbol{i}+y_1\boldsymbol{j}+z_1\boldsymbol{k}$,$\boldsymbol{b}=(x_2,y_2,z_2)=x_2\boldsymbol{i}+y_2\boldsymbol{j}+z_2\boldsymbol{k}$,则有

$$\begin{aligned}\boldsymbol{a}\times\boldsymbol{b}&=(x_1\boldsymbol{i}+y_1\boldsymbol{j}+z_1\boldsymbol{k})\times(x_2\boldsymbol{i}+y_2\boldsymbol{j}+z_2\boldsymbol{k})\\&=(y_1z_2-y_2z_1)\boldsymbol{i}+(z_1x_2-z_2x_1)\boldsymbol{j}+(x_1y_2-x_2y_1)\boldsymbol{k}.\end{aligned}$$

为了便于记忆,把上述结果写成三阶行列式的形式,然后按三阶行列式展开法则关于第一行展开,即

$$\boldsymbol{a}\times\boldsymbol{b}=\begin{vmatrix}\boldsymbol{i}&\boldsymbol{j}&\boldsymbol{k}\\x_1&y_1&z_1\\x_2&y_2&z_2\end{vmatrix}=\begin{vmatrix}y_1&z_1\\y_2&z_2\end{vmatrix}\boldsymbol{i}+\begin{vmatrix}z_1&x_1\\z_2&x_2\end{vmatrix}\boldsymbol{j}+\begin{vmatrix}x_1&y_1\\x_2&y_2\end{vmatrix}\boldsymbol{k}.$$

例 5　已知 $\boldsymbol{a}=(1,-1,2)$,$\boldsymbol{b}=(2,-2,-2)$,求 $\boldsymbol{a}\times\boldsymbol{b}$.

解　$$\boldsymbol{a}\times\boldsymbol{b}=\begin{vmatrix}\boldsymbol{i}&\boldsymbol{j}&\boldsymbol{k}\\1&-1&2\\2&-2&-2\end{vmatrix}=\begin{vmatrix}-1&2\\-2&-2\end{vmatrix}\boldsymbol{i}+\begin{vmatrix}2&1\\-2&2\end{vmatrix}\boldsymbol{j}+\begin{vmatrix}1&-1\\2&-2\end{vmatrix}\boldsymbol{k}=6\boldsymbol{i}+6\boldsymbol{j},$$

即
$$\boldsymbol{a}\times\boldsymbol{b}=(6,6,0).$$

例 6　已知三点 $A=(1,0,3)$,$B=(0,0,2)$,$C=(3,2,1)$,求$\triangle ABC$ 的面积.

解　由两向量的向量积的定义及其几何意义知 $S_{\triangle ABC}=\dfrac{1}{2}|\overrightarrow{AB}\times\overrightarrow{BC}|$,又

$$\overrightarrow{AB}=(-1,0,-1),\overrightarrow{AC}=(2,2,-2),$$

而
$$\overrightarrow{AB}\times\overrightarrow{BC}=\begin{vmatrix}\boldsymbol{i}&\boldsymbol{j}&\boldsymbol{k}\\-1&0&-1\\2&2&-2\end{vmatrix}=2\boldsymbol{i}-4\boldsymbol{j}-2\boldsymbol{k},$$

故
$$S_{\triangle ABC}=\frac{1}{2}|\overrightarrow{AB}\times\overrightarrow{BC}|=\frac{1}{2}\sqrt{2^2+(-4)^2+(-2)^2}=\sqrt{6}.$$

5. 两向量的关系及判断

(1) 两向量的垂直及其判定.

在数量积中已经提到,若两个非零向量 $\boldsymbol{a}$,$\boldsymbol{b}$ 的夹角为$(\boldsymbol{a},\boldsymbol{b})=90°$,则称这两个向量 $\boldsymbol{a}$,$\boldsymbol{b}$ 垂直,并记作 $\boldsymbol{a}\perp\boldsymbol{b}$.

当 $\boldsymbol{a}\perp\boldsymbol{b}$ 时,由数量积的定义可得 $\boldsymbol{a}\cdot\boldsymbol{b}=|\boldsymbol{a}||\boldsymbol{b}|\cos(\boldsymbol{a},\boldsymbol{b})=0$;反之,若 $\boldsymbol{a}\cdot\boldsymbol{b}=0$ 且 $\boldsymbol{a}$,$\boldsymbol{b}$ 为非零向量,则必有 $\cos(\boldsymbol{a},\boldsymbol{b})=0$,$(\boldsymbol{a},\boldsymbol{b})=90°$,即 $\boldsymbol{a}\perp\boldsymbol{b}$. 由此可得:

定理 2　两个非零向量 $\boldsymbol{a}$,$\boldsymbol{b}$ 垂直$\Leftrightarrow$ $\boldsymbol{a}\cdot\boldsymbol{b}=0$.

其坐标形式如下:

定理 2′　设 $\boldsymbol{a}=(x_1,y_1,z_1)=x_1\boldsymbol{i}+y_1\boldsymbol{j}+z_1\boldsymbol{k}$,$\boldsymbol{b}=(x_2,y_2,z_2)=x_2\boldsymbol{i}+y_2\boldsymbol{j}+z_2\boldsymbol{k}$,则 $\boldsymbol{a}$,$\boldsymbol{b}$ 垂直

$\Leftrightarrow x_1x_2+y_1y_2+z_1z_2=0$.

(2) 两向量的平行及其判定.

若把两个向量 $\boldsymbol{a},\boldsymbol{b}$ 的始点移到同一点后,它们的终点与始点都位于同一直线上,则称这两个向量平行,记作 $\boldsymbol{a}/\!/\boldsymbol{b}$. 规定零向量平行于任何向量.

平行向量的方向相同或相反,它们的模可以不相等. 根据向量数乘运算的定义,可以得到如下定理:

定理 3 $\boldsymbol{a}/\!/\boldsymbol{b} \Leftrightarrow$ 存在实数 λ,使 $\boldsymbol{a}=\lambda\boldsymbol{b}$.

其坐标形式如下:

设 $\boldsymbol{a}=(x_1,y_1,z_1)=x_1\boldsymbol{i}+y_1\boldsymbol{j}+z_1\boldsymbol{k}$,$\boldsymbol{b}=(x_2,y_2,z_2)=x_2\boldsymbol{i}+y_2\boldsymbol{j}+z_2\boldsymbol{k}$ 为两个非零向量,则 $\boldsymbol{a}/\!/\boldsymbol{b} \Leftrightarrow \frac{x_1}{x_2}=\frac{y_1}{y_2}=\frac{z_1}{z_2}$.

其中,若分母的某坐标分量为 0,则分子对应的坐标分量也为 0.

又若 $\boldsymbol{a}/\!/\boldsymbol{b}$,则 $(\boldsymbol{a},\boldsymbol{b})=0$ 或 π,由此得 $\sin(\boldsymbol{a},\boldsymbol{b})=0$. 于是,根据向量积的定义,可以得到如下定理:

定理 4 $\boldsymbol{a}/\!/\boldsymbol{b} \Leftrightarrow \boldsymbol{a}\times\boldsymbol{b}=\boldsymbol{0}$.

例 7 已知两向量 $\boldsymbol{a}=(1,2,1)$,$\boldsymbol{b}=(x,3,2)$,求 x 的值使:(1) $\boldsymbol{a}\perp\boldsymbol{b}$;(2) $\boldsymbol{a}/\!/\boldsymbol{b}$.

解 (1) 由定理 2′知,当 $\boldsymbol{a}\perp\boldsymbol{b}$ 时,$\boldsymbol{a}\cdot\boldsymbol{b}=1\times x+2\times 3+1\times 2=0$,即 $x=-8$.

(2) 因为 $\frac{2}{3}\neq\frac{1}{2}$,由定理 3 知,无论 x 取何值,$\boldsymbol{a}$ 与 $\boldsymbol{b}$ 都不平行.

三、空间平面及其方程

1. 平面的点法式方程

垂直于平面的直线称为这个平面的**法线**. 如果一个非零向量垂直于一个平面,就称这个向量是该平面的**法向量**. 我们知道,经过一定点且垂直于一非零向量能确定唯一的一个平面,因此,当平面 π 上一点 $M_0(x_0,y_0,z_0)$ 和它的一个法向量 $\boldsymbol{n}=(A,B,C)$ 已知时,平面的位置就完全确定了. 下面来建立这个平面的方程.

设 $M(x,y,z)$ 为平面上的任意一点,则 $\overrightarrow{M_0M}$ 与 $\boldsymbol{n}$ 必垂直,所以由数量积的知识可得到 $\boldsymbol{n}\cdot\overrightarrow{M_0M}=0$.

又 $\boldsymbol{n}=(A,B,C)$,$\overrightarrow{M_0M}=(x-x_0,y-y_0,z-z_0)$,所以

$$A(x-x_0)+B(y-y_0)+C(z-z_0)=0, \tag{1}$$

这就是平面上的点所满足的方程.

反之,若 $\boldsymbol{n}\cdot\overrightarrow{M_0M}\neq 0$,则点 M 的坐标 x,y,z 不满足方程(1). 因此,方程(1)就是平面的方程,而平面 π 就是方程(1)的图形.

由于方程(1)是由平面上的一个已知点 M_0 和它的一个法向量 $\boldsymbol{n}$ 来确定的,所以方程(1)也称为**平面的点法式方程**.

例 8 求过点 $A(-1,2,0)$ 且以向量 $\boldsymbol{n}=(1,3,1)$ 为法向量的平面方程.

解 根据平面的点法式方程,得所求平面为

$$(x+1)+3(y-2)+(z-0)=0,$$

即

$$x+3y+z-5=0.$$

例 9　求过三点 $A(1,0,3)$，$B(0,0,2)$，$C(3,2,1)$ 的平面方程.

解　由于 $\overrightarrow{AB}=(-1,0,-1)$，$\overrightarrow{AC}=(2,2,-2)$，且 $\overrightarrow{AB}\times\overrightarrow{BC}$ 垂直于 $\overrightarrow{AB}$ 和 $\overrightarrow{AC}$ 所确定的平面，故可取平面的法向量为

$$\boldsymbol{n}=\overrightarrow{AB}\times\overrightarrow{BC}=(2,-4,-2).$$

所求平面方程为

$$2(x-1)-4(y-0)-2(z-3)=0,$$

即

$$2x-4y-2z+4=0.$$

应该注意的是，一个平面的法向量不是唯一的，但它们是互相平行的.

2. 平面的一般式方程

将方程(1)整理为

$$Ax+By+Cz+D=0, \tag{2}$$

其中 $D=-Ax_0-By_0-Cz_0$. 可知任何一个平面方程都可以用方程(2)来表示.

反之，我们任取满足方程(2)的一组数 (x_0,y_0,z_0)，即

$$Ax_0+By_0+Cz_0+D=0.$$

把(2)式与上式相减得

$$A(x-x_0)+B(y-y_0)+C(z-z_0)=0.$$

此方程就是过点 $M_0(x_0,y_0,z_0)$ 且以 $\boldsymbol{n}=(A,B,C)$ 为法向量的平面方程. 因此，任何一个三元一次方程(2)的图形都是一个平面. 称方程(2)为**平面的一般式方程**，其中 x,y,z 的系数就是该平面的法向量 $\boldsymbol{n}$ 的坐标.

在平面的一般式方程中，应熟悉一些特殊位置的平面.

当 $D=0$ 时，平面通过原点；

当 $A=0$ 时，法向量 $\boldsymbol{n}=(0,B,C)$ 垂直于 x 轴，此时方程表示一个平行于 x 轴的平面；

当 $A=0,D=0$ 时，平面过 x 轴；

当 $A=0,B=0$ 时，法向量 $\boldsymbol{n}=(0,0,C)$ 同时垂直于 x 轴和 y 轴，方程表示一个平行于 xOy 的平面.

例 10　求过 z 轴和点 $M(-3,1,-2)$ 的平面方程.

解　由于平面通过 z 轴，故 $C=0,D=0$，所以可设所求方程为 $Ax+By=0$.

将点 $M(-3,1,-2)$ 代入方程，得 $-3A+B=0$，即 $B=3A$.

所以所求方程为 $x+3y=0$.

例 11　求过点 $P(a,0,0)$，$Q(0,b,0)$，$R(0,0,c)$ 的平面方程.

解　设平面方程为 $Ax+By+Cz+D=0$，将三点的坐标代入方程得

$$\begin{cases}Aa+D=0,\\Bb+D=0,\\Cc+D=0,\end{cases}$$

解得 $A=-\dfrac{D}{a}$，$B=-\dfrac{D}{b}$，$C=-\dfrac{D}{c}$. 代入方程，整理得所求平面方程为

$$\frac{x}{a}+\frac{y}{b}+\frac{z}{c}=1.$$

该方程称为平面的截距式方程.

四、空间直线及其方程

1. 空间直线的一般式方程

空间直线 l 可以看作是两个平面 π_1 与 π_2 的交线. 如果两个相交平面 π_1 和 π_2 的方程分别为 $A_1x+B_1y+C_1z+D_1=0$ 和 $A_2x+B_2y+C_2z+D_2=0$，那么直线 l 上任一点的坐标应同时满足这两个平面的方程，即应满足方程组

$$\begin{cases} A_1x+B_1y+C_1z+D_1=0, \\ A_2x+B_2y+C_2z+D_2=0. \end{cases} \tag{3}$$

反之，如果点 M 不在直线 l 上，那么它不可能同时在平面 π_1 和 π_2 上，所以它的坐标不满足方程组(3). 因此，直线 l 可以用方程组(3)来表示，方程组(3)称为**空间直线的一般式方程**.

过一条直线的平面有无数个，只要在其中任取两个，把它们的方程联立起来，所得的方程组就表示这条空间直线 l.

2. 空间直线的点向式方程与参数方程

如果一非零向量平行于一条已知直线，那么这个向量称为这条直线的**方向向量**. 由于过空间一点只能作一条直线平行于已知直线，故若直线 l 通过点$M_0(x_0,y_0,z_0)$，且平行于非零向量 $\boldsymbol{s}=(m,n,p)$，则这条直线在空间的位置就完全确立了. 下面来建立这条直线的方程.

设点 $M(x,y,z)$为直线上任意一点，那么向量$\overrightarrow{M_0M}$与 l 的方向向量 $\boldsymbol{s}$ 平行，由于$\overrightarrow{M_0M}=(x-x_0,y-y_0,z-z_0)$，$\boldsymbol{s}=(m,n,p)$，由向量平行的条件，有

$$\frac{x-x_0}{m}=\frac{y-y_0}{n}=\frac{z-z_0}{p}. \tag{4}$$

反过来，如果点 M 不在直线 l 上，那么$\overrightarrow{M_0M}$与 $\boldsymbol{s}$ 不平行，点 M 的坐标不满足方程(4)，则方程组(3)就是直线 l 的方程，称为**直线的点向式方程**.

直线的任一方向向量 $\boldsymbol{s}$ 的坐标 m,n,p 称为直线的一组**方向数**.

注 在方程(4)中，若 $m=0$，则方程组应理解为$\begin{cases} x-x_0=0, \\ \dfrac{y-y_0}{n}=\dfrac{z-z_0}{p}. \end{cases}$

若 $m=0,n=0$，则$\begin{cases} x-x_0=0, \\ y-y_0=0; \end{cases}$

若设$\dfrac{x-x_0}{m}=\dfrac{y-y_0}{n}=\dfrac{z-z_0}{p}=t$，则有$\begin{cases} x=x_0+mt, \\ y=y_0+nt, \\ z=z_0+pt. \end{cases}$ (5)

方程组(5)称为**直线的参数方程**，其中 t 为参数.

例 12 求过点$(1,3,-2)$且垂直于平面 $2x+y-3z+1=0$ 的直线方程.

解 由于所求直线与已知平面垂直，故平面的法向量与直线的方向向量平行，所以，所求直线的方向向量可取为 $\boldsymbol{s}=\boldsymbol{n}=(2,1,-3)$，故所求直线的方程为

$$\frac{x-1}{2}=\frac{y-3}{1}=\frac{z+2}{-3}.$$

例 13　求过两点 $A(1,-2,1)$,$B(5,4,3)$的直线方程.

解　由于直线过 A,B 两点,可取方向向量 $\boldsymbol{s}=\overrightarrow{AB}=(4,6,2)$,故所求的直线方程为

$$\frac{x-1}{4}=\frac{y+2}{6}=\frac{z-1}{2}.$$

五、空间线、面的位置关系

1. 两平面的位置关系

(1) 平面间平行、垂直的判定及夹角计算.

设两平面 π_1,π_2 的方程分别为 $A_1x+B_1y+C_1z+D_1=0$,$A_2x+B_2y+C_2z+D_2=0$,则它们的法向量分别为 $\boldsymbol{n}_1=(A_1,B_1,C_1)$,$\boldsymbol{n}_2=(A_2,B_2,C_2)$.

① 平面 $\pi_1 /\!/ \pi_2 \Leftrightarrow \boldsymbol{n}_1 /\!/ \boldsymbol{n}_2 \Leftrightarrow \boldsymbol{n}_1\times\boldsymbol{n}_2=\boldsymbol{0} \Leftrightarrow \dfrac{A_1}{A_2}=\dfrac{B_1}{B_2}=\dfrac{C_1}{C_2}$;(若某个分母为 0,则对应分子也为 0,重合作为平行的特例)

② 平面 $\pi_1\perp\pi_2 \Leftrightarrow \boldsymbol{n}_1\perp\boldsymbol{n}_2 \Leftrightarrow \boldsymbol{n}_1\cdot\boldsymbol{n}_2=0 \Leftrightarrow A_1A_2+B_1B_2+C_1C_2=0$;

③ 若 π_1,π_2 既不平行又不垂直,记(π_1,π_2)为 π_1,π_2 所成两面角的平面角(平面夹角),因为$(\pi_1,\pi_2)\leqslant 90°$,所以

$$\cos(\pi_1,\pi_2)=|\cos(\boldsymbol{n}_1,\boldsymbol{n}_2)|=\frac{|\boldsymbol{n}_1\cdot\boldsymbol{n}_2|}{|\boldsymbol{n}_1||\boldsymbol{n}_2|}=\frac{|A_1A_2+B_1B_2+C_1C_2|}{\sqrt{A_1^2+B_1^2+C_1^2}\sqrt{A_2^2+B_2^2+C_2^2}}.$$

(2) 点到平面的距离公式.

已知平面 $\pi: Ax+By+Cz+D=0$ 和平面外一点 $P(x_0,y_0,z_0)$,过 P 作平面 π 的垂线,垂足为点 Q,称 $d=|PQ|$ 为点 P 到平面 π 的距离,则

$$d=\frac{|Ax_0+By_0+Cz_0+D|}{\sqrt{A^2+B^2+C^2}}.$$

例 14　求两平行平面 $\pi_1: 3x+2y-6z-35=0$ 和 $\pi_2: 3x+2y-6z-56=0$ 间的距离.

解　两平行平面的距离就是其中一个平面上任意一点到另一个平面的距离.

取点 $P(1,1,-5)\in\pi_1$,则点 P 到平面 π_2 的距离为

$$d=\frac{|3\times1+2\times1+(-6)\times(-5)-56|}{\sqrt{3^2+2^2+(-6)^2}}=\frac{21}{7}=3.$$

2. 空间两直线的位置关系

(1) 空间两直线间平行、垂直的判定及夹角计算.

设直线 l_1,l_2 的方程分别为 $\dfrac{x-x_1}{m_1}=\dfrac{y-y_1}{n_1}=\dfrac{z-z_1}{p_1}$,$\dfrac{x-x_2}{m_2}=\dfrac{y-y_2}{n_2}=\dfrac{z-z_2}{p_2}$,则方向向量分别为 $\boldsymbol{s}_1=(m_1,n_1,p_1)$,$\boldsymbol{s}_2=(m_2,n_2,p_2)$.

① 直线 $l_1 /\!/ l_2 \Leftrightarrow \boldsymbol{s}_1\times\boldsymbol{s}_2=\boldsymbol{0} \Leftrightarrow \dfrac{m_1}{m_2}=\dfrac{n_1}{n_2}=\dfrac{p_1}{p_2}$;(若某个分母为 0,则对应分子也为 0,重合作为平行的特例)

② 直线 $l_1\perp l_2 \Leftrightarrow \boldsymbol{s}_1\cdot\boldsymbol{s}_2=0 \Leftrightarrow m_1m_2+n_1n_2+p_1p_2=0$;

③ 若 l_1,l_2 既不平行又不垂直,记(l_1,l_2)为 l_1,l_2 所成的角,简称夹角,$(l_1,l_2)\leqslant 90°$,则

$$\cos(l_1,l_2)=|\cos(\boldsymbol{s}_1,\boldsymbol{s}_2)|.$$

(2) 点到直线的距离公式.

已知直线 $l:\frac{x-x_0}{m}=\frac{y-y_0}{n}=\frac{z-z_0}{p}$ 和直线外一点 $P(x_0,y_0,z_0)$，过点 P 作直线 l 的垂直平面，垂足为点 Q，称 $d=|PQ|$ 为 P 点到直线 l 的距离.

例 15 求原点到直线 $l:\frac{x-1}{2}=\frac{y-1}{1}=\frac{z}{1}$ 的距离.

解 直线 l 的方向向量为 $\boldsymbol{s}=(2,1,1)$，过原点作 l 的垂直平面 π，垂足为点 Q，则 $\boldsymbol{s}$ 就是平面 π 的法向量，所以平面 π 的方程为 $2x+y+z=0$.

解方程组 $\begin{cases}\frac{x-1}{2}=\frac{y-1}{1}=\frac{z}{1},\\ 2x+y+z=0,\end{cases}$ 得 $\begin{cases}x=0,\\ y=\frac{1}{2},\\ z=-\frac{1}{2},\end{cases}$

所以点 Q 的坐标是 $\left(0,\frac{1}{2},-\frac{1}{2}\right)$，原点到直线的距离为

$$d=|OQ|=\sqrt{(0-0)^2+\left(\frac{1}{2}-0\right)^2+\left(-\frac{1}{2}-0\right)^2}=\frac{\sqrt{2}}{2}.$$

3. 空间直线与平面的位置关系

设有平面 $\pi:Ax+By+Cz+D=0$，直线 $l:\frac{x-x_0}{m}=\frac{y-y_0}{n}=\frac{z-z_0}{p}$.

① $l/\!/\pi \Leftrightarrow \boldsymbol{s}\perp\boldsymbol{n} \Leftrightarrow \boldsymbol{s}\cdot\boldsymbol{n}=0 \Leftrightarrow Am+Bn+Cp=0$；

② $l\perp\pi \Leftrightarrow \boldsymbol{s}/\!/\boldsymbol{n} \Leftrightarrow \boldsymbol{s}\times\boldsymbol{n}=\boldsymbol{0} \Leftrightarrow \frac{A}{m}=\frac{B}{n}=\frac{C}{p}$；（若某个分母为 0，则对应分子也为 0，直线在平面上作为平行的特例）

③ 记 l,π 的交角为 $\varphi\left(0\leqslant\varphi\leqslant\frac{\pi}{2}\right)$，则 $\varphi=\left|\frac{\pi}{2}-(\boldsymbol{s},\boldsymbol{n})\right|$，

$$\sin\varphi=|\cos(\boldsymbol{s},\boldsymbol{n})|=\frac{|Am+Bn+Cp|}{\sqrt{A^2+B^2+C^2}\sqrt{m^2+n^2+p^2}}.$$

例 16 求直线 $l:\begin{cases}2x-y=1,\\ y+z=0\end{cases}$ 与平面 $\pi:x+y+z+1=0$ 之间的夹角 φ.

解 直线 l 的方向向量

$$\boldsymbol{s}=\begin{vmatrix}-1 & 0\\ 1 & 1\end{vmatrix}\boldsymbol{i}-\begin{vmatrix}2 & 0\\ 0 & 1\end{vmatrix}\boldsymbol{j}+\begin{vmatrix}2 & -1\\ 0 & 1\end{vmatrix}\boldsymbol{k}=-\boldsymbol{i}-2\boldsymbol{j}+2\boldsymbol{k}=(-1,-2,2),$$

平面 π 的法向量 $\boldsymbol{n}=(1,1,1)$，所以

$$\sin\varphi=\frac{|1\times(-1)+1\times(-2)+1\times 2|}{\sqrt{1^2+1^2+1^2}\sqrt{(-1)^2+(-2)^2+2^2}}=\frac{\sqrt{3}}{9},$$

故 $\varphi=\arcsin\frac{\sqrt{3}}{9}\approx 11.1°$.

习题 6-1（A）

1. 写出下列特殊点的坐标：(1) 原点；(2) x 轴上的点；(3) y 轴上的点；(4) z 轴上的

点；(5) xOy 面上的点；(6) yOz 面上的点；(7) zOx 面上的点.

2. 写出下列平面的方程：(1) yOz 面；(2) zOx 面；(3) xOy 面；(4) 平行于 yOz 面的平面；(5) 平行于 zOx 面的平面；(6) 平行于 xOy 面的平面.

3. 写出下列直线的方程：(1) x 轴；(2) y 轴；(3) z 轴.

4. 已知 $\boldsymbol{a}=3\boldsymbol{i}-\boldsymbol{j}-2\boldsymbol{k}$，$\boldsymbol{b}=\boldsymbol{i}+2\boldsymbol{j}-\boldsymbol{k}$，$\boldsymbol{c}=\boldsymbol{i}+2\boldsymbol{j}$，求：

(1) $\boldsymbol{a}\cdot\boldsymbol{b}$；(2) $\boldsymbol{a}\times\boldsymbol{b}$；(3) $(\boldsymbol{a}+\boldsymbol{b})\cdot(2\boldsymbol{b}-\boldsymbol{c})$；(4) $\boldsymbol{a}\times(\boldsymbol{b}\times\boldsymbol{c})$.

5. 求过点 $(2,-2,1)$，且以 $\boldsymbol{n}=(-1,-1,-2)$ 为法向量的平面方程.

6. 求过点 $(1,1,-1)$，且以 $(3,0,-3)$ 为方向向量的直线方程.

7. 求过三点 $M_1(1,-1,-2)$，$M_2(-1,2,0)$，$M_3(1,3,1)$ 的平面方程.

8. 求与直线 $\begin{cases}x+y+z=1,\\ y-z=4\end{cases}$ 垂直，且与 z 轴交点的竖坐标为 -1 的平面方程.

9. 求平面 $2x-y+z=9$ 与平面 $x+y+2z=10$ 的夹角.

10. 求点 $(1,2,1)$ 到平面 $x+2y+2z=10$ 的距离.

11. 求直线 $\begin{cases}x-y+z=4,\\ 2x+y-2z+5=0\end{cases}$ 与直线 $\begin{cases}x+y+z=4,\\ 2x+3y-z-6=0\end{cases}$ 的夹角的余弦.

12. 求直线 $\begin{cases}x-y=1,\\ y+z=1\end{cases}$ 与平面 $2x+y+z=6$ 交点的坐标.

习题 6-1 (B)

1. 已知 $\boldsymbol{a}=(3,3,-1)$，$\boldsymbol{b}=(2,-2,-1)$，计算 $\boldsymbol{a}\times\boldsymbol{b}$，$\boldsymbol{b}\times\boldsymbol{a}$.

2. 设 $\boldsymbol{a}=(1,2,3)$，$\boldsymbol{b}=(-2,y,4)$，求常数 y，使得 $\boldsymbol{a}\perp\boldsymbol{b}$.

3. 试确定 m 和 n 的值，使向量 $\boldsymbol{a}=-2\boldsymbol{i}+3\boldsymbol{j}+n\boldsymbol{k}$ 和 $\boldsymbol{b}=m\boldsymbol{i}-6\boldsymbol{j}+2\boldsymbol{k}$ 平行.

4. 指出下列平面位置的特点：

(1) $2x+z+1=0$；(2) $y-z=0$；(3) $x+2y-z=0$；(4) $9y-1=0$；(5) $x=0$.

5. 求过点 $(2,-2,1)$，且与 yOz 平面平行的平面方程.

6. (1) 求过点 $(5,-3,2)$，且与直线 $\dfrac{x-1}{3}=\dfrac{y+3}{2}=\dfrac{z-1}{-1}$ 平行的直线方程；

(2) 求过点 $(5,-3,2)$，且与平面 $x+y-z+8=0$ 垂直的直线方程.

7. 试写出与 x 轴平行的直线方程的一般形式.

8. 求满足下列条件的平面方程：

(1) 过点 $M_1(0,-2,1)$，$M_2(1,-2,0)$，法向量的方向向量 $\boldsymbol{n}=\left(\cos\alpha,\cos\beta,\dfrac{1}{2}\right)$；

(2) 过直线 $l_1:\dfrac{x}{1}=\dfrac{y}{1}=\dfrac{z-1}{-2}$，与直线 $l_2:\begin{cases}x+y+z=1,\\ y-z=4\end{cases}$ 平行.

9. 求满足下列条件的直线方程：

(1) 过点 $M_0(1,-1,1)$ 且与平面 $\pi_1: x+y-2z=1$，$\pi_2: -2x+y-2z=2$ 平行；

(2) 同时垂直于直线 $l_1:\begin{cases}x-y+z=1,\\ x+y-z=4\end{cases}$ 和 $l_2:\begin{cases}x-y+z=1,\\ x+y+z=4\end{cases}$ 且过原点.

10. 在 x 轴上求一点 P，使点 P 到平面 $x-2y+z=0$ 的距离为 1.

11. 已知直线$\frac{x-1}{1}=\frac{y}{-4}=\frac{z+3}{1}$上点$(1,0,-3)$到平面$2x+y-2z=D$的距离为4，试确定$D$的值.

12. 已知直线$\frac{x-x_0}{2}=\frac{y-y_0}{-1}=\frac{z-z_0}{1}$与$\frac{x-x_1}{-1}=\frac{y-y_1}{2}=\frac{z-z_1}{p}$的夹角为45°，求$p$的值.

§6-2 多元函数的概念

一、多元函数的概念

在学习一元函数时，经常用到邻域和区间的概念，讨论多元函数时同样要用到类似的概念. 现在我们将邻域和区间的概念加以推广，为学习多元函数的微积分打好基础.

若点$P_0(x_0,y_0)$是xOy面上的一个点，$\delta>0$，我们把点集

$$\{(x,y)\mid\sqrt{(x-x_0)^2+(y-y_0)^2}<\delta\}$$

称为点$P_0(x_0,y_0)$的δ**邻域**，记为$U(P_0,\delta)$，即在几何上，$U(P_0,\delta)$就是xOy平面上以点$P_0(x_0,y_0)$为圆心、δ为半径的圆的内部的点$P(x,y)$的全体(图 6-7).

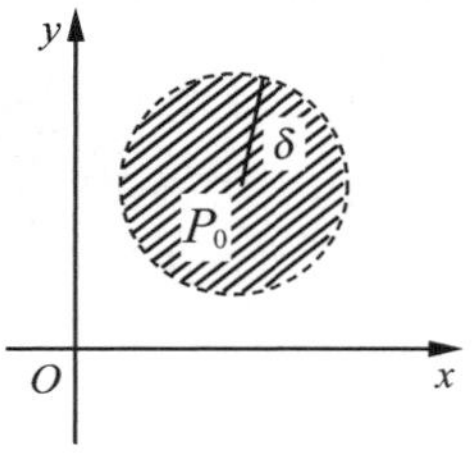

图 6-7

对于点$P_0(x_0,y_0)$的δ邻域，当不包括点$P_0(x_0,y_0)$时，称它为点P_0的**空心δ邻域**，记作$\mathring{U}(P_0,\delta)$. 如不需强调邻域半径δ，可记为$\mathring{U}(P_0)$.

由xOy平面上的一条或几条曲线所围成的一部分平面或整个平面，称为xOy平面上的一个**平面区域**. 围成平面区域的曲线称为**区域边界**. 不包含边界的区域称为**开区域**，包含全部边界的区域称为**闭区域**，包含部分边界的区域称为**半开半闭区域**. 若能找到适当的圆，使区域内的所有点都在该圆内，这样的区域称为**有界区域**. 否则称为**无界区域**.

例如，$D=\{(x,y)\mid-\infty<x<+\infty,-\infty<y<+\infty\}$是无界区域，它表示整个$xOy$平面；

$D=\{(x,y)\mid 1<x^2+y^2<4\}$是有界开区域(图 6-8，不包括边界)；

$D=\{(x,y)\mid x+y>0\}$是无界开区域(图 6-9)，它是以直线$x+y=0$为边界的上半平面，但不包括边界直线$x+y=0$.

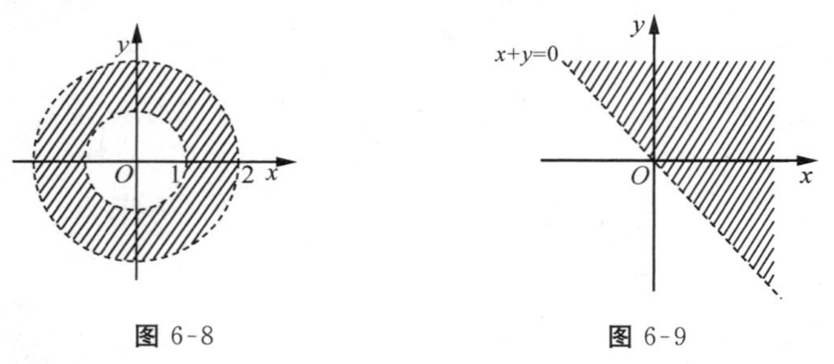

图 6-8　　图 6-9

1. 多元函数的定义

在许多实际问题中，常常会遇到一个变量依赖于多个其他变量的情形，如：

例 1　三角形面积S与其底长a和高h有下列依赖关系：

$$S=\frac{1}{2}ah\ (a>0,h>0).$$

其中底长 a、高 h 是独立取值的两个变量.在它们的变化范围内,当 a,h 取定值后,三角形的面积 S 有唯一确定的值与之对应.

例 2　一定质量的理想气体的压强 P 与体积 V、绝对温度 T 之间满足下列确定性关系:

$$P=k\frac{T}{V}.$$

其中 k 为常数,T,V 为取值于集合 $\{(T,V)\mid T>T_0,V>0\}$ 的实数对.

以上两个实例具有共同的特征:问题中一个变量的取值依赖于另两个相互独立的变量,并由这两个变量的取值所唯一确定.

抛开上述两例中各变量的实际意义,仅保留其形式数量关系,抽象出如下定义:

定义 1　设有三个变量 x,y,z,若对于变量 x,y,在它们的变化范围 D 内的每一对确定的值,按照某一对应法则 f,变量 z 都有唯一确定的值与之对应,则称 z 为 x,y 在 D 上的**二元函数**,记作 $z=f(x,y)$.其中 x,y 称为**自变量**,z 称为 x,y 的**函数**(或**因变量**).自变量 x,y 的变化范围 D 称为**函数的定义域**.

当自变量 x,y 分别取 x_0,y_0 时,函数 z 的对应值为 z_0,记作 $z_0=f(x_0,y_0)$,称为函数 $z=f(x,y)$ 当 $x=x_0,y=y_0$ 时的函数值.这时也称函数 $z=f(x,y)$ 在点 $P_0(x_0,y_0)$ 处是有定义的.所有函数值的集合称为**函数 $z=f(x,y)$ 的值域**.

类似地,可以定义三元函数 $u=f(x,y,z)$ 以及三元以上的函数.二元及二元以上的函数统称为**多元函数**.本章主要讨论二元函数.

2. 二元函数的定义域

同一元函数一样,二元函数的定义域也是函数概念的一个重要组成部分.对从实际问题中建立起来的函数,一般根据自变量所表示的实际意义确定函数的定义域,如例 1 中的 $a>0,h>0$.而对于由数学式子表示的函数 $z=f(x,y)$,它的定义域就是能使该数学式子有意义的那些自变量取值的全体.求函数的定义域,就是求出使函数有意义的所有自变量的取值范围.

例 3　求函数 $z=\sqrt{9-x^2-y^2}$ 的定义域,并计算 $f(0,1)$ 和 $f(-1,1)$.

解　容易看出,当且仅当自变量 x,y 满足不等式 $x^2+y^2\leqslant 9$ 时,函数 z 才有意义.几何上它表示 xOy 平面上以原点为圆心、半径为 3 的圆及其边界上点的全体(有界闭区域,图 6-10),即函数的定义域为 $D=\{(x,y)\mid x^2+y^2\leqslant 9\}$.计算得

$$f(0,1)=\sqrt{9-0^2-1^2}=2\sqrt{2},f(-1,1)=\sqrt{9-(-1)^2-1^2}=\sqrt{7}.$$

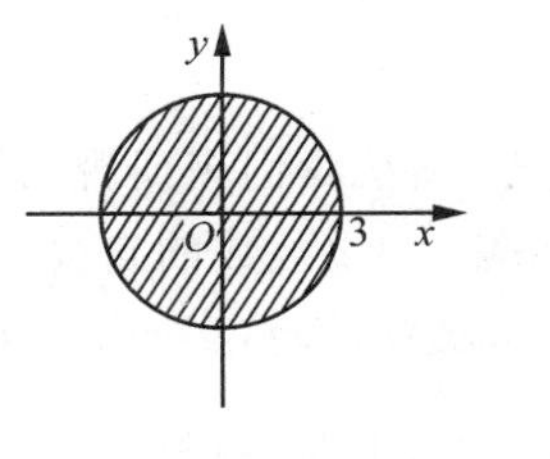

图 6-10

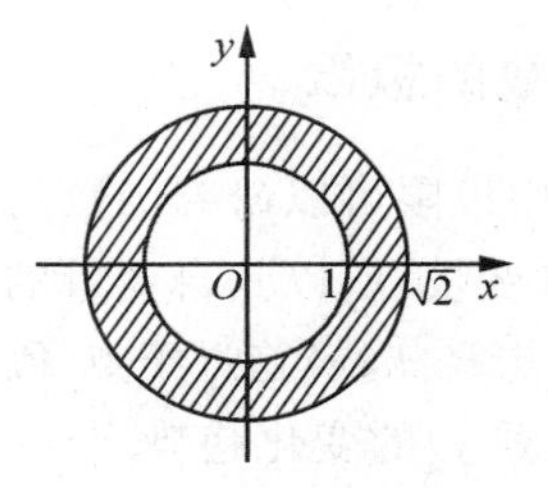

图 6-11

例 4　求函数 $z=\arcsin\dfrac{x^2+y^2}{2}+\sqrt{x^2+y^2-1}$ 的定义域.

解 要使函数有意义，x,y 应满足不等式组 $x^2+y^2\leqslant 2$，$x^2+y^2\geqslant 1$，即 $1\leqslant x^2+y^2\leqslant 2$. 因此，函数的定义域为 $D=\{(x,y)\mid 1\leqslant x^2+y^2\leqslant 2\}$，它的图形是圆环（有界闭区域，图 6-11）.

3. 二元函数的几何意义

我们知道，一元函数 $y=f(x)$ 的图形在 xOy 平面上一般表示一条曲线. 对于二元函数 $z=f(x,y)$，设其定义域为 D，$P_0(x_0,y_0)$ 为函数定义域中的一点，与点 P_0 对应的函数值记为 $z_0=f(x_0,y_0)$，于是可在空间直角坐标系 $O\text{-}xyz$ 中作出点 $M_0(x_0,y_0,z_0)$. 当点 $P(x,y)$ 在定义域 D 内变动时，对应点 $M(x,y,z)$ 的轨迹就是函数 $z=f(x,y)$ 的几何图形. 一般来说，它通常是一张曲面，这就是二元函数的几何意义，如图 6-12 所示. 而定义域 D 正是这张曲面在 xOy 平面上的投影.

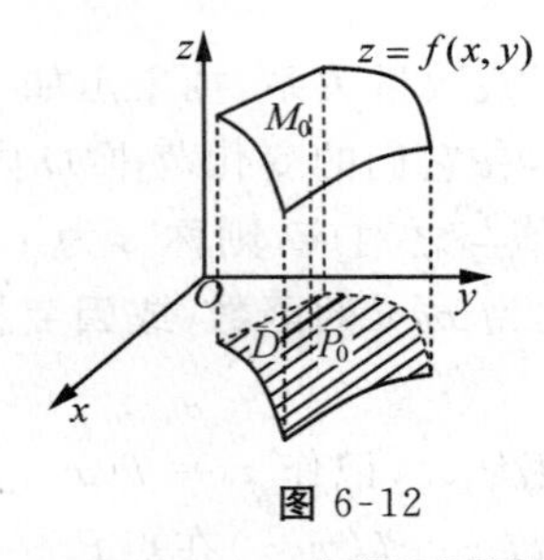

图 6-12

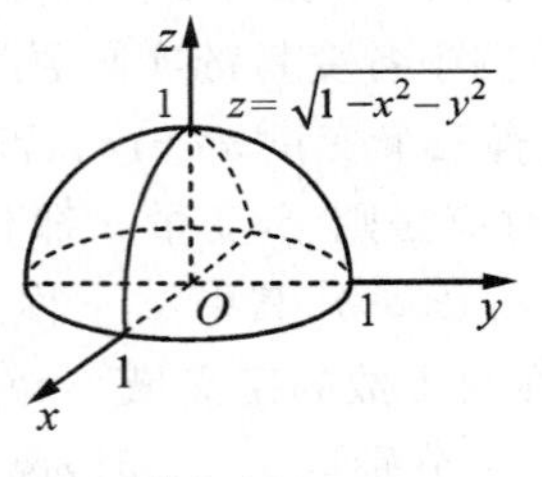

图 6-13

例 5 作二元函数 $z=\sqrt{1-x^2-y^2}$ 的图形.

解 函数 $z=\sqrt{1-x^2-y^2}$ 的定义域为 $x^2+y^2\leqslant 1$，即为单位圆的内部及其边界.

对表达式 $z=\sqrt{1-x^2-y^2}$ 两边平方，得

$$z^2=1-x^2-y^2\text{，即 } x^2+y^2+z^2=1.$$

它表示以 $(0,0,0)$ 为球心、1 为半径的球面. 又 $z\geqslant 0$，因此，函数 $z=\sqrt{1-x^2-y^2}$ 的图形是位于 xOy 平面上方的半球面，如图 6-13 所示.

例 6 作二元函数 $z=\sqrt{x^2+y^2}$ 的图形.

解 由空间解析几何知识知道，它的图形是上半圆锥面，如图 6-14 所示.

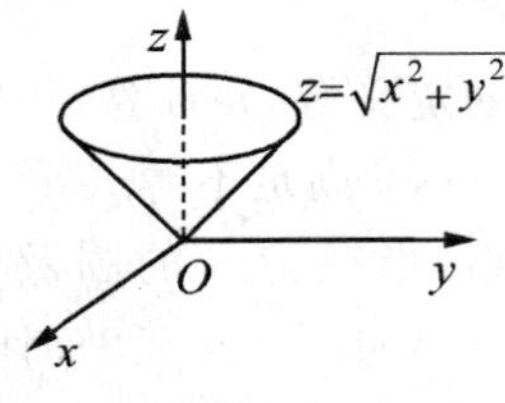

图 6-14

二、二元函数的极限

我们知道，利用极限可以研究函数的变化趋势，现在我们来研究二元函数的极限. 由于二元函数有两个自变量，所以其自变量的变化过程比一元函数的自变量的变化过程要复杂得多. 下面考虑当点 $P(x,y)$ 趋近于点 $P_0(x_0,y_0)$（记为 $P(x,y)\to P_0(x_0,y_0)$ 或 $x\to x_0$，$y\to y_0$）时，函数 $z=f(x,y)$ 的变化趋势.

仿照一元函数的极限定义，下面给出二元函数的极限定义.

定义 2 设函数 $z=f(x,y)$ 在点 $P_0(x_0,y_0)$ 的某一空心邻域内有定义，如果在此邻域内

的动点 $P(x,y)$ 以任意方式趋近于点 $P_0(x_0,y_0)$ 时，对应的函数值 $f(x,y)$ 都趋近于一个确定的常数 A，那么称这个常数 A 为函数 $z=f(x,y)$ 当 $(x,y)\to(x_0,y_0)$ 时的极限，记为

$$\lim_{(x,y)\to(x_0,y_0)} f(x,y)=A,\ \lim_{\substack{x\to x_0\\y\to y_0}} f(x,y)=A \text{ 或 } \lim_{P\to P_0} f(x,y)=A.$$

说明　(1) 二元函数的极限定义在形式上与一元函数的极限定义相似，但是二元函数的极限较一元函数要复杂得多，它要求点 $P(x,y)$ 以任意方式趋近于点 $P_0(x_0,y_0)$ 时，$f(x,y)$ 都趋近于同一个确定的常数 A. 反之，如果当 $P(x,y)$ 沿不同的路径趋近于点 $P_0(x_0,y_0)$ 时，函数 $z=f(x,y)$ 趋近于不同的值，那么可以断定 $\lim\limits_{\substack{x\to x_0\\y\to y_0}} f(x,y)$ 不存在.

(2) 可把一元函数极限的四则运算法则及求极限的一些方法推广到二元函数的极限运算.

例 7　求下列极限：

(1) $\lim\limits_{\substack{x\to 1\\y\to 2}}\dfrac{x^2+y^2}{xy}$；　(2) $\lim\limits_{\substack{x\to 0\\y\to 0}}(x^2+y^2)\sin\dfrac{1}{x^2+y^2}$.

解　(1) 原式 $=\dfrac{\lim\limits_{\substack{x\to 1\\y\to 2}}(x^2+y^2)}{\lim\limits_{\substack{x\to 1\\y\to 2}}(xy)}=\dfrac{\lim\limits_{\substack{x\to 1\\y\to 2}}x^2+\lim\limits_{\substack{x\to 1\\y\to 2}}y^2}{\lim\limits_{\substack{x\to 1\\y\to 2}}x\cdot\lim\limits_{\substack{x\to 1\\y\to 2}}y}=\dfrac{1^2+2^2}{1\times 2}=\dfrac{5}{2}$.

(2) 令 $r=x^2+y^2$，则当 $x\to 0, y\to 0$ 时，$r\to 0$，故 $\lim\limits_{\substack{x\to 0\\y\to 0}}(x^2+y^2)\sin\dfrac{1}{x^2+y^2}=\lim\limits_{r\to 0} r\sin\dfrac{1}{r}=0$.

例 8　讨论二元函数 $f(x,y)=\begin{cases}\dfrac{xy}{x^2+y^2}, & x^2+y^2\neq 0,\\ 0, & x^2+y^2=0\end{cases}$ 当 $P(x,y)\to O(0,0)$ 时，极限是否存在.

解　当 $P(x,y)$ 沿直线 $y=kx$ 趋于点 $(0,0)$ 时，$f(x,y)=f(x,kx)=\dfrac{k}{1+k^2}(x\neq 0)$，所以

$$\lim_{\substack{x\to x_0\\y\to y_0}} f(x,y)=\lim_{x\to 0}\frac{k}{1+k^2}=\frac{k}{1+k^2}.$$

可见其极限值是随直线斜率 k 的不同而不同的，因此 $\lim\limits_{\substack{x\to x_0\\y\to y_0}} f(x,y)$ 不存在.

三、二元函数的连续性

仿照一元函数连续性的定义，下面给出二元函数连续性的定义.

定义 3　设函数 $z=f(x,y)$ 在点 $P_0(x_0,y_0)$ 的某一邻域内有定义，如果当该邻域内的任意一点 $P(x,y)$ 趋近于点 $P_0(x_0,y_0)$ 时，函数 $z=f(x,y)$ 的极限等于 $f(x,y)$ 在点 $P_0(x_0,y_0)$ 处的函数值 $f(x_0,y_0)$，即

$$\lim_{\substack{x\to x_0\\y\to y_0}} f(x,y)=f(x_0,y_0),$$

那么称**函数 $f(x,y)$ 在点 $P_0(x_0,y_0)$ 处连续**.

函数在一点处连续的定义也可以用增量形式定义.

如果函数 $z=f(x,y)$ 在区域 D 上的每一点处都连续，那么称函数 $z=f(x,y)$ **在区域 D**

上连续.连续的二元函数 $z=f(x,y)$ 在几何上表示一张无缝隙的曲面.

若函数 $z=f(x,y)$ 在点 $P_0(x_0,y_0)$ 处不连续,则称该点为函数 $z=f(x,y)$ 的**间断点**.于是由连续的定义知间断点有以下三种情形:

(1) 函数 $z=f(x,y)$ 在点 $P_0(x_0,y_0)$ 处无定义;

(2) 当点 $P(x,y)$ 趋于点 $P_0(x_0,y_0)$ 时,函数 $z=f(x,y)$ 的极限不存在;

(3) 函数 $z=f(x,y)$ 在点 (x_0,y_0) 处的极限值不等于函数在该点的函数值.

例 9 讨论下列函数的间断点(或间断线):

(1) $z=\dfrac{x}{x^2-y^2}$; (2) $z=\ln|x^2+y^2-1|$.

解 (1) 当 $x^2-y^2=0$ 时,函数 $z=\dfrac{x}{x^2-y^2}$ 无定义,所以该函数有间断线 $y=x$ 和 $y=-x$.

(2) 当 $x^2+y^2-1=0$ 时,函数 $z=\ln|x^2+y^2-1|$ 无定义,所以圆周 $x^2+y^2-1=0$ 是该函数的间断线.

与一元函数类似,二元连续函数的和、差、积、商(分母不为零)仍为连续函数;二元连续函数的复合函数也是连续函数.

定义 4 由变量 x,y 的基本初等函数及常数经过有限次的四则运算或复合而构成的,且用一个数学式子表示的二元函数称为**二元初等函数**.

根据上述内容,可以得到以下结论:多元初等函数在其定义区域内是连续的.

设 (x_0,y_0) 是二元初等函数 $z=f(x,y)$ 的定义区域内的任一点,则有

$$\lim_{\substack{x\to x_0\\y\to y_0}}f(x,y)=f(x_0,y_0).$$

例如,$\lim\limits_{\substack{x\to 0\\y\to \frac{1}{2}}}\arccos\sqrt{x^2+y^2}=\arccos\sqrt{0^2+\left(\dfrac{1}{2}\right)^2}=\dfrac{\pi}{3}$.

与闭区间上的一元连续函数的性质类似,在有界闭区域上的二元连续函数也有以下两个重要性质:

性质 1(最值性质) 若函数 $f(x,y)$ 在有界闭区域 D 上连续,则 $f(x,y)$ 在 D 上一定存在最大值和最小值.

性质 2(介值性质) 若函数 $f(x,y)$ 在有界闭区域 D 上连续,则 $f(x,y)$ 在 D 上一定可取得介于函数最大值 M 与最小值 m 之间的任何值,即若 μ 是 M 与 m 之间的任一常数($m<\mu<M$),则在 D 上至少存在一点 $(\xi,\eta)\in D$,使得 $f(\xi,\eta)=\mu$.

二元函数的极限与连续的理论可类似地推广到二元以上的函数.

习题 6-2(A)

1. 已知 $f(x,y)=x^2+y^2-\dfrac{x}{y}$,求 $f(2,1)$.

2. 已知 $f(x,y)=\dfrac{x^2+y^2}{xy}$,求 $f\left(1,\dfrac{1}{y}\right)$.

3. 求下列函数的定义域,并画出定义域所表示的区域:

(1) $z=\ln(x+y)$; (2) $z=\sqrt{9-x^2-y^2}+\sqrt{x^2+y^2-1}$.

4. 求$\lim\limits_{\substack{x\to 1\\ y\to 0}}(3x^2+2y^2+xy)$.

5. 求$\lim\limits_{\substack{x\to 1\\ y\to 0}}\dfrac{\ln(x+e^y)}{\sqrt{x^2+y^2}}$.

习题 6-2（B）

1. 确定并画出下列函数的定义域：

(1) $z=\ln(x^2-y-1)$；　(2) $z=\sqrt{x+y}+\sqrt{2-x}$；

(3) $z=\sqrt{1-x^2}+\sqrt{y^2-1}$；　(4) $z=\arcsin\dfrac{x}{y}$.

2. 设函数 $f(x,y)=x^3-2xy+3y^2$，求：

(1) $f(-2,3)$；　(2) $f\left(\dfrac{1}{y},\dfrac{2}{x}\right)$.

3. 求极限（若不存在，说明理由）：

(1) $\lim\limits_{\substack{x\to 1\\ y\to 0}}\dfrac{1-xy}{x^2+y^2}$；　(2) $\lim\limits_{\substack{x\to 0\\ y\to 0}}\dfrac{x+y}{x-y}$.

4. 求下列函数的间断点或间断曲线：

(1) $z=\dfrac{1+xy}{x^2-y^2}$；　(2) $z=\dfrac{x}{y}-\dfrac{y}{x}$.

5. 作出二元函数 $z=\sqrt{4-x^2-y^2}$ 的图象.

§6-3　偏导数与全微分

一、偏导数的概念及求法

1. 偏导数的定义

在研究一元函数时，是从研究函数的变化率引入了导数的概念. 对于多元函数同样需要讨论它的变化率. 由于多元函数的自变量不止一个，多元函数与自变量的关系要比一元函数复杂得多，为此，我们研究多元函数对于一个自变量的变化率. 以二元函数 $z=f(x,y)$ 为例，如果自变量 x 变化，而自变量 y 保持不变（可看作常量），这时 z 可视为 x 的一元函数，这时函数对 x 求导，就称为二元函数 $z=f(x,y)$ 对 x 的偏导数.

一般地，有下面的定义：

定义 1　设函数 $z=f(x,y)$ 在点 (x_0,y_0) 的某一邻域内有定义，当 y 固定在 y_0，而 x 在 x_0 处有增量 Δx 时，相应的函数有增量

$$f(x_0+\Delta x,y_0)-f(x_0,y_0),$$

若极限

$$\lim_{\Delta x\to 0}\frac{f(x_0+\Delta x,y_0)-f(x_0,y_0)}{\Delta x}$$

存在，则称此极限值为函数 $z=f(x,y)$ 在点 (x_0,y_0) 处**对 x 的偏导数**，记为

$$\left.\frac{\partial z}{\partial x}\right|_{(x_0,y_0)},\left.\frac{\partial f}{\partial x}\right|_{(x_0,y_0)},f_x(x_0,y_0)\text{或 }z_x(x_0,y_0),$$

即

$$\left.\frac{\partial z}{\partial x}\right|_{(x_0,y_0)}=\lim_{\Delta x\to 0}\frac{f(x_0+\Delta x,y_0)-f(x_0,y_0)}{\Delta x}.$$

类似地，函数 $z=f(x,y)$ 在点 (x_0,y_0) 处对 y 的偏导数定义为

$$\left.\frac{\partial z}{\partial y}\right|_{(x_0,y_0)}=\lim_{\Delta y\to 0}\frac{f(x_0,y_0+\Delta y)-f(x_0,y_0)}{\Delta y}.$$

若函数 $z=f(x,y)$ 在区域 D 内每一点 (x,y) 处都存在对 x 的偏导数，则这个偏导数仍是 x,y 的函数，称为函数 $z=f(x,y)$ **对自变量 x（或 y）的偏导函数**，记为

$$\frac{\partial z}{\partial x},\frac{\partial f}{\partial x},f_x\text{或 }z_x\left(\frac{\partial z}{\partial y},\frac{\partial f}{\partial y},f_y\text{或 }z_y\right),$$

且有

$$\frac{\partial z}{\partial x}=\lim_{\Delta x\to 0}\frac{f(x+\Delta x,y)-f(x,y)}{\Delta x},$$

$$\frac{\partial z}{\partial y}=\lim_{\Delta y\to 0}\frac{f(x,y+\Delta y)-f(x,y)}{\Delta y}.$$

由此可知，$\left.\frac{\partial z}{\partial x}\right|_{(x_0,y_0)}$ 就是偏导函数 $\frac{\partial z}{\partial x}$ 在点 (x_0,y_0) 处的函数值. 同理，$\left.\frac{\partial z}{\partial y}\right|_{(x_0,y_0)}$ 就是偏导函数 $\frac{\partial z}{\partial y}$ 在点 (x_0,y_0) 处的函数值.

二元以上的多元函数的偏导数可类似地定义.

2. 二元函数偏导数的几何意义

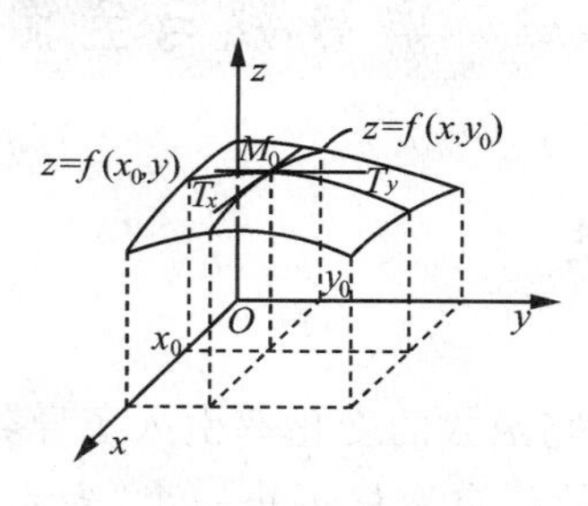

图 6-15

由空间解析几何知识，我们知道曲面 $z=f(x,y)$ 被平面 $y=y_0$ 截得的空间曲线为

$$\begin{cases}z=f(x,y),\\y=y_0.\end{cases}$$

而二元函数 $z=f(x,y)$ 在点 (x_0,y_0) 处对 x 的偏导数 $f_x(x_0,y_0)$，就是一元函数 $z=f(x,y_0)$ 在 x_0 处的导数. 由一元函数导数的几何意义知，二元函数 $z=f(x,y)$ 在点 (x_0,y_0) 处对 x 的偏导数，就是平面 $y=y_0$ 上的一条曲线 $\begin{cases}z=f(x,y),\\y=y_0\end{cases}$ 在点 $M_0(x_0,y_0,f(x_0,y_0))$ 处的切线 M_0T_x 对 x 轴的斜率. 同样，$f_y(x_0,y_0)$ 表示曲线 $\begin{cases}z=f(x,y),\\x=x_0\end{cases}$ 在点 M_0 处的切线 M_0T_y 对 y 轴的斜率，如图 6-15 所示.

3. 偏导数的求法

由偏导数的定义可知，函数 $z=f(x,y)$ 在点 (x_0,y_0) 处对 x 的偏导数 $f_x(x_0,y_0)$ 就是一元函数 $z=f(x,y_0)$ 在点 $x=x_0$ 处的导数. 因此，求函数 $z=f(x,y)$ 对 x 的偏导数时，将 y 看成常数，把函数 $z=f(x,y)$ 当作以 x 为自变量的一元函数来求导. 同样，求 $z=f(x,y)$ 对 y 的偏导数时，只需将 x 看成常数. 因此，求二元函数的偏导数实质上就归结为求一元函数的导数，一元函数导数的基本公式和运算法则仍然适用于求二元函数的偏导数.

例 1　设 $z=2x^2y^5+y^2+2x$，求 $\frac{\partial z}{\partial x},\frac{\partial z}{\partial y},\left.\frac{\partial z}{\partial x}\right|_{(2,1)}$ 及 $\left.\frac{\partial z}{\partial y}\right|_{(2,1)}$.

解　要求 $\frac{\partial z}{\partial x}$，把 y 看成常数，函数看成是以 x 为自变量的一元函数，然后对 x 求导数，得

$$\frac{\partial z}{\partial x}=2\cdot 2x\cdot y^5+2=4xy^5+2.$$

同理可得

$$\frac{\partial z}{\partial y}=2x^2\cdot 5y^4+2y=10x^2y^4+2y.$$

所以

$$\left.\frac{\partial z}{\partial x}\right|_{(2,1)}=4\times 2\times 1^5+2=10,\left.\frac{\partial z}{\partial y}\right|_{(2,1)}=10\times 2^2\times 1^4+2\times 1=42.$$

例 2　求下列函数的偏导数：

(1) $z=\ln(x^2+y^2)$；　　(2) $z=x^y$.

解　(1) 利用一元复合函数的求导法则，有

$$\frac{\partial z}{\partial x}=\frac{1}{x^2+y^2}\cdot\frac{\partial}{\partial x}(x^2+y^2)=\frac{2x}{x^2+y^2},\frac{\partial z}{\partial y}=\frac{1}{x^2+y^2}\cdot\frac{\partial}{\partial y}(x^2+y^2)=\frac{2y}{x^2+y^2}.$$

(2) $\frac{\partial z}{\partial x}=yx^{y-1},\frac{\partial z}{\partial y}=x^y\ln x.$

例 3　已知理想气体的状态方程 $PV=RT$（R 是常数），证明：$\frac{\partial P}{\partial V}\cdot\frac{\partial V}{\partial T}\cdot\frac{\partial T}{\partial P}=-1$.

证明　因为 $P=\frac{RT}{V},\frac{\partial P}{\partial V}=-\frac{RT}{V^2},V=\frac{RT}{P},\frac{\partial V}{\partial T}=\frac{R}{P},T=\frac{PV}{R},\frac{\partial T}{\partial P}=\frac{V}{R}$，

所以

$$\frac{\partial P}{\partial V}\cdot\frac{\partial V}{\partial T}\cdot\frac{\partial T}{\partial P}=-\frac{RT}{V^2}\cdot\frac{R}{P}\cdot\frac{V}{R}=-\frac{RT}{VP}=-1.$$

注意偏导数的记号 $\frac{\partial y}{\partial x}$ 是一个整体记号，不能理解为“分子”∂y 与“分母”∂x 之商，否则上面这三个偏导数的积将等于 1. 这一点与一元函数的导数记号 $\frac{\mathrm{d}y}{\mathrm{d}x}$ 不同，$\frac{\mathrm{d}y}{\mathrm{d}x}$ 可以看成函数的微分 $\mathrm{d}y$ 与自变量的微分 $\mathrm{d}x$ 的商.

例 2 实质上是求多元复合函数的偏导数问题，在求法上与求一元复合函数的导数相似. 下面来讨论多元复合函数的求导法则.

定义 2　设 $z=f(u,v)$ 是变量 u,v 的函数，其定义域为 D，而 u,v 又是变量 x,y 的函数，即 $u=\varphi(x,y),v=\psi(x,y)$，且 $(\varphi(x,y),\psi(x,y))\in D$，于是 $z=f(\varphi(x,y),\psi(x,y))$ 也是 x，y 的函数，我们称它是由 $z=f(u,v)$ 与 $u=\varphi(x,y),v=\psi(x,y)$ 复合而成的**多元复合函数**. u，v 为**中间变量**，x,y 是**自变量**.

对于复合函数 $z=f(\varphi(x,y),\psi(x,y))$ 的求导有下面的定理.

定理 1　设函数 $u=\varphi(x,y),v=\psi(x,y)$ 在点 (x,y) 处偏导数存在，函数 $z=f(u,v)$ 在对

应点(u,v)处有连续偏导数，则复合函数$z=f(\varphi(x,y),\psi(x,y))$在点$(x,y)$处偏导数存在，且

$$\frac{\partial z}{\partial x}=\frac{\partial z}{\partial u}\cdot\frac{\partial u}{\partial x}+\frac{\partial z}{\partial v}\cdot\frac{\partial v}{\partial x},\frac{\partial z}{\partial y}=\frac{\partial z}{\partial u}\cdot\frac{\partial u}{\partial y}+\frac{\partial z}{\partial v}\cdot\frac{\partial v}{\partial y}.$$

此公式称为求复合函数偏导数的**链式法则**.这种链式法则可推广到其他复合情形.

例 4 设$z=(4x^2+3y^2)^{2x+3y}$，求$\frac{\partial z}{\partial x}$.

解 设$u=4x^2+3y^2$，$v=2x+3y$，则$z=u^v$，于是

$$\frac{\partial z}{\partial u}=v\cdot u^{v-1},\frac{\partial z}{\partial v}=u^v\ln u,\frac{\partial u}{\partial x}=8x,\frac{\partial v}{\partial x}=2.$$

所以
$$\begin{aligned}\frac{\partial z}{\partial x}&=\frac{\partial z}{\partial u}\cdot\frac{\partial u}{\partial x}+\frac{\partial z}{\partial v}\cdot\frac{\partial v}{\partial x}=v\cdot u^{v-1}\cdot 8x+u^v\ln u\cdot 2\\&=8x(2x+3y)(4x^2+3y^2)^{2x+3y-1}+2(4x^2+3y^2)^{2x+3y}\ln(4x^2+3y^2).\end{aligned}$$

例 5 设$z=f(x^2-y^2,\mathrm{e}^{xy})$，求$\frac{\partial z}{\partial x},\frac{\partial z}{\partial y}$.

解 设$u=x^2-y^2$，$v=\mathrm{e}^{xy}$，则$z=f(u,v)$，于是

$$\frac{\partial u}{\partial x}=2x,\frac{\partial u}{\partial y}=-2y,\frac{\partial v}{\partial x}=y\mathrm{e}^{xy},\frac{\partial v}{\partial y}=x\mathrm{e}^{xy}.$$

所以
$$\frac{\partial z}{\partial x}=\frac{\partial z}{\partial u}\cdot\frac{\partial u}{\partial x}+\frac{\partial z}{\partial v}\cdot\frac{\partial v}{\partial x}=2x\frac{\partial z}{\partial u}+y\mathrm{e}^{xy}\frac{\partial z}{\partial v},$$
$$\frac{\partial z}{\partial y}=\frac{\partial z}{\partial u}\cdot\frac{\partial u}{\partial y}+\frac{\partial z}{\partial v}\cdot\frac{\partial v}{\partial y}=-2y\frac{\partial z}{\partial u}+x\mathrm{e}^{xy}\frac{\partial z}{\partial v}.$$

例 6 设$z=uv$，$u=\mathrm{e}^t$，$v=\cos 2t$，求全导数$\frac{\mathrm{d}z}{\mathrm{d}t}$.

解 这里$z=\mathrm{e}^t\cos 2t$，有两个中间变量，但只有一个自变量t，此时，我们把z对t的导数称为**全导数**，且有

$$\frac{\mathrm{d}z}{\mathrm{d}t}=\frac{\partial z}{\partial u}\cdot\frac{\mathrm{d}u}{\mathrm{d}t}+\frac{\partial z}{\partial v}\cdot\frac{\mathrm{d}v}{\mathrm{d}t}=v\cdot\mathrm{e}^t+2u\cdot(-\sin 2t)=\mathrm{e}^t(\cos 2t-2\sin 2t).$$

例 7 设$z=f(\sqrt{1+x^2},\sqrt{1-y^2})$，求$\frac{\partial z}{\partial x},\frac{\partial z}{\partial y}$.

解 设$u=\sqrt{1+x^2}$，$v=\sqrt{1-y^2}$，则$z=f(u,v)$，所以

$$\frac{\partial z}{\partial x}=\frac{\partial z}{\partial u}\cdot\frac{\mathrm{d}u}{\mathrm{d}x}=\frac{\partial z}{\partial u}\cdot\frac{x}{\sqrt{1+x^2}},\frac{\partial z}{\partial y}=\frac{\partial z}{\partial v}\cdot\frac{\mathrm{d}v}{\mathrm{d}y}=-\frac{\partial z}{\partial v}\cdot\frac{y}{\sqrt{1-y^2}}.$$

例 8 设$z=f(x^2+y^2)$，f是可偏导函数，求证：$y\frac{\partial z}{\partial x}-x\frac{\partial z}{\partial y}=0$.

证明 设$u=x^2+y^2$，则$z=f(u)$，所以

$$\frac{\partial z}{\partial x}=\frac{\mathrm{d}z}{\mathrm{d}u}\cdot\frac{\partial u}{\partial x}=2x\frac{\mathrm{d}z}{\mathrm{d}u},\frac{\partial z}{\partial y}=\frac{\mathrm{d}z}{\mathrm{d}u}\cdot\frac{\partial u}{\partial y}=2y\frac{\mathrm{d}z}{\mathrm{d}u}.$$

因此
$$y\frac{\partial z}{\partial x}-x\frac{\partial z}{\partial y}=y\cdot 2x\frac{\mathrm{d}z}{\mathrm{d}u}-x\cdot 2y\frac{\mathrm{d}z}{\mathrm{d}u}=0,$$

即等式成立.

例 9 设函数$u=f(x,y,z)=\mathrm{e}^{x^2+y^2+z^2}$，而$z=x^2\sin y$，求$\frac{\partial u}{\partial x},\frac{\partial u}{\partial y}$.

解　由多元复合函数求导公式可得

$\frac{\partial u}{\partial x}=\frac{\partial f}{\partial x}+\frac{\partial f}{\partial z}\cdot\frac{\partial z}{\partial x}=2xe^{x^2+y^2+z^2}+2ze^{x^2+y^2+z^2}\cdot 2x\sin y=2xe^{x^2+y^2+x^4\sin^2 y}(2x^2\sin^2 y+1)$，

$\frac{\partial u}{\partial y}=\frac{\partial f}{\partial y}+\frac{\partial f}{\partial z}\cdot\frac{\partial z}{\partial y}=2ye^{x^2+y^2+z^2}+2ze^{x^2+y^2+z^2}\cdot x^2\cos y=2e^{x^2+y^2+x^4\sin^2 y}(y+x^4\sin y\cos y)$.

在高等数学中已经学习过一元隐函数的求导方法，现在从另一个角度来讨论这个问题.

设方程 $F(x,y)=0$ 所确定的隐函数 $y=f(x)$ 的导数存在，函数 $F(x,y)$ 在点 (x,y) 的某个邻域内有连续的偏导数 $F_x(x,y)$ 和 $F_y(x,y)$，且 $F_y(x,y)\neq 0$. 将方程 $F(x,y)=0$ 两边同时对 x 求偏导数得 $F_x+F_y\cdot\frac{dy}{dx}=0$，则隐函数 $y=f(x)$ 的导数为

$$\frac{dy}{dx}=-\frac{F_x}{F_y}.$$

上式即为一元隐函数的求导公式.

类似地，由三元方程 $F(x,y,z)=0$ 可以确定一个二元隐函数 $z=f(x,y)$. 设函数 $F(x,y,z)$ 在点 (x,y,z) 的某个邻域内有连续的偏导数 $F_x(x,y,z)$，$F_y(x,y,z)$，$F_z(x,y,z)$，且 $F_z(x,y,z)\neq 0$，则在点 (x,y,z) 的某个邻域内，由三元方程 $F(x,y,z)=0$ 可以确定一个二元隐函数 $z=f(x,y)$，且

$$\frac{\partial z}{\partial x}=-\frac{F_x}{F_z},\frac{\partial z}{\partial y}=-\frac{F_y}{F_z}.$$

上式即为二元隐函数的求偏导公式.

例 10　求由方程 $x\sin y+ye^x=0$ 所确定的隐函数的导数.

解　设 $F(x,y)=x\sin y+ye^x$，则

$$F_x=\sin y+ye^x,F_y=x\cos y+e^x,$$

代入公式 $\frac{dy}{dx}=-\frac{F_x}{F_y}$，得

$$\frac{dy}{dx}=-\frac{\sin y+ye^x}{x\cos y+e^x}.$$

需要注意的是，在用公式 $\frac{dy}{dx}=-\frac{F_x}{F_y}$ 求 $\frac{dy}{dx}$ 时，计算 F_x,F_y，要把 x,y 看成两个独立的变量，不能再把 y 看成 x 的函数.

例 11　求由方程 $e^z-z=xy^3$ 所确定的隐函数 $z=f(x,y)$ 关于 x,y 的偏导数.

解　设 $F(x,y,z)=e^z-z-xy^3$，则

$$F_x=-y^3,F_y=-3xy^2,F_z=e^z-1,$$

所以

$$\frac{\partial z}{\partial x}=-\frac{F_x}{F_z}=\frac{y^3}{e^z-1},\frac{\partial z}{\partial y}=-\frac{F_y}{F_z}=\frac{3xy^2}{e^z-1}.$$

4. 函数的偏导数与函数的连续性的关系

我们知道，一元函数在其可导点处一定连续，但对于多元函数来说，它在某点的偏导数存在并不能保证函数在该点连续. 例如，二元函数

$$f(x,y)=\begin{cases}\frac{xy}{x^2+y^2}, & x^2+y^2\neq 0,\\ 0, & x^2+y^2\neq 0.\end{cases}$$

在上一节中我们已经知道，它在点(0,0)处的极限不存在，故在点(0,0)处不连续．但是

$$f_x(0,0)=\lim_{\Delta x\to 0}\frac{f(0+\Delta x,0)-f(0,0)}{\Delta x}=\lim_{\Delta x\to 0}\frac{\frac{\Delta x\cdot 0}{\Delta x^2+0}-0}{\Delta x}=0,$$

$$f_y(0,0)=\lim_{\Delta y\to 0}\frac{f(0,0+\Delta y)-f(0,0)}{\Delta y}=\lim_{\Delta y\to 0}\frac{\frac{0\cdot \Delta y}{0+\Delta y^2}-0}{\Delta y}=0.$$

这说明多元函数在一点连续并不是函数在该点存在偏导数的必要条件．

同样还可以举出在点 $P(x_0,y_0)$连续，而在该点的偏导数不存在的例子．例如，二元函数 $f(x,y)=\sqrt{x^2+y^2}$ 在点(0,0)处是连续的，但在该点的偏导数不存在．

以上两例说明，二元函数连续与偏导数存在这两个条件之间没有必然联系．

5. 高阶偏导数

设函数 $z=f(x,y)$在区域 D 内的每一点(x,y)都有偏导数

$$\frac{\partial z}{\partial x}=f_x(x,y),\frac{\partial z}{\partial y}=f_y(x,y).$$

一般说来，$f_x(x,y)$，$f_y(x,y)$仍是 x,y 的二元函数．若它们的偏导数仍存在，则将其称为函数 $z=f(x,y)$的**二阶偏导数**．为了方便起见，把$\frac{\partial z}{\partial x}=f_x(x,y)$，$\frac{\partial z}{\partial y}=f_y(x,y)$称为 $z=f(x,y)$的一阶偏导数．这样二元函数 $z=f(x,y)$有下列四个二阶偏导数：

$$\frac{\partial}{\partial x}\left(\frac{\partial z}{\partial x}\right)=\frac{\partial^2 z}{\partial x^2}=f_{xx}(x,y)=z_{xx}(x,y),$$

$$\frac{\partial}{\partial y}\left(\frac{\partial z}{\partial x}\right)=\frac{\partial^2 z}{\partial x\partial y}=f_{xy}(x,y)=z_{xy}(x,y),$$

$$\frac{\partial}{\partial x}\left(\frac{\partial z}{\partial y}\right)=\frac{\partial^2 z}{\partial y\partial x}=f_{yx}(x,y)=z_{yx}(x,y),$$

$$\frac{\partial}{\partial y}\left(\frac{\partial z}{\partial y}\right)=\frac{\partial^2 z}{\partial y^2}=f_{yy}(x,y)=z_{yy}(x,y).$$

其中第二、三两个二阶偏导数称为**二阶混合偏导数**．第二个二阶偏导数是先对 x 后对 y 求偏导数，而第三个二阶偏导数的求导次序正好相反．

同样可以得到三阶、四阶以至 n 阶偏导数(如果存在的话)．一个多元函数的$n-1$阶偏导数的偏导数称为原来函数的 **n 阶偏导数**．二阶或二阶以上的偏导数统称为**高阶偏导数**．

例 12　设 $z=x^3+y^3-2xy^2$，求它的所有二阶偏导数．

解　因为$\frac{\partial z}{\partial x}=3x^2-2y^2$，$\frac{\partial z}{\partial y}=3y^2-4xy$，所以

$$\frac{\partial^2 z}{\partial x^2}=\frac{\partial}{\partial x}\left(\frac{\partial z}{\partial x}\right)=\frac{\partial}{\partial x}(3x^2-2y^2)=6x,$$

$$\frac{\partial^2 z}{\partial x\partial y}=\frac{\partial}{\partial y}\left(\frac{\partial z}{\partial x}\right)=\frac{\partial}{\partial y}(3x^2-2y^2)=-4y,$$

$$\frac{\partial^2 z}{\partial y\partial x}=\frac{\partial}{\partial x}\left(\frac{\partial z}{\partial y}\right)=\frac{\partial}{\partial x}(3y^2-4xy)=-4y,$$

$$\frac{\partial^2 z}{\partial y^2}=\frac{\partial}{\partial y}\left(\frac{\partial z}{\partial y}\right)=\frac{\partial}{\partial y}(3y^2-4xy)=6y-4x.$$

该题值得注意的是：两个二阶混合偏导数相等，这个结果并不是偶然的．事实上，我们

有下面的定理：

定理 2　如果函数 $z=f(x,y)$ 在区域 D 上的两个二阶混合偏导数 $\frac{\partial^2 z}{\partial x\partial y}$，$\frac{\partial^2 z}{\partial y\partial x}$ 都连续，那么在该区域上必有 $\frac{\partial^2 z}{\partial x\partial y}=\frac{\partial^2 z}{\partial y\partial x}$.

例 13　设 $f(x,y)=\mathrm{e}^{xy}+\sin(x+y)$，求 $f_{xx}\left(\frac{\pi}{2},0\right)$，$f_{xy}\left(\frac{\pi}{2},0\right)$.

解　$f_x=y\mathrm{e}^{xy}+\cos(x+y)$，$f_{xx}=y^2\mathrm{e}^{xy}-\sin(x+y)$，

$f_{xy}=\mathrm{e}^{xy}+xy\mathrm{e}^{xy}-\sin(x+y)=\mathrm{e}^{xy}(1+xy)-\sin(x+y)$，

所以

$$f_{xx}\left(\frac{\pi}{2},0\right)=-1,f_{xy}\left(\frac{\pi}{2},0\right)=0.$$

二、全增量和全微分的概念

1. 二元函数的全增量

定义 3　设二元函数 $z=f(x,y)$ 在点 (x_0,y_0) 的某邻域内有定义，当自变量 x,y 在点 (x_0,y_0) 处分别在该邻域内有增量 $\Delta x,\Delta y$ 时，相应的函数 z 的增量为

$$\Delta z=f(x_0+\Delta x,y_0+\Delta y)-f(x_0,y_0).$$

称其为二元函数 $z=f(x,y)$ 在点 (x_0,y_0) 处的**全增量**. 若将 y 固定在 y_0，当自变量 x 在 x_0 有增量 Δx 时，相应的函数 z 的增量为

$$\Delta_x z=f(x_0+\Delta x,y_0)-f(x_0,y_0).$$

称其为二元函数 $z=f(x,y)$ 在点 (x_0,y_0) 处**对 x 的偏增量**. 同样也可定义函数在点 (x_0,y_0) 处**对 y 的偏增量**

$$\Delta_y z=f(x_0,y_0+\Delta y)-f(x_0,y_0).$$

2. 全微分的概念

计算全增量 Δz 往往比较复杂，类似于一元函数，我们希望能从 Δz 中分离出自变量的增量 $\Delta x,\Delta y$ 的线性函数，作为 Δz 的近似值.

例 14　设矩形金属薄片原长为 x_0，宽为 y_0，则面积 $S=x_0y_0$. 如果薄片受热膨胀，长增加 Δx，宽增加 Δy，其面积相应增加 ΔS（图 6-16中阴影部分），那么

$$\Delta S=(x_0+\Delta x)(y_0+\Delta y)-x_0y_0=y_0\Delta x+x_0\Delta y+\Delta x\Delta y.$$

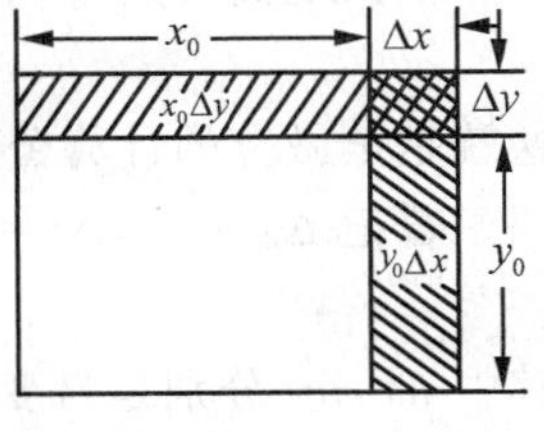

图 6-16

全增量 ΔS 由 $y_0\Delta x,x_0\Delta y,\Delta x\Delta y$ 三项组成，从图 6-16 可以看出，$\Delta x\Delta y$ 这一项比其余两项小得多. 令 $\rho=\sqrt{(\Delta x)^2+(\Delta y)^2}$，当 $\rho\to 0$ 时，$\Delta x\Delta y$ 是 ρ 的高阶无穷小，即 $\Delta x\Delta y=o(\rho)$. 又因为 x_0,y_0 是受热前的量，为常数，所以全增量 ΔS 只是 $\Delta x,\Delta y$ 的函数. 令 $x_0=B,y_0=A$，则 ΔS 可表示为

$$\Delta S=A\Delta x+B\Delta y+o(\rho).$$

这里与一元函数类似，从全增量 ΔS 中分离出 Δx 和 Δy 的线性部分 $A\Delta x+B\Delta y$，再加上一项比 ρ 高阶的无穷小 $o(\rho)$. 下面给出二元函数全微分的定义.

定义 4　设二元函数 $z=f(x,y)$ 在点 (x_0,y_0) 的某邻域内有定义，如果 $z=f(x,y)$ 在点 (x_0,y_0) 的全增量

$$\Delta z=f(x_0+\Delta x,y_0+\Delta y)-f(x_0,y_0)$$

可以表示为

$$\Delta z=A\Delta x+B\Delta y+o(\rho),$$

其中 A,B 与 $\Delta x,\Delta y$ 无关，$\rho=\sqrt{(\Delta x)^2+(\Delta y)^2}$，$o(\rho)$是当 $\rho\to 0$ 时比 ρ 更高阶的无穷小，那么称二元函数 $z=f(x,y)$ 在点(x_0,y_0)处**可微**，并称 $A\Delta x+B\Delta y$ 为函数 $z=f(x,y)$ 在点(x_0,y_0)处的**全微分**，记作 $\mathrm{d}z$，即

$$\mathrm{d}z=A\Delta x+B\Delta y.$$

当$|\Delta x|$，$|\Delta y|$充分小时，可用全微分 $\mathrm{d}z$ 作为函数 $f(x,y)$的全增量 Δz 的近似值.

3. 可微与可导的关系

在一元函数中，可微与可导是等价的，且 $\mathrm{d}y=f'(x)\mathrm{d}x$，那么二元函数 $z=f(x,y)$在点(x,y)处可微与偏导数存在之间有什么关系呢？全微分定义中的 A,B 又如何确定？它是否与函数 $f(x,y)$有关系呢？

定理 3(可微的第一必要条件) 若函数 $z=f(x,y)$在点(x_0,y_0)处可微，即 $\Delta z=A\Delta x+B\Delta y+o(\rho)$，则 $f(x,y)$在该点的两个偏导数存在，并且

$$A=f_x(x_0,y_0),B=f_y(x_0,y_0).$$

证明 因为 $z=f(x,y)$在点(x_0,y_0)处可微，则

$$\Delta z=A\Delta x+B\Delta y+o(\rho).$$

上式对任意的 $\Delta x,\Delta y$ 都成立. 当 $\Delta y=0$ 时，$\rho=|\Delta x|$，则

$$\Delta z=f(x_0+\Delta x,y_0)-f(x_0,y_0)=A\Delta x+o(|\Delta x|),$$

两边同除以 Δx，再令 $\Delta x\to 0$，取极限，得

$$f_x(x_0,y_0)=\lim_{\Delta x\to 0}\frac{\Delta z}{\Delta x}=\lim_{\Delta x\to 0}\frac{f(x_0+\Delta x,y_0)-f(x_0,y_0)}{\Delta x}$$

$$=\lim_{\Delta x\to 0}\frac{A\Delta x+o(|\Delta x|)}{\Delta x}=A.$$

同理可证

$$f_y(x_0,y_0)=B.$$

根据上面的定理，若函数 $z=f(x,y)$在点(x_0,y_0)处可微，则在该点的全微分为

$$\mathrm{d}z=f_x(x_0,y_0)\Delta x+f_y(x_0,y_0)\Delta y.$$

这就是全微分的计算公式.

若记 $\Delta x=\mathrm{d}x,\Delta y=\mathrm{d}y$，则全微分又可写成

$$\mathrm{d}z=f_x(x_0,y_0)\mathrm{d}x+f_y(x_0,y_0)\mathrm{d}y,$$

其中 $\mathrm{d}x,\mathrm{d}y$ 分别是自变量 x,y 的微分.

类似地，可定义三元及三元以上的函数的全微分. 例如，若三元函数 $u=f(x,y,z)$的全微分存在，则有

$$\mathrm{d}u=\frac{\partial u}{\partial x}\mathrm{d}x+\frac{\partial u}{\partial y}\mathrm{d}y+\frac{\partial u}{\partial z}\mathrm{d}z.$$

若函数 $f(x,y)$在区域 D 内的每一点都可微，则称 $f(x,y)$在区域 D 内是可微的，且在区域 D 内任一点(x,y)的全微分为

$$\mathrm{d}z=f_x(x,y)\mathrm{d}x+f_y(x,y)\mathrm{d}y.$$

或写成

$$dz=\frac{\partial z}{\partial x}dx+\frac{\partial z}{\partial y}dy.$$

上面的定理指出，若二元函数在一点可微，则函数在该点的偏导数一定存在. 反过来，若二元函数在一点的偏导数存在，则函数在该点是否一定可微呢？下面首先来讨论可微与连续的关系.

定理 4（可微的第二必要条件）　若二元函数 $z=f(x,y)$ 在点 (x,y) 处可微，则在该点一定连续.

函数的偏导数存在，函数不一定可微.

例如，函数 $f(x,y)=\begin{cases}\dfrac{xy}{x^2+y^2}, & x^2+y^2\neq 0,\\ 0, & x^2+y^2\neq 0\end{cases}$ 在点(0,0)处不连续，故由定理 4 可知，函数在点(0,0)是不可微的. 但该函数在点(0,0)的两个偏导数是存在的，且 $f_x(0,0)=0$，$f_y(0,0)=0$. 于是有下面的定理：

定理 5（可微的充分条件）　若二元函数 $z=f(x,y)$ 在点 (x,y) 处的两个偏导数 $f_x(x,y)$，$f_y(x,y)$ 存在且在点 (x,y) 处连续，则函数 $z=f(x,y)$ 在该点一定可微.

上面三个定理说明，若函数可微，则偏导数一定存在；若函数可微，则函数一定连续；若偏导数连续，则函数一定可微.

上面讨论的三个定理可以推广到三元及三元以上的多元函数.

例 15　求函数 $z=xy$ 在点(2,3)处关于 $\Delta x=0.1$，$\Delta y=0.2$ 的全增量与全微分.

解
$$\Delta z=(x+\Delta x)(y+\Delta y)-xy=y\Delta x+x\Delta y+\Delta x\Delta y,$$
$$dz=\frac{\partial z}{\partial x}dx+\frac{\partial z}{\partial y}dy=ydx+xdy=y\Delta x+x\Delta y.$$

将 $x=2$，$y=3$，$\Delta x=0.1$，$\Delta y=0.2$ 代入 Δz，dz 的表达式，得
$$\Delta z=0.72,dz=0.7.$$

例 16　求函数 $z=\sqrt{x^2+y^2}$ 的全微分 dz.

解　因为
$$\frac{\partial z}{\partial x}=\frac{x}{\sqrt{x^2+y^2}},\frac{\partial z}{\partial y}=\frac{y}{\sqrt{x^2+y^2}},$$

不难验证 $\frac{\partial z}{\partial x}$，$\frac{\partial z}{\partial y}$ 在除(0,0)点外都存在且连续，所以
$$dz=\frac{\partial z}{\partial x}dx+\frac{\partial z}{\partial y}dy=\frac{x}{\sqrt{x^2+y^2}}dx+\frac{y}{\sqrt{x^2+y^2}}dy,(x,y)\neq(0,0).$$

习题 6-3（A）

1. 利用二元复合函数的求导法则，求下列函数的偏导数或全导数：

(1) 设 $z=f(x^2+y^2,xy)$，求 $\frac{\partial z}{\partial x}$，$\frac{\partial z}{\partial y}$；

(2) 设 $z=e^{u\cos v}$，$u=xy$，$v=\ln(x-y)$，求 $\frac{\partial z}{\partial x}$，$\frac{\partial z}{\partial y}$；

(3) 设 $u=\frac{x+2y}{x-2y}$，$x=e^t$，$y=e^{-t}$，求 $\frac{du}{dt}$；

(4) 设 $z=\sin(2x+3y)$，求$\dfrac{\partial z}{\partial x},\dfrac{\partial z}{\partial y}$；

(5) 设 $z=xyf\left(\dfrac{x}{y},\dfrac{y}{x}\right)$，求$\dfrac{\partial z}{\partial x},\dfrac{\partial z}{\partial y}$.

2. 求函数 $z=x^2y^3$ 在点 $(2,-1)$ 处当 $\Delta x=0.02$，$\Delta y=-0.01$ 时的全增量与全微分.

3. 设 $z=xy+x^2F\left(\dfrac{y}{x}\right)$，证明：$x\dfrac{\partial z}{\partial x}+y\dfrac{\partial z}{\partial y}=2z$.

4. 证明函数 $u=\varphi(x-at)+\psi(x+at)$ 满足波动方程：$\dfrac{\partial^2 u}{\partial t^2}=a^2\dfrac{\partial^2 u}{\partial x^2}$.

习题 6-3（B）

1. 求下列函数的偏导数：

(1) $z=x^3y^3$；(2) $z=e^{xy}$；

(3) $z=\dfrac{x}{\sqrt{x^2+y^2}}$；(4) $z=x^y$；

(5) $z=e^{\sin x}\cos y$；(6) $z=\ln\tan\dfrac{x}{y}$.

2. 设 $f(x,y)=\arctan\dfrac{x+y}{1-xy}$，求$\left.\dfrac{\partial f(x,y)}{\partial y}\right|_{\substack{x=0\\y=0}}$.

3. 求下列函数的所有二阶偏导数：

(1) $z=x\ln(x+y)$；(2) $z=x^2e^y$；

(3) $z=\sin(x^2+y^2)$；(4) $z=3x^2y^2+x^3+y^3$.

4. 设 $z=\arctan(2x-y)$，证明：$\dfrac{\partial^2 z}{\partial x^2}+2\dfrac{\partial^2 z}{\partial x\partial y}=0$.

5. 证明 $T(x,t)=e^{-ab^2t}\sin bx$（$a>0$，a,b 是常数）满足热传导方程：$\dfrac{\partial T}{\partial t}=a\dfrac{\partial^2 T}{\partial x^2}$.

6. 求下列函数的全微分：

(1) $z=\dfrac{y}{x}$；(2) $z=\dfrac{xy}{\sqrt{x^2+y^2}}$；

(3) $z=\arctan(xy)$；(4) $z=\ln\sqrt{1+x^2+y^2}$.

7. 求函数 $z=x\sin(x+y)$ 在点 $\left(\dfrac{\pi}{3},\dfrac{\pi}{6}\right)$ 处的全微分.

§6-4 多元函数的极值和最值

一、多元函数的极值

多元函数的极值在许多实际问题中有着广泛的应用.现以二元函数为例，介绍多元函数的极值的概念，以及极值存在的必要条件和充分条件.

定义　设函数 $z=f(x,y)$ 在点 (x_0,y_0) 的某邻域内有定义，如果对于该邻域内的任一点 (x,y) 都有 $f(x,y)\leqslant f(x_0,y_0)$（或 $f(x,y)\geqslant f(x_0,y_0)$），那么称函数 $f(x,y)$ 在点 (x_0,y_0) 处有**极大值**（或**极小值**）$f(x_0,y_0)$，点 (x_0,y_0) 称为函数 $f(x,y)$ 的**极大值点**（或**极小值点**）．函数的极大值与极小值统称为**极值**，极大值点与极小值点统称为**极值点**．

例如，函数 $f(x,y)=1-x^2-y^2$ 在原点 $(0,0)$ 处取得极大值 1，因为存在点 $(0,0)$ 的某邻域，对于该邻域内的任意一点 (x,y)，都有 $f(x,y)\leqslant f(0,0)=1$．

对于可导的一元函数的极值，可以用一阶、二阶导数来确定．对于偏导数存在的二元函数的极值，也可以用偏导数来确定．

定理 1（极值存在的必要条件）　设函数 $z=f(x,y)$ 在点 (x_0,y_0) 处的两个偏导数都存在，且在该点处取得极值，则必有

$$f_x(x_0,y_0)=0,f_y(x_0,y_0)=0.$$

证明　由于函数 $f(x,y)$ 在点 (x_0,y_0) 处取得极值，若将变量 y 固定在 y_0，则一元函数 $z=f(x,y_0)$ 在点 x_0 处也必取得极值．根据一元可微函数极值存在的必要条件，得 $f_x(x_0,y_0)=0$．

同理可得 $f_y(x_0,y_0)=0$．

使 $f_x(x,y)=0$ 与 $f_y(x,y)=0$ 同时成立的点 (x,y) 称为函数 $f(x,y)$ 的**驻点**．

由以上定理知，对于偏导数存在的函数，它的极值点一定是驻点．但是，驻点却未必是极值点．例如，函数 $z=xy$ 在点 $(0,0)$ 处的两个偏导数同时为零，即 $z_x(0,0)=0,z_y(0,0)=0$，但是因为在点 $(0,0)$ 的任何一个邻域内，总有一些点的函数值比 0 大，而另一些点的函数值比 0 小，所以容易看出驻点 $(0,0)$ 不是函数的极值点．那么，在什么条件下驻点才是极值点呢？下面的定理回答了这个问题．

定理 2（极值存在的充分条件）　设函数 $z=f(x,y)$ 在点 (x_0,y_0) 的某个邻域内有连续的一阶及二阶偏导数，且 (x_0,y_0) 是函数的驻点，即 $f_x(x_0,y_0)=0,f_y(x_0,y_0)=0$．若记 $A=f_{xx}(x_0,y_0),B=f_{xy}(x_0,y_0),C=f_{yy}(x_0,y_0),\Delta=B^2-AC$，则

(1) 当 $\Delta<0$ 时，点 (x_0,y_0) 是极值点，且

① 当 $A<0$ 时，点 (x_0,y_0) 是极大值点，$f(x_0,y_0)$ 为极大值；

② 当 $A>0$ 时，点 (x_0,y_0) 是极小值点，$f(x_0,y_0)$ 为极小值．

(2) 当 $\Delta>0$ 时，点 (x_0,y_0) 不是极值点．

(3) 当 $\Delta=0$ 时，$f(x_0,y_0)$ 可能是极值，也可能不是极值．此时用这种方法无法判定．

综合以上两个定理，把具有二阶连续偏导数的函数 $z=f(x,y)$ 的极值的求法概括如下：

(1) 求方程组 $\begin{cases}f_x(x,y)=0,\\ f_y(x,y)=0\end{cases}$ 的一切实数解，得所有驻点．

(2) 求出二阶偏导数 $f_{xx}(x,y),f_{xy}(x,y),f_{yy}(x,y)$，并对每一个驻点，分别求出二阶偏导数的值 A,B,C．

(3) 对每一个驻点 (x_0,y_0)，判断 Δ 的符号，当 $\Delta\neq0$ 时，可按上述定理的结论判定 $f(x_0,y_0)$ 是否为极值，是极大值还是极小值；当 $\Delta=0$ 时，要用其他方法来求极值．

例 1　求函数 $f(x,y)=x^3-y^3+3x^2+3y^2-9x$ 的极值．

解　先求函数的一阶偏导数：$f_x(x,y)=3x^2+6x-9,f_y(x,y)=-3y^2+6y$．

解方程组$\begin{cases} f_x(x,y)=3x^2+6x-9=0, \\ f_y(x,y)=-3y^2+6y=0, \end{cases}$求得驻点为(1,0),(1,2),(−3,0),(−3,2),再求出二阶偏导数：

$$A=f_{xx}(x,y)=6x+6, B=f_{yy}(x,y)=0, C=f_{yy}(x,y)=-6y+6.$$

在点(1,0)处，$\Delta=B^2-AC=-72<0$，且 $A=12>0$，故函数在点(1,0)处有极小值−5；

在点(1,2)及点(−3,0)处，Δ 都大于0，所以它们都不是极值点；

在点(−3,2)处，$\Delta=B^2-AC=-72<0$，且 $A=-12<0$，故函数在点(−3,2)处有极大值31.

另外还需注意的是，某些函数的不可导点也可能成为极值点，如函数 $z=\sqrt{x^2+y^2}$，点(0,0)是它的极值点，但在点(0,0)处，$z=\sqrt{x^2+y^2}$的偏导数不存在.

二、多元函数的最大值与最小值

求函数的最大值和最小值是实践中常常遇到的问题. 我们已经知道，在有界闭区域上连续的函数，在该区域上一定有最大值或最小值. 而取得最大值或最小值的点既可能是区域内部的点，也可能是区域边界上的点. 现在假设函数在有界闭区域上连续，在该区域内偏导数存在，如果函数在区域内部取得最大值或最小值，那么这个最大值或最小值必定是函数的极值. 由此可得到求函数最大值和最小值的一般方法：先求出函数在有界闭区域内的所有驻点处的函数值及函数在该区域边界上的最大值和最小值，然后比较这些函数值的大小，其中最大者就是最大值，最小者就是最小值.

在通常遇到的实际问题中，根据问题的性质，往往可以判定函数的最大值或最小值一定在区域内部取得. 此时，如果函数在区域内有唯一的驻点，那么就可以断定该驻点处的函数值就是函数在该区域上的最大值或最小值.

例2 要做一个容积为8 m^3的长方体箱子，问箱子各边长为多大时，所用材料最省？

解 设箱子的长、宽分别为 x,y，则高为$\frac{8}{xy}$. 箱子所用材料的表面积为

$$S=2\left(xy+x\cdot\frac{8}{xy}+y\cdot\frac{8}{xy}\right)=2\left(xy+\frac{8}{y}+\frac{8}{x}\right)\quad (D=\{(x,y)\mid x>0,y>0\}).$$

当面积 S 最小时，所用材料最省. 为此求函数 $S(x,y)$的驻点，令

$$\begin{cases} \frac{\partial S}{\partial x}=2\left(y-\frac{8}{x^2}\right)=0, \\ \frac{\partial S}{\partial y}=2\left(x-\frac{8}{y^2}\right)=0, \end{cases}$$

解这个方程组，得唯一驻点(2,2).

根据实际问题可以断定，S 一定存在最小值且在区域 D 内取得，而在区域 D 内只有唯一驻点(2,2)，所以该点就是其最小值点，即当 $x=y=z=2$ 时，所用的材料最省.

三、条件极值

前面讨论的函数极值问题，除了将自变量限制在其定义域内并没有其他的限制条件，所以也称为**无条件极值**. 但在有些实际问题中，常常会遇到对函数的自变量还有约束条件的极值问题. 例如，在条件 $x+y-1=0$ 下，求函数 $z=f(x,y)=\sqrt{1-x^2-y^2}$的极大值. 这

里，函数 $z=f(x,y)$ 的自变量 x,y 除了限制在函数 $f(x,y)$ 的定义域内，即 $x^2+y^2\leqslant 1$，还要满足约束条件 $x+y-1=0$. 这种对自变量有约束条件的极值称为**条件极值**.

某些条件极值也可以化为无条件极值，然后按求无条件极值的方法加以解决. 例如上面提到的例子，可先把约束条件 $x+y-1=0$ 化为 $y=1-x$，然后代入函数 $z=f(x,y)=\sqrt{1-x^2-y^2}$，那么问题就转化为求函数 $y=\sqrt{1-x^2-(1-x)^2}$ 的无条件极值问题. 但是，有些条件极值问题在转化为无条件极值问题时常会遇到繁琐的运算，甚至无法转化. 为此下面介绍直接求条件极值的一般方法，该方法称为**拉格朗日乘数法**.

拉格朗日乘数法　求函数 $u=f(x,y)$ 在约束条件 $\varphi(x,y)=0$ 下的可能极值点，按以下步骤进行：

(1) 构造辅助函数：$F(x,y,\lambda)=f(x,y)+\lambda\varphi(x,y)$.

(2) 分别求 $F(x,y,\lambda)$ 对 x,y,λ 的偏导数，由极值存在的必要条件，建立以下方程组：

$$\begin{cases}F_x(x,y,\lambda)=f_x(x,y)+\lambda\varphi_x(x,y)=0,\\F_y(x,y,\lambda)=f_y(x,y)+\lambda\varphi_y(x,y)=0,\\F_\lambda(x,y,\lambda)=\varphi(x,y)=0.\end{cases}$$

(3) 解上面方程组求得 x,y，则 (x,y) 就是可能的极值点. 如何判断所求得的可能极值点是否为极值点，限于篇幅这里不再详述. 但是在实际问题中，通常可根据问题本身的性质来判断.

此外，拉格朗日乘数法对于多于两个变量的函数，或约束条件多于一个的情形也有类似的结果. 例如，求函数 $u=f(x,y,z)$ 在条件 $\varphi(x,y,z)=0,\psi(x,y,z)=0$ 下的极值.

构造辅助函数

$$F(x,y,z,\lambda_1,\lambda_2)=f(x,y,z)+\lambda_1\varphi(x,y,z)+\lambda_2\psi(x,y,z).$$

求函数 $F(x,y,z,\lambda_1,\lambda_2)$ 的一阶偏导数，并令其为零，得联立方程组，求解方程组得出的点 (x,y,z) 就是可能的极值点.

例 3　设周长为 6 m 的矩形，绕它的一边旋转构成圆柱体，求矩形的边长各为多少时，圆柱体的体积最大.

解　设矩形的边长分别为 x,y，且绕边长为 y 的边旋转，得到的圆柱体的体积为

$$V=\pi x^2y\ (x>0,y>0).$$

其中矩形边长 x,y 满足约束条件 $2x+2y=6$.

现在的问题就是求函数 $V=f(x,y)=\pi x^2y$ 在约束条件 $x+y-3=0$ 下的最大值.

构造辅助函数

$$F(x,y,\lambda)=\pi x^2y+\lambda(x+y-3),$$

求 $F(x,y,\lambda)$ 的偏导数，并建立方程组

$$\begin{cases}2\pi xy+\lambda=0,\\\pi x^2+\lambda=0,\\x+y-3=0.\end{cases}$$

由方程组中的前两个方程消去 λ，得 $x=2y$，代入第三个方程，得

$$x=2,y=1.$$

由问题的实际意义可知最大值一定存在，又只求得唯一的可能极值点，所以函数的最大值必在点 $(2,1)$ 处取得. 即当矩形边长 $x=2,y=1$，绕边长为 y 的边旋转所得圆柱体的体

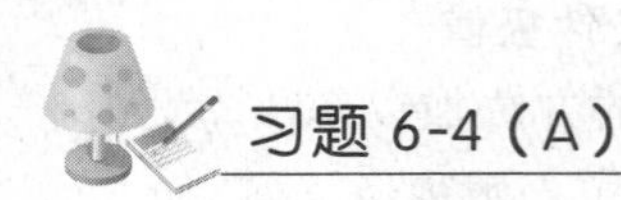

积最大，$V_{\max}=4\pi\ \mathrm{m}^3$.

习题 6-4（A）

1. 求下列函数的极值：

(1) $z=2x^2+y^2-xy+7x+5$；　　(2) $z=x^3+y^3-3xy$.

2. 做一个容积为 $8\ \mathrm{m}^3$ 的无盖长方体容器，问尺寸如何设计，才能使用料最省？

3. 求函数 $z=xy$ 在条件 $x^2+y^2=4$ 下的极值.

习题 6-4（B）

1. 求下列函数的极值：

(1) $z=y^3-x^2-6x-12y$；　　(2) $f(x,y)=\mathrm{e}^{2x}(x+y^2+2y)$.

2. 求函数 $z=x^2+y^2+1$ 在条件 $x+y-3=0$ 下的极值.

3. 求容量为 $2a^3$ 的无盖长方体水箱，当它的长、宽、高各为多少时，其表面积最小.

4. 某厂生产甲、乙两种产品，已知它们售出的单价分别为 10 元和 9 元，生产甲产品的数量 x 与生产乙产品的数量 y 的总费用为 $400+2x+3y+0.01(3x^2+xy+3y^2)$ 元，求取得最大利润时，两种产品的产量各是多少.

5. 要围一个面积为 $60\ \mathrm{m}^2$ 的矩形场地，已知正面所用材料每米造价 10 元，其余三面每米造价 5 元，求场地的长、宽各为多少米时，所用的材料费最少.

6. 求抛物线 $y^2=2x$ 上与直线 $x-y+2=0$ 相距最近的点.

§6-5　二重积分

二重积分是定积分的推广：被积函数由一元函数 $y=f(x)$ 推广到二元函数 $z=f(x,y)$，积分范围由 x 轴上的闭区间 $[a,b]$ 推广到 xOy 平面上的闭区域 D. 本节讨论二重积分的概念、性质、计算方法和简单应用.

一、二重积分的概念

1. 两个实例

(1) 平面薄片的质量.

已知一平面薄片在 xOy 平面上占有区域 D，其质量分布的面密度函数 $\mu=\mu(x,y)$ 为 D 上的连续函数，试求此薄片的质量 m（图 6-17）.

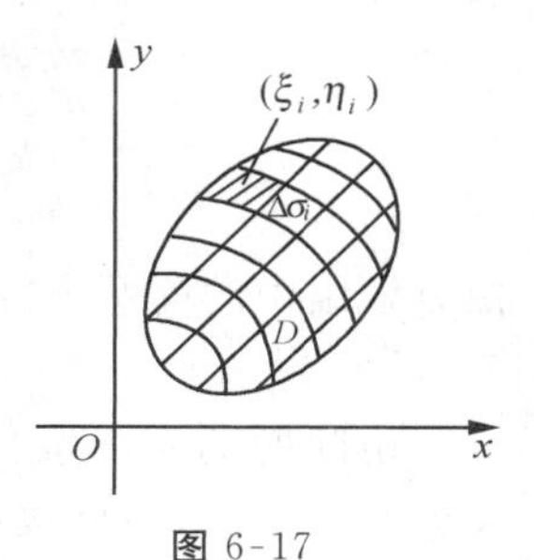

图 6-17

由于薄片质量分布不均匀，故我们采用以均匀代替不均匀的方法，分三步解决这个问题.

① 分割：将区域 D 任意分割成 n 个小块

$$\Delta\sigma_1,\Delta\sigma_2,\cdots,\Delta\sigma_n,$$

用 $\Delta\sigma_i(i=1,2,\cdots,n)$既表示第 i 个小块，也表示第 i 个小块的面积.

② 求和：记 d_i为 $\Delta\sigma_i$的直径(即 d_i表示 $\Delta\sigma_i$中任意两点间距离的最大值). 当 d_i很小时，可以认为在 $\Delta\sigma_i$上质量分布是均匀的，并用任意点$(\xi_i,\eta_i)\in\Delta\sigma_i$处的密度 $\mu(\xi_i,\eta_i)$作为 $\Delta\sigma_i$的面密度，记 Δm_i为第 i 个小块的质量，则

$$\Delta m_i\approx\mu(\xi_i,\eta_i)\Delta\sigma_i.$$

因此，薄片的质量可以表示为

$$m\approx\sum_{i=1}^{n}\mu(\xi_i,\eta_i)\Delta\sigma_i.$$

③ 取极限：若记 $\lambda=\max\{d_1,d_2,\cdots,d_n\}$，则定义

$$\lim_{\lambda\to0}\sum_{i=1}^{n}\mu(\xi_i,\eta_i)\Delta\sigma_i$$

为所求平面薄片的质量.

(2) 曲顶柱体的体积.

若有一个柱体，它的底是 xOy 平面上的闭区域 D，它的侧面是以 D 的边界曲线为准线，且母线平行于 z 轴的柱面，它的顶是曲面 $z=f(x,y)$. 设 $z=f(x,y)$ 为 D 上的连续函数，且 $f(x,y)\geqslant0$. 称这个柱体为曲顶柱体(图 6-18). 下面我们来求其体积.

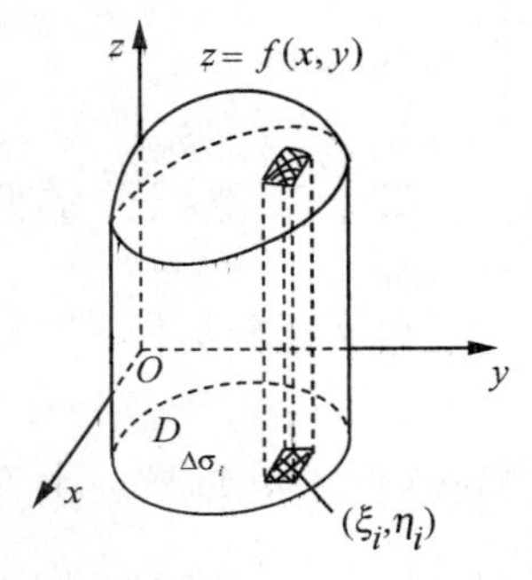

图 6-18

像实例 1 那样，也分三步解决这个问题.

① 分割：将区域 D 任意分割成 n 个小块

$$\Delta\sigma_1,\Delta\sigma_2,\cdots,\Delta\sigma_n,$$

且 $\Delta\sigma_i$ 也表示第 i 个小块的面积，这样就将曲顶柱体相应地分割成 n 个小曲顶柱体，它们的体积记为 $\Delta V_i(i=1,2,\cdots,n)$.

② 求和：记 d_i 为 $\Delta\sigma_i$ 的直径，则当 d_i 很小时，在 $\Delta\sigma_i$ 中任取一点(ξ_i,η_i)，以 $f(\xi_i,\eta_i)$ 为高、$\Delta\sigma_i$ 为底的平顶柱体的体积为 $f(\xi_i,\eta_i)\Delta\sigma_i$，可以将其看作是以 $\Delta\sigma_i$ 为底的小曲顶柱体体积的近似值. 因此，曲顶柱体体积的近似值可以取为

$$V\approx\sum_{i=1}^{n}f(\xi_i,\eta_i)\Delta\sigma_i.$$

③ 取极限：若记 $\lambda=\max\{d_1,d_2,\cdots,d_n\}$，则定义

$$\lim_{\lambda\to0}\sum_{i=1}^{n}f(\xi_i,\eta_i)\Delta\sigma_i$$

为所求曲顶柱体的体积.

以上两例，解决的具体问题虽然不同，但解决问题的方法却完全相同，且最后都归结为同一结构的和式的极限. 还有许多实际问题也与此两例类似，我们把这些问题数量关系上的共性加以抽象概括，就得到二重积分的概念.

2. 二重积分的概念

定义　设 $z=f(x,y)$ 是定义在有界闭区域 D 上的有界函数. 将区域 D 任意分割成 n 个小块 $\Delta\sigma_i(i=1,2,\cdots,n)$，$\Delta\sigma_i$ 也表示第 i 个小块的面积. 任取一点$(\xi_i,\eta_i)\in\Delta\sigma_i$，作和式 $\sum\limits_{i=1}^{n}f(\xi_i,\eta_i)\Delta\sigma_i$，记 d_i 为 $\Delta\sigma_i$ 的直径，$\lambda=\max\{d_1,d_2,\cdots,d_n\}$. 若

$$\lim_{\lambda \to 0} \sum_{i=1}^{n} f(\xi_i, \eta_i) \Delta\sigma_i$$

存在，且此极限值不依赖于区域 D 的分法，也不依赖于区域小块内点 (ξ_i, η_i) 的取法，而仅与区域 D 及函数 $z = f(x,y)$ 有关，则称此极限为函数 $z = f(x,y)$ 在区域 D 上的**二重积分**，记作 $\iint\limits_D f(x,y)\mathrm{d}\sigma$，即

$$\iint\limits_D f(x,y)\mathrm{d}\sigma = \lim_{\lambda \to 0} \sum_{i=1}^{n} f(\xi_i, \eta_i) \Delta\sigma_i,$$

其中 $f(x,y)$ 称为**被积函数**，D 称为**积分区域**，$f(x,y)\mathrm{d}\sigma$ 称为**被积表达式**，$\mathrm{d}\sigma$ 称为**面积元素**，x 和 y 称为**积分变量**.

若函数 $f(x,y)$ 在有界闭区域 D 上的二重积分存在，则称 $f(x,y)$ 在区域 D 上**可积**.

这样上述两个实例的结果都可用二重积分表示，即(1) 中 $m = \iint\limits_D \mu(x,y)\mathrm{d}\sigma$，(2) 中 $V = \iint\limits_D f(x,y)\mathrm{d}\sigma$.

二、二重积分的几何意义

像定积分那样，二重积分 $\iint\limits_D f(x,y)\mathrm{d}\sigma$ 的几何意义也可以理解为：

(1) 若在区域 D 上 $f(x,y) \geqslant 0$，则二重积分 $\iint\limits_D f(x,y)\mathrm{d}\sigma$ 表示以区域 D 为底、以曲面 $z = f(x,y)$ 为曲顶的曲顶柱体的体积；

(2) 若在区域 D 上 $f(x,y) \leqslant 0$，则上述曲顶柱体在 xOy 面的下方，二重积分 $\iint\limits_D f(x,y)\mathrm{d}\sigma$ 的值是负的，它的绝对值为该曲顶柱体的体积.

特别地，若在区域 D 上，$f(x,y) \equiv 1$，且 D 的面积为 σ，则 $\iint\limits_D \mathrm{d}\sigma = \sigma$.

这时，二重积分 $\iint\limits_D \mathrm{d}\sigma$ 可以理解为以平面 $z = 1$ 为顶，以 D 为底的平顶柱体的体积，该体积在数值上与区域 D 的面积相等.

三、二重积分的基本性质

二重积分具有与定积分类似的性质. 设 $f(x,y)$，$g(x,y)$ 在有界闭区域 D 上均可积，则有如下性质：

性质 1(线性性质)

$$\iint\limits_D [mf(x,y) \pm ng(x,y)]\mathrm{d}\sigma = m\iint\limits_D f(x,y)\mathrm{d}\sigma \pm n\iint\limits_D g(x,y)\mathrm{d}\sigma \ (m,n \text{ 均为常数}).$$

性质 2(区域可加性)　如果区域 D 被连续曲线分割为 D_1 与 D_2 两部分，那么

$$\iint\limits_D f(x,y)\mathrm{d}\sigma = \iint\limits_{D_1} f(x,y)\mathrm{d}\sigma + \iint\limits_{D_2} f(x,y)\mathrm{d}\sigma.$$

性质3(单调性)　如果在区域 D 上有 $f(x,y)\leqslant g(x,y)$,那么

$$\iint_D f(x,y)\mathrm{d}\sigma\leqslant\iint_D g(x,y)\mathrm{d}\sigma.$$

性质4(二重积分的估值定理)　设 M 和 m 分别为函数 $f(x,y)$ 在有界闭区域 D 上的最大值和最小值,则

$$m\sigma\leqslant\iint_D f(x,y)\mathrm{d}\sigma\leqslant M\sigma,$$

其中 σ 表示区域 D 的面积.

性质5(二重积分的中值定理)　设 $f(x,y)$ 在有界闭区域 D 上连续,σ 是区域 D 的面积,则在 D 上至少存在一点 (ξ,η),使得

$$\iint_D f(x,y)\mathrm{d}\sigma=f(\xi,\eta)\sigma.$$

上式右端是以 $f(\xi,\eta)$ 为高、D 为底的平顶柱体的代数体积.

这些性质可用二重积分的定义或几何意义证明.

习题 6-5(A)

1. 根据二重积分的性质,比较下列积分的大小:

(1) $\iint_D (x+y)^2\mathrm{d}\sigma$ 与 $\iint_D (x+y)^3\mathrm{d}\sigma$,其中区域 D 由 x 轴、y 轴及直线 $x+y=1$ 所围成;

(2) $\iint_D \ln(x+y)\mathrm{d}\sigma$ 与 $\iint_D [\ln(x+y)]^2\mathrm{d}\sigma$,其中区域 D 是由 $x=3,x=5,y=0,y=1$ 所围成的矩形区域.

2. 利用二重积分的性质估计下列积分的值:

(1) $I=\iint_D (x+y+1)\mathrm{d}\sigma$,其中 $D=\{(x,y)\mid 0\leqslant x\leqslant 1,0\leqslant y\leqslant 2\}$;

(2) $I=\iint_D (x^2+4y^2+9)\mathrm{d}\sigma$,其中 $D=\{(x,y)\mid x^2+y^2\leqslant 4\}$.

习题 6-5(B)

1. 利用二重积分的几何意义计算下列二重积分的值:

(1) $\iint_D 2\mathrm{d}\sigma$,其中区域 $D=\{(x,y)\mid x^2+y^2\leqslant 1\}$;

(2) $\iint_D f(x,y)\mathrm{d}\sigma$, 其中 $f(x,y)=\begin{cases}1, & -1\leqslant x\leqslant 0,-1\leqslant y\leqslant 1,\\ 2, & 0<x\leqslant 1,-1\leqslant y\leqslant 1,\end{cases}$ 区域 $D=\{(x,y)\mid -1\leqslant x\leqslant 1,-1\leqslant y\leqslant 1\}$.

2. 利用二重积分的性质,比较下列二重积分的大小:

(1) $\iint_D (x-y)^2\mathrm{d}\sigma$ 与 $\iint_D (x-y)^3\mathrm{d}\sigma$,其中 D 由直线 $x-y=1$ 与坐标轴所围成;

(2) $\iint\limits_D \ln\sqrt{x^2+y^2}\mathrm{d}\sigma$ 与 $\iint\limits_D \ln\sqrt{(x^2+y^2)^3}\mathrm{d}\sigma$,其中区域 D 由圆周 $x^2+y^2=1$ 与 $x^2+y^2=4$ 所围成.

3. 利用二重积分的性质估计下列积分的值:

(1) $I=\iint\limits_D (2x+y-1)\mathrm{d}\sigma$,其中 $D=\{(x,y)\mid 1\leqslant x\leqslant 3,1\leqslant y\leqslant 2\}$;

(2) $I=\iint\limits_D (x^2+2xy+y^2-1)\mathrm{d}\sigma$,其中 $D=\{(x,y)\mid -1\leqslant x\leqslant 1,-1\leqslant y\leqslant 1\}$.

§6-6 二重积分的计算与应用

用二重积分的定义计算二重积分十分复杂,我们通常是把二重积分化为二次积分(累次积分),即计算两次定积分来求二重积分.

一、二重积分的计算

1. 在直角坐标系下计算二重积分

我们由二重积分的定义知道,当 $f(x,y)$ 在区域 D 上可积时,其积分值与区域 D 的分割方法无关,因此可以采取特殊的分割方法来计算二重积分,以简化计算. 在直角坐标系中,用分别平行于 x 轴和 y 轴的直线将区域 D 分成许多小矩形,这时面积元素 $\mathrm{d}\sigma=\mathrm{d}x\mathrm{d}y$,二重积分也可记为

$$\iint\limits_D f(x,y)\mathrm{d}\sigma=\iint\limits_D f(x,y)\mathrm{d}x\mathrm{d}y.$$

下面根据二重积分的几何意义,通过计算以曲面 $z=f(x,y)$(在 D 内不妨设 $f(x,y)>0$)为顶、以 xOy 平面上闭区域 D 为底的曲顶柱体的体积来说明二重积分的计算方法.

(1) 若区域 D 可以表示为

$$D=\{(x,y)\mid \varphi_1(x)\leqslant y\leqslant \varphi_2(x),a\leqslant x\leqslant b\},$$

其中 $\varphi_1(x)$,$\varphi_2(x)$ 在 $[a,b]$ 上连续,则称 D 为 **X-型区域**(图 6-19).

如图 6-20 所示,过点 $(x,0,0)(a\leqslant x\leqslant b)$ 作垂直于 x 轴的平面与曲顶柱体相截,其截面是以 $[\varphi_1(x),\varphi_2(x)]$ 为底、以曲线 $z=f(x,y)$ 为曲边的曲边梯形(图 6-20 的阴影部分),记其面积为 $S(x)$,由定积分的几何意义可知

$$S(x)=\int_{\varphi_1(x)}^{\varphi_2(x)} f(x,y)\mathrm{d}y,$$

其中 $f(x,y)$ 中的 x 在关于 y 的积分过程中被看成常数.

再由截面面积为已知的立体体积的求法,便得到该曲顶柱体的体积为

$$V=\int_a^b S(x)\mathrm{d}x=\int_a^b\left[\int_{\varphi_1(x)}^{\varphi_2(x)} f(x,y)\mathrm{d}y\right]\mathrm{d}x.$$

于是

$$\iint\limits_D f(x,y)\mathrm{d}x\mathrm{d}y=\int_a^b\left[\int_{\varphi_1(x)}^{\varphi_2(x)} f(x,y)\mathrm{d}y\right]\mathrm{d}x.$$

常记为

$$\iint_D f(x,y)\mathrm{d}x\mathrm{d}y = \int_a^b \mathrm{d}x\int_{\varphi_1(x)}^{\varphi_2(x)} f(x,y)\mathrm{d}y.$$

称上式为先对 y 后对 x 的二次积分.

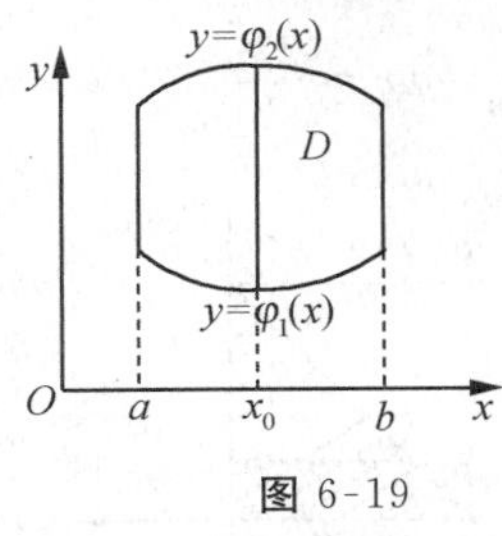

图 6-19

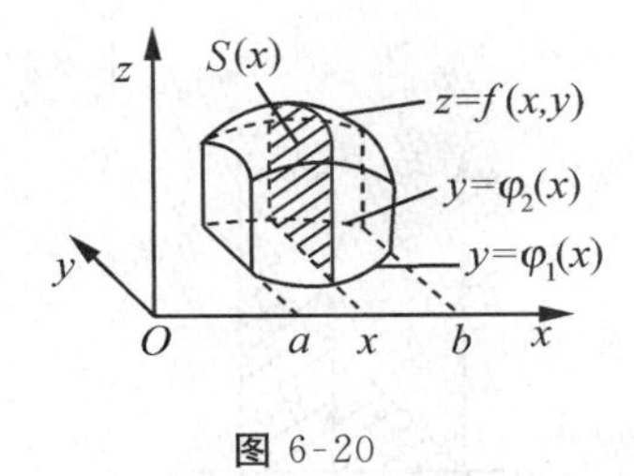

图 6-20

(2) 若区域 D 可以表示为

$$D=\{(x,y)\mid \psi_1(y)\leqslant x\leqslant \psi_2(y), c\leqslant y\leqslant d\},$$

其中 $\psi_1(y)$, $\psi_2(y)$ 在 $[c,d]$ 上连续，则称 D 为 Y -**型区域**(图 6-21). 类似地，得

$$\iint_D f(x,y)\mathrm{d}x\mathrm{d}y = \int_c^d \left[\int_{\psi_1(y)}^{\psi_2(y)} f(x,y)\mathrm{d}x\right]\mathrm{d}y.$$

或记为

$$\iint_D f(x,y)\mathrm{d}x\mathrm{d}y = \int_c^d \mathrm{d}y\int_{\psi_1(y)}^{\psi_2(y)} f(x,y)\mathrm{d}x.$$

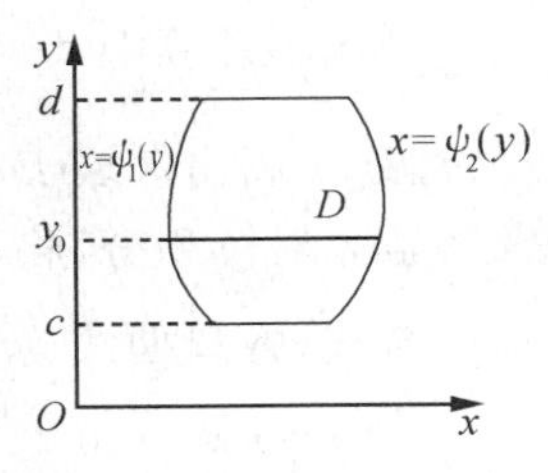

图 6-21

由上述分析可知，为了计算二重积分 $\iint_D f(x,y)\mathrm{d}x\mathrm{d}y$，应该先将积分区域 D 用不等式 $\varphi_1(x)\leqslant y\leqslant \varphi_2(x)$, $a\leqslant x\leqslant b$ 或 $\psi_1(y)\leqslant x\leqslant \psi_2(y)$, $c\leqslant y\leqslant d$ 表示出来.

为了便于计算，将二重积分化为二次积分可以采用下列步骤：

(1) 画出积分区域 D 的图形.

(2) 若先对 y 积分，且平行于 y 轴的直线与区域 D 的边界线的交点不多于两个，则确定 y 的积分限的方法是：作平行于 y 轴的直线与区域 D 相交，沿着 y 轴的正方向看，先与曲线 $y=\varphi_1(x)$ 相交，称 $y=\varphi_1(x)$ 为入口曲线，作为积分下限；后与 $y=\varphi_2(x)$ 相交，称 $y=\varphi_2(x)$ 为出口曲线，作为积分上限. 而后对 x 积分时，其积分下限为区域 D 在 Ox 轴上投影的最小值 a，积分上限为区域 D 在 Ox 轴上投影的最大值 b，即 D 可以表示为 $\varphi_1(x)\leqslant y\leqslant \varphi_2(x)$, $a\leqslant x\leqslant b$ 时，

$$\iint_D f(x,y)\mathrm{d}x\mathrm{d}y = \int_a^b \mathrm{d}x\int_{\varphi_1(x)}^{\varphi_2(x)} f(x,y)\mathrm{d}y.$$

(3) 若先对 x 积分后对 y 积分，则按照与(2) 相仿的方法确定积分限.

例 1　计算 $\iint_D \frac{x^2}{1+y^2}\mathrm{d}x\mathrm{d}y$，其中区域 $D=\{(x,y)\mid 1\leqslant x\leqslant 2, 0\leqslant y\leqslant 1\}$.

解　积分区域 D 是矩形，且被积函数 $f(x,y)=x^2\cdot\frac{1}{1+y^2}$，故有

$$\iint_D \frac{x^2}{1+y^2}\mathrm{d}x\mathrm{d}y = \int_1^2 x^2\mathrm{d}x\int_0^1 \frac{1}{1+y^2}\mathrm{d}y = \frac{x^3}{3}\Big|_1^2 \cdot \arctan y\Big|_0^1 = \frac{7}{12}\pi.$$

例 2　计算 $\iint_D xy\mathrm{d}x\mathrm{d}y$，其中区域 D 由 $y=x$, $x=1$, $y=0$ 围成.

解　画出区域 D 的图形，如图 6-22 所示.

若先对 y 积分，作平行于 y 轴的直线，$y=0$ 与 $y=x$ 分别是入口曲线与出口曲线，则 $D=\{(x,y)\mid 0\leqslant x\leqslant 1,0\leqslant y\leqslant x\}$，因此

$$\iint\limits_D xy\,\mathrm{d}x\mathrm{d}y=\int_0^1\mathrm{d}x\int_0^x xy\,\mathrm{d}y=\int_0^1\frac{1}{2}x^3\,\mathrm{d}x=\frac{1}{8}.$$

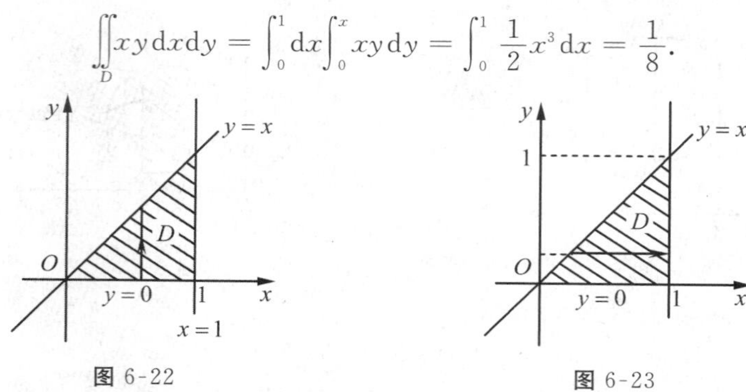

图 6-22　　　　图 6-23

若先对 x 积分，作平行于 x 轴的直线，$x=y$ 与 $x=1$ 分别为入口曲线与出口曲线(图 6-23)，则 $D=\{(x,y)\mid 0\leqslant y\leqslant 1,y\leqslant x\leqslant 1\}$，因此

$$\iint\limits_D xy\,\mathrm{d}x\mathrm{d}y=\int_0^1\mathrm{d}y\int_y^1 xy\,\mathrm{d}x=\int_0^1\frac{1}{2}y(1-y^2)\mathrm{d}y=\frac{1}{2}\int_0^1(y-y^3)\mathrm{d}y=\frac{1}{8}.$$

例 3　计算 $\iint\limits_D y\,\mathrm{d}x\mathrm{d}y$，其中区域 D 由 $x^2+y^2\leqslant 1,y\geqslant 0$ 确定.

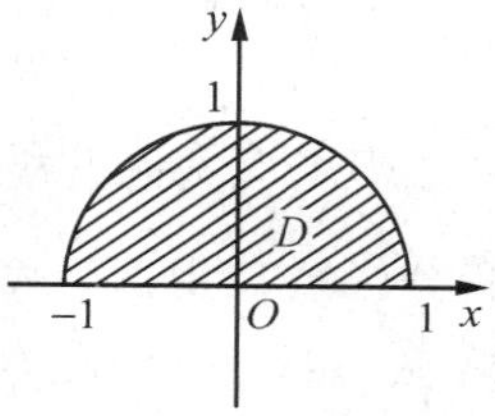

解　画出区域 D 的图形，如图 6-24 所示.

若先对 y 积分，将 D 投影到 x 轴上，得 $-1\leqslant x\leqslant 1$，作平行于 y 轴的直线，入口曲线为 $y=0$，出口曲线为 $y=\sqrt{1-x^2}$，即 $D=\{(x,y)\mid -1\leqslant x\leqslant 1,0\leqslant y\leqslant\sqrt{1-x^2}\}$. 故

图 6-24

$$\iint\limits_D y\,\mathrm{d}x\mathrm{d}y=\int_{-1}^1\mathrm{d}x\int_0^{\sqrt{1-x^2}}y\mathrm{d}y=\frac{1}{2}\int_{-1}^1(1-x^2)\mathrm{d}x=\frac{2}{3}.$$

若先对 x 积分，将 D 投影到 y 轴上，得 $0\leqslant y\leqslant 1$，作平行于 x 轴的直线，入口曲线为 $x=-\sqrt{1-y^2}$，出口曲线为 $x=\sqrt{1-y^2}$，即 $D=\{(x,y)\mid 0\leqslant y\leqslant 1,-\sqrt{1-y^2}\leqslant x\leqslant\sqrt{1-y^2}\}$. 故

$$\iint\limits_D y\,\mathrm{d}x\mathrm{d}y=\int_0^1\mathrm{d}y\int_{-\sqrt{1-y^2}}^{\sqrt{1-y^2}}y\mathrm{d}x=2\int_0^1 y\sqrt{1-y^2}\mathrm{d}y=\frac{2}{3}\left[-(1-y^2)^{\frac{3}{2}}\right]_0^1=\frac{2}{3}.$$

例 4　计算 $\iint\limits_D xy\cos(xy^2)\mathrm{d}x\mathrm{d}y$，其中 D 是长方形区域：$0\leqslant x\leqslant\frac{\pi}{2},0\leqslant y\leqslant 2$.

解　若先对 x 积分，则需要利用分部积分法；若先对 y 积分，则不必利用分部积分法，计算会简单些. 因此选择先对 y 积分.

$$\iint\limits_D xy\cos(xy^2)\mathrm{d}x\mathrm{d}y=\int_0^{\frac{\pi}{2}}\mathrm{d}x\int_0^2 xy\cos(xy^2)\mathrm{d}y=\frac{1}{2}\int_0^{\frac{\pi}{2}}\left[\sin(xy^2)\right]_0^2\mathrm{d}x=\frac{1}{2}\int_0^{\frac{\pi}{2}}\sin 4x\mathrm{d}x=0.$$

由例 3、例 4 可以发现，将二重积分化为二次积分时，不同的积分次序会导致计算的难易差异，因此计算时应注意选择积分次序. 并且还发现，选择积分次序要考虑被积函数和积分区域两个因素.

例 5　计算$\int_0^2 \mathrm{d}x\int_x^2 \mathrm{e}^{-y^2}\mathrm{d}y$.

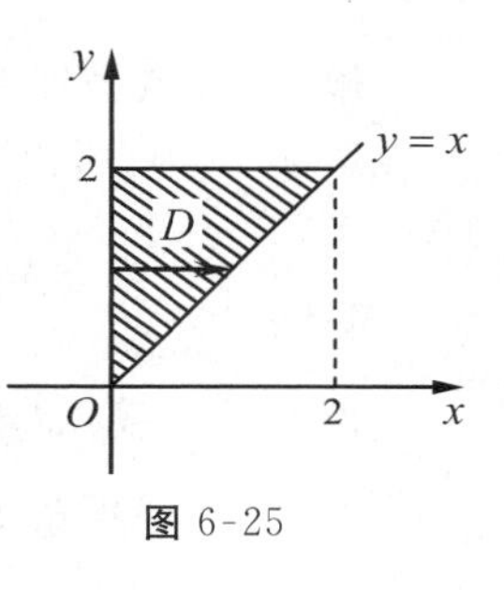

图 6-25

解　由于$\int \mathrm{e}^{-y^2}\mathrm{d}y$不能用初等函数表示出来,因此考虑交换积分次序.

$D=\{(x,y)\mid 0\leqslant x\leqslant 2,x\leqslant y\leqslant 2\}$为其积分区域,如图 6-25 所示.

$$\int_0^2 \mathrm{d}x\int_x^2 \mathrm{e}^{-y^2}\mathrm{d}y=\iint_D \mathrm{e}^{-y^2}\mathrm{d}x\mathrm{d}y=\int_0^2 \mathrm{d}y\int_0^y \mathrm{e}^{-y^2}\mathrm{d}x$$
$$=\int_0^2 y\mathrm{e}^{-y^2}\mathrm{d}y=-\frac{1}{2}\int_0^2 \mathrm{e}^{-y^2}\mathrm{d}(-y^2)=\frac{1}{2}(1-\mathrm{e}^{-4}).$$

2. 在极坐标系下计算二重积分

有些二重积分,积分区域 D 的边界曲线用极坐标方程表示时比较方便,且被积函数用极坐标变量 r,θ 表示时比较简单.下面介绍利用极坐标计算二重积分.

在极坐标系下,我们用两组曲线 $r=$ 常数及 $\theta=$ 常数,即一组同心圆与一组过原点的射线,将区域 D 任意分成 n 个小区域(图 6-26).若第 i 个小区域 $\Delta\sigma_i$ 是由 $r=r_i,r=r_i+\Delta r_i$, $\theta=\theta_i,\theta=\theta_i+\Delta\theta_i$ 所围成的,则由扇形面积公式可得

$$\Delta\sigma_i=\frac{1}{2}(r_i+\Delta r_i)^2\Delta\theta-\frac{1}{2}r_i^2\Delta\theta=\left(r_i+\frac{1}{2}\Delta r_i\right)\Delta r_i\Delta\theta_i\approx r_i\Delta r_i\Delta\theta_i.$$

因此,$\mathrm{d}\sigma=r\mathrm{d}r\mathrm{d}\theta$ 称为极坐标系中的面积微元.

由直角坐标与极坐标的关系 $x=r\cos\theta,y=r\sin\theta$,得

$$\iint_D f(x,y)\mathrm{d}x\mathrm{d}y=\iint_D f(r\cos\theta,r\sin\theta)r\mathrm{d}r\mathrm{d}\theta.$$

上式右端 D 的边界曲线要用极坐标方程表示.

将上式右端化为二次积分时,通常是选择先对 r,后对 θ 的积分次序.对于如图 6-27 所示的积分区域 $D=\{(r,\theta)\mid r_1(\theta)\leqslant r\leqslant r_2(\theta),\alpha\leqslant\theta\leqslant\beta\}$,则

$$\iint_D f(r\cos\theta,r\sin\theta)r\mathrm{d}r\mathrm{d}\theta=\int_\alpha^\beta \mathrm{d}\theta\int_{r_1(\theta)}^{r_2(\theta)} f(r\cos\theta,r\sin\theta)r\mathrm{d}r.$$

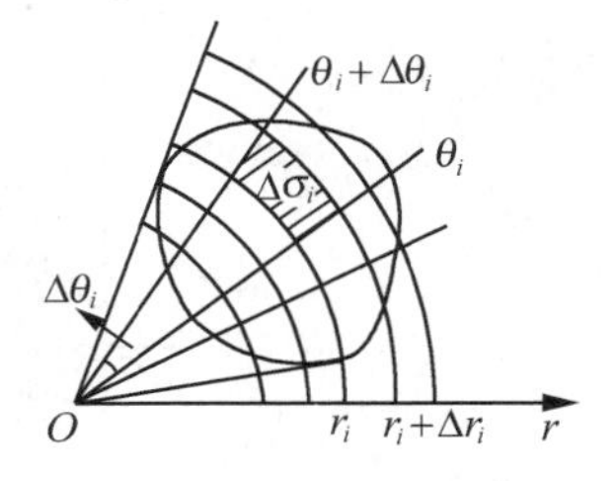

图 6-26

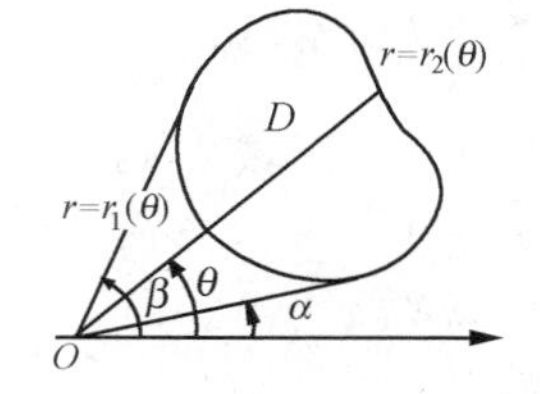

图 6-27

例 6　计算$\iint_D \frac{1}{\sqrt{1-x^2-y^2}}\mathrm{d}x\mathrm{d}y$,其中 D 为圆域:$x^2+y^2\leqslant 1$.

解　在极坐标系下,区域 D 可以表示为 $D=\{(r,\theta)\mid 0\leqslant r\leqslant 1,0\leqslant\theta\leqslant 2\pi\}$.因极点在区域 D 的内部,故

$$\iint_D \frac{1}{\sqrt{1-x^2-y^2}}\mathrm{d}x\mathrm{d}y=\int_0^{2\pi}\mathrm{d}\theta\int_0^1 \frac{r}{\sqrt{1-r^2}}\mathrm{d}r=2\pi\left[-\sqrt{1-r^2}\right]_0^1=2\pi.$$

例 7 $\iint\limits_D \sin\sqrt{x^2+y^2}\,\mathrm{d}x\mathrm{d}y$，其中 D 为圆环：$\pi^2 \leqslant x^2+y^2 \leqslant 4\pi^2$.

解 在极坐标系下，区域 D 的内环边界线方程为 $r=\pi$，外环边界线方程为 $r=2\pi$，极点在区域 D 内，所以 D 可以表示为 $D=\{(r,\theta)\mid \pi\leqslant r\leqslant 2\pi, 0\leqslant\theta\leqslant 2\pi\}$. 故

$$\iint\limits_D \sin\sqrt{x^2+y^2}\,\mathrm{d}x\mathrm{d}y=\int_0^{2\pi}\mathrm{d}\theta\int_\pi^{2\pi}\sin r\cdot r\mathrm{d}r=\int_0^{2\pi}\left(-r\cos r\Big|_\pi^{2\pi}+\int_\pi^{2\pi}\cos r\mathrm{d}r\right)\mathrm{d}\theta=-6\pi^2.$$

例 8 计算 $\int_0^a \mathrm{d}x\int_0^{\sqrt{a^2-x^2}}(x^2+y^2)\mathrm{d}y$（其中 $a>0$）.

解 利用直角坐标计算较复杂，故下面利用极坐标来计算. 区域 D 用不等式表示为

$$0\leqslant x\leqslant a, 0\leqslant y\leqslant\sqrt{a^2-x^2}.$$

其图形为以原点为圆心、半径为 a 的圆在第一象限的部分. 在极坐标系下，D 可以表示为

$$0\leqslant\theta\leqslant\frac{\pi}{2}, 0\leqslant r\leqslant a.$$

故

$$\int_0^a \mathrm{d}x\int_0^{\sqrt{a^2-x^2}}(x^2+y^2)\mathrm{d}y=\int_0^{\frac{\pi}{2}}\mathrm{d}\theta\int_0^a r^3\mathrm{d}r=\frac{\pi}{8}a^4.$$

一般来说，如果积分区域 D 为圆域、扇形域或被积函数为 $f(x^2+y^2)$ 的形式时，采用极坐标计算二重积分比较方便.

二、二重积分应用举例

二重积分在几何、物理学及其他工程学科的很多领域有着广泛的应用，下面仅举一些来说明其应用的方法.

1. 平面图形的面积

由二重积分的性质可知，当 $f(x,y)=1$ 时，二重积分 $\iint\limits_D 1\cdot\mathrm{d}\sigma=\sigma$ 表示平面区域 D 的面积. 由此可知，可以利用二重积分计算平面图形的面积.

例 9 求由抛物线 $y^2=x$ 和直线 $x-y=2$ 所围成的平面图形的面积.

解 如图 6-28 所示. 由 $\begin{cases}x=y^2,\\x-y=2\end{cases}$ 解得 $\begin{cases}x=1,\\y=-1\end{cases}$ 或 $\begin{cases}x=4,\\y=2.\end{cases}$

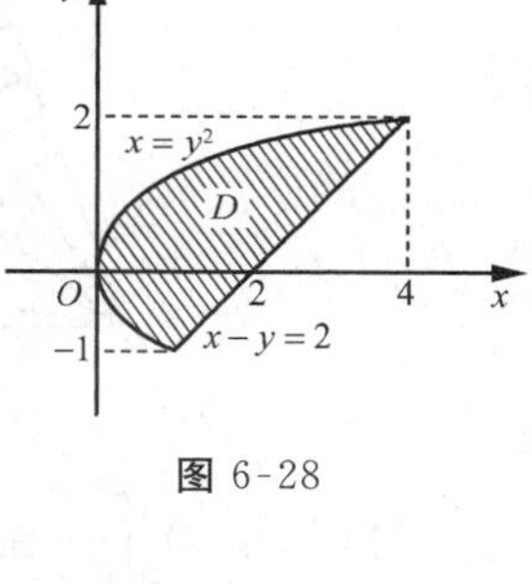

故所给两条曲线围成的区域 D 可以表示为

$$-1\leqslant y\leqslant 2, y^2\leqslant x\leqslant 2+y.$$

故区域 D 的面积为

$$\sigma=\iint\limits_D \mathrm{d}x\mathrm{d}y=\int_{-1}^2\mathrm{d}y\int_{y^2}^{2+y}\mathrm{d}x=\int_{-1}^2(2+y-y^2)\mathrm{d}y=\frac{9}{2}.$$

图 6-28

2. 空间立体的体积

由二重积分的几何意义知，当 $f(x,y)\geqslant 0$ 时，二重积分 $\iint\limits_D f(x,y)\mathrm{d}x\mathrm{d}y$ 的值等于以 D 为底、以 $z=f(x,y)$ 为曲顶的曲顶柱体的体积. 由此可知，可以利用二重积分计算空间立体的体积.

例 10 求由旋转抛物面 $z=x^2+y^2$ 与平面 $z=h$ 所围成的立体的体积.

解　如图 6-29 所示. 由于抛物面 $z = x^2 + y^2$ 与平面 $z = h$ 相截所得交线是圆心在 z 轴上、半径为 $\sqrt{h}$ 的圆，故所求立体在 xOy 面上的投影区域 D 是以原点为圆心、半径为 $\sqrt{h}$ 的圆. 易知所求立体的体积是以 D 为底、高为 h 的正圆柱的体积与以旋转抛物面 $z = x^2 + y^2$ 为顶、以 D 为底的曲顶柱体的体积之差.

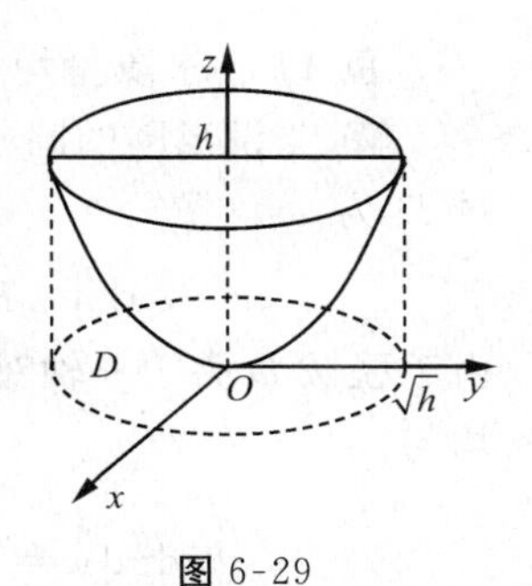

图 6-29

正圆柱的体积 $V_1 = \pi h \cdot h = \pi h^2$.

以 $z = x^2 + y^2$ 为曲顶的曲顶柱体的体积

$$V_2 = \iint_D (x^2 + y^2)\mathrm{d}x\mathrm{d}y = \int_0^{2\pi}\mathrm{d}\theta\int_0^{\sqrt{h}} r^2 \cdot r\mathrm{d}r = \frac{\pi}{2}h^2.$$

于是，所求立体的体积为

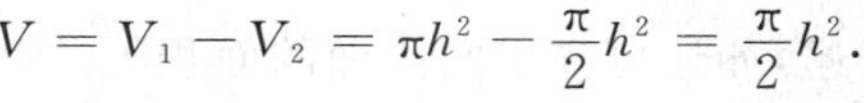

$$V = V_1 - V_2 = \pi h^2 - \frac{\pi}{2}h^2 = \frac{\pi}{2}h^2.$$

3. 质量与质心

由二重积分的物理意义可知，若平面薄板 D 的面密度为 $\mu = \mu(x,y)$，则 D 的质量为

$$m = \iint_D \mu(x,y)\mathrm{d}x\mathrm{d}y.$$

下面来研究平面薄板 D 的质心 $(\overline{x},\overline{y})$.

由中学物理知识可知：若质点系由 n 个质点 $m_1, m_2, \cdots, m_n$ 组成(其中 m_i 也表示第 i 个质点的质量)，并设 m_i 的坐标为 $(x_i, y_i)(i = 1,2,\cdots,n)$. 设它的质心为 $(\overline{x},\overline{y})$，则有

$$\left(\sum_{i=1}^n m_i\right)\overline{x} = \sum_{i=1}^n m_i x_i, \left(\sum_{i=1}^n m_i\right)\overline{y} = \sum_{i=1}^n m_i y_i.$$

故

$$\overline{x} = \frac{\sum_{i=1}^n m_i x_i}{\sum_{i=1}^n m_i}, \overline{y} = \frac{\sum_{i=1}^n m_i y_i}{\sum_{i=1}^n m_i}.$$

将非均匀平面薄板 D 先任意分成 n 个小块 $\Delta\sigma_i(i = 1,2,\cdots,n)$，在 $\Delta\sigma_i$ 上任取一点 (x_i, y_i)，认为在 $\Delta\sigma_i$ 上密度分布是均匀的，其密度为 $\mu = \mu(x_i, y_i)$，则 $\Delta\sigma_i$ 的质量近似等于 $\mu(x_i, y_i)\Delta\sigma_i$. 令 $\lambda \to 0$，可得平面薄板 D 的质心为

$$\overline{x} = \frac{\iint_D x\mu\mathrm{d}x\mathrm{d}y}{\iint_D \mu\mathrm{d}x\mathrm{d}y}, \ \overline{y} = \frac{\iint_D y\mu\mathrm{d}x\mathrm{d}y}{\iint_D \mu\mathrm{d}x\mathrm{d}y}.$$

当密度分布均匀时，μ 为常数，则质心坐标为

$$\overline{x} = \frac{\iint_D x\mathrm{d}x\mathrm{d}y}{\iint_D \mathrm{d}x\mathrm{d}y} = \frac{1}{\sigma}\iint_D x\mathrm{d}x\mathrm{d}y, \overline{y} = \frac{\iint_D y\mathrm{d}x\mathrm{d}y}{\iint_D \mathrm{d}x\mathrm{d}y} = \frac{1}{\sigma}\iint_D y\mathrm{d}x\mathrm{d}y,$$

其中 σ 为 D 的面积. 又称上式表示的坐标为 D 的形心坐标.

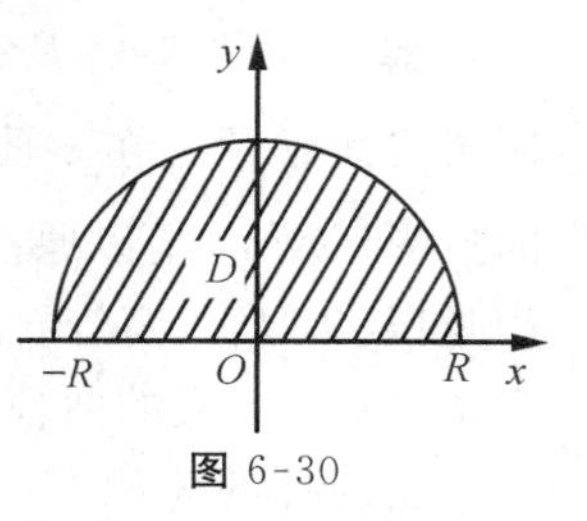

图 6-30

例 11 求质量均匀分布的半圆形薄板的形心.

解 设半圆的圆心在原点，半径为 R(如图 6-30)，则半圆形区域 D 为

$$\{(x,y)\mid -R\leqslant x\leqslant R,0\leqslant y\leqslant\sqrt{R-x^2}\}.$$

由于区域 D 关于 y 轴对称，所以$\overline{x}=0$，下面只需计算$\overline{y}$. 因质量分布均匀，故

$$\overline{y}=\frac{1}{\sigma}\iint\limits_D y\mathrm{d}x\mathrm{d}y=\frac{1}{\frac{1}{2}\pi R^2}\int_{-R}^{R}\mathrm{d}x\int_0^{\sqrt{R^2-x^2}}y\mathrm{d}y=\frac{1}{\pi R^2}\int_{-R}^{R}(R^2-x^2)\mathrm{d}x=\frac{4R}{3\pi}.$$

因此，半圆的形心为$\left(0,\frac{4R}{3\pi}\right)$.

二重积分的应用十分普遍，如还可求空间曲面的面积等.

习题 6-6 (A)

1. 计算下列二重积分：

(1) $\iint\limits_D x^2y\mathrm{d}x\mathrm{d}y$，其中 D 由 $x=1,x=2,y=1,y=3$ 围成；

(2) $\iint\limits_D xy\mathrm{d}x\mathrm{d}y$，其中 D 由 $x^2+y^2\leqslant 1,x\geqslant 0,y\geqslant 0$ 围成；

(3) $\iint\limits_D \frac{x}{y^2}\mathrm{d}x\mathrm{d}y$，其中 D 由 $y=2,y=x,xy=1$ 围成；

(4) $\iint\limits_D (x^2+y^2)\mathrm{d}x\mathrm{d}y$，其中 D 由 $y=x,y=x+2,y=1,y=6$ 围成.

2. 将二重积分$\iint\limits_D f(x,y)\mathrm{d}x\mathrm{d}y$化为二次积分，其中 D 由抛物线 $y=x^2$、圆 $x^2+y^2=2$ 以及 x 轴的正半轴围成(写出两种积分次序).

3. 计算$\iint\limits_D \frac{\sin x}{x}\mathrm{d}x\mathrm{d}y$，其中 D 由直线 $y=x$ 及抛物线 $y=x^2$ 围成.

4. 求由极轴、$\theta=\frac{\pi}{6}$ 和阿基米德螺线 $r=3\theta$ 所围成的图形的面积.

5. 求椭圆抛物面 $z=4-x^2-y^2$ 与平面 $z=0$ 所围成的立体的体积.

习题 6-6 (B)

1. 求下列二次积分：

(1) $\int_0^1\mathrm{d}x\int_0^2(x-y)\mathrm{d}y$；　　(2) $\int_0^1\mathrm{d}x\int_0^1 x\mathrm{e}^{xy}\mathrm{d}y$；

(3) $\int_1^2\mathrm{d}x\int_x^{2x}\mathrm{e}^y\mathrm{d}y$；　　(4) $\int_1^{\mathrm{e}}\mathrm{d}x\int_0^{\ln x}x\mathrm{d}y$.

2. 画出积分区域，并计算下列二重积分：

(1) $\iint\limits_D (3x+2y)\mathrm{d}\sigma$,其中积分区域 D 是由 x 轴、y 轴及直线 $x+y=2$ 所围成的区域;

(2) $\iint\limits_D xy^2\mathrm{d}\sigma$,其中积分区域 D 是由圆周 $x^2+y^2=4$ 与 y 轴围成的右半区域;

(3) $\iint\limits_D \frac{x^2}{y^2}\mathrm{d}\sigma$,其中积分区域 D 是由三条曲线 $x=2$,$y=x$ 及 $y=\frac{1}{x}$ 所围成的区域.

3. 交换下列二次积分的积分次序:

(1) $\int_1^{\mathrm{e}}\mathrm{d}x\int_0^{\ln x}f(x,y)\mathrm{d}y$;　　(2) $\int_1^2\mathrm{d}x\int_{2-x}^{\sqrt{2x-x^2}}f(x,y)\mathrm{d}y$.

4. 利用极坐标计算下列二重积分:

(1) $\iint\limits_D (6-3x-2y)\mathrm{d}\sigma$,其中积分区域 $D=\{(x,y)\mid x^2+y^2\leqslant 9\}$;

(2) $\iint\limits_D \ln(1+x^2+y^2)\mathrm{d}\sigma$,其中积分区域 $D=\{(x,y)\mid x^2+y^2\leqslant 1, x\geqslant 0, y\geqslant 0\}$;

(3) $\iint\limits_D \sqrt{x^2+y^2}\mathrm{d}\sigma$,其中积分区域 $D=\{(x,y)\mid x^2+y^2\leqslant 2y, x\geqslant 0\}$.

5. 求由直线 $y=x+2$ 与抛物线 $y=x^2$ 所围成的图形的面积.

6. 求以平面 xOy 内的圆周 $x^2+y^2=1$ 为准线,夹在 xOy 平面与旋转抛物面 $z=x^2+y^2$ 之间的立体的体积.

7. 求面密度为 $\mu=x^2y$,由直线 $y=x$ 和抛物线 $y=x^2$ 所围成的薄片的质心坐标.

本章内容小结

1. 本章主要内容:空间直角坐标系、向量、平面和直线、平面法向量、空间直线方向向量、多元函数、偏导数、高阶偏导数、全微分的概念,多元函数求导法则,多元函数的极值、最值和条件极值,二重积分的概念和性质,二重积分的计算及应用.

2. 本章概念较多,把二维向量推广到三维向量,理解二元函数与一元函数的异同是学好本章的关键.

3. 在向量运算中充分利用向量运算的性质和非零向量之间平行、垂直的条件,在建立平面、直线方程时,要善于将一些几何条件转化为向量之间的关系.

4. 在学习微分学时,注意偏导数与一元函数导数、全微分与一元函数微分的异同. 求偏导数的关键是先把多元函数作为一元函数看待,再用一元函数的方法求导;复合函数求偏导数必须先分析函数的复合形式,然后用链式法则求导;多元隐函数的求导是把隐函数看成复合函数,然后使用复合函数的求导方法.

在一元函数中,可导与可微是等价的,但在多元函数中则不然,二元函数可微必可偏导;关于 x,y 的两个偏导数若连续,则此二元函数可微.

5. 注意求多元函数极值与求一元函数极值的异同,掌握用拉格朗日乘数法求条件极值的步骤:

(1) 作拉格朗日辅助函数;

(2) 对拉格朗日辅助函数求一阶偏导数，令一阶偏导数为零并与约束条件联立成方程组，解方程组，得到可能的极值点；

(3) 结合问题的实际意义确定极值点和极值.

6. 在学习二重积分时，首先根据积分的实际意义来理解二重积分的概念，确定其积分区域. 掌握二重积分的性质，注意二重积分与定积分的异同.

7. 对二重积分计算的重点是把二重积分化为二次积分来运算. 在化二重积分为二次积分时，特别应注意二次积分顺序的选择和积分变量上、下限的确定. 当积分区域为扇形或圆形时，可以考虑使用极坐标系计算.

8. 掌握二重积分在实际生产活动中的应用，特别要注重范例的学习，并能举一反三.

自测题六

1. 选择题：

(1) 设 $\boldsymbol{a},\boldsymbol{b},\boldsymbol{c}$ 均为非零向量，则下列向量与 $\boldsymbol{a}$ 不垂直的是　　(　　)

A. $(\boldsymbol{a}\cdot\boldsymbol{b})\boldsymbol{b}-(\boldsymbol{a}\cdot\boldsymbol{b})\boldsymbol{c}$　　B. $\boldsymbol{b}-\frac{(\boldsymbol{a}\cdot\boldsymbol{b})}{\boldsymbol{a}^2}\boldsymbol{a}$

C. $\boldsymbol{a}\times\boldsymbol{b}$　　D. $\boldsymbol{a}+(\boldsymbol{a}\times\boldsymbol{b})\times\boldsymbol{a}$

(2) 已知两条直线 $\frac{x}{2}=\frac{y+2}{-2}=\frac{1-z}{1}$ 和 $\frac{x-1}{4}=\frac{y-3}{m}=\frac{z+1}{-2}$ 相互垂直，则 m 的值为　　(　　)

A. 3　　B. 5　　C. -2　　D. -4

(3) 设有直线 $L:\begin{cases}x+3y+2z+1=0,\\2x-y-10z+3=0\end{cases}$ 及平面 $\pi:4x-2y+z-2=0$，则直线 L　　(　　)

A. 平行于 π　　B. 在 π 上　　C. 垂直于 π　　D. 与 π 斜交

(4) $\lim\limits_{\substack{x\to 0\\y\to 0}}\frac{x}{x-y}$ 的值为　　(　　)

A. 0　　B. 1　　C. ∞　　D. 不存在

(5) 点 $(0,0)$ 是函数 $z=xy+1$ 的　　(　　)

A. 极大值点　　B. 极小值点　　C. 驻点而非极值点　　D. 非驻点

(6) 设 $A=\iint\limits_D e^{x^2+y^2}\mathrm{d}\sigma$，$B=\iint\limits_D e^{\sqrt{x^2+y^2}}\mathrm{d}\sigma$，$D=\left\{(x,y)\,\middle|\,\frac{1}{4}\leqslant x^2+y^2\leqslant\frac{1}{2}\right\}$，则 A 与 B 的大小关系是　　(　　)

A. $A>B$　　D. $A=B$　　C. $A<B$　　D. 无法确定

2. 填空题：

(1) 设 $\boldsymbol{a}\cdot\boldsymbol{b}=3$，$\boldsymbol{a}\times\boldsymbol{b}=(1,1,1)$，则 $\boldsymbol{a}$ 与 $\boldsymbol{b}$ 的夹角 $\theta=$________；

(2) 过点 $(2,0,3)$ 且与直线 $\begin{cases}x-2y+4z-7=0,\\3x+5y-2z+1=0\end{cases}$ 垂直的平面方程是________；

(3) 一平面经过两点 $(1,0,1)$，$(2,1,3)$ 且垂直于平面 $x-2y+3z-2=0$，则该平面方程为________；

(4) 函数 $z=\dfrac{1}{\ln(1-x^2-y^2)}$ 的定义域是____________；

(5) 设 $y^2z-xz^2-x^2y+1=0$，则 $\dfrac{\partial z}{\partial y}=$____________；

(6) 设 $z=\sqrt{\dfrac{x}{y}}$，则 $\mathrm{d}z=$____________；

(7) 交换积分次序：$\int_1^2 \mathrm{d}x\int_x^{3x} f(x,y)\mathrm{d}y=$____________.

3. 写出下列平面方程：

(1) 经过点 $P_0(4,-3,-1)$，且通过 x 轴；

(2) 经过点 $P_0(1,8,2)$ 且通过两平面 $\pi_1: x+y-z-2=0$，$\pi_2: 3x+y-z-5=0$ 的交线.

4. 求直线 $\dfrac{x-2}{1}=\dfrac{y-3}{1}=\dfrac{z-4}{2}$ 与平面 $2x+y+z-6=0$ 的交点.

5. 求对角线长为 $10\sqrt{3}$ 且体积最大的长方体的体积.

6. 求由方程 $3xy^2+2x^2yz^2+\ln(yz)=0$ 所确定的函数 $z=f(x,y)$ 的全微分 $\mathrm{d}z$.

7. 求函数 $f(x,y)=x^2+y^2$ 在约束条件 $xy-4=0$ 下的极值.

8. 求原点到曲面 $xy^2-z^2+9=0$ 上的点的距离的最小值.

9. 计算二重积分 $\iint\limits_D |\sin(x-y)|\,\mathrm{d}\sigma$，其中 D 是由直线 $x=0$，$x=\pi$，$y=0$，$y=\pi$ 所围成的正方形区域.

10. 求以 $D=\left\{(x,y)\,\middle|\,-\dfrac{1}{2}\leqslant x\leqslant\dfrac{1}{2},-\dfrac{1}{2}\leqslant y\leqslant\dfrac{1}{2}\right\}$ 为底，母线平行于 z 轴，以圆柱面 $z^2+y^2=4$ 为上、下顶面所围成的柱体的体积.

11. 一块匀质薄片由一个半径为 R 的半圆形与一个一边长与直径等长的矩形拼接而成. 问当矩形的另一边长为多少时，薄片的质心正好落在圆心上？

第7章 级　数

在初等数学中我们解决了项数有限的数(或函数)的求和问题,在积分学中我们讨论了连续量的求和问题.本章我们将讨论无限个离散量的求和问题,称为无穷级数.无穷级数分为常数项级数和函数项级数.

§7-1　数项级数

常数项级数是函数项级数的特殊情况,又是研究函数项级数的基础.

一、数项级数的概念

例1　战国时代哲学家庄周所著的《庄子·天下篇》引用过一句话:"一尺之棰,日取其半,万世不竭."也就是说一根长为一尺的木棒,每天截去一半,这样的过程可以无限制地进行下去.

把每天截下的那部分长度"加"起来:

$$\frac{1}{2}+\frac{1}{2^2}+\frac{1}{2^3}+\cdots+\frac{1}{2^n}+\cdots,$$

这就是一个"无限个数相加"的例子.

定义1　给定一个数列$\{u_n\}$,把它的各项依次用"+"连接起来的表达式

$$u_1+u_2+\cdots+u_n+\cdots$$

称为**常数项无穷级数**,简称(**数项**)**级数**,记作$\sum\limits_{n=1}^{\infty}u_n$,即

$$\sum_{n=1}^{\infty}u_n=u_1+u_2+\cdots+u_n+\cdots, \tag{1}$$

其中u_n称为数项级数(1)的**通项**.

例1的级数可以记作$\sum\limits_{n=1}^{\infty}\frac{1}{2^n}$. 我们再来看这样一个例子:

例2　(1) $\sum\limits_{n=1}^{\infty}(-1)^n=-1+1+(-1)+1+\cdots$;

(2) $\sum\limits_{n=1}^{\infty}(-1+1)=(-1+1)+(-1+1)+\cdots$;

(3) $-1+\sum_{n=1}^{\infty}[1+(-1)]=-1+[1+(-1)]+[1+(-1)]+\cdots$.

在例 2 中,(2)的结果无疑是 0,而(3)的结果则是 -1,也就是说括号用在不同的地方求出来的结果就不一样了.因此在定义中,我们只说把数列各项以"+"依次连接,这里的"+"并不能理解为相加,因而加法的一些运算法则(如结合律、交换律)就不一定成立.

我们提出这样的问题:数项级数是否存在"和",如果存在,"和"是什么?为此,我们给出数项级数收敛和发散的概念.

定义 2 取级数(1)的前 n 项相加,记为 s_n,即

$$s_n=u_1+u_2+\cdots+u_n,$$

称 s_n 为级数(1)的前 n 项**部分和**,称新数列$\{s_n\}$为级数(1)的**部分和数列**.

定义 3 如果级数(1)的部分和数列$\{s_n\}$的极限存在,记为 s,即

$$\lim_{n\to\infty}s_n=s,$$

那么称级数(1)**收敛**,称 s 为级数(1)的**和**,记作

$$s=\sum_{n=1}^{\infty}u_n=u_1+u_2+\cdots+u_n+\cdots;$$

如果级数(1)的部分和数列$\{s_n\}$的极限不存在,那么称级数(1)**发散**.

说明 (1) 发散级数不存在和;(2) 当级数 $\sum_{n=1}^{\infty}u_n$ 收敛时,其部分和 s_n 是级数 $\sum_{n=1}^{\infty}u_n$ 的和 s 的近似值,它们之间的差值

$$r_n=s-s_n=u_{n+1}+u_{n+2}+\cdots=\sum_{i=n+1}^{\infty}u_i$$

称为级数 $\sum_{n=1}^{\infty}u_n$ 的**余项**.容易验证级数收敛的充分必要条件是$\lim_{n\to\infty}r_n=0$.

在例 1 中,因为 $s_n=\dfrac{\frac{1}{2}\left(1-\frac{1}{2^n}\right)}{1-\frac{1}{2}}=1-\dfrac{1}{2^n}$, $\lim_{n\to\infty}s_n=s=1$,所以

$$\frac{1}{2}+\frac{1}{2^2}+\frac{1}{2^3}+\cdots+\frac{1}{2^n}+\cdots=1.$$

在例 2(1)中,$s_n=\begin{cases}0, & n\text{ 为偶数},\\ -1, & n\text{ 为奇数},\end{cases}$ 其极限不存在,因此

$$\sum_{n=1}^{\infty}(-1)^n=-1+1+(-1)+1+\cdots$$

发散.

例 3 讨论几何级数(等比级数)

$$\sum_{n=0}^{\infty}aq^n=a+aq+aq^2+\cdots+aq^n+\cdots$$

的敛散性,其中 $a\neq0$,q 称为级数的公比.

解 若 $q\neq1$,则部分和 $s_n=\dfrac{a(1-q^n)}{1-q}$.

当$|q|<1$时,$\lim_{n\to\infty}s_n=\dfrac{a}{1-q}$,此时级数 $\sum_{n=0}^{\infty}aq^n$ 收敛,其和为$\dfrac{a}{1-q}$.

当$|q|>1$时，$\lim\limits_{n\to\infty}s_n=\infty$，此时级数$\sum\limits_{n=0}^{\infty}aq^n$发散.

若$|q|=1$，则当$q=1$时，$s_n=na\to\infty$，此时级数$\sum\limits_{n=0}^{\infty}aq^n$发散；

当$q=-1$时，$s_n=\begin{cases}a, & n\text{为偶数},\\0, & n\text{为奇数},\end{cases}$所以$s_n$的极限不存在，此时级数$\sum\limits_{n=0}^{\infty}aq^n$也发散.

综上所述，若$|q|<1$，则级数$\sum\limits_{n=0}^{\infty}aq^n\ (a\neq0)$收敛，其和为$\dfrac{a}{1-q}$；若$|q|\geqslant1$，则级数$\sum\limits_{n=0}^{\infty}aq^n$发散.

例 4 证明级数$1+2+3+\cdots+n+\cdots$是发散的.

证明 部分和为

$$s_n=1+2+3+\cdots+n=\frac{n(n+1)}{2},$$

因为$\lim\limits_{n\to\infty}s_n=\infty$，所以级数是发散的.

例 5 判定无穷级数$\dfrac{1}{1\cdot2}+\dfrac{1}{2\cdot3}+\dfrac{1}{3\cdot4}+\cdots+\dfrac{1}{n(n+1)}+\cdots$的敛散性.

解 由于$u_n=\dfrac{1}{n(n+1)}=\dfrac{1}{n}-\dfrac{1}{n+1}$，所以

$$\begin{aligned}s_n&=\frac{1}{1\cdot2}+\frac{1}{2\cdot3}+\frac{1}{3\cdot4}+\cdots+\frac{1}{n(n+1)}\\&=\left(1-\frac{1}{2}\right)+\left(\frac{1}{2}-\frac{1}{3}\right)+\cdots+\left(\frac{1}{n}-\frac{1}{n+1}\right)=1-\frac{1}{n+1},\end{aligned}$$

从而

$$\lim_{n\to\infty}s_n=\lim_{n\to\infty}\left(1-\frac{1}{n+1}\right)=1,$$

所以此级数收敛，并且它的和是1.

利用定义来判定级数的敛散性，关键在于判定部分和数列$\{s_n\}$的极限存在与否. 如果能够根据$\{s_n\}$的表达式判断出极限存在与否，就能对级数的敛散性作出判定，而且如果该级数是收敛的，那么极限值就是其和. 但是能够求出$\{s_n\}$的极限值的级数并不多，更多时候只要判断出$\{s_n\}$极限存在与否就可以了.

定理 1（单调有界定理） 单调且在单调方向上有界的数列必有极限.

例 6 讨论级数$\sum\limits_{n=1}^{\infty}\dfrac{1}{n^2}$的敛散性.

解 部分和为

$$s_n=\frac{1}{1^2}+\frac{1}{2^2}+\frac{1}{3^2}+\cdots+\frac{1}{n^2}<\frac{1}{1\cdot1}+\frac{1}{1\cdot2}+\frac{1}{2\cdot3}+\cdots+\frac{1}{(n-1)n}=2-\frac{1}{n}<2,$$

且

$$s_1<s_2<\cdots<s_n,$$

所以部分和数列$\{s_n\}$单调递增且有上界. 根据单调有界定理知，部分和数列$\{s_n\}$存在极限. 因此，原级数收敛.

在例6中，根据单调有界定理，我们证明了该级数是收敛的，但并没有求出该级数的和. 一般说来，收敛级数求和难度更大. 级数$\sum\limits_{n=1}^{\infty}\dfrac{1}{n^2}=\dfrac{\pi^2}{6}$的证明过程很复杂.

二、收敛级数的基本性质

性质 1　若级数 $\sum_{n=1}^{\infty} u_n$ 收敛于和 s，k 为任意常数，则级数 $\sum_{n=1}^{\infty} ku_n$ 也收敛，且其和为 ks.

这是因为，设 $\sum_{n=1}^{\infty} u_n$ 与 $\sum_{n=1}^{\infty} ku_n$ 的部分和分别为 s_n 与 σ_n，则

$$\lim_{n\to\infty}\sigma_n=\lim_{n\to\infty}(ku_1+ku_2+\cdots+ku_n)=k\lim_{n\to\infty}(u_1+u_2+\cdots+u_n)=k\lim_{n\to\infty}s_n=ks.$$

这表明级数 $\sum_{n=1}^{\infty} ku_n$ 收敛，且和为 ks.

性质 2　若级数 $\sum_{n=1}^{\infty} u_n$，$\sum_{n=1}^{\infty} v_n$ 分别收敛于和 s，σ，则级数 $\sum_{n=1}^{\infty}(u_n\pm v_n)$ 也收敛，且其和为 $s\pm\sigma$.

这是因为，若 $\sum_{n=1}^{\infty} u_n$，$\sum_{n=1}^{\infty} v_n$，$\sum_{n=1}^{\infty}(u_n\pm v_n)$ 的部分和分别为 s_n，σ_n，τ_n，则

$$\begin{aligned}\lim_{n\to\infty}\tau_n&=\lim_{n\to\infty}[(u_1\pm v_1)+(u_2\pm v_2)+\cdots+(u_n\pm v_n)]\\&=\lim_{n\to\infty}[(u_1+u_2+\cdots+u_n)\pm(v_1+v_2+\cdots+v_n)]\\&=\lim_{n\to\infty}(s_n\pm\sigma_n)=s\pm\sigma.\end{aligned}$$

性质 3　在级数中去掉、加上或改变有限项，不会改变级数的敛散性.

比如，级数 $\frac{1}{1\cdot 2}+\frac{1}{2\cdot 3}+\frac{1}{3\cdot 4}+\cdots+\frac{1}{n(n+1)}+\cdots$ 是收敛的，则级数

$$10000+\frac{1}{1\cdot 2}+\frac{1}{2\cdot 3}+\frac{1}{3\cdot 4}+\cdots+\frac{1}{n(n+1)}+\cdots$$

和级数

$$\frac{1}{3\cdot 4}+\frac{1}{4\cdot 5}+\cdots+\frac{1}{n(n+1)}+\cdots$$

也都是收敛的.

性质 4　若级数 $\sum_{n=1}^{\infty} u_n$ 收敛，则对这个级数的项任意加括号后所成的级数仍收敛，且其和不变.

注意　若加括号后所成的级数收敛，则不能断定去括号后原来的级数也收敛.

比如，例 2 中的级数(1)、(2).

推论　若加括号后所成的级数发散，则原来的级数也发散.

例 7　判定 $\sum_{n=1}^{\infty}\frac{3+(-1)^n}{2^n}$ 的敛散性.

解　因为级数 $\sum_{n=1}^{\infty}\frac{3}{2^n}=3\sum_{n=1}^{\infty}\frac{1}{2^n}$ 收敛，级数 $\sum_{n=1}^{\infty}\frac{(-1)^n}{2^n}=\sum_{n=1}^{\infty}\left(-\frac{1}{2}\right)^n$ 也收敛，由性质 2 知原级数收敛.

三、级数收敛的必要条件

定理 2(级数收敛的必要条件) 如果 $\sum_{n=1}^{\infty} u_n$ 收敛,那么它的一般项 u_n 趋于零,即若 $\sum_{n=1}^{\infty} u_n$ 收敛,则 $\lim_{n\to\infty} u_n = 0$.

证明 设级数 $\sum_{n=1}^{\infty} u_n$ 的部分和为 s_n,且 $\lim_{n\to\infty} s_n = s$,则

$$\lim_{n\to\infty} u_n = \lim_{n\to\infty}(s_n - s_{n-1}) = \lim_{n\to\infty} s_n - \lim_{n\to\infty} s_{n-1} = s - s = 0.$$

注意 (1) 如果级数的一般项的极限不为零,那么由定理 2 可知该级数必定发散;(2) 级数的一般项趋于零并不是级数收敛的充分条件.

例 8 证明调和级数 $\sum_{n=1}^{\infty} \frac{1}{n} = 1 + \frac{1}{2} + \frac{1}{3} + \cdots + \frac{1}{n} + \cdots$ 是发散的.

证明 假设级数 $\sum_{n=1}^{\infty} \frac{1}{n}$ 收敛且其和为 s,s_n 是它的部分和,显然有 $\lim_{n\to\infty} s_n = s$ 及 $\lim_{n\to\infty} s_{2n} = s$,于是

$$\lim_{n\to\infty}(s_{2n} - s_n) = 0.$$

但另一方面,

$$s_{2n} - s_n = \frac{1}{n+1} + \frac{1}{n+2} + \cdots + \frac{1}{2n} > \frac{1}{2n} + \frac{1}{2n} + \cdots + \frac{1}{2n} = \frac{1}{2},$$

故 $\lim_{n\to\infty}(s_{2n} - s_n) > \frac{1}{2}$. 这与 $\lim_{n\to\infty}(s_{2n} - s_n) = 0$ 矛盾,所以级数 $\sum_{n=1}^{\infty} \frac{1}{n}$ 必定发散.

在上述例子中,级数 $\sum_{n=1}^{\infty} \frac{1}{n}$ 的一般项的极限 $\lim_{n\to\infty} \frac{1}{n} = 0$,但 $\sum_{n=1}^{\infty} \frac{1}{n}$ 发散.

例 9 判定下列级数的敛散性:

(1) $\sum_{n=1}^{\infty} \frac{n}{3n+1}$; (2) $\sum_{n=1}^{\infty} \left(\frac{n+1}{n}\right)^n$.

解 (1) 因为 $\lim_{n\to\infty} \frac{n}{3n+1} = \frac{1}{3}$,所以由级数收敛的必要条件知原级数发散.

(2) 因为 $\lim_{n\to\infty} \left(\frac{n+1}{n}\right)^n = \mathrm{e}$,所以由级数收敛的必要条件知原级数发散.

习题 7-1(A)

判定下列级数的敛散性:

(1) $\sum_{n=1}^{\infty} \left[\frac{4}{5^n} + \frac{(-1)^n}{3^n}\right]$; (2) $\sum_{n=1}^{\infty} \ln \frac{n+1}{n}$;

(3) $\sum_{n=1}^{\infty} \cos \frac{1}{n+1}$; (4) $\sum_{n=1}^{\infty} \mathrm{e}^{\frac{1}{n}}$;

(5) $\sum_{n=1}^{\infty} \frac{n+1}{n^3+1}$; (6) $\sum_{n=1}^{\infty} (\sqrt{n+2} - 2\sqrt{n+1} + \sqrt{n})$;

（7）$\sum_{n=1}^{\infty}\sin\frac{n\pi}{6}$.

习题 7-1（B）

判定下列级数的敛散性，若收敛，求其和：

（1）$\frac{1}{2}+\frac{3}{4}+\frac{5}{6}+\cdots+\frac{2n-1}{2n}+\cdots$；　（2）$\frac{1}{2}-\frac{1}{4}+\frac{1}{8}+\cdots+\frac{(-1)^{n+1}}{2^n}+\cdots$；

（3）$\frac{1}{1\times6}+\frac{1}{6\times11}+\frac{1}{11\times16}+\cdots+\frac{1}{(5n-4)(5n+1)}+\cdots$；

（4）$\left(\frac{1}{2}+\frac{1}{3}\right)+\left(\frac{1}{2^2}+\frac{1}{3^2}\right)+\cdots+\left(\frac{1}{2^n}+\frac{1}{3^n}\right)+\cdots$；

（5）$\sum_{n=1}^{\infty}\frac{2n-1}{2^n}$；　（6）$\sum_{n=1}^{\infty}2^n\sin\frac{\pi}{2^n}$.

§7-2　数项级数审敛法

一、正项级数及其审敛法

如果级数 $\sum_{n=1}^{\infty}u_n$ 中的每一项均非负，即 $u_n\geqslant0(n=1,2,3,\cdots)$，那么称该级数为**正项级数**.

由级数的性质知，如果一个级数从某一项起全是非负的，我们也把它看作正项级数. 如果级数的各项都是负的，则乘以 -1 后就得到一个正项级数了.

因为正项级数的前 n 项的部分和数列 $\{s_n\}$ 是单调递增的，所以结合单调有界定理，我们得到下面的结论：

正项级数 $\sum_{n=1}^{\infty}u_n$ 收敛的充分必要条件是其前 n 项部分和数列 $\{s_n\}$ 有上界.

于是，我们可以将部分已知敛散性的级数作为参照，得到正项级数的审敛法.

1. 比较审敛法

定理 1（比较审敛法）　设 $\sum_{n=1}^{\infty}u_n$，$\sum_{n=1}^{\infty}v_n$ 均为正项级数，如果存在某一正数 N，对于所有 $n>N$，都有 $u_n\leqslant kv_n(k>0,k$ 为常数)，那么

（1）若 $\sum_{n=1}^{\infty}v_n$ 收敛，则 $\sum_{n=1}^{\infty}u_n$ 收敛；

（2）若 $\sum_{n=1}^{\infty}u_n$ 发散，则 $\sum_{n=1}^{\infty}v_n$ 发散.

证明　因为改变级数的有限项并不改变级数的敛散性，所以不妨假设 $u_n\leqslant kv_n$ 对一切正整数 n 都成立.

现分别以 s_n'，s_n'' 表示级数 $\sum_{n=1}^{\infty}u_n$，$\sum_{n=1}^{\infty}v_n$ 的前 n 项部分和. 由 $u_n\leqslant kv_n$，得 $s_n'\leqslant ks_n''$.

$\sum_{n=1}^{\infty} v_n$ 收敛$\Rightarrow s_n''$有上界$\Rightarrow s_n'$有上界$\Rightarrow \sum_{n=1}^{\infty} u_n$收敛，故(1)成立.

(2)为(1)的逆否命题，自然成立.

例 1 讨论 p-级数 $\sum_{n=1}^{\infty} \frac{1}{n^p}$ 的敛散性.

解 (1) 当 $p=1$ 时，$\sum_{n=1}^{\infty} \frac{1}{n^p} = \sum_{n=1}^{\infty} \frac{1}{n}$ 为调和级数，发散；

(2) 当 $p<1$ 时，$\frac{1}{n^p} > \frac{1}{n}$，由比较审敛法知，$\sum_{n=1}^{\infty} \frac{1}{n^p}$ 发散；

(3) 当 $p>1$ 时，

$$\sum_{n=1}^{\infty} \frac{1}{n^p} = 1 + \left(\frac{1}{2^p} + \frac{1}{3^p}\right) + \left(\frac{1}{4^p} + \frac{1}{5^p} + \frac{1}{6^p} + \frac{1}{7^p}\right) + \cdots$$

$$\leqslant 1 + \left(\frac{1}{2^p} + \frac{1}{2^p}\right) + \left(\frac{1}{4^p} + \frac{1}{4^p} + \frac{1}{4^p} + \frac{1}{4^p}\right) + \cdots \leqslant \sum_{n=0}^{\infty} \left(\frac{1}{2^{p-1}}\right)^n,$$

因为$\sum_{n=0}^{\infty} \left(\frac{1}{2^{p-1}}\right)^n (p > 1)$ 收敛，所以$\sum_{n=1}^{\infty} \frac{1}{n^p}$ 收敛.

综上，p-级数$\sum_{n=1}^{\infty} \frac{1}{n^p}$ 当 $p > 1$ 时收敛，当 $p \leqslant 1$ 时发散.

比较审敛法中要求我们找到敛散性已知的级数作为参照级数，常用的参照级数有：几何级数$\sum_{n=0}^{\infty} aq^n$，p-级数$\sum_{n=1}^{\infty} \frac{1}{n^p}$.

例 2 证明级数$\sum_{n=1}^{\infty} \frac{1}{2^n + 3}$ 收敛.

证明 因为$0 < \frac{1}{2^n + 3} < \frac{1}{2^n}$，且由几何级数的敛散性知 $\sum_{n=1}^{\infty} \frac{1}{2^n}$ 收敛，所以由比较审敛法知$\sum_{n=1}^{\infty} \frac{1}{2^n + 3}$ 收敛.

例 3 讨论级数$\sum_{n=1}^{\infty} \frac{1}{n^2 + n + 1}$ 的敛散性.

解 因为$\frac{1}{n^2 + n + 1} < \frac{1}{n^2}$，且由 p-级数的敛散性知$\sum_{n=1}^{\infty} \frac{1}{n^2}$ 收敛，所以由比较审敛法知$\sum_{n=1}^{\infty} \frac{1}{n^2 + n + 1}$ 收敛.

推论(比较审敛法的极限形式) 设$\sum_{n=1}^{\infty} u_n$，$\sum_{n=1}^{\infty} v_n$ 均为正项级数，若

$$\lim_{n\to\infty} \frac{u_n}{v_n} = l(0 \leqslant l < +\infty, v_n \neq 0),$$

则 (1) 当$0 < l < +\infty$ 时，$\sum_{n=1}^{\infty} u_n$，$\sum_{n=1}^{\infty} v_n$ 同时收敛或同时发散；

(2) 当 $l = 0$ 时，若$\sum_{n=1}^{\infty} v_n$ 收敛，则$\sum_{n=1}^{\infty} u_n$ 收敛；

(3) 当 $l=+\infty$ 时，若 $\sum_{n=1}^{\infty} v_n$ 发散，则 $\sum_{n=1}^{\infty} u_n$ 发散.

例 4　判定下列级数的敛散性：

(1) $\sum_{n=1}^{\infty} \frac{1}{2^n - n}$；　(2) $\sum_{n=1}^{\infty} \sin \frac{1}{n}$；　(3) $\sum_{n=1}^{\infty} \frac{\sqrt{n}}{(2n+1)(n+5)}$.

解　(1) $\lim_{n\to\infty} \frac{\frac{1}{2^n - n}}{\frac{1}{2^n}} = \lim_{n\to\infty} \frac{2^n}{2^n - n} = \lim_{n\to\infty} \frac{1}{1 - \frac{n}{2^n}} = 1$,

因为 $\sum_{n=1}^{\infty} \frac{1}{2^n}$ 收敛，由比较审敛法的推论知 $\sum_{n=1}^{\infty} \frac{1}{2^n - n}$ 也收敛.

(2) $\lim_{n\to\infty} \frac{\sin \frac{1}{n}}{\frac{1}{n}} = 1$，因为 $\sum_{n=1}^{\infty} \frac{1}{n}$ 发散，由比较审敛法的推论知 $\sum_{n=1}^{\infty} \sin \frac{1}{n}$ 发散.

(3) $\lim_{n\to\infty} \frac{\frac{\sqrt{n}}{(2n+1)(n+5)}}{\frac{1}{n^{\frac{3}{2}}}} = \lim_{n\to\infty} \frac{n^2}{(2n+1)(n+5)} = \frac{1}{2}$,

因为 $\sum_{n=1}^{\infty} \frac{1}{n^{\frac{3}{2}}}$ 收敛，由比较审敛法的推论知 $\sum_{n=1}^{\infty} \frac{\sqrt{n}}{(2n+1)(n+5)}$ 收敛.

2. 比值审敛法

定理 2(比值审敛法)　设 $\sum_{n=1}^{\infty} u_n$ 为正项级数，若

$$\lim_{n\to\infty} \frac{u_{n+1}}{u_n} = l,$$

则　(1) 当 $l<1$ 时，级数 $\sum_{n=1}^{\infty} u_n$ 收敛；

(2) 当 $l>1$ $\left(\text{或} \lim_{n\to\infty} \frac{u_{n+1}}{u_n} = +\infty\right)$ 时，级数 $\sum_{n=1}^{\infty} u_n$ 发散；

(3) 当 $l=1$ 时，级数 $\sum_{n=1}^{\infty} u_n$ 可能收敛也可能发散.

比值审敛法是以级数相邻通项之比的极限值作为判断依据，因此适合于通项中含有 $n!$，n^n，$a^n(a>0)$，$n^k(k>0)$ 因子的级数.

例 5　判定下列级数的敛散性：

(1) $\sum_{n=1}^{\infty} \frac{n^k}{2^n}(k>0, k \text{ 为常数})$；　(2) $\sum_{n=1}^{\infty} \frac{n^n}{n!}$；　(3) $\sum_{n=1}^{\infty} nx^{n-1}(x>0)$.

解　(1) $\lim_{n\to\infty} \frac{(n+1)^k}{2^{n+1}} \cdot \frac{2^n}{n^k} = \frac{1}{2} \lim_{n\to\infty} \frac{(n+1)^k}{n^k} = \frac{1}{2} \lim_{n\to\infty} \left(1 + \frac{1}{n}\right)^k = \frac{1}{2} < 1$，由比值审敛法知 $\sum_{n=1}^{\infty} \frac{n^k}{2^n}$ 收敛.

(2) $\lim_{n\to\infty} \frac{(n+1)^{n+1}}{(n+1)!} \cdot \frac{n!}{n^n} = \lim_{n\to\infty} \frac{(n+1)^{n+1}}{n+1} \cdot \frac{1}{n^n} = \lim_{n\to\infty} \left(1 + \frac{1}{n}\right)^n = \mathrm{e} > 1$，由比值审敛法

知$\sum\limits_{n=1}^{\infty}\dfrac{n^n}{n!}$收敛.

(3) $\lim\limits_{n\to\infty}\dfrac{(n+1)x^n}{nx^{n-1}}=x$,所以,当$0<x<1$时,$\sum\limits_{n=1}^{\infty}nx^{n-1}$收敛;当$x>1$时,$\sum\limits_{n=1}^{\infty}nx^{n-1}$发散;当$x=1$时,$\sum\limits_{n=1}^{\infty}nx^{n-1}=\sum\limits_{n=1}^{\infty}n$发散.

3. 根式审敛法

定理 3(根式审敛法)　设$\sum\limits_{n=1}^{\infty}u_n$为正项级数,若

$$\lim_{n\to\infty}\sqrt[n]{u_n}=l,$$

则　(1) 当$l<1$时,级数$\sum\limits_{n=1}^{\infty}u_n$收敛;

(2) 当$l>1$(或$\lim\limits_{n\to\infty}\sqrt[n]{u_n}=+\infty$)时,级数$\sum\limits_{n=1}^{\infty}u_n$发散;

(3) 当$l=1$时,级数$\sum\limits_{n=1}^{\infty}u_n$可能收敛也可能发散.

例 6　证明级数$1+\dfrac{1}{2^2}+\dfrac{1}{3^3}+\cdots+\dfrac{1}{n^n}+\cdots$是收敛的.

证明　$\lim\limits_{n\to\infty}\sqrt[n]{\dfrac{1}{n^n}}=\lim\limits_{n\to\infty}\dfrac{1}{n}=0$,由根式审敛法知$1+\dfrac{1}{2^2}+\dfrac{1}{3^3}+\cdots+\dfrac{1}{n^n}+\cdots$收敛.

二、交错级数及其审敛法

定义 1　如果级数的通项正负交错,即其一般形式为$\sum\limits_{n=1}^{\infty}(-1)^{n-1}u_n$或$\sum\limits_{n=1}^{\infty}(-1)^{n}u_n$,其中$u_n>0$,那么称级数为**交错级数**.

例如,$\sum\limits_{n=1}^{\infty}(-1)^{n-1}\dfrac{1}{n}$是交错级数,但$\sum\limits_{n=1}^{\infty}(-1)^{n-1}\dfrac{1-\cos n\pi}{n}$不是交错级数.

下面给出交错级数的一个审敛法.

定理 4(莱布尼兹审敛法)　若交错级数$\sum\limits_{n=1}^{\infty}(-1)^{n-1}u_n(u_n>0)$满足条件:

(1) $\{u_n\}$单调减少,即$u_n\geqslant u_{n+1}(n=1,2,3,\cdots)$,

(2) $\lim\limits_{n\to\infty}u_n=0$,

则交错级数收敛,且其和$s\leqslant u_1$.

简要证明:设级数前n项部分和为s_n,则

$$s_{2n}=(u_1-u_2)+(u_3-u_4)+\cdots+(u_{2n-1}-u_{2n}),$$

根据条件(1),数列$\{s_{2n}\}$单调增加.又

$$s_{2n}=u_1-(u_2-u_3)-(u_4-u_5)-\cdots-(u_{2n-2}-u_{2n-1})-u_{2n}<u_1,$$

即$\{s_{2n}\}$有上界,由单调有界定理知$\{s_{2n}\}$收敛,且$\lim\limits_{n\to\infty}s_{2n}\leqslant u_1$.

设$\lim\limits_{n\to\infty}s_{2n}=s$,根据条件(2),有$\lim\limits_{n\to\infty}s_{2n+1}=\lim\limits_{n\to\infty}(s_{2n}+u_{2n+1})=s$,所以$\lim\limits_{n\to\infty}s_n=s$,从而级数是

收敛的，且 $s \leqslant u_1$.

例 7 判定下列级数的敛散性：

(1) $\sum\limits_{n=1}^{\infty}(-1)^{n-1}\frac{1}{n}$； (2) $\sum\limits_{n=1}^{\infty}\left(\frac{\pi}{2}-\arctan n\right)\cos n\pi$.

解 (1) 这是一个交错级数，此级数满足：

$$u_n=\frac{1}{n}>\frac{1}{n+1}=u_{n+1}(n=1,2,\cdots)，且\lim_{n\to\infty}u_n=\lim_{n\to\infty}\frac{1}{n}=0.$$

由莱布尼兹审敛法知级数 $\sum\limits_{n=1}^{\infty}(-1)^{n-1}\frac{1}{n}$ 收敛.

(2) $\sum\limits_{n=1}^{\infty}\left(\frac{\pi}{2}-\arctan n\right)\cos n\pi=\sum\limits_{n=1}^{\infty}(-1)^n\left(\frac{\pi}{2}-\arctan n\right)$，这是一个交错级数. 因为

$$u_n{}'=\left(\frac{\pi}{2}-\arctan n\right)'=-\frac{1}{1+n^2}<0,$$

所以 $\{u_n\}$ 单调减少，且 $\lim\limits_{n\to\infty}u_n=\lim\limits_{n\to\infty}\left(\frac{\pi}{2}-\arctan n\right)=0$. 由莱布尼兹审敛法知，级数 $\sum\limits_{n=1}^{\infty}\left(\frac{\pi}{2}-\arctan n\right)\cos n\pi$ 收敛.

三、绝对收敛与条件收敛

定义 2 若级数 $\sum\limits_{n=1}^{\infty}|u_n|$ 收敛，则称级数 $\sum\limits_{n=1}^{\infty}u_n$ **绝对收敛**；若级数 $\sum\limits_{n=1}^{\infty}u_n$ 收敛，而级数 $\sum\limits_{n=1}^{\infty}|u_n|$ 发散，则称级数 $\sum\limits_{n=1}^{\infty}u_n$ **条件收敛**.

例如，级数 $\sum\limits_{n=1}^{\infty}(-1)^{n-1}\frac{1}{n^2}$ 是绝对收敛的，而级数 $\sum\limits_{n=1}^{\infty}(-1)^{n-1}\frac{1}{n}$ 是条件收敛的.

定理 5 若级数 $\sum\limits_{n=1}^{\infty}u_n$ 绝对收敛，则级数 $\sum\limits_{n=1}^{\infty}u_n$ 必定收敛.

例 8 判定级数 $\sum\limits_{n=1}^{\infty}\frac{\sin na}{n^2}$ 的收敛性.

解 因为 $\left|\frac{\sin na}{n^2}\right|\leqslant\frac{1}{n^2}$，而级数 $\sum\limits_{n=1}^{\infty}\frac{1}{n^2}$ 是收敛的，所以级数 $\sum\limits_{n=1}^{\infty}\left|\frac{\sin na}{n^2}\right|$ 也收敛，从而级数 $\sum\limits_{n=1}^{\infty}\frac{\sin na}{n^2}$ 绝对收敛.

习题 7-2 (A)

1. 判定下列级数的敛散性：

(1) $\sum\limits_{n=1}^{\infty}\frac{1}{n(n+2)}$； (2) $\sum\limits_{n=1}^{\infty}\sin\frac{1}{n^2+1}$；

(3) $\sum\limits_{n=1}^{\infty}\frac{2^n}{n(n+1)}$； (4) $\sum\limits_{n=1}^{\infty}\frac{n\sqrt{n^2-1}}{n^3\sqrt{n+1}}$；

(5) $\sum\limits_{n=1}^{\infty} \frac{1}{n(n+1)(n+2)}$; (6) $\sum\limits_{n=1}^{\infty} \frac{n!}{3^n}$;

(7) $\sum\limits_{n=1}^{\infty} \frac{n!}{n^3}$; (8) $\sum\limits_{n=1}^{\infty} \ln\left(1+\frac{1}{n^2}\right)$.

2. 判定下列级数的敛散性及绝对收敛性：

(1) $\sum\limits_{n=1}^{\infty} (-1)^{n-1} \frac{1}{\sqrt{n}}$; (2) $\sum\limits_{n=1}^{\infty} (-1)^{n-1} \frac{n}{2n-1}$;

(3) $\sum\limits_{n=1}^{\infty} (-1)^n \frac{\cos n}{n^2-1}$.

习题 7-2 (B)

1. 用比较审敛法判定下列级数的敛散性：

(1) $\sum\limits_{n=1}^{\infty} \frac{1}{2n+1}$; (2) $\sum\limits_{n=1}^{\infty} \frac{n-2}{n^2(n+1)}$;

(3) $\sum\limits_{n=1}^{\infty} \frac{n^{10}}{2^n(n+3)}$; (4) $\sum\limits_{n=1}^{\infty} n^2 \sin \frac{\pi}{2^n-1}$.

2. 用比值审敛法判定下列级数的敛散性：

(1) $\sum\limits_{n=1}^{\infty} \frac{n!}{2^n(n+1)}$; (2) $\sum\limits_{n=1}^{\infty} \frac{n^3}{a^n}(a>1)$;

(3) $\sum\limits_{n=1}^{\infty} \frac{n^n}{(n!)^2}$; (4) $\sum\limits_{n=1}^{\infty} \frac{n+5}{3^n}$.

3. 用根式审敛法判定下列级数的敛散性：

(1) $\sum\limits_{n=1}^{\infty} \left(\frac{n}{2n+1}\right)^n$; (2) $\sum\limits_{n=1}^{\infty} \frac{3+(-1)^n}{2^n}$.

4. 判定下列交错级数的敛散性，若收敛，指出是绝对收敛还是条件收敛：

(1) $\sum\limits_{n=1}^{\infty} (-1)^n \frac{1}{\ln n}$; (2) $\sum\limits_{n=1}^{\infty} \arctan \frac{n}{n^2+1} \cos n\pi$;

(3) $\sum\limits_{n=1}^{\infty} (-1)^n \frac{n}{3^n}$; (4) $\sum\limits_{n=1}^{\infty} (-1)^n \frac{1}{\sqrt[n]{n}}$.

§7-3 幂 级 数

一、函数项级数的概念

1. 函数项级数

给定一个定义在区间 I 上的函数列$\{u_n(x)\}$，由这个函数列构成的表达式

$$u_1(x)+u_2(x)+u_3(x)+\cdots+u_n(x)+\cdots$$

称为定义在区间 I 上的**函数项级数**，记为 $\sum_{n=1}^{\infty} u_n(x)$，$u_n(x)$ 称为**通项**.

2. 收敛点与发散点

对于区间 I 内的一定点 x_0，若常数项级数 $\sum_{n=1}^{\infty} u_n(x_0)$ 收敛，则称点 x_0 是级数 $\sum_{n=1}^{\infty} u_n(x)$ 的**收敛点**；若常数项级数 $\sum_{n=1}^{\infty} u_n(x_0)$ 发散，则称点 x_0 是级数 $\sum_{n=1}^{\infty} u_n(x)$ 的**发散点**.

3. 收敛域与发散域

函数项级数 $\sum_{n=1}^{\infty} u_n(x)$ 的所有收敛点的全体称为它的**收敛域**，所有发散点的全体称为它的**发散域**.

4. 和函数

在收敛域上，函数项级数 $\sum_{n=1}^{\infty} u_n(x)$ 的和是关于 x 的函数 $s(x)$，$s(x)$ 称为函数项级数 $\sum_{n=1}^{\infty} u_n(x)$ 的**和函数**，记作 $s(x)=\sum_{n=1}^{\infty} u_n(x)$.

函数项级数 $\sum_{n=1}^{\infty} u_n(x)$ 的前 n 项的部分和记作 $s_n(x)$，即

$$s_n(x)=u_1(x)+u_2(x)+u_3(x)+\cdots+u_n(x).$$

在收敛域上有 $\lim\limits_{n\to\infty} s_n(x)=s(x)$ 或 $s_n(x)\to s(x)(n\to\infty)$.

函数项级数 $\sum_{n=1}^{\infty} u_n(x)$ 的和函数 $s(x)$ 与部分和 $s_n(x)$ 的差 $s(x)-s_n(x)$ 称为函数项级数 $\sum_{n=1}^{\infty} u_n(x)$ 的**余项**，记作 $r_n(x)$，即 $r_n(x)=s(x)-s_n(x)$. 在收敛域上有 $\lim\limits_{n\to\infty} r_n(x)=0$.

二、幂级数及其收敛性

1. 幂级数的概念

函数项级数中简单而常见的一类级数就是各项都是 $(x-x_0)$ 的幂函数的函数项级数，这种形式的级数称为 $(x-x_0)$ 的**幂级数**，它的形式是

$$a_0+a_1(x-x_0)+a_2(x-x_0)^2+\cdots+a_n(x-x_0)^n+\cdots,$$

其中常数 $a_0,a_1,a_2,\cdots,a_n,\cdots$ 称为**幂级数的系数**.

特别地，当 $x_0=0$ 时，它的形式为

$$a_0+a_1x+a_2x^2+\cdots+a_nx^n+\cdots, \tag{1}$$

称为 x 的幂级数.

由于 $(x-x_0)$ 的幂级数可以通过变换 $t=x-x_0$ 转变为 x 的幂级数，因此下面只讨论形如(1)的幂级数.

例如：$\sum_{n=0}^{\infty} x^n=1+x+x^2+\cdots+x^n+\cdots$，$\sum_{n=0}^{\infty} \frac{1}{n!}x^n=1+x+\frac{1}{2!}x^2+\cdots+\frac{1}{n!}x^n+\cdots$.

幂级数 $\sum_{n=0}^{\infty} x^n=1+x+x^2+\cdots+x^n+\cdots$ 可以看成是公比为 x 的几何级数. 当 $|x|<1$

时，它是收敛的，当$|x|\geqslant 1$时，它是发散的，因此它的收敛域为$(-1,1)$. 在收敛域$(-1,1)$内，有

$$\frac{1}{1-x}=1+x+x^2+x^3+\cdots+x^n+\cdots.$$

2. 幂级数的收敛性

定理 1(阿贝尔定理) 若级数$\sum_{n=0}^{\infty} a_n x^n$当$x=x_0\,(x_0\neq 0)$时收敛，则适合不等式$|x|<|x_0|$的一切$x$使此幂级数绝对收敛. 反之，若级数$\sum_{n=0}^{\infty} a_n x^n$当$x=x_0$时发散，则适合不等式$|x|>|x_0|$的一切$x$使此幂级数发散.

证明 先设x_0是幂级数$\sum_{n=0}^{\infty} a_n x^n$的收敛点，即级数$\sum_{n=0}^{\infty} a_n x_0^n$收敛. 根据级数收敛的必要条件，有$\lim\limits_{n\to\infty} a_n x_0^n=0$，于是存在一个常数$M$，使$|a_n x_0^n|\leqslant M(n=0,1,2,\cdots)$，这样级数$\sum_{n=0}^{\infty} a_n x^n$的通项的绝对值

$$|a_n x^n|=\left|a_n x_0^n\cdot\frac{x^n}{x_0^n}\right|=|a_n x_0^n|\cdot\left|\frac{x}{x_0}\right|^n\leqslant M\cdot\left|\frac{x}{x_0}\right|^n.$$

因为当$|x|<|x_0|$时，等比级数$\sum_{n=0}^{\infty}\left|\frac{x}{x_0}\right|^n$收敛，所以级数$\sum_{n=0}^{\infty}|a_n x^n|$收敛，也就是级数$\sum_{n=0}^{\infty} a_n x^n$绝对收敛.

定理的第二部分可用反证法证明. 假设幂级数当$x=x_0$时发散而有一点x_1适合$|x_1|>|x_0|$使级数收敛，则根据本定理的第一部分，级数当$x=x_0$时应收敛，这与假设矛盾. 定理得证.

推论 对于任意幂级数$\sum_{n=0}^{\infty} a_n x^n$，其收敛情况总是下列三种情况之一：

(1) 仅在点$x=0$一点收敛.

(2) 在$(-\infty,+\infty)$内绝对收敛.

(3) 存在正数R，使得当$|x|<R$时，幂级数绝对收敛；当$|x|>R$时，幂级数发散；当$x=R$与$x=-R$时，幂级数可能收敛也可能发散.

正数R通常称为幂级数$\sum_{n=0}^{\infty} a_n x^n$的**收敛半径**，开区间$(-R,R)$称为幂级数$\sum_{n=0}^{\infty} a_n x^n$的**收敛区间**. 再由幂级数在$x=\pm R$处的收敛性就可以决定它的收敛域. 幂级数$\sum_{n=0}^{\infty} a_n x^n$的收敛域是$(-R,R)$或$[-R,R)$，$(-R,R]$，$[-R,R]$之一.

若幂级数$\sum_{n=0}^{\infty} a_n x^n$只在$x=0$处收敛，则规定收敛半径$R=0$；若幂级数$\sum_{n=0}^{\infty} a_n x^n$对一切$x$都收敛，则规定收敛半径$R=+\infty$，这时收敛域为$(-\infty,+\infty)$.

定理 2 若幂级数$\sum_{n=0}^{\infty} a_n x^n$的相邻两项的系数满足$\lim\limits_{n\to\infty}\left|\frac{a_{n+1}}{a_n}\right|=\rho$，则此幂级数的收敛半径

$$R=\begin{cases}+\infty, & \rho=0,\\ \dfrac{1}{\rho}, & \rho\neq 0,\\ 0, & \rho=+\infty.\end{cases}$$

证明　因为$\lim\limits_{n\to\infty}\left|\dfrac{a_{n+1}x^{n+1}}{a_nx^n}\right|=\lim\limits_{n\to\infty}\left|\dfrac{a_{n+1}}{a_n}\right|\cdot|x|=\rho|x|$，所以

若 $0<\rho<+\infty$,则只当 $\rho|x|<1$ 时幂级数收敛，故 $R=\dfrac{1}{\rho}$；

若 $\rho=0$,则幂级数总是收敛的,故 $R=+\infty$；

若 $\rho=+\infty$,则只当 $x=0$ 时幂级数收敛,故 $R=0$.

例 1　求幂级数

$$\sum_{n=1}^{\infty}(-1)^{n-1}\frac{x^n}{n}=x-\frac{x^2}{2}+\frac{x^3}{3}-\cdots+(-1)^{n-1}\frac{x^n}{n}+\cdots$$

的收敛半径与收敛域.

解　因为

$$\rho=\lim_{n\to\infty}\left|\frac{a_{n+1}}{a_n}\right|=\lim_{n\to\infty}\frac{\dfrac{1}{n+1}}{\dfrac{1}{n}}=1,$$

所以收敛半径 $R=\dfrac{1}{\rho}=1$.

当 $x=1$ 时,幂级数成为 $\sum\limits_{n=1}^{\infty}(-1)^{n-1}\dfrac{1}{n}$,是收敛的;当 $x=-1$ 时,幂级数成为 $\sum\limits_{n=1}^{\infty}\left(-\dfrac{1}{n}\right)$,是发散的. 因此,收敛域为$(-1,1]$.

例 2　求幂级数 $\sum\limits_{n=0}^{\infty}\dfrac{1}{n!}x^n$ 的收敛域.

解　因为

$$\rho=\lim_{n\to\infty}\left|\frac{a_{n+1}}{a_n}\right|=\lim_{n\to\infty}\frac{\dfrac{1}{(n+1)!}}{\dfrac{1}{n!}}=\lim_{n\to\infty}\frac{n!}{(n+1)!}=0,$$

所以收敛半径 $R=+\infty$,从而收敛域为$(-\infty,+\infty)$.

例 3　求幂级数 $\sum\limits_{n=0}^{\infty}n!\,x^n$ 的收敛半径.

解　因为

$$\rho=\lim_{n\to\infty}\left|\frac{a_{n+1}}{a_n}\right|=\lim_{n\to\infty}\frac{(n+1)!}{n!}=+\infty,$$

所以收敛半径 $R=0$,即级数仅在 $x=0$ 处收敛.

例 4　求幂级数 $\sum\limits_{n=0}^{\infty}\dfrac{(2n)!}{(n!)^2}x^{2n}$ 的收敛半径.

解　因为级数缺少奇次幂的项,所以定理 2 不能应用,可根据比值审敛法求收敛半径. 幂级数的一般项记为

$$u_n(x)=\frac{(2n)!}{(n!)^2}x^{2n},$$

因为 $\lim\limits_{n\to\infty}\left|\dfrac{u_{n+1}(x)}{u_n(x)}\right|=4|x|^2$,所以当 $4|x|^2<1$,即$|x|<\dfrac{1}{2}$时,级数收敛;当 $4|x|^2>1$,即$|x|$

$>\frac{1}{2}$时，级数发散. 所以收敛半径为 $R=\frac{1}{2}$.

例 5 求幂级数 $\sum_{n=1}^{\infty}\frac{(x-1)^n}{2^n n}$的收敛域.

解 令 $t=x-1$，上述级数变为 $\sum_{n=1}^{\infty}\frac{t^n}{2^n n}$. 因为

$$\rho=\lim_{n\to\infty}\left|\frac{a_{n+1}}{a_n}\right|=\frac{2^n\cdot n}{2^{n+1}\cdot(n+1)}=\frac{1}{2},$$

所以收敛半径 $R=2$.

当 $t=2$ 时，级数成为 $\sum_{n=1}^{\infty}\frac{1}{n}$，此级数发散；当 $t=-2$ 时，级数成为 $\sum_{n=1}^{\infty}\frac{(-1)}{n}$，此级数收敛. 因此，级数 $\sum_{n=1}^{\infty}\frac{t^n}{2^n n}$的收敛域为 $t\in[-2,2)$，即 $x\in[-1,3)$，所以原级数的收敛域为$[-1,3)$.

三、收敛幂级数及其和函数的性质

性质 1（逐项可加性） 设幂级数 $\sum_{n=0}^{\infty}a_n x^n$及 $\sum_{n=0}^{\infty}b_n x^n$分别在区间$(-R,R)$及$(-R',R')$内收敛，则在$(-R,R)$与$(-R',R')$中较小的区间内有

$$\sum_{n=0}^{\infty}(a_n\pm b_n)x^n=\sum_{n=0}^{\infty}a_n x^n\pm\sum_{n=0}^{\infty}b_n x^n.$$

性质 2（连续性与逐项求极限） 设幂级数 $\sum_{n=0}^{\infty}a_n x^n$的收敛半径 $R>0$，则其和函数 $s(x)$在收敛区间$(-R,R)$内连续，即对于任意的 $x_0\in(-R,R)$，有

$$\lim_{x\to x_0}s(x)=\lim_{x\to x_0}\sum_{n=0}^{\infty}a_n x^n=\sum_{n=0}^{\infty}(\lim_{x\to x_0}a_n x^n)=\sum_{n=0}^{\infty}a_n x_0^n=s(x_0).$$

如果幂级数在 $x=R$（或 $x=-R$）处也收敛，那么和函数 $s(x)$在$(-R,R]$（或$[-R,R)$）内连续.

性质 2 将有限项和的极限性质推广到了无限项——和的极限等于极限的和.

性质 3 设幂级数 $\sum_{n=0}^{\infty}a_n x^n$的收敛半径 $R>0$，则其和函数 $s(x)$在收敛区间$(-R,R)$内可导，并且有逐项求导公式

$$s'(x)=\left(\sum_{n=0}^{\infty}a_n x^n\right)'=\sum_{n=0}^{\infty}(a_n x^n)'=\sum_{n=1}^{\infty}na_n x^{n-1},\quad x\in(-R,R).$$

性质 3 将有限项和的导数性质推广到了无限项——和的导数等于导数的和，并且逐项求导后所得到的幂级数和原级数有相同的收敛半径，因此，可以继续用逐项求导的方法求出和函数的二阶导数、三阶导数、….

性质 4 设幂级数 $\sum_{n=0}^{\infty}a_n x^n$的收敛半径 $R>0$，则其和函数 $s(x)$在收敛区间$(-R,R)$内可积，并且有逐项积分公式

$$\int_0^x s(t)\mathrm{d}t=\int_0^x\left(\sum_{n=0}^{\infty}a_n t^n\right)\mathrm{d}t=\sum_{n=0}^{\infty}\int_0^x a_n t^n\mathrm{d}t=\sum_{n=0}^{\infty}\frac{a_n}{n+1}x^{n+1},x\in(-R,R).$$

性质4将有限项和的积分性质推广到了无限项——和的积分等于积分的和，并且逐项求积后所得到的幂级数和原级数有相同的收敛半径.

利用幂级数的定义求收敛幂级数的和比较麻烦，甚至是无法求出的，下面介绍利用幂级数的上述性质求其和函数.

例6　求幂级数 $\sum\limits_{n=0}^{\infty} \frac{1}{n+1}x^{n+1}$ 在收敛区间内的和函数.

解　容易求出幂级数的收敛区间为$(-1,1)$. 设幂级数的和函数为 $s(x)$，即

$$s(x)=\sum_{n=0}^{\infty}\frac{1}{n+1}x^{n+1},\quad x\in(-1,1).$$

显然 $s(0)=0$，对上式两边求导得

$$[s(x)]'=\sum_{n=0}^{\infty}\left(\frac{1}{n+1}x^{n+1}\right)'=\sum_{n=0}^{\infty}x^n=\frac{1}{1-x},$$

再对上式从0到 x 积分，得

$$s(x)=\int_0^x\frac{1}{1-t}\mathrm{d}t=-\ln(1-x),\quad x\in(-1,1).$$

例7　求幂级数 $\sum\limits_{n=0}^{\infty}(n+1)x^n$ 在收敛区间内的和函数.

解　求得幂级数的收敛区间为$(-1,1)$. 设幂级数的和函数为 $s(x)$，即

$$s(x)=\sum_{n=0}^{\infty}(n+1)x^n,\quad x\in(-1,1).$$

显然 $s(0)=1$，对上式两边积分得

$$\int_0^x s(t)\mathrm{d}t=\int_0^x\sum_{n=0}^{\infty}(n+1)t^n\mathrm{d}t=\sum_{n=0}^{\infty}\int_0^x(n+1)t^n\mathrm{d}t=\sum_{n=0}^{\infty}x^{n+1}=\frac{x}{1-x},$$

再对上式两边求导，得

$$s(x)=\left(\frac{x}{1-x}\right)'=\frac{1}{(1-x)^2},\quad x\in(-1,1).$$

习题7-3（A）

1. 求下列幂级数的收敛域：

(1) $\sum\limits_{n=1}^{\infty}(-1)^n\frac{x^n}{n}$；　　(2) $\sum\limits_{n=1}^{\infty}\frac{x^n}{(2n)!}$；

(3) $\sum\limits_{n=1}^{\infty}10^n x^n$；　　(4) $\sum\limits_{n=1}^{\infty}\frac{3^n}{n}(x-1)^n$.

2. 求下列幂级数在收敛区间内的和函数：

(1) $\sum\limits_{n=1}^{\infty}\frac{x^{2n-1}}{2n-1}$；　　(2) $\sum\limits_{n=1}^{\infty}n(n+1)x^n$.

习题7-3（B）

1. 求下列幂级数的收敛域：

(1) $\sum\limits_{n=1}^{\infty}\dfrac{x^n}{n\cdot 2^n}$； (2) $\sum\limits_{n=1}^{\infty}(-1)^n\dfrac{x^{2n+1}}{2n+1}$；

(3) $\sum\limits_{n=1}^{\infty}\dfrac{(-1)^n}{\ln(n+1)}x^n$； (4) $\sum\limits_{n=1}^{\infty}\dfrac{(-1)^{n-1}}{3^n\cdot n^2}x^n$.

2. 求下列幂级数在收敛区间内的和函数：

(1) $\sum\limits_{n=1}^{\infty}(-1)^n\dfrac{x^{2n-1}}{2n-1}$； (2) $\sum\limits_{n=2}^{\infty}\dfrac{1}{n(n-1)}x^n$.

3. 计算数项级数 $\sum\limits_{n=1}^{\infty}\dfrac{(-1)^n}{2^n\cdot n}$的值.

§7-4 函数的幂级数展开式

上一节中我们讨论了幂级数的收敛域及其和函数的求法，但实际应用中往往会提出相反的问题：给定函数 $f(x)$，要考虑它是否能在某个区间内“展开成幂级数”，就是说，是否能找到这样一个幂级数，它在某区间内收敛，且其和恰好就是给定的函数 $f(x)$. 如果能找到这样的幂级数，我们就说函数 $f(x)$在该区间内能展开成幂级数，或简单地说函数 $f(x)$能展开成幂级数，而该级数在收敛区间内就表达了函数 $f(x)$.

一、泰勒级数与泰勒公式

1. 泰勒级数

如果 $f(x)$在点 x_0 的某邻域 D 内具有各阶导数，在 D 内展开为$(x-x_0)$的幂级数

$$f(x)=\sum_{n=0}^{\infty}a_n(x-x_0)^n,$$

那么展开式必为

$$f(x)=f(x_0)+f'(x_0)(x-x_0)+\frac{f''(x_0)}{2!}(x-x_0)^2+\cdots=\sum_{n=0}^{\infty}\frac{f^{(n)}(x_0)}{n!}(x-x_0)^n. \quad (1)$$

称(1)式右端的幂级数为 **$f(x)$在点 x_0 处的泰勒级数**，(1)式称为 **$f(x)$在点 x_0 处的泰勒展开式**.

特别地，当 $x_0=0$ 时，(1)式变为

$$f(x)=f(0)+f'(0)x+\frac{f''(0)}{2!}x^2+\cdots+\frac{f^{(n)}(0)}{n!}x^n+\cdots=\sum_{n=0}^{\infty}\frac{f^{(n)}(0)}{n!}x^n. \quad (2)$$

称(2)式右端的级数为 $f(x)$的**麦克劳林级数**，(2)式称为 $f(x)$的**麦克劳林展开式**.

定理 1 若 $f(x)$能展开为$(x-x_0)$的幂级数，则 $f(x)$在点 x_0处存在任意阶导数，且此幂级数必定为 $f(x)$在点 x_0处的泰勒级数. 若 $f(x)$能展开成 x 的幂级数，则此幂级数一定为$f(x)$在 0 处的麦克劳林级数.

2. 泰勒公式

将 $f(x)$与泰勒级数的前 $n+1$ 项的部分和作差成为**泰勒余项**，记作 $R_n(x)$，即

$$R_n(x)=f(x)-\left[f(x_0)+f'(x_0)(x-x_0)+\frac{f''(x_0)}{2!}(x-x_0)^2+\cdots+\frac{f^{(n)}(x_0)}{n!}(x-x_0)^n\right]$$

$$=f(x)-\sum_{k=0}^{n}\frac{f^{(k)}(x_0)}{k!}(x-x_0)^k.$$

定理2　设函数 $f(x)$ 在点 x_0 的某一邻域 $U(x_0)$ 内具有各阶导数，则 $f(x)$ 在该邻域内能展开成泰勒级数的充分必要条件是 $\lim\limits_{n\to\infty}R_n(x)=0$.

证明　先证必要性. 设 $f(x)$ 在 $U(x_0)$ 内能展开为泰勒级数，即

$$f(x)=f(x_0)+f'(x_0)(x-x_0)+\frac{f''(x_0)}{2!}(x-x_0)^2+\cdots+\frac{f^{(n)}(x_0)}{n!}(x-x_0)^n+\cdots.$$

又设 $s_{n+1}(x)$ 是 $f(x)$ 的泰勒级数的前 $n+1$ 项的和，则在 $U(x_0)$ 内 $s_{n+1}(x)\to f(x)(n\to\infty)$. 而 $f(x)$ 的 n 阶泰勒公式可写成 $f(x)=s_{n+1}(x)+R_n(x)$，于是 $R_n(x)=f(x)-s_{n+1}(x)\to 0(n\to\infty)$.

再证充分性. 设 $R_n(x)\to 0(n\to\infty)$ 对一切 $x\in U(x_0)$ 成立.

因为 $f(x)$ 的 n 阶泰勒公式可写成 $f(x)=s_{n+1}(x)+R_n(x)$ 的形式，于是 $s_{n+1}(x)=f(x)-R_n(x)\to f(x)(n\to\infty)$，即 $f(x)$ 的泰勒级数在 $U(x_0)$ 内收敛，并且收敛于 $f(x)$.

定理3　如果 $f(x)$ 在点 x_0 的某邻域内具有直至 $n+1$ 阶的导数，那么对该邻域内任意的点 x，有

$$R_n(x)=\frac{f^{(n+1)}(\xi)}{(n+1)!}(x-x_0)^{n+1}\quad(\xi\text{ 介于 }x\text{ 与 }x_0\text{ 之间}),$$

即

$$f(x)=f(x_0)+f'(x_0)(x-x_0)+\frac{f''(x_0)}{2!}(x-x_0)^2+\cdots+\frac{f^{(n)}(x_0)}{n!}(x-x_0)^n+\frac{f^{(n+1)}(\xi)}{(n+1)!}(x-x_0)^{n+1}$$

或

$$f(x)=\sum_{k=0}^{n}\frac{f^{(k)}(x_0)}{k!}(x-x_0)^k+\frac{f^{(n+1)}(\xi)}{(n+1)!}(x-x_0)^{n+1}.\tag{3}$$

称(3)式为 **$f(x)$ 在点 x_0 处的泰勒公式**.

说明　如果 $f(x)$ 能展开成 x 的幂级数，那么这个幂级数就是 $f(x)$ 的麦克劳林级数. 但是，反过来如果 $f(x)$ 的麦克劳林级数在点 $x_0=0$ 的某邻域内收敛，它却不一定收敛于 $f(x)$. 因此，如果 $f(x)$ 在点 $x_0=0$ 处具有各阶导数，那么 $f(x)$ 的麦克劳林级数虽然能作出来，但这个级数是否在某个区间内收敛以及是否收敛于 $f(x)$ 需要进一步考察.

二、函数展开成幂级数

要把函数 $f(x)$ 展开成 x 的幂级数，可以按照下列步骤进行：

第一步　求出 $f(x)$ 的各阶导数：$f'(x),f''(x),\cdots,f^{(n)}(x),\cdots$.

第二步　求函数及其各阶导数在 $x=0$ 处的值：$f(0),f'(0),f''(0),\cdots,f^{(n)}(0),\cdots$.

第三步　写出幂级数 $f(0)+f'(0)x+\frac{f''(0)}{2!}x^2+\cdots+\frac{f^{(n)}(0)}{n!}x^n+\cdots$，并求出收敛半径 R.

第四步　考察在区间 $(-R,R)$ 内，$R_n(x)$ 的极限 $\lim\limits_{n\to\infty}R_n(x)=\lim\limits_{n\to\infty}\frac{f^{(n+1)}(\xi)}{(n+1)!}x^{n+1}$ 是否为零. 如果为零，那么 $f(x)$ 在 $(-R,R)$ 内有展开式

$$f(x)=f(0)+f'(0)x+\frac{f''(0)}{2!}x^2+\cdots+\frac{f^{(n)}(0)}{n!}x^n+\cdots\quad(-R<x<R).$$

这种方法称为直接展开法.

例 1 将函数 $f(x)=e^x$ 展开成 x 的幂级数.

解 所给函数的各阶导数为 $f^{(n)}(x)=e^x(n=1,2,\cdots)$，因此 $f^{(n)}(0)=1(n=1,2,\cdots)$. 于是得级数

$$1+x+\frac{1}{2!}x^2+\cdots+\frac{1}{n!}x^n+\cdots,$$

它的收敛半径 $R=+\infty$.

对于任何有限的数 x,ξ（ξ 介于 0 与 x 之间），有

$$|R_n(x)|=\left|\frac{e^{\xi}}{(n+1)!}x^{n+1}\right|<e^{|x|}\cdot\frac{|x|^{n+1}}{(n+1)!},$$

而 $\lim\limits_{n\to\infty}\frac{|x|^{n+1}}{(n+1)!}=0$，所以 $\lim\limits_{n\to\infty}|R_n(x)|=0$，从而有展开式

$$e^x=1+x+\frac{1}{2!}x^2+\cdots+\frac{1}{n!}x^n+\cdots\quad(-\infty<x<+\infty).$$

例 2 将函数 $f(x)=\sin x$ 展开成 x 的幂级数.

解 因为 $f^{(n)}(x)=\sin\left(x+n\cdot\frac{\pi}{2}\right)(n=1,2,\cdots)$，所以 $f^{(n)}(0)$ 按顺序循环地取 $0,1,0,-1,\cdots(n=0,1,2,3,\cdots)$，于是得级数

$$x-\frac{x^3}{3!}+\frac{x^5}{5!}-\cdots+(-1)^{n-1}\frac{x^{2n-1}}{(2n-1)!}+\cdots,$$

它的收敛半径为 $R=+\infty$.

对于任何有限的数 x,ξ（ξ 介于 0 与 x 之间），有

$$|R_n(x)|=\left|\frac{\sin\left[\xi+\frac{(n+1)\pi}{2}\right]}{(n+1)!}x^{n+1}\right|\leqslant\frac{|x|^{n+1}}{(n+1)!}\to 0\ (n\to\infty).$$

因此得展开式 $\sin x=x-\frac{x^3}{3!}+\frac{x^5}{5!}-\cdots+(-1)^{n-1}\frac{x^{2n-1}}{(2n-1)!}+\cdots\quad(-\infty<x<+\infty)$.

例 3 将函数 $f(x)=(1+x)^m$ 展开成 x 的幂级数，其中 m 为任意常数.

解 $f(x)$ 的各阶导数为

$$f'(x)=m(1+x)^{m-1},$$
$$f''(x)=m(m-1)(1+x)^{m-2},$$
$$\cdots,$$
$$f^{(n)}(x)=m(m-1)(m-2)\cdots(m-n+1)(1+x)^{m-n},$$
$$\cdots,$$

所以 $f(0)=1$，$f'(0)=m$，$f''(0)=m(m-1)$，$\cdots$，$f^{(n)}(0)=m(m-1)(m-2)\cdots(m-n+1)$，$\cdots$.

于是得幂级数 $1+mx+\frac{m(m-1)}{2!}x^2+\cdots+\frac{m(m-1)\cdots(m-n+1)}{n!}x^n+\cdots$.

可以证明

$$(1+x)^m=1+mx+\frac{m(m-1)}{2!}x^2+\cdots+\frac{m(m-1)\cdots(m-n+1)}{n!}x^n+\cdots\quad(-1<x<1).$$

下面，我们利用一些已知的函数展开式、幂级数的运算以及变量代换等，将所给函数展

开成幂级数.这种方法称为间接展开法.

例 4 将函数 $f(x)=\cos x$ 展开成 x 的幂级数.

解 已知 $\sin x=x-\frac{x^3}{3!}+\frac{x^5}{5!}-\cdots+(-1)^{n-1}\frac{x^{2n-1}}{(2n-1)!}+\cdots \quad (-\infty<x<+\infty)$,

对上式两边求导得

$$\cos x=1-\frac{x^2}{2!}+\frac{x^4}{4!}-\cdots+(-1)^n\frac{x^{2n}}{(2n)!}+\cdots \quad (-\infty<x<+\infty).$$

例 5 将函数 $f(x)=\frac{1}{1+x^2}$ 展开成 x 的幂级数.

解 因为 $\frac{1}{1-x}=1+x+x^2+\cdots+x^n+\cdots \ (-1<x<1)$,

把 x 换成 $-x^2$,得

$$\frac{1}{1+x^2}=1-x^2+x^4-\cdots+(-1)^n x^{2n}+\cdots \quad (-1<x<1).$$

注 收敛半径的确定:由 $-1<-x^2<1$ 得 $-1<x<1$.

例 6 将函数 $f(x)=\ln(1+x)$ 展开成 x 的幂级数.

解 因为 $f'(x)=\frac{1}{1+x}=1-x+x^2-x^3+\cdots+(-1)^n x^n+\cdots$,

所以将上式从 0 到 x 逐项积分,得

$$\ln(1+x)=x-\frac{x^2}{2}+\frac{x^3}{3}-\frac{x^4}{4}+\cdots+(-1)^n\frac{x^{n+1}}{n+1}+\cdots \quad x\in(-1,1).$$

当 $x=1$ 时,级数收敛;当 $x=-1$ 时,级数发散.从而

$$\ln(1+x)=x-\frac{x^2}{2}+\frac{x^3}{3}-\frac{x^4}{4}+\cdots+(-1)^n\frac{x^{n+1}}{n+1}+\cdots \quad x\in(-1,1].$$

现将常用的几个函数的幂级数展开式归纳如下:

(1) $\frac{1}{1-x}=1+x+x^2+\cdots+x^n+\cdots \quad (-1<x<1)$;

(2) $e^x=1+x+\frac{1}{2!}x^2+\cdots+\frac{1}{n!}x^n+\cdots \quad (-\infty<x<+\infty)$;

(3) $\sin x=x-\frac{x^3}{3!}+\frac{x^5}{5!}-\cdots+(-1)^{n-1}\frac{x^{2n-1}}{(2n-1)!}+\cdots \quad (-\infty<x<+\infty)$;

(4) $\cos x=1-\frac{x^2}{2!}+\frac{x^4}{4!}-\cdots+(-1)^n\frac{x^{2n}}{(2n)!}+\cdots \quad (-\infty<x<+\infty)$;

(5) $\ln(1+x)=x-\frac{x^2}{2}+\frac{x^3}{3}-\frac{x^4}{4}+\cdots+(-1)^n\frac{x^{n+1}}{n+1}+\cdots \quad (-1<x\leqslant 1)$;

(6) $(1+x)^m=1+mx+\frac{m(m-1)}{2!}x^2+\cdots+\frac{m(m-1)\cdots(m-n+1)}{n!}x^n+\cdots \quad (-1<x<1)$.

习题 7-4(A)

1. 用间接方法求下列函数的麦克劳林展开式:

(1) x^2e^{-x};　　(2) $\cos^2 x$;

(3) $\dfrac{x^2}{2-x}$；　　(4) $\ln(10+x)$.

2. 求下列函数在指定点处的泰勒展开式：

(1) e^{-x}在$x=2$处；　　(2) $\dfrac{1}{x}$在$x=-2$处；

(3) $\ln x$在$x=1$处.

习题 7-4（B）

1. 用间接方法求下列函数的麦克劳林展开式：

(1) e^{2x}；　　(2) $\sin\dfrac{x}{3}$；

(3) $\ln(1+x-2x^2)$；　　(4) $\dfrac{1}{5+x}$；

(5) $\dfrac{1}{\sqrt{1+x}}$；　　(6) $\dfrac{1}{x^2+x-2}$.

2. 将$\arctan x$展开成x的幂级数.

3. 将$\ln x$展开成$(x-2)$的幂级数.

4. 将$\dfrac{1}{x^2-3x+2}$展开为$x=3$处的泰勒级数.

本章内容小结

本章主要研究了两类无穷级数：数项级数和函数项级数.重点讨论了数项级数敛散性的判别与幂级数和函数的求法、函数幂级数的展开等问题.

一、数项级数审敛法

1. 一般项级数.

(1) 级数收敛的定义：部分和数列$\{s_n\}$的极限存在与否；

(2) 级数收敛的必要条件：若$\sum\limits_{n=1}^{\infty}u_n$收敛，则$\lim\limits_{n\to\infty}u_n=0$.

2. 正项级数.

(1) 比较审敛法；　(2) 比值审敛法；　(3) 根式审敛法.

比较审敛法常用的参照级数有：几何级数$\sum\limits_{n=0}^{\infty}aq^n$，$p$-级数$\sum\limits_{n=1}^{\infty}\dfrac{1}{n^p}$.

3. 交错级数.

莱布尼兹审敛法.

二、幂级数

1. 收敛半径、收敛区间和收敛域的求法.

2. 和函数的求法：逐项积分法和逐项微分法.

3. 函数的幂级数展开式.

(1) 泰勒展开式；　(2) 麦克劳林展开式.

4. 函数展开成幂级数的方法.

(1) 直接展开法；　(2) 间接展开法.

间接展开法中常用的幂级数展开式：

$$\frac{1}{1-x}=1+x+x^2+\cdots+x^n+\cdots\quad(-1<x<1),$$

$$e^x=1+x+\frac{1}{2!}x^2+\cdots+\frac{1}{n!}x^n+\cdots\quad(-\infty<x<+\infty),$$

$$\sin x=x-\frac{x^3}{3!}+\frac{x^5}{5!}-\cdots+(-1)^{n-1}\frac{x^{2n-1}}{(2n-1)!}+\cdots\quad(-\infty<x<+\infty),$$

$$\cos x=1-\frac{x^2}{2!}+\frac{x^4}{4!}-\cdots+(-1)^n\frac{x^{2n}}{(2n)!}+\cdots\quad(-\infty<x<+\infty),$$

$$\ln(1+x)=x-\frac{x^2}{2}+\frac{x^3}{3}-\frac{x^4}{4}+\cdots+(-1)^n\frac{x^{n+1}}{n+1}+\cdots\quad(-1<x\leqslant 1),$$

$$(1+x)^m=1+mx+\frac{m(m-1)}{2!}x^2+\cdots+\frac{m(m-1)\cdots(m-n+1)}{n!}x^n+\cdots\quad(-1<x<1).$$

自测题七

1. 填空题：

(1) 级数 $\sum\limits_{n=1}^{\infty}\frac{x^{2n}}{n!}=$__________；

(2) 设幂级数 $\sum\limits_{n=0}^{\infty}a_nx^n$ 的收敛半径 $R=3$，则幂级数 $\sum\limits_{n=0}^{\infty}na_n(x-1)^n$ 的收敛区间为__________；

(3) 函数 $f(x)=2^x$ 的麦克劳林级数为__________；

(4) 级数 $\sum\limits_{n=1}^{\infty}\sin\frac{n\pi}{2}$ 发散的理由是__________.

2. 选择题：

(1) 已知 $\lim\limits_{n\to\infty}u_n=0$，则数项级数 $\sum\limits_{n=1}^{\infty}u_n$ （　）

A. 一定收敛　　B. 一定收敛，且和可能为零

C. 一定发散　　D. 可能收敛，也可能发散

(2) 设数项级数 $\sum\limits_{n=1}^{\infty}u_n$ 收敛，则下面必定收敛的级数有 （　）

A. $\sum\limits_{n=1}^{\infty}nu_n$　　B. $\sum\limits_{n=1}^{\infty}u_n^2$　　C. $\sum\limits_{n=1}^{\infty}(u_{2n-1}-u_{2n})$　　D. $\sum\limits_{n=1}^{\infty}(u_n+u_{n+1})$

(3) 给出下列命题：

① 函数的泰勒级数一定是此函数的幂级数；

② 函数的幂级数展开式一定是此函数的泰勒级数；

③ 若函数能展开成麦克劳林级数，则一定能展开成泰勒级数；

④ 若函数不能展开成泰勒级数，则一定不能展开成麦克劳林级数.

其中正确命题的个数是 ( )

A. 1 B. 2 C. 3 D. 4

(4) 幂级数 $\sum_{n=0}^{\infty}\frac{1}{2n+1}x^{2n}$ 在收敛区间内的和函数为 ( )

A. $\frac{1}{2x}\ln\frac{1+x}{1-x}$ B. $\frac{x}{2}\ln\frac{1+x}{1-x}$ C. $\frac{1}{2}\ln\frac{1+x}{1-x}$ D. $2+\frac{1}{2}\ln\frac{1+x}{1-x}$

(5) 幂级数 $\sum_{n=0}^{\infty}\frac{\ln(n+1)}{n+1}x^{n+1}$ 的收敛域是 ( )

A. $\{0\}$ B. $(-\infty,+\infty)$ C. $[-1,1)$ D. $(-1,1)$

3. 求下列函数的收敛域：

(1) $\sum_{n=1}^{\infty}\frac{1}{n^2}\left(\frac{x}{2}\right)^n$； (2) $\sum_{n=1}^{\infty}\frac{(x-3)^n}{\sqrt{n}}$.

4. 讨论下列级数的敛散性：

(1) $\sum_{n=1}^{\infty}\frac{1+n}{1+n^2}$； (2) $\sum_{n=1}^{\infty}\sin\frac{\pi}{(n+1)^2}$；

(3) $\sum_{n=1}^{\infty}\frac{5^{n-1}}{n!}$； (4) $\sum_{n=1}^{\infty}(-1)^n\frac{1}{n^{\frac{3}{2}}}$.

5. 求函数 $\sum_{n=1}^{\infty}n(n+1)x^{n-1}$ 在收敛区间内的和函数.

6. 将 $f(x)=xe^x$ 展开成 $x=1$ 处的幂级数.

7. 将函数 $f(x)=(1+e^x)^3$ 展开成麦克劳林级数.

第 8 章

行列式与矩阵

§8-1　n 阶行列式

一、二阶行列式与三阶行列式

先来看下面一个例子.

求解二元线性方程组 $\begin{cases} 5x_1-2x_2=4, & ① \\ 2x_1+3x_2=13. & ② \end{cases}$

解　根据消元法,我们由①×3+②×2 得 $19x_1=38$,即 $x_1=2$.

由①×2－②×5 得 $-19x_2=-57$,即 $x_2=3$.

上述求解过程是我们在中学数学课程中已经学习过的,我们还可以归纳出对于一般二元线性方程组的求解过程.

用消元法解二元线性方程组

$$\begin{cases} a_{11}x_1+a_{12}x_2=b_1, \\ a_{21}x_1+a_{22}x_2=b_2. \end{cases} \tag{1}$$

为消去未知数 x_2,以 a_{22} 与 a_{12} 分别乘上面两方程的两端,然后两个方程相减,得

$$(a_{11}a_{22}-a_{12}a_{21})x_1=b_1a_{22}-a_{12}b_2.$$

类似地,消去 x_1,得

$$(a_{11}a_{22}-a_{12}a_{21})x_2=a_{11}b_2-b_1a_{21}.$$

当 $a_{11}a_{22}-a_{12}a_{21}\neq0$ 时,求得方程组(1)的解为

$$x_1=\frac{b_1a_{22}-a_{12}b_2}{a_{11}a_{22}-a_{12}a_{21}},x_2=\frac{a_{11}b_2-b_1a_{21}}{a_{11}a_{22}-a_{12}a_{21}}. \tag{2}$$

(2)式中的分子、分母都是四个数分两对相乘再相减而得. 其中分母 $a_{11}a_{22}-a_{12}a_{21}$ 是由方程组(1)的四个系数确定的,把这四个数按它们在方程组(1)中的位置,排成两行两列(横排称行、竖排称列)的数表如下:

$$\begin{matrix} a_{11} & a_{12} \\ a_{21} & a_{22} \end{matrix} \tag{3}$$

表达式 $a_{11}a_{22}-a_{12}a_{21}$ 称为数表(3)所确定的**二阶行列式**,并记作

$$\begin{vmatrix} a_{11} & a_{12} \\ a_{21} & a_{22} \end{vmatrix}. \tag{4}$$

数 $a_{ij}(i=1,2;j=1,2)$ 称为行列式(4)的**元素**. 元素 a_{ij} 的第一个下标 i 称为**行标**,表明该元素位于第 i 行,第二个下标 j 称为**列标**,表明该元素位于第 j 列.

上述二阶行列式的定义,可利用对角线法则来记忆. 参看图 8-1,把 a_{11} 到 a_{22} 的实连线称为**主对角线**,a_{21} 到 a_{12} 的虚连线称为**副对角线**,于是二阶行列式便是主对角线上的两元素之积减去副对角线上两元素之积所得的差.

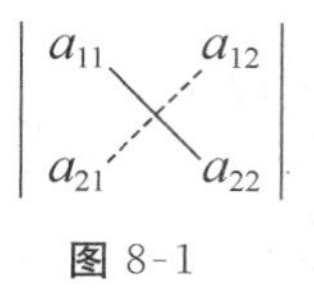

图 8-1

利用二阶行列式的概念,(2)式中 x_1,x_2 的分子也可写成二阶行列式,即

$$b_1a_{22}-a_{12}b_2=\begin{vmatrix} b_1 & a_{12} \\ b_2 & a_{22} \end{vmatrix},a_{11}b_2-b_1a_{21}=\begin{vmatrix} a_{11} & b_1 \\ a_{21} & b_2 \end{vmatrix}.$$

若记

$$D=\begin{vmatrix} a_{11} & a_{12} \\ a_{21} & a_{22} \end{vmatrix},D_1=\begin{vmatrix} b_1 & a_{12} \\ b_2 & a_{22} \end{vmatrix},D_2=\begin{vmatrix} a_{11} & b_1 \\ a_{21} & b_2 \end{vmatrix},$$

那么(2)式可写成

$$x_1=\frac{D_1}{D}=\frac{\begin{vmatrix} b_1 & a_{12} \\ b_2 & a_{22} \end{vmatrix}}{\begin{vmatrix} a_{11} & a_{12} \\ a_{21} & a_{22} \end{vmatrix}},x_2=\frac{D_2}{D}=\frac{\begin{vmatrix} a_{11} & b_1 \\ a_{21} & b_2 \end{vmatrix}}{\begin{vmatrix} a_{11} & a_{12} \\ a_{21} & a_{22} \end{vmatrix}}.$$

注意这里的分母 D 是由方程组(1)的系数所确定的二阶行列式(称系数行列式),x_1 的分子 D_1 是用常数项 b_1,b_2 替换 D 中 x_1 的系数 a_{11},a_{21} 所得的二阶行列式,x_2 的分子 D_2 是用常数项 b_1,b_2 替换 D 中 x_2 的系数 a_{12},a_{22} 所得的二阶行列式.

同样我们可以定义三阶行列式.

设有 9 个数排成 3 行 3 列的数表

$$\begin{matrix} a_{11} & a_{12} & a_{13} \\ a_{21} & a_{22} & a_{23} \\ a_{31} & a_{32} & a_{33} \end{matrix} \tag{5}$$

记 $\begin{vmatrix} a_{11} & a_{12} & a_{13} \\ a_{21} & a_{22} & a_{23} \\ a_{31} & a_{32} & a_{33} \end{vmatrix}=a_{11}a_{22}a_{33}+a_{12}a_{23}a_{31}+a_{13}a_{21}a_{32}-a_{11}a_{23}a_{32}-a_{12}a_{21}a_{33}-a_{13}a_{22}a_{31}.$

上式称为数表(5)所确定的**三阶行列式**.

上述定义表明三阶行列式含 6 项,每项均为不同行不同列的三个元素的乘积再冠以正负号,其规律遵循图 8-2 所示的对角线法则:图中三条实线看作是平行于主对角线的连线,三条虚线看作是平行于副对角线的连线,实线上三元素的乘积冠正号,虚线上三元素的乘积冠负号.

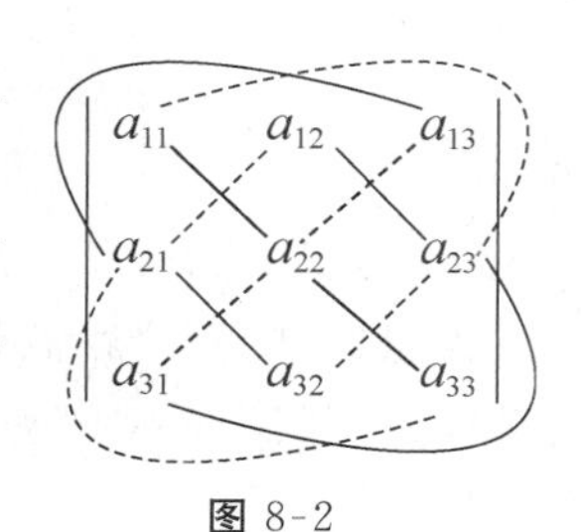

图 8-2

例 1 解二元线性方程组 $\begin{cases} 2x_1+5x_2=1, \\ 3x_1+7x_2=2. \end{cases}$

解 因为 $D=\begin{vmatrix} 2 & 5 \\ 3 & 7 \end{vmatrix}=14-15=-1\neq 0,D_1=\begin{vmatrix} 1 & 5 \\ 2 & 7 \end{vmatrix}=7-10=-3,D_2=\begin{vmatrix} 2 & 1 \\ 3 & 2 \end{vmatrix}=$

$4-3=1$,所以 $x_1=\dfrac{D_1}{D}=\dfrac{-3}{-1}=3, x_2=\dfrac{D_2}{D}=\dfrac{1}{-1}=-1$.

例 2　计算三阶行列式

$$D=\begin{vmatrix} 1 & 2 & -4 \\ -2 & 2 & 1 \\ -3 & 4 & -2 \end{vmatrix}.$$

解　按对角线法则,有

$$\begin{aligned} D &= 1\times2\times(-2)+2\times1\times(-3)+(-4)\times(-2)\times4-1\times1\times4-2\times(-2)\times(-2) \\ &\quad -(-4)\times2\times(-3) \\ &= -4-6+32-4-8-24=-14. \end{aligned}$$

例 3　计算三阶三角形行列式

$$D=\begin{vmatrix} a_{11} & 0 & 0 \\ a_{21} & a_{22} & 0 \\ a_{31} & a_{32} & a_{33} \end{vmatrix}.$$

解　按对角线法则,有 $D=a_{11}a_{22}a_{33}$.

例 4　设 $D=\begin{vmatrix} a_{11} & a_{12} & a_{13} \\ a_{21} & a_{22} & a_{23} \\ a_{31} & a_{32} & a_{33} \end{vmatrix}$,其转置行列式记为 $D^{\mathrm{T}}=\begin{vmatrix} a_{11} & a_{21} & a_{31} \\ a_{12} & a_{22} & a_{32} \\ a_{13} & a_{23} & a_{33} \end{vmatrix}$,求证 $D=D^{\mathrm{T}}$.

证明　按对角线法则,有

$$D^{\mathrm{T}}=a_{11}a_{22}a_{33}+a_{13}a_{21}a_{32}+a_{12}a_{23}a_{31}-a_{13}a_{22}a_{31}-a_{12}a_{21}a_{33}-a_{11}a_{23}a_{32}=D.$$

二、逆序数

考虑由前 n 个自然数组成的数字不重复的排列 $j_1j_2\cdots j_n$,若有较大的数排在较小的数的前面,则称它们构成一个**逆序**,并称逆序的总数为排列 $j_1j_2\cdots j_n$ 的**逆序数**,记作 $N(j_1j_2\cdots j_n)$.

容易知道,由 1,2 这两个数字组成的逆序数为 $N(1\ \ 2)=0, N(2\ \ 1)=1$.

由 1,2,3 这三个数字组成的全排列有 123,231,312,132,213,321. 它们的逆序数分别为

$N(1\ \ 2\ \ 3)=0, N(2\ \ 3\ \ 1)=2, N(3\ \ 1\ \ 2)=2,$

$N(3\ \ 2\ \ 1)=3, N(2\ \ 1\ \ 3)=1, N(1\ \ 3\ \ 2)=1.$

一般地,逆序数为奇数的排列称为**奇排列**,逆序数为偶数的排列称为**偶排列**.

下面来看一下逆序数与三阶行列式的关系.

由定义知

$$\begin{vmatrix} a_{11} & a_{12} & a_{13} \\ a_{21} & a_{22} & a_{23} \\ a_{31} & a_{32} & a_{33} \end{vmatrix}=a_{11}a_{22}a_{33}+a_{12}a_{23}a_{31}+a_{13}a_{21}a_{32}-a_{11}a_{23}a_{32}-a_{12}a_{21}a_{33}-a_{13}a_{22}a_{31}. \quad (6)$$

容易看出:

(1) (6)式右边的每一项都恰是三个元素的乘积,这三个元素位于不同的行、不同的列. 因此,(6)式右端的任一项除正负号外可以写成 $a_{1p_1}a_{2p_2}a_{3p_3}$. 这里第一个下标(行标)排成标准次序 123,而第二个下标(列标)排成 $p_1p_2p_3$,它是 1,2,3 这三个数的某个排列. 这样的排

列共有 6 种，对应(6)式右端共含 6 项.

(2) 各项的正负号与列标的排列对照：

带正号的三项列标排列是：123，231，312；带负号的三项列标排列是：132，213，321.

经计算可知前三个排列都是偶排列，而后三个排列都是奇排列. 因此，各项所带的正负号可以表示为$(-1)^t$，其中 t 为列标排列的逆序数. 故

三阶行列式可以写成

$$\begin{vmatrix} a_{11} & a_{12} & a_{13} \\ a_{21} & a_{22} & a_{23} \\ a_{31} & a_{32} & a_{33} \end{vmatrix} = \sum (-1)^t a_{1p_1} a_{2p_2} a_{3p_3},$$

其中 t 为排列 $p_1p_2p_3$ 的逆序数，$t=N(p_1p_2p_3)$，$\sum$ 表示对 1，2，3 这三个数的所有排列 $p_1p_2p_3$ 取和.

三、n 阶行列式的定义

仿照三阶行列式，可以把行列式推广到一般情形.

定义 设有 n^2 个数，排成 n 行 n 列的数表

$$\begin{matrix} a_{11} & a_{12} & \cdots & a_{1n} \\ a_{21} & a_{22} & \cdots & a_{2n} \\ \vdots & \vdots & & \vdots \\ a_{n1} & a_{n2} & \cdots & a_{nn} \end{matrix}$$

作出表中位于不同行不同列的 n 个数的乘积，并冠以符号 $(-1)^t$，得到形如

$$(-1)^t a_{1p_1} a_{2p_2} \cdots a_{np_n} \tag{7}$$

的项. 其中 $p_1p_2\cdots p_n$ 为自然数 $1,2,\cdots,n$ 的一个排列，t 为这个排列的逆序数. 由于这样的排列共有 $n!$ 个，因而形如(7)式的项共有 $n!$ 项. 所有这 $n!$ 项的代数和

$$\sum (-1)^t a_{1p_1} a_{2p_2} \cdots a_{np_n}$$

称为 **n 阶行列式**，记作

$$D=\begin{vmatrix} a_{11} & a_{12} & \cdots & a_{1n} \\ a_{21} & a_{22} & \cdots & a_{2n} \\ \vdots & \vdots & & \vdots \\ a_{n1} & a_{n2} & \cdots & a_{nn} \end{vmatrix},$$

即

$$D=\begin{vmatrix} a_{11} & a_{12} & \cdots & a_{1n} \\ a_{21} & a_{22} & \cdots & a_{2n} \\ \vdots & \vdots & & \vdots \\ a_{n1} & a_{n2} & \cdots & a_{nn} \end{vmatrix} = \sum (-1)^t a_{1p_1} a_{2p_2} \cdots a_{np_n},$$

其中 $t=N(p_1p_2\cdots p_n)$，数 $a_{ij}\ (i,j=1,2,\cdots,n)$ 称为行列式 D 的**元素**.

有时也用 D_n 表示 n 阶行列式.

注意 在 $\sum (-1)^t a_{1p_1} a_{2p_2} \cdots a_{np_n}$ 中求和号 $\sum$ 后面共有 $n!$ 项，每一项中 $a_{1p_1} a_{2p_2} \cdots a_{np_n}$ 是行列式 D 的 n 个元素相乘，这 n 个元素位于行列式 D 的不同行且不同列.

按此方法定义的二阶、三阶行列式，与用对角线法则定义的二阶、三阶行列式，显然是

一致的. 当 $n=1$ 时，一阶行列式 $|a|=a$，注意不要与绝对值记号相混淆.

现在我们有了 n 阶行列式的定义，自然就要想到它的计算问题. 注意到 n 阶行列式是由排成 n 行 n 列的数表中位于不同行不同列的元素的乘积作为一项的所有项的代数和，因此对角线法只适用于二阶和三阶行列式的计算，而不适用于三阶以上的行列式. 为了得出一般行列式的计算方法，我们需要研究行列式的性质. 先看下面的特殊例题.

例 5　证明下三角形行列式

$$D=\begin{vmatrix} a_{11} & 0 & \cdots & 0 \\ a_{21} & a_{22} & \cdots & 0 \\ \vdots & \vdots & & \vdots \\ a_{n1} & a_{n2} & \cdots & a_{nn} \end{vmatrix}=a_{11}a_{22}\cdots a_{nn}.$$

证法 1　由于当 $j>i$ 时，$a_{ij}=0$，故 D 中可能不为 0 的元素 a_{ij}，其下标应有 $p_i\leqslant i$，即

$$p_1\leqslant 1, p_2\leqslant 2, \cdots, p_n\leqslant n.$$

在所有排列 $p_1p_2\cdots p_n$ 中，能满足上述关系的排列只有一个自然排列 $12\cdots n$，所以 D 中可能不为 0 的项只有一项 $(-1)^t a_{11}a_{12}\cdots a_{nn}$. 此项的符号 $(-1)^t=(-1)^0=1$，所以

$$D=a_{11}a_{22}\cdots a_{nn}.$$

证法 2　D 中可能不为 0 的项由 n 个元素相乘，这 n 个元素在行列式 D 中每行有且只有一个，同时每列有且只有一个，故第一行只能取第一个元素 a_{11}；则第二行的第一个元素不能再取，只能取第二个元素 a_{22}；…；依此类推，第 n 行只能取元素 a_{nn}. 所以

$$D=\begin{vmatrix} a_{11} & 0 & \cdots & 0 \\ a_{21} & a_{22} & \cdots & 0 \\ \vdots & \vdots & & \vdots \\ a_{n1} & a_{n2} & \cdots & a_{nn} \end{vmatrix}=(-1)^t a_{11}a_{22}\cdots a_{nn},$$

其中逆序数 $t=N(12\cdots n)=0$. 所以

$$D=\begin{vmatrix} a_{11} & 0 & \cdots & 0 \\ a_{21} & a_{22} & \cdots & 0 \\ \vdots & \vdots & & \vdots \\ a_{n1} & a_{n2} & \cdots & a_{nn} \end{vmatrix}=a_{11}a_{22}\cdots a_{nn}.$$

例 6　计算对角行列式 D 的值：

$$D=\begin{vmatrix} a_{11} & 0 & \cdots & 0 \\ 0 & a_{22} & \cdots & 0 \\ \vdots & \vdots & & \vdots \\ 0 & 0 & \cdots & a_{nn} \end{vmatrix}.$$

解　对角行列式 D 是下三角形行列式的特殊情形，所以 $D=a_{11}a_{22}\cdots a_{nn}$.

例 7　计算第 k 行各元素均为 0 的行列式 D 的值：

$$D=\begin{vmatrix} a_{11} & a_{12} & \cdots & a_{1n} \\ a_{21} & a_{22} & \cdots & a_{2n} \\ \vdots & \vdots & & \vdots \\ a_{n1} & a_{n2} & \cdots & a_{nn} \end{vmatrix}，其中\ a_{kj}=0\ (j=1,2,\cdots,n).$$

解 $D=\begin{vmatrix} a_{11} & a_{12} & \cdots & a_{1n} \\ a_{21} & a_{22} & \cdots & a_{2n} \\ \vdots & \vdots & & \vdots \\ a_{n1} & a_{n2} & \cdots & a_{nn} \end{vmatrix}=\sum(-1)^t a_{1p_1}a_{2p_2}\cdots a_{kp_k}\cdots a_{np_n}$

$$=\sum(-1)^t a_{1p_1}a_{2p_2}\cdots 0\cdots a_{np_n}=\sum 0=0.$$

习题 8-1(A)

1. 计算下列二阶行列式：

(1) $\begin{vmatrix} 2 & 1 \\ 5 & 3 \end{vmatrix}$；　(2) $\begin{vmatrix} 0 & 3 \\ 5 & 4 \end{vmatrix}$；

(3) $\begin{vmatrix} -3 & 5 \\ 6 & -8 \end{vmatrix}$；　(4) $\begin{vmatrix} 2 & 1 \\ 4 & 2 \end{vmatrix}$.

2. 计算下列三阶行列式：

(1) $\begin{vmatrix} 2 & 4 & 1 \\ 0 & 0 & 0 \\ -5 & 6 & 3 \end{vmatrix}$；　(2) $\begin{vmatrix} 8 & -1 & 0 \\ 11 & 2 & 0 \\ 6 & 4 & 0 \end{vmatrix}$；

(3) $\begin{vmatrix} 2 & 3 & 5 \\ 2 & 3 & 5 \\ 7 & 6 & 1 \end{vmatrix}$；　(4) $\begin{vmatrix} 2 & 3 & 5 \\ 4 & 6 & 10 \\ 9 & 7 & 1 \end{vmatrix}$.

习题 8-1(B)

1. 解下列二元线性方程组：

(1) $\begin{cases} 2x_1+6x_2=8, \\ 3x_1-4x_2=-1; \end{cases}$　(2) $\begin{cases} 7x_1+4x_2=26, \\ 2x_1-5x_2=-11. \end{cases}$

2. 计算下列三阶行列式：

(1) $\begin{vmatrix} 2 & 6 & 1 \\ 1 & 1 & 1 \\ -5 & 2 & 3 \end{vmatrix}$；　(2) $\begin{vmatrix} 8 & -1 & 4 \\ 6 & 2 & 3 \\ 3 & 4 & 1 \end{vmatrix}$；

(3) $\begin{vmatrix} a & b & c \\ x & y & z \\ a & b & c \end{vmatrix}$；　(4) $\begin{vmatrix} x & y & z \\ 2x & 2y & 2z \\ a & b & c \end{vmatrix}$；

(5) $\begin{vmatrix} 2 & y & x \\ 0 & 1 & z \\ 0 & 0 & 3 \end{vmatrix}$；　(6) $\begin{vmatrix} 0 & -1 & 4 \\ 6 & 0 & 3 \\ 3 & 4 & 0 \end{vmatrix}$.

3. 求下列各排列的逆序数：

(1) $N(2\ \ 1)$；　(2) $N(2\ \ 3\ \ 1)$；

(3) $N(4\ \ 2\ \ 1\ \ 3)$；　(4) $N(5\ \ 2\ \ 1\ \ 4\ \ 3)$.

4. 在五阶行列式 D 中，判断下列各项前面应取什么符号：

(1) $a_{15}a_{24}a_{33}a_{42}a_{51}$；　　(2) $a_{55}a_{22}a_{33}a_{44}a_{11}$.

5. 计算下列 n 阶行列式：

(1) $\begin{vmatrix} -1 & 0 & \cdots & 0 \\ -1 & -1 & \cdots & 0 \\ \vdots & \vdots & & \vdots \\ -1 & -1 & \cdots & -1 \end{vmatrix}$；　　(2) $\begin{vmatrix} -1 & 5 & \cdots & 5 \\ 0 & -1 & \cdots & 5 \\ \vdots & \vdots & & \vdots \\ 0 & 0 & \cdots & -1 \end{vmatrix}$；

(3) $\begin{vmatrix} n & 0 & \cdots & 0 \\ 0 & n-1 & \cdots & 0 \\ \vdots & \vdots & & \vdots \\ 0 & 0 & \cdots & 1 \end{vmatrix}$.

§8-2　行列式的性质

一、对换

为了研究 n 阶行列式的性质，先介绍对换以及它与排列的奇偶性的关系.

在排列中，将任意两个元素对调，其余的元素不动，这种作出新排列的方法称为**对换**. 将相邻两个元素对换，称为**相邻对换**.

定理 1　一个排列中的任意两个元素对换，排列改变奇偶性.

例如：$N(3\ \ 1\ \ 2)=2$，$N(3\ \ 2\ \ 1)=3$，而 $N(2\ \ 3\ \ 1\ \ 4)=2$，$N(1\ \ 3\ \ 2\ \ 4)=1$.

二、行列式的性质

记

$$D=\begin{vmatrix} a_{11} & a_{12} & \cdots & a_{1n} \\ a_{21} & a_{22} & \cdots & a_{2n} \\ \vdots & \vdots & & \vdots \\ a_{n1} & a_{n2} & \cdots & a_{nn} \end{vmatrix},D^{T}=\begin{vmatrix} a_{11} & a_{21} & \cdots & a_{n1} \\ a_{12} & a_{22} & \cdots & a_{n2} \\ \vdots & \vdots & & \vdots \\ a_{1n} & a_{2n} & \cdots & a_{nn} \end{vmatrix},$$

行列式 D^{T} 称为行列式 D 的**转置行列式**.

性质 1　行列式与它的转置行列式相等.

由此性质可知，行列式中的行与列具有同等的地位，行列式的性质凡是对行成立的对列也同样成立，反之亦然.

性质 2　互换行列式的两行(或列)，行列式变号.

证明　只证明互换行列式的两行的情形，互换行列式的两列的情形请读者自己完成.

设行列式

$$D_1=D=\begin{vmatrix} b_{11} & b_{12} & \cdots & b_{1n} \\ b_{21} & b_{22} & \cdots & b_{2n} \\ \vdots & \vdots & & \vdots \\ b_{n1} & b_{n2} & \cdots & b_{nn} \end{vmatrix}$$

是由行列式 D 变换 i,j 两行得到的，即当 $k\neq i,j$ 时，$b_{kp}=a_{kp}$；当 $k=i,j$ 时，$b_{ip}=a_{jp}$，$b_{jp}=a_{ip}$，于是

$$\begin{aligned}D_1 &= \sum(-1)^t b_{1p_1}\cdots b_{ip_i}\cdots b_{jp_j}\cdots b_{np_n}\\ &= \sum(-1)^t a_{1p_1}\cdots a_{jp_i}\cdots a_{ip_j}\cdots b_{np_n}\\ &= \sum(-1)^t a_{1p_1}\cdots a_{ip_j}\cdots a_{jp_i}\cdots a_{np_n}.\end{aligned}$$

其中 $1\cdots i\cdots j\cdots n$ 为自然排列，$t=N(p_1\cdots p_i\cdots p_j\cdots p_n)$，即 t 为排列 $p_1\cdots p_i\cdots p_j\cdots p_n$ 的逆序数. 设 $t_1=N(p_1\cdots p_j\cdots p_i\cdots p_n)$，即 t_1 为排列 $p_1\cdots p_j\cdots p_i\cdots p_n$ 的逆序数，则 $(-1)^t=-(-1)^{t_1}$，故

$$\begin{aligned}D_1 &= \sum-(-1)^{t_1}a_{1p_1}\cdots a_{ip_j}\cdots a_{jp_i}\cdots a_{np_n}\\ &=-\sum(-1)^{t_1}a_{1p_1}\cdots a_{ip_j}\cdots a_{jp_i}\cdots a_{np_n}=-D.\end{aligned}$$

以 r_i 表示行列式的第 i 行，以 c_i 表示第 i 列. 交换 i,j 两行记作 $r_i\leftrightarrow r_j$，交换 i,j 两列记作 $c_i\rightarrow c_j$.

推论 如果行列式有两行(或列)完全相同，那么此行列式等于零.

证明 把完全相同的两行互换，有 $D=-D$，故 $D=0$.

例 1 计算：$D=\begin{vmatrix}0&0&1&0\\0&1&0&0\\1&0&0&0\\0&0&0&1\end{vmatrix}$.

解 $D=\begin{vmatrix}0&0&1&0\\0&1&0&0\\1&0&0&0\\0&0&0&1\end{vmatrix}\xlongequal{r_1\leftrightarrow r_3}-\begin{vmatrix}1&0&0&0\\0&1&0&0\\0&0&1&0\\0&0&0&1\end{vmatrix}=-1$.

例 2 已知 $D=\begin{vmatrix}0&0&0&1\\0&0&a&0\\0&2&0&0\\3&0&0&a\end{vmatrix}=1$，求 a 的值.

解 $D=\begin{vmatrix}0&0&0&1\\0&0&a&0\\0&2&0&0\\3&0&0&a\end{vmatrix}\xlongequal{c_1\leftrightarrow c_4}-\begin{vmatrix}1&0&0&0\\0&0&a&0\\0&2&0&0\\a&0&0&3\end{vmatrix}\xlongequal{c_2\leftrightarrow c_3}(-1)^2\begin{vmatrix}1&0&0&0\\0&a&0&0\\0&0&2&0\\a&0&0&3\end{vmatrix}=6a$.

又由条件知 $D=\begin{vmatrix}0&0&0&1\\0&0&a&0\\0&2&0&0\\3&0&0&a\end{vmatrix}=1$，所以 $6a=1$，$a=\dfrac{1}{6}$.

性质 3 行列式的某一行(或列)中所有的元素都乘以同一个数 k，等于用数 k 乘此行列式. 第 i 行(或列)乘以 k，记作 kr_i(或 kc_i).

证明 只证明行列式的某行乘以同一个数的情形，行列式的某列乘以同一个数的情形请读者自己完成.

设 $D=\begin{vmatrix} a_{11} & a_{12} & \cdots & a_{1n} \\ \vdots & \vdots & & \vdots \\ a_{i1} & a_{i2} & \cdots & a_{in} \\ \vdots & \vdots & & \vdots \\ a_{n1} & a_{n2} & \cdots & a_{nn} \end{vmatrix}$，$D_1=\begin{vmatrix} a_{11} & a_{12} & \cdots & a_{1n} \\ \vdots & \vdots & & \vdots \\ ka_{i1} & ka_{i2} & \cdots & ka_{in} \\ \vdots & \vdots & & \vdots \\ a_{n1} & a_{n2} & \cdots & a_{nn} \end{vmatrix}$，

则 $D_1=\sum(-1)^t a_{1p_1}a_{2p_2}\cdots ka_{ip_i}\cdots a_{np_n}=k\sum(-1)^t a_{1p_1}a_{2p_2}\cdots a_{ip_i}\cdots a_{np_n}=kD$.

推论　行列式中某一行(或列)的所有元素的公因子可以提到行列式符号的外面.

第 i 行(或列)提出公因子 k，记作 $r_i\div k$(或 $c_i\div k$).

性质4　若行列式中有两行(或列)元素成比例，则此行列式等于零.

性质5　若行列式的某一列(或行)的元素都是两数之和，如行列式 D 的第 i 列的元素都是两数之和：

$$D=\begin{vmatrix} a_{11} & a_{12} & \cdots & (a_{1i}+a'_{1i}) & \cdots & a_{1n} \\ a_{21} & a_{22} & \cdots & (a_{2i}+a'_{2i}) & \cdots & a_{2n} \\ \vdots & \vdots & & \vdots & & \vdots \\ a_{n1} & a_{n2} & \cdots & (a_{ni}+a'_{ni}) & \cdots & a_{nn} \end{vmatrix},$$

则 D 等于两个行列式之和，即

$$D=\begin{vmatrix} a_{11} & a_{12} & \cdots & a_{1i} & \cdots & a_{1n} \\ a_{21} & a_{22} & \cdots & a_{2i} & \cdots & a_{2n} \\ \vdots & \vdots & & \vdots & & \vdots \\ a_{n1} & a_{n2} & \cdots & a_{ni} & \cdots & a_{nn} \end{vmatrix}+\begin{vmatrix} a_{11} & a_{12} & \cdots & a'_{1i} & \cdots & a_{1n} \\ a_{21} & a_{22} & \cdots & a'_{2i} & \cdots & a_{2n} \\ \vdots & \vdots & & \vdots & & \vdots \\ a_{n1} & a_{n2} & \cdots & a'_{ni} & \cdots & a_{nn} \end{vmatrix}.$$

例3　已知 $D=\begin{vmatrix} a_{11} & a_{12} & a_{13} & a_{14} \\ a_{21} & a_{22} & a_{23} & a_{24} \\ a_{31} & a_{32} & a_{33} & a_{34} \\ a_{41} & a_{42} & a_{43} & a_{44} \end{vmatrix}=1$，求 $D_1=\begin{vmatrix} a_{11} & 3a_{12}+2a_{13} & a_{13} & a_{14} \\ a_{21} & 3a_{22}+2a_{23} & a_{23} & a_{24} \\ a_{31} & 3a_{32}+2a_{33} & a_{33} & a_{34} \\ a_{41} & 3a_{42}+2a_{43} & a_{43} & a_{44} \end{vmatrix}$的值.

解　$D_1=\begin{vmatrix} a_{11} & 3a_{12}+2a_{13} & a_{13} & a_{14} \\ a_{21} & 3a_{22}+2a_{23} & a_{23} & a_{24} \\ a_{31} & 3a_{32}+2a_{33} & a_{33} & a_{34} \\ a_{41} & 3a_{42}+2a_{43} & a_{43} & a_{44} \end{vmatrix}=\begin{vmatrix} a_{11} & 3a_{12} & a_{13} & a_{14} \\ a_{21} & 3a_{22} & a_{23} & a_{24} \\ a_{31} & 3a_{32} & a_{33} & a_{34} \\ a_{41} & 3a_{42} & a_{43} & a_{44} \end{vmatrix}+\begin{vmatrix} a_{11} & 2a_{13} & a_{13} & a_{14} \\ a_{21} & 2a_{23} & a_{23} & a_{24} \\ a_{31} & 2a_{33} & a_{33} & a_{34} \\ a_{41} & 2a_{43} & a_{43} & a_{44} \end{vmatrix}$

$=3\times1+0=3$.

性质6　把行列式的某一列(或行)的各元素乘以同一个数后加到另一列(或行)对应的元素上去，行列式的值不变.

证明　设 $D=\begin{vmatrix} a_{11} & \cdots & a_{1i} & \cdots & a_{1j} & \cdots & a_{1n} \\ a_{21} & \cdots & a_{2i} & \cdots & a_{2j} & \cdots & a_{2n} \\ \vdots & & \vdots & & \vdots & & \vdots \\ a_{n1} & \cdots & a_{ni} & \cdots & a_{nj} & \cdots & a_{nn} \end{vmatrix}$，则

$$D=\begin{vmatrix} a_{11} & \cdots & a_{1i} & \cdots & a_{1j} & \cdots & a_{1n} \\ a_{21} & \cdots & a_{2i} & \cdots & a_{2j} & \cdots & a_{2n} \\ \vdots & & \vdots & & \vdots & & \vdots \\ a_{n1} & \cdots & a_{ni} & \cdots & a_{nj} & \cdots & a_{nn} \end{vmatrix}+0$$

$$=\begin{vmatrix} a_{11} & \cdots & a_{1i} & \cdots & a_{1j} & \cdots & a_{1n} \\ a_{21} & \cdots & a_{2i} & \cdots & a_{2j} & \cdots & a_{2n} \\ \vdots & & \vdots & & \vdots & & \vdots \\ a_{n1} & \cdots & a_{ni} & \cdots & a_{nj} & \cdots & a_{nn} \end{vmatrix}+\begin{vmatrix} a_{11} & \cdots & ka_{1j} & \cdots & a_{1j} & \cdots & a_{1n} \\ a_{21} & \cdots & ka_{2j} & \cdots & a_{2j} & \cdots & a_{2n} \\ \vdots & & \vdots & & \vdots & & \vdots \\ a_{n1} & \cdots & ka_{nj} & \cdots & a_{nj} & \cdots & a_{nn} \end{vmatrix}$$

$$=\begin{vmatrix} a_{11} & \cdots & a_{1i}+ka_{1j} & \cdots & a_{1j} & \cdots & a_{1n} \\ a_{21} & \cdots & a_{2i}+ka_{2j} & \cdots & a_{2j} & \cdots & a_{2n} \\ \vdots & & \vdots & & \vdots & & \vdots \\ a_{n1} & \cdots & a_{ni}+ka_{nj} & \cdots & a_{nj} & \cdots & a_{nn} \end{vmatrix}.$$

即以数 k 乘行列式的第 j 列后加到第 $i(i\neq j)$ 列上(记作 c_i+kc_j),有

$$\begin{vmatrix} a_{11} & \cdots & a_{1i} & \cdots & a_{1j} & \cdots & a_{1n} \\ a_{21} & \cdots & a_{2i} & \cdots & a_{2j} & \cdots & a_{2n} \\ \vdots & & \vdots & & \vdots & & \vdots \\ a_{n1} & \cdots & a_{ni} & \cdots & a_{nj} & \cdots & a_{nn} \end{vmatrix}\xlongequal{c_i+kc_j}$$

$$\begin{vmatrix} a_{11} & \cdots & (a_{1i}+ka_{1j}) & \cdots & a_{1j} & \cdots & a_{1n} \\ a_{21} & \cdots & (a_{2i}+ka_{2j}) & \cdots & a_{2j} & \cdots & a_{2n} \\ \vdots & & \vdots & & \vdots & & \vdots \\ a_{n1} & \cdots & (a_{ni}+ka_{nj}) & \cdots & a_{nj} & \cdots & a_{nn} \end{vmatrix}\ (i\neq j).$$

注 以数 k 乘行列式的第 j 行加到第 i 行上,记作 r_i+kr_j.

性质 2、3、6 介绍了行列式关于行和列的三种运算,即 $r_i\leftrightarrow r_j$,kr_i,r_i+kr_j 和 $c_i\leftrightarrow c_j$,kc_i,c_i+kc_j,利用这些运算可简化行列式的计算,特别是利用运算 r_i+kr_j(或 c_i+kc_j)可以把行列式中许多元素化为 0,计算行列式常用的一种方法就是利用运算 r_i+kr_j 把行列式化为上三角形行列式,从而算得行列式的值. 请看下例:

例 4 计算:$D=\begin{vmatrix} 1 & 2 & 3 & 4 \\ -1 & 0 & 3 & 4 \\ -1 & -2 & 0 & 4 \\ -1 & -2 & -3 & 0 \end{vmatrix}$.

解 $D=\begin{vmatrix} 1 & 2 & 3 & 4 \\ -1 & 0 & 3 & 4 \\ -1 & -2 & 0 & 4 \\ -1 & -2 & -3 & 0 \end{vmatrix}\xlongequal{r_2+r_1,r_3+r_1,r_4+r_1}\begin{vmatrix} 1 & 2 & 3 & 4 \\ 0 & 2 & 6 & 8 \\ 0 & 0 & 3 & 8 \\ 0 & 0 & 0 & 4 \end{vmatrix}=\begin{vmatrix} 1 & 0 & 0 & 0 \\ 2 & 2 & 0 & 0 \\ 3 & 6 & 3 & 0 \\ 4 & 8 & 8 & 4 \end{vmatrix}=24.$

例 5 计算:$D=\begin{vmatrix} 3 & 1 & -1 & 2 \\ -5 & 1 & 3 & -4 \\ 2 & 0 & 1 & -1 \\ 1 & -5 & 3 & -3 \end{vmatrix}$.

解 $D\xlongequal{c_1\leftrightarrow c_2}-\begin{vmatrix} 1 & 3 & -1 & 2 \\ 1 & -5 & 3 & -4 \\ 0 & 2 & 1 & -1 \\ -5 & 1 & 3 & -3 \end{vmatrix}\xlongequal[r_4+5r_1]{r_2-r_1}-\begin{vmatrix} 1 & 3 & -1 & 2 \\ 0 & -8 & 4 & -6 \\ 0 & 2 & 1 & -1 \\ 0 & 16 & -2 & 7 \end{vmatrix}\xlongequal{r_2\leftrightarrow r_3}$

$$\begin{vmatrix}1&3&-1&2\\0&2&1&-1\\0&-8&4&-6\\0&16&-2&7\end{vmatrix}\xlongequal[r_4-8r_2]{r_3+4r_2}\begin{vmatrix}1&3&-1&2\\0&2&1&-1\\0&0&8&-10\\0&0&-10&15\end{vmatrix}\xlongequal{r_4+\frac{5}{4}r_3}\begin{vmatrix}1&3&-1&2\\0&2&1&-1\\0&0&8&-10\\0&0&0&\frac{5}{2}\end{vmatrix}=40.$$

例 6　计算：$D=\begin{vmatrix}3&1&1&1\\1&3&1&1\\1&1&3&1\\1&1&1&3\end{vmatrix}$.

解　这个行列式的特点是各列 4 个数之和都是 6，今把第 2、3、4 行同时加到第 1 行，提出公因子 6，然后各行减去第 1 行：

$$D\xlongequal{r_1+r_2+r_3+r_4}\begin{vmatrix}6&6&6&6\\1&3&1&1\\1&1&3&1\\1&1&1&3\end{vmatrix}\xlongequal{r_1\div 6}6\begin{vmatrix}1&1&1&1\\1&3&1&1\\1&1&3&1\\1&1&1&1\end{vmatrix}\xlongequal[\substack{r_3-r_1\\r_4-r_1}]{r_2-r_1}6\begin{vmatrix}1&1&1&1\\0&2&0&0\\0&0&2&0\\0&0&0&2\end{vmatrix}=48.$$

例 6 中的行列式每行元素之和相同，这种类型的行列式的计算都可仿照本例的作法.

上述诸例都是利用运算 r_i+kr_j 把行列式化为上三角形行列式，用归纳法不难证明(这里不证)任何 n 阶行列式总能利用运算 r_i+kr_j 化为上三角形或下三角形行列式(这时要先把 $a_{1n},a_{2n},\cdots,a_{n-1,n}$ 化为 0). 类似地，利用列运算 c_i+kc_j 也可以把行列式化为上三角形或下三角形行列式.

习题 8-2（A）

计算下列行列式：

(1) $\begin{vmatrix}1&1&1&1\\1&-1&1&1\\1&1&-1&1\\1&1&1&1\end{vmatrix}$；　　(2) $\begin{vmatrix}0&0&1&1\\0&1&0&1\\0&0&0&1\\1&0&0&2\end{vmatrix}$；

(3) $\begin{vmatrix}a&1&1&1\\1&a&1&1\\1&1&a&1\\1&1&1&a\end{vmatrix}$；　　(4) $\begin{vmatrix}0&1&2&-1\\-1&0&1&2\\2&-1&0&1\\1&2&-1&0\end{vmatrix}$；

(5) $\begin{vmatrix}a&b&c&d\\-a&b&c&d\\-a&-b&c&d\\-a&-b&-c&d\end{vmatrix}$；　　(6) $\begin{vmatrix}x&y&x+y\\y&x+y&x\\x+y&x&y\end{vmatrix}$.

习题 8-2（B）

1. 计算下列行列式：

(1) $\begin{vmatrix} 1 & 1 & 1 & 1 \\ 1 & -1 & 1 & 1 \\ 1 & 1 & -1 & 1 \\ 1 & 1 & 1 & -1 \end{vmatrix}$； (2) $\begin{vmatrix} 2 & -5 & 1 & 2 \\ -3 & 7 & -1 & 4 \\ 5 & -9 & 2 & 7 \\ 4 & -6 & 1 & 2 \end{vmatrix}$；

(3) $\begin{vmatrix} a & b & b & b \\ b & a & b & b \\ b & b & a & b \\ b & b & b & a \end{vmatrix}$； (4) $\begin{vmatrix} 2 & 1 & 4 & 1 \\ 3 & -1 & 2 & 1 \\ 1 & 2 & 3 & 2 \\ 5 & 0 & 6 & 2 \end{vmatrix}$；

(5) $\begin{vmatrix} -ab & ac & ae \\ bd & -cd & de \\ bf & cf & -ef \end{vmatrix}$； (6) $D_n=\begin{vmatrix} x & a & \cdots & a \\ a & x & \cdots & a \\ \vdots & \vdots & & \vdots \\ a & a & \cdots & x \end{vmatrix}$.

2. 证明：$\begin{vmatrix} p+q & q+r & r+p \\ p_1+q_1 & q_1+r_1 & r_1+p_1 \\ p_2+q_2 & q_2+r_2 & r_2+p_2 \end{vmatrix}=2\begin{vmatrix} p & q & r \\ p_1 & q_1 & r_1 \\ p_2 & q_2 & r_2 \end{vmatrix}$.

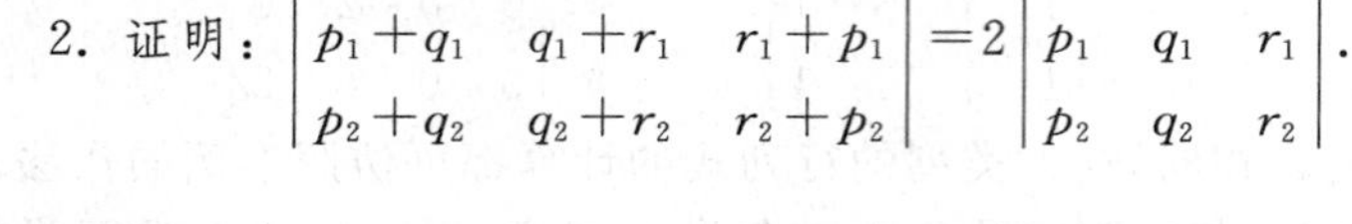

§8-3 行列式的展开

本节我们讨论行列式的另一个重要性质.

一般说来，低阶行列式的计算比高阶行列式的计算要简便，于是，我们自然考虑如何用低阶行列式来表示高阶行列式的问题. 为此，先引进余子式和代数余子式的概念.

在 n 阶行列式中，把元素 a_{ij} 所在的第 i 行和第 j 列划去后，留下来的 $n-1$ 阶行列式称为元素 a_{ij} 的**余子式**，记作 M_{ij}. 记 $A_{ij}=(-1)^{i+j}M_{ij}$，称为 a_{ij} 的**代数余子式**.

例如，四阶行列式 $D=\begin{vmatrix} a_{11} & a_{12} & a_{13} & a_{14} \\ a_{21} & a_{22} & a_{23} & a_{24} \\ a_{31} & a_{32} & a_{33} & a_{34} \\ a_{41} & a_{42} & a_{43} & a_{44} \end{vmatrix}$ 中元素 a_{32} 的余子式和代数余子式分别为

$$M_{32}=\begin{vmatrix} a_{11} & a_{13} & a_{14} \\ a_{21} & a_{23} & a_{24} \\ a_{41} & a_{43} & a_{44} \end{vmatrix}, A_{32}=(-1)^{3+2}M_{32}=-M_{32}.$$

例 1 已知 $D=\begin{vmatrix} 1 & -1 & 0 & 1 \\ 4 & 3 & 2 & 0 \\ -2 & 7 & 8 & 3 \\ 5 & 6 & 9 & 4 \end{vmatrix}$，写出 D 的元素 a_{23} 的余子式 M_{23} 与代数余子式 A_{23}，并计算 A_{23} 的值.

解 $M_{23}=\begin{vmatrix} 1 & -1 & 1 \\ -2 & 7 & 3 \\ 5 & 6 & 4 \end{vmatrix}$，$A_{23}=(-1)^{2+3}M_{23}=-\begin{vmatrix} 1 & -1 & 1 \\ -2 & 7 & 3 \\ 5 & 6 & 4 \end{vmatrix}=60.$

对于三阶行列式 $D=\begin{vmatrix} a_{11} & a_{12} & a_{13} \\ a_{21} & a_{22} & a_{23} \\ a_{31} & a_{32} & a_{33} \end{vmatrix}$，容易求得其第一行各元素的代数余子式：

元素 a_{11} 的代数余子式 $A_{11}=(-1)^{1+1}\begin{vmatrix} a_{22} & a_{23} \\ a_{32} & a_{33} \end{vmatrix}=a_{22}a_{33}-a_{23}a_{32}$；

元素 a_{12} 的代数余子式 $A_{12}=(-1)^{1+2}\begin{vmatrix} a_{21} & a_{23} \\ a_{31} & a_{33} \end{vmatrix}=-(a_{21}a_{33}-a_{23}a_{31})=a_{23}a_{31}-a_{21}a_{33}$；

元素 a_{13} 的代数余子式 $A_{13}=(-1)^{1+3}\begin{vmatrix} a_{21} & a_{22} \\ a_{31} & a_{32} \end{vmatrix}=a_{21}a_{32}-a_{22}a_{31}$.

可以得到三阶行列式 $D=\begin{vmatrix} a_{11} & a_{12} & a_{13} \\ a_{21} & a_{22} & a_{23} \\ a_{31} & a_{32} & a_{33} \end{vmatrix}$ 的值与其代数余子式之间有以下关系：

$$
\begin{aligned}
D=\begin{vmatrix} a_{11} & a_{12} & a_{13} \\ a_{21} & a_{22} & a_{23} \\ a_{31} & a_{32} & a_{33} \end{vmatrix} &= a_{11}a_{22}a_{33}+a_{13}a_{21}a_{32}+a_{12}a_{23}a_{31}-a_{13}a_{22}a_{31}-a_{12}a_{21}a_{33}-a_{11}a_{23}a_{32} \\
&= a_{11}(a_{22}a_{33}-a_{23}a_{32})+a_{12}(a_{23}a_{31}-a_{21}a_{33})+a_{13}(a_{21}a_{32}-a_{22}a_{31}) \\
&= a_{11}A_{11}+a_{12}A_{12}+a_{13}A_{13}.
\end{aligned}
$$

进一步分析还能得到：

$$
\begin{aligned}
D=\begin{vmatrix} a_{11} & a_{12} & a_{13} \\ a_{21} & a_{22} & a_{23} \\ a_{31} & a_{32} & a_{33} \end{vmatrix} &= a_{21}A_{21}+a_{22}A_{22}+a_{23}A_{23}=a_{31}A_{31}+a_{32}A_{32}+a_{33}A_{33} \\
&= a_{11}A_{11}+a_{21}A_{21}+a_{31}A_{31}=a_{12}A_{12}+a_{22}A_{22}+a_{32}A_{32} \\
&= a_{13}A_{13}+a_{23}A_{23}+a_{33}A_{33}.
\end{aligned}
$$

总之，三阶行列式 $D=\begin{vmatrix} a_{11} & a_{12} & a_{13} \\ a_{21} & a_{22} & a_{23} \\ a_{31} & a_{32} & a_{33} \end{vmatrix}$ 的值等于任意一行（或列）各元素与其代数余子式的乘积之和.

一般地，n 阶行列式与三阶行列式类似，n 阶行列式的值与它的代数余子式之间有以下关系：

定理　n 阶行列式等于它的任一行（或列）的各元素与其对应的代数余子式的乘积之和，即

$$
D=\begin{vmatrix} a_{11} & a_{12} & \cdots & a_{1n} \\ a_{21} & a_{22} & \cdots & a_{2n} \\ \vdots & \vdots & & \vdots \\ a_{n1} & a_{n2} & \cdots & a_{nn} \end{vmatrix}=a_{i1}A_{i1}+a_{i2}A_{i2}+\cdots+a_{in}A_{in}\ (i=1,2,\cdots,n)
$$

或

$$
D=\begin{vmatrix} a_{11} & a_{12} & \cdots & a_{1n} \\ a_{21} & a_{22} & \cdots & a_{2n} \\ \vdots & \vdots & & \vdots \\ a_{n1} & a_{n2} & \cdots & a_{nn} \end{vmatrix}=a_{1j}A_{1j}+a_{2j}A_{2j}+\cdots+a_{nj}A_{nj}\ (j=1,2,\cdots,n).
$$

这个定理称为行列式按行(或列)展开法则.利用这一法则并结合行列式的性质,可以简化行列式的计算.

例 2 已知五阶行列式 D 中第二行的元素分别为 4、5、3、2、9,它们的余子式的值分别为 5、6、7、8、0,试计算五阶行列式 D 的值.

解 根据代数余子式 A_{ij} 与余子式 M_{ij} 之间的关系:

$$A_{ij}=(-1)^{i+j}M_{ij},$$

可得五阶行列式 D 中第二行的各元素的代数余子式的值分别为:

$$A_{21}=(-1)^{2+1}M_{21}=-5,\quad A_{22}=(-1)^{2+2}M_{22}=6,\quad A_{23}=(-1)^{2+3}M_{23}=-7,$$
$$A_{24}=(-1)^{2+4}M_{24}=8,\quad A_{25}=(-1)^{2+5}M_{25}=0,$$

所以由上述定理,五阶行列式 D 按第二行展开,它的值为

$$\begin{aligned}D&=a_{21}A_{21}+a_{22}A_{22}+a_{23}A_{23}+a_{24}A_{24}+a_{25}A_{25}\\&=4\times(-5)+5\times6+3\times(-7)+2\times8+9\times0=5.\end{aligned}$$

在具体计算行列式时,考虑到零元素与其代数余子式的乘积等于零,于是在应用上述定理计算行列式的值时,应该按零元素比较多的一行(或列)展开,以减少计算量.

例 3 计算行列式 $D=\begin{vmatrix}1&-1&0&0\\4&3&0&0\\-2&7&8&-3\\5&6&9&0\end{vmatrix}$.

解 先按第 4 列展开,得

$$D=\begin{vmatrix}1&-1&0&0\\4&3&0&0\\-2&7&8&-3\\5&6&9&0\end{vmatrix}=0\times A_{14}+0\times A_{24}+(-3)\times A_{34}+0\times A_{44}$$

$$=-3\times A_{34}=-3\times(-1)^{3+4}\begin{vmatrix}1&-1&0\\4&3&0\\5&6&9\end{vmatrix}=3\times\begin{vmatrix}1&-1&0\\4&3&0\\5&6&9\end{vmatrix}.$$

再按三阶行列式的第 3 列展开,得

$$D=3\times9\times A_{33}=27\times(-1)^{3+3}\begin{vmatrix}1&-1\\4&3\end{vmatrix}=27\times7=189.$$

例 4 计算 $n(n\geqslant2)$ 阶行列式 $D=\begin{vmatrix}a&0&0&\cdots&0&1\\0&a&0&\cdots&0&0\\0&0&a&\cdots&0&0\\\vdots&\vdots&\vdots&&\vdots&\vdots\\1&0&0&\cdots&0&a\end{vmatrix}$.

解 按第一行展开,得

$$D=a\begin{vmatrix}a&0&\cdots&0&0\\0&a&\cdots&0&0\\\vdots&\vdots&&\vdots&\vdots\\0&0&\cdots&0&a\end{vmatrix}+(-1)^{1+n}\begin{vmatrix}0&a&0&\cdots&0\\0&0&a&\cdots&0\\\vdots&\vdots&\vdots&&\vdots\\0&0&0&\cdots&a\\1&0&0&\cdots&0\end{vmatrix}.$$

再将上式等号右边的第二个行列式按第一列展开，则可得到

$$D=a^n+(-1)^{1+n}(-1)^{(n-1)+1}a^{n-2}=a^n-a^{n-2}=a^{n-2}(a^2-1).$$

由定理3，还可得下述重要推论：

推论　行列式某一行(或列)的元素与另一行(或列)的对应元素的代数余子式的乘积之和等于零，即

$$a_{i1}A_{j1}+a_{i2}A_{j2}+\cdots+a_{in}A_{jn}=0 \text{ 或 } a_{1i}A_{1j}+a_{2i}A_{2j}+\cdots+a_{ni}A_{nj}=0(i\neq j).$$

习题8-3(A)

计算下列行列式：

(1) $\begin{vmatrix} a & 1 & 0 & 0 \\ -1 & b & 1 & 0 \\ 0 & -1 & c & 1 \\ 0 & 0 & -1 & d \end{vmatrix}$；　　(2) $\begin{vmatrix} 1 & 2 & 0 & 0 \\ 0 & 1 & 2 & 0 \\ 0 & 0 & 1 & 2 \\ 2 & 0 & 0 & 1 \end{vmatrix}$.

习题8-3(B)

1. 计算下列行列式：

(1) $\begin{vmatrix} 1 & 2 & 1 & 3 \\ 0 & 0 & 1 & 1 \\ 0 & 0 & -1 & 1 \\ 1 & 1 & 1 & -1 \end{vmatrix}$；　(2) $\begin{vmatrix} a & 0 & 0 & b \\ 0 & a & b & 0 \\ 0 & b & a & 0 \\ b & 0 & 0 & a \end{vmatrix}$；　(3) $\begin{vmatrix} 0 & 0 & 1 & 0 \\ 0 & 2 & 0 & 0 \\ 3 & 0 & 5 & 0 \\ 7 & 6 & 10 & 4 \end{vmatrix}$.

2. 计算 $n(n\geqslant 2)$ 阶行列式：

(1) $\begin{vmatrix} 0 & -1 & 1 & \cdots & 1 & 1 \\ 0 & 0 & -1 & \cdots & 1 & 1 \\ \vdots & \vdots & \vdots & & \vdots & \vdots \\ 0 & 0 & 0 & \cdots & 0 & -1 \\ 5 & 5 & 5 & \cdots & 5 & 5 \end{vmatrix}$；　(2) $\begin{vmatrix} 1 & 1 & 0 & \cdots & 0 & 0 \\ 0 & 1 & 1 & \cdots & 0 & 0 \\ \vdots & \vdots & \vdots & & \vdots & \vdots \\ 0 & 0 & 0 & \cdots & 1 & 1 \\ 1 & 0 & 0 & \cdots & 0 & 1 \end{vmatrix}$.

§8-4　克莱姆法则

在本章第一节中，我们知道，当系数行列式 $D=\begin{vmatrix} a_{11} & a_{12} \\ a_{21} & a_{22} \end{vmatrix}=a_{11}a_{22}-a_{12}a_{21}\neq 0$ 时，二元线性方程组 $\begin{cases} a_{11}x_1+a_{12}x_2=b_1, \\ a_{21}x_1+a_{22}x_2=b_2 \end{cases}$ 的解为

$$x_1=\frac{D_1}{D}=\frac{\begin{vmatrix} b_1 & a_{12} \\ b_2 & a_{22} \end{vmatrix}}{\begin{vmatrix} a_{11} & a_{12} \\ a_{21} & a_{22} \end{vmatrix}},\quad x_2=\frac{D_2}{D}=\frac{\begin{vmatrix} a_{11} & b_1 \\ a_{21} & b_2 \end{vmatrix}}{\begin{vmatrix} a_{11} & a_{12} \\ a_{21} & a_{22} \end{vmatrix}}.$$

而对于三元线性方程组$\begin{cases}a_{11}x_1+a_{12}x_2+a_{13}x_3=b_1,\\a_{21}x_1+a_{22}x_2+a_{23}x_3=b_2,\\a_{31}x_1+a_{32}x_2+a_{33}x_3=b_3,\end{cases}$当系数行列式$D=\begin{vmatrix}a_{11}&a_{12}&a_{13}\\a_{21}&a_{22}&a_{23}\\a_{31}&a_{32}&a_{33}\end{vmatrix}\neq 0$时，我们记

$$D_1=\begin{vmatrix}b_1&a_{12}&a_{13}\\b_2&a_{22}&a_{23}\\b_3&a_{32}&a_{33}\end{vmatrix},D_2=\begin{vmatrix}a_{11}&b_1&a_{13}\\a_{21}&b_2&a_{23}\\a_{31}&b_3&a_{33}\end{vmatrix},D_3=\begin{vmatrix}a_{11}&a_{12}&b_1\\a_{21}&a_{22}&b_2\\a_{31}&a_{32}&b_3\end{vmatrix},$$

则不难得到三元线性方程组$\begin{cases}a_{11}x_1+a_{12}x_2+a_{13}x_3=b_1,\\a_{21}x_1+a_{22}x_2+a_{23}x_3=b_2,\\a_{31}x_1+a_{32}x_2+a_{33}x_3=b_3\end{cases}$的解为

$$x_1=\frac{D_1}{D},x_2=\frac{D_2}{D},x_3=\frac{D_3}{D}.$$

一般地，含有n个未知数$x_1,x_2,\cdots,x_n$的n个线性方程的方程组

$$\begin{cases}a_{11}x_1+a_{12}x_2+\cdots+a_{1n}x_n=b_1,\\a_{21}x_1+a_{22}x_2+\cdots+a_{2n}x_n=b_2,\\\vdots\\a_{n1}x_1+a_{n2}x_2+\cdots+a_{nn}x_n=b_n,\end{cases}\tag{1}$$

与二元、三元线性方程组相类似，它的解可用n阶行列式表示，即有

克莱姆法则 如果线性方程组(1)的系数行列式不等于零，即

$$D=\begin{vmatrix}a_{11}&\cdots&a_{1n}\\\vdots&&\vdots\\a_{n1}&\cdots&a_{nn}\end{vmatrix}\neq 0,$$

那么方程组(1)有唯一解

$$x_1=\frac{D_1}{D},x_2=\frac{D_2}{D},\cdots,x_n=\frac{D_n}{D}.$$

其中$D_j(j=1,2,\cdots,n)$是把系数行列式D中第j列的元素用方程组右端的常数项代替后所得到的n阶行列式，即

$$D_j=\begin{vmatrix}a_{11}&\cdots&a_{1,j-1}&b_1&a_{1,j+1}&\cdots&a_{1n}\\\vdots&&\vdots&\vdots&\vdots&&\vdots\\a_{n1}&\cdots&a_{n,j-1}&b_n&a_{n,j+1}&\cdots&a_{nn}\end{vmatrix}.$$

例 1 解线性方程组$\begin{cases}x_1-2x_2+3x_3=0,\\x_1-2x_2-x_3=0,\\3x_1+x_2+2x_3=7.\end{cases}$

解 因为

$$D=\begin{vmatrix}1&-2&3\\1&-2&-1\\3&1&2\end{vmatrix}\xlongequal[r_3-3r_1]{r_2-r_1}\begin{vmatrix}1&-2&3\\0&0&-4\\0&7&-7\end{vmatrix}\xlongequal{r_2\leftrightarrow r_3}-\begin{vmatrix}1&-2&3\\0&7&-7\\0&0&-4\end{vmatrix}=28\neq 0,$$

$$D_1=\begin{vmatrix}0&-2&3\\0&-2&-1\\7&1&2\end{vmatrix}\xlongequal{r_2-r_1}\begin{vmatrix}0&-2&3\\0&0&-4\\7&1&2\end{vmatrix}\xlongequal[r_1\leftrightarrow r_2]{r_2\leftrightarrow r_3}\begin{vmatrix}7&1&2\\0&-2&3\\0&0&-4\end{vmatrix}=56,$$

$$D_2=\begin{vmatrix}1&0&3\\1&0&-1\\3&7&2\end{vmatrix}\xlongequal[r_3-3r_1]{r_2-r_1}\begin{vmatrix}1&-2&3\\0&0&-4\\0&7&-7\end{vmatrix}\xlongequal{r_2\leftrightarrow r_3}-\begin{vmatrix}1&-2&3\\0&7&-7\\0&0&-4\end{vmatrix}=28,$$

$$D_3=\begin{vmatrix}1&-2&0\\1&-2&0\\3&1&7\end{vmatrix}=0,$$

所以 $x_1=\dfrac{D_1}{D}=\dfrac{56}{28}=2, x_2=\dfrac{D_2}{D}=\dfrac{28}{28}=1, x_3=\dfrac{D_3}{D}=\dfrac{0}{28}=0$，即原方程组的解为 $\begin{cases}x_1=2,\\x_2=1,\\x_3=0.\end{cases}$

例 2　解线性方程组

$$\begin{cases}2x_1+x_2-5x_3+x_4=8,\\x_1-3x_2-6x_4=9,\\2x_2-x_3+2x_4=-5,\\x_1+4x_2-7x_3+6x_4=0.\end{cases}$$

解　$D=\begin{vmatrix}2&1&-5&1\\1&-3&0&-6\\0&2&-1&2\\1&4&-7&6\end{vmatrix}\xlongequal[r_4-r_2]{r_1-2r_2}\begin{vmatrix}0&7&-5&12\\1&-3&0&-6\\0&2&-1&2\\0&7&-7&12\end{vmatrix}$

$$=-\begin{vmatrix}7&-5&13\\2&-1&2\\7&-7&12\end{vmatrix}\xlongequal[c_3+2c_2]{c_1+2c_2}-\begin{vmatrix}-3&5&3\\0&-1&0\\-7&-7&-2\end{vmatrix}=\begin{vmatrix}-3&3\\-7&-2\end{vmatrix}=27,$$

$$D_1=\begin{vmatrix}8&1&-5&1\\9&-3&0&-6\\-5&2&-1&2\\0&4&-7&6\end{vmatrix}=81, D_2=\begin{vmatrix}2&8&-5&1\\1&9&0&-6\\0&-5&-1&2\\1&0&-7&6\end{vmatrix}=-108,$$

$$D_3=\begin{vmatrix}2&1&8&1\\1&-3&9&-6\\0&2&-5&2\\1&4&0&6\end{vmatrix}=-27, D_4=\begin{vmatrix}2&1&-5&8\\1&-3&0&9\\0&2&-1&-5\\1&4&-7&0\end{vmatrix}=27,$$

于是得 $x_1=3, x_2=-4, x_3=-1, x_4=1$.

克莱姆法则有重大的理论价值，撇开求解公式，克莱姆法则可叙述为下面的重要定理：

定理　如果线性方程组(1)的系数行列式 $D\neq 0$，那么方程组(1)一定有解，且解是唯一的.

上述定理的逆否命题为：

如果线性方程组(1)无解或有两个不同的解，那么它的系数行列式必为零.

习题 8-4 (A)

用克莱姆法则解下列线性方程组：

(1) $\begin{cases}3x+5y=21,\\2x-7y=-17;\end{cases}$　　(2) $\begin{cases}3x_1+x_2=0,\\5x_1-7x_2=-26.\end{cases}$

习题 8-4（B）

用克莱姆法则解下列线性方程组：

(1) $\begin{cases}x_1-x_2+x_3=1,\\x_1-2x_2-x_3=0,\\3x_1+x_2+2x_3=7;\end{cases}$　　(2) $\begin{cases}x_1-3x_2+7x_3=5,\\2x_1+4x_2-3x_3=3,\\-3x_1+7x_2+2x_3=6;\end{cases}$

(3) $\begin{cases}x_1-x_2+2x_4=-5,\\3x_1+2x_2-x_3-2x_4=6,\\4x_1+3x_2-x_3-x_4=0,\\2x_1-x_3=0.\end{cases}$

§8-5 矩阵的概念和运算

一、矩阵的概念

1. 矩阵的定义

定义 1 由 $m\times n$ 个数 $a_{ij}(i=1,2,\cdots,m;j=1,2,\cdots,n)$ 排列成的 m 行 n 列的数表

$$\begin{bmatrix}a_{11} & a_{12} & \cdots & a_{1n}\\a_{21} & a_{22} & \cdots & a_{2n}\\\vdots & \vdots & & \vdots\\a_{m1} & a_{m2} & \cdots & a_{mn}\end{bmatrix}$$

称为 m 行 n 列**矩阵**，简称 $m\times n$ 矩阵. $a_{ij}(i=1,2,\cdots,m;j=1,2,\cdots,n)$ 称为**矩阵的元素**，简称**元**. 数 a_{ij} 位于矩阵的第 i 行第 j 列，称为矩阵的 (i,j) 元.

元素是实数的矩阵称为**实矩阵**，元素是复数的矩阵称为**复矩阵**. 本书中除特别说明外，都指实矩阵.

矩阵通常用大写字母 $\boldsymbol{A},\boldsymbol{B},\boldsymbol{C},\cdots$ 来表示. 例如，上述定义中的矩阵可表示为

$$\boldsymbol{A}=\begin{bmatrix}a_{11} & a_{12} & \cdots & a_{1n}\\a_{21} & a_{22} & \cdots & a_{2n}\\\vdots & \vdots & & \vdots\\a_{m1} & a_{m2} & \cdots & a_{mn}\end{bmatrix},$$

或简写为 $\boldsymbol{A}=(a_{ij})_{m\times n}$.

2. 一些特殊的矩阵

(1) 行矩阵：只有一行的矩阵 $\boldsymbol{A}=[a_1\quad a_2\quad\cdots\quad a_n]$.

（2）列矩阵：只有一列的矩阵 $\boldsymbol{B}=\begin{bmatrix} b_1 \\ b_2 \\ \vdots \\ b_m \end{bmatrix}$.

（3）零矩阵：元素全为零的矩阵，记为 $\boldsymbol{O}$.

（4）负矩阵：矩阵 $\begin{bmatrix} -a_{11} & -a_{12} & \cdots & -a_{1n} \\ -a_{21} & -a_{22} & \cdots & -a_{2n} \\ \vdots & \vdots & & \vdots \\ -a_{m1} & -a_{m2} & \cdots & -a_{mn} \end{bmatrix}$ 称为矩阵 $\boldsymbol{A}=\begin{bmatrix} a_{11} & a_{12} & \cdots & a_{1n} \\ a_{21} & a_{22} & \cdots & a_{2n} \\ \vdots & \vdots & & \vdots \\ a_{m1} & a_{m2} & \cdots & a_{mn} \end{bmatrix}$ 的负矩阵，记为 $-\boldsymbol{A}$.

（5）方阵：行数和列数均为 n 的矩阵 $\boldsymbol{A}$ 称为 n 阶方阵，记为 $\boldsymbol{A}_n$，即

$$\boldsymbol{A}_n=\begin{bmatrix} a_{11} & a_{12} & \cdots & a_{1n} \\ a_{21} & a_{22} & \cdots & a_{2n} \\ \vdots & \vdots & & \vdots \\ a_{n1} & a_{n2} & \cdots & a_{nn} \end{bmatrix}.$$

在 n 阶方阵 $\boldsymbol{A}_n$ 中，从左上角到右下角的对角线称为主对角线.

（6）对角矩阵：除主对角线上的元素外，其余元素全为零的方阵，即

$$\boldsymbol{A}_n=\begin{bmatrix} a_{11} & 0 & \cdots & 0 \\ 0 & a_{22} & \cdots & 0 \\ \vdots & \vdots & & \vdots \\ 0 & 0 & \cdots & a_{nn} \end{bmatrix}.$$

（7）单位矩阵：主对角线上的元素全为 1，其余元素全为零的方阵，记为 $\boldsymbol{E}_n$，即

$$\boldsymbol{E}_n=\begin{bmatrix} 1 & 0 & \cdots & 0 \\ 0 & 1 & \cdots & 0 \\ \vdots & \vdots & & \vdots \\ 0 & 0 & \cdots & 1 \end{bmatrix}.$$

（8）数量矩阵：矩阵 $k\boldsymbol{E}_n=\begin{bmatrix} k & 0 & \cdots & 0 \\ 0 & k & \cdots & 0 \\ \vdots & \vdots & & \vdots \\ 0 & 0 & \cdots & k \end{bmatrix}$.

（9）三角矩阵：主对角线下方元素全为零的矩阵

$$\begin{bmatrix} a_{11} & a_{12} & \cdots & a_{1n} \\ 0 & a_{22} & \cdots & a_{2n} \\ \vdots & \vdots & & \vdots \\ 0 & 0 & \cdots & a_{nn} \end{bmatrix}$$

称为上三角矩阵；主对角线上方元素全为零的矩阵

$$\begin{bmatrix} a_{11} & 0 & \cdots & 0 \\ a_{21} & a_{22} & \cdots & 0 \\ \vdots & \vdots & & \vdots \\ a_{n1} & a_{n2} & \cdots & a_{nn} \end{bmatrix}$$

称为下三角矩阵. 上三角矩阵和下三角矩阵统称为三角矩阵.

二、矩阵的运算

1. 矩阵的相等

定义 2 两个矩阵的行数、列数均相等时,称它们是同型矩阵. 如果矩阵 $\boldsymbol{A}=(a_{ij})$ 与 $\boldsymbol{B}=(b_{ij})$ 是同型矩阵,并且它们对应的元素都相等,即

$$a_{ij}=b_{ij}\,(i=1,2,\cdots,m;j=1,2,\cdots,n),$$

那么就称矩阵 $\boldsymbol{A}$ 与 $\boldsymbol{B}$ 相等,记为 $\boldsymbol{A}=\boldsymbol{B}$.

2. 矩阵的加法

定义 3 设

$$\boldsymbol{A}=(a_{ij})_{m\times n}=\begin{bmatrix} a_{11} & a_{12} & \cdots & a_{1n} \\ a_{21} & a_{22} & \cdots & a_{2n} \\ \vdots & \vdots & & \vdots \\ a_{m1} & a_{m2} & \cdots & a_{mn} \end{bmatrix},\boldsymbol{B}=(b_{ij})_{m\times n}=\begin{bmatrix} b_{11} & b_{12} & \cdots & b_{1n} \\ b_{21} & b_{22} & \cdots & b_{2n} \\ \vdots & \vdots & & \vdots \\ b_{m1} & b_{m2} & \cdots & b_{mn} \end{bmatrix}$$

是两个 $m\times n$ 矩阵,则

$$\boldsymbol{C}=(c_{ij})_{m\times n}=(a_{ij}+b_{ij})_{m\times n}=\begin{bmatrix} a_{11}+b_{11} & a_{12}+b_{12} & \cdots & a_{1n}+b_{1n} \\ a_{21}+b_{21} & a_{22}+b_{22} & \cdots & a_{2n}+b_{2n} \\ \vdots & \vdots & & \vdots \\ a_{m1}+b_{m1} & a_{m2}+b_{m2} & \cdots & a_{mn}+b_{mn} \end{bmatrix}$$

称为矩阵 $\boldsymbol{A}$ 与 $\boldsymbol{B}$ 的和,记为 $\boldsymbol{C}=\boldsymbol{A}+\boldsymbol{B}$.

说明 (1) 矩阵的加法就是矩阵对应元素相加,当然,相加的矩阵必须是同型的;

(2) 根据负矩阵的定义,我们定义矩阵的减法如下:$\boldsymbol{A}-\boldsymbol{B}=\boldsymbol{A}+(-\boldsymbol{B})$.

容易验证矩阵的加法满足以下规律:

(1) 交换律:$\boldsymbol{A}+\boldsymbol{B}=\boldsymbol{B}+\boldsymbol{A}$;

(2) 结合律:$(\boldsymbol{A}+\boldsymbol{B})+\boldsymbol{C}=\boldsymbol{A}+(\boldsymbol{B}+\boldsymbol{C})$.

例 1 设 $\boldsymbol{A}=\begin{bmatrix} 0 & 1 & 2 \\ 3 & 4 & 5 \\ -6 & 7 & 8 \end{bmatrix}$, $\boldsymbol{B}=\begin{bmatrix} 1 & x_1 & x_2 \\ -1 & -2 & 3 \\ 5 & 6 & 7 \end{bmatrix}$, $\boldsymbol{C}=\begin{bmatrix} 1 & 0 & 5 \\ 2 & y_1 & 8 \\ -1 & 13 & y_2 \end{bmatrix}$,已知 $\boldsymbol{C}=\boldsymbol{A}+\boldsymbol{B}$,求 $\boldsymbol{B}$ 与 $\boldsymbol{C}$ 及 x_1,x_2,y_1,y_2.

解 因为 $\boldsymbol{C}=\boldsymbol{A}+\boldsymbol{B}$, 所以

$$\begin{bmatrix} 1 & 0 & 5 \\ 2 & y_1 & 8 \\ -1 & 13 & y_2 \end{bmatrix}=\begin{bmatrix} 1 & x_1+1 & x_2+2 \\ 2 & 2 & 8 \\ -1 & 13 & 15 \end{bmatrix}.$$

由矩阵相等可知

$$\begin{cases} x_1+1=0, \\ x_2+2=5, \\ y_1=2, \\ y_2=15, \end{cases}$$

解得 $x_1=-1, x_2=3, y_1=2, y_2=15$，进而

$$\boldsymbol{B}=\begin{bmatrix} 1 & -1 & 3 \\ -1 & -2 & 3 \\ 5 & 6 & 7 \end{bmatrix}, \boldsymbol{C}=\begin{bmatrix} 1 & 0 & 5 \\ 2 & 2 & 8 \\ -1 & 13 & 15 \end{bmatrix}.$$

3. 数与矩阵的相乘

定义 4　设 $\boldsymbol{A}=(a_{ij})_{m\times n}=\begin{bmatrix} a_{11} & a_{12} & \cdots & a_{1n} \\ a_{21} & a_{22} & \cdots & a_{2n} \\ \vdots & \vdots & & \vdots \\ a_{m1} & a_{m2} & \cdots & a_{mn} \end{bmatrix}$，$\lambda$ 为任意实数，则

$$\boldsymbol{C}=(c_{ij})_{m\times n}=(\lambda a_{ij})_{m\times n}=\begin{bmatrix} \lambda a_{11} & \lambda a_{12} & \cdots & \lambda a_{1n} \\ \lambda a_{21} & \lambda a_{22} & \cdots & \lambda a_{2n} \\ \vdots & \vdots & & \vdots \\ \lambda a_{m1} & \lambda a_{m2} & \cdots & \lambda a_{mn} \end{bmatrix}$$

称为数 λ 与矩阵 $\boldsymbol{A}$ 的乘积，记为 $\lambda\boldsymbol{A}$，且规定 $\lambda\boldsymbol{A}=\boldsymbol{A}\lambda$.

数乘矩阵满足以下规律（设 $\boldsymbol{A},\boldsymbol{B}$ 为 $m\times n$ 矩阵，λ,μ 为实数）：

(1) $(\lambda\mu)\boldsymbol{A}=\lambda(\mu\boldsymbol{A})$；

(2) $(\lambda+\mu)\boldsymbol{A}=\lambda\boldsymbol{A}+\mu\boldsymbol{A}$；

(3) $\lambda(\boldsymbol{A}+\boldsymbol{B})=\lambda\boldsymbol{A}+\lambda\boldsymbol{B}$.

例 2　设 $\boldsymbol{A}=\begin{bmatrix} 1 & 0 \\ 3 & -1 \end{bmatrix}, \boldsymbol{B}=\begin{bmatrix} 1 & 2 \\ 3 & 4 \end{bmatrix}$，求 $3\boldsymbol{A}+2\boldsymbol{B}$.

解　因为 $3\boldsymbol{A}=\begin{bmatrix} 3 & 0 \\ 9 & -3 \end{bmatrix}, 2\boldsymbol{B}=\begin{bmatrix} 2 & 4 \\ 6 & 8 \end{bmatrix}$，所以 $3\boldsymbol{A}+2\boldsymbol{B}=\begin{bmatrix} 5 & 4 \\ 15 & 5 \end{bmatrix}$.

4. 矩阵的乘法

定义 5　设

$$\boldsymbol{A}=(a_{ij})_{m\times s}=\begin{bmatrix} a_{11} & a_{12} & \cdots & a_{1s} \\ a_{21} & a_{22} & \cdots & a_{2s} \\ \vdots & \vdots & & \vdots \\ a_{m1} & a_{m2} & \cdots & a_{ms} \end{bmatrix}, \boldsymbol{B}=(b_{ij})_{s\times n}=\begin{bmatrix} b_{11} & b_{12} & \cdots & b_{1n} \\ b_{21} & b_{22} & \cdots & b_{2n} \\ \vdots & \vdots & & \vdots \\ b_{s1} & b_{s2} & \cdots & b_{sn} \end{bmatrix},$$

那么规定矩阵 $\boldsymbol{A}$ 与矩阵 $\boldsymbol{B}$ 的乘积是一个 $m\times n$ 矩阵 $\boldsymbol{C}=(c_{ij})_{m\times n}$，其中

$$c_{ij}=a_{i1}b_{1j}+a_{i2}b_{2j}+\cdots+a_{is}b_{sj}=\sum_{k=1}^{s} a_{ik}b_{kj}\ (i=1,2,\cdots,m; j=1,2,\cdots,n),$$

并把此乘积记作 $\boldsymbol{C}=\boldsymbol{AB}$.

说明　(1) 只有当第一个矩阵 $\boldsymbol{A}$（左矩阵）的列数等于第二个矩阵 $\boldsymbol{B}$（右矩阵）的行数时，两个矩阵才能相乘，并且 $\boldsymbol{AB}$ 的行数等于左矩阵 $\boldsymbol{A}$ 的行数，列数等于右矩阵 $\boldsymbol{B}$ 的列数；

(2) 乘积矩阵 $\boldsymbol{AB}$ 中的元素 (i,j) 等于矩阵 $\boldsymbol{A}$ 的第 i 行与矩阵 $\boldsymbol{B}$ 的第 j 列对应的元素乘

积之和.

例 3 求矩阵 $\boldsymbol{A}=\begin{bmatrix}1&0&3&-1\\2&1&0&2\end{bmatrix}$,$\boldsymbol{B}=\begin{bmatrix}4&1&0\\-1&1&3\\2&0&1\\1&3&4\end{bmatrix}$的乘积 $\boldsymbol{AB}$.

解 因为 $\boldsymbol{A}$ 是 2×4 矩阵,$\boldsymbol{B}$ 是 4×3 矩阵,$\boldsymbol{A}$ 的列数等于 $\boldsymbol{B}$ 的行数,所以矩阵 $\boldsymbol{A}$ 与 $\boldsymbol{B}$ 可以相乘,其乘积 $\boldsymbol{AB}=\boldsymbol{C}$ 是一个 2×3 矩阵.按矩阵乘法的定义有

$$\boldsymbol{C}=\boldsymbol{AB}=\begin{bmatrix}1&0&3&-1\\2&1&0&2\end{bmatrix}\begin{bmatrix}4&1&0\\-1&1&3\\2&0&1\\1&3&4\end{bmatrix}=\begin{bmatrix}9&-2&-1\\9&9&11\end{bmatrix}.$$

例 4 设 $\boldsymbol{A}=\begin{bmatrix}-2&4\\1&-2\end{bmatrix}$,$\boldsymbol{B}=\begin{bmatrix}2&4\\-3&-6\end{bmatrix}$,求 $\boldsymbol{AB}$,$\boldsymbol{BA}$.

解 $$\boldsymbol{AB}=\begin{bmatrix}-2&4\\1&-2\end{bmatrix}\begin{bmatrix}2&4\\-3&-6\end{bmatrix}=\begin{bmatrix}-16&-32\\8&16\end{bmatrix},$$

$$\boldsymbol{BA}=\begin{bmatrix}2&4\\-3&-6\end{bmatrix}\begin{bmatrix}-2&4\\1&-2\end{bmatrix}=\begin{bmatrix}0&0\\0&0\end{bmatrix}=\boldsymbol{O}.$$

说明 (1) 在例 3 中,$\boldsymbol{A}$ 是 2×4 矩阵,$\boldsymbol{B}$ 是 4×3 矩阵,乘积 $\boldsymbol{AB}$ 有意义而 $\boldsymbol{BA}$ 却没有意义;而在例 4 中,$\boldsymbol{AB}$ 与 $\boldsymbol{BA}$ 都有意义,但 $\boldsymbol{AB}\neq\boldsymbol{BA}$.即在一般情况下,矩阵的乘法不满足交换律.

(2) 例 4 还表明,矩阵 $\boldsymbol{A}\neq\boldsymbol{O}$,$\boldsymbol{B}\neq\boldsymbol{O}$,但却有 $\boldsymbol{AB}=\boldsymbol{O}$,即由 $\boldsymbol{AB}=\boldsymbol{O}$ 不能得出 $\boldsymbol{A}=\boldsymbol{O}$ 或 $\boldsymbol{B}=\boldsymbol{O}$.

矩阵乘法满足以下规律:

(1) $(\boldsymbol{AB})\boldsymbol{C}=\boldsymbol{A}(\boldsymbol{BC})$;

(2) $\lambda(\boldsymbol{AB})=(\lambda\boldsymbol{A})\boldsymbol{B}$,$\lambda$ 为实数;

(3) $\boldsymbol{A}(\boldsymbol{B}+\boldsymbol{C})=\boldsymbol{AB}+\boldsymbol{AC}$,$(\boldsymbol{B}+\boldsymbol{C})\boldsymbol{A}=\boldsymbol{BA}+\boldsymbol{CA}$.

对于单位矩阵 $\boldsymbol{E}$,容易验证

$$\boldsymbol{E}_m\boldsymbol{A}_{m\times n}=\boldsymbol{A}_{m\times n},\boldsymbol{A}_{m\times n}\boldsymbol{E}_n=\boldsymbol{A}_{m\times n},$$

或简写成

$$\boldsymbol{EA}=\boldsymbol{AE}=\boldsymbol{A}.$$

可见单位矩阵 $\boldsymbol{E}$ 在矩阵乘法中的作用类似于数的运算中的数 1.

有了矩阵的乘法,就可以定义矩阵的幂.设 $\boldsymbol{A}$ 是 n 阶方阵,定义

$$\boldsymbol{A}^1=\boldsymbol{A},\boldsymbol{A}^2=\boldsymbol{A}^1\boldsymbol{A}^1,\cdots,\boldsymbol{A}^{k+1}=\boldsymbol{A}^k\boldsymbol{A}^1,$$

其中 k 为正整数.这就是说,$\boldsymbol{A}^k$ 就是 k 个 $\boldsymbol{A}$ 连乘.显然只有方阵的幂才有意义.

由于矩阵乘法适合结合律,所以矩阵的幂满足以下运算规律:

$$\boldsymbol{A}^k\boldsymbol{A}^l=\boldsymbol{A}^{k+l},(\boldsymbol{A}^k)^l=\boldsymbol{A}^{kl},$$

其中 k,l 为正整数.又因为矩阵乘法一般不满足交换律,所以对于两个 n 阶矩阵 $\boldsymbol{A}$ 与 $\boldsymbol{B}$,一般说来 $(\boldsymbol{AB})^k\neq\boldsymbol{A}^k\boldsymbol{B}^k$.

5. 矩阵的转置

定义 6 把矩阵 $\boldsymbol{A}$ 的行换成同序数的列得到一个新矩阵,称为 $\boldsymbol{A}$ 的**转置矩阵**,记作 $\boldsymbol{A}^{\mathrm{T}}$.

例如,矩阵 $\boldsymbol{A}=\begin{bmatrix}1&2&0\\3&-1&1\end{bmatrix}$的转置矩阵为 $\boldsymbol{A}^{\mathrm{T}}=\begin{bmatrix}1&3\\2&-1\\0&1\end{bmatrix}$.

矩阵的转置也是一种运算,满足下述规律(假设运算都是可行的):

(1) $(\boldsymbol{A}^{\mathrm{T}})^{\mathrm{T}}=\boldsymbol{A}$;　　(2) $(\boldsymbol{A}+\boldsymbol{B})^{\mathrm{T}}=\boldsymbol{A}^{\mathrm{T}}+\boldsymbol{B}^{\mathrm{T}}$;

(3) $(\lambda\boldsymbol{A})^{\mathrm{T}}=\lambda\boldsymbol{A}^{\mathrm{T}}$;　　(4) $(\boldsymbol{AB})^{\mathrm{T}}=\boldsymbol{B}^{\mathrm{T}}\boldsymbol{A}^{\mathrm{T}}$.

将(4)推广为任意有限个矩阵的情况,即$(\boldsymbol{A}_1\boldsymbol{A}_2\cdots\boldsymbol{A}_n)^{\mathrm{T}}=\boldsymbol{A}_n^{\mathrm{T}}\cdots\boldsymbol{A}_2^{\mathrm{T}}\boldsymbol{A}_1^{\mathrm{T}}$.

例 5　已知 $\boldsymbol{A}=\begin{bmatrix}2&0&-1\\1&3&2\end{bmatrix}$,$\boldsymbol{B}=\begin{bmatrix}1&7&-1\\4&2&3\\2&0&1\end{bmatrix}$,求$(\boldsymbol{AB})^{\mathrm{T}}$.

解法 1　$\boldsymbol{AB}=\begin{bmatrix}2&0&-1\\1&3&2\end{bmatrix}\begin{bmatrix}1&7&-1\\4&2&3\\2&0&1\end{bmatrix}=\begin{bmatrix}0&14&-3\\17&13&10\end{bmatrix}$,则$(\boldsymbol{AB})^{\mathrm{T}}=\begin{bmatrix}0&17\\14&13\\-3&10\end{bmatrix}$.

解法 2　$(\boldsymbol{AB})^{\mathrm{T}}=\boldsymbol{B}^{\mathrm{T}}\boldsymbol{A}^{\mathrm{T}}=\begin{bmatrix}1&4&2\\7&2&0\\-1&3&1\end{bmatrix}\begin{bmatrix}2&1\\0&3\\-1&2\end{bmatrix}=\begin{bmatrix}0&17\\14&13\\-3&10\end{bmatrix}$.

设 $\boldsymbol{A}$ 为 n 阶方阵,如果满足 $\boldsymbol{A}^{\mathrm{T}}=\boldsymbol{A}$,即

$$a_{ij}=a_{ji}(i,j=1,2,\cdots,n),$$

那么 $\boldsymbol{A}$ 称为**对称矩阵**.对称矩阵的特点是:它的元素以主对角线为对称轴对应相等.

例如,$\begin{bmatrix}4&1\\1&1\end{bmatrix}$,$\begin{bmatrix}2&1&2\\1&-3&-5\\2&-5&7\end{bmatrix}$等都是对称矩阵.

例 6　试证:对于任意方阵 $\boldsymbol{A}$,都有 $\boldsymbol{A}+\boldsymbol{A}^{\mathrm{T}}$是对称矩阵.

证明　因为$(\boldsymbol{A}+\boldsymbol{A}^{\mathrm{T}})^{\mathrm{T}}=\boldsymbol{A}^{\mathrm{T}}+(\boldsymbol{A}^{\mathrm{T}})^{\mathrm{T}}=\boldsymbol{A}^{\mathrm{T}}+\boldsymbol{A}=\boldsymbol{A}+\boldsymbol{A}^{\mathrm{T}}$,所以 $\boldsymbol{A}+\boldsymbol{A}^{\mathrm{T}}$是对称矩阵.

习题 8-5(A)

1. 设 $\boldsymbol{A}=\begin{bmatrix}1&-1&2\\3&0&2\end{bmatrix}$,$\boldsymbol{B}=\begin{bmatrix}4&2\\3&-1\\0&1\end{bmatrix}$,求:(1) $\boldsymbol{A}-2\boldsymbol{B}^{\mathrm{T}}$;(2) $(\boldsymbol{AB})^{\mathrm{T}}$.

2. 设 $\boldsymbol{A}=\begin{bmatrix}3&7&4\\-3&4&4\\-2&0&3\end{bmatrix}$,$\boldsymbol{B}=\begin{bmatrix}3&x_1&x_2\\x_1&4&x_3\\x_2&x_3&3\end{bmatrix}$,$\boldsymbol{C}=\begin{bmatrix}0&y_1&y_2\\-y_1&0&y_3\\-y_2&-y_3&0\end{bmatrix}$,且 $\boldsymbol{A}=\boldsymbol{B}+\boldsymbol{C}$,求 $\boldsymbol{B}$,$\boldsymbol{C}$ 及 x_1,x_2,x_3,y_1,y_2,y_3.

3. 设 $\boldsymbol{A}=\begin{bmatrix}3&1&1\\2&1&2\\1&1&2\end{bmatrix}$,$\boldsymbol{B}=\begin{bmatrix}1&1&1\\-1&2&0\\1&0&1\end{bmatrix}$,求 $\boldsymbol{AB}-\boldsymbol{BA}$.

4. 计算:

(1) $\begin{bmatrix}4&3&1\\0&-1&3\\5&7&0\end{bmatrix}\begin{bmatrix}7&-1\\0&1\\1&0\end{bmatrix}$； (2) $\begin{bmatrix}1\\2\\3\end{bmatrix}\begin{bmatrix}-1&2\end{bmatrix}$； (3) $\begin{bmatrix}x&y\end{bmatrix}\begin{bmatrix}9&-12\\-12&16\end{bmatrix}\begin{bmatrix}x\\y\end{bmatrix}$.

习题 8-5（B）

1. 设 $\boldsymbol{A}=\begin{bmatrix}-1&2&1\\0&-1&2\end{bmatrix}$，$\boldsymbol{B}=\begin{bmatrix}1&0&3\\2&1&-1\end{bmatrix}$，$\boldsymbol{C}=\begin{bmatrix}3&1&2\\-1&-2&4\\0&0&2\end{bmatrix}$，求 $\boldsymbol{AC}+\boldsymbol{BC}$.

2. 设 $\boldsymbol{A}=\begin{bmatrix}1&0&0\\0&-2&0\\0&0&3\end{bmatrix}$，$\boldsymbol{B}=\begin{bmatrix}5&0&0\\0&-4&0\\0&0&2\end{bmatrix}$，求 $(2\boldsymbol{A}-\boldsymbol{AB})^{\mathrm{T}}$.

3. 已知 $\begin{bmatrix}a&b&c&d\\1&4&9&2\end{bmatrix}\begin{bmatrix}1&0&2&0\\0&0&1&1\\0&1&0&0\\0&0&1&0\end{bmatrix}=\begin{bmatrix}1&0&6&6\\1&9&8&4\end{bmatrix}$，求 a,b,c,d.

4. 设 $\boldsymbol{A}=\begin{bmatrix}-1&2&5\\0&-3&4\end{bmatrix}$，$\boldsymbol{B}=\begin{bmatrix}2&x\\y&6\\-10&z\end{bmatrix}$，试确定 x,y,z 使 $2\boldsymbol{A}+\boldsymbol{B}^{\mathrm{T}}=\boldsymbol{O}$.

5. 设 $\boldsymbol{A}=\begin{bmatrix}1&0&2\\-1&2&4\\3&1&1\end{bmatrix}$，$\boldsymbol{B}=\begin{bmatrix}2&1\\-1&3\\0&3\end{bmatrix}$，求 $(3\boldsymbol{E}_3-\boldsymbol{A}^{\mathrm{T}})\boldsymbol{B}$.

6. 试证明：设 $\boldsymbol{A},\boldsymbol{B}$ 都是 n 阶矩阵，且 $\boldsymbol{A}$ 为对称矩阵，则 $\boldsymbol{B}^{\mathrm{T}}\boldsymbol{AB}$ 是对称矩阵.

§8-6 逆 矩 阵

一、逆矩阵的定义

定义 1 对于 n 阶矩阵 $\boldsymbol{A}$，如果有一个 n 阶矩阵 $\boldsymbol{B}$，使

$$\boldsymbol{AB}=\boldsymbol{BA}=\boldsymbol{E},$$

则称矩阵 $\boldsymbol{A}$ 是可逆的，并把矩阵 $\boldsymbol{B}$ 称为 $\boldsymbol{A}$ 的**逆矩阵**，记为 $\boldsymbol{B}=\boldsymbol{A}^{-1}$.

二、逆矩阵的性质

性质 1 若矩阵 $\boldsymbol{A}$ 是可逆的，则 $\boldsymbol{A}$ 的逆矩阵是唯一的.

证明 设 $\boldsymbol{B},\boldsymbol{C}$ 都是 $\boldsymbol{A}$ 的逆矩阵，则有

$$\boldsymbol{B}=\boldsymbol{BE}=\boldsymbol{B}(\boldsymbol{AC})=(\boldsymbol{BA})\boldsymbol{C}=\boldsymbol{EC}=\boldsymbol{C},$$

所以 $\boldsymbol{A}$ 的逆矩阵是唯一的.

性质 2 若 $\boldsymbol{A}$ 可逆，则 $\boldsymbol{A}^{-1}$ 亦可逆，且 $(\boldsymbol{A}^{-1})^{-1}=\boldsymbol{A}$.

证明　因为 $\boldsymbol{A}\boldsymbol{A}^{-1}=\boldsymbol{A}^{-1}\boldsymbol{A}=\boldsymbol{E}$，由矩阵可逆的定义可知 $\boldsymbol{A}^{-1}$ 可逆，且 $(\boldsymbol{A}^{-1})^{-1}=\boldsymbol{A}$.

性质 3　若 $\boldsymbol{A}$ 可逆，数 $\lambda\neq 0$，则 $\lambda\boldsymbol{A}$ 可逆，且 $(\lambda\boldsymbol{A})^{-1}=\frac{1}{\lambda}\boldsymbol{A}^{-1}$.

证明　因为 $(\lambda\boldsymbol{A})\left(\frac{1}{\lambda}\boldsymbol{A}^{-1}\right)=\lambda\cdot\frac{1}{\lambda}(\boldsymbol{A}\boldsymbol{A}^{-1})=\boldsymbol{A}\boldsymbol{A}^{-1}=\boldsymbol{E}=\boldsymbol{A}^{-1}\boldsymbol{A}=\left(\frac{1}{\lambda}\boldsymbol{A}^{-1}\right)(\lambda\boldsymbol{A})$，所以 $\lambda\boldsymbol{A}$ 可逆，且 $(\lambda\boldsymbol{A})^{-1}=\frac{1}{\lambda}\boldsymbol{A}^{-1}$.

性质 4　若 $\boldsymbol{A},\boldsymbol{B}$ 为同阶矩阵且均可逆，则 $\boldsymbol{AB}$ 可逆，且 $(\boldsymbol{AB})^{-1}=\boldsymbol{B}^{-1}\boldsymbol{A}^{-1}$.

证明　因为 $\boldsymbol{A},\boldsymbol{B}$ 为同阶矩阵且均可逆，所以

$$\boldsymbol{A}\boldsymbol{A}^{-1}=\boldsymbol{A}^{-1}\boldsymbol{A}=\boldsymbol{E},\boldsymbol{B}\boldsymbol{B}^{-1}=\boldsymbol{B}^{-1}\boldsymbol{B}=\boldsymbol{E}.$$

因为

$$(\boldsymbol{AB})(\boldsymbol{B}^{-1}\boldsymbol{A}^{-1})=\boldsymbol{A}(\boldsymbol{B}\boldsymbol{B}^{-1})\boldsymbol{A}^{-1}=\boldsymbol{A}\boldsymbol{E}\boldsymbol{A}^{-1}=\boldsymbol{A}\boldsymbol{A}^{-1}=\boldsymbol{E},$$
$$(\boldsymbol{B}^{-1}\boldsymbol{A}^{-1})(\boldsymbol{AB})=\boldsymbol{B}^{-1}(\boldsymbol{A}^{-1}\boldsymbol{A})\boldsymbol{B}=\boldsymbol{B}^{-1}\boldsymbol{E}\boldsymbol{B}=\boldsymbol{B}^{-1}\boldsymbol{B}=\boldsymbol{E},$$

所以 $\boldsymbol{AB}$ 可逆，且 $(\boldsymbol{AB})^{-1}=\boldsymbol{B}^{-1}\boldsymbol{A}^{-1}$.

我们可将性质 4 推广至有限个矩阵相乘的情形，即设 $\boldsymbol{A}_1,\boldsymbol{A}_2,\cdots,\boldsymbol{A}_n$ 均为同阶矩阵且可逆，则 $\boldsymbol{A}_1\boldsymbol{A}_2\cdots\boldsymbol{A}_n$ 可逆，且

$$(\boldsymbol{A}_1\boldsymbol{A}_2\cdots\boldsymbol{A}_n)^{-1}=\boldsymbol{A}_n^{-1}\cdots\boldsymbol{A}_2^{-1}\boldsymbol{A}_1^{-1}.$$

性质 5　设 $\boldsymbol{A},\boldsymbol{B}$ 为同阶方阵，则 $|\boldsymbol{AB}|=|\boldsymbol{A}||\boldsymbol{B}|$.

三、矩阵可逆的判定及求法

定理 1　若矩阵 $\boldsymbol{A}$ 可逆，则 $|\boldsymbol{A}|\neq 0$.

证明　因为 $\boldsymbol{A}$ 可逆，则有 $\boldsymbol{A}^{-1}$ 使 $\boldsymbol{A}\boldsymbol{A}^{-1}=\boldsymbol{E}$，所以 $|\boldsymbol{A}||\boldsymbol{A}^{-1}|=1$，故 $|\boldsymbol{A}|\neq 0$.

定义 2　对于 n 阶方阵

$$\boldsymbol{A}=\begin{bmatrix} a_{11} & a_{12} & \cdots & a_{1n} \\ a_{21} & a_{22} & \cdots & a_{2n} \\ \vdots & \vdots & & \vdots \\ a_{n1} & a_{n2} & \cdots & a_{nn} \end{bmatrix},$$

称 n 阶方阵

$$\begin{bmatrix} A_{11} & A_{21} & \cdots & A_{n1} \\ A_{12} & A_{22} & \cdots & A_{n2} \\ \vdots & \vdots & & \vdots \\ A_{1n} & A_{2n} & \cdots & A_{nn} \end{bmatrix}$$

为矩阵 $\boldsymbol{A}$ 的**伴随矩阵**，记为 $\boldsymbol{A}^*$，其中元素 A_{ij} 为行列式 $|\boldsymbol{A}|$ 中元素 a_{ij} 的代数余子式.

由行列式的性质可得

$$\begin{cases} a_{i1}A_{i1}+a_{i2}A_{i2}+\cdots+a_{in}A_{in}=|\boldsymbol{A}|, & i=1,2,\cdots,n, \\ a_{j1}A_{i1}+a_{j2}A_{i2}+\cdots+a_{jn}A_{in}=0, & j\neq i, \end{cases}$$

于是由矩阵乘法可得

$$\boldsymbol{A}\boldsymbol{A}^*=|\boldsymbol{A}|\boldsymbol{E}.$$

同理，

$$\boldsymbol{A}^*\boldsymbol{A}=|\boldsymbol{A}|\boldsymbol{E}.$$

例 1 设 $\boldsymbol{A}=\begin{bmatrix}1 & -2 & 5\\ -3 & 0 & 4\\ 2 & 1 & 6\end{bmatrix}$,求 $\boldsymbol{A}^*$.

解 因为

$$A_{11}=\begin{vmatrix}0 & 4\\ 1 & 6\end{vmatrix}=-4,\quad A_{12}=-\begin{vmatrix}-3 & 4\\ 2 & 6\end{vmatrix}=26,\quad A_{13}=\begin{vmatrix}-3 & 0\\ 2 & 1\end{vmatrix}=-3,$$

$$A_{21}=-\begin{vmatrix}-2 & 5\\ 1 & 6\end{vmatrix}=17,\quad A_{22}=\begin{vmatrix}1 & 5\\ 2 & 6\end{vmatrix}=-4,\quad A_{23}=-\begin{vmatrix}1 & -2\\ 2 & 1\end{vmatrix}=-5,$$

$$A_{31}=\begin{vmatrix}-2 & 5\\ 0 & 4\end{vmatrix}=-8,\quad A_{32}=-\begin{vmatrix}1 & 5\\ -3 & 4\end{vmatrix}=-19,\quad A_{33}=\begin{vmatrix}1 & -2\\ -3 & 0\end{vmatrix}=-6,$$

所以

$$\boldsymbol{A}^*=\begin{bmatrix}-4 & 17 & -8\\ 26 & -4 & -19\\ -3 & -5 & -6\end{bmatrix}.$$

定理 2 若 $|\boldsymbol{A}|\neq 0$,则矩阵 $\boldsymbol{A}$ 可逆,且 $\boldsymbol{A}^{-1}=\frac{1}{|\boldsymbol{A}|}\boldsymbol{A}^*$.

证明 因为 $\boldsymbol{AA}^*=\boldsymbol{A}^*\boldsymbol{A}=|\boldsymbol{A}|\boldsymbol{E}$,又 $|\boldsymbol{A}|\neq 0$,所以有

$$\boldsymbol{A}\left(\frac{1}{|\boldsymbol{A}|}\boldsymbol{A}^*\right)=\frac{1}{|\boldsymbol{A}|}(\boldsymbol{AA}^*)=\boldsymbol{E},\left(\frac{1}{|\boldsymbol{A}|}\boldsymbol{A}^*\right)\boldsymbol{A}=\frac{1}{|\boldsymbol{A}|}(\boldsymbol{A}^*\boldsymbol{A})=\boldsymbol{E},$$

从而矩阵 $\boldsymbol{A}$ 可逆,且 $\boldsymbol{A}^{-1}=\frac{1}{|\boldsymbol{A}|}\boldsymbol{A}^*$.

说明 当 $|\boldsymbol{A}|=0$ 时,矩阵 $\boldsymbol{A}$ 称为奇异矩阵;当 $|\boldsymbol{A}|\neq 0$ 时,矩阵 $\boldsymbol{A}$ 称为非奇异矩阵.综合定理 1 及定理 2 可知:矩阵 $\boldsymbol{A}$ 是可逆矩阵的充分必要条件是 $|\boldsymbol{A}|\neq 0$,即可逆矩阵就是非奇异矩阵.

推论 若 $\boldsymbol{AB}=\boldsymbol{E}$(或 $\boldsymbol{BA}=\boldsymbol{E}$),则 $\boldsymbol{B}=\boldsymbol{A}^{-1}$.

证明 (以 $\boldsymbol{AB}=\boldsymbol{E}$ 为例)因为 $|\boldsymbol{A}||\boldsymbol{B}|=1$,所以 $|\boldsymbol{A}|\neq 0$,因而 $\boldsymbol{A}^{-1}$ 存在,于是

$$\boldsymbol{B}=\boldsymbol{EB}=(\boldsymbol{A}^{-1}\boldsymbol{A})\boldsymbol{B}=\boldsymbol{A}^{-1}(\boldsymbol{AB})=\boldsymbol{A}^{-1}\boldsymbol{E}=\boldsymbol{A}^{-1}.$$

例 2 求 $\boldsymbol{A}=\begin{bmatrix}1 & 2 & 3\\ 2 & 2 & 1\\ 3 & 4 & 3\end{bmatrix}$ 的逆矩阵.

解 因为 $|\boldsymbol{A}|=2\neq 0$,所以 $\boldsymbol{A}^{-1}$ 存在.计算得

$A_{11}=2,A_{21}=6,A_{31}=-4,A_{12}=-3,A_{22}=-6,A_{32}=5,A_{13}=2,A_{23}=2,A_{33}=-2,$

则

$$\boldsymbol{A}^*=\begin{bmatrix}2 & 6 & -4\\ -3 & -6 & 5\\ 2 & 2 & -2\end{bmatrix},$$

所以

$$\boldsymbol{A}^{-1}=\begin{bmatrix}1 & 3 & -2\\ -\frac{3}{2} & -3 & \frac{5}{2}\\ 1 & 1 & -1\end{bmatrix}.$$

习题 8-6（A）

1. 判断下列矩阵 $\boldsymbol{A}$, $\boldsymbol{B}$ 是否互为逆矩阵：

(1) $\boldsymbol{A}=\begin{bmatrix}1 & -1\\ 1 & 1\end{bmatrix}$, $\boldsymbol{B}=\begin{bmatrix}1 & 1\\ -1 & 1\end{bmatrix}$;　(2) $\boldsymbol{A}=\begin{bmatrix}1 & 1 & 2\\ 1 & 2 & 2\\ 1 & 2 & 3\end{bmatrix}$, $\boldsymbol{B}=\begin{bmatrix}2 & -1 & 0\\ 1 & 1 & -1\\ -2 & 0 & 1\end{bmatrix}$.

2. 判断下列矩阵是否可逆，若可逆，求出它的逆矩阵：

(1) $\begin{bmatrix}1 & 1\\ -1 & -1\end{bmatrix}$;　(2) $\begin{bmatrix}5 & 7\\ 8 & 11\end{bmatrix}$;　(3) $\begin{bmatrix}1 & 0 & 2\\ 2 & -1 & 3\\ 4 & 1 & 8\end{bmatrix}$.

习题 8-6（B）

1. 求下列矩阵的逆矩阵：

(1) $\begin{bmatrix}1 & 0 & 2\\ 0 & 1 & -1\\ 2 & -1 & -1\end{bmatrix}$;　(2) $\begin{bmatrix}2 & 2 & 3\\ 1 & -1 & 0\\ -1 & 2 & 1\end{bmatrix}$;　(3) $\begin{bmatrix}2 & 1 & 0 & 0\\ 0 & 2 & 1 & 0\\ 0 & 0 & 2 & 1\\ 0 & 0 & 0 & 2\end{bmatrix}$.

2. 已知矩阵 $\boldsymbol{A}=\begin{bmatrix}1 & 0 & -1\\ 0 & 1 & 2\end{bmatrix}$, $\boldsymbol{B}=\begin{bmatrix}0 & 0 & 1\\ 0 & -1 & 2\end{bmatrix}$，求 $(\boldsymbol{BA}^{\mathrm{T}})^{-1}$.

§8-7　矩阵的秩与初等变换

一、矩阵的秩

1. 矩阵的 k 阶子式

定义 1　在 $m\times n$ 矩阵中，任意取 k 行 k 列（$k\leqslant m, k\leqslant n$），位于这些行与列交叉处的元素按原来的相对位置所构成的行列式，称为矩阵的 **k 阶子式**.

例如，矩阵 $\boldsymbol{A}=\begin{bmatrix}1 & 2 & -2\\ 1 & -3 & -3\\ 3 & 1 & 1\end{bmatrix}$ 中，第 1,2 两行和第 2,3 两列相交处的元素构成的 2 阶子式是 $\begin{vmatrix}2 & -2\\ -3 & -3\end{vmatrix}$. $\boldsymbol{A}$ 的 3 阶子式是 $|\boldsymbol{A}|$.

说明　(1) 矩阵 $\boldsymbol{A}_{m\times n}$ 的 k 阶子式共有 $\mathrm{C}_m^k\mathrm{C}_n^k$ 个；(2) n 阶方阵 $\boldsymbol{A}_n$ 的 n 阶子式即为 $|\boldsymbol{A}_n|$.

2. 矩阵的秩

定义 2　矩阵 $\boldsymbol{A}$ 的不为零的最高阶子式的阶数 r 称为矩阵 $\boldsymbol{A}$ 的**秩**，记为 $\mathrm{r}(\boldsymbol{A})$.

例 1 求矩阵 $\boldsymbol{A}=\begin{bmatrix}1 & 2 & 3\\2 & 3 & -5\\4 & 7 & 1\end{bmatrix}$ 的秩.

解 在 $\boldsymbol{A}$ 中,容易看出一个 2 阶子式是 $\begin{vmatrix}1 & 2\\2 & 3\end{vmatrix}\neq 0$,$\boldsymbol{A}$ 的 3 阶子式只有一个 $|\boldsymbol{A}|$,经计算 $|\boldsymbol{A}|=0$,所以 $\mathrm{r}(\boldsymbol{A})=2$.

由矩阵秩的定义易得下面的结论:

定理 1 $\mathrm{r}(\boldsymbol{A})=r$ 的充要条件是 $\boldsymbol{A}$ 有一个 r 阶子式不为零,而所有的 $r+1$ 阶子式全为零.

二、矩阵的初等变换

定义 3 下面三种变换称为矩阵的初等行变换:

(1) 对调矩阵两行;

(2) 以数 $k(\neq 0)$ 乘以某一行中所有元素;

(3) 把某一行所有元素的 k 倍加到另一行对应的元素上.

说明 (1) 称(1)为对换变换,以 r_i 表示行列式的第 i 行,交换 i,j 两行记作 $r_i\leftrightarrow r_j$. 例如,第 1 行与第 3 行对调,记作

$$\begin{bmatrix}a_{11} & a_{12} & a_{13}\\a_{21} & a_{22} & a_{23}\\a_{31} & a_{32} & a_{33}\end{bmatrix}\xrightarrow{r_1\leftrightarrow r_3}\begin{bmatrix}a_{31} & a_{32} & a_{33}\\a_{21} & a_{22} & a_{23}\\a_{11} & a_{12} & a_{13}\end{bmatrix}.$$

称(2)为倍乘变换,第 i 行乘以 k,记作 kr_i. 例如,第 2 行乘以非零常数 k,记作

$$\begin{bmatrix}a_{11} & a_{12} & a_{13}\\a_{21} & a_{22} & a_{23}\\a_{31} & a_{32} & a_{33}\end{bmatrix}\xrightarrow{kr_2}\begin{bmatrix}a_{11} & a_{12} & a_{13}\\ka_{21} & ka_{22} & ka_{23}\\a_{31} & a_{32} & a_{33}\end{bmatrix}.$$

称(3)为倍加变换,以数 k 乘第 j 行加到第 i 行上,记作 r_i+kr_j. 例如,第 1 行乘以数 k 加到第 2 行上,记作

$$\begin{bmatrix}a_{11} & a_{12} & a_{13}\\a_{21} & a_{22} & a_{23}\\a_{31} & a_{32} & a_{33}\end{bmatrix}\xrightarrow{r_2+kr_1}\begin{bmatrix}a_{11} & a_{12} & a_{13}\\a_{21}+ka_{11} & a_{22}+ka_{12} & a_{23}+ka_{13}\\a_{31} & a_{32} & a_{33}\end{bmatrix}.$$

(2) 把定义中的"行"换成"列",即得矩阵的初等列变换的定义. 矩阵的初等行变换和初等列变换统称为**初等变换**.

下面是关于矩阵初等变换的几个结论:

定理 2 设矩阵 $\boldsymbol{A}$ 经过一系列初等行(或列)变换成为矩阵 $\boldsymbol{B}$,则 $|\boldsymbol{A}|\neq 0$ 的充要条件是 $|\boldsymbol{B}|\neq 0$.

证明 (以初等行变换为例)

(1) 若 $\boldsymbol{A}\xrightarrow{r_i\leftrightarrow r_j}\boldsymbol{B}$,则由行列式的性质知 $|\boldsymbol{A}|=-|\boldsymbol{B}|$;

(2) 若 $\boldsymbol{A}\xrightarrow{kr_i}\boldsymbol{B}$ $(k\neq 0)$,则由行列式的性质知 $k|\boldsymbol{A}|=|\boldsymbol{B}|$;

(3) 若 $\boldsymbol{A}\xrightarrow{r_i+kr_j}\boldsymbol{B}$,则由行列式的性质知 $|\boldsymbol{A}|=|\boldsymbol{B}|$.

综上所述，矩阵 $\boldsymbol{A}$ 经过一系列初等行变换成为矩阵 $\boldsymbol{B}$，则 $|\boldsymbol{A}|\neq 0$ 的充要条件是 $|\boldsymbol{B}|\neq 0$. 同理可证，矩阵 $\boldsymbol{A}$ 经过一系列初等列变换成为矩阵 $\boldsymbol{B}$，则 $|\boldsymbol{A}|\neq 0$ 的充要条件是 $|\boldsymbol{B}|\neq 0$.

说明　对矩阵无论进行哪一种初等变换，进行多少次变换，都不会改变矩阵的奇异性.

推论　设矩阵 $\boldsymbol{A}$ 经过一系列初等变换成为矩阵 $\boldsymbol{B}$，则 $|\boldsymbol{A}|\neq 0$ 的充要条件是 $|\boldsymbol{B}|\neq 0$.

定理 1 告诉我们，矩阵的秩只涉及子式是否为零，定理 2 则说明初等变换不改变矩阵行列式是否为零. 因此，初等变换有以下重要性质：

定理 3　矩阵的初等行(或列)变换不改变矩阵的秩.

这个定理告诉我们，矩阵 $\boldsymbol{A}$ 经过初等行(或列)变换变成矩阵 $\boldsymbol{B}$，则有 $\mathrm{r}(\boldsymbol{A})=\mathrm{r}(\boldsymbol{B})$.

定理 4　任何 $m\times n$ 非零矩阵 $\boldsymbol{A}$ 都可以经过初等行变换化成以下形式的 $m\times n$ 矩阵

$$\begin{bmatrix} \otimes & \times & \times & \times & \times & \times & \times \\ 0 & \otimes & \times & \times & \times & \times & \times \\ 0 & 0 & \otimes & \times & \times & \times & \times \\ \vdots & \vdots & \vdots & \vdots & \vdots & \vdots & \vdots \\ 0 & 0 & 0 & 0 & 0 & 0 & \otimes \\ 0 & 0 & 0 & 0 & 0 & 0 & 0 \end{bmatrix},$$

称此矩阵为**阶梯矩阵**. 其中符号⊗表示该行的第一个非零元素，符号×表示零或非零元素.

阶梯矩阵的特点：

(1) 矩阵的零行在矩阵的最下方；

(2) 各行第一个非零元素之前的零元素个数随行的序数的增加而增加.

定理 5　阶梯矩阵的秩等于其非零行的行数.

说明　我们知道对于阶数较低的矩阵利用矩阵秩的定义可以求其秩，但是对于阶数较高的矩阵用矩阵秩的定义去求其秩就比较麻烦，定理 1～5 告诉我们一个求矩阵秩更为常用的方法：将矩阵 $\boldsymbol{A}$ 经过初等行变换变成阶梯矩阵 $\boldsymbol{B}$，此时有 $\mathrm{r}(\boldsymbol{A})=\mathrm{r}(\boldsymbol{B})$.

例 2　求矩阵 $\boldsymbol{A}=\begin{bmatrix} 1 & 3 & -1 & -2 \\ 2 & -1 & 2 & 3 \\ 3 & 2 & 1 & 1 \\ 1 & -4 & 3 & 5 \end{bmatrix}$ 的秩.

解　对矩阵 $\boldsymbol{A}$ 实施初等行变换使其化为如下阶梯矩阵：

$$\boldsymbol{A}=\begin{bmatrix} 1 & 3 & -1 & -2 \\ 2 & -1 & 2 & 3 \\ 3 & 2 & 1 & 1 \\ 1 & -4 & 3 & 5 \end{bmatrix} \xrightarrow[r_4+(-1)r_1]{\substack{r_2+(-2)r_1 \\ r_3+(-3)r_1}} \begin{bmatrix} 1 & 3 & -1 & -2 \\ 0 & -7 & 4 & 7 \\ 0 & -7 & 4 & 7 \\ 0 & -7 & 4 & 7 \end{bmatrix} \xrightarrow[r_4+(-1)r_2]{r_3+(-1)r_2} \begin{bmatrix} 1 & 3 & -1 & -2 \\ 0 & -7 & 4 & 7 \\ 0 & 0 & 0 & 0 \\ 0 & 0 & 0 & 0 \end{bmatrix},$$

由定理 5 知 $\mathrm{r}(\boldsymbol{A})=2$.

定理 6　方阵 $\boldsymbol{A}$ 可逆的充分必要条件是 $\boldsymbol{A}$ 经过一系列初等变换可化为单位矩阵.

说明　(1) n 阶方阵 $\boldsymbol{A}$ 可逆，则 $\mathrm{r}(\boldsymbol{A})=n$；(2) 方阵 $\boldsymbol{A}$ 可逆的充分必要条件是 $\boldsymbol{A}$ 经过一系列初等行(或列)变换可化为单位矩阵.

三、初等矩阵

定义 4　将单位矩阵实施一次初等变换所得到的矩阵称为**初等矩阵**.

对应于三种初等行变换有三种类型的初等矩阵.

(1) 初等对换矩阵：

$$\boldsymbol{E}(i,j)=\begin{bmatrix}1&&&&&&&&\\&\ddots&&&&&&&\\&&1&&&&&&\\&&&0&\cdots&1&&&\\&&&\vdots&&\vdots&&&\\&&&1&\cdots&0&&&\\&&&&&&\ddots&&\\&&&&&&&1&\\&&&&&&&0&1\end{bmatrix},$$

$\boldsymbol{E}(i,j)$是由单位矩阵第 i,j 行对调所得；

(2) 初等倍乘矩阵：

$$\boldsymbol{E}(i(k))=\begin{bmatrix}1&&&&&&\\&\ddots&&&&&\\&&1&&&&\\&&&k&&&\\&&&&1&&\\&&&&&\ddots&\\&&&&&&1\end{bmatrix},$$

$\boldsymbol{E}(i(k))$是由单位矩阵第 i 行乘以 k 所得，其中 $k\neq0$；

(3) 初等倍加变换：

$$\boldsymbol{E}(j+i(k))=\begin{bmatrix}1&&&&&&&\\&\ddots&&&&&&\\&&1&&&&&\\&&&1&&&&\\&&&\vdots&\ddots&&&\\&&&k&\cdots&1&&\\&&&&&&\ddots&\\&&&&&&&1\end{bmatrix},$$

$\boldsymbol{E}(j+i(k))$是由单位矩阵第 i 行乘以 k 加到第 j 行所得.

可以证明，对 $m\times n$ 矩阵 $\boldsymbol{A}$ 进行初等行变换等价于矩阵 $\boldsymbol{A}$ 左乘相应的初等矩阵，即

矩阵 $\boldsymbol{A}$ 的第 i,j 行对调等价于 $\boldsymbol{E}(i,j)\boldsymbol{A}$；

矩阵 $\boldsymbol{A}$ 的第 i 行乘以 k 等价于 $\boldsymbol{E}(i(k))\boldsymbol{A}$；

矩阵 $\boldsymbol{A}$ 的第 i 行乘以 k 加到第 j 行等价于 $\boldsymbol{E}(j+i(k))\boldsymbol{A}$.

习题 8-7（A）

1. 判断下列命题是否成立：

(1) 若 $\boldsymbol{A}$ 有一个 r 阶非零子式，则 $r(\boldsymbol{A})=r$；

(2) 若 $r(\boldsymbol{A})\geqslant r$，则 $\boldsymbol{A}$ 中必有一个 r 阶非零子式；

(3) 设 $\boldsymbol{A}$ 是 3×4 矩阵，且所有元素都不为零，则 $r(\boldsymbol{A})=3$；

(4) 若 $\boldsymbol{A}$ 至少有一个非零元素，则 $r(\boldsymbol{A})\geqslant 0$.

2. 写出三阶初等矩阵 $\boldsymbol{E}(1,2)$，$\boldsymbol{E}(3(5))$，$\boldsymbol{E}(2+1(-1))$.

3. 求下列各矩阵的秩：

(1) $\begin{bmatrix} 1 & -2 & 3 \\ -1 & -3 & 4 \\ 1 & 1 & 2 \end{bmatrix}$；　(2) $\begin{bmatrix} 1 & 3 & -1 & -2 \\ 2 & -1 & 2 & 3 \\ 3 & 2 & 1 & 1 \\ 1 & -4 & 3 & 5 \end{bmatrix}$.

4. 求 λ 的值，使得矩阵 $\boldsymbol{A}=\begin{bmatrix} 1 & 2 & 4 \\ 2 & \lambda & 1 \\ 1 & 1 & 0 \end{bmatrix}$ 的秩有最小值.

习题 8-7（B）

1. 求下列各矩阵的秩：

(1) $\begin{bmatrix} 1 & 0 & 1 & 0 & 0 \\ 1 & 1 & 0 & 0 & 0 \\ 0 & 1 & 1 & 0 & 0 \\ 0 & 0 & 1 & 1 & 0 \\ 0 & 1 & 0 & 1 & 1 \end{bmatrix}$；　(2) $\begin{bmatrix} 2 & 0 & 2 & 2 \\ 0 & 1 & 0 & 0 \\ 2 & 1 & 0 & 0 \\ 0 & 1 & 0 & 0 \end{bmatrix}$.

2. 已知矩阵 $\boldsymbol{A}=\begin{bmatrix} 1 & 1 & 2 & a & 3 \\ 2 & 2 & 3 & 1 & 4 \\ 1 & 0 & 1 & 1 & 5 \\ 2 & 3 & 5 & 5 & 4 \end{bmatrix}$ 的秩为 3，求 a 的值.

3. 确定可使矩阵 $\begin{bmatrix} 1 & k & -1 & 2 \\ 2 & -1 & 3 & 5 \\ 1 & 10 & -6 & 1 \end{bmatrix}$ 的秩最小的数 k.

§8-8　初等变换的几个应用

一、解线性方程组

1. 线性方程组的矩阵形式

设线性方程组的一般形式为

$$\begin{cases} a_{11}x_1+a_{12}x_2+\cdots+a_{1n}x_n=b_1, \\ a_{21}x_1+a_{22}x_2+\cdots+a_{2n}x_n=b_2, \\ \vdots \\ a_{m1}x_1+a_{m2}x_2+\cdots+a_{mn}x_n=b_m. \end{cases} \tag{1}$$

当 $b_1,b_2,\cdots,b_m$ 不全为 0 时，称(1)为**非齐次线性方程组**；当 $b_1,b_2,\cdots,b_m$ 全为 0 时，即

$$\begin{cases} a_{11}x_1+a_{12}x_2+\cdots+a_{1n}x_n=0, \\ a_{21}x_1+a_{22}x_2+\cdots+a_{2n}x_n=0, \\ \vdots \\ a_{m1}x_1+a_{m2}x_2+\cdots+a_{mn}x_n=0, \end{cases} \tag{2}$$

称为**齐次线性方程组**.

令

$$\boldsymbol{A}=\begin{bmatrix} a_{11} & a_{12} & \cdots & a_{1n} \\ a_{21} & a_{22} & \cdots & a_{2n} \\ \vdots & \vdots & & \vdots \\ a_{m1} & a_{m2} & \cdots & a_{mn} \end{bmatrix}, \boldsymbol{X}=\begin{bmatrix} x_1 \\ x_2 \\ \vdots \\ x_n \end{bmatrix}, \boldsymbol{b}=\begin{bmatrix} b_1 \\ b_2 \\ \vdots \\ b_m \end{bmatrix},$$

称矩阵 $\boldsymbol{A},\boldsymbol{X},\boldsymbol{b}$ 分别为方程组的系数矩阵、未知量矩阵、常数矩阵. 于是方程组(1)和(2)用矩阵形式分别表示为

$$\boldsymbol{AX}=\boldsymbol{b}, \quad \boldsymbol{AX}=\boldsymbol{0}.$$

另外，称由系数和常数项组成的矩阵

$$\begin{bmatrix} a_{11} & a_{12} & \cdots & a_{1n} & b_1 \\ a_{21} & a_{22} & \cdots & a_{2n} & b_2 \\ \vdots & \vdots & & \vdots & \vdots \\ a_{m1} & a_{m2} & \cdots & a_{mn} & b_m \end{bmatrix}$$

为方程组(1)的**增广矩阵**，记作 $\widetilde{\boldsymbol{A}}$ 或 $[\boldsymbol{A},\boldsymbol{b}]$.

例 1 写出线性方程组 $\begin{cases} 4x_1-5x_2+x_3=1, \\ -x_1+5x_2+x_3=2, \\ x_1+x_3=0, \\ 5x_1-x_2+3x_3=4 \end{cases}$ 的增广矩阵和矩阵形式.

解 增广矩阵为

$$\widetilde{\boldsymbol{A}}=\begin{bmatrix} 4 & -5 & 1 & 1 \\ -1 & 5 & 1 & 2 \\ 1 & 0 & 1 & 0 \\ 5 & -1 & 3 & 4 \end{bmatrix},$$

方程组的矩阵形式为

$$\begin{bmatrix} 4 & -5 & 1 \\ -1 & 5 & 1 \\ 1 & 0 & 1 \\ 5 & -1 & 3 \end{bmatrix}\begin{bmatrix} x_1 \\ x_2 \\ x_3 \end{bmatrix}=\begin{bmatrix} 1 \\ 2 \\ 0 \\ 4 \end{bmatrix}.$$

2. 高斯消元法解线性方程组

例 2　解线性方程组 $\begin{cases} 2x_1+5x_2+3x_3-2x_4=3, \\ -3x_1-x_2+2x_3+x_4=-4, \\ -2x_1+3x_2-4x_3-7x_4=-13, \\ x_1+2x_2+4x_3+x_4=4. \end{cases}$

解　将第 1、4 个方程对调位置，有

$$\begin{cases} x_1+2x_2+4x_3+x_4=4, \\ -3x_1-x_2+2x_3+x_4=-4, \\ -2x_1+3x_2-4x_3-7x_4=-13, \\ 2x_1+5x_2+3x_3-2x_4=3. \end{cases}$$

将第 1 个方程乘以适当的数加到第 2、3、4 个方程上，有

$$\begin{cases} x_1+2x_2+4x_3+x_4=4, \\ 5x_2+14x_3+4x_4=8, \\ 7x_2+4x_3-5x_4=-5, \\ x_2-5x_3-4x_4=-5. \end{cases}$$

将第 2、4 个方程对调位置，有

$$\begin{cases} x_1+2x_2+4x_3+x_4=4, \\ x_2-5x_3-4x_4=-5, \\ 7x_2+4x_3-5x_4=-5, \\ 5x_2+14x_3+4x_4=8. \end{cases}$$

将第 2 个方程乘以适当的数加到第 3、4 个方程上，有

$$\begin{cases} x_1+2x_2+4x_3+x_4=4, \\ x_2-5x_3-4x_4=-5, \\ 39x_3+23x_4=30, \\ 39x_3+24x_4=33. \end{cases}$$

将第 3 个方程乘以(−1)加到第 4 个方程上，有

$$\begin{cases} x_1+2x_2+4x_3+x_4=4, \\ x_2-5x_3-4x_4=-5, \\ 39x_3+23x_4=30, \\ x_4=3. \end{cases}$$

将 $x_4=3$ 回代至第 3 个方程得 $x_3=-1$；将 $x_3=-1, x_4=3$ 回代至第 2 个方程得 $x_2=2$；将 $x_2=2, x_3=-1, x_4=3$ 回代至第 1 个方程得 $x_1=1$. 于是原线性方程组的解为

$$x_1=1, x_2=2, x_3=-1, x_4=3.$$

将上述解题过程用增广矩阵的形式表示如下：

$$\widetilde{\mathbf{A}}=\begin{bmatrix} 2 & 5 & 3 & -2 & 3 \\ -3 & -1 & 2 & 1 & -4 \\ -2 & 3 & -4 & -7 & -13 \\ 1 & 2 & 4 & 1 & 4 \end{bmatrix} \xrightarrow{r_1 \leftrightarrow r_4} \begin{bmatrix} 1 & 2 & 4 & 1 & 4 \\ -3 & -1 & 2 & 1 & -4 \\ -2 & 3 & -4 & -7 & -13 \\ 2 & 5 & 3 & -2 & 3 \end{bmatrix}$$

$$\xrightarrow[r_4+(-2)r_1]{\substack{r_2+3r_1\\ r_3+2r_1}}\begin{bmatrix}1&2&4&1&4\\0&5&14&4&8\\0&7&4&-5&-5\\0&1&-5&-4&-5\end{bmatrix}\xrightarrow{r_2\leftrightarrow r_4}\begin{bmatrix}1&2&4&1&4\\0&1&-5&-4&-5\\0&7&4&-5&-5\\0&5&14&4&8\end{bmatrix}$$

$$\xrightarrow[r_4+(-5)r_2]{r_3+(-7)r_2}\begin{bmatrix}1&2&4&1&4\\0&1&-5&-4&-5\\0&0&39&23&30\\0&0&39&24&33\end{bmatrix}\xrightarrow{r_4+(-1)r_3}\begin{bmatrix}1&2&4&1&4\\0&1&-5&-4&-5\\0&0&39&23&30\\0&0&0&1&3\end{bmatrix},$$

可知 $x_4=3$,再逐次回代即得解:$x_1=1,x_2=2,x_3=-1,x_4=3$.

用高斯消元法解线性方程组的一般步骤:

(1) 将方程组表示成矩阵形式 $\boldsymbol{AX}=\boldsymbol{b}$;

(2) 将其增广矩阵$\tilde{\boldsymbol{A}}$用初等行变换化为阶梯矩阵;

(3) 逐次回代,求出解.

二、求逆矩阵

在§8-6中,我们介绍了利用伴随矩阵求逆矩阵的方法,但对于阶数较高的矩阵,其伴随矩阵求起来很麻烦,在本节中我们介绍利用矩阵的初等变换求逆矩阵的方法.

将 n 阶方阵 $\boldsymbol{A}$ 和 n 阶单位矩阵 $\boldsymbol{E}$ 合成一个矩阵,中间用竖线隔开,即$[\boldsymbol{A}|\boldsymbol{E}]$,然后对其实施初等行变换.当 $\boldsymbol{A}$ 变成单位矩阵时,相应地 $\boldsymbol{E}$ 就变成了 $\boldsymbol{A}^{-1}$.用符号表示如下:

$$[\boldsymbol{A}|\boldsymbol{E}]\xrightarrow{\text{初等行变换}}[\boldsymbol{E}|\boldsymbol{A}^{-1}].$$

例 3 用初等变换求矩阵 $\boldsymbol{A}=\begin{bmatrix}1&-1&1\\3&0&3\\-1&2&0\end{bmatrix}$ 的逆矩阵.

解 因为

$$[\boldsymbol{A}|\boldsymbol{E}]=\begin{bmatrix}1&-1&1&1&0&0\\3&0&3&0&1&0\\-1&2&0&0&0&1\end{bmatrix}\xrightarrow[r_3+r_1]{r_2+(-3)r_1}\begin{bmatrix}1&-1&1&1&0&0\\0&3&0&-3&1&0\\0&1&1&1&0&1\end{bmatrix}$$

$$\xrightarrow{r_2\times\frac{1}{3}}\begin{bmatrix}1&-1&1&1&0&0\\0&1&0&-1&\frac{1}{3}&0\\0&1&1&1&0&1\end{bmatrix}\xrightarrow{r_3+(-1)r_2}\begin{bmatrix}1&-1&1&1&0&0\\0&1&0&-1&\frac{1}{3}&0\\0&0&1&2&-\frac{1}{3}&1\end{bmatrix}$$

$$\xrightarrow{r_1+(-1)r_3}\begin{bmatrix}1&-1&0&-1&\frac{1}{3}&-1\\0&1&0&-1&\frac{1}{3}&0\\0&0&1&2&-\frac{1}{3}&1\end{bmatrix}\xrightarrow{r_1+r_2}\begin{bmatrix}1&0&0&-2&\frac{2}{3}&-1\\0&1&0&-1&\frac{1}{3}&0\\0&0&1&2&-\frac{1}{3}&1\end{bmatrix},$$

所以 $A^{-1}=\begin{bmatrix}-2 & \frac{2}{3} & -1\\ -1 & \frac{1}{3} & 0\\ 2 & -\frac{1}{3} & 1\end{bmatrix}$.

三、求解矩阵方程

含未知矩阵的方程称为**矩阵方程**. 例如,$AX=B$ 为矩阵方程,其中 X 为未知矩阵.

这里仅讨论 A,X,B 均为方阵,且 A 可逆的情形. 对于 $AX=B$,方程两边同时左乘 A^{-1},得 $X=A^{-1}B$. 由前面的讨论知

$$[A|B]\xrightarrow{\text{初等行变换}}[E|A^{-1}B].$$

例 4　解矩阵方程

$$\begin{bmatrix}1 & 2\\ 2 & 5\end{bmatrix}X=\begin{bmatrix}1 & 0\\ 0 & 1\end{bmatrix}.$$

解　因为 $[A|B]=\begin{bmatrix}1 & 2 & 1 & 0\\ 2 & 5 & 0 & 1\end{bmatrix}\xrightarrow{r_2+(-2)r_1}\begin{bmatrix}1 & 2 & 1 & 0\\ 0 & 1 & -2 & 1\end{bmatrix}\xrightarrow{r_1+(-2)r_2}\begin{bmatrix}1 & 0 & 5 & -2\\ 0 & 1 & -2 & 1\end{bmatrix}$,

所以 $X=\begin{bmatrix}5 & -2\\ -2 & 1\end{bmatrix}$.

习题 8-8 (A)

1. 求解线性方程组 $\begin{cases}3x_1+4x_2-4x_3+2x_4=-3,\\ 6x_1+5x_2-2x_3+3x_4=-1,\\ 9x_1+3x_2+8x_3+5x_4=9,\\ -3x_1-7x_2-10x_3+x_4=2.\end{cases}$

2. 利用初等变换求下列矩阵的逆矩阵:

(1) $\begin{bmatrix}1 & 2 & 2\\ 2 & 1 & -2\\ 2 & -2 & 1\end{bmatrix}$;　　(2) $\begin{bmatrix}1 & 2 & 3 & 4\\ 2 & 3 & 1 & 2\\ 1 & 1 & 1 & -1\\ 1 & 0 & -2 & -6\end{bmatrix}$.

3. 试用初等变换解矩阵方程:

(1) $\begin{bmatrix}1 & -2 & 0\\ 1 & -2 & -1\\ -3 & 1 & 2\end{bmatrix}X=\begin{bmatrix}-1 & 4\\ 2 & 5\\ 1 & -3\end{bmatrix}$;　　(2) $X+\begin{bmatrix}2 & 5\\ 1 & 3\end{bmatrix}X=\begin{bmatrix}4 & -6\\ 2 & 1\end{bmatrix}$.

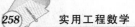

习题 8-8（B）

1. 求解线性方程组$\begin{cases} x_1-2x_2+x_3=0, \\ 2x_1-3x_2+x_3=-4, \\ 4x_1-3x_2-2x_3=-2, \\ 3x_1-2x_3=-42. \end{cases}$

2. 利用初等变换求下列矩阵的逆矩阵：

(1) $\begin{bmatrix} 1 & 3 & 1 \\ 2 & 2 & 1 \\ 3 & 4 & 2 \end{bmatrix}$；　(2) $\begin{bmatrix} 1 & 1 & 1 & 1 \\ 1 & 2 & 1 & 1 \\ 1 & 2 & 2 & 1 \\ 1 & 2 & 2 & 2 \end{bmatrix}$.

3. 试用初等变换解矩阵方程：

(1) $\begin{bmatrix} 1 & 1 & 2 \\ 1 & 2 & 2 \\ 1 & 2 & 3 \end{bmatrix}\boldsymbol{X}=\begin{bmatrix} 2 & -3 \\ 1 & 5 \\ 3 & 6 \end{bmatrix}$；

(2) $\boldsymbol{AX}+\boldsymbol{B}=\boldsymbol{X}$，其中 $\boldsymbol{A}=\begin{bmatrix} 4 & 1 & 2 \\ 3 & 2 & 1 \\ 5 & -3 & 2 \end{bmatrix}$，$\boldsymbol{B}=\begin{bmatrix} 1 & 2 & 2 \\ 2 & 1 & 2 \\ 1 & 2 & 3 \end{bmatrix}$.

本章内容小结

1. 本章的重点是计算行列式，要熟练掌握行列式计算的各种方法和技巧. 而行列式的计算主要是利用行列式的性质，因此本章的重点在于掌握行列式的性质及其运用.

2. 排列及其逆序数主要是在行列式定义和计算中用到，要清楚排列逆序的定义和计算方法.

3. 二阶、三阶行列式是最简单的行列式，要熟练掌握它们的对角线法则.

4. 掌握 n 阶行列式的定义及其等价定义.

5. 行列式的性质是本章的重点，要熟练掌握利用行列式的性质进行 n 阶行列式的计算.

6. 掌握行列式按行（或列）展开的方法.

7. 矩阵的运算主要包括：矩阵相等、矩阵的加（或减）法、数与矩阵的乘法、矩阵的乘法、矩阵的转置等，学习这部分内容要注意各种运算满足的条件.

8. 逆矩阵的求法：(1) $\boldsymbol{A}^{-1}=\dfrac{1}{|\boldsymbol{A}|}\boldsymbol{A}^*$；(2) 利用初等行变换（$[\boldsymbol{A}|\boldsymbol{E}]\longrightarrow[\boldsymbol{E}|\boldsymbol{A}^{-1}]$）.

9. 初等变换的应用：(1) 求解线性方程组；(2) 求逆矩阵；(3) 求解矩阵方程.

10. 一个含 n 个未知数、n 个方程的线性方程组，当系数行列式不为零时，有以下三种解法：

(1) 用克莱姆法则求解；(2) 用逆矩阵求解；(3) 用高斯消元法求解.
当系数行列式为零时，(1)、(2)两种解法失效.

自测题八

1. 选择题：

(1) 若行列式 $\begin{vmatrix} 2 & -1 & 0 \\ 1 & x & -2 \\ 3 & -1 & 2 \end{vmatrix}=0$，则 x 的值为　　(　　)

A. -2　　B. 2　　C. -1　　D. 1

(2) n 阶行列式 $\begin{vmatrix} 0 & 0 & \cdots & 0 & 1 \\ 0 & 0 & \cdots & 1 & 0 \\ \vdots & \vdots & & \vdots & \vdots \\ 0 & 1 & \cdots & 0 & 0 \\ 1 & 0 & \cdots & 0 & 0 \end{vmatrix}$ 的值为　　(　　)

A. $(-1)^n$　　B. $(-1)^{\frac{1}{2}n(n-1)}$　　C. $(-1)^{\frac{1}{2}n(n+1)}$　　D. 1

(3) 设 $\boldsymbol{A}$ 是三角矩阵，若 $\boldsymbol{A}$ 可逆，则主对角线上的元素　　(　　)

A. 全都为 0　　B. 可以有 0 元素

C. 不全为 0　　D. 全不为 0

(4) $\begin{vmatrix} a_1 & 0 & b_1 & 0 \\ 0 & c_1 & 0 & d_1 \\ a_2 & 0 & b_2 & 0 \\ 0 & c_2 & 0 & d_2 \end{vmatrix}$ 的值为　　(　　)

A. $a_1c_1b_2d_2-a_2b_1c_2d_1$　　B. $(a_2b_2-a_1b_1)(c_2d_2-c_1d_1)$

C. $a_1a_2b_1b_2-c_1c_2d_1d_2$　　D. $(a_1b_2-a_2b_1)(c_1d_2-c_2d_1)$

(5) 设行列式 $D=\begin{vmatrix} a_1 & b_1 & c_1 \\ a_2 & b_2 & c_2 \\ a_3 & b_3 & c_3 \end{vmatrix}$，则 $\begin{vmatrix} c_1 & b_1+2c_1 & a_1+2b_1+3c_1 \\ c_2 & b_2+2c_2 & a_2+2b_2+3c_2 \\ c_3 & b_3+2c_3 & a_3+2b_3+3c_3 \end{vmatrix}$ 的值为　　(　　)

A. $-D$　　B. D　　C. $2D$　　D. $-2D$

(6) 若行列式 $\begin{vmatrix} a_{11} & a_{12} & a_{13} \\ a_{21} & a_{22} & a_{23} \\ a_{31} & a_{32} & a_{33} \end{vmatrix}=d$，则 $\begin{vmatrix} 3a_{31} & 3a_{32} & 3a_{33} \\ 2a_{21} & 2a_{22} & 2a_{23} \\ -a_{11} & -a_{12} & -a_{13} \end{vmatrix}$ 的值为　　(　　)

A. $-6d$　　B. $6d$　　C. $4d$　　D. $-4d$

2. 填空题：

(1) 四阶行列式 $\begin{vmatrix} 10 & 8 & 5 & 1 \\ 9 & 6 & 2 & 0 \\ 7 & 3 & 0 & 0 \\ 4 & 0 & 0 & 0 \end{vmatrix}=$__________；

(2) 设 $\boldsymbol{A},\boldsymbol{B}$ 均为 n 阶方阵，若 $\boldsymbol{AB}=\boldsymbol{E}$，则 $\boldsymbol{A}^{-1}=$________，$\boldsymbol{B}^{-1}=$__________；

(3) 在四阶行列式 D 中，项 $a_{41}a_{12}a_{33}a_{24}$ 前面应取的符号是________；

(4) 已知行列式 $D=-5$，则 $D^{\mathrm{T}}=$________；

(5) 若在 n 阶行列式中等于零的元素个数超过 n^2-n+1 个，则这个行列式的值等于________；

(6) n 阶行列式 A 的值为 c，若将 A 的第一列移到最后一列，其余各列依次保持原来的次序向左移动，则得到的行列式的值为________；

(7) n 阶行列式 A 的值为 c，若将 A 的所有元素改变符号，得到的行列式的值为________；

(8) 若 $\boldsymbol{A}$ 是对称矩阵，则 $\boldsymbol{A}^{\mathrm{T}}-\boldsymbol{A}=$____________.

3. 利用对角线法则计算下列三阶行列式：

(1) $\begin{vmatrix} 2 & 0 & 1 \\ 1 & -4 & -1 \\ -1 & 8 & 3 \end{vmatrix}$；　　(2) $\begin{vmatrix} a & b & c \\ b & c & a \\ c & a & b \end{vmatrix}$；

(3) $\begin{vmatrix} 1 & 1 & 1 \\ a & b & c \\ a^2 & b^2 & c^2 \end{vmatrix}$；　　(4) $\begin{vmatrix} 3 & 1 & 1 \\ 297 & 101 & 99 \\ 5 & -3 & 2 \end{vmatrix}$.

4. 计算下列各行列式：

(1) $\begin{vmatrix} 4 & 1 & 2 & 4 \\ 1 & 2 & 0 & 0 \\ 1 & 1 & 4 & 0 \\ 1 & 0 & 0 & 0 \end{vmatrix}$；　　(2) $\begin{vmatrix} 3 & 1 & -1 & 2 \\ -5 & 1 & 3 & -4 \\ 2 & 0 & 1 & -1 \\ 1 & -5 & 3 & -3 \end{vmatrix}$；

(3) $\begin{vmatrix} 4 & 1 & 1 & 1 \\ 1 & 4 & 1 & 1 \\ 1 & 1 & 4 & 1 \\ 1 & 1 & 1 & 4 \end{vmatrix}$；　　(4) $\begin{vmatrix} 2 & 1 & -1 & 2 \\ -4 & 2 & 3 & 4 \\ 2 & 0 & 1 & -1 \\ 1 & 5 & 3 & -3 \end{vmatrix}$；

(5) $\begin{vmatrix} a^2 & ab & b^2 \\ 2a & a+b & 2b \\ 1 & 1 & 1 \end{vmatrix}$；　　(6) $\begin{vmatrix} 2 & 4 & 6 & 8 & 10 \\ 1 & -1 & 0 & 0 & 0 \\ 0 & 2 & -2 & 0 & 0 \\ 0 & 0 & 3 & -3 & 0 \\ 0 & 0 & 0 & 4 & -4 \end{vmatrix}$.

5. 设 $\boldsymbol{A}=\begin{bmatrix} 1 & 2 & 0 & 1 \\ 2 & -1 & -1 & 4 \\ 0 & -2 & 0 & -1 \\ 1 & 4 & 3 & 1 \end{bmatrix}$，$\boldsymbol{B}=\begin{bmatrix} 1 & 1 \\ 2 & -1 \\ 0 & 1 \\ 1 & -2 \end{bmatrix}$，求 $(\boldsymbol{E}-\boldsymbol{A})\boldsymbol{B}$.

6. 求下列矩阵的逆矩阵：

(1) $\begin{bmatrix} 1 & 2 & -1 \\ 3 & 5 & 0 \\ -1 & 0 & 0 \end{bmatrix}$；　　(2) $\begin{bmatrix} 1 & 0 & 0 & 0 \\ 0 & 2 & 1 & 0 \\ 0 & 3 & 2 & 0 \\ 0 & 0 & 0 & -4 \end{bmatrix}$.

第 9 章

概率与数理统计初步

概率与数理统计是研究现实世界中随机现象规律性的科学，是近代数学的重要组成部分，它在自然科学、工程技术和经济管理中都有着广泛的应用.

§9-1　随 机 事 件

一、随机现象

在生产实践、科学实验和实际生活中，我们常会观察到两类不同的现象：

一类现象是，在相同条件下重复进行试验或观察，事先总能判定必然会发生（或者不发生）某一种确定的结果，这类现象称为**确定性现象**. 例如，直角三角形的三边，必然满足勾股定理；同性电荷必然相斥；在一批合格的产品中任取一件，必定不是废品……这类现象的一个共同特点就是在相同条件下重复进行试验或观察，结果只有一个可以预言. 在数学、物理、化学等学科中，我们已经研究过大量的确定性现象.

另一类现象是，在一定的条件下，具有多种可能发生的结果，且事先不能确定哪一种结果将会发生，这类现象称为**随机现象**. 例如，向上抛一枚硬币，抛掷前我们无法确定落下后哪面向上；在一批含有次品的产品中任取一件，在抽取前无法判定被抽出的产品是正品还是次品；某战士进行射击，在射击之前无法肯定弹着点的确切位置……这类现象的共同特点就是可以在相同条件下重复进行试验或观察，而每次试验或观察的可能结果不止一个，且事前不能预知确切结果，即试验结果呈现出不确定性. 但人们经过长期实践并深入研究之后，发现这类现象虽然在个别实验观察中其结果呈现出不确定性，但是在大量观察或多次重复试验后，其结果往往呈现出某种规律性. 例如，在相同条件下，多次投掷质量均匀的一枚硬币，则正面向上的次数约占总投掷次数的一半；对含有不合格产品的一批产品进行多次重复抽查，可以观察到它的不合格率；某射手向同一目标射击的弹着点按照一定的规律分布等. 这种在大量重复试验或观察中所呈现的规律性称为“统计规律性”.

二、随机事件

从广泛意义上讲，对某种自然现象或社会现象的一次观测，或者进行的一次科学试验，统称为一个试验. 如果这个试验具有下列特征：

（1）试验可以在相同的情况下重复进行；

(2) 每次试验的可能结果不止一个，而且所有可能结果事先是明确的；

(3) 每次试验出现这些可能的结果中的一个，但在每一次试验之前，不能确定会出现哪一个结果.

我们把这样的试验称为**随机试验**，简称为**试验**. 随机试验的每个可能发生的结果称为**随机事件**，简称为**事件**. 事件通常用英文字母 $A,B,C,\cdots$ 或 $A_1,A_2,\cdots$ 表示，记成如下形式：$A=\{$可能发生的结果$\}$.

例如，已知一批产品共 30 件，内含正品 26 件，次品 4 件，进行从中一次取出 5 件的试验，则 $A_i=\{$恰有 i 件次品$\}(i=0,1,2,3,4)$，$B=\{$最多有三件次品$\}$，$C=\{$正品不超过 2 件$\}$等都是随机事件，它们在一次试验中可能发生也可能不发生.

就上述试验而言，容易看出：事件 A_0,A_1,A_2,A_3,A_4 都是试验的可能结果，且每次试验有且只有一个发生；但当事件 A_0,A_1,A_2,A_3 中有一个发生时，事件 B 就会发生，这时我们称事件 B 是由事件 A_0,A_1,A_2,A_3 组合而成的，或者称事件 B 可以分解为事件 A_0,A_1,A_2,A_3 的组合. 类似地，事件 C 可以分解成事件 A_3,A_4 的组合. 而任一事件 $A_i(i=0,1,2,3,4)$ 都是不可分解的.

一般地，在随机试验中，把不可分割的事件称为**基本事件**；由两个或两个以上的基本事件组合而成的事件称为**复合事件**. 显然在一次试验中，所有基本事件有且仅有一个发生，而由该基本事件和其他若干个基本事件组合而成的复合事件都会发生.

对于随机试验的每一个基本事件，我们可以用只含一个元素 ω 的单元素集$\{\omega\}$表示；由若干个基本事件复合而成的复合事件，用包含若干个相应元素的集合表示. 由所有基本事件对应的全部元素组成的集合称为该随机试验的**样本空间**，通常记作 Ω. 每一个基本事件所对应的元素称为样本空间的**样本点**. 这样，任一事件都可以表示成样本空间的子集，其中基本事件表示成 Ω 的单元素子集.

例如，在上述试验中用 i 表示基本事件$\{$恰有 i 件次品$\}$对应的样本点，则样本空间 $\Omega=\{0,1,2,3,4\}$，$A_i=\{i\}\ (i=0,1,2,3,4)$，$B=\{0,1,2,3\}$，$C=\{3,4\}$，A_i,B,C 都是 Ω 的子集.

例 1 将一枚骰子随机地抛掷两次，用(i,j)表示基本事件$\{$第一次出现 i 点，第二次出现 j 点$\}(i,j=1,2,3,\cdots,6)$对应的样本点，则样本空间 $\Omega=\{(1,1),(1,2),\cdots,(6,6)\}$，共有 36 个样本点. 这一试验还可以考虑 $A=\{$两次出现的点数之积为 4$\}=\{(1,4),(2,2),(4,1)\}$，$B=\{$两次出现的点数相差大于 4$\}=\{(1,6),(6,1)\}$等复合事件.

例 2 在一批灯泡中，任取一只测试其寿命，用 t 表示基本事件$\{$使用寿命为 t 小时$\}$$(t\geqslant 0)$对应的样本点，则样本空间 $\Omega=\{t|t\geqslant 0\}$. 这一试验中还可以考虑 $A=\{$使用寿命大于 500 小时$\}=\{t|t>500\}$，$B=\{$使用寿命小于 1000 小时$\}=\{t|t<1000\}$等复合事件.

由集合论的知识我们知道样本空间 Ω、空集 $\varnothing$ 也是 Ω 的子集，而 Ω 表示所有基本事件的组合，$\varnothing$ 不含有任何基本事件，每次试验中 Ω 必然发生，$\varnothing$ 不可能发生，因此 $\Omega,\varnothing$ 都不是随机事件. 但为了研究的方便，今后我们把 Ω 和 $\varnothing$ 作为随机事件的特例. 一般地，像 Ω 这类在试验中一定发生的事件称为**必然事件**，而像 $\varnothing$ 这类在试验中不会发生的事件称为**不可能事件**.

三、事件的关系与运算

1. 事件的包含与相等

如果任一属于 A 的样本点一定属于 B，那么称事件 B 包含事件 A，记作 $B\supset A$ 或 $A\subset$

B. 显然 $B \supset A$ 表示"事件 A 发生必然导致事件 B 发生".

若 $B \supset A$ 与 $A \supset B$ 同时成立,则称 A 与 B 相等,记作 $A=B$.

2. 事件的并

由属于 A 或者属于 B 的所有样本点组成的集合,称为 A 与 B 的并(或者和),记作 $A \cup B$ 或者 $A+B$. 显然事件 $A \cup B$ 表示"事件 A 与事件 B 至少有一个发生"这一事件.

3. 事件的交

由属于 A 同时又属于 B 的所有样本点组成的集合,称为 A 与 B 的交(或者积),记作 $A \cap B$ 或者 AB. 显然事件 $A \cap B$ 表示"事件 A 与事件 B 同时发生"这一事件.

4. 事件的差

由属于 A 但不属于 B 的所有样本点组成的集合,称为 A 与 B 的差,记作 $A-B$. 事件 $A-B$表示"事件 A 发生而事件 B 不发生"这一事件. 显然事件 $B-A$ 表示"事件 B 发生而事件 A 不发生"这一事件.

5. 对立事件

样本空间 Ω 与 A 的差 $\Omega-A$ 称为事件 A 的**对立事件**(或者**逆事件**),记作 $\overline{A}$. 事件 $\overline{A}$ 表示"事件 A 不发生". 显然,$\overline{A}$ 与 A 互为对立事件,则有$\overline{\overline{A}}=A$. 对立事件 A 和 $\overline{A}$ 间的关系可以表示为 $A \cup \overline{A}=\Omega$,$A \cap \overline{A}=\varnothing$.

6. 互不相容事件

如果在同一试验中,事件 A 与事件 B 不可能同时发生,那么称事件 A 与事件 B 互不相容,记作 $A \cap B=\varnothing$. 基本事件是互不相容的.

事件的并、交和互不相容事件可推广到 n 个事件间的关系. 现就互不相容事件叙述如下:在一次试验中,如果 n 个事件 $A_1,A_2,\cdots,A_n$两两互不相容,那么称 $A_1,A_2,\cdots,A_n$是互不相容的事件组.

如果互不相容的事件组 $A_1,A_2,\cdots,A_n$满足

$$A_1 \cup A_2 \cup \cdots \cup A_n=\Omega \text{ 或记作} \bigcup_{i=1}^{n} A_i=\Omega,$$

那么称事件组 $A_1,A_2,\cdots,A_n$为**完备事件组**.

随机试验的一个完备事件组,相当于按照某一"特征"将 Ω 中的所有基本事件划分成几类,每类由若干个基本事件组成.

显然,任意 n 个基本事件是互不相容的事件组,所有基本事件构成一个完备事件组,任一事件 A 与它的逆事件$\overline{A}$构成一个完备事件组.

由上面的定义可以看出事件的关系和运算与集合的相应关系和运算一致,因此也可以用图形来直观表示,见图 9-1.

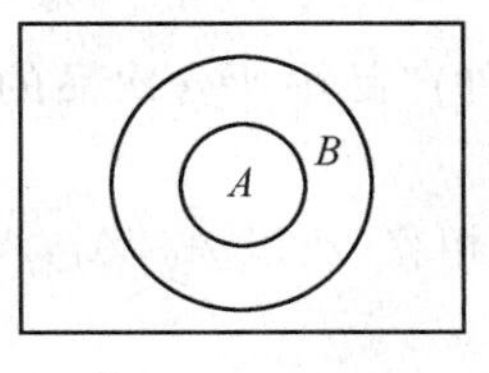

$A \subset B$

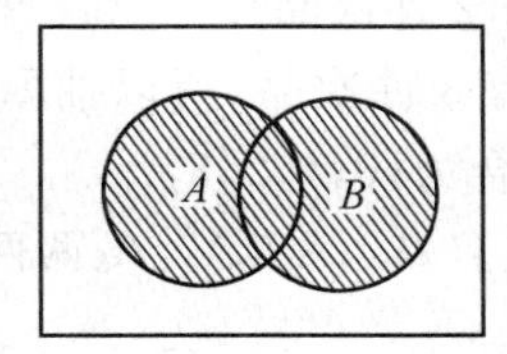

$A \cup B$

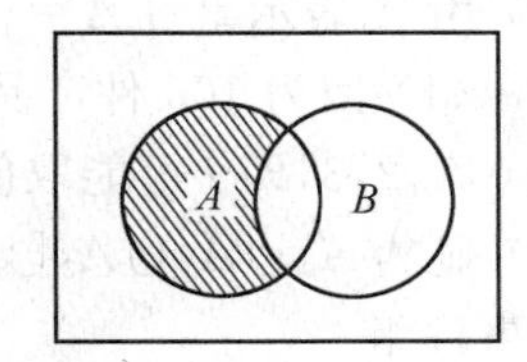

$A-B$

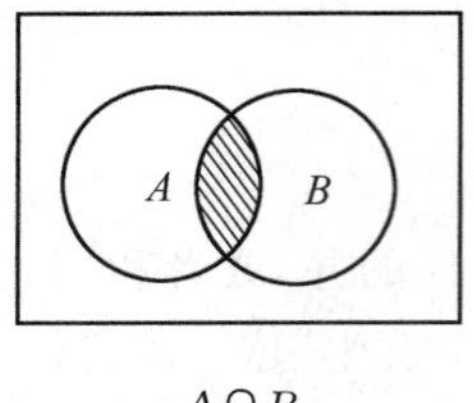

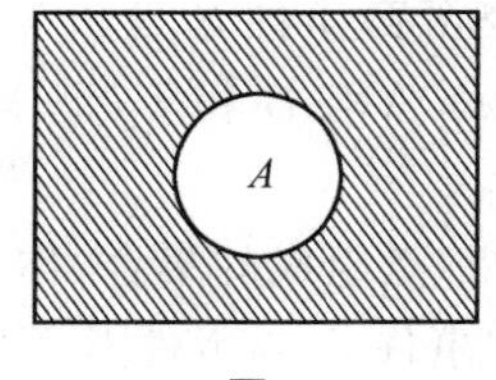

$\overline{A}$

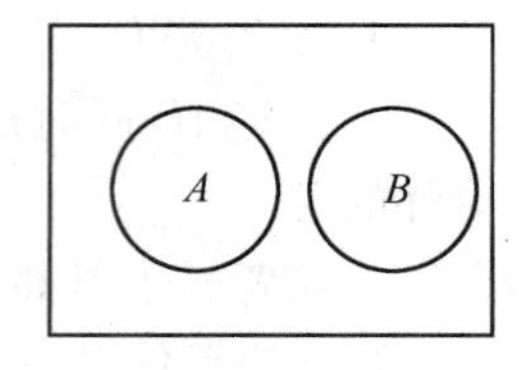

$A\cap B=\varnothing$

图 9-1

可以验证集合的运算律均适用于事件的运算，即事件的运算满足下列关系式：

(1) 交换率：$A\cup B=B\cup A$，$A\cap B=B\cap A$；

(2) 结合律：$A\cup(B\cup C)=(A\cup B)\cup C$，$A\cap(B\cap C)=(A\cap B)\cap C$；

(3) 分配律：$A\cap(B\cup C)=(A\cap B)\cup(A\cap C)$，$A\cup(B\cap C)=(A\cup B)\cap(A\cup C)$；

(4) 德·摩根公式：$\overline{A\cup B}=\overline{A}\cap\overline{B}$，$\overline{A\cap B}=\overline{A}\cup\overline{B}$.

其中分配律和德·摩公式可以推广到有限多个事件的情形：

$$A\cap\left(\bigcup_{i=1}^{n}A_i\right)=\bigcup_{i=1}^{n}(A\cap A_i),\quad A\cup\left(\bigcap_{i=1}^{n}A_i\right)=\bigcap_{i=1}^{n}(A\cup A_i),\quad \overline{\bigcup_{i=1}^{n}A_i}=\bigcap_{i=1}^{n}\overline{A_i},\quad \overline{\bigcap_{i=1}^{n}A_i}=\bigcup_{i=1}^{n}\overline{A_i}.$$

例 3 一个货箱中装有 12 只同类型的产品，其中 3 只一等品、9 只二等品，从其中随机地抽取两次，每次任取一只，$A_i(i=1,2)$表示第 i 次抽取的是一等品，试用 $A_i(i=1,2)$ 表示下列事件：

(1) $B=\{$两只都是一等品$\}$；

(2) $C=\{$两只都是二等品$\}$；

(3) $D=\{$一只是一等品，另一只是二等品$\}$；

(4) $E=\{$第二次抽取的是一等品$\}$.

解 由题意知 $A_i=\{$第 i 次抽取的是一等品$\}$，故$\overline{A_i}=\{$第 i 次抽取的是二等品$\}$.

由事件间的关系，事件 B 表示 A_1，A_2同时发生，故 $B=A_1A_2$；事件 C 表示$\overline{A_1}$，$\overline{A_2}$同时发生，故 $C=\overline{A_1}\cap\overline{A_2}$；事件 D 表示“第一只是一等品，第二只是二等品”，“第一只是二等品，第二只是一等品”这两个事件至少有一个发生，故 $D=(A_1\overline{A_2})\cup(\overline{A_1}A_2)$；事件 E 表示“第一只是一等品，第二只也是一等品”，“第一只是二等品，第二只是一等品”这两个事件至少有一个发生，故 $E=(A_1A_2)\cup(\overline{A_1}A_2)$.

例 4 在含有 3 件次品的 100 件产品中任意抽取 5 件，设 $A_i=\{$抽取的 5 件产品中含 i 件次品$\}$.

(1) 试求 i 可能取值的集合；

(2) 试判断所有 A_i能否构成完备事件组；

(3) 用 A_i表示事件 $A=\{$至多有 2 件次品$\}$.

解 (1) 因为 100 件产品中仅有 3 件次品，所以抽取的 5 件产品中所含次品的件数只可能是 0,1,2,3，即 i 可能取值的集合为$\{0,1,2,3\}$.

(2) 显然 $A_0\cup A_1\cup A_2\cup A_3=\Omega$ 且 A_0，A_1，A_2，A_3两两互不相容，所以 A_0，A_1，A_2，A_3构成完备事件组.

(3) “至多有 2 件次品”即所含的次品数可能为 0,1,2，所以 $A=A_0\cup A_1\cup A_2$，事件 A 也可以理解为所含次品数不可能为 3，即是“所含次品数为 3”的对立事件，所以 A 可以表示为$\overline{A_3}$.

例 5 从 1,2,3,4,5,6 六个数字中任取一个数，$A=\{$取得的数为 4 的约数$\}$，$B=\{$取得的数为偶数}，$C=\{$取得的数不小于 5$\}$. 试用集合表示下列事件：

(1) $A\cup B, B-A, \overline{\overline{C}\cup B}$；

(2) 事件"A 发生，C 不发生"，事件"B,C 至少有一个发生"的逆事件.

解　设 i 表示基本事件{取得的数为 i}所对应的样本点，则样本空间 $\Omega=\{1,2,3,4,5,6\}$，$A=\{1,2,4\}, B=\{2,4,6\}, C=\{5,6\}$.

(1) $A\cup B=\{1,2,4\}\cup\{2,4,6\}=\{1,2,4,6\}$，

$B-A=\{2,4,6\}-\{1,2,4\}=\{6\}$，

$\overline{\overline{C}\cup B}=\overline{\{1,2,3,4\}\cup\{2,4,6\}}=\overline{\{1,2,3,4,6\}}=\{5\}$

或　$\overline{\overline{C}\cup B}=\overline{\overline{C}}\cap\overline{B}=C\cap\overline{B}=\{5,6\}\cap\{1,3,5\}=\{5\}$.

(2) 事件"A 发生，C 不发生"可表示为 $A\cap\overline{C}=\{1,2,4\}\cap\{1,2,3,4\}=\{1,2,4\}$，事件"$B,C$ 至少有一个发生"可表示为 $B\cup C$，它的逆事件为 $\overline{B\cup C}=\overline{B}\cap\overline{C}=\{1,3,5\}\cap\{1,2,3,4\}=\{1,3\}$，即 B,C 都不发生的事件.

习题 9-1（A）

1. 简述事件 A,B 互不相容关系与互逆关系的联系与区别.

2. 指出下列事件中哪些是必然事件，哪些是不可能事件.

(1) 某商店有男店员 2 人、女店员 8 人，任意抽调 3 人去做其他的工作，那么 $A=\{$3 个都是女店员$\}$，$B=\{$3 个都是男店员$\}$，$C=\{$至少有 1 个男店员$\}$，$D=\{$至少有 1 个女店员$\}$；

(2) 一批产品中只有 2 件次品，现从中任取 3 件，则 $A=\{$3 件都是次品$\}$，$B=\{$至少有 1 件正品$\}$，$C=\{$至多有 1 件正品$\}$，$D=\{$恰有 2 件次品和 1 件正品$\}$.

3. 指出下列各组事件的包含关系：

(1) $A=\{$天晴$\}$，$B=\{$天不下雨$\}$；

(2) $C=\{$某动物活到 10 岁$\}$，$D=\{$某动物活到 20 岁$\}$；

(3) $E=\{$三人任意排成一列，甲在中间$\}$，$F=\{$三人任意排成一列，甲不在排头$\}$.

4. 试述下列事件的逆事件：

(1) $A=\{$抽到的 3 件产品均为正品$\}$；

(2) $B=\{$甲、乙两人下象棋，甲胜$\}$；

(3) $C=\{$抛掷一枚骰子，出现偶数点$\}$.

5. 试用事件 A,B 表示下列事件：

(1) A 发生，B 不发生；

(2) A,B 至少有一个不发生；

(3) A,B 同时不发生；

(4) A 发生必然导致 B 发生，且 B 发生必然导致 A 发生.

习题 9-1（B）

1. 写出下列随机试验的样本空间：

(1) 10 件产品中只有 3 件是次品，每次从中任取 1 件，取后不放回，直到 3 件次品都被

取出为止,观察可能抽取的次数;

(2) 逐个试制某种产品,直至得到10件合格品,观察可能试制的总件数;

(3) 某地铁站每隔5分钟有一列车通过,乘客对于列车通过该站的时间完全不知道,观察乘客候车的时间 t;

(4) 袋中有编号为1,2,3,4的乒乓球4只,并知道编号是1,2的球是红色的,其他球是白色的,从中任意取两个球.①观察取出的两个球的颜色,②观察取出的两个球的编号.

2. 从红、黄、蓝三种颜色的球各至少有2个的一批球中,任取1个球,取后不放回,共取两次,试写出其样本空间,并用集合表示下列事件:$A=\{$第一次取出的球是红球$\}$,$B=\{$两次取得不同颜色的球$\}$.

3. 设 A,B,C 是样本空间 Ω 中的事件,其中 $\Omega=\{x|0\leqslant x\leqslant 20\}$,$A=\{x|0\leqslant x\leqslant 5\}$,$B=\{x|3\leqslant x\leqslant 10\}$,$C=\{x|7\leqslant x\leqslant 15\}$,试求下列事件:

(1) $A\cup B$; (2) $\overline{A}$; (3) $A\overline{B}$; (4) $A\cup(BC)$; (5) $A\cup(B\overline{C})$.

4. 一个工人加工了4个零件,设 A_i 表示"第 i 个零件是合格品",试用 A_1,A_2,A_3,A_4 表示下列事件:

(1) 没有一个零件是不合格品;

(2) 至少有一个零件是不合格品;

(3) 只有一个零件是不合格品.

5. 设 A,B,C 为一次试验中的三个事件,试用 A,B,C 表示下列事件:

(1) A 发生,B,C 均不发生;

(2) A,B 中至少有一个发生;

(3) A,B,C 中至少有一个不发生;

(4) A,B,C 中至多有一个发生.

6. 某仪器由三个元件组成,用 A_i 表示事件"第 i 个元件合格"$(i=1,2,3)$,试用 $A_i(i=1,2,3)$ 表示事件 A,B,C,D,其中 $A=\{$仪器合格$\}$,$B=\{$仪器至多有一个元件不合格$\}$,$C=\{$仪器仅有一个元件合格$\}$,$D=\{$仪器至少有一个元件不合格$\}$.并指出 A,B,C,D 中哪些有包含关系,哪些有互不相容关系,哪些有对立关系.

§9-2 概率的定义与计算

我们观察一个随机试验的各种事件,一般会发现,并非所有的事件出现的可能性都相等,有些事件出现的可能性大些,有些事件出现的可能性小些.研究某一事件在一次试验中发生的可能性大小这一规律时,人们总是用一个满足一定要求的数量指标来刻画,这个数量指标就是事件的概率.

一、概率的定义

在概率的发展史上,人们根据所研究的问题的性质,提出了许多定义事件概率的方法.

1. 概率的统计定义

在相同的条件下进行 n 次重复试验,事件 A 发生的次数 m 称为事件 A 发生的**频数**;m

与 n 的比值称为事件 A 发生的**频率**，记作 $f_n(A)$，即 $f_n(A)=\frac{m}{n}$.

例如，有人曾经做过投掷硬币的试验，试验记录如下：

投掷次数 (n)	正面向上的次数 (频数 m)	频率 $\left(\frac{m}{n}\right)$
2048	1061	0.5181
4040	2048	0.5069
12000	6019	0.5016
24000	12012	0.5005
30000	14984	0.4995

从表中数字可以看出，随着投掷次数 n 的增大，出现正面向上的频率在 0.5 附近摆动，且偏离 0.5 的幅度越来越小，稳定于 0.5 的趋势越来越显著.

又如，某厂生产某种产品，为了检查产品的质量，抽检了一部分产品，记录如下：

抽检件数(n)	10	50	100	200	500	1000	2000
不合格品数(频数 m)	1	3	4	9	27	52	98
不合格品率(m/n)	0.1	0.06	0.04	0.045	0.054	0.052	0.049

可以看出不合格品率在 0.05 附近摆动，并且随着抽检件数 n 的增大，不合格品率逐渐稳定于 0.05.

一般地，当试验次数 n 增大时，事件 A 发生的频率 $f_n(A)$ 总是稳定在某个常数 p 附近，这时就把 p 称为事件 A 发生的**概率**，简称事件 A 的概率，记作 $P(A)=p$.

概率从数量上反映了一个事件发生的可能性大小. 例如，在投掷硬币的试验中，事件 $A=\{$正面向上$\}$的概率 $P(A)=0.5$，表明投掷一次硬币出现正面向上的可能性为 0.5. 而在抽检产品的试验中，事件 $B=\{$抽到次品$\}$的概率 $P(B)=0.05$，表明从这种产品中抽检 1 件，它为次品的可能性为 0.05.

上述事件的概率是用统计事件发生的频率来确定的，故这个定义称为**概率的统计定义**. 根据这个定义，通过大量的重复试验，用事件发生的频率近似地作为它的概率是求一个事件的概率的常用基本方法. 例如，统计到 10000 名新生婴儿中有 4 名死亡，就说新生婴儿死亡的概率(或死亡率)为万分之四，即 0.0004.

2. 概率的古典定义

根据概率的统计定义求得随机事件的概率，一般需要经过大量的重复试验，并且事件发生的偶然性使得频率稳定值的确定十分困难. 然而，对于某些特殊类型的问题，我们可以根据一次试验中基本事件发生的特殊性来定义事件的概率. 考虑下面两个随机试验：

E_1：投掷一颗均匀的骰子，观察其出现的点数，基本事件有 6 个，由骰子的"均匀性"可知，每一个基本事件发生的可能性相等.

E_2：一批产品有 N 件，要随机抽取一件检测其等级，则 N 件产品被抽取的机会是相同的，每一次检测的结果就是一个基本事件，故 N 个基本事件出现的可能性相等.

这两个试验都具有以下特点：

(1) 只有有限个基本事件；

(2) 每个基本事件在一次试验中发生的可能性相同.

这类随机试验称为**等可能概型**.由于在概率论发展初期这种概型是概率论的主要研究对象,所以也称为**古典概型**.

在古典概型中,若基本事件的总数为 n,事件 A 包含的基本事件数为 m,则事件 A 的概率定义为 $P(A)=\frac{m}{n}$,这个定义称为**概率的古典定义**.

例如,有 10 个质地和大小完全相同的球,其中红色的有 6 个、黑色的有 3 个、白色的有 1 个,现从中任取 1 个球,那么基本事件有 10 个,而且取到每个球的可能性相同,即 10 个基本事件发生的可能性相同.由于红球有 6 个,“取得红球”这一事件就包含 6 个基本事件,所以“取得红球”这一事件发生的概率为 $\frac{6}{10}$,即 $\frac{3}{5}$.同理,“取得黑球”这一事件发生的概率为 $\frac{3}{10}$,“取得白球”这一事件发生的概率为 $\frac{1}{10}$.

3. 概率的定义与简单计算

在概率的发展史上,除上述两种概率的定义外,还有许多其他的定义,抽去它们针对的不同问题及相应概率的计算方法的实际意义,这些与随机试验相联系的数量指标 $P(A)$ 都具有下列共同的属性:

(1) $0\leqslant P(A)\leqslant 1$;

(2) $P(\Omega)=1, P(\varnothing)=0$;

(3) $A_1, A_2, \cdots, A_n$ 为互不相容事件,则 $P(\bigcup\limits_{i=1}^{n} A_i)=\sum\limits_{i=1}^{n} P(A_i)$.

在数学上,刻画随机试验中事件 A 发生的可能性大小的数值 $P(A)$,如果满足上述三条性质,就称为事件的**概率**.

由上述三条基本性质还可以推出:$P(\overline{A})=1-P(A)$.

下面我们利用概率的古典定义以及性质,进行一些简单的概率计算.

例 1 一射手命中 10 环、9 环、8 环的概率分别为 0.45、0.35、0.1,求:

(1)“至少命中 8 环”的概率;(2)“至多命中 7 环”的概率.

解 设 $A_i=\{$命中 i 环$\}(i=8,9,10)$,$B=\{$至少命中 8 环$\}$,$C=\{$至多命中 7 环$\}$.

由题意知 $B=A_8\cup A_9\cup A_{10}$,其中 A_8, A_9, A_{10} 两两互不相容,且 $C=\overline{B}$.

(1) 由概率的性质(3)得

$$P(B)=P(A_8\cup A_9\cup A_{10})=P(A_8)+P(A_9)+P(A_{10})=0.45+0.35+0.1.$$

(2) 由概率的性质(4)得 $P(C)=P(\overline{B})=1-P(B)=1-0.9=0.1$.

二、概率的运算公式

1. 加法公式

由概率的性质(3)知,若事件 A 和 B 互不相容,即 $A\cap B=\varnothing$,则

$$P(A\cup B)=P(A)+P(B).$$

但在许多实际问题中,当事件 $A\cap B\neq\varnothing$ 时,上式就不成立了.如图 9-2 所示,用面积为 1 的矩形表示必然事件 Ω 的概率,图中两阴影部分的面积分别表示事件 A,B 的概率,$A\cup B$ 所界定的面积表示事件 $A\cup B$ 的概率.显然,当 $A\cap B=\varnothing$ 时,$P(A\cup B)=P(A)+P(B)$,而当 $A\cap B\neq\varnothing$ 时,有

$$P(A\cup B)=P(A)+P(B)-P(A\cap B). \tag{1}$$

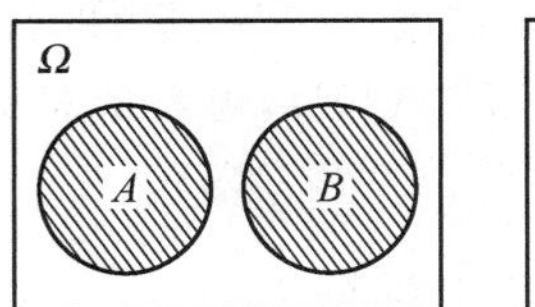

$A\cap B=\varnothing$

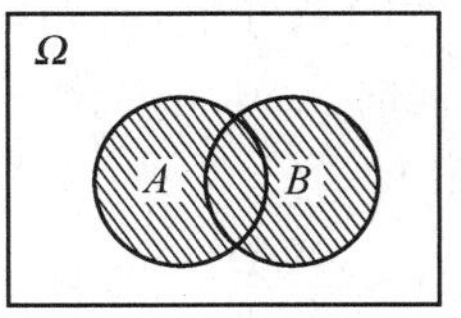

$A\cap B\neq\varnothing$

图 9-2

公式(1)称为**概率的加法公式**，加法公式可推广到有限个事件至少有一个发生的情形，如三个事件 A,B,C 的加法公式为

$$P(A\cup B\cup C)=P(A)+P(B)+P(C)-[P(AB)+P(AC)+P(BC)]+P(ABC).$$

例 2　某产品参加同行业产品的质量评比及外形评比. 设事件 $A=\{$产品在质量评比中获得一等奖$\}$，事件 $B=\{$产品在外形评比中获得一等奖$\}$. 它们的概率分别为 $P(A)=0.1$，$P(B)=0.2$，而这两项指标同时评上一等奖的概率即 $P(AB)=0.03$，那么该产品能够赢得至少一个一等奖的概率是多少？一个一等奖也没获得的概率是多少？

解　设 $C=\{$产品至少获得一个一等奖$\}$，则 $C=A\cup B$，

$$P(C)=P(A\cup B)=P(A)+P(B)-P(AB)=0.1+0.2-0.03=0.27.$$

设 $D=\{$产品一个一等奖也没获得$\}$，则 $D=\overline{C}$，

$$P(D)=P(\overline{C})=1-P(C)=0.73.$$

例 3　某地区总人口中订日报的占 60%，订晚报的占 30%，不订报的占 25%，试求两种报都订的概率.

解　设 $A=\{$订日报$\}$，$B=\{$订晚报$\}$，$C=\{$两种报都订$\}$，则由题意知，

$$P(A)=0.6, P(B)=0.3, P(\overline{A}\cap\overline{B})=0.25, \text{且 } C=AB.$$

由加法公式 $P(A\cup B)=P(A)+P(B)-P(AB)$，得

$$P(C)=P(AB)=P(A)+P(B)-P(A\cup B),$$

而由德·摩根公式，得

$$P(A\cup B)=P(\overline{\overline{A\cup B}})=P(\overline{\overline{A}\cap\overline{B}})=1-P(\overline{A}\cap\overline{B})=1-0.25=0.75,$$

所以 $P(C)=P(AB)=P(A)+P(B)-P(A\cup B)=0.6+0.3-0.75=0.15$，

即两种报都订的概率是 0.15.

2. 条件概率　概率的乘法公式

(1) 条件概率.

先研究一个实际问题.

设 100 件产品中有 5 件不合格品，其中 5 件不合格品中有 3 件次品、2 件废品. 现从 100 件产品中随机抽取 1 件，事件 $A=\{$抽到废品$\}$，$B=\{$抽到不合格品$\}$，由概率的古典定义可得 $P(A)=\frac{2}{100}=\frac{1}{50}$，$P(B)=\frac{5}{100}=\frac{1}{20}$. 如果已知 B 已经发生，那么 A 发生的概率就相当于从 5 件不合格品中抽取 1 件抽到废品的概率，即为 $\frac{2}{5}$.

一般地，把“在事件 B 已发生的条件下，事件 A 发生的概率”称为**条件概率**，记作 $P(A|B)$，读作“在条件 B 下，事件 A 的概率”.

如图 9-3 所示，用面积为 1 的矩形表示必然事件 Ω 的概率，B 所界定的面积表示事件 B 的概率，则在事件 B 已发生的条件下，有两种情况：一种是事件 A 发生，即 $A\cap B$；另一种是事件 A 不发生，即 $\overline{A}\cap B$. 此时 A 发生的概率 $P(A|B)$，可看成是 $A\cap B$ 界定的面积相对于 B 界定的面积所占的份额，即

$$P(A|B)=\frac{P(AB)}{P(B)}\quad (P(B)>0),\tag{2}$$

$$P(B|A)=\frac{P(AB)}{P(A)}\quad (P(A)>0).\tag{3}$$

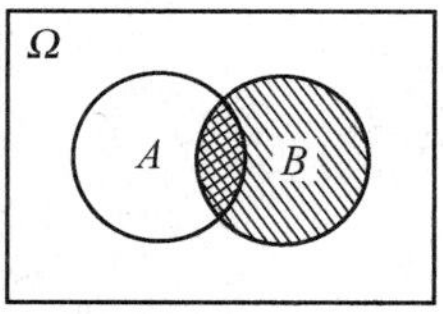

图 9-3

例 4 袋中装有质地相同的 4 个红球、6 个白球，每次从中任取 1 个球，取后不放回，连取 2 个球，已知第一次取得白球，问第二次取得白球的概率是多少？

解 设 $A_i=\{$第 i 次取得白球$\}(i=1,2)$，根据题意知所求的概率为 $P(A_2|A_1)$.

方法 1 事件 A_1 发生后，袋中只剩 9 个球，其中有 5 个白球，因此在条件 A_1 下，事件 A_2 的概率，就是从 10 个球中取出 1 个白球后，在剩下的 4 个红球、5 个白球中任取 1 个，取得白球的概率，所以 $P(A_2|A_1)=\frac{5}{9}$.

方法 2 因为 $P(A_1)=\frac{6}{10}=\frac{3}{5}$，$P(A_1A_2)=\frac{\mathrm{A}_6^2}{\mathrm{A}_{10}^2}=\frac{1}{3}$，所以

$$P(A_2|A_1)=\frac{P(A_1A_2)}{P(A_1)}=\frac{\frac{1}{3}}{\frac{3}{5}}=\frac{5}{9}.$$

(2) 概率的乘法公式.

由条件概率的一般公式(2)、(3)，得

$$\begin{aligned}P(AB)&=P(B)P(A|B)\quad (P(B)>0),\\P(AB)&=P(A)P(B|A)\quad (P(A)>0).\end{aligned}\tag{4}$$

公式(4)称为**概率的乘法公式**.

概率的乘法公式可推广到有限个事件交的情形.

设有 n 个事件 $A_1,A_2,\cdots,A_n$ 满足 $P(A_1A_2\cdots A_n)>0$，则

$$P(A_1A_2\cdots A_n)=P(A_1)P(A_2|A_1)P(A_3|A_1A_2)\cdots P(A_n|A_1A_2\cdots A_{n-1}).$$

特别地，当 $n=3$ 时，$P(A_1A_2A_3)=P(A_1)P(A_2|A_1)P(A_3|A_1A_2)$.

例 5 一筐中有 8 只乒乓球，其中 4 只新球、4 只旧球，新球用过后就视为旧球，每次使用时随意取 1 只，用后放回筐中，求第三次所用球才是旧球的概率.

解 设 $A_i=\{$第 i 次用新球$\}(i=1,2,3)$，则所求概率为 $P(A_1A_2\overline{A_3})$，由乘法公式得

$$P(A_1A_2\overline{A_3})=P(A_1)P(A_2|A_1)P(\overline{A_3}|A_1A_2)=\frac{4}{8}\times\frac{3}{8}\times\frac{6}{8}=\frac{9}{64}.$$

3. 全概率公式

如图 9-4 所示，设 $H_1,H_2,\cdots,H_n$ 是联系于一随机试验的完备事件组. 任一事件 $A(A\subseteq\Omega)$ 可表示成

$$\begin{aligned}A&=\Omega\cap A=(H_1\cup H_2\cup\cdots\cup H_n)\cap A\\&=(H_1A)\cup(H_2A)\cup\cdots\cup(H_nA)=\bigcup_{i=1}^{n}H_nA.\end{aligned}$$

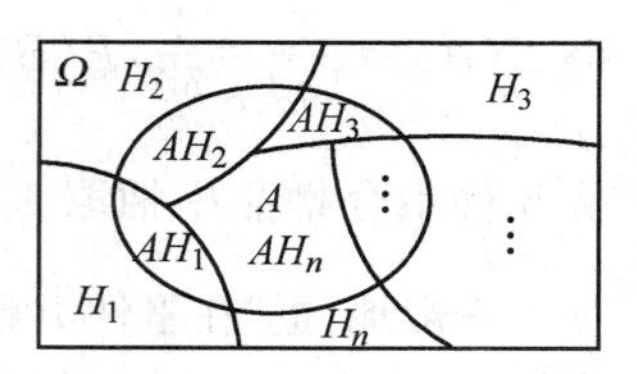

图 9-4

由概率的性质(3)和公式(4)，得

$$P(A)=P(\bigcup_{i=1}^{n}H_iA)=\sum_{i=1}^{n}P(H_iA)=\sum_{i=1}^{n}P(H_i)P(A|H_i). \tag{5}$$

公式(5)称为**全概率公式**.

全概率公式的直观解释是：一个事件的概率往往可以分解为一组互不相容的事件的概率和，然后用乘法公式求解.

例 6　某工厂三个车间共同生产一批产品，第一、二、三车间所生产的产品分别占该批产品的$\frac{1}{2}$、$\frac{1}{3}$、$\frac{1}{6}$，各车间的不合格品率依次为 0.02、0.03、0.04，试求从该批产品中任取一件为不合格品的概率.

解　设 H_i={取出的一件为第 i 个车间的产品}($i=1,2,3$)，A={取出的一件产品为不合格品}，显然 H_1,H_2,H_3 为完备事件组. 根据题意，得

$$P(H_1)=\frac{1}{2},\quad P(H_2)=\frac{1}{3},\quad P(H_3)=\frac{1}{6};$$

$$P(A|H_1)=0.02,\quad P(A|H_2)=0.03,\quad P(A|H_3)=0.04.$$

由全概率公式，得

$$\begin{aligned}P(A)&=P(H_1)P(A|H_1)+P(H_2)P(A|H_2)+P(H_3)P(A|H_3)\\&=\frac{1}{2}\times0.02+\frac{1}{3}\times0.03+\frac{1}{6}\times0.04\approx0.027.\end{aligned}$$

三、事件的独立性

条件概率反映了某一事件 B 对另一事件 A 的影响，一般来说，$P(A)$与 $P(A|B)$是不相等的. 但是在某些情况下，事件 B 发生与否对事件 A 不产生影响. 例如，两人在同一条件下打靶，一般来说，各人中靶与否并不相互影响. 又如，在放回抽样中，第一次抽取的结果对第二次抽取的结果没有影响. 也就是说，这些事件之间具有“独立性”.

一般地，设事件 A,B 是一随机试验的两个事件，且 $P(A)>0$. 若

$$P(B|A)=P(B),P(B|\overline{A})=P(B),$$

则称事件 B 对事件 A 是**独立**的，否则称为不独立的.

由上述定义可推出下列结论：

(1) 若事件 A 独立于事件 B，则事件 B 也独立于事件 A，即两事件的独立性是相互的；

(2) 若事件 A 与事件 B 相互独立，则三对事件$\overline{A}$与$\overline{B}$，A与$\overline{B}$，$\overline{A}$与B也都是相互独立的；

(3) 事件 A 与 B 相互独立的充要条件是 $P(AB)=P(A)P(B)$.

两事件相互独立的直观意义是一事件发生的概率与另一事件是否发生互不影响.

事件的独立性可推广到有限个事件的情形：

若事件组 $A_1,A_2,\cdots,A_n$ 中的任意 $k(2\leqslant k\leqslant n)$个事件交的概率等于它们的概率积，则称事件组 $A_1,A_2,\cdots,A_n$ 是相互独立的，也就是说任一事件的概率不受其他事件发生与否的影响.

例如，三个事件 A,B,C 若满足等式 $P(AB)=P(A)P(B)$，$P(AC)=P(A)P(C)$，$P(BC)=P(B)P(C)$，$P(ABC)=P(A)P(B)P(C)$，则称事件 A,B,C 是相互独立的.

值得一提的是，若事件组相互独立，则其中任意两事件相互独立；反之却不一定正确.

在实际问题中，两事件是否独立，并不总是用定义或充要条件来检验的，可以根据具体

情况来分析、判断.只要事件之间没有明显的联系,我们就可以认为它们是相互独立的.

例 7 一个工人照看三台机床,在 1 小时内甲、乙、丙三台机床需要照看的概率分别为 0.9、0.8、0.85,求:

(1) 在 1 小时内没有一台机床需要照看的概率;

(2) 至少有一台机床不需要照看的概率.

解 设 $A=\{$甲机床需要照看$\}$,$B=\{$乙机床需要照看$\}$,$C=\{$丙机床需要照看$\}$,$D=\{$没有一台机床需要照看$\}$,$E=\{$至少有一台机床不需要照看$\}$,则 A,B,C 相互独立且 $D=\overline{A}\cap\overline{B}\cap\overline{C}$,$E=\overline{ABC}$.所以

(1) $P(D)=P(\overline{A}\cap\overline{B}\cap\overline{C})=P(\overline{A})P(\overline{B})P(\overline{C})$
$=[1-P(A)][1-P(B)][1-P(C)]=0.003.$

(2) $P(E)=P(\overline{ABC})=1-P(ABC)=1-P(A)P(B)P(C)=0.388.$

习题 9-2(A)

1. 检查某自动车床加工零件的某项尺寸的加工精度,采取每隔一段时间抽取若干样品检测的方法.设每次抽取 5 件,抽取 50 次,测得其尺寸与标准值的偏差,并按偏差范围分组统计如下:

组序	1	2	3	4	5	6	7	8
偏差/μm	$(-\infty,-15)$	$[-15,-10)$	$[-10,-5)$	$[-5,0)$	$[0,5)$	$[5,10]$	$(10,15]$	$(15,\infty)$
零件数/件	19	23	35	47	45	36	26	19

(1) 试根据上表估计零件尺寸在各个偏差范围内的概率;

(2) 如果零件的尺寸偏差在$[-10,10]$内,则该项尺寸合格,试估计零件尺寸合格的概率;

(3) 验证零件的尺寸在$[-10,10]$内的概率是分别在$[-10,-5)$,$[-5,-0)$,$[0,5)$,$[5,10]$内的概率和.

2. 在 9 张数字卡片中有 5 张正数卡片和 4 张负数卡片,从中任取 2 张,用上面的数字做乘法练习,其积为正数和负数的概率各是多少?

3. 新到价格不同的 5 种商品,随机放到货架上,求:

(1) 从左至右恰好按价格从大到小的顺序排列的概率;

(2) 价格最高的商品恰好在中间的概率;

(3) 价格最高和最低的商品恰好在两端的概率.

4. 有某产品 50 件,其中 5 件次品,现从中任取 3 件,求恰有一件次品的概率.

5. 已知某商品有正品(一等品和二等品),还有副品,从中任取一件,是一等品的概率为 0.75,是二等品的概率是 0.24,求从这种商品中任取一件是正品及副品的概率分别是多少.

6. 在仓库的 1000 台彩色电视机中,有 300 台是 M 品牌的,且 300 台中有 189 台是一级品,设 $A=\{$任取一台是一级品$\}$,$B=\{$任取一台是 M 品牌的$\}$,求$P(B)$,$P(A|B)$,$P(AB)$.

7. 两台车床加工同种零件,已知第一台出现次品的概率为 0.03,第二台出现次品的概率为 0.02,加工出来的零件放在一起,又知第一台车床加工零件的数量比第二台车床多一倍.

(1) 任取一个零件，试求该零件是合格品的概率；

(2) 若取出的一个零件是次品，求它是第二台车床加工的概率.

习题 9-2（B）

1. 设事件 A,B 互不相容，且 $P(A)=a,P(B)=b$，试求：

(1) $P(A\cup B)$；(2) $P(AB)$；(3) $P(A\cup\overline{B})$；(4) $P(A\overline{B})$；(5) $P(\overline{A}\cap\overline{B})$.

2. 假设自行车牌照号码是由 0～9 中的任意 7 个数字组成的，求某人的自行车牌照号码是由完全不同的数字组成的概率.

3. 汽车配件厂轮胎库中 20 只某型号轮胎中混有 2 只漏气的，现从中任取 4 只安装在一辆汽车上，求此汽车因轮胎漏气而返工的概率.

4. 一批产品共 100 只，其中 5 件是次品，从这批产品中随机地抽取出 50 件进行质量检查，如果 50 件中查出的次品不多于 1 件，则可以认为这批产品是合格的，求这批产品被认为合格的概率.

5. 某单位订阅甲、乙、丙三种报纸，据调查，职工中读甲、乙、丙报的人数比例分别为 40%、26%、24%，8%兼读甲、乙报，5%兼读甲、丙报，4%兼读乙、丙报，2%兼读甲、乙、丙报，现从职工中随机地抽取 1 人，求该职工至少读一种报纸、不读报的概率各是多少.

6. 一批零件共 100 个，次品率为 10%，不放回地连续抽取三次，每次取一个，求第三次才取到正品的概率.

7. 由长期的统计资料得知，某地区九月份下雨（记作 A）的概率是 $\frac{4}{15}$，刮风（记作 B）的概率是 $\frac{7}{15}$，既刮风又下雨的概率是 $\frac{1}{10}$，求 $P(A\cup B),P(A|B),P(B|A)$.

8. 某工厂有甲、乙、丙三个车间，它们都生产灯泡，其产量分别占总产量的 45%、30%、25%. 又知这三个车间的次品率分别为 4%、3%、2%，产品混在一起，试问：

(1) 从该工厂生产的灯泡中任取一个，取出的是次品的可能性有多大？

(2) 如果抽取到的是一个次品，那么这个次品是甲、乙、丙各车间生产的概率分别是多少？

9. 甲、乙、丙三人向同一飞机射击，设他们击中飞机的概率分别为 0.4、0.5、0.7. 若只有一人击中，飞机坠毁的概率是 0.2；若两人击中，飞机坠毁的概率为 0.6；若三人都击中，飞机必坠毁. 求飞机坠毁的概率.

§9-3　随机变量及其分布

一、随机变量的概念

为便于用数学的形式来描述、解释和论证随机试验的某种规律性，我们需要按照研究的目的将试验中的基本事件与实数集建立某种联系.

例如，某人向一飞机射击，观察其是否击中飞机，则基本事件 $A=\{击中\}$，$B=\{未击中\}$

构成一个完备事件组，此时我们引入一个变量 ξ，规定 ξ 取 1，0 分别对应“击中”和“未击中”，将事件 A,B 分别表示成 $A=\{\xi=1\}$，$B=\{\xi=0\}$，从而对基本事件 A,B 的研究就转化为对变量 ξ 的研究，如图 9-5 所示.

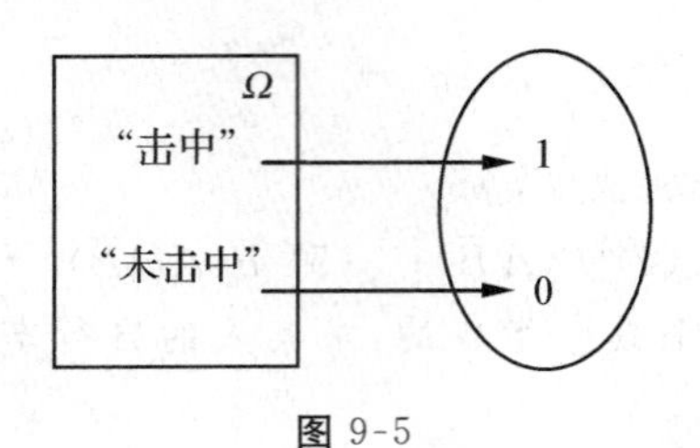

图 9-5

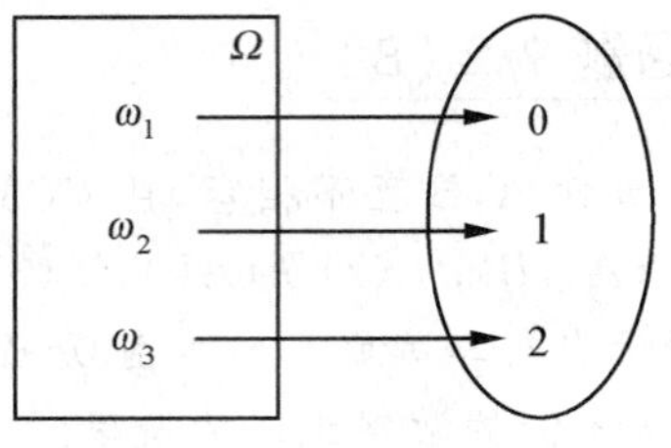

图 9-6

又如，连续投掷硬币两次，用 ω_1 表示“两次都是反面朝上”，用 ω_2 表示“第一次正面朝上，第二次反面朝上”，用 ω_3 表示“第一次反面朝上，第二次正面朝上”，用 ω_4 表示“两次都是正面朝上”. 若观察两次投掷后正面向上的次数，则事件 $A=\{\omega_1\}$，$B=\{\omega_2,\omega_3\}$，$C=\{\omega_4\}$ 正好构成一个完备事件组. 我们引入一个变量 η 来表示正面出现的次数，则事件 A,B,C 可分别表示为 $A=\{\eta=0\}$，$B=\{\eta=1\}$，$C=\{\eta=2\}$，如图 9-6 所示. 这样对事件 A,B,C 的研究就转化为对变量 η 的研究.

上面两例中变量 ξ,η 的取值都具有随机性，即在试验前不能预言变量会取什么值，我们称之为随机变量.

一般地，按研究随机试验的某种规律性要求，建立样本空间 Ω 与实数集的某个子集的某种对应关系，使每个基本事件都有一个确定的实数与之对应. 与全体基本事件相对应的数组成的集合记为 M，用一个变量在 M 中（或在 M 的某个范围内）的取值来表示和变量的取值所对应的基本事件组成的事件，我们把这样的变量称为**随机变量**，M 称为随机变量的取值范围. 随机变量通常用希腊字母 ξ,η,δ 等表示.

例如，某商店共有 100 kg 水果，则该商店一天的水果销量 ξ 是一个随机变量，且 $0\leqslant\xi\leqslant 100$，即 $M=[0,100]$；事件 $A=\{$一天的销量为 50 kg$\}$可表示成$\{\xi=50\}$，$B=\{$一天的销量大于 20 kg$\}$可表示成$\{\xi>20\}$；事件 A,B 的概率可分别表示为 $P(\xi=50)$，$P(\xi>20)$.

又如，100 件商品，其中 5 件次品，任取 4 件，则 4 件中的次品数 ξ 是一个随机变量且 $M=\{0,1,2,3,4\}$；可以用$\{\xi=i\}$表示事件 $A_i=\{$含有 i 件次品$\}$ $(i=0,1,2,3,4)$，$B=\{\xi\leqslant 2\}$ 表示 $\{\xi=0\}\cup\{\xi=1\}\cup\{\xi=2\}$，即事件 $B=\{$次品数不多于 2 件$\}$. 事件 A_i 的概率记为 $P(\xi=i)(i=0,1,2,3,4)$，事件 B 的概率 $P(B)=P(\xi\leqslant 2)$.

对随机变量的描述主要是两个方面：一是随机变量的取值范围；二是随机变量取每个可能值或部分值的概率.

二、离散型随机变量与分布列

若随机变量的取值可以一一列举出来，则称这类随机变量为**离散型随机变量**.

例如，某商店每天销售某种商品的件数，某车站在一小时内候车的人数，平板玻璃单位面积上的气泡数等，都是离散型随机变量.

对于离散型随机变量，我们需要知道它的所有可能值及取每一个可能值的概率.

例 1 在 5 件商品中有 2 件次品，从中任取 2 件，用随机变量 ξ 表示其中的次品数. 试求 ξ 的取值范围及取每个可能值的概率.

解　随机变量 ξ 表示任取 2 件产品中的次品数，显然 ξ 的取值范围为 $\{0,1,2\}$.
根据概率的古典定义，计算得

$$P(\xi=0)=\frac{C_3^2}{C_5^2}=0.3,\quad P(\xi=1)=\frac{C_3^1C_2^1}{C_5^2}=0.6,\quad P(\xi=2)=\frac{C_2^2}{C_5^2}=0.1.$$

我们把 ξ 的可能取值及取各个值的概率用表格列举出来，这样更为直观：

ξ	0	1	2
p_k	0.3	0.6	0.1

一般地，设离散型随机变量 ξ 的可能取值为 $x_1,x_2,\cdots,x_n,\cdots$，事件 $\{\xi=x_k\}$ 的概率为 $P(\xi=x_k)=p_k$，则称 $p_1=P(\xi=x_1),p_2=P(\xi=x_2),\cdots,p_n=P(\xi=x_n),\cdots$ 或

ξ	x_1	x_2	$\cdots$	x_n	$\cdots$
p_k	p_1	p_2	$\cdots$	p_n	$\cdots$

为离散型随机变量的**分布列**.

有时，我们也用图形来表示随机变量 ξ 的可能取值及取这些值的概率. 如图 9-7 所示，铅垂线上点的横坐标为 ξ 的可能取值 x_k，线段的上端点坐标为 (x_k,p_k)，这样的图形称为随机变量 ξ 的**概率分布图**.

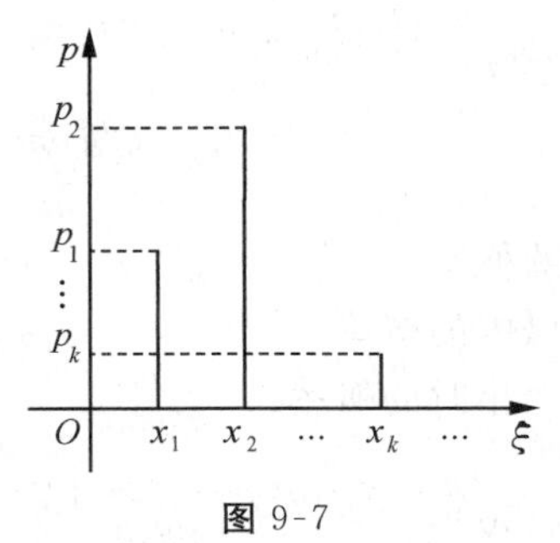

图 9-7

随机变量的分布列显然具有下列性质：

(1) $p_k\geqslant 0(k=1,2,\cdots)$；

(2) $\sum\limits_k p_k=1$.

知道了离散型随机变量的分布列，也就掌握了它在各个部分范围内的概率. 分布列或概率分布图全面描述了离散型随机变量的概率分布规律.

三、连续型随机变量及其密度函数

在实际问题中，我们经常会遇到可以在一个区间内取值的随机变量. 例如，前面提到的水果店一天的销量是随机变量，它的取值范围为[0,100]. 又如，灯泡的使用寿命(正常使用的小时数)是随机变量，它的取值范围是[0,+∞). 这两个随机变量的可能取值是某个区间内的一切实数.

一般地，对于随机变量 ξ，如果存在一个非负可积函数 $f(x)$，使 ξ 在任意区间 $[a,b)$ 内取值的概率为

$$P(a\leqslant\xi<b)=\int_a^b f(x)\mathrm{d}x,$$

那么，ξ 就称为**连续型随机变量**，$f(x)$称为 ξ 的**概率密度函数**(简称**概率密度**或**密度函数**).

连续型随机变量 ξ 的密度函数 $f(x)$具有以下两个性质：

(1) $f(x)\geqslant 0, x\in \mathbf{R}$； (2) $\int_{-\infty}^{+\infty} f(x)\mathrm{d}x=1$.

从几何意义上来解释，性质(1)表示曲线 $f(x)$不在 x 轴的下方；性质(2)表示 $f(x)$与 x 轴所围成的开口曲边梯形的面积等于 1.

由连续型随机变量的定义、性质及定积分和广义积分的性质，还可推出连续型随机变量 ξ 的概率运算性质：

(1) $P(\xi=x)=0$；

(2) $P(a\leqslant\xi<b)=P(a<\xi<b)=P(a<\xi\leqslant b)=P(a\leqslant\xi\leqslant b)$；

(3) $P(a\leqslant\xi<b)=P(\xi<b)-P(\xi<a)$；

(4) $P(\xi\geqslant a)=1-P(\xi<a)$.

由性质(1)知，事件$\{\xi=x\}$，即连续型随机变量恰取某一值的概率为 0. 从而，对于连续型随机变量所表示的事件，概率为 0 的事件不一定是不可能事件. 同样，概率为 1 的事件不一定是必然事件. 根据性质(1)，读者可自行写出性质(3)、(4)的其他形式.

例 2 某商店经销的灯泡，其使用寿命 ξ 的密度函数为

$$f(t)=\begin{cases}\dfrac{1}{5000}\mathrm{e}^{-\frac{t}{5000}}, & t\geqslant 0,\\ 0, & t<0.\end{cases}$$

试求这种灯泡：

(1) 能使用 2000 小时以上的概率；

(2) 使用寿命在 1000 小时以内的概率；

(3) 使用寿命在 1000～2000 小时的概率.

解 (1) $P(\xi>2000)=\int_{2000}^{+\infty}\dfrac{1}{5000}\mathrm{e}^{-\frac{t}{5000}}\mathrm{d}t=-\mathrm{e}^{-\frac{t}{5000}}\Big|_{2000}^{+\infty}=0-(-\mathrm{e}^{-\frac{2000}{5000}})=\mathrm{e}^{-\frac{2}{5}}\approx 0.67$,

故这种灯泡能使用 2000 小时以上的概率为 67%.

(2) $P(0\leqslant\xi<1000)=\int_{0}^{1000}\dfrac{1}{5000}\mathrm{e}^{-\frac{t}{5000}}\mathrm{d}t=-\mathrm{e}^{-\frac{t}{5000}}\Big|_{0}^{1000}=-\mathrm{e}^{-\frac{1000}{5000}}-(-1)=1-\mathrm{e}^{-\frac{1}{5}}\approx 0.18$,

故灯泡的使用寿命在 1000 小时内的概率为 18%.

(3) $P(1000<\xi<2000)=P(\xi<2000)-P(\xi<1000)=1-P(\xi>2000)-P(0\leqslant\xi<1000)$

$$\approx 1-0.67-0.18=0.15,$$

故灯泡的使用寿命在 1000～2000 小时的概率为 15%.

由上可知，只要知道连续型随机变量的密度函数，就可以通过积分求出它在各个区间的概率. 因此，对于连续型随机变量而言，它的密度函数就类似于离散型随机变量的分布列，全面描述了它的概率分布规律.

四、几个重要的随机变量的分布

1. 离散型随机变量的分布

(1) 两点分布(0-1 分布).

若随机试验只出现两种结果 A 和$\overline{A}$，则称其为**伯努利试验**.

例如，检验产品的质量是否合格，婴儿的性别是男是女，投篮时考虑是否命中.

用随机变量 ξ 来描述伯努利试验时，可设 $A=\{\xi=1\}$，$\overline{A}=\{\xi=0\}$，$P(A)=p$，则 ξ 的分布列为

ξ	0	1
p_k	q	p

其中 $p,q>0$ 且 $p+q=1$. 我们称 ξ 的概率分布为**两点分布**(或 0-1 分布)，或称 ξ 服从两点分布(或 0-1 分布).

(2) 二项分布.

在相同的条件下，对同一试验重复进行 n 次，如果每次试验的结果互不影响，则称这 n 次重复试验为 **n 次独立试验**. n 次独立的伯努利试验称为 **n 重伯努利试验**.

在 n 重伯努利试验中，每次试验都观察事件 A 发生与否，则 n 次试验后，事件 A 恰好发生 k 次的概率问题称为 **n 重伯努利概型**.

一般地，在 n 重伯努利试验中，事件 A 在每次试验中发生的概率为 p，ξ 表示在 n 次试验中 A 发生的次数，则 ξ 的分布列为

$$P(\xi=k)=C_n^k p^k q^{n-k}(k=0,1,2,3,\cdots,n),$$

其中 $p,q>0$ 且 $p+q=1$. 此时称 ξ 服从**参数为 n,p 的二项分布**，记作 $\xi\sim B(n,p)$.

因为 $P(\xi=k)=C_n^k p^k q^{n-k}$ 恰好是二项式 $(p+q)^n$ 的展开式的第 $k+1$ 项，所以 $\sum\limits_{k=0}^{n}C_n^k p^k q^{n-k}=(p+q)^n=1$，这也正是二项分布名称的由来.

当 $n=1$ 的时候，二项分布就是两点分布；$P(\xi=k)=p^k q^{1-k}(k=0,1;p+q=1)$，可记作 $B(1,p)$.

(3) 泊松分布.

如果随机变量 ξ 的分布列为

$$P(\xi=k)=\frac{\lambda^k}{k!}e^{-\lambda}(\lambda>0,k=0,1,2,\cdots,n,\cdots),$$

则称 ξ 服从**参数为 λ 的泊松分布**，记作 $\xi\sim P(\lambda)$.

二项分布与泊松分布之间有着密切的联系. 二项分布应用非常广泛，但当 n 较大时，计算很繁琐，这就需要比较简便的方法. 1837 年法国数学家泊松(Poisson)在研究二项分布的近似计算时发现，当 n 较大，p 较小时，二项分布 $P(\xi=k)=C_n^k p^k q^{n-k}\approx\frac{\lambda^k}{k!}e^{-\lambda}(\lambda>0,k=0,1,2,\cdots,n,\cdots)$，其中 $\lambda=np$. 也就是说，若随机变量 ξ 服从 $B(n,p)$，n 较大，而 p 较小，在实际计算中，只要 $n>10$，$p<0.1$，就可把 ξ 看作是服从 $\lambda=np$ 的泊松分布来近似求解，而服从泊松分布的随机变量 ξ 的概率值可在附录的泊松分布表中查出.

例 3　为了保证设备正常工作，需要配备适当人数的维修工人(工人配备多了就浪费，少了会影响生产). 现在有同类型设备 300 台，各台工作相互独立，发生故障的概率都是 0.01，在通常情况下一台设备的故障可由一人来处理，问至少需要配备多少名工人，才能保证当设备发生故障时，不能及时维修的概率小于 0.01?

解　设需要配备工人 N 名，同时发生故障的设备台数为 ξ，则 $\xi\sim B(300,0.01)$，需要解决的问题是确定最小的 N，使 $P(\xi>N)<0.01$.

由于 $n>10, p<0.1$，故可用泊松分布近似. 令 $\lambda=np=300\times0.01=3$，则可近似看作 $\xi\sim P(3)$.

查表可知 $P(\xi\geqslant8)=0.011905$，$P(\xi\geqslant9)=0.003803$，故 $P(\xi>8)<0.01$，即满足条件的最小的 N 是 8，所以至少需要配备 8 名工人.

泊松分布本身也具有广泛的实际背景和应用，它可以作为描述大量重复试验中稀有事件出现的次数 $k=0,1,2,\cdots$ 的概率分布情况的一个数学模型. 例如，纺纱机上纱锭的断头数，某地区发生地震的次数，飞机被击中的次数等. 在公用事业中，一定的时间间隔内进入商店的顾客人数，通过某个交叉路口的汽车数，到达某车站候车的人数，某个电话交换台收到的用户呼唤次数等，都是服从泊松分布的.

2. 连续型随机变量的分布

(1) 均匀分布.

设连续型随机变量 ξ 具有密度函数

$$f(x)=\begin{cases}\dfrac{1}{b-a}, & a\leqslant x\leqslant b,\\ 0, & \text{其他},\end{cases}$$

则称 ξ 在区间 $[a,b]$ 上服从**均匀分布**，记作 $\xi\sim U[a,b]$.

读者可自行验证：(1) $f(x)\geqslant0, x\in\mathbf{R}$； (2) $\int_{-\infty}^{+\infty}f(x)\mathrm{d}x=1$.

如果 $[c,d]$ 是 $[a,b]$ 的一个子区间(即 $a\leqslant c<d\leqslant b$)，则有

$$P(c\leqslant\xi\leqslant d)=\int_c^d f(x)\mathrm{d}x=\int_c^d\frac{1}{b-a}\mathrm{d}x=\frac{1}{b-a}(c-d).$$

上式表明，ξ 在 $[a,b]$ 中任一子区间取值的概率与区间的长度成正比，而与子区间的位置无关. 也就是说，ξ 在区间 $[a,b]$ 上的概率分布是均匀的，因此称为均匀分布.

例 4 某公共汽车站每隔 10 分钟有一趟公交车通过，一乘客随机到达该车站候车，候车时间 ξ 服从 $[0,10]$ 上的均匀分布，问他至少等候 8 分钟的概率是多少？

解 因为 ξ 服从 $[0,10]$ 上的均匀分布，所以 ξ 的密度函数为

$$f(x)=\begin{cases}\dfrac{1}{10}, & 0\leqslant x\leqslant10,\\ 0, & \text{其他},\end{cases}$$

则

$$P(8\leqslant\xi<10)=\int_8^{10}f(x)\mathrm{d}x=\int_8^{10}\frac{1}{10}\mathrm{d}x=0.2,$$

即他等候 8 分钟以上的概率为 0.2.

(2) 指数分布.

如果连续型随机变量 ξ 的密度函数为

$$f(x)=\begin{cases}\lambda\mathrm{e}^{-\lambda x}, & x\geqslant0,\\ 0, & x<0,\end{cases}$$

其中 $\lambda>0$，则称 ξ 服从**参数为 λ 的指数分布**，记作 $\xi\sim Z(\lambda)$.

读者可自行验证：(1) $f(x)\geqslant0, x\in\mathbf{R}$. (2) $\int_{-\infty}^{+\infty}f(x)\mathrm{d}x=1$.

指数分布有着广泛的应用，常用来作为各种“寿命”分布的近似. 例如，动物的寿命，电话的通话时间，随机服务系统中的服务时间等，都通常假定服从指数分布. 本节的例 2 中灯

泡的使用寿命 $\xi \sim Z\left(\frac{1}{5000}\right)$.

（3）正态分布.

现实世界中，大多数随机变量都服从或近似服从正态分布，正态分布是最重要、最常见的一种连续型分布."正态分布"一词顾名思义，就是"正常状态下的分布".在自然界和社会领域常见的变量中，很多都具有"两头小、中间大、左右对称"的性质.例如，一群人的身高，个子很高或很矮的都是少数，多数是中间状态，且以平均身高去作比较，比它高和比它矮的人数都差不多，这就适合用正态分布去刻画.理论研究表明，一个变量如果受到大量的随机因素的影响，而各个因素所起的作用都很微小时，这样的变量一般都服从正态分布.

设随机变量 ξ 的密度函数为

$$f(x)=\frac{1}{\sqrt{2\pi}\sigma}\mathrm{e}^{-\frac{(x-\mu)^2}{2\sigma^2}}\ (-\infty<x<+\infty),$$

其中 μ,σ 为常数且 $\sigma>0$，则称 ξ 服从**参数为 μ,σ 的正态分布**，记作 $\xi \sim N(\mu,\sigma^2)$.

正态分布的密度函数的图象称为正态曲线（图 9-8），它是以 $x=\mu$ 为对称轴的"钟形"曲线，参数 σ 决定正态曲线的形状，σ 较大时曲线扁平，σ 较小时曲线狭高.

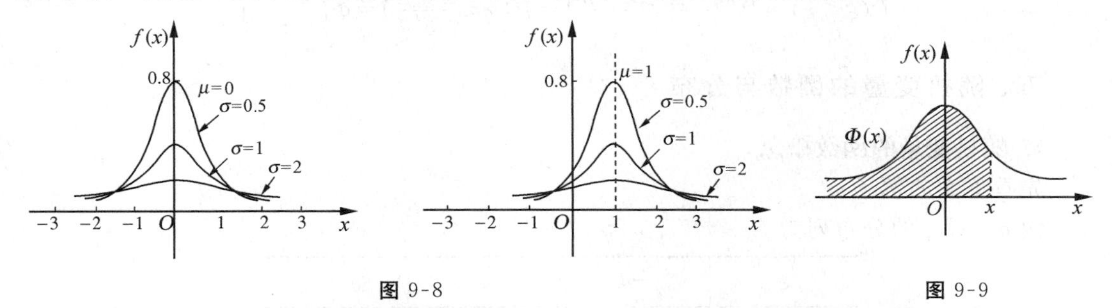

图 9-8　　　　图 9-9

当 $\mu=0,\sigma=1$ 时，称 ξ 服从**标准正态分布**，即 $\xi \sim N(0,1)$.其密度函数为

$$f(x)=\frac{1}{\sqrt{2\pi}}\mathrm{e}^{-\frac{x^2}{2}}\ (-\infty<x<+\infty),$$

它的图象称为**标准正态曲线**.显然标准正态曲线关于纵轴对称.与 ξ 相关的函数

$$\Phi(x)=P(\xi<x)=\int_{-\infty}^{x} f(t)\,\mathrm{d}t=\frac{1}{\sqrt{2\pi}}\int_{-\infty}^{x}\mathrm{e}^{-\frac{t^2}{2}}\,\mathrm{d}t$$

称为**标准正态分布函数**.它表示事件 $\{\xi<x\}$ 的概率，在几何上表示标准正态曲线 $f(x)$ 与 x 轴围成的开口曲边梯形在 $(-\infty,x)$ 上的面积（图 9-9）.

利用标准正态分布函数 $\Phi(x)$ 可以方便地计算正态分布的概率，具体做法如下：

如果 $\xi \sim N(0,1)$，则当 $x\geqslant 0$ 时，可由标准正态分布表直接查出 $\Phi(x)=P(\xi<x)$ 的值；当 $x<0$ 时，根据 $\Phi(x)$ 的几何意义及标准正态曲线关于纵轴对称的特点，有 $\Phi(x)=1-\Phi(-x)$，此时 $-x>0$，可先查出 $\Phi(-x)$ 的值，再计算 $\Phi(x)$ 的值.在此基础上，再利用连续型随机变量的概率运算性质，即有

$$P(a\leqslant\xi<b)=P(\xi<b)-P(\xi<a)=\Phi(b)-\Phi(a),\ P(\xi>a)=1-P(\xi<a)=1-\Phi(a).$$

例 5　设 $\xi \sim N(0,1)$，求：

（1）$P(\xi=1.24)$；（2）$P(\xi\geqslant -0.09)$；（3）$P(|\xi|<1.96)$；（4）$P(-2.32\leqslant\xi\leqslant 1.2)$.

解　（1）因为 ξ 是连续型随机变量，所以 $P(\xi=1.24)=0$.

(2) $P(\xi \geqslant -0.09)=1-\Phi(-0.09)=1-[1-\Phi(0.09)]=\Phi(0.09)=0.5359$.

(3) $P(|\xi|<1.96)=P(-1.96<\xi<1.96)=\Phi(1.96)-\Phi(-1.96)$

$=\Phi(1.96)-[1-\Phi(1.96)]=2\Phi(1.96)-1=2\times 0.975-1=0.95$.

(4) $P(-2.32 \leqslant \xi \leqslant 1.2)=\Phi(1.2)-\Phi(-2.32)=\Phi(1.2)-[1-\Phi(2.32)]$

$=0.8849-1+0.9898=0.8747$.

如果 $\xi \sim N(\mu,\sigma^2)$，那么

$$P(\xi<x)=\int_{-\infty}^{x}\frac{1}{\sqrt{2\pi}\sigma}\mathrm{e}^{-\frac{(t-\mu)^2}{2\sigma^2}}\mathrm{d}t \xlongequal{\text{令 } u=\frac{t-\mu}{\sigma}} \int_{-\infty}^{\frac{x-\mu}{\sigma}}\frac{1}{\sqrt{2\pi}}\mathrm{e}^{-\frac{u^2}{2}}\mathrm{d}u=\Phi\left(\frac{x-\mu}{\sigma}\right),$$

从而，可以查表求出 $P(\xi<x)$. 类似地，

$$P(a \leqslant \xi<b)=P(\xi<b)-P(\xi<a)=\Phi\left(\frac{b-\mu}{\sigma}\right)-\Phi\left(\frac{a-\mu}{\sigma}\right).$$

事实上，可以证明 $\eta=\frac{\xi-\mu}{\sigma} \sim N(0,1)$，即可以把服从一般正态分布 $N(\mu,\sigma^2)$ 的随机变量 ξ，通过变换化为服从标准正态分布的随机变量 η，从而

$$P(\xi<x)=P\left(\frac{\xi-\mu}{\sigma}<\frac{x-\mu}{\sigma}\right)=P\left(\eta<\frac{x-\mu}{\sigma}\right)=\Phi\left(\frac{x-\mu}{\sigma}\right).$$

五、随机变量的函数与分布

1. 随机变量的函数概念

先看下面的例子：

例 6 设 ξ 的分布列为

ξ	-1	0	1
p_k	$\frac{1}{2}$	$\frac{1}{3}$	$\frac{1}{6}$

试求 ξ^2 的分布列.

解 令 $\eta=\xi^2$，则 $\eta \in \{0,1\}$，

$P(\eta=0)=P(\xi=0)=\frac{1}{3}$，

$P(\eta=1)=P(\xi^2=1)=P(\{\xi=1\} \cup \{\xi=-1\})=P(\xi=1)+P(\xi=-1)=\frac{1}{2}+\frac{1}{6}=\frac{2}{3}$，

即 ξ^2 的分布列为

ξ^2	0	1
p_k	$\frac{1}{3}$	$\frac{2}{3}$

一般地，设 ξ 是一随机变量，$g(x)$ 是 $\mathbf{R}$ 上的连续函数，则称 $g(\xi)$ 为**随机变量 ξ 的函数**. 类似地，若 $h(x_1,x_2,\cdots,x_n)$ 是 $\mathbf{R}^n$ 上的连续函数，则称 $h(\xi_1,\xi_2,\cdots,\xi_n)$ 是 n 个随机变量 $\xi_1,\xi_2,\cdots,\xi_n$ 的函数. 显然，随机变量的函数仍是随机变量.

2. 随机变量的函数分布

在一般情况下随机变量的函数分布很难求得. 下面我们只介绍在统计学中有着重要应用的 χ^2 分布、t 分布、F 分布.

(1) χ^2分布.

若n个随机变量分别表示的事件都相互独立,则称这n个随机变量是相互独立的.

如果n个随机变量$\xi_1,\xi_2,\cdots,\xi_n$相互独立,且均服从标准正态分布$N(0,1)$,则称随机变量$\chi^2=\sum_{k=1}^{n}\xi_k{}^2$服从**参数为$n$的$\chi^2$分布**,记作$\chi^2\sim\chi^2(n)$,参数$n$称为$\chi^2$分布的**自由度**.

当$n\to+\infty$时,χ^2分布接近于正态分布.

(2) t分布.

如果ξ,η是相互独立的随机变量,且$\xi\sim N(0,1)$,$\eta\sim\chi^2(n)$,则称随机变量$T=\dfrac{\xi}{\sqrt{\dfrac{\eta}{n}}}$服从**自由度为$n$的$t$分布**,记作$T\sim t(n)$.

t分布的密度函数$f(x)$的图象关于纵轴对称.当$n\to+\infty$时,t分布十分接近于标准正态分布.

(3) F分布.

如果ξ,η是相互独立的随机变量,且$\xi\sim\chi^2(n_1)$,$\eta\sim\chi^2(n_2)$,则称随机变量$F=\dfrac{\dfrac{\xi}{n_1}}{\dfrac{\eta}{n_2}}$服从**自由度为$n_1$和$n_2$的$F$分布**,记作$F\sim F(n_1,n_2)$.

(4) χ^2,t,F分布表与临界值.

这三种分布的分布表与标准正态分布表在编制上有所不同(见附表).为了便于应用,我们给出随机变量分布临界值的概念.

设随机变量ξ的密度函数为$f(x)$,对于任意的正数α,$0<\alpha<1$,我们把满足条件

$$P(\xi>\lambda)=\int_{\lambda}^{+\infty}f(x)\mathrm{d}x=\alpha$$

的数α称为ξ所服从分布的α**临界值**.

χ^2,t,F分布表就是按临界值编制的.给定α及相应分布的自由度,可从对应的分布表中直接查出临界值.χ^2,t,F分布的α临界值分别记作$\chi^2_\alpha(n)$,$t_\alpha(n)$,$F_\alpha(n_1,n_2)$.例如,查相应的分布表可得$\chi^2_{0.1}(12)=18.549$,$t_{0.05}(7)=1.8946$,$F_{0.05}(10,8)=3.35$.

特别地,对于F分布的α临界值有这样一个结论:$F_\alpha(n_1,n_2)=\dfrac{1}{F_{1-\alpha}(n_2,n_1)}$.

标准正态分布的α临界值记为u_α,u_α满足

$$P(\xi>u_\alpha)=1-P(\xi<u_\alpha)=\alpha,$$

可由$P(\xi<u_\alpha)=\Phi(u_\alpha)=1-\alpha$,查标准正态分布表求$u_\alpha$.

利用已知分布的随机变量θ进行统计推断时,常需要计算满足

$$P(\lambda_1\leqslant\theta\leqslant\lambda_2)=1-\alpha,\text{且 }P(\theta<\lambda_1)=P(\theta>\lambda_2)=\frac{\alpha}{2}$$

的λ_1,λ_2的值.

例如,设$\theta\sim t(6)$,$P(\lambda_1\leqslant\theta\leqslant\lambda_2)=0.95$,则$P(\theta<\lambda_1)=P(\theta>\lambda_2)=\dfrac{1-0.95}{2}=0.025$,查表,得$\lambda_2=t_{0.025}(6)=0.7176$,根据$t$分布的对称性,可知$\lambda_1=-\lambda_2=-0.7176$.

又如，设$\theta \sim F(10,14)$，$P(\lambda_1 \leqslant \theta \leqslant \lambda_2)=0.9$，则$P(\theta<\lambda_1)=P(\theta>\lambda_2)=\dfrac{1-0.9}{2}=0.05$，查表，得$\lambda_2=F_{0.05}(10,14)=2.60$，由$P(\theta<\lambda_1)=0.05$，得$P(\theta>\lambda_1)=1-P(\theta \leqslant \lambda_1)=0.95$，故$\lambda_1=F_{0.05}(10,14)=\dfrac{1}{F_{0.95}(14,10)}=\dfrac{1}{2.86}=0.35$.

一般地，对于正态分布$N(0,1)$，$\lambda_2=-\lambda_1=u_{\frac{\alpha}{2}}$；对于$t$分布$t(n)$，$\lambda_2=-\lambda_1=t_{\frac{\alpha}{2}}(n)$；对于$\chi^2$分布$\chi^2(n)$，$\lambda_2=\chi^2_{\frac{\alpha}{2}}(n)$，$\lambda_1=\chi^2_{1-\frac{\alpha}{2}}(n)$；对于$F$分布$F(n_1,n_2)$，$\lambda_2=F_{\frac{\alpha}{2}}(n_1,n_2)$，$\lambda_1=F_{1-\frac{\alpha}{2}}(n_1,n_2)=\dfrac{1}{F_{\frac{\alpha}{2}}(n_2,n_1)}$.

习题 9-3（A）

1. 从装有3个红球、2个白球的袋中任取3个球，η表示所取3个球中白球的个数.

(1) 试求η的取值范围及分布列；

(2) 利用η的分布列，求取出的3个球中至少有2个红球的概率.

2. 已知随机变量ξ的分布列为

ξ	0	1	2	3	4	5
p_k	$\frac{1}{5}$	$\frac{1}{10}$	$\frac{1}{15}$	p_3	p_4	p_5

求：(1) $P(\xi \geqslant 3)$；(2) $P(\xi<2)$.

3. 在通常情况下，某种鸭子感染某种传染病的概率为20%，假定在确定的时限内健康鸭子被感染的可能性互不影响，ξ表示25只健康鸭子中被感染的只数，求：

(1) ξ的分布列；　(2) 25只健康鸭子中最可能被感染的鸭子的只数.

4. 根据某银行以往的资料可知，每5分钟内到达的客户数可以用参数$\lambda=4$的泊松分布来描述，分别求在5分钟内多于5人、多于10人到达的概率.

5. 设$\xi \sim N(0,1)$，查表求：

(1) $P(\xi<-1)$；　(2) $P(-1<\xi \leqslant 3)$；　(3) $P(\xi>3)$；　(4) $P(|\xi| \leqslant 2)$.

6. 某厂生产的螺栓长度服从正态分布$N(8.5,0.652)$，规定长度在8.5 ± 0.1范围内为合格，求生产的螺栓是合格品的概率.

习题 9-3（B）

1 设某一随机变量η的分布列为

η	-3	1	4
p_k	$\frac{1}{3}$	$\frac{1}{2}$	$\frac{1}{6}$

求：(1) $P(0<\eta \leqslant 4)$；(2) $P(0<\eta<4)$.

2. 袋中装有编号1至3的3个球，现从中任取2个球，ξ表示取出的球中的最大号码，η表示取出的两球的号码的和，试分别求出ξ,η的分布列.

3. 鱼雷袭击舰艇，每颗鱼雷的命中率为$p(0<p<1)$，现不断发射鱼雷，直至命中为止，

求鱼雷发射的数目 ξ 的分布列.

4. 某种纺织品每件表面的瑕疵点数 ξ 服从 $\lambda=0.8$ 的泊松分布，瑕疵点不多于 1 个的为一等品，价值 100 元；瑕疵点多于 1 个但不多于 4 个的为二等品，价值 80 元；瑕疵点多于 4 个的为废品. 求：(1) 产品中废品的概率；(2) 产品价值的分布列.

5. 根据某商店以往的资料可知，某种商品每月的销售额可以用参数 $\lambda=4$ 的泊松分布来描述，试问该商店在月底一次至少需进多少件货才能有 90% 以上的把握保证下个月该种商品不至于脱销？

6. 某种动物的寿命服从参数为 0.1 的指数分布，求：

(1) 这种动物能活 12 年的概率；(2) 3 只这种动物都能活 12 年的概率.

7. 一个自动包装机向袋中装糖果，标准是每袋 64 g，但因为随机性误差，每袋具体重量有波动，根据以往积累的资料，可以认为一袋糖果的重量服从正态分布 $N(64,1.5^2)$，问随机抽出一袋糖果时，其重量是 65 g 的概率是多少？不到 62 g 的概率是多少？

8. 某厂生产的显像管的使用寿命 ξ 服从正态分布 $N(8000,\sigma^2)$，若要求 (1) $P(7500<\xi<8500)=0.9$；(2) $P(\xi>7000)=0.95$，问允许 σ 的最大值分别是多少？

9. 设 $\alpha=0.10$，求下列各式中的临界值：

(1) $P(|\xi|\leqslant u_{\frac{\alpha}{2}})=1-\alpha$，其中 $\xi\sim N(1,0)$；

(2) $P(|\xi|\leqslant t_{\frac{\alpha}{2}}(n))=1-\alpha$，其中 $\xi\sim T(n)$，$n=9$；

(3) $P(\chi^2_{1-\frac{\alpha}{2}}(n)\leqslant\xi\leqslant\chi^2_{\frac{\alpha}{2}}(n))=1-\alpha$，其中 $\xi\sim\chi^2(n)$，$n=9$；

(4) $P(F_{1-\frac{\alpha}{2}}(n_1,n_2)\leqslant\xi\leqslant F_{\frac{\alpha}{2}}(n_1,n_2))=1-\alpha$，其中 $\xi\sim F(n_1,n_2)$，$n_1=n_2=10$.

§9-4　随机变量的数字特征

随机变量的概率分布描述了它的统计规律，但在实际问题中，随机变量的概率分布是较难确定的，而反映随机变量的某些特性的数值(即数字特征)却比较容易估计出来. 事实上，在不少实际问题中只要知道随机变量的某些数字特征就够了. 例如，在加工零件时，由于各种随机因素的影响，每次加工的零件的尺寸是一个随机变量，一般情况下，我们关心的是这些零件的平均长度和加工精度. 前者反映随机变量的平均值，后者反映随机变量取值的分散程度. 这就是本节讨论的随机变量的两个主要的数字特征——数学期望和方差.

一、数学期望和方差的概念

一射手在一次射击中，命中的环数 ξ 这一随机变量的可能取值为 0～10，共 11 个整数. 在相同的条件下射击 100 次，其命中的环数情况统计如下：

ξ	10	9	8	7	0～6
频数	50	20	20	10	0
频率	0.5	0.2	0.2	0.1	0

就这 100 次射击的命中情况，可以从命中环数的平均值这一数字来观察射手的射击水平. 100 次射击，命中环数的平均值为

$$\frac{1}{100}(10\times50+9\times20+8\times20+7\times10)=9.1(\text{环}).$$

对上式稍作变化，得

$$10\times0.5+9\times0.2+8\times0.2+7\times0.1=9.1(\text{环}).$$

即在 100 次射击中，命中环数的平均值正好是 ξ 的所有可能取值与相应的频率乘积的总和，它反映了在 100 次射击中命中环数的“平均值”.

随着射击次数的增多，命中环数的频率稳定于概率. 设 ξ 的分布列为

ξ	10	9	8	7	6	5	4	3	2	1	0
p_k	p_{10}	p_9	p_8	p_7	p_6	p_5	p_4	p_3	p_2	p_1	p_0

记 $\sum_{k=0}^{10} kp_k$，它表示概率意义下命中环数的“平均值”. 我们称它为 ξ 的**概率平均值**或**数学期望**. 事实上，数学期望是平均值的推广，是以概率为权数的加权平均.

定义 1 设离散型随机变量 ξ 的分布列为

ξ	x_1	x_2	…	x_n	…
p_k	p_1	p_2	…	p_n	…

记
$$E(\xi)=x_1p_1+x_2p_2+\cdots+x_np_n+\cdots=\sum_{k=1}^{\infty}x_kp_k.$$

当 ξ 的可能取值只有有限个时，$E(\xi)=\sum_{k=1}^{n}x_kp_k$ 存在；当 ξ 取无穷可列个值时，如果 $\sum_{k=1}^{\infty}|x_k|p_k=\lim_{n\to\infty}\sum_{k=1}^{n}|x_k|p_k$ 存在，则 $E(\xi)$ 存在，规定 $E(\xi)=\sum_{k=1}^{\infty}x_kp_k=\lim_{n\to\infty}\sum_{k=1}^{n}x_kp_k$. $E(\xi)$ 为常数时，称为**离散型随机变量 ξ 的数学期望（或均值）**.

类似地，可给出连续型随机变量的数学期望的定义.

定义 2 设连续型随机变量 ξ 具有密度函数 $f(x)$，记

$$E(\xi)=\int_{-\infty}^{+\infty}xf(x)\mathrm{d}x.$$

如果广义积分 $\int_{-\infty}^{+\infty}|x|f(x)\mathrm{d}x$ 收敛，则称 $E(\xi)$ 为**连续型随机变量 ξ 的数学期望**.

数学期望是描述随机变量取值的平均状况的数字特征，但在许多实际问题中仅了解取值的平均状况是不够的，还必须了解随机变量的取值偏离平均值的分散程度.

例如，有甲、乙两个工厂生产同一种设备，所生产设备的使用寿命（单位：h）的概率分布如下表所示：

甲工厂：

ξ	800	900	1000	1100	1200
p_k	0.1	0.2	0.4	0.2	0.1

乙工厂：

η	800	900	1000	1100	1200
p_k	0.2	0.2	0.2	0.2	0.2

计算，得

$$E(\xi)=800\times0.1+900\times0.2+1000\times0.4+1100\times0.2+1200\times0.1=1000,$$

$$E(\eta)=800\times0.2+900\times0.2+1000\times0.2+1100\times0.2+1200\times0.2=1000.$$

两厂生产的设备的使用寿命的数学期望相同，但由分布列可以看出，甲厂产品的使用

寿命集中在 1000 h 左右，而乙厂产品的使用寿命却比较分散，说明乙厂产品的稳定性较差.如何用一个数值来描述随机变量的分散程度呢？在概率中通常用“方差”这一数字特征来描述这种分散程度.现在我们来看两个工厂产品的使用寿命与其均值之差的概率分布.

甲工厂：

$\xi-E(\xi)$	-200	-100	0	100	200
p_k	0.1	0.2	0.4	0.2	0.1

乙工厂：

$\eta-E(\eta)$	-200	-100	0	100	200
p_k	0.2	0.2	0.2	0.2	0.2

我们从均值的定义联想到，能否用随机变量与其均值之差的数学期望来描述随机变量的分散程度呢？计算可知 $E[\xi-E(\xi)]=E[\eta-E(\eta)]=0$，显然由于正负抵消，这样做是不合理的.为此，改用随机变量与其均值之差的平方的数学期望来描述，即

甲工厂：$E[\xi-E(\xi)]^2=(-200)^2\times0.1+(-100)^2\times0.2+0^2\times0.4+100^2\times0.2+200^2\times0.1=12000$；

乙工厂：$E[\eta-E(\eta)]^2=(-200)^2\times0.2+(-100)^2\times0.2+0^2\times0.2+100^2\times0.2+200^2\times0.2=20000$.

由此可见，甲工厂产品的使用寿命的分散程度较小，产品质量较稳定.

定义 3　设离散型随机变量 ξ 的分布列为

ξ	x_1	x_2	$\cdots$	x_n	$\cdots$
p_k	p_1	p_2	$\cdots$	p_n	$\cdots$

记 $D(\xi)=[x_1-E(\xi)]^2p_1+[x_2-E(\xi)]^2p_2+\cdots+[x_n-E(\xi)]^2p_n+\cdots=\sum\limits_{k=1}^{\infty}[x_k-E(\xi)]^2p_k$.当 $D(\xi)$ 为常数时，称为**离散型随机变量 ξ 的方差**.

定义 4　设连续型随机变量 ξ 具有密度函数 $f(x)$，记

$$D(\xi)=\int_{-\infty}^{+\infty}[x-E(\xi)]^2f(x)\mathrm{d}x=E[\xi-E(\xi)]^2.$$

如果广义积分 $\int_{-\infty}^{+\infty}x^2f(x)\mathrm{d}x$ 收敛，则称 $D(\xi)$ 为**连续型随机变量 ξ 的方差**.

方差刻画了随机变量的分散程度，方差越小，随机变量的分散程度越小.

二、数学期望和方差的性质

1. 数学期望的性质

(1) $E(C)=C$，C 为常数；

(2) $E(C\xi)=CE(\xi)$，C 为常数；

(3) $E(\xi+\eta)=E(\xi)+E(\eta)$，

一般地，$E\left(\sum\limits_{i=1}^{n}a_i\xi_i\right)=\sum\limits_{i=1}^{n}a_iE(\xi_i)$（$a_i$ 为常数，$i=1,2,\cdots,n$，n 为有限自然数）；

(4) 若随机变量 $\xi_1,\xi_2,\cdots,\xi_n$ 相互独立，且 $E(\xi_i)(i=1,2,\cdots,n)$ 均存在，则

$$E(\xi_1\xi_2\cdots\xi_n)=E(\xi_1)E(\xi_2)\cdots E(\xi_n);$$

(5) 设 $g(x)$ 为 $\mathbf{R}$ 上的连续函数，随机变量 ξ 的函数为 $\eta=g(\xi)$，则 η 的数学期望 $E(\eta)$ 可按下列情形计算：

若 ξ 为离散型随机变量，具有分布列 $P(\xi=x_k)=p_k\ (k=1,2,\cdots,n,\cdots)$，且 $\lim\limits_{n\to\infty}\sum\limits_{k=1}^{n}g(x_k)p_k$ 存在，则

$$E(\eta)=E[g(\xi)]=g(x_1)p_1+g(x_2)p_2+\cdots+g(x_n)p_n+\cdots=\sum_{k=1}^{\infty}g(x_k)p_k;$$

若 ξ 为连续型随机变量，具有密度函数 $f(x)$，且 $\int_{-\infty}^{+\infty}g(x)f(x)\mathrm{d}x$ 收敛，则

$$E(\eta)=E[g(\xi)]=\int_{-\infty}^{+\infty}g(x)f(x)\mathrm{d}x.$$

2. 方差的性质

(1) $D(\xi)=E[\xi-E(\xi)]^2=E(\xi^2)-E^2(\xi)$；

(2) $D(C)=0$，C 为常数；

(3) $D(C\xi)=C^2D(\xi)$，C 为常数；

(4) 若有限个随机变量 $\xi_1,\xi_2,\cdots,\xi_n$ 相互独立，则

$$D\left(\sum_{i=1}^{n}a_i\xi_i\right)=\sum_{i=1}^{n}a_i^2D(\xi_i)\ (a_i\text{均为常数},i=1,2,\cdots,n,n\text{为有限自然数}).$$

根据数学期望和方差的定义、性质，可计算出一些常见概率分布的数学期望、方差，见下表：

概率分布	$E(\xi)$	$D(\xi)$
$\xi\sim0\text{-}1$	p	pq
$\xi\sim B(n,p)$	np	npq
$\xi\sim P(\lambda)$	λ	λ
$\xi\sim U[a,b]$	$\frac{a+b}{2}$	$\frac{1}{12}(b-a)^2$
$\xi\sim N(\mu,\sigma^2)$	μ	σ^2
$\xi\sim\chi^2(n)$	n	$2n$
$\xi\sim t(n)$	$0(n>1)$	$\frac{n}{n-2}(n>2)$
$\xi\sim F(n_1,n_2)$	$\frac{n_2}{n_2-2}(n_2>2)$	$\frac{2n_2^2(n_1+n_2-2)}{n_1(n_2-2)^2(n_2-4)}(n_2>4)$
$\xi\sim Z(\lambda)$	$\frac{1}{\lambda}$	$\frac{1}{\lambda^2}$

三、随机变量的其他常用数字特征

1. 标准差(均方差)$\delta=\sqrt{D\xi}$.

2. 平均差 $M=E[|\xi-E(\xi)|]$.

3. 极差 $R=\max\{\xi\}-\min\{\xi\}$.

4．中位数 M_e，满足 $P(\xi<M_e)=P(\xi\geqslant M_e)=\frac{1}{2}$.

习题 9-4（A）

1．设 ξ 的分布列为 $P(\xi=k)=\frac{1}{n}(k=1,2,\cdots,n)$，求 $E(\xi)$，$D(\xi)$.

2．利用定义求均匀分布的数学期望和方差.

3．设随机变量 ξ 的概率密度为 $f(x)=\begin{cases}1+x, & -1\leqslant x\leqslant 0,\\ 1-x, & 0<x<1,\\ 0, & \text{其他},\end{cases}$ 求 $E(\xi)$，$D(\xi)$.

4．某盒子中装有 20 件产品，其中有 4 件是次品，现随机地从盒子中抽取 3 件，求抽取的 3 件产品中次品数的数学期望和方差.

5．利用数学期望的性质证明方差的性质(1).

6．设 $\xi_1,\xi_2,\cdots,\xi_n$ 是 n 个相互独立的随机变量，且都服从正态分布 $N(\mu,\sigma^2)$，$\bar{\xi}=\frac{1}{n}\sum\limits_{i=1}^{n}\xi_i$，$\nu=\frac{\bar{\xi}-\mu}{\sigma}\sqrt{n}$，证明：$E(\nu)=0$，$D(\nu)=1$.

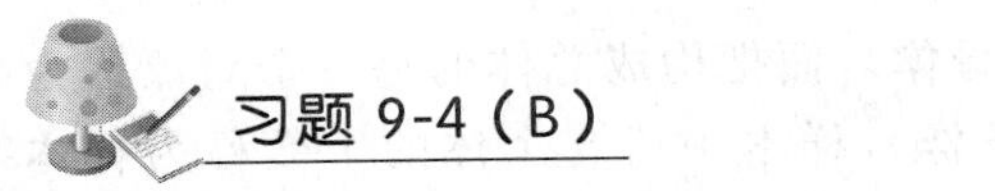

习题 9-4（B）

1．设 ξ 的分布列为

ξ	-1	0	$\frac{1}{2}$	1	2
p_k	$\frac{1}{3}$	$\frac{1}{5}$	$\frac{1}{5}$	$\frac{1}{12}$	$\frac{1}{4}$

求：(1) $E(\xi)$；　(2) $E(-2\xi+1)$；　(3) $E(\xi^2)$；　(4) $D(\xi)$；　(5) $D(-2\xi)$.

2．两台自动机床 A，B 生产同一种零件，已知它们生产 1000 件零件的次品数及概率分别如下表所示：

次品数	0	1	2	3
概率(A)	0.7	0.2	0.06	0.04
概率(B)	0.8	0.06	0.04	0.10

问哪台机床加工质量较好？

3．一批种子的发芽率为 90%，播种时每穴种 5 粒种子，求每穴种子发芽粒数的数学期望和方差.

4．一批零件中有 9 个正品、3 个次品，在安装机器时，从这批零件中任取一个，若取出次品不再放回，继续重取一个，求取得正品以前已取出的次品数的数学期望和方差.

5．一台仪器中的 3 个元件相互独立地工作，发生故障的概率分别是 0.2、0.3、0.4，求发生故障的元件数的数学期望和方差.

6．已知 $\xi\sim N(1,2)$，$\eta\sim N(2,4)$，且 ξ 与 η 相互独立，求 $E(3\xi-\eta+1)$ 和 $D(\eta-2\xi)$.

7. 设 ξ 的密度函数为 $f(x)=\begin{cases}kx^{\alpha}, & 0\leqslant x\leqslant 1, k,\alpha>0,\\ 0, & \text{其他},\end{cases}$ 且已知 $E(\xi)=\dfrac{3}{4}$，求 k 与 α 的值.

8. 设 ξ 的密度函数为 $\varphi(x)=\begin{cases}e^{-x}, & x>0,\\ 0, & x\leqslant 0,\end{cases}$ 求：(1) $E(\xi)$； (2) $E(e^{-2\xi})$.

§9-5 统计量 统计特征数

前几节讨论的内容，总是从已给的随机变量 ξ 出发研究该随机变量的种种性质，这时 ξ 的分布函数 $F(x)$ 都已事先给定. 然而在实际问题中，$F(x)$ 常常是未知的. 例如，测试灯泡的使用寿命的试验是破坏性的，一旦灯泡的使用寿命测试出来，灯泡也就报废了. 因此，直接寻求灯泡的使用寿命 ξ 的分布是不现实的，一般只能从全部灯泡中抽取一定数量的灯泡，通过对这些灯泡的观测结果，对全部灯泡的特性进行估计和推断. 本节及以后几节就是基于这种思想进行讨论的.

一、总体和样本

在统计学中，把研究对象的全体称为**总体**（或**母体**），而把构成总体的每一个对象称为**个体**；从总体中抽出的一部分个体称为**样本**（或**子样**），样本中所含个体的个数称为**样本容量**.

例如，研究一批灯泡的质量时，该批灯泡的全体就构成了总体，而其中的每一个灯泡就是个体；从该批灯泡中抽取 100 个检测或试验，则这 100 个灯泡就构成了一个容量为 100 的样本.

实际问题中，从数学角度研究总体时，所关心的是它的某些数量指标，如灯泡的使用寿命（数量指标），这时该批灯泡这个总体就成了联系每个灯泡（个体）使用寿命数据的集合 Ω. 设 ξ 表示灯泡的使用寿命，则 ξ 的取值范围就是 Ω.

一般地，当我们提到总体时，通常是指总体的某一数量指标 ξ 可能取值的集合，习惯上说成是总体 ξ. 这样，对总体的某种规律的研究，就归结为讨论与这种规律相联系的随机变量 ξ 的分布或其数字特征.

从总体中抽取容量为 n 的样本进行观测（或试验），实际上就是对总体在相同的条件下进行 n 次独立的重复试验，试验结果用 $\xi_1,\xi_2,\cdots,\xi_n$ 表示，它们都是随机变量，样本就表现为 n 个随机变量，记为 $(\xi_1,\xi_2,\cdots,\xi_n)$. 对样本进行一次观察所得到的一组确定的取值 $(x_1,x_2,\cdots,x_n)$ 称为**样本观察值**或**样本值**.

例如，从一批灯泡中抽取 100 个灯泡，样本即为 $(\xi_1,\xi_2,\cdots,\xi_{100})$，其中 $\xi_i(i=1,2,\cdots,100)$ 表示第 i 个灯泡的使用寿命；对抽出的 100 个灯泡进行测试后，得到的其使用寿命值 $(x_1,x_2,\cdots,x_{100})$ 就是样本值，其中 x_i 是 ξ_i 的观察值 $(i=1,2,\cdots,100)$.

对总体在相同的条件下进行 n 次独立的重复试验，相当于对样本提出如下要求：

(1) 代表性：总体中每个个体被抽中的机会是相等的，即样本中每个 $\xi_i(i=1,2,\cdots,n)$ 都和总体 ξ 具有相同的分布；

(2) 独立性：对样本中每个个体的观测结果互不影响，即 $\xi_1,\xi_2,\cdots,\xi_n$ 是相互独立的随机变量.

满足要求(1)和(2)的样本称为**简单随机样本**，今后所指的样本均为简单随机样本.

二、统计量

样本是总体的代表和反映，是统计推断的基本依据. 但是，对于不同的总体，甚至对于同一个总体，我们所关心的问题往往是不一样的. 因此，根据问题的不同，必须对样本进行不同的处理，这种处理就是构造样本的某种函数.

设$(\xi_1,\xi_2,\cdots,\xi_n)$是来自总体 ξ 的一个样本，我们把随机变量 $\xi_1,\xi_2,\cdots,\xi_n$ 的函数称为**样本函数**. 若样本函数中不包含总体的未知参数，这样的样本函数称为**统计量**，记作 $Q(\xi_1,\xi_2,\cdots,\xi_n)$. 统计量是随机变量，它的取值依赖于样本值；总体参数通常是指总体分布中所含的参数或数字特征.

设$(\xi_1,\xi_2,\cdots,\xi_n)$是来自总体 ξ 的一个样本，样本值为$(x_1,x_2,\cdots,x_n)$，我们把 $Q(x_1,x_2,\cdots,x_n)$称为统计量 $Q(\xi_1,\xi_2,\cdots,\xi_n)$的观察值.

数理统计的中心任务就是针对问题的特征，构造一个合理的统计量，并找出它的分布规律，以便利用这种规律对总体作出相应的估计和推断.

三、统计特征数

能反映样本值分布的数字特征的统计量统称为**统计特征数**(或**样本特征数**).

设$(\xi_1,\xi_2,\cdots,\xi_n)$是来自总体 ξ 的一个样本，样本值为$(x_1,x_2,\cdots,x_n)$，几个常用的统计特征数为：

1. 样本矩

(1) 原点矩.

统计量 $X^{*k}=\frac{1}{n}\sum_{i=1}^{n}\xi_i^{\,k}$ 称为 k **阶原点矩**，其观察值记为

$$x^{*k}=\frac{1}{n}\sum_{i=1}^{n}x_i^{\,k}.$$

特别地，当 $k=1$ 时，称为**样本均值**，记为$\bar{\xi}=\frac{1}{n}\sum_{i=1}^{n}\xi_i$，其观察值记为$\bar{x}=\frac{1}{n}\sum_{i=1}^{n}x_i$.

样本均值反映了样本值分布的集中位置，代表样本取值的平均水平.

(2) 中心矩.

统计量 $S^{*k}=\frac{1}{n-1}\sum_{i=1}^{n}(\xi_i-\bar{\xi})^k$ 称为 k **阶中心矩**，其观察值记为

$$s^{*k}=\frac{1}{n-1}\sum_{i=1}^{n}(x_i-\bar{x})^k.$$

特别地，当 $k=2$ 时，称为**样本方差**，记为 $S^{*2}=\frac{1}{n-1}\sum_{i=1}^{n}(\xi_i-\bar{\xi})^2$，其观察值记为

$$s^{*2}=\frac{1}{n-1}\sum_{i=1}^{n}(x_i-\bar{x})^2.$$

样本方差的算术平方根称为**样本标准差**，记作 S^*，其观察值记为 s^*.

样本方差或样本标准差反映了样本值分布的集中(或离散)程度.

2. 中位数

将样本值数据按大小排序后,居于中间位置的数称为**中位数**,记作 M_e. 当 n 为偶数时,规定 M_e 取居中位置的两数的平均值.

3. 样本极差

统计量 $R=\max\{\xi_1,\xi_2,\cdots,\xi_n\}-\min\{\xi_1,\xi_2,\cdots,\xi_n\}$ 称为**样本极差**,其观察值仍记为 R,即为样本值中最大数与最小数之差.

4. 标准差系数

统计量 $C=\frac{S^*}{\bar{\xi}}\times 100\%$ 称为**标准差系数**,其观察值记为 $c=\frac{s^*}{\bar{x}}\times 100\%$.

标准差系数反映了样本值数据相对于样本均值的离散程度.

例 1 从某厂生产的一批灯泡中随机抽取 10 只,测得耐用时数(单位:h)如下:

989 992 998 1000 1002 1004 1004 1006 1007 1010

试求 $\bar{x},s^*,M_e,R,c$.

解 由计算器直接计算得

$\bar{x}=1001.2$, $s^*=6.6299$, $M_e=1003$, $R=21$, $c=0.66\%$.

四、统计量的分布

统计量的概率分布规律称为**统计量的分布**(或称为**抽样分布**).

在参数估计、假设检验及方差分析等内容中,常用的统计量及其分布有:

1. 单总体统计量分布定理

设 $(\xi_1,\xi_2,\cdots,\xi_n)$ 是来自正态总体 $\xi\sim N(\mu,\sigma^2)$ 的样本,则有下列结论:

(1) $\bar{\xi}\sim N\left(\mu,\frac{\sigma^2}{n}\right)$,且 $\bar{\xi}$ 与 S^* 相互独立;

(2) $$\chi^2=\frac{(n-1)S^{*2}}{\sigma^2}=\frac{\sum_{i=1}^{n}(\xi_i-\bar{\xi})^2}{\sigma^2}\sim\chi^2(n-1);$$

(3) $T=\frac{\bar{\xi}-\mu}{S^*}\sqrt{n}\sim t(n-1)$;

(4) $U=\frac{\bar{\xi}-\mu}{\sigma}\sqrt{n}\sim N(0,1)$;

(5) $$\chi^2=\sum_{i=1}^{n}\left(\frac{\xi_i-\mu}{\sigma}\right)^2\sim\chi^2(n).$$

2. 双总体统计量分布定理

设 $(\xi_1,\xi_2,\cdots,\xi_{n_1})$ 是来自正态总体 $\xi\sim N(\mu_1,\sigma_1^2)$ 的一个样本,$(\eta_1,\eta_2,\cdots,\eta_{n_2})$ 是来自正态总体 $\eta\sim N(\mu_2,\sigma_2^2)$ 的一个样本,且 ξ 与 η 相互独立,记

$$\bar{\xi}=\frac{1}{n_1}\sum_{i=1}^{n_1}\xi_i,\qquad S_1^{*2}=\frac{1}{n_1-1}\sum_{i=1}^{n_1}(\xi_i-\bar{\xi})^2,$$

$$\bar{\eta}=\frac{1}{n_2}\sum_{i=1}^{n_2}\eta_i,\qquad S_2^{*2}=\frac{1}{n_2-1}\sum_{i=1}^{n_2}(\eta_i-\bar{\eta})^2,$$

则有下列结论：

(1) $U=\dfrac{(\bar{\xi}-\bar{\eta})-(\mu_1-\mu_2)}{\sqrt{\dfrac{\sigma_1^2}{n_1}+\dfrac{\sigma_2^2}{n_2}}}\sim N(0,1)$；

(2) $T=\dfrac{(\bar{\xi}-\bar{\eta})-(\mu_1-\mu_2)}{\sqrt{\dfrac{(n_1-1)S_1^{*2}+(n_2-1)S_2^{*2}}{n_1+n_2-2}\left(\dfrac{1}{n_1}+\dfrac{1}{n_2}\right)}}\sim t(n_1+n_2-2)$（已知 $\sigma_1^2=\sigma_2^2$）；

(3) $F=\dfrac{S_1^{*2}/\sigma_1^2}{S_2^{*2}/\sigma_2^2}\sim F(n_1-1,n_2-1)$.

3. 极限定理

(1) 大数定律.

设 $\xi_1,\xi_2,\cdots,\xi_n$ 是相互独立且服从相同分布的随机变量，$E(\xi_i)=\mu$ 和 $D(\xi_i)=\sigma^2$（$i=1,2,\cdots,n$）均为有限常数，则对于任意的正数 ε，都有

$$\lim_{n\to\infty}P\left(\left|\frac{1}{n}\sum_{i=1}^{n}\xi_i-\mu\right|\geqslant\varepsilon\right)=0.$$

(2) 中心极限定理.

设 $\xi_1,\xi_2,\cdots,\xi_n$ 是相互独立且服从相同分布的随机变量，$E(\xi_i)=\mu$ 和 $D(\xi_i)=\sigma^2$（$i=1,2,\cdots,n$）均为有限常数，则统计量 $\eta=\dfrac{\bar{\xi}-\mu}{\dfrac{\sigma}{\sqrt{n}}}$ 对于任意的 x，都有

$$\lim_{n\to\infty}P(\eta<x)=\int_{-\infty}^{x}\frac{1}{\sqrt{2\pi}}\mathrm{e}^{-\frac{t^2}{2}}\mathrm{d}t.$$

由上述两定理可知，无论总体 ξ 服从怎样的分布，只要 $E(\xi_i)=\mu$ 和 $D(\xi_i)=\sigma^2$（$i=1,2,\cdots,n$）都存在，$(\xi_1,\xi_2,\cdots,\xi_n)$ 是来自总体的一个简单随机样本，那么当 n 充分大时，样本均值 $\bar{\xi}$ 的观察值总是稳定于总体期望 $E(\xi)=\mu$，并且统计量 $\eta=\dfrac{\bar{\xi}-\mu}{\dfrac{\sigma}{\sqrt{n}}}$ 近似地服从标准正态分布 $N(0,1)$，或者说 $\bar{\xi}$ 近似地服从 $N\left(\mu,\dfrac{\sigma^2}{n}\right)$. 即当样本容量充分大时，不服从正态分布的总体可当作服从正态分布的总体进行近似处理.

例 2　已知总体 $\xi\sim N(1,9)$，$(\xi_1,\xi_2,\cdots,\xi_9)$ 是来自总体 ξ 的样本.

(1) 试比较 $\bar{\xi}$ 与 ξ 在 $[1,2]$ 中取值的概率；

(2) 试求 $P\left(\sum\limits_{i=1}^{9}(\xi_i-\bar{\xi})^2<31.41\right)$.

解　(1) 由已知 $\xi\sim N(1,9)$，得

$P(1\leqslant\xi\leqslant2)=\Phi\left(\dfrac{2-1}{3}\right)-\Phi\left(\dfrac{1-1}{3}\right)=\Phi\left(\dfrac{1}{3}\right)-\Phi(0)=0.6203-0.5000=0.1203.$

而 $\bar{\xi}\sim N(1,1)$，所以

$P(1\leqslant\bar{\xi}\leqslant2)=\Phi\left(\dfrac{2-1}{1}\right)-\Phi\left(\dfrac{1-1}{1}\right)=\Phi(1)-\Phi(0)=0.8413-0.5000=0.3413.$

由以上计算知，$\bar{\xi}$ 在 $[1,2]$ 中取值的概率大于 ξ 在 $[1,2]$ 中取值的概率.

(2) $P\left(\sum\limits_{i=1}^{9}(\xi_i-\bar{\xi})^2<31.41\right)=P\left(\sum\limits_{i=1}^{9}(\xi_i-\bar{\xi})^2/9<3.49\right)=P(\chi^2(8)<3.49)$

$=1-P(\chi^2(8)\geqslant 3.49)=1-0.90=0.10.$

习题 9-5(A)

1. 若总体分布为 $N(\mu,\sigma^2)$,其中 μ 已知,σ^2 未知,$(\xi_1,\xi_2,\cdots,\xi_n)$ 是来自总体的一个样本,指出下列样本函数中哪些是统计量:

(1) $\frac{1}{n}\sum\limits_{i=1}^{n}\xi_i^2$; (2) $\frac{1}{n}\sum\limits_{i=1}^{n}(\xi_i-\bar{\xi})^2$; (3) $\sum\limits_{i=1}^{n}|\xi_i-\mu|$;

(4) $\frac{1}{\sigma^2}\sum\limits_{i=1}^{n}\xi_i^2$; (5) $\min(\xi_1,\xi_2,\cdots,\xi_n)$; (6) $\sum\limits_{i=1}^{n}\xi_i-\mu$.

2. 试叙述样本函数、统计量、统计特征数之间的联系与区别,统计量、统计特征数与它们的观察值之间的联系与区别.

3. 设 $(\xi_1,\xi_2,\cdots,\xi_8)$ 是来自正态总体 $\xi\sim N(\mu,\sigma^2)$ 的一个样本,试指出下列统计量的分布:

(1) $\frac{1}{8}\sum\limits_{i=1}^{8}\xi_i$; (2) $\frac{7S^{*2}}{\sigma^2}$; (3) $\frac{\bar{\xi}-\mu}{S^*}\sqrt{8}$; (4) $\frac{\bar{\xi}-\mu}{\sigma}\sqrt{8}$; (5) $\frac{\sum\limits_{i=1}^{8}(\xi_i-\mu)^2}{\sigma^2}$.

4. 从一批轴中随机抽检 6 根,测得直径(单位:mm)分别为:50.00,49.96,49.98,50.06,50.04,49.96. 求样本均值、标准差、中位数、极差、标准差系数.

5. 在总体 $\xi\sim N(20,4)$ 中随机抽取容量为 16 的样本,求样本均值落在 19.5 和 20.6 之间的概率.

6. 有一种型号的包装机,包装额定重量为 100 g 的产品时,标准差为 2 g,包装额定重量为 500 g 的产品时,标准差为 4 g. 问该包装机包装哪种产品性能比较稳定?

习题 9-5(B)

1. 在总体 $\xi\sim N(2.0,0.02^2)$ 中随机抽取容量为 100 的样本,求满足 $P(|\bar{\xi}-2|<\lambda)=0.95$ 的 λ 值.

2. 设 $(\xi_1,\xi_2,\cdots,\xi_8)$ 是来自正态总体 $\xi\sim N(0,0.3^2)$ 的一个样本,求 $P\left(\sum\limits_{i=1}^{8}\xi_i^2>1.80\right)$.

3. 设某电话交换机要为 2000 个用户服务,最忙时,平均每个用户打电话的占线率为 3%,假设用户打电话是相互独立的. 问若想以 99% 的可能性满足用户的要求,最少需要设多少条线路?(提示:因为用户较多,可将二项分布看成泊松分布,利用中心极限定理求解)

§9-6 参数估计

在实际问题中,要求利用样本估计总体分布中的一些未知参数,这种估计方法称为**参数估计**. 估计总体未知参数 θ 的统计量 $\hat{\theta}(\xi_1,\xi_2,\cdots,\xi_n)$ 称为**估计量**. 参数估计分为两种类型:

点估计和区间估计.

一、参数的点估计

1. 点估计的概念

参数的点估计就是用估计量$\hat{\theta}(\xi_1,\xi_2,\cdots,\xi_n)$的观察值$\hat{\theta}(x_1,x_2,\cdots,x_n)$作为总体未知参数 θ 的估计值.

由于总体参数 θ 的值未知,无法知 θ 的真值,而估计量$\hat{\theta}$是一随机变量,其观察值随着对样本的每次观察不同而得到不同的值. 人们自然希望估计量$\hat{\theta}$的观察值与 θ 的真值越接近越好. 为此,人们从不同的角度引入了评价估计量的“优良性”的各种标准,比较常用的有以下三种:

(1) 无偏性.

设$\hat{\theta}(\xi_1,\xi_2,\cdots,\xi_n)$是总体未知参数 θ 的一个估计量,如果 $E(\hat{\theta})=\theta$,那么$\hat{\theta}$称为参数 θ 的**无偏估计量**.

(2) 有效性.

设$\hat{\theta}_1(\xi_1,\xi_2,\cdots,\xi_n)$,$\hat{\theta}_2(\xi_1,\xi_2,\cdots,\xi_n)$是总体参数 θ 的两个估计量,若 $D(\hat{\theta}_1)<D(\hat{\theta}_2)$,则称$\hat{\theta}_1$比$\hat{\theta}_2$**更有效**;$\theta$ 的无偏估计量中方差最小的估计量称为**最优无偏估计量**.

(3) 一致性.

设$\hat{\theta}(\xi_1,\xi_2,\cdots,\xi_n)$是总体参数 θ 的一个估计量,如果$\lim\limits_{n\to\infty}P(\hat{\theta}=\theta)=1$,那么称$\hat{\theta}$为参数 θ 的**一致估计量**.

在实际问题中,无偏性与有效性适用于对样本容量较小的估计量的评价,一致性适用于对样本容量较大的估计量的评价.

可以证明:

(1) 不论总体 ξ 服从什么分布,若 $E(\xi)$ 和 $D(\xi)$ 都存在,则$\bar{\xi}$和 S^{*2} 分别是 $E(\xi)$ 和 $D(\xi)$ 的无偏估计量;

(2) 不论总体 ξ 服从什么分布,若 $E(\xi)$ 和 $D(\xi)$ 都存在,则样本的统计特征数都是总体相应的数字特征的一致估计量;

(3) 设 $\xi\sim N(\mu,\sigma^2)$,μ,σ 均未知,则$\bar{\xi}$和 S^{*2} 分别是 μ,σ^2 的最优无偏估计量,但对于固定的样本容量 n,$S^2=\dfrac{1}{n}\sum\limits_{i=1}^{n}(\xi_i-\bar{\xi})^2$ 不是 σ^2 的无偏估计量,但却比 S^{*2} 更有效,若 μ 已知,则 $S^2=\dfrac{1}{n}\sum\limits_{i=1}^{n}(\xi_i-\mu)^2$ 是 σ^2 的最优无偏估计量.

2. 几个常见的参数的点估计量

(1) 总体数字特征的点估计量.

一般情况下,总是把样本的统计特征数作为总体相应的数字特征的估计量. 例如,$\hat{E}(\xi)=\bar{\xi}$,$\hat{D}(\bar{\xi})=S^{*2}$分别作为总体数学期望、方差的估计量. 其中,当总体 ξ 的某个数字特征已知时,则将含有估计数字特征的估计量替换为该数字特征. 例如,已知 $E(\xi)=\mu$,那么方差 $D(\xi)$的估计量替换为 $S^{*2}=\dfrac{1}{n-1}\sum\limits_{i=1}^{n}(\xi_i-\mu)^2$ 或 $S^2=\dfrac{1}{n}\sum\limits_{i=1}^{n}(\xi_i-\mu)^2$.

(2) 总体分布参数的点估计量.

我们知道总体$\xi \sim N(\mu,\sigma^2)$时,总体ξ的分布参数μ,σ^2就是其期望和方差.但在一般情况下,总体的参数与期望和方差并不一致,这时可利用参数与期望和方差的关系,推算出其估计量.

例 1 设总体$\xi \sim U[a,b]$,a,b未知,试求参数a,b的估计量.

解 由$E(\xi)=\frac{1}{2}(b+a)$,$D(\xi)=\frac{1}{12}(b-a)^2$,即

$$\bar{\xi}=\frac{1}{2}(\hat{b}+\hat{a}),S^{*2}=\frac{1}{12}(\hat{b}-\hat{a})^2,$$

解得 $\hat{a}=\bar{\xi}-\sqrt{3}S^*,\hat{b}=\bar{\xi}+\sqrt{3}S^*$.

现将常用的几个分布的参数估计量列表如下:

分　布	被估参数	估计量
$\xi \sim 0\text{-}1$	$P(\xi=1)=p$	$\hat{p}=\bar{\xi}=\frac{k}{n}$(频率)
$\xi \sim B(n,p)$	n,p	$\hat{p}=1-\frac{S^{*2}}{\bar{\xi}},\hat{n}=\left[\frac{\bar{\xi}}{\hat{p}}\right]$(取整)
$\xi \sim Z(\lambda)$	λ	$\hat{\lambda}=\bar{\xi}$ 或 S^{*2}
$\xi \sim U[a,b]$	a,b	$\hat{a}=\bar{\xi}-\sqrt{3}S^*,\hat{b}=\bar{\xi}+\sqrt{3}S^*$
$\xi \sim N(\mu,\sigma^2)$	μ,σ^2	$\hat{\mu}=\bar{\xi},\hat{\sigma}^2=S^{*2}$

二、参数的区间估计

1. 置信区间的概念

在参数的点估计中,总体未知参数θ的估计量$\hat{\theta}$即使具有无偏性或有效性等优良性质,但$\hat{\theta}$是一随机变量,$\hat{\theta}$的观察值只是θ的一个近似值.在实际问题中,我们往往还希望根据样本给出一个以较大的概率包含被估参数θ的范围,这就是区间估计的基本思想.

设θ是总体ξ分布中的一个未知参数,如果由样本确定的两个统计量θ_1和$\theta_2(\theta_1<\theta_2)$,对于给定的$\alpha(0<\alpha<1)$,能满足条件

$$P(\theta_1 \leqslant \theta \leqslant \theta_2)=1-\alpha,$$

则区间$[\theta_1,\theta_2]$称为θ的$1-\alpha$ **置信区间**,θ_1和θ_2分别称为**置信下限**和**置信上限**,$1-\alpha$称为**置信水平(或置信度)**,α称为**显著性水平**.

显然,置信区间$[\theta_1,\theta_2]$是一个随机区间.用置信区间表示包含未知参数的范围和可靠程度的统计方法,称为**参数的区间估计**.

区间估计的直观解释为:置信区间$[\theta_1,\theta_2]$依赖于样本值而得到每一个确定的区间以$1-\alpha$的概率包含参数θ的真值.置信区间$[\theta_1,\theta_2]$的长度(它是随机的)表达了区间估计的准确性;置信水平$1-\alpha$表达了区间估计的可靠性;显著性水平α表达了区间估计的不可靠性,即不包含θ真值的可能性.

一般情况下,置信度$(1-\alpha)$越大(α越小),置信区间相应地也越大,即可靠性越大,但准确性越小.因此,进行区间估计时,要正确处理好“可靠性”与“准确性”的矛盾.一般情况下,

可在满足置信度$(1-\alpha)$的要求的前提下，适当增加样本容量以获得较小的置信区间.

2. 单正态总体置信区间的确定

(1) 构造置信区间的基本方法.

先分析一个例子：设$(\xi_1,\xi_2,\cdots,\xi_n)$是来自正态总体$\xi\sim N(\mu,\sigma^2)$的一个样本，$\sigma^2$已知，求$\mu$的$1-\alpha$置信区间.

若视μ已知，则统计量$U=\frac{\bar{\xi}-\mu}{\sigma}\sqrt{n}\sim N(0,1)$，对于给定的置信度$1-\alpha$，可在标准正态分布表中查表求得$\lambda_1,\lambda_2$，使得$P(\lambda_1\leqslant U\leqslant\lambda_2)=1-\alpha$，且$P(U<\lambda_1)=P(U>\lambda_2)=\frac{\alpha}{2}$，即可取$\lambda_2=-\lambda_1=u_{1-\frac{\alpha}{2}}$. 这时

$$P(-u_{1-\frac{\alpha}{2}}\leqslant U\leqslant u_{1-\frac{\alpha}{2}})=1-\alpha,$$

于是

$$P\left(\bar{\xi}-\frac{\sigma}{\sqrt{n}}u_{1-\frac{\alpha}{2}}\leqslant\mu\leqslant\bar{\xi}+\frac{\sigma}{\sqrt{n}}u_{1-\frac{\alpha}{2}}\right)=1-\alpha.$$

令$\theta_1=\bar{\xi}-\frac{\sigma}{\sqrt{n}}u_{1-\frac{\alpha}{2}}$，$\theta_2=\bar{\xi}+\frac{\sigma}{\sqrt{n}}u_{1-\frac{\alpha}{2}}$，$\theta_1,\theta_2$是统计量(不含总体未知参数)，即$\mu$的$1-\alpha$置信区间为$[\theta_1,\theta_2]$.

一般地，构造总体ξ的参数θ的置信区间的步骤如下：

① 选用已知分布的统计量$\hat{\theta}$，$\hat{\theta}$含被估参数θ(θ看作已知)，但$\hat{\theta}$的分布与是否知道θ的真值无关；

② 由$P(\lambda_1\leqslant\hat{\theta}\leqslant\lambda_2)=1-\alpha$，且$P(\hat{\theta}<\lambda_1)=P(\hat{\theta}>\lambda_2)=\frac{\alpha}{2}$，查$\hat{\theta}$的分布表求得$\lambda_1,\lambda_2$；

③ 由$\lambda_1\leqslant\hat{\theta}\leqslant\lambda_2$解出被估参数$\theta$，得到不等式$\theta_1\leqslant\theta\leqslant\theta_2$，$\theta_1,\theta_2$是统计量(不含总体未知参数)，于是$\theta$的$1-\alpha$置信区间为$[\theta_1,\theta_2]$.

(2) 单正态总体期望和方差的置信区间公式.

按照上述步骤，可推出正态总体$\xi\sim N(\mu,\sigma^2)$的μ和σ^2的置信区间公式(如下表)：

被估参数	条件	选用统计量	分布	$1-\alpha$的置信区间
μ	σ^2 已知	$U=\frac{\bar{\xi}-\mu}{\sigma}\sqrt{n}$	$N(0,1)$	$\left[\bar{\xi}-\frac{\sigma}{\sqrt{n}}u_{1-\frac{\alpha}{2}},\bar{\xi}+\frac{\sigma}{\sqrt{n}}u_{1-\frac{\alpha}{2}}\right]$
	σ^2 未知	$T=\frac{\bar{\xi}-\mu}{S^*}\sqrt{n}$	$t(n-1)$	$\left[\bar{\xi}-\frac{S^*}{\sqrt{n}}t_{\frac{\alpha}{2}}(n-1),\bar{\xi}+\frac{S^*}{\sqrt{n}}t_{\frac{\alpha}{2}}(n-1)\right]$
σ^2	μ已知	$\chi^2=\sum_{i=1}^{n}\left(\frac{\xi_i-\mu}{\sigma}\right)^2$	$\chi^2(n)$	$\left[\frac{\sum_{i=1}^{n}(\xi_i-\mu)^2}{\chi^2_{\frac{\alpha}{2}}(n)},\frac{\sum_{i=1}^{n}(\xi_i-\mu)^2}{\chi^2_{1-\frac{\alpha}{2}}(n)}\right]$
	μ未知	$\chi^2=\frac{(n-1)S^{*2}}{\sigma^2}$	$\chi^2(n-1)$	$\left[\frac{(n-1)S^{*2}}{\chi^2_{\frac{\alpha}{2}}(n-1)},\frac{(n-1)S^{*2}}{\chi^2_{1-\frac{\alpha}{2}}(n-1)}\right]$

例 2　从刚生产出的一大堆钢珠中随机抽出 9 个，测量它们的直径(单位：mm)，并求得其样本均值$\bar{\xi}=31.06$，样本方差$s^{*2}=0.25^2$. 试求置信度为 95%的μ和σ^2的置信区间(假设钢珠直径$\xi\sim N(\mu,\sigma^2)$).

解　这里$n=9$，$\alpha=0.05$，查t分布表得$t_{0.025}(8)=2.3060$，计算

$$\frac{s^*}{\sqrt{n}}t_{\frac{\alpha}{2}}(n-1)=\frac{0.25}{\sqrt{9}}\times 2.3060=0.192.$$

由上表可知，所求钢珠直径 μ 的置信区间为

$$[31.06-0.192,31.06+0.192]=[30.868,31.252].$$

查 χ^2 分布表得 $\chi^2_{0.025}(8)=17.535$，$\chi^2_{0.975}(8)=2.180$，计算

$$\frac{(n-1)s^{*2}}{\chi^2_{\frac{\alpha}{2}}(8)}=\frac{8\times 0.25^2}{17.535}=0.0285,\frac{(n-1)s^{*2}}{\chi^2_{1-\frac{\alpha}{2}}(8)}=\frac{8\times 0.25^2}{2.180}=0.2293.$$

由上表可知，所求钢珠直径方差 σ^2 的置信区间为$[0.0285,0.2293]$.

(3) 大样本场合下，概率的置信区间.

若事件 A 发生的概率为 p，进行 n 次独立重复试验，其中 A 出现 μ_n 次，求 p 的置信区间.

由中心极限定理，当 n 相当大时，

$$U=\frac{\frac{\mu_n}{n}-p}{\sqrt{p(1-p)/n}}$$

渐渐趋近于正态分布 $N(0,1)$，于是有

$$P\left(-u_{1-\frac{\alpha}{2}}\leqslant\frac{\frac{\mu_n}{n}-p}{\sqrt{p(1-p)/n}}\leqslant u_{1-\frac{\alpha}{2}}\right)=1-\alpha,$$

也即

$$P\left(\frac{\mu_n}{n}-u_{1-\frac{\alpha}{2}}\sqrt{\frac{p(1-p)}{n}}\leqslant p\leqslant\frac{\mu_n}{n}+u_{1-\frac{\alpha}{2}}\sqrt{\frac{p(1-p)}{n}}\right)=1-\alpha.$$

这样得出的置信区间还会含有未知参数 p，在实际应用中，可以用它的估计$\frac{\mu_n}{n}$代入，因此在这种情况下的置信区间是

$$\left(\frac{\mu_n}{n}-u_{1-\frac{\alpha}{2}}\sqrt{\frac{\frac{\mu_n}{n}\left(1-\frac{\mu_n}{n}\right)}{n}},\frac{\mu_n}{n}+u_{1-\frac{\alpha}{2}}\sqrt{\frac{\frac{\mu_n}{n}\left(1-\frac{\mu_n}{n}\right)}{n}}\right).$$

例 3 某种新产品在正式投产之前，随机抽选了 1000 人进行调查. 调查表明有 750 人需要这种产品，求置信度为 95%的需求率 p 的置信区间.

解 $\frac{\mu_n}{n}=\frac{750}{1000}=0.75$，$\sqrt{\frac{\frac{\mu_n}{n}\left(1-\frac{\mu_n}{n}\right)}{n}}=\sqrt{\frac{0.75\times 0.25}{1000}}=0.014$，

查正态分布表得 $u_{1-\frac{\alpha}{2}}=u_{0.975}=1.96$，所求置信区间为

$$(0.75-1.96\times 0.014,0.75+1.96\times 0.014)=(0.723,0.777).$$

3. 双正态总体置信区间的确定

(1) 方差已知，求 $\mu_1-\mu_2$ 的置信区间.

设正态总体 $\xi\sim N(\mu_1,\sigma_1^2)$ 与正态总体 $\eta\sim N(\mu_2,\sigma_2^2)$ 相互独立，$(\xi_1,\xi_2,\cdots,\xi_n)$ 和 $(\eta_1,\eta_2,\cdots,\eta_n)$ 分别为总体 ξ,η 的样本，且方差 σ_1^2,σ_2^2 均已知. 求 $\mu_1-\mu_2$ 的置信区间.

$\bar{\xi},\bar{\eta}$分别是总体 ξ,η 的样本均值，易知

$$E(\bar{\xi}-\bar{\eta})=\mu_1-\mu_2,$$

$$D(\bar{\xi}-\bar{\eta})=D(\bar{\xi})+D(\bar{\eta})=\frac{\sigma_1^2}{n_1}+\frac{\sigma_2^2}{n_2}.$$

因此，统计量

$$U=\frac{(\bar{\xi}-\bar{\eta})-(\mu_1-\mu_2)}{\sqrt{\frac{\sigma_1^2}{n_1}+\frac{\sigma_2^2}{n_2}}}\sim N(0,1).$$

由此不难求得 $\mu_1-\mu_2$ 的置信区间为

$$\left(\bar{\xi}-\bar{\eta}-u_{1-\frac{\alpha}{2}}\sqrt{\frac{\sigma_1^2}{n_1}+\frac{\sigma_2^2}{n_2}},\bar{\xi}-\bar{\eta}+u_{1-\frac{\alpha}{2}}\sqrt{\frac{\sigma_1^2}{n_1}+\frac{\sigma_2^2}{n_2}}\right).$$

(2) 方差未知(但相等)，求 $\mu_1-\mu_2$ 的置信区间.

设 $\xi\sim N(\mu_1,\sigma^2)$，$\eta\sim N(\mu_2,\sigma^2)$，且它们相互独立，$\bar{\xi}$，$S_1^{*2}$ 是总体 ξ 的容量为 n_1 的样本均值和样本方差，$\bar{\eta}$，S_2^{*2} 是总体 η 的容量为 n_2 的样本均值和样本方差. 统计量

$$T=\frac{(\bar{\xi}-\bar{\eta})-(\mu_1-\mu_2)}{\sqrt{\frac{(n_1-1)S_1^{*2}+(n_2-1)S_2^{*2}}{n_1+n_2-2}\left(\frac{1}{n_1}+\frac{1}{n_2}\right)}}\sim t(n_1+n_2-2).$$

因此，所求的置信区间为

$$\left((\bar{\xi}-\bar{\eta})\mp t_{\frac{\alpha}{2}}(n_1+n_2-2)\sqrt{(n_1-1)S_1^{*2}+(n_2-1)S_2^{*2}}\cdot\sqrt{\frac{n_1+n_2}{n_1n_2(n_1+n_2-2)}}\right).$$

例 4　有两个建筑工程队，第一队有 10 人，平均每人每月完成 50 m^2 的住房建筑任务，标准差 $s_1^*=6.7\ \mathrm{m}^2$；第二队有 12 人，平均每人每月完成 43 m^2 的住房建筑任务，标准差 $s_2^*=5.9\ \mathrm{m}^2$. 试求 $\mu_1-\mu_2$ 的 $\alpha=0.05$ 的置信区间.

解　设两个总体相互独立且服从正态分布. 因为 $\alpha=0.05$，查 t 分布表得 $t_{0.025}(20)=2.086$，计算

$$\sqrt{(n_1-1)s_1^{*2}+(n_2-1)s_2^{*2}}=\sqrt{9\times6.7^2+11\times5.9^2}=28.052,$$

$$\sqrt{\frac{n_1+n_2}{n_1n_2(n_1+n_2-2)}}=\sqrt{\frac{10+12}{10\times12\times20}}=0.096,$$

故 $\mu_1-\mu_2$ 的置信区间为

$$((50-43)\mp2.086\times28.052\times0.096)=(1.38,12.62).$$

(3) 均值未知，求 $\frac{\sigma_1^2}{\sigma_2^2}$ 的置信区间.

由 $F=\frac{S_1^{*2}/\sigma_1^2}{S_2^{*2}/\sigma_2^2}\sim F(n_1-1,n_2-1)$，因此有

$$P\left(F_{1-\frac{\alpha}{2}}(n_1-1,n_2-1)<\frac{S_1^{*2}\sigma_2^2}{S_2^{*2}\sigma_1^2}<F_{\frac{\alpha}{2}}(n_1-1,n_2-1)\right)=1-\alpha.$$

由此求得 $\frac{\sigma_1^2}{\sigma_2^2}$ 的置信区间为 $\left(\frac{S_1^{*2}}{S_2^{*2}F_{\frac{\alpha}{2}}(n_1-1,n_2-1)},\frac{S_1^{*2}}{S_2^{*2}F_{1-\frac{\alpha}{2}}(n_1-1,n_2-1)}\right)$.

例 5　两正态总体 $N(\mu_1,\sigma_1^2)$，$N(\mu_2,\sigma_2^2)$ 的参数均为未知，依次取容量为 13、10 的两独立样本，测得样本方差 $s_1^{*2}=8.41$，$s_2^{*2}=5.29$. 求两总体方差比 $\frac{\sigma_1^2}{\sigma_2^2}$ 的置信度为 90% 的置信区间.

解 因 $n_1-1=12, n_2-1=9, \frac{\alpha}{2}=0.05, 1-\frac{\alpha}{2}=0.95$，查 F 分布表得 $F_{0.05}(12,9)=3.07$，

$$F_{0.95}(12,9)=\frac{1}{F_{0.05}(9,12)}=\frac{1}{2.80}\ \left(F_{1-\frac{\alpha}{2}}(n_1-1,n_2-1)=\frac{1}{F_{\frac{\alpha}{2}}(n_2-1,n_1-1)}\right),$$

而 $\frac{s_1^{*2}}{s_2^{*2}}=\frac{8.41}{5.29}=1.59$，所以 $\frac{\sigma_1^2}{\sigma_2^2}$ 的置信区间为 $(1.59/3.07, 1.59\times 2.80)=(0.52, 4.45)$.

习题 9-6（A）

1. 抽检 10 个零件的尺寸，它们与设计尺寸的偏差（单位：μm）如下：

$$1.0, 1.5, -1.0, -2.0, -1.5, 1.0, 1.1, 1.2, 1.8, 2.0.$$

求零件尺寸的偏差 ξ 的数学期望、方差的无偏估计值.

2. 某车间生产滚珠，在长期实践中知道，滚珠直径 ξ 服从正态分布 $N(\mu, 0.20^2)$，从某天的产品中随机抽取 6 个，测得直径（单位：mm）如下：14.7, 15.0, 14.9, 14.8, 15.2, 15.1. 分别求置信度为 90%, 99% 的置信区间.

3. 设总体 $\xi\sim N(\mu,1)$，样本 (ξ_1,ξ_2,ξ_3)，试证下述统计量：

(1) $\hat{\mu}_1=\frac{1}{4}\xi_1+\frac{1}{2}\xi_2+\frac{1}{4}\xi_3$，　(2) $\hat{\mu}_2=\frac{1}{3}\xi_1+\frac{1}{3}\xi_2+\frac{1}{3}\xi_3$，

(3) $\hat{\mu}_3=\frac{1}{5}\xi_1+\frac{3}{5}\xi_2+\frac{1}{5}\xi_3$，　(4) $\hat{\mu}_4=\frac{1}{6}\xi_1+\frac{5}{6}\xi_3$

都是 μ 的无偏估计量，并判断哪一个估计量最有效.

4. 对某种产品随机抽查 100 件，发现有 3 件次品. 试以 0.95 的置信水平确定该产品合格率的置信区间.

习题 9-6（B）

1. 对某种飞机轮胎的耐磨性进行试验，8 只轮胎起落一次后测得磨损量（单位：毫克）如下：4900, 5220, 5500, 6020, 6340, 7660, 8650, 4870. 假定轮胎的磨损量服从正态分布 $N(\mu,\sigma^2)$，在 $\alpha=0.05$ 的条件下，试求：

(1) 平均磨损量的置信区间；(2) 磨损量方差的置信区间.

2. 某香烟厂向化验室送去两批烟草，化验室从两批烟草中各随机抽取重量相同的 5 例进行化验，测得尼古丁的毫克数为：

A：24, 27, 26, 21, 24；B：27, 28, 23, 31, 26.

假设烟草中尼古丁的含量服从正态分布：$N_A(\mu_1, 5)$, $N_B(\mu_2, 8)$，且它们相互独立. 取置信度为 0.95，求两种烟草的尼古丁平均含量差 $\mu_1-\mu_2$ 的置信区间.

3. 为了比较 A, B 两种灯泡的使用寿命，从 A 型号中随机抽取 80 只，测得其平均使用寿命 $\bar{\xi}=2000$(h)，样本标准差 $s_1^*=80$(h)；从 B 型号中随机抽取 100 只，测得其平均使用寿命 $\bar{\eta}=1900$(h)，样本标准差 $s_2^*=100$(h). 假设两种型号灯泡的使用寿命均服从正态分布且相互独立，试求置信度为 0.99 的 $\mu_1-\mu_2$ 的置信区间.

4. 求题 3 中两个总体方差比 $\frac{\sigma_1^2}{\sigma_2^2}$ 的置信区间（取置信度为 0.90）.

5. 2013 年在甲、乙两城市进行了职工家庭年消费支出调查，结果表明：甲市抽取 500 户，平均每户年消费支出 30000 元，标准差 4000 元；乙市抽取 1000 户，平均每户年消费支出 42000 元，标准差 5000 元. 试求：

(1) 甲、乙两城市职工家庭每户平均年消费支出间差异的置信区间(置信度为 0.95)；

(2) 甲、乙两城市职工家庭每户平均年消费支出方差比$\frac{\sigma_1^2}{\sigma_2^2}$的置信区间(置信度为 0.90).

§9-7　假设检验

在上一节中，我们讨论了怎样用样本统计量来推断总体未知参数——参数的点估计与区间估计. 参数估计是统计推断中的一类重要问题，还有另一类重要问题就是本节所要讨论的假设检验. 本节主要讨论正态总体参数的假设检验问题.

一、假设检验问题的提出

在许多实际问题中，只能先对总体的分布函数形式或分布的某些参数作出某些可能的假设，然后根据所得的样本数据对假设的正确性作出判断，这就是所谓的假设检验问题.

例 1　某工厂生产一种产品，其直径 ξ 服从正态分布 $N(2,0.02^2)$. 现在为了提高产量，采用了一种新工艺，从采用了新工艺生产的产品中抽取 100 个，测得其直径的平均值$\bar{x}=1.978$ cm，它与原工艺中的 $\mu=2$ cm 相差 0.022 cm.

问题　这种差异纯粹是由检验及生产的随机因素造成的，还是反映了新工艺条件下产品的直径发生了显著性变化呢？

分析　假设"新工艺对产品的直径没有显著影响"，即 $\mu=2$ cm，那么从采用了新工艺生产的产品中抽取的样本，可以认为是从原工艺总体 ξ 中抽取的，统计量 $U=\frac{\bar{\xi}-\mu}{\sigma}\sqrt{n}=\frac{\bar{\xi}-2}{0.002}$ 服从正态分布 $N(0,1)$.

如果给定 $\alpha=0.05$，$\mu_{\frac{\alpha}{2}}=1.96$，应有 $P(|U|\leqslant 1.96)=0.95$，也就是说从新工艺生产的产品中抽取容量为 100 的样本均值$\bar{\xi}$，能使 U 在$[-1.96,1.96]$内取值的概率为 0.95，而落在$(-\infty,-1.96)\cup(1.96,+\infty)$内的概率为 0.05. 现将$\bar{\xi}$的$\bar{x}=1.978$ cm代入 U，得 $U=-11$，即 U 落在了$(-\infty,-1.96)$，表明概率为 0.05 的事件发生了，这是一种异常现象，因此，有理由认为"假设"不正确，即"$\mu=2$ cm"应该被否定或拒绝.

上述拒绝接受"假设 $\mu=2$ cm"的依据是小概率原理：在一次试验中，如果事件 A 发生的概率 $P(A)$很小，则 A 称为**小概率事件**，小概率事件在一次试验中应认为是几乎不可能发生的. 小概率原理在假设检验中被广泛采用.

二、假设检验的程序

从例 1 的问题提出和分析过程，可归纳出假设检验程序的四个步骤：

(1) 提出原假设 H_0，即明确所要检验的对象.

(2) 建立检验用的统计量 θ.

对检验统计量θ有两个要求：① 它与原假设H_0有关，在H_0成立的条件下不带有任何总体的未知参数；② 在H_0成立的条件下，θ的分布已知. 正态总体的常用统计量为U，T，χ^2，F，并称相应的检验为U检验法、T检验法、χ^2检验法、F检验法.

(3) 确定接受域和拒绝域.

在给定的α下，查分布表得统计量的临界值$\theta_{\frac{\alpha}{2}}$，$\theta_{1-\frac{\alpha}{2}}$，由$P(\theta>\theta_{\frac{\alpha}{2}})+P(\theta<\theta_{1-\frac{\alpha}{2}})=\alpha$，设定事件$A=\{\theta>\theta_{\frac{\alpha}{2}}\}\cup\{\theta<\theta_{1-\frac{\alpha}{2}}\}$为小概率事件，我们称$[\theta_{1-\frac{\alpha}{2}},\theta_{\frac{\alpha}{2}}]$为接受域，$(-\infty,\theta_{1-\frac{\alpha}{2}})\cup(\theta_{\frac{\alpha}{2}},+\infty)$为拒绝域. α通常取0.05，0.1等.

(4) 根据样本观察值计算出统计量θ的观察值，并作出判断.

如果A发生，则拒绝原假设H_0，否则接受原假设H_0，并作出实际问题的解释.

现将例1解答如下：

解 (1) 原假设$H_0:\mu=2$；

(2) 由于已知总体方差$\sigma^2=0.02^2$，所以选用统计量$U=\frac{\bar{\xi}-\mu}{\sigma}\sqrt{n}=\frac{\bar{\xi}-2}{0.002}\sim N(0,1)$；

(3) 对于给定的$\alpha=0.05$，由$P(|U|<u_{0.025})=0.95$，查表得$u_{0.025}=1.96$，即接受域为$[-1.96,1.96]$，拒绝域为$(-\infty,-1.96)\cup(1.96,+\infty)$；

(4) 由$\bar{x}=1.978$，得$U=\frac{1.978-2}{0.002}=-11$，且$|U|=11>1.96$，所以拒绝原假设$H_0$.

即采用新工艺后，产品的直径发生了显著变化.

三、单正态总体期望和方差的检验

假设检验的关键是提出原假设和选用合适的统计量，至于检验步骤则完全相仿. 关于单正态总体期望和方差的检验问题及方法，可列表如下：

原假设 H_0	条件	检验法	选用统计量	统计量分布	拒绝域
$\mu=\mu_0$ (μ_0为常数)	σ^2已知	U	$U=\frac{\bar{\xi}-\mu_0}{\sigma_0}\sqrt{n}$	$N(0,1)$	$(-\infty,-u_{\frac{\alpha}{2}})\cup(u_{\frac{\alpha}{2}},+\infty)$
	σ^2 未知	T	$T=\frac{\bar{\xi}-\mu_0}{S^*}\sqrt{n}$	$t(n-1)$	$(-\infty,-t_{\frac{\alpha}{2}}(n-1))\cup(t_{\frac{\alpha}{2}}(n-1),+\infty)$
$\sigma^2=\sigma_0^2$ (σ_0^2为常数)	μ已知	χ^2	$\chi^2=\sum_{i=1}^{n}\left(\frac{\bar{\xi}-\mu_0}{\sigma_0}\right)^2$	$\chi^2(n)$	$(0,\chi^2_{1-\frac{\alpha}{2}}(n))\cup(\chi^2_{\frac{\alpha}{2}}(n),+\infty)$
	μ未知	χ^2	$\chi^2=\frac{(n-1)S^{*2}}{\sigma_0^2}$	$\chi^2(n-1)$	$(0,\chi^2_{1-\frac{\alpha}{2}}(n-1))\cup(\chi^2_{\frac{\alpha}{2}}(n-1),+\infty)$

例2 已知某厂生产的维尼纶的纤度在正常情况下服从正态分布$N(1.405,0.048^2)$. 某天抽取当天生产的5根纤维测得其纤度分别为1.36，1.40，1.44，1.32，1.55，问这天生产的纤维的纤度的期望和方差是否正常？($\alpha=0.10$)

解 (1)检验期望μ.

① 原假设$H_0:\mu=1.405$；

② 由于方差未知(当天总体方差未知)，故选用统计量$T=\frac{\bar{\xi}-\mu_0}{S^*}\sqrt{n}\sim t(4)$；

③由$\alpha=0.10$，查表得$t_{0.05}(4)=2.1318$，所以拒绝域为$(-\infty,-2.1318)$

$\cup(2.1318,+\infty)$；

④ 根据样本值计算得 $\overline{x}=1.414$，$s^{*2}=0.00778$，$s^{*}=0.0882$，

$$T=\frac{\overline{x}-\mu_0}{s^*}\sqrt{n}=\frac{1.414-1.405}{0.0882}\sqrt{5}=0.2282.$$

由于 $|T|=0.2282<t_{0.05}(4)=2.1318$，所以接受原假设 H_0，即这一天生产的纤维的纤度期望无显著变化.

(2) 检验方差 σ^2.

① 原假设 $H_0:\sigma^2=0.048^2$；

② 根据题意，选用统计量 $\chi^2=\dfrac{(n-1)S^{*2}}{\sigma_0^2}\sim\chi^2(4)$；

③ 由 $\alpha=0.10$，查表得 $\chi^2_{0.95}(4)=0.711$，$\chi^2_{0.05}(4)=9.488$，所以拒绝域为 $(0,0.711)\cup(9.488,+\infty)$；

④ 由(1)中数据得 $\chi^2=\dfrac{(n-1)s^{*2}}{\sigma_0^2}=\dfrac{4\times0.00778}{0.048^2}=13.507.$

由于 $\chi^2=13.507>\chi^2_{0.05}(4)=9.488$，所以拒绝原假设 $H_0:\sigma^2=0.048^2$，即这一天生产的纤维的纤度方差明显地变大.

四、大样本场合下，概率的假设检验

当样本容量较大时(一般 $n>30$)，即在所谓大样本场合下，如何进行概率的假设检验？利用中心极限定理，在假设 $p=p_0$ 成立时，统计量

$$Z=\frac{\mu_n-np_0}{\sqrt{np_0(1-p_0)}}$$

渐近于标准正态分布 $N(0,1)$. 其中 μ_n 表示事件 A 发生的次数，n 表示试验的次数.

例 3　华光厂有一批产品 10000 件，按规定的标准，出厂时次品率不得超过 3%. 质量检验员从中任意抽取 100 件，发现其中有 5 件次品. 问这批产品能否出厂？($\alpha=0.05$)

解　这是大样本场合下的概率检验问题，可选用统计量

$$Z=\frac{\mu_n-np_0}{\sqrt{np_0(1-p_0)}},$$

其中 $\mu_n=5$，$n=100$，$p_0=0.03$. 对 $\alpha=0.05$ 查正态分布表得临界值为 1.645，即拒绝域为 $[1.645,+\infty)$.

而 $z=\dfrac{5-100\times0.03}{\sqrt{100\times0.03\times0.97}}=1.172<1.645$，因此，该批产品符合规定标准，可以出厂.

五、双正态总体期望和方差的检验

设 $(\xi_1,\xi_2,\cdots,\xi_{n_1})$ 是来自正态总体 $\xi\sim N(\mu_1,\sigma_1^2)$ 的一个样本，$(\eta_1,\eta_2,\cdots,\eta_{n_2})$ 是来自正态总体 $\eta\sim N(\mu_2,\sigma_2^2)$ 的一个样本，且 ξ 与 η 相互独立，记

$$\overline{\xi}=\frac{1}{n_1}\sum_{i=1}^{n_1}\xi_i,\qquad S_1^{*2}=\frac{1}{n_1-1}\sum_{i=1}^{n_1}(\xi_i-\overline{\xi})^2,$$

$$\overline{\eta}=\frac{1}{n_2}\sum_{i=1}^{n_2}\eta_i,\qquad S_2^{*2}=\frac{1}{n_2-1}\sum_{i=1}^{n_2}(\eta_i-\overline{\eta})^2.$$

检验的对象为 $\mu_1=\mu_2$ 和 $\sigma_1^2=\sigma_2^2$ 时，常选用双总体统计量 U,T,F. 在原假设 H_0 成立的条件下，可根据已知条件直接选用§9-5中的双正态总体的统计量并变形，作为检验统计量.

1. 检验期望

原假设 $H_0:\mu_1=\mu_2$.

(1) σ_1^2,σ_2^2 均已知，选用统计量

$$U=\frac{\bar{\xi}-\bar{\eta}}{\sqrt{\frac{\sigma_1^2}{n_1}+\frac{\sigma_2^2}{n_2}}}\sim N(0,1).$$

(2) σ_1^2,σ_2^2 均未知，但已知 $\sigma_1^2=\sigma_2^2$，选用统计量

$$T=\frac{\bar{\xi}-\bar{\eta}}{\sqrt{\frac{(n_1-1)S_1^{*2}+(n_2-1)S_2^{*2}}{n_1+n_2-2}\left(\frac{1}{n_1}+\frac{1}{n_2}\right)}}\sim t(n_1+n_2-2).$$

(3) σ_1^2,σ_2^2 均未知，但 $n_1=n_2=n$，令 $Z_i=\xi_i-\eta_i(i=1,2,\cdots,n)$，$d=\mu_1-\mu_2$，$Z_1,Z_2,\cdots,Z_n$ 为随机变量，记 $\bar{Z}=\frac{1}{n}\sum_{i=1}^{n}Z_i$，$S^{*2}=\frac{1}{n-1}\sum_{i=1}^{n}(Z_i-\bar{Z})^2$，此时，原假设转化为 $H_0:d=0$，选用统计量 $T=\frac{\bar{Z}}{S^*}\sqrt{n}\sim t(n-1)$.

此法称为配对试验的 T 检验法.

2. 检验方差

原假设 $H_0:\sigma_1^2=\sigma_2^2$.

选用统计量 $F=\frac{S_1^{*2}}{S_2^{*2}}\sim F(n_1-1,n_2-1)$.

拒绝域为 $(0,F_{1-\frac{\alpha}{2}}(n_1-1,n_2-1))\cup(F_{\frac{\alpha}{2}}(n_1-1,n_2-1),+\infty)$，且

$$F_{1-\frac{\alpha}{2}}(n_1-1,n_2-1)=\frac{1}{F_{\frac{\alpha}{2}}(n_2-1,n_1-1)}.$$

例 4 对两批经纱进行强力试验，得到数据(单位:g)如下：

甲批	57	56	61	60	47	49	63	61
乙批	65	69	54	60	52	62	57	60

假定经纱的强力服从正态分布，试问两批经纱的平均强力是否有显著差异？($\alpha=0.05$)

解 方差 $\sigma_甲^2,\sigma_乙^2$ 未知，且不知道是否相等，但 $n_1=n_2=8$. 用配对 T 检验法.

将原数据配对得 Z_i -8 -13 7 0 -5 -13 6 1

① 原假设 $H_0:d=0(\mu_甲=\mu_乙)$；

② 选用统计量 $T=\frac{\bar{Z}}{S^*}\sqrt{n}\sim t(7)$；

③ 由 $\alpha=0.05$，查表得 $t_{0.025}(7)=2.3646$，即拒绝域为 $(-\infty,-2.3646)\cup(2.3646,+\infty)$；

④ 计算得 $\bar{Z}=-3.125$，$S^{*2}=73.286$，$S^*=8.561$，$|T|=1.0325<2.3646$，因此接受原假设 H_0.

即两批经纱的平均强力无显著差异.

本例还可以用另一种方法求解——检验方差的办法，即先检验 $\sigma_甲^2=\sigma_乙^2$，若接受此假设，

则可按期望检验中的(2)进行检验.解法如下：

(1) 检验方差.

① 原假设 $H_0: \sigma_{甲}^2=\sigma_{乙}^2$；

② 选用统计量 $F=\dfrac{S_1^{*2}}{S_2^{*2}} \sim F(n_1-1,n_2-1)$；

③ 由 $\alpha=0.05$,查表得 $F_{0.025}(7,7)=4.99$,$F_{0.975}(7,7)=\dfrac{1}{F_{0.025}(7,7)}\approx 0.2$,即拒绝域为 $(0,0.2)\cup(4.99,+\infty)$；

④ 由样本值计算得 $F=1.33$,$0.2<F<4.99$,所以接受原假设 $H_0: \sigma_{甲}^2=\sigma_{乙}^2$.

(2) 检验平均强力.

① 原假设 $H_0: \mu_{甲}=\mu_{乙}$；

② 由于 $\sigma_{甲}^2=\sigma_{乙}^2$,选用统计量

$$T=\frac{\overline{\xi}-\overline{\eta}}{\sqrt{\dfrac{(n_1-1)S_1^{*2}+(n_2-1)S_2^{*2}}{n_1+n_2-2}\left(\dfrac{1}{n_1}+\dfrac{1}{n_2}\right)}} \sim t(14);$$

③ 由 $\alpha=0.05$,查表得 $t_{0.025}(14)=2.1448$,即拒绝域为 $(-\infty,-2.1448)\cup(2.1448,+\infty)$；

④ 由样本值计算得 $|T|=0.5548$.

因为 $|T|<2.1448=t_{0.025}(14)$,故接受原假设,即两批经纱的平均强力无显著差异.

六、假设检验的两类错误

给定显著性水平 α 后,总体参数 θ 的置信区间及假设检验中的拒绝域的确定,都是以小概率原理为依据的.由于样本信息的不完备性,在实际中判断结果可能会发生两类错误.

第一类错误是:原假设 H_0 本来正确,但小概率事件 A 真的发生了,导致错误地拒绝 H_0,这类错误称为弃真错误,弃真错误的概率就是显著性水平 α,记作 $P(A|H_0)=\alpha$.

第二类错误是:原假设 H_0 本来不正确,但小概率事件 A 真的没有发生,导致错误地接受 H_0,这类错误称为存伪错误,存伪错误的概率记作 $P(\overline{A}|\overline{H_0})=\beta$.

一般来说,在样本容量 n 固定的前提下,犯两类错误的概率难以同时得到控制,而且可以证明:当 α 增大时,β 将随之减小;反之,则 β 将随之增大.在理论研究和实际工作中通常遵循这样的原则:先限制 α 使之满足要求,然后通过合理地增加样本容量 n 使 β 尽可能地减小.

习题 9-7(A)

1. 某厂生产的手表表壳在正常情况下其直径(单位:mm)服从正态分布 $N(20,1)$,在某天生产的表壳中随机抽查 5 只表壳,测得直径分别为 19,19.5,19,20,20.5.问在 $\alpha=0.05$ 下,生产情况是否正常?

2. 有一种元件,要求其平均使用寿命不得低于 1000 h,现从这批元件中随机抽取 25 只,测得其平均使用寿命为 950 h.已知该元件的使用寿命服从标准差 $\sigma=100$ h 的正态分布,试在 $\alpha=0.05$ 下确定这批元件是否合格.

3. 一种铆钉的直径(单位:mm)服从正态分布,其生产标准为 $\mu_0=25.27$,$\sigma_0^2=0.02^2$.现

从该种铆钉中抽取 10 个，测得直径如下：

25.06 25.28 25.27 25.25 25.26 25.24 25.25 25.26 25.27 25.26

问在 $\alpha=0.05$ 下，该种铆钉是否符合标准？

4. 正常人的脉搏平均为 72 次/分，现某医生测得 10 例某种慢性病毒中毒患者的脉搏(单位：次/分)如下：

54 68 67 78 66 70 67 65 70 69

已知该种病毒中毒患者的脉搏服从正态分布. 试问中毒者和正常人的脉搏有无显著性差异？($\alpha=0.05$)

5. 某厂生产的产品的次品率规定不超过 4%，现有一大批产品，从中抽查了 50 件，发现有 4 件次品. 问这批产品能否出厂？($\alpha=0.05$)

习题 9-7 (B)

1. 对甲、乙两批同类型电子元件的电阻进行测试，各取 6 只，测得数据(单位：Ω)如下：

甲批 0.140 0.138 0.143 0.141 0.144 0.137

乙批 0.135 0.140 0.142 0.136 0.138 0.140

根据经验，元件的电阻服从正态分布，且方差几乎相等，问能否认为这两批元件的电阻期望无显著差异？($\alpha=0.05$)

2. 羊毛加工处理前后的含脂率抽样分析数据如下：

处理前 0.19 0.18 0.21 0.30 0.41 0.12 0.27

处理后 0.15 0.12 0.07 0.24 0.19 0.06 0.08

假定处理前后的含脂率都服从正态分布，问处理前后含脂率的均值有无显著变化？($\alpha=0.10$)

3. 在针织品的漂白工艺过程中，要考察温度对针织品断裂强力的影响. 为了比较 70 ℃与 80 ℃的影响有无差别，在这两个温度下分别重复做了 8 次试验，得到数据(单位：kg)如下：

70 ℃时的强力：20.5 18.8 19.8 20.9 21.5 19.5 21.0 21.2

80 ℃时的强力：17.7 20.3 20.0 18.8 19.0 20.1 20.2 19.1

(1) 设断裂强力分别服从正态分布 $N(\mu_1,\sigma^2)$，$N(\mu_2,\sigma^2)$，问在 $\alpha=0.05$ 下，70 ℃下与 80 ℃下的强力是否有显著差异？

(2) 利用试验的数据，在 $\alpha=0.05$ 下，检验方差有无显著差异.

§9-8 一元线性回归分析与相关分析

在自然界与经济领域内，有两类现象：一类是确定性现象；另一类是非确定性现象. 由此决定了变量之间存在着两类不同的数量关系：一类是确定性关系，即函数关系；另一类是非确定性关系，即变量之间尽管存在着数量关系，但这种数量关系是不确定的，这类关系称为相关关系.

例如，圆的面积 S 和半径 r 之间有关系 $S=\pi r^2$，此种关系为函数关系；家庭的支出与收入之间的关系，收入确定以后，支出并不随之而定. 一般来说，收入高的家庭支出水平也高，但对同等收入水平的家庭，其支出并不一定一样. 此种关系称为相关关系.

再比如，儿子的身高与他父亲的身高之间的关系，某种商品的销售量与其价格之间的关系，粮食总产量与播种面积、施肥量、受灾面积等，都是相关关系.

另外，有时变量之间虽然有确定的关系，但由于试验(或测量等)误差的影响，也难得出确定性的函数关系.

回归分析与相关分析均为研究及度量两个或两个以上变量之间相关关系的一种统计方法. 在进行分析、建立数学模型时，常需选择其中之一作为因变量，而其余的作为自变量，然后根据样本资料，研究及测定自变量与因变量之间的关系.

严格来说，回归与相关的含义是不同的. 如果自变量是人为可以控制的、非随机的，简称控制变量，因变量是随机的，则它们之间的关系称为**回归关系**. 如果自变量和因变量都是随机的，则它们之间的关系称为**相关关系**. 由于从计算的角度来看，二者的差别又不很大，因此常常忽略其区别而混杂使用. 在下面的讨论中，我们都认定自变量是确定性的量，而不管它是随机变量还是控制变量的取值.

一、一元线性回归分析

由一个或一组非随机变量来估计或预测某一随机变量的观察值时，所建立的数学模型以及进行的统计分析，称为**回归分析**. 如果这个数学模型是线性的，则称为**线性回归分析**. 自变量只有一个的线性回归分析，称为**一元线性回归分析**，相应的数学模型称为**一元线性回归函数**，记作

$$\hat{y}=a+bx,$$

其中 x 为自变量(控制变量)，y 为因变量(随机变量)，a，b 为参数.

研究和处理这类问题的方法，通常是先假设 y 与 x 的相关关系可以用一个一元线性方程来近似地加以描述，并根据试验中 y 与 x 的若干个实测数据对(x,y)，用最小二乘原理对线性方程中的未知参数作出估计，然后对 y 与 x 的线性相关关系的假设作显著性检验，进而达到对 y 和 x 进行预测和控制的目的.

1. 建立一元线性回归方程

下面结合具体问题的分析，来说明如何建立一元线性回归的数学模型.

例 1　水稻产量与化肥施用量之间的关系，在土质、面积、种子等相同条件下，由试验获得如下数据：

化肥施用量 x/kg	15	20	25	30	35	40	45
水稻产量 y/kg	330	345	365	405	445	490	455

将数据对(x_i,y_i)标在直角坐标平面上，每对数据(x_i,y_i)在平面图中以一个叉点表示，这样得到的图称为散点图，如图 9-10 所示.

从散点图 9-10 中可以形象地看出这两个变量之间的大致关系：化肥施用量增加，水稻产量也增加，大致呈线性关系，但观察值又不严格落在一条直线上. 这种关系就是回归关系，该直线称为**回归直线**，记作$\hat{y}=a+bx$.

将样本数据对(x_i,y_i)中的 x_i代入直线方程$\hat{y}=a+bx$ 所得的值记为$\hat{y}_i$.

由于 a,b 未知，因此 a,b 取不同的值所得到的具体方程有无数个，即所得到的直线有无数条. 现以例 1 为例考察选择什么样的直线更为“合理”.

记 $\varepsilon=y-\hat{y}$，并将试验所得到的每对数据 (x_i,y_i) 代入，得

$$\varepsilon_i=y_i-\hat{y}_i=y_i-(a+bx_i)\quad(i=1,2,\cdots,7),$$

其中 x_i,y_i 是已知值，a,b,ε_i 是未知的.

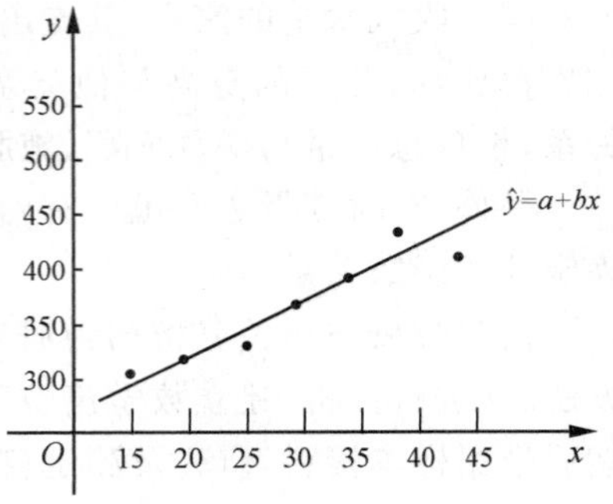

显然 ε 是随机变量，ε 对应于试验数据对 (x_i,y_i) 的观察值是 ε_i，通常把 ε 称为 y 与 $\hat{y}$ 的离差（或误差）. 记 y_i 与 $\hat{y}_i$ 的离差平方和为 θ，即

图 9-10

$$\theta=\varepsilon_1^2+\varepsilon_2^2+\cdots+\varepsilon_7^2=\sum_{i=1}^{7}\varepsilon_i^2,$$

则 θ 的值的大小刻画了图中所列的点与直线 $\hat{y}=a+bx$ 的偏离程度. 利用求多元函数最值的方法，在 θ 最小的要求下求出 a,b 的值，记为 $\hat{a},\hat{b}$，这便是**最小二乘原理**. 其直观意义就是散点图中所列点与由 $\hat{a},\hat{b}$ 所确定的直线 $\hat{y}=\hat{a}+\hat{b}x$ 的偏离程度最小.

一般地，对于 n 个实测数据对而言，利用最小二乘原理可求得

$$\begin{cases}\hat{a}=\overline{y}-\hat{b}\overline{x},\\ \hat{b}=\dfrac{L_{xy}}{L_{xx}}.\end{cases}$$

其中

$$\overline{x}=\frac{1}{n}\sum_{i=1}^{n}x_i,\ \overline{y}=\frac{1}{n}\sum_{i=1}^{n}y_i,$$

$$L_{xx}=\sum_{i=1}^{n}(x_i-\overline{x})^2=\sum_{i=1}^{n}x_i^2-n\overline{x}^2,$$

$$L_{yy}=\sum_{i=1}^{n}(y_i-\overline{y})^2=\sum_{i=1}^{n}y_i^2-n\overline{y}^2,$$

$$L_{xy}=\sum_{i=1}^{n}(x_i-\overline{x})(y_i-\overline{y})=\sum_{i=1}^{n}x_iy_i-n\overline{x}\,\overline{y}.$$

从而得到直线方程

$$\hat{y}=\hat{a}+\hat{b}x,$$

$\hat{a},\hat{b}$ 称为参数 a,b 的最小二乘估计（可以证明 $\hat{a},\hat{b}$ 分别是 a,b 的无偏估计）.

下面求例 1 的回归方程.

将例 1 中的实测数据经过计算处理，可列出计算表如下：

序号	x_i	y_i	x_i^2	y_i^2	x_iy_i	$\hat{y}_i$	$\varepsilon_i=y_i-\hat{y}_i$
1	15	330	225	108900	4950	325.18	4.82
2	20	345	400	119025	6900	351.79	−6.79
3	25	365	625	133225	9125	378.40	−13.40
4	30	405	900	164025	12150	405.00	0.00

续表

序号	x_i	y_i	x_i^2	y_i^2	x_iy_i	$\hat{y}_i$	$\varepsilon_i=y_i-\hat{y}_i$
5	35	445	1225	198025	15575	431.61	13.39
6	40	490	1600	240100	19600	458.22	31.78
7	45	455	2025	207025	20475	484.82	−29.82
$\sum$	210	2835	7000	1170325	88775		

$$\overline{x}=\frac{210}{7}=30,\overline{y}=\frac{2835}{7}=405,n=7,$$

$$L_{xx}=7000-7\times30^2=700,L_{yy}=1170325-7\times405^2=22150,L_{xy}=88775-7\times30\times405=3725,$$

$$\hat{b}=\frac{L_{xy}}{L_{xx}}=\frac{3725}{700}=5.3214,\hat{a}=405-5.3214\times30=245.358.$$

故所求的一元线性回归方程为$\hat{y}=245.358+5.3214x$.

2. 未知参数σ^2的估计

σ^2是随机误差ε的方差.如果误差大,那么求出来的回归直线用处不大;如果误差比较小,那么求出来的回归直线就比较理想.可见σ^2的大小反映了回归直线拟合程度的好坏.那么,如何估计σ^2? 一般可用下式:

$$\hat{\sigma}^2=\frac{1}{n-2}\sum_{i=1}^{n}(y_i-\hat{a}-\hat{b}x_i)^2$$

作为未知参数σ^2的估计(可以证明它是σ^2的无偏估计).

由例 1 的数据,可得

$$\hat{\sigma}^2=\frac{1}{7-2}\sum_{i=1}^{7}\varepsilon_i^2=\frac{1}{5}[4.82^2+(-6.79)^2+(-13.40)^2+0+13.39^2+31.78^2+(-29.82)^2]$$
$$=465.48.$$

二、一元线性回归的相关性检验

从上面回归直线方程的计算过程可以看出,只要给出x和y的n对数据,即使两变量之间根本没有线性相关关系,都可以得到一个一元线性回归方程.显然,这样的回归直线方程是毫无意义的.因此,要进一步判定两变量之间是否确有密切的线性相关关系.一般用假设检验的方法来解决,这类检验称为**线性回归的相关性检验**.检验的步骤如下:

(1) 原假设H_0:y与x存在密切的线性相关关系.

(2) 选用统计量:相关系数R,它的分布记为$r(n-2)$,$n-2$称为r分布的自由度.当已知x和y的n对观察值$(x_i,y_i)(i=1,2,\cdots,n)$后,$R$的观察值为

$$r=\frac{L_{xy}}{\sqrt{L_{xx}L_{yy}}}.$$

(3) 给定α,查相关系数临界值表,$r_\alpha(n-2)$称为分布的临界值,$0\leqslant|r|\leqslant1$.当H_0成立时,$P(|R|>r_\alpha(n-2))=1-\alpha$,即接受域为$(r_\alpha(n-2),1]$.

(4) 计算r的值,作出判断.

例如,在例 1 中,$L_{xx}=700$,$L_{yy}=22150$,$L_{xy}=3725$,$n=7$,$r=\frac{L_{xy}}{\sqrt{L_{xx}L_{yy}}}=\frac{3725}{\sqrt{700\times22150}}$

$=0.9460$.若给定 $\alpha=0.05$,查相关系数临界值表,得 $r_{0.05}(5)=0.7545$,因为 $|r|>r_{0.05}(5)$,所以 y 与 x 之间的线性相关关系显著.

三、预测与控制

一元线性回归方程一经求得并通过相关性检验,便能用来进行预测和控制.

1. 预测

包括点预测和区间预测两种.

(1) 点预测.

所谓点预测,就是根据给定的 $x=x_0$,将回归方程 $\hat{y}=\hat{a}+\hat{b}x$ 求得的 $\hat{y}_0$ 作为 y_0 的预测值.

(2) 区间预测.

区间预测是在给定 $x=x_0$ 时,利用区间估计的方法求出 y_0 的置信区间.

可以证明,对于给定的显著性水平 α,y_0 的置信区间为

$$\left[\hat{y}_0-At_{\frac{\alpha}{2}}(n-2),\hat{y}_0+At_{\frac{\alpha}{2}}(n-2)\right],$$

其中 $A=\sqrt{\dfrac{(1-r^2)L_{yy}}{n-2}\left[1+\dfrac{1}{n}+\dfrac{(x_0-\overline{x})^2}{L_{xx}}\right]}$. 当 n 较大时,$A\approx\sqrt{\dfrac{(1-r^2)L_{yy}}{n-2}}$.

2. 控制

控制问题实质上是预测问题的反问题,具体地说,就是给出对于 y_0 的要求,反过来求满足这种要求的相应的 x_0.

例 2 某企业固定资产投资额与实现利税的资料如下(单位:万元):

年份	2004	2005	2006	2007	2008	2009	2010	2011	2012	2013
投资总额 x	23.8	27.6	31.6	32.4	33.7	34.9	43.2	52.8	63.8	73.4
实现利税 y	41.4	51.8	61.7	67.9	68.7	77.5	95.9	137.4	155.0	175.0

(1) 求 y 与 x 的线性回归方程;

(2) 检验 y 与 x 的线性相关性;

(3) 求固定资产投资额为 85 万元时,实现利税总值的预测值及预测区间($\alpha=0.05$);

(4) 要使 2014 年的利税在 2013 年的基础上增长速度不超过 8%,问固定资产投资额应控制在怎样的规模上?

解 (1) 根据资料计算得

$$\sum_{i=1}^{10}x_i=417.2,\ \sum_{i=1}^{10}y_i=932.3,L_{xx}=2436.72,L_{yy}=19347.68,L_{xy}=6820.66,$$

$$\hat{b}=\frac{L_{xy}}{L_{xx}}=\frac{6820.66}{2436.72}=2.799,\hat{a}=\overline{y}-\hat{b}\overline{x}=\frac{932.3}{10}-2.799\times\frac{417.2}{10}=-23.54,$$

故所求的回归直线方程为 $\hat{y}=-23.54+2.799x$.

(2) 计算 $r=\dfrac{L_{xy}}{\sqrt{L_{xx}L_{yy}}}=\dfrac{6820.66}{\sqrt{2436.72\times19347.68}}=0.9934$.

由 $\alpha=0.05$,$n-2=10-2=8$,查相关系数临界值表,得 $r_{0.05}(8)=0.6319$,因为 $|r|>r_{0.05}(8)$,所以 y 与 x 之间的线性相关关系显著.

(3) 因为 $\hat{y}=-23.54+2.799x$,当 $x_0=85$ 时,$\hat{y}_0=-23.54+2.799\times85=214.58$,又

$$A=\sqrt{\frac{(1-r^2)L_{yy}}{n-2}\left[1+\frac{1}{n}+\frac{(x_0-\overline{x})^2}{L_{xx}}\right]}$$

$$=\sqrt{\frac{(1-0.9934^2)\times 19347.68}{10-2}\left[1+\frac{1}{10}+\frac{(85-41.72)^2}{2436.72}\right]}=7.7293,$$

$$t_{\frac{\alpha}{2}}(n-2)=t_{0.025}(8)=2.306.$$

于是，预测区间为

$$\left[\hat{y}_0-At_{\frac{\alpha}{2}}(n-2),\hat{y}_0+At_{\frac{\alpha}{2}}(n-2)\right]=[214.58-7.7293\times 2.306,214.58+7.7293\times 2.306]$$
$$=[196.56,232.20].$$

(4) 由题意知 $y_0=175(1+8\%)=189$，故

$$x_0=\frac{1}{\hat{b}}(y_0-\hat{a})=\frac{1}{2.799}(189+23.54)=75.93,$$

即固定资产投资额应控制在 73.4 万元到 75.93 万元之间.

习题 9-8 (A)

1. 已经获得 x,y 的观测值如下：

x	0	2	3	5	6
y	6	−1	−3	−10	−16

(1) 作出散点图；(2) 求 y 对 x 的回归直线方程；(3) 求参数 σ^2 的估计.

2. 某种产品的生产量 x 和单位成本 y 之间的数据统计如下：

产量 x/千件	2	4	5	6	8	10	12	14
成本 y/元	580	540	500	460	380	320	280	240

(1) 求 y 对 x 的回归直线方程；

(2) 检验 y 与 x 之间的线性相关关系的显著性.($\alpha_1=0.05,\alpha_2=0.10$)

习题 9-8 (B)

1. 下表列出在不同重量下 6 根弹簧的长度：

重量 x/g	5	10	15	20	25	30
长度 y/cm	7.25	8.12	8.95	9.90	10.9	11.8

(1) 试将这 6 对观测值标在坐标纸上，并回答决定长度关于重量的回归能否认为是线性的；

(2) 求出回归方程；

(3) 试在 $x=16$ 时作出 y 的预测区间.($\alpha=0.05$)

2. 某医院用光电比色计检验尿汞时，得尿汞含量(单位:mg/L)与消光系数读数的结果如下：

尿汞含量 x	2	4	6	8	10
消光系数 y	64	138	205	285	360

已知它们之间有关系式：$y_i=\beta_0+\beta_1 x_i+\varepsilon_i$，$\varepsilon_i\sim N(0,\sigma^2)$；且各 ε_i 相互独立．试求 β_0，β_1 的最小二乘估计，并在 $\alpha=0.05$ 水平下检验 β_1 是否为零．

本章内容小结

本章的内容可分为两大部分：概率论基础知识和数理统计初步．

一、概率论基础知识

1．联系随机试验的样本空间的子集与该试验下的随机事件一一对应．

2．事件发生的可能性大小是客观存在的，度量可能性大小的数——概率，通常与试验条件相关，书中给出实际应用中较多的两个定义（概率的统计定义和古典定义）后，归纳出概率的数学定义（较初等的公理化定义）．

3．在直接计算某事件 A 的概率较困难时，应注意将事件 A 表示成概率已知（或便于计算）的事件之间的关系运算．书中介绍了一系列从实际问题中抽象出来的重要随机变量的模型，在学习时应注意其模型的背景和应用范围．

4．数学期望和方差是随机变量的两个重要数字特征．

二、数理统计初步

1．简单随机样本、统计量、抽样分布等基本概念和基本结论是统计推断的最基本内容，为以后的内容提供了准备知识．

2．参数估计是基本统计推断方法之一．未知参数 θ 的点估计，就是构造一个统计量 $\hat{\theta}(\xi_1,\xi_2,\cdots,\xi_n)$ 作为参数 θ 的估计．评价估计量优良性的标准一般有：无偏性、有效性和一致性．未知参数 θ 的区间估计，就是指以概率 $1-\alpha$ 包含未知参数 θ 的随机区间 (θ_1,θ_2) 称为 θ 的置信区间，$1-\alpha$ 称为置信水平．

3．假设检验是另一类重要的统计推断方法，它利用样本统计量并按一种决策规则对原假设作出拒绝或接受的推断，决策规则运用了“小概率”原理．假设检验作出的推断结论（决策）不能保证绝对正确，可能会犯两类错误：弃真错误和存伪错误．弃真错误的概率就是显著性水平 α，而存伪错误的概率计算比较复杂．假设检验过程可分四个步骤：

（1）提出原假设；

（2）建立检验用的统计量；

（3）确定拒绝域；

（4）根据样本观察值计算出统计量的观察值，并作出判断．

假设检验按检验统计量来分，有 U 检验法、T 检验法、F 检验法和 χ^2 检验法．

4．一元线性回归模型 $y=a+bx+\varepsilon$ 的回归方程为 $\hat{y}=a+bx$，未知参数 a，b 的最小二乘估计为 $\begin{cases}\hat{a}=\overline{y}-\hat{b}\overline{x},\\ \hat{b}=\dfrac{L_{xy}}{L_{xx}},\end{cases}$ 未知参数 σ^2 的无偏估计为 $\hat{\sigma}^2=\dfrac{1}{n-2}\sum\limits_{i=1}^{n}(y_i-\hat{a}-\hat{b}x_i)^2$．

回归分析的重要应用是作预测. y_0 的预测值为 $\hat{y}=\hat{a}+\hat{b}x_0$，置信度为 $1-\alpha$ 的预测区间为

$$[\hat{y}_0-At_{\frac{\alpha}{2}}(n-2),\hat{y}_0+At_{\frac{\alpha}{2}}(n-2)],$$

其中 $A=\sqrt{\dfrac{(1-r^2)L_{yy}}{n-2}\left[1+\dfrac{1}{n}+\dfrac{(x_0-\overline{x})^2}{L_{xx}}\right]}$，当 n 较大时，$A\approx\sqrt{\dfrac{(1-r^2)L_{yy}}{n-2}}$.

自测题九

1. 填空题：

(1) 有 A,B,C 三个事件.

① 若 B 发生，A 不发生，则这个事件可表示为________；

② 若 A,B,C 至少有一个发生，则这个事件可表示为________；

③ 若 A,B,C 不多于一个发生，则这个事件可表示为________.

(2) 设事件 $A_i=\{$第 i 次击中目标$\}(i=1,2,3,4)$，$B=\{$击中次数大于 2$\}$，则事件 $A=\bigcup\limits_{i=1}^{4}A_i$ 的含义是________，$\overline{A}$ 的含义是________，$\overline{B}$ 的含义是________.

(3) 试用等号或不等号把下面 4 个数联系起来：$P(AB)$________ $P(A)$________ $P(A\cup B)$________ $P(A)+P(B)$.

(4) 假设在 1000 个男子中活到某一年龄的人数如下：

年龄	10	20	30	40	50	60	70	80	90	100
人数	950	920	900	870	800	680	450	200	25	5

若事件 $A=\{$活到 40 岁$\}$，$B=\{$活到 50 岁$\}$，$C=\{$活到 60 岁$\}$，则 $P(A)=$________，$P(B|A)=$________，$P(C|A)=$________，$P(\overline{C}|A)=$________，$P(AB)$________.

(5) 若随机变量 ξ 的分布列为

ξ	1	2	3	4
p_k	$\frac{a}{50}$	$\frac{a}{25}$	$\frac{3a}{50}$	$\frac{4a}{50}$

则常数 a 的数值为________.

(6) 设 ξ 服从二项分布 $B(n,p)$，且 $E(\xi)=6$，$D(\xi)=5$，则 $p=$________，$n=$________.

(7) 设 $\hat{\theta}$ 是未知参数 θ 的一个估计，当________时，称 $\hat{\theta}$ 是 θ 的无偏估计.

(8) 设 $(\xi_1,\xi_2,\cdots,\xi_n)$ 是正态总体 $N(\mu,\sigma^2)$ 的随机样本，置信水平为 $1-\alpha$ 时，若 σ^2 已知，则 μ 的置信区间为________；若 σ^2 未知，则 μ 的置信区间为________.

(9) 设正态总体 $\xi\sim N(\mu_1,\sigma_1^2)$ 与正态总体 $\eta\sim N(\mu_2,\sigma_2^2)$ 相互独立，$(\xi_1,\xi_2,\cdots,\xi_n)$ 和 $(\eta_1,\eta_2,\cdots,\eta_n)$ 分别为总体 ξ,η 的样本. 若置信度为 $1-\alpha$，则当 σ_1^2,σ_2^2 均为已知时，$\mu_1-\mu_2$ 的置信区间为________；当 $\sigma_1^2=\sigma_2^2$ 未知且 $n_1=n_2=n$ 时，$\mu_1-\mu_2$ 置信区间为________.

(10) 假设检验就是利用________原理，先提出一个假设，然后根据________提供的信息，判断假设是否正确.

(11) 对一个正态总体，原假设 $\mu=\mu_0$，若方差已知，则应选统计量________；若方差未知，则应选统计量________；当原假设 $\sigma^2=\sigma_0^2$ 时，应选统计量________.

(12) 变量间的关系可分为__________两大类.

(13) 一元线性回归的数学模型是__________，在一元线性回归中，$y=a+bx+\varepsilon$，$\varepsilon\sim$__________，称为__________，a 和 b 称为__________，x 称为__________变量，一元线性回归方程为__________.

(14) 一元线性回归中回归系数$\hat{b}=$__________，$\hat{a}=$__________.

2. 选择题：

(1) 能使$(A\cup B)-A=B$成立的条件是 ( )

A. $A\Leftrightarrow B$　　B. $B\Leftrightarrow A$　　C. $A=B$　　D. $A\cap B=\varnothing$

(2) 若事件 A,B,C 满足 $A\cup B\supset C$，则 $A\cap B\cap C$ 等于 ( )

A. C　　B. $\varnothing$　　C. $A\cup B$　　D. 不一定

(3) 如果事件 A 与 B 互不相容，那么 ( )

A. A 与 B 是对立事件　　B. A 与 B 是必然事件

C. $\overline{A}\cup\overline{B}$是必然事件　　D. $\overline{A}$与$\overline{B}$互不相容

(4) 投掷两颗骰子，设事件 $A=\{$出现点数之和等于 3$\}$，则 $P(A)$等于 ( )

A. $\frac{1}{2}$　　B. $\frac{1}{3}$　　C. $\frac{1}{6}$　　D. $\frac{1}{18}$

(5) 设 ξ_1,ξ_2是任意两个随机变量，下面等式成立的是 ( )

A. $E(\xi_1+\xi_2)=E(\xi_1)+E(\xi_2)$　　B. $D(\xi_1+\xi_2)=D(\xi_1)+D(\xi_2)$

C. $E(\xi_1\xi_2)=E(\xi_1)E(\xi_2)$　　D. 有不少于两个等式成立

(6) 在给定显著性水平 $\alpha=0.02$ 时，若原假设被拒绝，则认为 ( )

A. 原假设一定不正确　　B. 原假设正确的概率不会超过 0.02

C. 原假设正确是小概率事件　　D. 原假设不正确是小概率事件

(7) 对给定显著性水平 α，用 U 检验法时，临界值 $u_{\frac{\alpha}{2}}$应满足 ( )

A. $\Phi(u_{\frac{\alpha}{2}})=1-\frac{\alpha}{2}$　　B. $\Phi(u_{\frac{\alpha}{2}})=\alpha$　　C. $\Phi(u_{\frac{\alpha}{2}})=1-\alpha$　　D. 以上都不对

(8) (多选)在假设检验中，显著性水平 α 表示 ( )

A. 原假设为假，但接受原假设的概率　　B. 原假设为真，但拒绝原假设的概率

C. 拒绝原假设的概率　　D. 小概率事件概率的最大值

(9) 若一个正态总体方差未知，检验 $H_0:\mu=\mu_0$，$H_1:\mu\neq\mu_0$，抽取样本为$(\xi_1,\xi_2,\cdots,\xi_n)$，则拒绝域应与(　　)有关. ( )

A. 样本值，显著性水平 α　　B. 样本值，显著性水平 α，样本容量 n

C. 样本值，样本容量 n　　D. 显著性水平 α，样本容量 n

(10) 在一元线性回归的数学模型 $y=a+bx+\varepsilon$，$\varepsilon\sim N(0,\sigma^2)$中 ( )

A. x 是控制变量　　B. x 是确定性变量

C. ε 是常数　　D. a,b,ε 为待定常数

3. 已知 $P(A)=x$，$P(B)=y$，$xy\neq 0$，试按下列三种条件：(1) $P(AB)=z$，(2) A,B相互独立，(3) A,B 互不相容，分别求出下列概率：

$$P(\overline{A}\cup\overline{B}),P(\overline{A}B),P(\overline{A}\cup B),P(\overline{AB}),P(A|B).$$

4. 某零件需经 3 道工序才能加工成形.

(1) 3 道工序是否出废品相互独立，且出废品的概率依次是 0.1，0.2，0.3，试求成形零件是废品的概率；

(2) 每道工序所出的废品剔除后，再进行下一道工序，且新的废品的概率依次为 0.1，0.2，0.3，试求一个零件加工到成形不是废品的概率.

5. 某种商品的一、二等品为合格品，配货时一、二等品的数量比为 5∶3，根据以往的经验，顾客购买时，一等品被认为是二等品的概率为 $\frac{2}{5}$，二等品被认为是一等品的概率为 $\frac{1}{3}$，求：

(1) 顾客购买一件该种商品，认为商品为一等品的概率；

(2) 被顾客认为是一等品，且商品恰是一等品的概率.

6. 从一个正态总体中抽取容量为 5 的一组样本观测值为 6.6，4.6，5.4，5.8，5.5. 求置信度为 95% 的总体期望及方差的置信区间.

7. 为了比较甲、乙两批同类电子元件的使用寿命，现从甲批元件中抽取 12 只，测得平均使用寿命为 1000 h，标准差为 18 h；从乙批元件中抽取 15 只，测得平均使用寿命为 980 h，标准差为 30 h. 假定元件的使用寿命服从正态分布，方差相等，试求两总体均值差的置信区间.（置信度为 90%）

8. 25 名男生与 17 名女生参加一次标准化英语考试，平均成绩分别为 82 分和 88 分，标准差分别为 8 分和 7 分，若成绩服从正态分布，求男、女生成绩方差比的置信区间.（置信度为 98%）

9. 某年某市对 1000 户居民的抽样调查结果表明，全年居民购买副食品支出占购买食品支出的 75.4%，试以 99% 的概率估计全年这种比率的置信区间.

10. 某种零件的长度服从正态分布，现随机抽取 6 件，测得其长度(单位：cm)分别为

36.4，　38.2，　36.6，　36.9，　37.8，　37.6.

能否认为该种零件的平均长度为 37 cm?（置信度为 95%）

11. 某村在水稻全面实割前，随机抽取 10 块地进行实割，亩产量(单位：kg)分别为：

540，　632，　674，　694，　695，　705，　736，　680，　780，　845.

若水稻亩产量服从正态分布，可否认为该村水稻亩产量的标准差不超过去年的数值即 75 kg?（置信度为 95%）

12. 某商店从两个灯泡厂各购进一批灯泡，假定灯泡的使用寿命服从正态分布，方差分别为 80^2 和 94^2，今从两批灯泡中各取 50 个进行检验，测得平均使用寿命分别为 1282 h 和 1208 h，可否由此认为两厂灯泡的使用寿命相同?（置信度为 98%）

13. 某厂在某天的产品中随机抽取 120 件进行检查，发现有 7 件次品，若规定次品率不能高于 5%，能否认为这天的生产是正常的?（置信度为 95%）

附录 1　积分表

(一) 含有 $ax+b$ 的积分

1. $\int \frac{dx}{ax+b}=\frac{1}{a}\ln|ax+b|+C$

2. $\int (ax+b)^{\mu}dx=\frac{1}{a(\mu+1)}(ax+b)^{\mu+1}+C(\mu\neq-1)$

3. $\int \frac{x}{ax+b}dx=\frac{1}{a^2}[ax+b-b\ln|ax+b|]+C$

4. $\int \frac{x^2}{ax+b}dx=\frac{1}{a^3}\left[\frac{1}{2}(ax+b)^2-2b(ax+b)+b^2\ln|ax+b|\right]+C$

5. $\int \frac{dx}{x(ax+b)}=-\frac{1}{b}\ln\left|\frac{ax+b}{x}\right|+C$

6. $\int \frac{dx}{x^2(ax+b)}=-\frac{1}{bx}+\frac{a}{b^2}\ln\left|\frac{ax+b}{x}\right|+C$

7. $\int \frac{x}{(ax+b)^2}dx=\frac{1}{a^2}\left[\ln|ax+b|+\frac{b}{ax+b}\right]+C$

8. $\int \frac{x^2}{(ax+b)^2}dx=\frac{1}{a^3}\left[ax+b-2b\ln|ax+b|-\frac{b^2}{ax+b}\right]+C$

9. $\int \frac{dx}{x(ax+b)^2}=\frac{1}{b(ax+b)}-\frac{1}{b^2}\ln\left|\frac{ax+b}{x}\right|+C$

(二) 含有 $\sqrt{ax+b}$ 的积分

10. $\int \sqrt{ax+b}dx=\frac{2}{3a}\sqrt{(ax+b)^3}+C$

11. $\int x\sqrt{ax+b}dx=\frac{2}{15a^2}(3ax-2b)\sqrt{(ax+b)^3}+C$

12. $\int x^2\sqrt{ax+b}dx=\frac{2}{105a^3}(15b^2x^2-12abx+8b^2)\sqrt{(ax+b)^3}+C$

13. $\int \frac{x}{\sqrt{ax+b}}dx=\frac{2}{3a^2}(ax-2b)\sqrt{ax+b}+C$

14. $\int \frac{x^2}{\sqrt{ax+b}}dx=\frac{2}{15a^3}(3a^2x^2-4abx+8b^2)\sqrt{ax+b}+C$

15. $\int \frac{dx}{x\sqrt{ax+b}}=\begin{cases}\frac{1}{\sqrt{b}}\ln\left|\frac{\sqrt{ax+b}-\sqrt{b}}{\sqrt{ax+b}+\sqrt{b}}\right|+C & (b>0),\\ \frac{2}{\sqrt{-b}}\arctan\sqrt{\frac{ax+b}{-b}}+C & (b<0)\end{cases}$

16. $\int \frac{dx}{x^2\sqrt{ax+b}}=-\frac{\sqrt{ax+b}}{bx}-\frac{a}{2b}\int\frac{dx}{x\sqrt{ax+b}}$

17. $\int \frac{\sqrt{ax+b}}{x}dx=2\sqrt{ax+b}+b\int\frac{dx}{x\sqrt{ax+b}}$

18. $\int \frac{\sqrt{ax+b}}{x^2}dx=-\frac{\sqrt{ax+b}}{x}+\frac{a}{2}\int\frac{dx}{x\sqrt{ax+b}}$

(三) 含有 $x^2\pm a^2$ 的积分

19. $\int \frac{dx}{x^2+a^2}=\frac{1}{a}\arctan\frac{x}{a}+C$

20. $\int \frac{dx}{(x^2+a^2)^n}=\frac{x}{2(n-1)a^2(x^2+a^2)^{n-1}}+\frac{2n-3}{2(n-1)a^2}\int \frac{dx}{(x^2+a^2)^{n-1}}$

21. $\int \frac{dx}{x^2-a^2}=\frac{1}{2a}\ln\left|\frac{x-a}{x+a}\right|+C$

(四) 含有 $ax^2+b(a>0)$ 的积分

22. $\int \frac{dx}{ax^2+b}=\begin{cases}\frac{1}{\sqrt{ab}}\arctan\sqrt{\frac{a}{b}}x+C & (b>0),\\ \frac{1}{2\sqrt{-ab}}\ln\left|\frac{\sqrt{a}x-\sqrt{-b}}{\sqrt{a}x+\sqrt{-b}}\right|+C & (b<0)\end{cases}$

23. $\int \frac{x}{ax^2+b}dx=\frac{1}{2a}\ln|ax^2+b|+C$

24. $\int \frac{x^2}{ax^2+b}dx=\frac{x}{a}-\frac{b}{a}\int \frac{dx}{ax^2+b}$

25. $\int \frac{dx}{x(ax^2+b)}=\frac{1}{2b}\ln\frac{x^2}{|ax^2+b|}+C$

26. $\int \frac{dx}{x^2(ax^2+b)}=-\frac{1}{bx}-\frac{a}{b}\int \frac{dx}{ax^2+b}$

27. $\int \frac{dx}{x^3(ax^2+b)}=\frac{a}{2b^2}\ln\frac{|ax^2+b|}{x^2}-\frac{1}{2bx^2}+C$

28. $\int \frac{dx}{(ax^2+b)^2}=\frac{x}{2b(ax^2+b)}+\frac{1}{2b}\int \frac{dx}{ax^2+b}$

(五) 含有 $ax^2+bx+c(a>0)$ 的积分

29. $\int \frac{dx}{ax^2+bx+c}=\begin{cases}\frac{2}{\sqrt{4ac-b^2}}\arctan\frac{2ax+b}{\sqrt{4ac-b^2}}+C & (b^2<4ac),\\ \frac{1}{\sqrt{b^2-4ac}}\ln\left|\frac{2ax+b-\sqrt{b^2-4ac}}{2ax+b+\sqrt{b^2-4ac}}\right|+C & (b^2>4ac)\end{cases}$

30. $\int \frac{x}{ax^2+bx+c}dx=\frac{1}{2a}\ln|ax^2+bx+c|-\frac{b}{2a}\int \frac{dx}{ax^2+bx+c}$

(六) 含有 $\sqrt{x^2+a^2}(a>0)$ 的积分

31. $\int \frac{dx}{\sqrt{x^2+a^2}}=\operatorname{arsh}\frac{x}{a}+C_1=\ln(x+\sqrt{x^2+a^2})+C$

32. $\int \frac{dx}{\sqrt{(x^2+a^2)^3}}=\frac{x}{a^2\sqrt{x^2+a^2}}+C$

33. $\int \frac{x}{\sqrt{x^2+a^2}}dx=\sqrt{x^2+a^2}+C$

34. $\int \frac{x}{\sqrt{(x^2+a^2)^3}}dx=-\frac{1}{\sqrt{x^2+a^2}}+C$

35. $\int \frac{x^2}{\sqrt{x^2+a^2}}dx=\frac{x}{2}\sqrt{x^2+a^2}-\frac{a^2}{2}\ln(x+\sqrt{x^2+a^2})+C$

36. $\int \frac{x^2}{\sqrt{(x^2+a^2)^3}}dx=-\frac{x}{\sqrt{x^2+a^2}}+\ln(x+\sqrt{x^2+a^2})+C$

37. $\int \frac{dx}{x\sqrt{x^2+a^2}}=\frac{1}{a}\ln\frac{\sqrt{x^2+a^2}-a}{|x|}+C$

38. $\int \frac{dx}{x^2\sqrt{x^2+a^2}}=-\frac{\sqrt{x^2+a^2}}{a^2x}+C$

39. $\int \sqrt{x^2+a^2}\,dx=\frac{x}{2}\sqrt{x^2+a^2}+\frac{a^2}{2}\ln(x+\sqrt{x^2+a^2})+C$

40. $\int \sqrt{(x^2+a^2)^3}\,\mathrm{d}x=\frac{x}{8}(2x^2+5a^2)\sqrt{x^2+a^2}+\frac{3}{8}a^4\ln(x+\sqrt{x^2+a^2})+C$

41. $\int x\sqrt{x^2+a^2}\,\mathrm{d}x=\frac{1}{3}\sqrt{(x^2+a^2)^3}+C$

42. $\int x^2\sqrt{x^2+a^2}\,\mathrm{d}x=\frac{x}{8}(2x^2+a^2)\sqrt{x^2+a^2}-\frac{a^4}{8}\ln(x+\sqrt{x^2+a^2})+C$

43. $\int \frac{\sqrt{x^2+a^2}}{x}\mathrm{d}x=\sqrt{x^2+a^2}+a\ln\frac{\sqrt{x^2+a^2}-a}{|x|}+C$

44. $\int \frac{\sqrt{x^2+a^2}}{x^2}\mathrm{d}x=-\frac{\sqrt{x^2+a^2}}{x}+\ln(x+\sqrt{x^2+a^2})+C$

（七）含有 $\sqrt{x^2-a^2}$ $(a>0)$ 的积分

45. $\int \frac{\mathrm{d}x}{\sqrt{x^2-a^2}}=\frac{x}{|x|}\operatorname{arch}\frac{|x|}{a}+C_1=\ln|x+\sqrt{x^2-a^2}|+C$

46. $\int \frac{\mathrm{d}x}{\sqrt{(x^2-a^2)^3}}=-\frac{x}{a^2\sqrt{x^2-a^2}}+C$

47. $\int \frac{x}{\sqrt{x^2-a^2}}\mathrm{d}x=\sqrt{x^2-a^2}+C$

48. $\int \frac{x}{\sqrt{(x^2-a^2)^3}}\mathrm{d}x=-\frac{1}{\sqrt{x^2-a^2}}+C$

49. $\int \frac{x^2}{\sqrt{x^2-a^2}}\mathrm{d}x=\frac{x}{2}\sqrt{x^2-a^2}+\frac{a^2}{2}\ln|x+\sqrt{x^2-a^2}|+C$

50. $\int \frac{x^2}{\sqrt{(x^2-a^2)^3}}\mathrm{d}x=-\frac{x}{\sqrt{x^2-a^2}}+\ln|x+\sqrt{x^2-a^2}|+C$

51. $\int \frac{\mathrm{d}x}{x\sqrt{x^2-a^2}}=\frac{1}{a}\arccos\frac{a}{|x|}+C$

52. $\int \frac{\mathrm{d}x}{x^2\sqrt{x^2-a^2}}=\frac{\sqrt{x^2-a^2}}{a^2x}+C$

53. $\int \sqrt{x^2-a^2}\,\mathrm{d}x=\frac{x}{2}\sqrt{x^2-a^2}-\frac{a^2}{2}\ln|x+\sqrt{x^2-a^2}|+C$

54. $\int \sqrt{(x^2-a^2)^3}\,\mathrm{d}x=\frac{x}{8}(2x^2-5a^2)\sqrt{x^2-a^2}+\frac{3}{8}a^4\ln|x+\sqrt{x^2-a^2}|+C$

55. $\int x\sqrt{x^2-a^2}\,\mathrm{d}x=\sqrt{(x^2-a^2)^3}+C$

56. $\int x^2\sqrt{x^2-a^2}\,\mathrm{d}x=\frac{x}{8}(2x^2-a^2)\sqrt{x^2-a^2}-\frac{a^4}{8}\ln|x+\sqrt{x^2-a^2}|+C$

57. $\int \frac{\sqrt{x^2-a^2}}{x}\mathrm{d}x=\sqrt{x^2-a^2}-a\arccos\frac{a}{|x|}+C$

58. $\int \frac{\sqrt{x^2-a^2}}{x^2}\mathrm{d}x=-\frac{\sqrt{x^2-a^2}}{x}+\ln|x+\sqrt{x^2-a^2}|+C$

（八）含有 $\sqrt{a^2-x^2}$ $(a>0)$ 的积分

59. $\int \frac{\mathrm{d}x}{\sqrt{a^2-x^2}}=\arcsin\frac{x}{a}+C$

60. $\int \frac{\mathrm{d}x}{\sqrt{(a^2-x^2)^3}}=\frac{x}{a^2\sqrt{a^2-x^2}}+C$

61. $\int \frac{x}{\sqrt{a^2-x^2}}\mathrm{d}x=-\sqrt{a^2-x^2}+C$

62. $\int \frac{x}{\sqrt{(a^2-x^2)^3}}\mathrm{d}x=\frac{1}{\sqrt{a^2-x^2}}+C$

63. $\int \frac{x^2}{\sqrt{a^2-x^2}}dx=-\frac{x}{2}\sqrt{a^2-x^2}+\frac{a^2}{2}\arcsin\frac{x}{a}+C$

64. $\int \frac{x^2}{\sqrt{(a^2-x^2)^3}}dx=\frac{x}{\sqrt{a^2-x^2}}-\arcsin\frac{x}{a}+C$

65. $\int \frac{dx}{x\sqrt{a^2-x^2}}=\frac{1}{a}\ln\frac{a-\sqrt{a^2-x^2}}{|x|}+C$

66. $\int \frac{dx}{x^2\sqrt{a^2-x^2}}=-\frac{\sqrt{a^2-x^2}}{a^2x}+C$

67. $\int \sqrt{a^2-x^2}dx=\frac{x}{2}\sqrt{a^2-x^2}+\frac{a^2}{2}\arcsin\frac{x}{a}+C$

68. $\int \sqrt{(a^2-x^2)^3}dx=\frac{x}{8}(5a^2-2x^2)\sqrt{a^2-x^2}+\frac{3}{8}a^4\arcsin\frac{x}{a}+C$

69. $\int x\sqrt{a^2-x^2}dx=-\frac{1}{3}\sqrt{(a^2-x^2)^3}+C$

70. $\int x^2\sqrt{a^2-x^2}dx=\frac{x}{8}(2x^2-a^2)\sqrt{a^2-x^2}+\frac{a^4}{8}\arcsin\frac{x}{a}+C$

71. $\int \frac{\sqrt{a^2-x^2}}{x}dx=\sqrt{a^2-x^2}+a\ln\frac{a-\sqrt{a^2-x^2}}{|x|}+C$

72. $\int \frac{\sqrt{a^2-x^2}}{x^2}dx=-\frac{\sqrt{a^2-x^2}}{x}-\arcsin\frac{x}{a}+C$

(九) 含有 $\sqrt{\pm ax^2+bx+c}\,(a>0)$ 的积分

73. $\int \frac{dx}{\sqrt{ax^2+bx+c}}=\frac{1}{\sqrt{a}}\ln|2ax+b+2\sqrt{a}\sqrt{ax^2+bx+c}|+C$

74. $\int \sqrt{ax^2+bx+c}dx=\frac{2ax+b}{4a}\sqrt{ax^2+bx+c}+\frac{4ac-b^2}{8\sqrt{a^3}}\ln|2ax+b+2\sqrt{a}\sqrt{ax^2+bx+c}|+C$

75. $\int \frac{x}{\sqrt{ax^2+bx+c}}dx=\frac{1}{a}\sqrt{ax^2+bx+c}-\frac{b}{2\sqrt{a^3}}\ln|2ax+b+2\sqrt{a}\sqrt{ax^2+bx+c}|+C$

76. $\int \frac{dx}{\sqrt{c+bx-ax^2}}=-\frac{1}{\sqrt{a}}\arcsin\frac{2ax-b}{\sqrt{b^2+4ac}}+C$

77. $\int \sqrt{c+bx-ax^2}dx=\frac{2ax-b}{4a}\sqrt{c+bx-ax^2}+\frac{b^2+4ac}{8\sqrt{a^3}}\arcsin\frac{2ax-b}{\sqrt{b^2+4ac}}+C$

78. $\int \frac{x}{\sqrt{c+bx-ax^2}}dx=-\frac{1}{a}\sqrt{c+bx-ax^2}+\frac{b}{2\sqrt{a^3}}\arcsin\frac{2ax-b}{\sqrt{b^2+4ac}}+C$

(十) 含有 $\sqrt{\pm\frac{x-a}{x-b}}$ 或 $\sqrt{(x-a)(b-x)}$ 的积分

79. $\int \sqrt{\frac{x-a}{x-b}}dx=(x-b)\sqrt{\frac{x-a}{x-b}}+(b-a)\ln(\sqrt{|x-a|}+\sqrt{|x-b|})+C$

80. $\int \sqrt{\frac{x-a}{b-x}}dx=(x-b)\sqrt{\frac{x-a}{b-x}}+(b-a)\arcsin\sqrt{\frac{x-a}{b-a}}+C$

81. $\int \frac{dx}{\sqrt{(x-a)(b-x)}}=2\arcsin\sqrt{\frac{x-a}{b-a}}+C\quad(a<b)$

82. $\int \sqrt{(x-a)(b-x)}dx=\frac{2x-a-b}{4}\sqrt{(x-a)(b-x)}+\frac{(b-a)^2}{4}\arcsin\sqrt{\frac{x-a}{b-a}}+C\quad(a<b)$

(十一) 含有三角函数的积分

83. $\int \sin x dx=-\cos x+C$

84. $\int \cos x \mathrm{d}x = \sin x + C$

85. $\int \tan x \mathrm{d}x = -\ln|\cos x| + C$

86. $\int \cot x \mathrm{d}x = \ln|\sin x| + C$

87. $\int \sec x \mathrm{d}x = \ln\left|\tan\left(\frac{\pi}{4}+\frac{x}{2}\right)\right| + C = \ln|\sec x + \tan x| + C$

88. $\int \csc x \mathrm{d}x = \ln\left|\tan\frac{x}{2}\right| + C = \ln|\csc x - \cot x| + C$

89. $\int \sec^2 x \mathrm{d}x = \tan x + C$

90. $\int \csc^2 x \mathrm{d}x = -\cot x + C$

91. $\int \sec x \tan x \mathrm{d}x = \sec x + C$

92. $\int \csc x \cot x \mathrm{d}x = -\csc x + C$

93. $\int \sin^2 x \mathrm{d}x = \frac{x}{2} - \frac{1}{4}\sin 2x + C$

94. $\int \cos^2 x \mathrm{d}x = \frac{x}{2} + \frac{1}{4}\sin 2x + C$

95. $\int \sin^n x \mathrm{d}x = -\frac{1}{n}\sin^{n-1}x\cos x + \frac{n-1}{n}\int \sin^{n-2}x \mathrm{d}x$

96. $\int \cos^n x \mathrm{d}x = \frac{1}{n}\cos^{n-1}x\sin x + \frac{n-1}{n}\int \cos^{n-2}x \mathrm{d}x$

97. $\int \frac{\mathrm{d}x}{\sin^n x} = -\frac{1}{n-1}\cdot\frac{\cos x}{\sin^{n-1}x} + \frac{n-2}{n-1}\int \frac{\mathrm{d}x}{\sin^{n-2}x}$

98. $\int \frac{\mathrm{d}x}{\cos^n x} = \frac{1}{n-1}\cdot\frac{\sin x}{\cos^{n-1}x} + \frac{n-2}{n-1}\int \frac{\mathrm{d}x}{\cos^{n-2}x}$

99. $\int \cos^m x \sin^n x \mathrm{d}x = \frac{1}{m+n}\cos^{m-1}x\sin^{n+1}x + \frac{m-1}{m+n}\int \cos^{m-2}x\sin^n x \mathrm{d}x$

$$= -\frac{1}{m+n}\cos^{m+1}x\sin^{n-1}x + \frac{n-1}{m+n}\int \cos^m x\sin^{n-2}x \mathrm{d}x$$

100. $\int \sin ax\cos bx \mathrm{d}x = -\frac{1}{2(a+b)}\cos(a+b)x - \frac{1}{2(a-b)}\cos(a-b)x + C$

101. $\int \sin ax\sin bx \mathrm{d}x = -\frac{1}{2(a+b)}\sin(a+b)x + \frac{1}{2(a-b)}\sin(a-b)x + C$

102. $\int \cos ax\cos bx \mathrm{d}x = \frac{1}{2(a+b)}\sin(a+b)x + \frac{1}{2(a-b)}\sin(a-b)x + C$

103. $\int \frac{\mathrm{d}x}{a+b\sin x} = \frac{2}{\sqrt{a^2-b^2}}\arctan\frac{a\tan\frac{x}{2}+b}{\sqrt{a^2-b^2}} + C \quad (a^2>b^2)$

104. $\int \frac{\mathrm{d}x}{a+b\sin x} = \frac{1}{\sqrt{b^2-a^2}}\ln\left|\frac{a\tan\frac{x}{2}+b-\sqrt{b^2-a^2}}{a\tan\frac{x}{2}+b+\sqrt{b^2-a^2}}\right| + C \quad (a^2<b^2)$

105. $\int \frac{\mathrm{d}x}{a+b\cos x} = \frac{2}{a+b}\sqrt{\frac{a+b}{a-b}}\arctan\left(\sqrt{\frac{a-b}{a+b}}\tan\frac{x}{2}\right) + C \quad (a^2>b^2)$

106. $\int \frac{\mathrm{d}x}{a+b\cos x} = \frac{1}{a+b}\sqrt{\frac{a+b}{a-b}}\ln\left|\frac{\tan\frac{x}{2}+\sqrt{\frac{a+b}{b-a}}}{\tan\frac{x}{2}-\sqrt{\frac{a+b}{b-a}}}\right| + C \quad (a^2<b^2)$

107. $\int \frac{dx}{a^2\cos^2 x+b^2\sin^2 x}=\frac{1}{ab}\arctan\left(\frac{b}{a}\tan x\right)+C$

108. $\int \frac{dx}{a^2\cos^2 x-b^2\sin^2 x}=\frac{1}{2ab}\ln\left|\frac{b\tan x+a}{b\tan x-a}\right|+C$

109. $\int x\sin ax dx=\frac{1}{a^2}\sin ax-\frac{1}{a}x\cos ax+C$

110. $\int x^2\sin ax dx=-\frac{1}{a}x^2\cos ax+\frac{2}{a^2}x\sin ax+\frac{2}{a^3}\cos ax+C$

111. $\int x\cos ax dx=\frac{1}{a^2}\cos ax+\frac{1}{a}x\sin ax+C$

112. $\int x^2\cos ax dx=\frac{1}{a}x^2\sin ax+\frac{2}{a^2}x\cos ax-\frac{2}{a^3}\sin ax+C$

(十二)含有反三角函数的积分(其中 $a>0$)

113. $\int \arcsin\frac{x}{a}dx=x\arcsin\frac{x}{a}+\sqrt{a^2-x^2}+C$

114. $\int x\arcsin\frac{x}{a}dx=\left(\frac{x^2}{2}-\frac{a^2}{4}\right)\arcsin\frac{x}{a}+\frac{x}{4}\sqrt{a^2-x^2}+C$

115. $\int x^2\arcsin\frac{x}{a}dx=\frac{x^3}{3}\arcsin\frac{x}{a}+\frac{1}{9}(x^2+2a^2)\sqrt{a^2-x^2}+C$

116. $\int \arccos\frac{x}{a}dx=x\arccos\frac{x}{a}-\sqrt{a^2-x^2}+C$

117. $\int x\arccos\frac{x}{a}dx=\left(\frac{x^2}{2}-\frac{a^2}{4}\right)\arccos\frac{x}{a}-\frac{x}{4}\sqrt{a^2-x^2}+C$

118. $\int x^2\arccos\frac{x}{a}dx=\frac{x^3}{3}\arccos\frac{x}{a}-\frac{1}{9}(x^2+2a^2)\sqrt{a^2-x^2}+C$

119. $\int \arctan\frac{x}{a}dx=x\arctan\frac{x}{a}-\frac{a}{2}\ln(a^2+x^2)+C$

120. $\int x\arctan\frac{x}{a}dx=\frac{1}{2}(x^2+a^2)\arctan\frac{x}{a}-\frac{a}{2}x+C$

121. $\int x^2\arctan\frac{x}{a}dx=\frac{x^3}{3}\arctan\frac{x}{a}-\frac{a}{6}x^2+\frac{a^3}{6}\ln(a^2+x^2)+C$

(十三)含有指数函数的积分

122. $\int a^x dx=\frac{1}{\ln a}a^x+C$

123. $\int e^{ax}dx=\frac{1}{a}e^{ax}+C$

124. $\int xe^{ax}dx=\frac{1}{a^2}(ax-1)e^{ax}+C$

125. $\int x^n e^{ax}dx=\frac{1}{a}x^n e^{ax}-\frac{n}{a}\int x^{n-1}e^{ax}dx$

126. $\int xa^x dx=\frac{x}{\ln a}a^x-\frac{1}{(\ln a)^2}a^x+C$

127. $\int x^n a^x dx=\frac{1}{\ln a}x^n a^x-\frac{n}{\ln a}\int x^{n-1}a^x dx$

128. $\int e^{ax}\sin bx dx=\frac{1}{a^2+b^2}e^{ax}(a\sin bx-b\cos bx)+C$

129. $\int e^{ax}\cos bx dx=\frac{1}{a^2+b^2}e^{ax}(b\sin bx+a\cos bx)+C$

130. $\int e^{ax}\sin^n bx dx=\frac{1}{a^2+b^2n^2}e^{ax}\sin^{n-1}bx(a\sin bx-nb\cos bx)+\frac{n(n-1)b^2}{a^2+b^2n^2}\int e^{ax}\sin^{n-2}bx dx$

131. $\int e^{ax}\cos^n bx\,dx=\frac{1}{a^2+b^2n^2}e^{ax}\cos^{n-1}bx(a\cos bx+nb\sin bx)+\frac{n(n-1)b^2}{a^2+b^2n^2}\int e^{ax}\cos^{n-2}bx\,dx$

（十四）含有对数函数的积分

132. $\int \ln x\,dx=x\ln x-x+C$

133. $\int \frac{dx}{x\ln x}=\ln|\ln x|+C$

134. $\int x^n\ln x\,dx=\frac{1}{n+1}x^{n+1}\left(\ln x-\frac{1}{n+1}\right)+C$

135. $\int (\ln x)^n\,dx=x(\ln x)^n-n\int (\ln x)^{n-1}\,dx$

136. $\int x^m(\ln x)^n\,dx=\frac{1}{m+1}x^{m+1}(\ln x)^n-\frac{n}{m+1}\int x^m(\ln x)^{n-1}\,dx$

（十五）含有双曲函数的积分

137. $\int \mathrm{sh}x\,dx=\mathrm{ch}x+C$

138. $\int \mathrm{ch}x\,dx=\mathrm{sh}x+C$

139. $\int \mathrm{th}x\,dx=\ln\mathrm{ch}x+C$

140. $\int \mathrm{sh}^2x\,dx=-\frac{x}{2}+\frac{1}{4}\mathrm{sh}2x+C$

141. $\int \mathrm{ch}^2x\,dx=\frac{x}{2}+\frac{1}{4}\mathrm{sh}2x+C$

（十六）定积分

142. $\int_{-\pi}^{\pi}\cos nx\,dx=\int_{-\pi}^{\pi}\sin nx\,dx=0$

143. $\int_{-\pi}^{\pi}\cos mx\sin nx\,dx=0$

144. $\int_{-\pi}^{\pi}\cos mx\cos nx\,dx=\begin{cases}0, & m\neq n,\\ \pi, & m=n\end{cases}$

145. $\int_{-\pi}^{\pi}\sin mx\sin nx\,dx=\begin{cases}0, & m\neq n,\\ \pi, & m=n\end{cases}$

146. $\int_{0}^{\pi}\sin mx\sin nx\,dx=\int_{0}^{\pi}\cos mx\cos nx\,dx=\begin{cases}0, & m\neq n,\\ \frac{\pi}{2}, & m=n\end{cases}$

147. $I_n=\int_0^{\frac{\pi}{2}}\sin^n x\,dx=\int_0^{\frac{\pi}{2}}\cos^n x\,dx$

$$I_n=\frac{n-1}{n}I_{n-2}\begin{cases}\frac{n-1}{n}\cdot\frac{n-3}{n-2}\cdot\cdots\cdot\frac{4}{5}\cdot\frac{2}{3}(n\text{ 为大于 1 的正奇数}), I_1=1,\\ \frac{n-1}{n}\cdot\frac{n-3}{n-2}\cdot\cdots\cdot\frac{3}{4}\cdot\frac{1}{2}\cdot\frac{\pi}{2}(n\text{ 为正偶数}), I_0=\frac{\pi}{2}\end{cases}$$

附录 2　泊松(Poisson)分布表

$$P(\xi \geqslant c) = \sum_{k=c}^{\infty} \frac{\lambda^k}{k!} e^{-\lambda}$$

c \ λ	0.001	0.002	0.003	0.004	0.005	0.006	0.007	0.008	0.009	0.010
0	1.0000000	1.0000000	1.0000000	1.0000000	1.0000000	1.0000000	1.0000000	1.0000000	1.0000000	1.0000000
1	0.0009995	0.0019980	0.0029955	0.0039920	0.0049875	0.0059820	0.0069756	0.0079681	0.0089596	0.0099502
2	0000005	0000020	0000045	0000080	0000125	0000179	0000244	0000318	0000403	0000497
3							0000001	0000001	0000001	0000002

c \ λ	0.02	0.03	0.04	0.05	0.06	0.07	0.08	0.09	0.10	0.11
0	1.0000000	1.0000000	1.0000000	1.0000000	1.0000000	1.0000000	1.0000000	1.0000000	1.0000000	1.0000000
1	0.0198013	0.0295545	0.0392106	0.0487706	0.0582355	0.0676062	0.0768837	0.0860688	0.0951626	0.1041659
2	0001973	0004411	0007790	0012091	0017296	0023386	0030343	0038150	0046788	0056241
3	0000013	0000044	0000104	0000201	0000344	0000542	0000804	0001136	0001547	0002043
4			0000001	0000003	0000005	0000009	0000016	0000025	0000033	0000056
5										0000001

c \ λ	0.12	0.13	0.14	0.15	0.16	0.17	0.18	0.19	0.20	0.21
0	1.0000000	1.0000000	1.0000000	1.0000000	1.0000000	1.0000000	1.0000000	1.0000000	1.0000000	1.0000000
1	0.1130796	0.1219046	0.1306418	0.1392920	0.1478562	0.1563352	0.1647298	0.1730409	0.1812692	0.1894158
2	0066491	0077522	0089316	0101858	0115132	0129122	0143812	0159187	0175231	0191931
3	0002633	0003223	0004119	0005029	0006058	0007212	0008498	0009920	0011485	0013197
4	0000079	0000107	0000143	000187	0000240	0000304	0000379	0000467	0000563	0000685
5	0000002	0000003	0000004	0000006	0000008	0000010	0000014	0000018	0000023	0000029
6								0000001	0000001	0000001

c \ λ	0.22	0.23	0.24	0.25	0.26	0.27	0.28	0.29	0.30	0.40
0	1.0000000	1.0000000	1.0000000	1.0000000	1.0000000	1.0000000	1.0000000	1.0000000	1.0000000	1.0000000
1	0.1974812	0.2054664	0.2133721	0.2211992	0.2289484	0.2366205	0.2442163	0.2517634	0.2591818	0.3296800
2	0209271	0227237	0245815	0264990	0284750	0305080	0325968	0347400	0369363	0615519
3	0015060	0017083	0019266	0021615	0024135	0026829	0029701	0032755	0035995	0079263
4	0000819	0000971	0001142	0001334	0001548	0001786	0002049	0002339	0002658	0007763
5	0000036	0000044	0000054	0000066	0000080	0000096	0000113	0000134	0000158	0000612
6	0000001	0000002	0000002	0000003	0000003	0000004	0000005	0000006	0000008	0000040
7										0000002

续表

c \ λ	0.5	0.6	0.7	0.8	0.9	1.0	1.1	1.2	1.3	1.4
0	1.0000000	1.0000000	1.0000000	1.0000000	1.0000000	1.0000000	1.0000000	1.0000000	1.0000000	1.0000000
1	0.393468	0.451188	0.503415	0.550671	0.593430	0.632121	0.667129	0.698806	0.727469	0.753403
2	090204	121901	155805	191208	227518	264241	300971	337373	373177	408167
3	014388	023115	034142	047423	062857	080301	099584	120513	142888	066502
4	001752	003358	005753	009080	013459	018988	025742	033769	043095	053725
5	000172	000394	000786	001411	002344	003660	005435	007746	010663	014253
6	000014	000039	000090	000184	000343	000594	000968	001500	002231	003201
7	000001	000003	000009	000021	000043	000083	000149	000251	000404	000622
8			0000001	0000002	0000005	000010	000020	000037	000064	000107
9						00001	00002	00005	000009	000016
10								000001	000001	000002

c \ λ	1.5	1.6	1.7	1.8	1.9	2.0	2.1	2.2	2.3	2.4
0	1.0000000	1.0000000	1.0000000	1.0000000	1.0000000	1.0000000	1.0000000	1.0000000	1.0000000	1.0000000
1	0.776870	0.798103	0.817316	0.834701	0.850431	0.864665	0.877544	889197	899741	0.909282
2	442175	475069	506754	537163	566251	593994	620385	645430	669146	691559
3	191153	216642	242777	269379	296280	323324	350369	377286	403961	430291
4	065642	078813	093189	108703	125298	142877	161357	180648	200653	221277
5	018576	023682	029615	036407	044081	052653	062126	072496	083751	095869
6	004456	006040	007999	010378	013219	016564	020449	024910	029976	035673
7	000926	001336	001875	002569	003446	004534	005862	007461	009362	011594
8	000170	000260	000388	000562	000793	001097	001486	001978	002589	003339
9	000028	000045	000072	000110	000163	000237	000337	000470	000642	000862
10	000004	000007	000012	000019	000030	000046	000069	000101	000144	000202
11	000001	000001	000002	000003	000005	000008	000013	000020	000029	000043
12					000001	000001	000002	000004	000006	000008
13								000001	000001	000002

c \ λ	2.5	2.6	2.7	2.8	2.9	3.0	3.1	3.2	3.3	3.4
0	1.0000000	1.0000000	1.0000000	1.0000000	1.0000000	1.0000000	1.0000000	1.0000000	1.0000000	1.0000000
1	0.917915	0.925726	0.932794	0.939190	0.944977	0.950213	0.954951	0.959238	0.963117	0.966627
2	712703	732615	751340	768922	785409	800852	815298	828799	841402	853158
3	456187	481570	506376	530546	554037	576810	598837	620096	640574	660260
4	242424	263998	285908	308063	330377	352768	375160	397480	419662	441643
5	108822	122577	137092	152324	168223	184737	201811	219387	237410	255818
6	042021	049037	056732	065110	074174	083918	094334	105408	117123	129458
7	014187	017170	020569	024411	028717	033509	033804	044619	050966	057853

续表

8	004247	005334	006621	008131	009885	011905	014213	016830	019777	023074
9	001140	001487	001914	002433	003058	003803	004683	005714	006912	008293
10	000277	000376	000501	000660	000858	001102	001401	001762	001195	002709
11	000062	000087	000120	000164	000220	000292	000383	000497	000638	000810
12	000013	000018	000026	000037	000052	000071	000097	000129	000171	000223
13	000002	000004	000005	000008	000011	000016	000023	000031	000042	000057
14		000001	000001	000002	000002	000003	000005	000007	000010	000014
15						000001	000001	000001	000002	000003
16										000001

λ / c	3.5	3.6	3.7	3.8	3.9	4.0	4.1	4.2	4.3	4.4
0	1.0000000	1.0000000	1.0000000	1.0000000	1.0000000	1.0000000	1.0000000	1.0000000	1.0000000	1.0000000
1	0.969803	0.972676	0.975276	0.977629	0.979758	0.981684	0.983427	0.985004	0.986431	0.987723
2	864112	874311	883799	892620	900815	908422	915479	922023	928087	933702
3	697153	697253	714567	731103	746875	761897	776186	789762	802645	814858
4	463367	484784	505847	526515	546753	566530	585818	604597	622846	640552
5	274555	293562	312781	332156	351635	371163	390692	410173	429562	448816
6	142386	155281	169962	184444	199442	214870	230688	246875	263338	280088
7	065288	073273	081809	090892	100517	110674	121352	132536	144210	156355
8	026739	030789	035241	040407	045402	051134	057312	063943	071032	078579
9	009874	011671	013703	015984	018533	021363	024492	027932	031698	035803
10	003315	004024	004848	005799	006890	008138	009540	011127	012906	014890
11	001109	001271	001572	001929	002349	002840	003410	004069	004825	005688
12	000289	000370	000470	000592	000739	000915	001125	001374	001666	002008
13	000076	000100	000130	000168	000216	000274	000345	000433	000534	000658
14	000019	00025	000034	000045	000059	000076	000098	000216	000160	000201
15	000004	000006	000008	000011	000015	000020	000026	000034	000045	000058
16	000001	000001	000002	000003	000004	000005	000007	000009	000012	000016
17				000001	000001	000001	000002	000002	000003	000004
18									000001	000001

附录 3 标准正态分布表

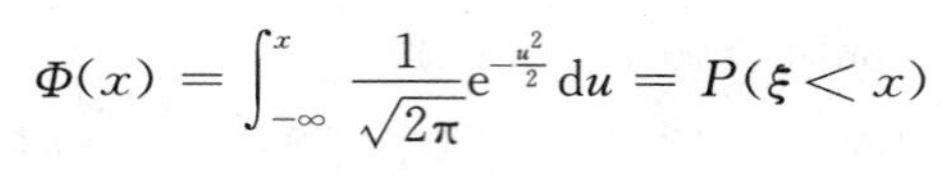

$$\Phi(x)=\int_{-\infty}^{x}\frac{1}{\sqrt{2\pi}}\mathrm{e}^{-\frac{u^2}{2}}\mathrm{d}u=P(\xi<x)$$

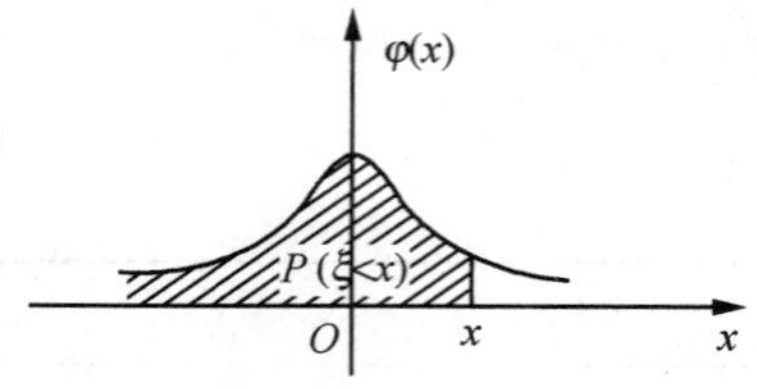

x	0	1	2	3	4	5	6	7	8	9
0.0	.5000	0.5040	0.5080	0.5120	0.5160	0.5199	0.5239	0.5279	0.5319	0.5359
0.1	0.5398	0.5438	0.5478	0.5519	0.5557	0.5596	0.5636	0.5675	0.5714	0.5753
0.2	0.5793	0.5832	0.5871	0.5910	0.5948	0.5987	0.6026	0.6064	0.6103	0.6141
0.3	0.6179	0.6217	0.6255	0.6203	0.6331	0.6368	0.6406	0.6443	0.6480	0.6517
0.4	0.6554	0.6591	0.6628	0.6664	0.6700	0.6736	0.6772	0.6808	0.6844	0.6879
0.5	0.6915	0.6950	0.6982	0.7019	0.7054	0.7088	0.7123	0.7157	0.7190	0.7224
0.6	0.7257	0.7291	0.7324	0.7357	0.7389	0.7422	0.7454	0.7486	0.7517	0.7549
0.7	0.7580	0.7611	0.7642	0.7673	0.7703	0.7734	0.7764	0.7794	0.7823	0.7852
0.8	0.7881	0.7910	0.7939	0.7967	0.7995	0.8023	0.8051	0.8078	0.8106	0.8133
0.9	0.8159	0.8186	0.8212	0.8238	0.8264	0.8289	0.8315	0.8340	0.8365	0.8389
1.0	0.8413	0.8438	0.8461	0.8485	0.8508	0.8531	0.8554	0.8577	0.8599	0.8621
1.1	0.8643	0.8665	0.8636	0.8708	0.8729	0.8749	0.8770	0.8790	0.8810	0.8830
1.2	0.8849	0.8869	0.8888	0.8907	0.8925	0.8944	0.8962	0.8980	0.8997	0.9015
1.3	0.9032	0.9049	0.9066	0.9082	0.9099	0.9115	0.9131	0.9147	0.9162	0.9177
1.4	0.9192	0.9207	0.9222	0.9236	0.9251	0.9265	0.9278	0.9292	0.9306	0.9319
1.5	0.9332	0.9345	0.9357	0.9370	0.9382	0.9394	0.9406	0.9418	0.9430	0.9441
1.6	0.9452	0.9463	0.9474	0.9484	0.9495	0.9505	0.9515	0.9525	0.9535	0.9545
1.7	0.9554	0.9564	0.9573	0.9582	0.9591	0.9599	0.9608	0.9616	0.9625	0.9633
1.8	0.9641	0.9648	0.9656	0.9664	0.9671	0.9678	0.9686	0.9693	0.9700	0.9706
1.9	0.9713	0.9719	0.9726	0.9732	0.9738	0.9744	0.9750	0.9856	0.9762	0.9767
2.0	0.9772	0.9778	0.9783	0.9788	0.9793	0.9798	0.9803	0.9808	0.9812	0.9817
2.1	0.9821	0.9826	0.9830	0.9834	0.9838	0.9842	0.9846	0.9850	0.9854	0.9857
2.2	0.9861	0.9864	0.9868	0.9871	0.9874	0.9878	0.9881	0.9884	0.9887	0.9890
2.3	0.9893	0.9896	0.9898	0.9901	0.9904	0.9906	0.9909	0.9911	0.9913	0.9916
2.4	0.9918	0.9920	0.9922	0.9925	0.9927	0.9929	0.9931	0.9932	0.9934	0.9936
2.5	0.9938	0.9940	0.9941	0.9943	0.9945	0.9946	0.9948	0.9949	0.9951	0.9952
2.6	0.9953	0.9955	0.9956	0.9957	0.9959	0.9960	0.9961	0.9962	0.9963	0.9964
2.7	0.9965	0.9966	0.9967	0.9968	0.9969	0.9970	0.9971	0.9972	0.9973	0.9974
2.8	0.9974	0.9975	0.9976	0.9977	0.9977	0.9978	0.9978	0.9979	0.9980	0.9981
2.9	0.9981	0.9982	0.9982	0.9983	0.9984	0.9984	0.9985	0.9985	0.9986	0.9986
3.0	0.9987	0.9987	0.9987	0.9988	0.9988	0.9989	0.9989	0.9989	0.9990	0.9990

附录 4　χ^2 分布表

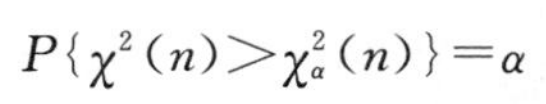

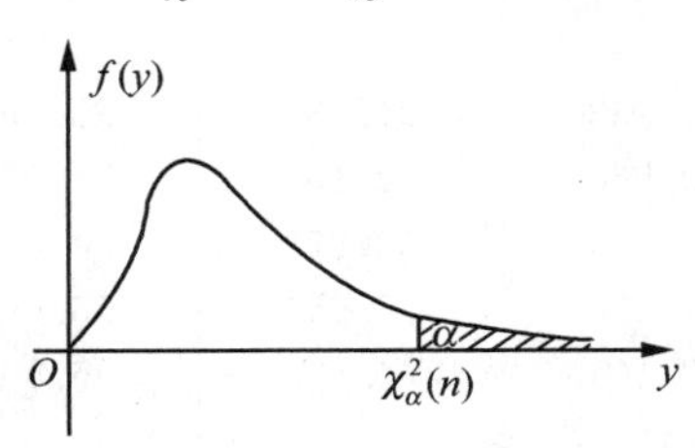

n	α=0.995	0.99	0.975	0.95	0.90	0.75
1	—	—	0.001	0.004	0.016	0.102
2	0.010	0.020	0.051	0.103	0.211	0.575
3	0.072	0.115	0.216	0.352	0.584	1.213
4	0.207	0.297	0.484	0.711	1.064	1.928
5	0.412	0.554	0.831	1.145	1.610	2.675
6	0.676	0.872	1.237	1.635	2.204	3.455
7	0.989	1.239	1.690	2.167	2.833	4.255
8	1.344	1.646	2.180	2.733	3.490	5.071
9	1.735	2.088	2.700	3.325	4.168	5.899
10	2.156	2.558	3.247	3.940	4.865	6.737
11	2.603	3.053	3.816	4.575	5.578	7.584
12	3.074	3.571	4.404	5.226	6.304	8.438
13	3.565	4.107	5.009	5.892	7.042	9.299
14	4.075	4.660	5.629	6.571	7.790	10.165
15	4.601	5.229	6.262	7.261	8.547	11.037
16	5.142	5.812	6.908	7.962	9.312	11.912
17	5.697	6.408	7.564	8.672	10.085	12.792
18	6.265	7.015	8.231	9.390	10.865	13.675
19	6.844	7.633	8.907	10.117	11.651	14.562
20	7.434	8.260	9.591	10.851	12.443	15.452
21	8.034	8.897	10.283	11.591	13.240	16.344
22	8.643	9.542	10.982	12.338	14.042	17.240
23	9.260	10.196	11.689	13.091	14.848	18.137
24	9.886	10.856	12.401	13.848	15.659	19.037
25	10.520	11.524	13.120	14.611	16.473	19.939
26	11.160	12.198	13.844	15.379	17.292	20.843
27	11.808	12.879	14.573	16.151	18.114	21.749
28	12.461	13.565	15.308	16.928	18.939	22.657
29	13.121	14.257	16.047	17.708	19.768	23.567
30	13.787	14.954	16.791	18.493	20.599	24.478

续表

n	α=0.995	0.99	0.975	0.95	0.90	0.75
31	14.458	15.655	17.539	19.281	21.434	25.390
32	15.134	16.362	18.291	20.072	22.271	26.304
33	15.815	17.074	19.047	20.867	23.110	27.219
34	16.501	17.789	19.806	21.664	23.952	28.136
35	17.192	18.509	20.569	22.465	24.797	29.054
36	17.887	19.233	21.336	23.269	25.643	29.973
37	18.586	19.960	22.106	24.075	26.492	30.893
38	19.289	20.691	22.878	24.884	27.343	31.815
39	19.996	21.426	23.654	25.695	28.196	32.737
40	20.707	22.164	24.433	26.509	29.051	33.660
41	21.421	22.906	25.215	27.326	29.907	34.585
42	22.138	23.650	25.999	28.144	30.765	35.510
43	22.859	24.398	26.795	28.965	31.625	36.436
44	23.584	25.148	27.575	29.787	32.487	37.363
45	24.311	25.901	28.366	30.612	30.350	38.291

$$P\{\chi^2(n)>\chi^2_\alpha(n)\}=\alpha$$

n	α=0.25	0.10	0.05	0.025	0.01	0.005
1	1.323	2.706	3.841	5.024	6.635	7.879
2	2.773	4.605	5.991	7.378	9.210	10.597
3	4.108	6.251	7.815	9.348	11.345	12.838
4	5.385	7.779	9.488	11.143	13.277	14.860
5	6.626	9.236	11.071	12.833	15.086	16.750
6	7.841	10.645	12.592	14.449	16.812	18.548
7	9.037	12.017	14.067	16.013	18.475	20.278
8	10.219	13.362	15.507	17.535	20.090	21.955
9	11.380	14.684	16.919	19.023	21.666	23.589
10	12.549	15.987	18.307	20.483	23.209	25.188
11	13.701	17.275	19.675	21.920	24.725	26.757
12	14.845	18.549	21.026	23.337	26.217	28.299
13	15.984	19.812	22.362	24.736	27.688	29.819
14	17.117	21.064	23.685	26.119	29.141	31.319
15	18.245	22.307	24.996	27.488	30.578	32.801
16	19.369	23.542	26.296	28.845	32.000	34.267
17	20.489	24.769	27.587	30.191	33.409	35.718
18	21.605	25.989	28.869	31.526	34.805	37.156
19	22.718	27.204	30.144	32.852	36.191	38.582
20	23.828	28.412	31.410	34.170	37.566	39.997

续表

n	α=0.25	0.10	0.05	0.025	0.01	0.005
21	24.935	29.615	32.671	35.479	38.932	41.401
22	26.039	30.813	33.924	36.781	40.289	42.796
23	27.141	32.007	35.172	38.076	41.638	44.181
24	28.241	33.196	36.415	39.364	42.980	45.559
25	29.339	34.382	37.652	40.646	44.314	46.928
26	30.435	35.563	38.885	41.923	45.642	48.290
27	31.528	36.741	40.113	43.194	46.963	49.645
28	32.620	37.916	41.337	44.461	48.278	50.993
29	33.711	39.087	42.557	45.722	49.588	52.336
30	34.800	40.256	43.773	46.979	50.892	53.672
31	35.887	41.422	44.985	48.232	52.191	55.003
32	36.973	42.585	46.194	49.480	53.486	56.328
33	38.058	43.745	47.400	50.725	54.776	57.648
34	39.141	44.903	48.602	51.966	56.061	58.964
35	40.223	46.059	49.802	53.203	57.342	60.275
36	41.304	47.212	50.998	54.437	58.619	61.581
37	42.383	48.363	52.192	55.668	59.892	62.883
38	43.462	49.513	53.384	56.896	61.162	64.181
39	44.539	50.660	54.572	58.120	62.428	65.476
40	45.616	51.805	55.758	59.342	63.691	66.766
41	46.692	52.949	56.942	60.561	64.950	68.053
42	47.766	54.090	58.124	61.777	66.206	69.336
43	48.840	55.230	59.304	62.990	67.459	70.616
44	49.913	56.369	60.481	64.201	68.701	71.893
45	50.985	57.505	61.656	65.410	69.957	73.166

附录 5 t 分布表

$$P\{t(n)>t_{\alpha}(n)\}=\alpha$$

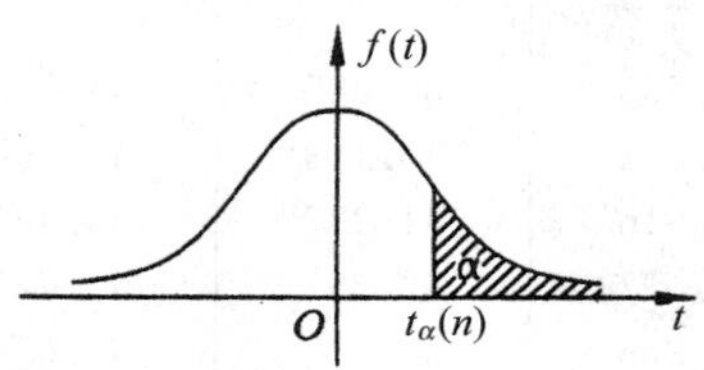

n	α=0.25	0.10	0.05	0.025	0.01	0.005
1	1.0000	3.0777	6.3138	12.7062	31.8207	63.6574
2	0.8165	1.8856	2.9200	4.3027	6.9646	9.9248
3	0.7649	1.6377	2.3534	3.1824	4.5407	5.8409
4	0.7407	1.5332	2.1318	2.7764	3.7496	4.6041
5	0.7267	1.4759	2.0150	2.5706	3.3649	4.0322
6	0.7176	1.4398	1.9432	2.4469	3.1427	3.7074
7	0.7111	1.4149	1.8946	2.3646	2.9980	3.4995
8	0.7064	1.3968	1.8595	2.3060	2.8965	3.3554
9	0.7027	1.3830	1.8331	2.2622	2.8214	3.2498
10	0.6998	1.3722	1.8125	2.2281	2.7638	3.1693
11	0.6964	1.3634	1.7959	2.2010	2.7181	3.1058
12	0.6955	1.3562	1.7823	2.1788	2.6810	3.0545
13	0.6938	1.3502	1.7709	2.1604	2.6503	3.0123
14	0.6924	1.3450	1.7613	2.1448	2.6245	2.9768
15	0.6912	1.3406	1.7531	2.1315	2.6025	2.9467
16	0.6901	1.3368	1.7459	2.1199	2.5835	2.9208
17	0.6892	1.3334	1.7396	2.1098	2.5669	2.8982
18	0.6884	1.3304	1.7341	2.1009	2.5524	2.8784
19	0.6876	1.3277	1.7291	2.0930	2.5395	2.8609
20	0.6870	1.3253	1.7247	2.0860	2.5280	2.8453
21	0.6864	1.3232	1.7207	2.0796	2.5177	2.8313
22	0.6858	1.3112	1.7171	2.0739	2.5083	2.8188
23	0.6853	1.3195	1.7139	2.0687	2.4999	2.8073
24	0.6848	1.3178	1.7109	2.0639	2.4922	2.7969
25	0.6844	1.3163	1.7081	2.0595	2.4851	2.7874
26	0.6840	1.3150	1.7056	2.0555	2.4786	2.7787
27	0.6837	1.3137	1.7033	2.0518	2.4727	2.7707
28	0.6834	1.3125	1.7011	2.0484	2.4671	2.7633
29	0.6830	1.3114	1.6991	2.0452	2.4620	2.7564
30	0.6828	1.3104	1.6973	2.0423	2.4578	2.7500

续表

n	α=0.25	0.10	0.05	0.025	0.01	0.005
31	0.6825	1.3095	1.6955	2.0395	2.4528	2.7440
32	0.6822	1.3086	1.6939	2.0369	2.4487	2.7385
33	0.6820	1.3077	1.6924	2.0345	2.4448	2.7333
34	0.6818	1.3070	1.6909	2.0322	2.4411	2.7284
35	0.6816	1.4062	1.6896	2.0301	2.4377	2.7238
36	0.6814	1.3055	1.6883	2.0281	2.4345	2.7195
37	0.6812	1.3049	1.6871	2.0262	2.4314	2.7154
38	0.6810	1.3042	1.6860	2.0244	2.4286	2.7116
39	0.6808	1.3036	1.6849	2.0227	2.4258	2.7079
40	0.6807	1.3031	1.6839	2.0211	2.4233	2.7045
41	0.6805	1.3025	1.6829	2.0195	2.4208	2.7012
42	0.6804	1.3020	1.6820	2.0181	2.4185	2.6981
43	0.6802	1.3016	1.6811	2.0167	2.4163	2.6951
44	0.6801	1.3011	1.6802	2.0154	2.4141	2.6923
45	0.6800	1.3006	1.6794	2.0141	2.4121	2.6896

附录 6　F 检验的临界值(F_α)表

$$P(F>F_\alpha)=\alpha$$

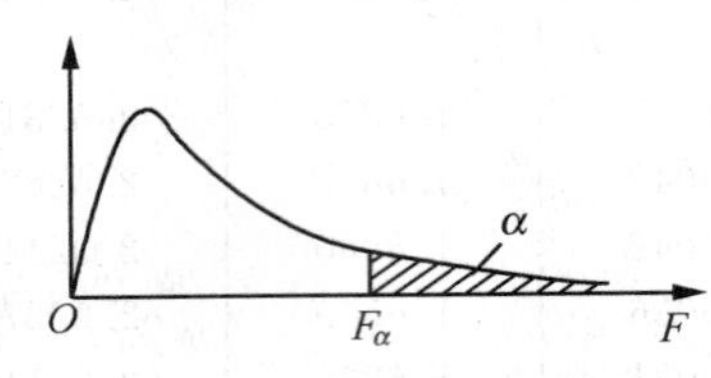

$\alpha=0.10$

n_2 \ n_1	1	2	3	4	5	6	7	8	9	10	15	20	30	50	100	200	500	∞	n_2 \ n_1
1	39.9	49.5	53.6	55.8	57.2	58.2	58.9	59.4	59.9	60.2	61.2	61.7	62.3	62.7	63.0	63.2	63.3	63.3	1
2	8.53	9.00	9.16	9.24	9.29	9.33	9.35	9.37	9.38	9.39	9.42	9.44	9.46	9.47	9.48	9.49	9.49	9.49	2
3	5.54	5.46	5.39	5.34	5.31	5.28	5.27	5.25	5.24	5.23	5.20	5.18	5.17	5.15	5.14	5.14	5.14	5.13	3
4	4.54	4.32	4.19	4.11	4.05	4.01	3.98	3.95	3.94	3.92	3.87	3.84	3.82	3.80	3.78	3.77	3.76	3.76	4
5	4.06	3.78	3.62	3.52	3.45	3.40	3.37	3.34	3.32	3.30	3.24	3.21	3.17	3.15	3.13	3.12	3.11	3.10	5
6	3.78	3.46	3.29	3.18	3.11	3.05	3.01	2.98	2.96	2.94	2.87	2.84	2.80	2.77	2.75	2.73	2.73	2.72	6
7	3.59	3.26	3.07	2.96	2.88	2.83	2.78	2.75	2.72	2.70	2.63	2.59	2.56	2.52	2.50	2.48	2.48	2.47	7
8	3.46	3.11	2.92	2.81	2.73	2.67	2.62	2.59	2.56	2.54	2.46	2.42	2.38	2.35	2.32	2.31	2.30	2.29	8
9	3.36	3.01	2.81	2.69	2.61	2.55	2.51	2.47	2.44	2.42	2.34	2.30	2.25	2.22	2.19	2.17	2.17	2.16	9
10	3.28	2.92	2.73	2.61	2.52	2.46	2.41	2.38	2.35	2.32	2.24	2.20	2.16	2.12	2.09	2.07	2.06	2.06	10
11	3.23	2.86	2.66	2.54	2.45	2.39	2.34	2.30	2.27	2.25	2.17	2.12	2.08	2.04	2.00	1.99	1.98	1.97	11
12	3.18	2.81	2.61	2.48	2.39	2.33	2.28	2.24	2.21	2.19	2.10	2.06	2.01	1.97	1.94	1.92	1.91	1.90	12
13	3.14	2.76	2.56	2.43	2.35	2.28	2.23	2.20	2.16	2.14	2.05	2.01	1.96	1.92	1.88	1.86	1.85	1.85	13
14	3.10	2.73	2.52	2.39	2.31	2.24	2.19	2.15	2.12	2.10	2.01	1.96	1.91	1.87	1.83	1.82	1.80	1.80	14
15	3.07	2.70	2.49	2.36	2.27	2.21	2.16	2.12	2.09	2.06	1.97	1.92	1.87	1.83	1.79	1.77	1.76	1.76	15
16	3.05	2.67	2.46	2.33	2.24	2.18	2.13	2.09	2.06	2.03	1.94	1.89	1.84	1.79	1.76	1.74	1.73	1.72	16
17	3.03	2.64	2.44	2.31	2.22	2.15	2.10	2.06	2.03	2.00	1.91	1.86	1.81	1.76	1.73	1.71	1.69	1.69	17
18	3.01	2.62	2.42	2.29	2.20	2.13	2.08	2.04	2.00	1.98	1.89	1.84	1.78	1.74	1.70	1.68	1.67	1.66	18
19	2.99	2.61	2.40	2.27	2.18	2.11	2.06	2.02	1.98	1.96	1.86	1.81	1.76	1.71	1.67	1.65	1.64	1.63	19
20	2.97	2.59	2.38	2.25	2.16	2.09	2.04	2.00	1.96	1.94	1.84	1.79	1.74	1.69	1.65	1.63	1.62	1.61	20
22	2.95	2.56	2.35	2.22	2.13	2.06	2.01	1.97	1.93	1.90	1.81	1.76	1.70	1.65	1.61	1.59	1.58	1.57	22
24	2.93	2.54	2.33	2.19	2.10	2.04	1.98	1.94	1.91	1.88	1.78	1.73	1.67	1.62	1.58	1.56	1.54	1.53	24

续表

n_2 \ n_1	1	2	3	4	5	6	7	8	9	10	15	20	30	50	100	200	500	∞	n_2 \ n_1
26	2.91	2.52	2.31	2.17	2.08	2.01	1.96	1.92	1.88	1.86	1.76	1.71	1.65	1.59	1.55	1.53	1.51	1.50	26
28	2.89	2.50	2.29	2.16	2.06	2.00	1.94	1.90	1.87	1.84	1.74	1.69	1.63	1.57	1.53	1.50	1.49	1.48	28
30	2.88	2.49	2.28	2.14	2.05	1.98	1.93	1.88	1.85	1.82	1.72	1.67	1.61	1.55	1.51	1.48	1.47	1.46	30
40	2.84	2.44	2.23	2.09	2.00	1.93	1.87	1.83	1.79	1.76	1.66	1.61	1.54	1.48	1.43	1.41	1.39	1.38	40
50	2.81	2.41	2.20	2.06	1.97	1.90	1.84	1.80	1.76	1.73	1.63	1.57	1.50	1.44	1.39	1.36	1.34	1.33	50
60	2.79	2.39	2.18	2.04	1.95	1.87	1.82	1.77	1.74	1.71	1.60	1.54	1.48	1.41	1.36	1.33	1.31	1.29	60
80	2.77	2.37	2.15	2.02	1.92	1.85	1.79	1.75	1.71	1.68	1.57	1.51	1.44	1.38	1.32	1.28	1.26	1.24	80
100	2.76	2.36	2.14	2.00	1.91	1.83	1.78	1.73	1.70	1.66	1.56	1.49	1.42	1.35	1.29	1.26	1.23	1.21	100
200	2.73	2.33	2.11	1.97	1.88	1.80	1.75	1.70	1.66	1.63	1.52	1.46	1.38	1.31	1.24	1.20	1.17	1.14	200
500	2.72	2.31	2.10	1.96	1.86	1.79	1.73	1.68	1.64	1.61	1.50	1.44	1.36	1.28	1.21	1.16	1.12	1.09	500
∞	2.71	2.30	2.08	1.94	1.85	1.77	1.72	1.67	1.63	1.60	1.49	1.42	1.34	1.26	1.18	1.13	1.08	1.00	∞

$\alpha=0.05$

n_1 \ n_2	1	2	3	4	5	6	7	8	9	10	12	14	16	18	20	n_1 \ n_2
1	161	200	216	225	230	234	237	239	241	242	244	245	246	247	248	1
2	18.5	19.0	19.2	19.2	19.3	19.3	19.4	19.4	19.4	19.4	19.4	19.4	19.4	19.4	19.4	2
3	10.1	9.55	9.28	9.12	9.01	8.94	8.89	8.85	8.81	8.79	8.74	8.71	8.69	8.67	8.66	3
4	7.71	6.94	6.59	6.39	6.26	6.16	6.09	6.04	6.00	5.96	5.91	5.87	5.84	5.82	5.80	4
5	6.61	5.79	5.41	5.19	5.05	4.95	4.88	4.82	4.77	4.74	4.68	4.64	4.60	4.58	4.56	5
6	5.99	5.14	4.76	4.53	4.39	4.28	4.21	4.15	4.10	4.06	4.00	3.96	3.92	3.90	3.87	6
7	5.59	4.74	4.35	4.12	3.97	3.87	3.79	3.73	3.68	3.64	3.57	3.53	3.49	3.47	3.44	7
8	5.32	4.46	4.07	3.84	3.69	3.58	3.50	3.44	3.39	3.35	3.28	3.24	3.20	3.17	3.15	8
9	5.12	4.26	3.86	3.63	3.48	3.37	3.29	3.23	3.18	3.14	3.07	3.03	2.99	2.96	2.94	9
10	4.96	4.10	3.71	3.48	3.33	3.22	3.14	3.07	3.02	2.98	2.91	2.86	2.83	2.80	2.77	10
11	4.84	3.98	3.59	3.36	3.20	3.09	3.01	2.95	2.90	2.85	2.79	2.74	2.70	2.67	2.65	11
12	4.75	3.89	3.49	3.26	3.11	3.00	2.91	2.85	2.80	2.75	2.69	2.64	2.60	2.57	2.54	12
13	4.67	3.81	3.41	3.18	3.03	2.92	2.83	2.77	2.71	2.67	2.60	2.55	2.51	2.48	2.46	13
14	4.60	3.74	3.34	3.11	2.96	2.85	2.76	2.70	2.65	2.60	2.53	2.48	2.44	2.41	2.39	14
15	4.54	3.68	3.29	3.06	2.90	2.79	2.71	2.64	2.59	2.54	2.48	2.42	2.38	2.35	2.33	15

续表

n_2 \ n_1	1	2	3	4	5	6	7	8	9	10	12	14	16	18	20	n_1 / n_2
16	4.49	3.63	3.24	3.01	2.85	2.74	2.66	2.59	2.54	2.49	2.42	2.37	2.33	2.30	2.28	16
17	4.45	3.59	3.20	2.96	2.81	2.70	2.61	2.55	2.49	2.45	2.38	2.33	2.29	2.26	2.23	17
18	4.41	3.55	3.16	2.93	2.77	2.66	2.58	2.51	2.46	2.41	2.34	2.29	2.25	2.22	2.19	18
19	4.38	3.52	3.13	2.90	2.74	2.63	2.54	2.48	2.42	2.38	2.31	2.26	2.21	2.18	2.16	19
20	4.35	3.49	3.10	2.87	2.71	2.60	2.51	2.45	2.39	2.35	2.28	2.22	2.18	2.15	2.12	20
21	4.32	3.47	3.07	2.84	2.68	2.57	2.49	2.42	2.37	2.32	2.25	2.20	2.16	2.12	2.10	21
22	4.30	3.44	3.05	2.82	2.66	2.55	2.46	2.40	2.34	2.30	2.23	2.17	2.13	2.10	2.07	22
23	4.28	3.42	3.03	2.80	2.64	2.53	2.44	2.37	2.32	2.27	2.20	2.15	2.11	2.07	2.05	23
24	4.26	3.40	3.01	2.78	2.62	2.51	2.42	2.36	2.30	2.25	2.18	2.13	2.09	2.05	2.03	24
25	4.24	3.39	2.99	2.76	2.60	2.49	2.40	2.34	2.28	2.24	2.16	2.11	2.07	2.04	2.01	25
26	4.23	3.37	2.98	2.74	2.59	2.47	2.39	2.32	2.27	2.22	2.15	2.09	2.05	2.02	1.99	26
27	4.21	3.35	2.96	2.73	2.57	2.46	2.37	2.31	2.25	2.20	2.13	2.08	2.04	2.00	1.97	27
28	4.20	3.34	2.95	2.71	2.56	2.45	2.36	2.29	2.24	2.19	2.12	2.06	2.02	1.99	1.96	28
29	4.18	3.33	2.93	2.70	2.55	2.43	2.35	2.28	2.22	2.18	2.10	2.05	2.01	1.97	1.94	29
30	4.17	3.32	2.92	2.69	2.53	2.42	2.33	2.27	2.21	2.16	2.09	2.04	1.99	1.96	1.93	30
32	4.15	3.29	2.90	2.67	2.51	2.40	2.31	2.24	2.19	2.14	2.07	2.01	1.97	1.94	1.91	32
34	4.13	3.28	2.88	2.65	2.49	2.38	2.29	2.23	2.17	2.12	2.05	1.99	1.95	1.92	1.89	34
36	4.11	3.26	2.87	2.63	2.48	2.36	2.28	2.21	2.15	2.11	2.03	1.98	1.93	1.90	1.87	36
38	4.10	3.24	2.85	2.62	2.46	2.35	2.26	2.19	2.14	2.09	2.02	1.96	1.92	1.88	1.85	38
40	4.08	3.23	2.84	2.61	2.45	2.34	2.25	2.18	2.12	2.08	2.00	1.95	1.90	1.87	1.84	40
42	4.07	3.22	2.83	2.59	2.44	2.32	2.24	2.17	2.11	2.06	1.99	1.93	1.89	1.86	1.83	42
44	4.06	3.21	2.82	2.58	2.43	2.31	2.23	2.16	2.10	2.05	1.98	1.92	1.88	1.84	1.81	44
46	4.05	3.20	2.81	2.57	2.42	2.30	2.22	2.15	2.09	2.04	1.97	1.91	1.87	1.83	1.80	46
48	4.04	3.19	2.80	2.57	2.41	2.29	2.21	2.14	2.08	2.03	1.96	1.90	1.86	1.82	1.79	48
50	4.03	3.18	2.79	2.56	2.40	2.29	2.20	2.13	2.07	2.03	1.95	1.89	1.85	1.81	1.78	50
60	4.00	3.15	2.76	2.53	2.37	2.25	2.17	2.10	2.04	1.99	1.92	1.86	1.82	1.78	1.75	60
80	3.96	3.11	2.72	2.49	2.33	2.21	2.13	2.06	2.00	1.95	1.88	1.82	1.77	1.73	1.70	80
100	3.94	3.09	2.70	2.46	2.31	2.19	2.10	2.03	1.97	1.93	1.85	1.79	1.75	1.71	1.68	100
125	3.92	3.07	2.68	2.44	2.29	2.17	2.08	2.01	1.96	1.91	1.83	1.77	1.72	1.69	1.65	125
150	3.90	3.06	2.66	2.43	2.27	2.16	2.07	2.00	1.94	1.89	1.82	1.76	1.71	1.67	1.64	150

续表

n_2 \ n_1	1	2	3	4	5	6	7	8	9	10	12	14	16	18	20	n_1 / n_2
200	3.89	3.04	2.65	2.42	2.26	2.14	2.06	1.98	1.93	1.88	1.80	1.74	1.69	1.66	1.62	200
300	3.87	3.03	2.63	2.40	2.24	2.13	2.04	1.97	1.91	1.86	1.78	1.72	1.68	1.64	1.61	300
500	3.86	3.01	2.62	2.39	2.23	2.12	2.03	1.96	1.90	1.85	1.77	1.71	1.66	1.62	1.59	500
1000	3.85	3.00	2.61	2.38	2.22	2.11	2.02	1.95	1.89	1.84	1.76	1.70	1.65	1.61	1.58	1000
∞	3.84	3.00	2.60	2.37	2.21	2.10	2.01	1.94	1.88	1.83	1.75	1.69	1.64	1.60	1.57	∞

$\alpha=0.05$

n_2 \ n_1	22	24	26	28	30	35	40	45	50	60	80	100	200	500	∞	n_1 / n_2
1	249	249	249	250	250	251	251	251	252	252	252	253	254	254	254	1
2	19.5	19.5	19.5	19.5	19.5	19.5	19.5	19.5	19.5	19.5	19.5	19.5	19.5	19.5	19.5	2
3	8.65	8.64	8.63	8.62	8.62	8.60	8.59	8.59	8.58	8.57	8.56	8.55	8.54	8.53	8.53	3
4	5.79	5.77	5.76	5.75	5.75	5.73	5.72	5.71	5.70	5.69	5.67	5.66	5.65	5.64	5.63	4
5	4.54	4.53	4.52	4.50	4.50	4.48	4.46	4.45	4.44	4.42	4.41	4.41	4.39	4.37	4.37	5
6	3.86	3.84	3.83	3.82	3.81	3.79	3.77	3.76	3.75	3.74	3.72	3.71	3.69	3.68	3.67	6
7	3.43	3.41	3.40	3.39	3.39	3.36	3.34	3.33	3.32	3.30	3.29	3.27	3.25	3.24	3.23	7
8	3.13	3.12	3.10	3.09	3.08	3.06	3.04	3.03	3.02	3.01	2.99	2.97	2.95	2.94	2.93	8
9	2.92	2.90	2.89	2.87	2.86	2.84	2.83	2.81	2.80	2.79	2.77	2.76	2.73	2.72	2.71	9
10	2.75	2.74	2.72	2.71	2.70	2.68	2.66	2.65	2.64	2.62	2.60	2.59	2.56	2.55	2.54	10
11	2.63	2.61	2.59	2.58	2.57	2.55	2.53	2.52	2.51	2.49	2.47	2.46	2.43	2.42	2.40	11
12	2.52	2.51	2.49	2.48	2.47	2.44	2.43	2.41	2.40	2.38	2.36	2.35	2.32	2.31	2.30	12
13	2.44	2.42	2.41	2.39	2.38	2.36	2.34	2.33	2.31	2.30	2.27	2.26	2.23	2.22	2.21	13
14	2.37	2.35	2.33	2.32	2.31	2.28	2.27	2.25	2.24	2.22	2.20	2.19	2.16	2.14	2.13	14
15	2.31	2.29	2.27	2.26	2.25	2.22	2.20	2.19	2.18	2.16	2.14	2.12	2.10	2.08	2.07	15
16	2.25	2.24	2.22	2.21	2.19	2.17	2.15	2.14	2.12	2.11	2.08	2.07	2.04	2.02	2.01	16
17	2.21	2.19	2.17	2.16	2.15	2.12	2.10	2.09	2.08	2.06	2.03	2.02	1.99	1.97	1.96	17
18	2.17	2.15	2.13	2.12	2.11	2.08	2.06	2.05	2.04	2.02	1.99	1.98	1.95	1.93	1.92	18
19	2.13	2.11	2.10	2.08	2.07	2.05	2.03	2.01	2.00	1.98	1.96	1.94	1.91	1.89	1.88	19
20	2.10	2.08	2.07	2.05	2.04	2.01	1.99	1.98	1.97	1.95	1.92	1.91	1.88	1.86	1.84	20
21	2.07	2.05	2.04	2.02	2.01	1.98	1.96	1.95	1.94	1.92	1.89	1.88	1.84	1.82	1.81	21
22	2.05	2.03	2.01	2.00	1.98	1.96	1.94	1.92	1.91	1.89	1.86	1.85	1.82	1.80	1.78	22

续表

n_2 \ n_1	22	24	26	28	30	35	40	45	50	60	80	100	200	500	∞	n_1 / n_2
23	2.02	2.00	1.99	1.97	1.96	1.93	1.91	1.90	1.88	1.86	1.84	1.82	1.79	1.77	1.76	23
24	2.00	1.98	1.97	1.95	1.94	1.91	1.89	1.88	1.86	1.84	1.82	1.80	1.77	1.75	1.73	24
25	1.98	1.96	1.95	1.93	1.92	1.89	1.87	1.86	1.84	1.82	1.80	1.78	1.75	1.73	1.71	25
26	1.97	1.95	1.93	1.91	1.90	1.87	1.85	1.84	1.82	1.80	1.78	1.76	1.73	1.71	1.69	26
27	1.95	1.93	1.91	1.90	1.88	1.86	1.84	1.82	1.81	1.79	1.76	1.74	1.71	1.69	1.67	27
28	1.93	1.91	1.90	1.88	1.87	1.84	1.82	1.80	1.79	1.77	1.74	1.73	1.69	1.67	1.65	28
29	1.92	1.90	1.88	1.87	1.85	1.83	1.81	1.79	1.77	1.75	1.73	1.71	1.67	1.65	1.64	29
30	1.91	1.89	1.87	1.85	1.84	1.81	1.79	1.77	1.76	1.74	1.71	1.70	1.66	1.64	1.62	30
32	1.88	1.86	1.85	1.83	1.82	1.79	1.77	1.75	1.74	1.71	1.69	1.67	1.63	1.61	1.59	32
34	1.88	1.84	1.82	1.80	1.80	1.77	1.75	1.73	1.71	1.69	1.66	1.65	1.61	1.59	1.57	34
36	1.85	1.82	1.81	1.79	1.78	1.75	1.73	1.71	1.69	1.67	1.64	1.62	1.59	1.56	1.55	36
38	1.83	1.81	1.79	1.77	1.76	1.73	1.71	1.69	1.68	1.65	1.62	1.61	1.57	1.54	1.53	38
40	1.81	1.79	1.77	1.76	1.74	1.72	1.69	1.67	1.66	1.64	1.61	1.59	1.55	1.53	1.51	40
42	1.80	1.78	1.76	1.74	1.73	1.70	1.68	1.66	1.65	1.62	1.59	1.57	1.53	1.51	1.49	42
44	1.79	1.77	1.75	1.73	1.72	1.69	1.67	1.65	1.63	1.61	1.58	1.56	1.52	1.49	1.48	44
46	1.78	1.76	1.74	1.72	1.71	1.68	1.65	1.64	1.62	1.60	1.57	1.55	1.51	1.48	1.46	46
48	1.77	1.75	1.73	1.71	1.70	1.67	1.64	1.62	1.61	1.59	1.56	1.54	1.49	1.47	1.45	48
50	1.76	1.74	1.72	1.70	1.69	1.66	1.63	1.61	1.60	1.58	1.54	1.52	1.48	1.46	1.44	50
60	1.72	1.70	1.68	1.66	1.65	1.62	1.59	1.57	1.56	1.53	1.50	1.48	1.44	1.41	1.39	60
80	1.68	1.65	1.63	1.62	1.60	1.57	1.54	1.52	1.51	1.48	1.45	1.43	1.38	1.35	1.32	80
100	1.65	1.63	1.61	1.59	1.57	1.54	1.52	1.49	1.48	1.45	1.41	1.39	1.34	1.31	1.28	100
125	1.63	1.60	1.58	1.57	1.55	1.52	1.49	1.47	1.45	1.42	1.39	1.36	1.31	1.27	1.25	125
150	1.61	1.59	1.57	1.55	1.53	1.50	1.48	1.45	1.44	1.41	1.37	1.34	1.29	1.25	1.22	150
200	1.60	1.57	1.55	1.53	1.52	1.48	1.46	1.43	1.41	1.39	1.35	1.32	1.26	1.22	1.19	200
300	1.58	1.55	1.53	1.51	1.50	1.46	1.43	1.41	1.39	1.36	1.32	1.30	1.23	1.19	1.15	300
500	1.56	1.54	1.52	1.50	1.48	1.45	1.42	1.40	1.38	1.34	1.30	1.28	1.21	1.16	1.11	500
1000	1.55	1.53	1.51	1.49	1.47	1.44	1.41	1.38	1.36	1.33	1.29	1.26	1.19	1.11	1.08	1000
∞	1.54	1.52	1.50	1.48	1.46	1.42	1.39	1.37	1.35	1.32	1.27	1.24	1.17	1.11	1.00	∞

$\alpha=0.025$

n_2 \ n_1	1	2	3	4	5	6	7	8	9	10	12	15	20	24	30	40	60	120	∞
1	647.8	799.5	864.2	899.0	921.8	937.1	948.2	956.7	963.3	968.6	976.7	984.9	993.1	997.2	1001	1006	1010	1014	1014
2	38.51	39.00	39.17	39.25	39.30	39.33	39.36	39.37	39.39	39.40	39.41	39.41	39.45	39.46	39.46	39.47	39.48	39.49	39.50
3	17.44	16.04	15.44	15.10	14.88	14.73	14.62	14.54	14.47	14.42	14.34	14.25	14.17	14.12	14.08	14.01	13.99	13.95	13.90
4	12.22	10.65	9.98	9.60	9.36	9.20	9.07	8.98	8.90	8.84	8.75	8.66	8.56	8.51	8.46	8.41	8.36	8.31	8.26
5	10.01	8.43	7.76	7.39	7.15	6.98	6.85	6.76	6.68	6.62	6.52	6.43	6.33	6.28	6.23	6.18	6.12	6.07	6.02
6	8.81	7.26	6.60	6.23	5.99	5.82	5.70	5.60	5.52	5.46	5.37	5.27	5.17	5.12	5.07	5.01	4.96	4.90	4.85
7	8.07	6.54	5.89	5.52	5.29	5.12	4.99	4.90	4.82	4.76	4.67	4.57	4.47	4.42	4.36	4.31	4.25	4.20	4.14
8	7.57	6.06	5.42	5.05	4.82	4.65	4.53	4.43	4.36	4.30	4.20	4.10	4.00	3.95	3.89	3.84	3.78	3.73	3.67
9	7.21	5.71	5.08	4.72	4.48	4.23	4.20	4.10	4.03	3.96	3.87	3.77	3.67	3.91	3.56	3.51	3.45	3.39	3.33
10	6.94	5.46	4.83	4.47	4.24	4.07	3.95	3.85	3.78	3.72	3.62	3.52	3.42	3.37	3.31	3.26	3.20	3.14	3.08
11	6.72	5.26	4.63	4.28	4.04	3.88	3.76	3.66	3.59	3.53	3.43	3.33	3.23	3.17	3.12	3.06	3.00	2.94	2.83
12	6.55	5.10	4.47	4.12	3.89	3.73	3.61	3.51	3.44	3.37	3.28	3.18	3.07	3.02	2.96	2.91	2.85	2.79	2.72
13	6.41	4.97	4.35	4.00	3.77	3.60	3.48	3.39	3.31	3.25	3.15	3.05	2.95	2.89	2.84	2.78	2.72	2.66	2.60
14	6.30	4.36	4.24	3.89	3.66	3.50	3.38	3.29	3.21	3.15	3.05	2.95	2.84	2.79	2.73	2.67	2.61	2.55	2.49
15	6.20	4.77	4.15	3.80	3.58	3.41	3.29	3.20	3.12	3.06	2.96	2.86	2.76	2.70	2.64	2.59	2.52	2.46	2.40
16	6.12	4.69	4.08	3.73	3.50	3.34	3.22	3.12	3.05	2.99	2.89	2.79	2.68	2.63	2.57	2.51	2.45	2.38	2.32
17	6.04	4.62	4.01	3.66	3.44	3.28	3.16	3.06	2.98	2.92	2.82	2.72	2.62	2.56	2.50	2.44	2.38	2.32	2.25
18	5.98	4.56	3.95	3.61	3.88	3.22	3.10	3.01	2.93	2.87	2.77	2.67	2.56	2.50	2.44	2.38	2.32	2.26	2.19
19	5.92	4.51	3.90	3.56	3.33	3.17	3.05	2.96	2.88	2.82	2.72	2.62	2.51	2.45	2.39	2.33	2.27	2.20	2.13
20	5.87	4.46	3.36	3.51	3.29	3.13	3.01	2.91	2.84	2.77	2.68	2.57	2.46	2.41	2.35	2.29	2.22	2.16	2.09
21	5.83	4.42	3.82	3.48	3.25	3.09	2.97	2.87	2.80	2.73	2.64	2.53	2.42	2.37	2.31	2.25	2.18	2.11	2.04
22	5.79	4.38	3.78	3.44	3.22	3.05	2.93	2.84	2.76	2.70	2.60	2.50	2.39	2.33	2.27	2.21	2.14	2.08	2.00
23	5.75	4.35	3.57	3.41	3.18	3.02	2.90	2.81	2.73	2.67	2.57	2.47	2.36	2.30	2.24	2.18	2.11	2.04	1.97
24	5.72	4.32	3.72	3.38	3.15	2.99	2.87	2.78	2.70	2.64	2.54	2.44	2.33	2.27	2.21	2.15	2.08	2.01	1.94
25	5.69	4.29	3.69	3.35	3.13	2.97	2.85	2.75	2.68	2.61	2.51	2.41	2.30	2.24	2.18	2.12	2.05	1.98	1.91
26	5.66	4.27	3.67	3.33	3.10	2.94	2.82	2.73	2.65	2.59	2.49	2.39	2.28	2.22	2.16	2.09	2.03	1.95	1.88
27	5.63	4.24	3.65	3.31	3.08	2.92	2.80	2.71	2.63	2.57	2.47	2.36	2.25	2.19	2.13	2.07	2.00	1.93	1.85
28	5.61	4.22	3.63	3.29	3.06	2.90	2.78	2.69	2.61	2.55	2.45	2.34	2.23	2.17	2.11	2.05	1.98	1.91	1.83
29	5.59	4.20	3.61	3.27	3.04	2.88	2.76	2.67	2.59	2.53	2.43	2.32	2.21	2.15	2.09	2.03	1.96	1.89	1.81

参考答案

第1章　函数、极限与连续

习题 1-1(A)

1. (1)错；(2) 错；(3)错.　**2.** (1)$\{x|x>2\}$；(2)$\{x|-1\leqslant x\leqslant 3\}$；(3)$\{x|1<x<6\}$.

3. (1)偶函数；(2)奇函数；(3)非奇非偶函数；(4)偶函数.

4. (1)$y=\ln(2x-1)$；(2)$y=\tan(x+3)^2$.　**5.** (1)$y=\sqrt{u},u=x^3-1$；(2)$y=u^2,u=\sin v,v=2x$.

习题 1-1(B)

1. (1)$\{x|-2<x<3\}$；(2)$\{x|x\leqslant -2$ 或 $x\geqslant 3\}$；(3)$\{x|x\leqslant -2$ 或 $x\geqslant 2$ 且 $x\neq 5\}$；(4)$\{x|x>1\}$；(5)$\{x|1<x<2\}$.　**2.** (1)偶函数；(2)非奇非偶函数；(3)奇函数；(4)奇函数.

3. (1)$\frac{1}{4},-1,5$；(2)$-\frac{1}{16},t^2\cdot 4^{t^2-1},\frac{1}{t}\cdot 4^{\frac{1}{t}-1}$；(3)$2a^2-1,4a-3,4a^2-4a+1$.

4. (1)$y=\tan\ln 3x$；(2) $y=\sqrt{\sin 2^x}$.

5. (1)$y=\sin u,u=\sqrt{v},v=x-1$；(2)$y=u^5,u=x+\log_2 x$；

(3)$y=u^3,u=\cos v,v=2x+3$；(4)$y=e^u,u=\ln x$；

(5)$y=\sqrt{u},u=\tan v,v=x-1$；(6)$y=\cos u,u=\cos v,v=x^2-1$；

(7)$y=u^3,u=\lg v,v=\arcsin w,w=x^3$；(8)$y=\sqrt{u},u=\ln v,v=\sqrt{x}$.

习题 1-2(A)

1. (1)错；(2)错；(3)错.　**2.** (1)0；(2)不存在；(3)1；(4)不存在.

3. (1)5；(2)0；(3)-3；(4)0.　**4.** 不存在.　**5.** 当 $x\to 0$ 时,极限不存在；当 $x\to 1$ 时,极限存在且为 1.

习题 1-2(B)

1. (1)2；(2)0；(3)0；(4)0；(5)1；(6)-1.　**2.** 不存在.

3. 当 $x\to 0$ 时,极限不存在；当 $x\to 1$ 时,极限存在且为 2.

习题 1-3(A)

1. (1)对；(2)错；(3)错；(4)对.　**2.** (1)-9；(2)0；(3)$2x$；(4)$\frac{1}{2}$；(5)2；(6)4；(7)1；(8)2.

习题 1-3(B)

1. (1)-1；(2)$\frac{2}{3}$；(3)12；(4)$-\frac{1}{2}$；(5)2；(6)1；(7)$\frac{1}{6}$；(8)0；(9)$\frac{1}{2}$；(10)$-\frac{3}{2}$；(11)2；(12)-2.

2. $k=-3$ 极限为 4.　**3.** $a=4,l=10$.

习题 1-4(A)

1. (1)错；(2)错；(3)错.　**2.** $\lim\limits_{x\to\infty}x\cdot\sin\frac{1}{x}=1,\lim\limits_{x\to 0}\frac{\sin x}{x}=1$,方法一样.　**3.** (1)3；(2)$\frac{1}{4}$；(3)$e^{-6}$；(4)e.

习题 1-4(B)

1. (1)2；(2)3；(3)$\frac{2}{5}$；(4)$\frac{1}{2}$；(5)2；(6)$\frac{2}{3}$.　**2.** (1)e^5；(2)e^{-k}；(3)1；(4)$e^{\frac{1}{2}}$；(5)e^2；(6)$e^{-\frac{1}{2}}$.

习题 1-5(A)

1. (1)错；(2)错；(3)错；(4)错；(5)错；(6)错.　**2.** $x\to 0$ 时,x^2-x^3 是较高阶的无穷小.

3. 同阶,等价. 4. (1)∞; (2)0; (3)∞; (4)2^5. 5. (1)0; (2)0. 6. (1)$\frac{3}{2}$; (2)1; (3)3; (4)$-\frac{1}{2}$.

习题 1-5(B)

1. (1)无穷小; (2)无穷大; (3)无穷小; (4)无穷大.

2. (1)0; (2)∞; (3)$\frac{3}{5}$; (4)0; (5)∞; (6)$\frac{5^5}{3^{10}}$. 3. (1)$\frac{3}{2}$; (2)0; (3)-2; (4)e^x; (5)$-\frac{4}{3}$; (6)-1.

习题 1-6(A)

1. (1)对; (2)错; (3)错; (4)错. 2. 在 $x=1$ 处连续.

3. 连续区间为$(-\infty,-3)\cup(-3,2)\cup(2,+\infty)$;$\lim\limits_{x\to0}f(x)=-\frac{1}{3}$,$\lim\limits_{x\to2}f(x)=\frac{2}{5}$,$\lim\limits_{x\to-3}f(x)=\infty$;$x=2$为第一类可去间断点,$x=-3$为第二类(无穷)间断点. 4. (1)3; (2)ln3; (3)0; (4)1.

习题 1-6(B)

1. (1)1; (2)0; (3)0; (4)$\frac{1}{2}$; (5)1; (6)1. 2. (1)$x=1$ 为第一类可去间断点,$x=2$ 为第二类间断点; (2)$x=0$ 和 $x=k\pi+\frac{\pi}{2}$ 为第一类可去间断点,$x=k\pi$ 为第二类间断点; (3)$x=0$ 为第二类间断点; (4)$x=-1$ 为第一类跳跃间断点. 5. $a=1$.

自测题一

1. (1)$\{x|x\geqslant4\}$; (2)x^2-6; (3)-2;(4)$\frac{7}{2}$;(5)∞; (6)$\frac{2^{10}}{3^5}$; (7)不存在,5,10; (8)$-3,-2$; (9)0,1,1,0.

2. (1)B; (2)C; (3)C; (4)D; (5)A; (6)B; (7)D; (8)A.

3. (1)$\frac{5}{2}$; (2)$\frac{1}{4}$; (3)3; (4)0; (5)∞; (6)$\frac{4}{3}$; (7)$-\frac{1}{2}$; (8)2; (9)e^{-2}; (10)e^{-4}; (11)0; (12)$-\frac{1}{3}$.

4. $\lim\limits_{x\to0}f(x)$不存在,$\lim\limits_{x\to1}f(x)=4$. 5. $a=0$. 6. $a=-2,b=\ln2$.

8. 间断点为 $x=0,x=1$;$x=0$ 是第二类(无穷型)间断点,$x=1$ 是第一类跳跃型间断点.

第 2 章 导数和微分

习题 2-1(A)

1. (1)不成立; (2)可能存在,可能不存在; (3)可导必连续,连续未必可导.

2. (1)$\overline{v}=6t_0+3\Delta t-5$; (2)$v(t_0)=6t_0-5$. 3. (1)$y'|_{x=1}=-7$; (2)$y'|_{x=4}=\frac{1}{4}$.

4. 不可导,因为 $f(x)$在 $x=1$ 处不连续.

习题 2-1(B)

1. (1)$y'=3x^2$; (2)$y'=-\frac{2}{x^2}$. 2. (1)2,6; (2)$\left(\frac{1}{2},\frac{1}{4}\right)$. 3. $x=0$ 或 $x=\frac{2}{3}$. 4. $f'(a)=\varphi(a)$.

5. 切线:$x-3\ln3\cdot y-3+3\ln3=0$; 法线:$3\ln3\cdot x+y-1-9\ln3=0$. 6. (1)连续,可导; (2)连续,可导.

习题 2-2(A)

1. (1) 错; (2)错; (3)对; (4)错. 2. (1)$y'=\frac{1}{x}-3\sin x-5$; (2)$y'=2x+\frac{7}{3}x\sqrt[3]{x}$;

(3)$y'=\frac{x\cos x-\sin x}{x^2}$; (4)$y'=\arctan x\csc x+\frac{x\csc x}{1+x^2}-x\arctan x\cot x\csc x$.

3. $y'=\cos2x,y'|_{x=\frac{\pi}{6}}=\frac{1}{2},y'|_{x=\frac{\pi}{4}}=0$.

习题 2-2(B)

1. (1)$y'=\frac{1}{x\ln3}+\frac{5}{\sqrt{1-x^2}}+\frac{4}{3\sqrt[3]{x}}$; (2)$y'=\frac{3}{2}\sqrt{x}-\frac{3}{2\sqrt{x}}-\frac{3}{2x\sqrt{x}}$; (3)$y'=\frac{7}{8\sqrt[8]{x}}$;

(4) $y'=\frac{\arcsin x}{2\sqrt{x}}+\frac{\sqrt{x}}{\sqrt{1-x^2}}$；(5) $\rho'=\frac{1-\cos\varphi-\varphi\sin\varphi}{(1-\cos\varphi)^2}$；(6) $u'=\frac{\pi}{2\sqrt{1-v^2}\arccos^2 v}$；

(7) $y'=-\frac{1+x}{\sqrt{x}(1-x)^2}$；(8) $y'=\cos x\ln x-x\sin x\ln x+\cos x$；(9) $s'=\csc t-t\csc t\cot t-3\sec t\tan t$；

(10) $s'=-\frac{2}{t(1+\ln t)^2}$. **2.** (1) $y'\big|_{x=0}=3, y'\big|_{x=\frac{\pi}{2}}=\frac{5\pi^4}{16}$；(2) $f'(0)=-3, f'(1)=\frac{5}{2}$. **3.** (4,8).

习题 2-3(A)

1. (1)错；(2)错；(3)错；(4)错.

2. (1) $y'=2\sec^2\left(2x+\frac{\pi}{6}\right)$；(2) $y'=5(3x^3-2x^2+x-5)^4(9x^2-4x+1)$；(3) $y'=\frac{2\cos 2x+2^x\ln 2}{\sin 2x+2^x}$；

(4) $y'=-\sin[\cos(\cos x)]\sin(\cos x)\sin x$；(5) $y'=\frac{2\sqrt{x}+1}{4\sqrt{x}\sqrt{x+\sqrt{x}}}$；(6) $y'=\sec x$；

(7) $y'=f'(2^{\sin x})\cdot 2^{\sin x}\ln 2\cdot\cos x$；

(8) $y'=\sin 2x\cdot\cos x^2-2x\sin^2 x\cdot\sin x^2$.

习题 2-3(B)

1. (1) $y'=\frac{x}{\sqrt{(1-x^2)^3}}$；(2) $y'=\frac{6(2x^3-3x)}{5\sqrt[5]{(x^4-3x^2+2)^2}}$；(3) $y'=-3^{-x}\ln 3\cdot\cos 3x-3^{-x+1}\sin 3x$；

(4) $y'=\frac{3+3^x\ln 3}{3x+3^x}$；(5) $y'=2\sin(4x-2)$；(6) $y'=-\frac{\ln 2\cdot 2^{\tan\frac{1}{x}}\cdot\sec^2\frac{1}{x}}{x^2}$；

(7) $y'=\frac{1}{\sqrt{x^2+a^2}}$；(8) $y'=\frac{1-x^2}{2x(1+x^2)}$；(9) $y'=\frac{-1}{(x^2-1)\sqrt{x^2-1}}$；

(10) $y'=-2\csc^2(2x+1)\sec 3x+3\cot(2x+1)\sec 3x\tan 3x$；(11) $y'=-\frac{\sin 2x}{\sqrt{1+\cos 2x}}$；

(12) $y'=\frac{x}{(2+x^2)\sqrt{x^2+1}}$；(13) $y'=-2\sin(2\csc 2x)\csc 2x\cot 2x$；

(14) $y'=\csc x$；(15) $y'=\frac{\sin 2x\cdot\sin x^2-2x\sin^2 x\cdot\cos x^2}{\sin^2 x^2}$；(16) $y'=-\frac{|x|}{x^2\sqrt{x^2-1}}$.

2. (1) $3\left(\frac{\pi}{2}-1\right)$；(2) 0；(3) $\frac{\sqrt{2}}{2}$. **3.** (1) $\frac{2f'(2x)}{f(2x)}$；(2) $2f(e^x)f'(e^x)e^x$.

习题 2-4(A)

1. (1)错；(2)错；(3)错.

2. (1) $\frac{e^x-y}{x+e^y}$, 1；(2) $\frac{1}{2}\sqrt{\frac{(x-1)(x-2)}{(x-3)(x-4)}}\left(\frac{1}{x-1}+\frac{1}{x-2}-\frac{1}{x-3}-\frac{1}{x-4}\right)$；

(3) $\left(1+\frac{1}{x}\right)^x\left[\ln\left(1+\frac{1}{x}\right)-\frac{1}{1+x}\right]$；(4) $y=-\sqrt{2}x+2$.

习题 2-4(B)

1. (1) $-\sqrt{\frac{y}{x}}$；(2) $\frac{x+y}{x-y}(x-y\neq 0)$；(3) $-\frac{1}{2}$；(4) $\frac{\ln 2}{2-2\ln 2}$. **2.** $x+3y+4=0$.

3. (1) $-(1+\cos x)^{\frac{1}{x}}\cdot\frac{x\tan\frac{x}{2}+\ln(1+\cos x)}{x^2}$；(2) $(x-1)^{\frac{2}{3}}\sqrt{\frac{x-2}{x-3}}\left[\frac{2}{3(x-1)}+\frac{1}{2(x-2)}-\frac{1}{2(x-3)}\right]$；

(3) $(\sin x)^{\cos x}(\cos x\cot x-\sin x\ln\sin x)$；(4) $\sqrt{x\sin x\sqrt{e^x}}\left(\frac{1}{2x}+\frac{1}{2}\cot x+\frac{1}{4}\right)$.

4. 切线方程：$y=x$；法线方程：$x+y-2=0$. **5.** (1) $\frac{\sin t+t\cos t}{\cos t-t\sin t}$；(2) 2；(3) $-\frac{b}{a}\tan t$.

6. $a=\frac{e}{2}-2, b=1-\frac{e}{2}, c=1$.

习题 2-5(A)

1. (1)错；(2)错；(3)错. 2. $2\cos 2x$.

3. (1)$-\frac{36}{(x+y+2)^3}$；(2)$\frac{2f'(x^2)\cdot f(x^2)+4x^2f''(x^2)\cdot f(x^2)-4x^2[f'(x^2)]^2}{[f(x^2)]^2}$；(3)$\frac{3}{4t}$.

4. 速度为 5 m/s,加速度为 7 m/s^2.

习题 2-5(B)

1. $-2,0$. 2. $60(x+10)^2$. 3. (1)$-2\sin x-x\cos x$；(2)$\frac{3x}{(1-x^2)^2\sqrt{1-x^2}}$；

(3)$\frac{\sqrt{1-x^2}\arcsin x\cdot(1+2x^2)+3x(1-x^2)}{(1-x^2)^3}$；(4)$f''(e^x)e^{2x}+f'(e^x)e^x$.

4. $\frac{6}{x}$. 6. (1)$-\frac{6y(1-y^3)(3x+y)}{(3xy^2-1)^3}$；(2)$\frac{(3-y)e^{2y}}{(2-y)^3}$；(3)$\frac{2x^2y[3(y^2+1)^2+2x^4(1-y^2)]}{(1+y^2)^3}$.

7. (1)$-\frac{1+3t^2}{4t^3}$；(2)$-\frac{1}{a}\csc^3 t$. 8. (1)9 m/s,12 m/s^2；(2)$-\frac{\sqrt{3}}{6}\pi A$ m/s,$-\frac{1}{18}\pi^2 A$ m/s^2.

9. $-\omega A\sin(\omega t+\varphi)$.

习题 2-6(A)

1. (1)对；(2)错；(3)错. 2. (1)$(3x^2\cdot a^x+x^3\cdot a^x\ln a)dx$；(2)$\frac{x\cos x\ln x-\sin x}{x\ln^2 x}dx$；

(3)$2x\sin(2-x^2)dx$；(4)$\frac{dx}{2x(\ln x-2)\sqrt{1-\ln x}}$. 3. 1.01.

习题 2-6(B)

1. $\Delta y=-1.141, dy=-1.2$；$\Delta y=0.1206, dy=0.12$.

2. (1)$\frac{dx}{(1-x)^2}$；(2)$\frac{1}{2}\cot\frac{x}{2}dx$；(3)$\frac{-x dx}{|x|\sqrt{1-x^2}}$；(4)$e^{-x}[\sin(3-x)-\cos(3-x)]dx$；

(5)$\frac{3\sin[2\ln(3x+1)]}{3x+1}dx$；(6)$(1+x)^{\sec x}\left[\sec x\tan x\ln(1+x)+\frac{\sec x}{1+x}\right]dx$.

3. $\frac{-(x-y)^2dx}{(x-y)^2+2}, \frac{-(x-y)^2}{(x-y)^2+2}$. 4. $t^2+2t, 2(t+1)^3$.

5. (1)1.0349；(2)2.7455；(3)9.9867；(4)0.001. 7. 2.228 cm.

8. 3.43×10^5 cm^3,1470 cm^3,0.43%.

自测题二

1. (1)C；(2)B；(3)C；(4)B；(5)A；(6) D；(7)A；(8)C.

2. (1)$-\frac{1}{2}$；(2)$2\cot x, 2\sqrt{3}$；(3)24；(4)$-\frac{y^2dx}{xy+1}$；(5)$y=y_0, x=x_0$；(6)$(x+2)e^x$；

(7)$f(t+\Delta t)-f(t), \frac{f(t+\Delta t)-f(t)}{\Delta t}, f'(t)$；(8) 5.001.

3. $a=2, b=-1$.

4. (1)$-2x\tan x^2$；(2)$\frac{1}{x\ln x\ln(\ln x)}$；(3)$\frac{1}{\sqrt{1+2x-x^2}}$；(4)$\frac{2x}{a^2}-\frac{2x^3}{a^2\sqrt{x^4-a^4}}$；

(5)$-\frac{1}{x^2}e^{\tan\frac{1}{x}}\sec^2\frac{1}{x}$；(6)$(\tan x)^{\sin x}(\cos x\ln\tan x+\sec x)$；(7)$\sqrt[3]{\frac{x-5}{\sqrt[3]{x^2+2}}}\left[\frac{1}{3(x-5)}-\frac{2x}{9(x^2+2)}\right]$；

(8)$-\sqrt{\frac{y}{x}}$；(9)$\sqrt[6]{\frac{(1-\sqrt{t})^4}{t(1-\sqrt[3]{t})^3}}$；(10)$e^{\sin x}\cos x[\cos(\sin x)-\sin(\sin x)]$.

5. (1) $\dfrac{2x^3+3x}{(1+x^2)\sqrt{1+x^2}}$；(2) $2\arctan x+\dfrac{2x}{1+x^2}$；(3) $\dfrac{1}{4(1-t)^3}$；(4) $\dfrac{6}{(x-2y)^3}$.

6. (1) $\dfrac{dx}{(1-x^2)\sqrt{1-x^2}}$；(2) $\dfrac{dx}{\sqrt{a^2-x^2}}$；(3) $\dfrac{2(1+x^2)-2x(1+4x^2)\arctan 2x}{(1+x^2)(1+4x^2)}dx$；(4) $\dfrac{\ln x dx}{(1-x)^2}$.

7. $v=e^{-kt}(\omega\cos\omega t-k\sin\omega t)$；$a=e^{-kt}[(k^2-\omega^2)\sin\omega t-2k\omega\cos\omega t]$.

第3章　导数的应用

习题 3-1(A)

1. (1)错；(2)错.　2. $\xi=\dfrac{5}{2}$.　3. $\xi=\dfrac{9}{4}$.

习题 3-1(B)

1. $\xi=\dfrac{\pi}{2}$.　2. $\xi=\dfrac{\sqrt{3}}{3}$.　3. 有三个实根，分别在(1,2)，(2,3)，(3,4)内.

习题 3-2(A)

1. (1)1；(2)1；(3)0；(4) $\dfrac{1}{2}$；(5) e^a；(6)1.

习题 3-2(B)

(1)2；(2) $\dfrac{1}{a}$；(3) $\dfrac{3}{7}$；(4)3；(5)1；(6)5；(7)1；(8)1；(9)0；(10) $+\infty$；(11)1；(12)0；(13)1；(14)1.

习题 3-3(A)

1. (1) 错；(2) 错；(3) 错.

2. (1) 单调增区间 $\left(-\infty,\dfrac{3}{4}\right)$，单调减区间 $\left(\dfrac{3}{4},+\infty\right)$，极大值 $\dfrac{27}{256}$；　(2)单调增区间 $(-1,1)$，单调减区间 $(-\infty,-1)$，$(1,+\infty)$，极小值 $-\dfrac{1}{2}$，极大值 $\dfrac{1}{2}$.

4. (1)最大值 2，最小值 -10；　(2)最大值 $2\pi+1$，最小值 1.　5. 当矩形为正方形时面积最大，最大面积为 $\dfrac{l^2}{16}$.

习题 3-3(B)

1. (1)单调增区间 $(-\infty,0)$，单调减区间 $(0,+\infty)$；

(2)单调增区间 $\left(\dfrac{1}{2},+\infty\right)$，单调减区间 $\left(-\infty,\dfrac{1}{2}\right)$；

(3)单调增区间(0,1)，单调减区间(1,2)；

(4)单调增区间 $\left(\dfrac{1}{2},1\right)$，单调减区间 $(-\infty,0)$，$\left(0,\dfrac{1}{2}\right)$，$(1,+\infty)$.

3. (1)极大值 7，极小值 3；(2)极大值 $\dfrac{\pi}{4}-\dfrac{1}{2}\ln 2$；(3)极小值 0；(4)极大值 $\dfrac{\sqrt{2}}{2}e^{\frac{\pi}{4}}$.

4. (1)最小值 0，最大值 $\ln 5$；(2)最大值 1；(3)最小值 0，最大值 $\sqrt[3]{9}$；(4)最小值 $(a+b)^2$.

5. 4，4.　6. $2\pi\left(1-\sqrt{\dfrac{2}{3}}\right)$.　7. $\overline{x}=\dfrac{1}{n}\sum\limits_{i=1}^{n}x_i$.

习题 3-4(A)

1. (1)错；(2)错.　2. (1)凹区间 $\left(\dfrac{5}{3},+\infty\right)$，凸区间 $\left(-\infty,\dfrac{5}{3}\right)$，拐点 $\left(\dfrac{5}{3},\dfrac{20}{27}\right)$；

(2)凹区间 $(2,+\infty)$，凸区间 $(-\infty,2)$，拐点 $\left(2,\dfrac{2}{e^2}\right)$.

习题 3-4(B)

1. (1)凹区间 $(-\infty,0)$，$(1,+\infty)$，凸区间(0,1)，拐点(0,0)，(1,−1)；

(2)凹区间$\left(-\infty,\frac{1}{2}\right)$,凸区间$\left(\frac{1}{2},+\infty\right)$,拐点$\left(\frac{1}{2},e^{\arctan\frac{1}{2}}\right)$;

(3)凹区间$(-1,1)$,凸区间$(-\infty,-1)$,$(1,+\infty)$,拐点$(-1,\ln2)$,$(1,\ln2)$;

(4)凹区间$(b,+\infty)$,凸区间$(-\infty,b)$,拐点(b,a).

3. $a=-\frac{3}{2}$,$b=\frac{9}{2}$. **4.** $a=3$,$b=3$,$c=-24$,$d=8$.

习题 3-5(A)

1. (1)$\frac{\sqrt{2}}{4}$,$2\sqrt{2}$;(2)2,$\frac{1}{2}$. **2.** $(0,0)$,8.

习题 3-5(B)

1. (1)$\frac{1}{\sqrt{2}}$,$\sqrt{2}$;(2)$\frac{1}{4}$,4;(3)1,1;(4)$\frac{1}{2a}$,$2a$. **2.** $(0,0)$. **3.** $\frac{3a}{4}\sin^2\frac{\theta}{3}$.

4. $\left(x-\frac{\pi-10}{4}\right)^2+\left(y-\frac{9}{4}\right)^2=\frac{125}{16}$. **5.** $y=-\frac{\sqrt{6}}{9}(2x-1)^{\frac{3}{2}}$.

自测题三

1. (1)$f(a)=f(b)$;(2)$\frac{\sqrt{3}}{3}$;(3)$(-2,1)$;(4)1;(5)$-2,-\frac{1}{2}$;(6)$\frac{5}{4}$;(7)$(0,0)$;

(8)$y=0$,$x=1$ 及 $x=-1$.

2. (1)B;(2)D;(3)C;(4)A;(5)C;(6)B;(7)D;(8)A.

3. (1)$\frac{1}{6}$;(2)1;(3)e^{-2};(4)2;(5)$-\frac{1}{2}$;(6)9.

4. (1)单调增区间$(-\infty,0)$,$(1,+\infty)$,单调减区间$(0,1)$,极大值0,极小值$-\frac{1}{2}$;

(2)单调增区间$(-e,e)$,单调减区间$(-\infty,-e)$,$(e,+\infty)$,极大值$\frac{2}{e}$,极小值$-\frac{2}{e}$;

(3)单调增区间$\left(\frac{\pi}{3},\frac{5\pi}{3}\right)$,单调减区间$\left(0,\frac{\pi}{3}\right)$,$\left(\frac{5\pi}{3},2\pi\right)$,极大值$\frac{5\pi}{3}+\sqrt{3}$,极小值$\frac{\pi}{3}-\sqrt{3}$;

(4)单调增区间$\left(0,\frac{\pi}{6}\right)$,$\left(\frac{\pi}{2},\frac{5\pi}{6}\right)$,单调减区间$\left(\frac{\pi}{6},\frac{\pi}{2}\right)$,$\left(\frac{5\pi}{6},\pi\right)$,极大值$\frac{3}{2}$,极小值1.

5. (1)凹区间$(\pi,2\pi)$,凸区间$(0,\pi)$,拐点$(\pi,-e^{\pi})$;

(2)凹区间$\left(-\infty,-\frac{1}{2}\right)$,$(0,+\infty)$,凸区间$\left(-\frac{1}{2},0\right)$,拐点$\left(-\frac{1}{2},-\frac{1}{16}\right)$,$(0,0)$.

7. $a=3$,$b=-9$,$c=8$. **8.** $(-\infty,1)$. **9.** $y=\frac{32}{3}x-\frac{256}{9}$.

第4章　积分及其应用

习题 4-1(A)

1. (1)ln2;(2)1;(3)$\sqrt{2}-1$;(4)$\frac{1}{\ln2}$. **2.** (1)2.5;(2)0.

3. (1)$\int_1^2\ln x\,dx>\int_1^2\ln^2x\,dx$;(2)$\int_3^4\ln x\,dx<\int_3^4\ln^2x\,dx$. **4.** (1)$\left[\frac{\pi}{8},\frac{\pi}{6}\right]$;(2)$\left[\frac{2}{e},2\right]$.

习题 4-1(B)

1. (1)$\frac{1}{2}$;(2)1;(3)$2-\sqrt{2}$;(4)$\frac{\pi}{4}$;(5)4;(6)1. **2.** (1)$\frac{9}{2}$;(2)0.

3. (1)$\int_1^2x^2\,dx<\int_1^2x^3\,dx$;(2)$\int_0^1x\,dx>\int_0^1x^2\,dx$. **4.** (1)$\left[\frac{\pi}{8},\frac{\pi}{4}\right]$;(2)$\left[\frac{\pi}{9},\frac{2\pi}{3}\right]$. **5.** 1.

习题 4-2(A)

(1)$1-\frac{\pi}{4}$；(2)$\frac{1}{4}\left(\frac{\pi}{2}+\sqrt{2}\right)$；(3)$1-\frac{\sqrt{3}}{3}-\frac{\pi}{12}$；(4)0.

习题 4-2(B)

(1)$\frac{\pi}{6}$；(2)$\frac{\sqrt{3}}{3}+\frac{\pi}{12}$；(3)$\frac{5}{3}+\frac{\pi}{4}$；(4)$1-\frac{\sqrt{3}}{3}+\frac{\pi}{6}$.

习题 4-3(A)

1. (1)$\frac{1}{4}$；(2)$\frac{1}{3}(5\sqrt{5}-3\sqrt{3})$；(3)$\frac{1}{2}$；(4)$e-\sqrt{e}$；(5) $e-1$；(6)$2\left(1-\frac{\sqrt{3}}{2}\right)$；(7)$\frac{\pi}{4}$；(8)$\frac{\pi}{8}$；(9)$1-\cos 1$；(10)$\frac{5}{4}-\frac{3}{8}\pi$.

2. (1)$\sqrt{2}-\ln(1+\sqrt{2})$；(2)$\ln(\sqrt{2}+1)$；(3)$\ln\frac{2+\sqrt{3}}{1+\sqrt{2}}$；(4)$1+\frac{\pi}{2}$.　**3.** 不正确.　**4.** 不正确.

习题 4-3(B)

1. (1)2882；(2)$\frac{2}{3}(5\sqrt{5}-3\sqrt{3})$；(3)$\frac{3}{2}$；(4)$\frac{1}{\sqrt{e}}-\frac{1}{e}$；(5)$e-1$；(6)1；(7)$\frac{\pi}{2}$；(8)$\frac{\pi}{12}$；(9)$\frac{\pi}{12}$；(10)$\frac{\pi}{2}$.　**2.** (1)$2\pm 2\ln\frac{2}{3}$；(2)$\frac{\sqrt{3}}{2}$；(3)$\ln\frac{2+\sqrt{3}}{1+\sqrt{2}}$；(4)$\frac{9}{4}\pi$.　**3.** (1)$\frac{\pi}{3}$；(2)$\pi$.

习题 4-4(A)

(1)$\frac{\pi}{4}$；(2)$\frac{2}{9}(5+e^3)$；(3)$1-\sqrt{2}+\ln(1+\sqrt{2})$；(4)$\frac{e}{2}(\sin 1-\cos 1)+\frac{1}{2}$；(5)$\frac{e}{5}(2\sin 2+\cos 2)-\frac{1}{5}$；(6)$2(\sin 1+\cos 1)-2$.

习题 4-4(B)

1. (1)$1-\frac{2}{e}$；(2)$\frac{\pi}{4}-\frac{1}{2}$；(3)$1-\frac{\sqrt{3}}{2}+\frac{\pi}{6}$；(4)$\frac{\pi}{4}+\ln\frac{\sqrt{2}}{2}$；(5)$\frac{1}{2}$；(6)2.

2. $-\sin 1-\pi\ln\pi$.　**3.** 略.

习题 4-5(A)

(1) $\frac{1}{2}$；(2)$-\frac{1}{2}$；(3)2π；(4)发散；(5)$\frac{\pi}{2}$；(6)$\frac{16\sqrt{2}}{3}$；(7)0.

习题 4-5(B)

(1)1；(2)发散；(3)π；(4)发散；(5)$\frac{\pi}{2}$；(6)$10\sqrt{6}$；(7)$\frac{7}{6}(\sqrt[7]{2^6}-1)$.

习题 4-6(A)

1. (1)$\frac{3}{2}$；(2)$\frac{9}{4}$；(3)1；(4)$\frac{9}{8}\pi^2+1$.　**2.** (1)$V_x=\frac{128\pi}{7}, V_y=\frac{64\pi}{5}$；(2)$V_x=\frac{\pi}{2}, V_y=\frac{\pi}{5}$.

3. $\ln(1+\sqrt{2})$.　**4.** 略.

习题 4-6(B)

1. (1)$\frac{4a}{3}\sqrt{a}$；(2)$\frac{1}{2}$；(3)$\frac{8}{3}$；(4)$e+\frac{1}{e}-2$；(5)5；(6)$\frac{3}{2}-\ln 2$；(7)$\frac{32}{3}$；(8)$\pi-\frac{8}{3}, \pi-\frac{8}{3}, 2\pi+\frac{16}{3}$.

2. $\frac{8}{3}a^2\pi$.　**3.** $\frac{3}{2}a^2\pi$.　**4.** $\frac{4}{3}a^2\pi^3$.

5. (1)$\frac{\pi^2}{4}$；(2)$\frac{512}{7}\pi$；(3)$\frac{44}{15}\pi$；(4)$V_x=\frac{19}{6}\pi, V_y=\frac{28\sqrt{3}}{5}\pi$.

6. (1)$\frac{e^2+1}{4}$；(2)$2\sqrt{3}-\frac{4}{3}$；(3)$1+\ln\frac{\sqrt{6}}{2}$.　**7.** $8a$.　**8.** 约 $21a$.

习题 4-7(A)

1. 0.255(J).　**2.** 3.16×10^5(N).

习题 4-7(B)

1. 0.016(J). 2. 2.5(J). 3. 5.544×10^4(N). 4. 1.63×10^6(N).

自测题四

1. (1)$x=a,x=b$,负值;(2)$f(\xi)(b-a)$;(3)0;(4)$(b-a)$;(5)0;(6)0;(7)$\frac{1}{2}$;(8)$\frac{3}{4}\pi$.

2. (1)D;(2)D;(3)C;(4)A;(5)D.

3. (1)$\frac{\pi}{4}$;(2)$\frac{1}{2}$;(3)0;(4)$\frac{1}{3}(2\sqrt{2}-1)$;(5)4;(6)$1-\frac{\pi}{4}$;(7)$\frac{2}{9}\left(\frac{5\sqrt{5}}{3}-\frac{8\sqrt{2}}{15}\right)$;(8)1;

(9)$2(\sin1-\cos1)$;(10)$\frac{\sqrt{3}}{6}\pi$.

5. $\frac{9}{4}$. 6. $a=-2$ 或 $a=4$. 7. $V_x=\frac{\pi}{5},V_y=\frac{\pi}{2}$. 8. $160\pi^2$. 9. $\ln2-\frac{1}{3}$. 10. 0.327(N).

第 5 章 常微分方程与拉普拉斯变换

习题 5-1(A)

1. (1)是,2 阶;(2)不是;(3)是,1 阶;(4)是,1 阶;(5)是,1 阶;(6)是,4 阶.

2. (1)特解;(2)不是解;(3)是解,但既不是特解,也不是通解.

习题 5-1(B)

1. $y=\frac{1}{4}(e^{2x}-e^{-2x})$. 2. (1) $\frac{dy}{dx}=x+y$;(2) $y'=\frac{2y}{x}$. 3. $y=\sin x-x\cos x+1$.

4. $\frac{dv}{dt}+\frac{k}{m}v=g,v|_{t=0}=0$;$\frac{d^2s}{dt^2}+\frac{k}{m}\frac{ds}{dt}=g,s'|_{t=0}=0,s|_{t=0}=0$. 5. $x^2-xy+y^2=3$.

习题 5-2(A)

1. (1)可分离变量微分方程;(2)齐次微分方程;(3)线性非齐次微分方程;(4)线性非齐次微分方程;(5)齐次微分方程;(6)可分离变量微分方程.

2. (1)$\ln y=Cx$;(2)$2e^y=e^{2x}+1$;(3)$\frac{x}{y}=\ln Cx$;(4)$y=1-x^2$;(5)$x=\frac{1}{2}y^3+Cy$.

习题 5-2(B)

1. (1)$y=\frac{x^3}{5}+\frac{x^2}{2}+C$;(2)$y=e^{\tan\frac{x}{2}}$;(3)$(x^2-1)(y^2-1)=C$;(4)$\cos y=\frac{\sqrt{2}}{2}\cos x$;

(5)$(1-e^y)(1+e^x)=C$;(6)$\arcsin y=\arcsin x$.

2. (1)$\sin\frac{y}{x}=Cx$;(2)$\ln\frac{y}{x}=Cx+1$;(3)$\left(\frac{x}{y}\right)^2=\ln Cx$;(4)$y^2=x^2(4+\ln x^2)$;(5)$e^{-\frac{y}{x}}=1-\ln x$;

(6)$\sin\frac{x}{y}=\ln y$.

3. (1)$r=\frac{2}{3}+Ce^{-3\theta}$;(2)$y=xe^{-\sin x}$;(3)$y=\frac{1}{2}x^2+Cx^3$;(4)$xy=e^y+6-e^3$;(5)$y=\frac{\sin x+C}{(x^2-1)}$;

(6)$y=(1+x^2)\left[\arctan x+\frac{1}{2}\ln(1+x^2)+\frac{1}{2}\right]$. 4. $y=-\frac{x}{\cos x}$. 5. $y=\frac{1}{3}x^2$.

习题 5-3(A)

(1)$y=\frac{x^4}{24}+\frac{x^3}{6}+C_1x^2+C_2x+C_3$;(2)$y=\frac{x^4}{12}-\sin x+C_1x^2+C_2x+C_3$;(3)$y=C_1x^2+C_2$;

(4)$y=e^x(x-1)+C_1x^2+C_2$;(5)$y=\tan\left(x+\frac{\pi}{4}\right)$;(6)$y=1-\ln(\cos x)$.

习题 5-3(B)

1. (1)$y=x\arctan x-\frac{1}{2}\ln(1+x^2)+C_1x+C_2$;(2)$y=xe^x-3e^x+C_1x^2+C_2x+C_3$;

(3) $y=C_1\left(x+\frac{x^3}{3}\right)+C_2$；(4) $y=\frac{\ln^2 x}{2}+C_1\ln x+C_2$；(5) $y\ln y+C_1 y=x+C_2$；(6) $\sin(y+C_1)=C_2 e^x$.

2. (1) $y=\frac{(x+2)^3}{12}+\frac{1}{3}$；(2) $y=\frac{3}{2}\arcsin^2 x$.

习题 5-4(A)

1. (1) $y=C_1 e^{-2x}+C_2 e^{5x}$；(2) $y=C_1\cos\sqrt{5}x+C_2\sin\sqrt{5}x$. **2.** $y^*=e^{-x}(4\cos x+2\sin x)$.

3. (1) $y^*\ x(Ax+B)e^{-x}$；(2) $y^*\ Ae^{-x}$；(3) $y^*\ A\cos x+B\sin x$. **4.** $y^*=-x+\frac{1}{3}$. **5.** $y^*=-\frac{1}{4}x\cos 2x$.

习题 5-4(B)

1. (1) $y=C_1 e^{3x}+C_2 e^{-3x}$；(2) $y=(C_1+C_2 x)e^x$；(3) $y=C_1\cos 2x+C_2\sin 2x$；
(4) $y=e^{-3x}(C_1\cos x+C_2\sin x)$.

2. (1) $y=4e^x+2e^{3x}$；(2) $y=(2+x)e^{-\frac{x}{2}}$；(3) $y=e^{-x}(2\cos 2x+\sin 2x)$.

3. (1) $y^*=2x^2-7$；(2) $y^*=x^2 e^{-2x}$；(3) $y^*=e^{-x}\cos x$；(4) $y^*=-\frac{1}{2}x\cos 3x$.

4. (1) $y=\left(\frac{5}{6}x^3+C_2 x+C_1\right)e^{-3x}$；(2) $y=C_1 e^{-4x}+C_2 e^x+xe^x$；(3) $y=C_1\cos x+C_2\sin x+\frac{1}{2}x\sin x$；

(4) $y=e^{-\frac{1}{2}x}(C_1 x+C_2)+\frac{1}{4}e^{\frac{x}{2}}$. **5.** (1) $y=-\frac{7}{6}e^{-2x}+\frac{5}{3}e^x-x-\frac{1}{2}$；(2) $x=2\cos t+t\sin t$.

6. $y=(9e^4 x-14e^4)e^{-2x}$.

习题 5-5

1. $v(t)=\frac{mg}{k}(1-e^{-\frac{k}{m}t})$. **2.** (1) $t=20(\mathrm{s})$；(2) $s=160(\mathrm{m})$. **3.** $T=20+80e^{-\frac{\ln 2}{20}t}$，60 分钟.

习题 5-6

1. (1) $\frac{1}{p^2}$；(2) $\frac{\omega}{\omega^2+p^2}$.

2. (1) $\frac{2}{p^3}$；(2) $\frac{p}{p^2+4}$；(3) $\frac{3\sqrt{3}-p}{2p^2+18}$；(4) $\frac{3}{(p-3)^2+9}$；(5) $\frac{1}{p+1}$；(6) $\frac{1}{(p+1)(p+2)}$；

(7) $\frac{2}{(p-2)^3}$；(8) $\frac{24p}{(p^2+49)(p^2+1)}$. **3.** $f(t)=\cos t[u(t)-u(t-\pi)]+tu(t-\pi)$.

习题 5-7

1. (1) $\frac{2}{p^3}+\frac{5}{p^2}-\frac{3}{p}$；(2) $\frac{6-5p}{p^2+4}$；(3) $\frac{1}{p}+\frac{1}{(p-1)^2}$；(4) $\frac{e^{-p}}{p}$；(5) $\frac{36}{p(p^2+36)}$；(6) $\frac{4}{p^2+64}$.

2. 略. **3.** (1) $\frac{p}{p^2+\omega^2}$；(2) $\frac{n!}{p^{n+1}}$. **4.** (1) $\frac{4p}{(p^2+4)^2}$；(2) $\frac{2p(p^2-27)}{(p^2+9)^3}$；(3) $\ln\frac{p}{p-2}$.

习题 5-8

(1) $3e^{-3t}$；(2) $\frac{1}{12}\sin\frac{4t}{3}$；(3) $1-e^{-t}$；(4) $2\cos 6t-\frac{4}{3}\sin 6t$；(5) $7e^{-2t}-6e^{-3t}$；(6) $\frac{3}{4}-\frac{3}{4}e^{-2t}-\frac{1}{2}te^{-2t}$.

习题 5-9

1. (1) $y=10e^{-4t}-10e^{-5t}$；(2) $y=\sin 2t$；(3) $y=1-\cos t$；(4) $1-\frac{1}{3}e^{-t}-\frac{2}{3}e^{\frac{1}{2}t}\cos\frac{\sqrt{3}}{2}t$. **2.** $\begin{cases}x=e^t,\\ y=e^t.\end{cases}$

自测题五

1. (1) $y=Ce^{-x^2}$；(2) $y=C_1\cos\sqrt{2}x+C_2\sin\sqrt{2}x$；(3) $y=C_1 e^{-2x}+C_2 e^x$；(4) $y=3\left(1-\frac{1}{x}\right)$；

(5) $y=x(b_2 x^2+b_1 x+b_0)$；(6) 平移 a 个单位，$F(p-a)$；(7) $3+\frac{4}{p}$；(8) $u(t)+u(t-1)$，$\frac{1}{p}+\frac{e^{-p}}{p}$.

2. (1) C；(2) A；(3) B；(4) B；(5) C；(6) C；(7) A.

3. (1) $\tan x\cdot\tan y=\sqrt{3}$；(2) $y=\ln x-\frac{1}{2}+Cx^{-2}$；(3) $y=\frac{1}{9}e^{3x}-\frac{1}{3}e^3 x+\frac{2}{9}e^3$；

(4) $y=-\frac{x^2}{2}-x+C_1e^x+C_2$；(5) $y=C_1e^{-x}+C_2e^{-4x}+\frac{11}{8}-\frac{1}{2}x$；(6) $y=C_1\cos\sqrt{3}x+C_2\sin\sqrt{3}x+\sin x$.

4. (1) $\frac{12}{p^4}+\frac{6}{p^2}-\frac{4}{p}$；(2) $\frac{6}{p^2+4p+40}$；(3) $\frac{3}{p^2-8p+52}$；(4) $\ln\left(1+\frac{1}{p}\right)$.

5. (1) $2e^{3t}$；(2) $\frac{1}{8}\sin 2t$；(3) $1-e^t(1-t)$；(4) $\begin{cases}2, 1\leqslant t<3,\\1, t\geqslant 3.\end{cases}$ **6.** (1) $y=e^{-2t}$；(2) $y=\sin 4t$. **7.** $xy=2$.

8. $y=\frac{1}{3}\sin x-\frac{1}{6}\sin 2x+\cos 2x$. **9.** $v(t)=\sqrt{\frac{mg}{k}}\left(e^{2\sqrt{\frac{kg}{m}}\cdot t}-1\right)/\left(1+e^{2\sqrt{\frac{kg}{m}}\cdot t}\right)$；

因为 $a=\frac{dv}{dt}=\frac{1}{m}(mg-kv^2)=g-\frac{k}{m}v^2$，所以当 $v=\sqrt{\frac{mg}{k}}$ 时，$a=0$，即匀速下沉.

第 6 章 空间解析几何与多元函数微积分

习题 6-1(A)

1. (1) $(0,0,0)$；(2) $(x,0,0)$；(3) $(0,y,0)$；(4) $(0,z,0)$；(5) $(x,y,0)$；(6) $(0,y,z)$；(7) $(x,0,z)$.

2. (1) $x=0$；(2) $y=0$；(3) $z=0$；(4) $x=a$；(5) $y=b$；(6) $z=c$.

3. (1) $\begin{cases}y=0,\\z=0;\end{cases}$ (2) $\begin{cases}x=0,\\z=0;\end{cases}$ (3) $\begin{cases}x=0,\\z=0.\end{cases}$ **4.** (1) 3；(2) $(5,1,5)$；(3) 12；(4) $(-3,-6,-4)$.

5. $-(x-2)-(y+2)-2(z-1)=0$. **6.** $\begin{cases}\frac{x-1}{3}=\frac{z+1}{-3},\\y=1.\end{cases}$ **7.** $(x-1)+6(y-3)-8(z-1)=0$.

8. $-2x+y+(z+1)=0$. **9.** $\frac{\pi}{3}$. **10.** 1. **11.** $\arccos\frac{11}{26}$. **12.** $\left(\frac{5}{2},\frac{3}{2},-\frac{1}{2}\right)$.

习题 6-1(B)

1. $(-5,1,-12)$，$(5,-1,12)$. **2.** -5. **3.** $m=4$，$n=-1$.

4. (1) 平行于 y 轴；(2) 过 x 轴；(3) 过原点；(4) 平行于 xOz 平面，在 y 轴上截距为 $\frac{1}{9}$；(5) yOz 平面.

5. $x=2$. **6.** (1) $\frac{x-5}{3}=\frac{y+3}{2}=\frac{z-2}{-1}$；(2) $\frac{x-5}{1}=\frac{y+3}{1}=\frac{z-2}{-1}$. **7.** $\begin{cases}y=y_0,\\z=z_0.\end{cases}$

8. (1) $x+\sqrt{2}(y+2)+(z-1)=0$；(2) $x+y+z-1=0$. **9.** (1) $\begin{cases}\frac{y+1}{2}=\frac{z-1}{1},\\x=1;\end{cases}$ (2) $x=-y=z$.

10. $(\sqrt{6},0,0)$，$(-\sqrt{6},0,0)$. **11.** 20 或 -4. **12.** $-2\pm\frac{3}{2}\sqrt{2}$.

习题 6-2(A)

1. 3. **2.** $y+\frac{1}{y}$. **3.** (1) $\{(x,y)\mid x+y>0\}$；(2) $\{(x,y)\mid 1\leqslant x^2+y^2\leqslant 9\}$. **4.** 3. **5.** $\ln 2$.

习题 6-2(B)

1. (1) $\{(x,y)\mid x^2-y-1>0\}$；(2) $\{(x,y)\mid x+y\geqslant 0, 且\ x\leqslant 2\}$；(3) $\{(x,y)\mid -1\leqslant x\leqslant 1, 且\ y^2\geqslant 1\}$；

(4) $\{(x,y)\mid -1\leqslant\frac{x}{y}\leqslant 1\}$.

2. (1) 31；(2) $\frac{1}{y^3}-\frac{4}{xy}+\frac{12}{x^2}$. **3.** (1) 1；(2) 不存在. **4.** (1) $y=\pm x$；(2) $xy=0$. **5.** 略.

习题 6-3(A)

1. (1) $2xf_1+yf_2$，$2yf_1+xf_2$；(2) $\left(y\cos v+\frac{u\sin v}{y-x}\right)e^{u\cos v}$，$\left(x\cos v+\frac{u\sin v}{x-y}\right)e^{u\cos v}$；

(3) $-\frac{4(ye^t+xe^{-t})}{(x-2y)^2}$；(4) $2\cos(2x+3y)$，$3\cos(2x+3y)$；(5) $yf+xf_1-\frac{y^2}{x}f_2$，$xf+yf_2-\frac{x^2}{y}f_1$.

2. $\Delta z=-0.204, dz=-0.2$. **3.** 略. **4.** 略.

习题 6-3(B)

1. (1)$3x^2y^3, 3x^3y^2$;(2)ye^{xy}, xe^{xy};(3)$\dfrac{y^2}{(x^2+y)^{\frac{3}{2}}}, -\dfrac{xy}{(x^2+y)^{\frac{3}{2}}}$;(4)$yx^{y-1}, x^y\ln x$;

(5)$e^{\sin x}\cos x\cos y, -e^{\sin x}\sin y$;(6)$\dfrac{1}{y}\cdot\cot\dfrac{x}{y}\cdot\sec^2\dfrac{x}{y}, -\dfrac{x}{y^2}\cdot\cot\dfrac{x}{y}\cdot\sec^2\dfrac{x}{y}$. **2.** 1.

3. (1)$\dfrac{\partial^2 z}{\partial x^2}=\dfrac{x}{(x+y)^2}, \dfrac{\partial^2 z}{\partial x\partial y}=\dfrac{y}{(x+y)^2}, \dfrac{\partial^2 z}{\partial y^2}=-\dfrac{x}{(x+y)^2}$;(2)$\dfrac{\partial^2 z}{\partial x^2}=2e^y, \dfrac{\partial^2 z}{\partial x\partial y}=2xe^y, \dfrac{\partial^2 z}{\partial y^2}=x^2e^y$;(3) $\dfrac{\partial^2 z}{\partial x^2}=2\cos(x^2+y^2)-4x^2\sin(x^2+y^2), \dfrac{\partial^2 z}{\partial x\partial y}=4xy\sin(x^2+y^2), \dfrac{\partial^2 z}{\partial y^2}=2\cos(x^2+y^2)-4y^2\sin(x^2+y^2)$;(4)$\dfrac{\partial^2 z}{\partial x^2}=6y^2+6x, \dfrac{\partial^2 z}{\partial x\partial y}=12xy, \dfrac{\partial^2 z}{\partial y^2}=6x^2+6y$. **4.** 略. **5.** 略.

6. (1)$-\dfrac{y}{x^2}dx+\dfrac{1}{x}dy$;(2)$\dfrac{y^3}{(x^2+y^2)^{\frac{3}{2}}}dx+\dfrac{x^3}{(x^2+y^2)^{\frac{3}{2}}}dy$;(3)$\dfrac{y}{1+(xy)^2}dx+\dfrac{x}{1+(xy)^2}dy$;

(4)$\dfrac{x}{1+x^2+y^2}dx+\dfrac{y}{1+x^2+y^2}dy$.

7. $dx+dy$.

习题 6-4(A)

1. (1)极小值点$(-2,-1)$, $z_{\min}=-2$;(2)极小值点$(1,1)$, $z_{\min}=-1$.

2. 长、宽、高都为 2. **3.** 极大值点$(\sqrt{2},\sqrt{2})$, $(-\sqrt{2},-\sqrt{2})$, $z_{\max}=2$.

习题 6-4(B)

1. (1)极大值点$(-3,-2)$, $z_{\max}=25$;(2)极小值点$\left(\dfrac{1}{2},-1\right)$, $z_{\min}=-\dfrac{1}{2}e$.

2. 极小值为$\dfrac{11}{2}$. **3.** 长、宽均为$\sqrt[3]{2}a$. **4.** $x=120, y=80$.

5. 长 $3\sqrt{10}$,宽 $2\sqrt{10}$(正面). **6.** 点$(1,1)$.

习题 6-5(A)

1. (1)$\iint\limits_D(x+y)^2d\sigma>\iint\limits_D(x+y)^3d\sigma$;(2)$\iint\limits_D\ln(x+y)d\sigma<\iint\limits_D[\ln(x+y)]^2d\sigma$.

2. (1)$2\leqslant I\leqslant 8$;(2) $36\pi\leqslant I\leqslant 116\pi$.

习题 6-5(B)

1. (1)2π;(2)6.

2. (1)$\iint\limits_D(x-y)^2d\sigma>\iint\limits_D(x-y)^3d\sigma$;(2)$\iint\limits_D\ln\sqrt{x^2+y^2}d\sigma<\iint\limits_D\ln\sqrt{(x^2+y^2)^3}d\sigma$.

3. (1)$4\leqslant I\leqslant 14$;(2) $-4\leqslant I\leqslant 12$.

习题 6-6(A)

1. (1)$\dfrac{28}{3}$;(2) $\dfrac{1}{8}$;(3)$\dfrac{17}{12}$;(4)$\dfrac{688}{3}$.

2. $\int_0^1dx\int_0^{\sqrt{x}}f(x,y)dy+\int_1^{\sqrt{2}}dx\int_0^{\sqrt{2-x^2}}f(x,y)dy$, $\int_0^1dy\int_{y^2}^{\sqrt{2-y^2}}f(x,y)dx$.

3. $\cos 1-1$. **4.** $\dfrac{\pi^3}{144}$. **5.** 8π.

习题 6-6(B)

1. (1)-1;(2)$e-2$;(3)$\dfrac{1}{2}e^4-\dfrac{3}{2}e^2+e$;(4) $\dfrac{1}{4}(1+e^2)$.

2. (1)$-\dfrac{4}{3}$;(2) $\dfrac{8}{15}$;(3)$\dfrac{9}{4}$. **3.** (1) $\int_0^1dy\int_{e^x}^{e}f(x,y)dx$;(2) $\int_0^1dy\int_{2-y}^{1+\sqrt{1-y^2}}f(x,y)dx$.

4. (1)54π;(2) $\frac{\pi}{4}(2\ln 2-1)$;(3) $\frac{16}{9}$. **5.** $\frac{9}{2}$. **6.** $\frac{\pi}{2}$. **7.** $\left(\frac{35}{48},\frac{35}{54}\right)$.

自测题六

1. (1) D; (2) A; (3) C; (4) D; (5) C; (6) C.

2. (1) $\frac{\pi}{6}$; (2) $16x-14y-11z=65$; (3) $7x-y-3z-4=0$;

(4) $\{(x,y)\mid x^2+y^2<1$ 且 $(x,y)\neq(0,0)\}$; (5) $\frac{x^2-2yz}{y^2-2xz}$; (6) $\frac{1}{2}\sqrt{\frac{x}{y}}\left(\frac{1}{x}\mathrm{d}x-\frac{1}{y}\mathrm{d}y\right)$;

(7) $\int_1^2\mathrm{d}y\int_1^y f(x,y)\mathrm{d}x+\int_2^3\mathrm{d}y\int_1^2 f(x,y)\mathrm{d}x+\int_3^6\mathrm{d}y\int_{\frac{y}{3}}^2 f(x,y)\mathrm{d}x$.

3. (1)$y-3z=0$;(2)$11x+y-z-17=0$. **4.** $(1,2,2)$. **5.** 1000.

6. $-\frac{3y^2z+4xyz^3}{4x^2yz^2+1}\mathrm{d}x-\frac{6xy^2z+2x^2yz^3+z}{4x^2y^2z^2+y}\mathrm{d}y$.

7. 极小值 8. **8.** $\sqrt{3}\cdot\sqrt[3]{\frac{9}{2}}$. **9.** 2π. **10.** $4\pi-1$. **11.** $\sqrt{\frac{2}{3}}R$.

第7章 级 数

习题 7-1(A)

(1)收敛;(2)发散;(3)发散;(4)发散;(5)收敛;(6)收敛;(7)发散.

习题 7-1(B)

(1)发散;(2)收敛,$\frac{1}{3}$;(3)收敛,$\frac{1}{5}$;(4)收敛,$\frac{3}{2}$;(5)收敛,3;(6)发散.

习题 7-2(A)

1. (1)收敛;(2)收敛;(3)发散;(4)收敛;(5)收敛;(6)发散;(7)发散;(8)收敛.

2. (1)条件收敛;(2)发散;(3)绝对收敛.

习题 7-2(B)

1. (1)发散;(2)收敛;(3)收敛;(4)收敛.

2. (1)发散;(2)收敛;(3)收敛;(4)收敛.

3. (1)收敛;(2)收敛.

4. (1)条件收敛;(2)条件收敛;(3)绝对收敛;(4)发散.

习题 7-3(A)

1. (1) $(-1,1]$;(2) $(-\infty,+\infty)$;(3) $\left(-\frac{1}{10},\frac{1}{10}\right)$;(4) $\left[\frac{2}{3},\frac{4}{3}\right)$.

2. (1)$\frac{1}{2}\ln\frac{1+x}{1-x}$,$x\in(-1,1)$;(2)$\frac{2x}{(1-x)^3}$,$x\in(-1,1)$.

习题 7-3(B)

1. (1)$[-2,2)$;(2)$[-1,1]$;(3)$(-1,1]$;(4)$[-3,3]$.

2. (1)$-\arctan x$,$x\in(-1,1)$;(2)$x+(1-x)\ln(1-x)$,$x\in(-1,1)$. **3.** $\ln\frac{2}{3}$.

习题 7-4(A)

1. (1) $\sum_{n=0}^{\infty}\frac{(-x)^{n+2}}{n!}$,$x\in(-\infty,+\infty)$;(2)$\frac{1}{2}+\frac{1}{2}\sum_{n=0}^{\infty}\frac{(-1)^n4^n}{(2n)!}x^{2n}$,$x\in(-\infty,+\infty)$;

(3) $\sum_{n=0}^{\infty}\frac{x^{n+2}}{2^{n+1}}$,$x\in(-2,2)$;(4)$\ln 10+\sum_{n=1}^{\infty}\frac{(-1)^{n-1}}{n}\left(\frac{x}{10}\right)^n$,$x\in(10,10]$.

2. (1) $\sum_{n=0}^{\infty}\frac{(-1)^n}{\mathrm{e}^2\cdot n!}(x-2)^n$,$x\in(-\infty,+\infty)$;(2) $\sum_{n=0}^{\infty}\frac{-(x+2)^n}{2^{n+1}}$,$x\in(-4,0)$;

(3) $\sum_{n=1}^{\infty}\frac{(-1)^{n-1}}{n}(x-1)^n, x\in(0,2]$.

习题 7-4(B)

1. (1) $\sum_{n=0}^{\infty}\frac{(2x)^n}{n!}, x\in(-\infty,+\infty)$; (2) $\sum_{n=0}^{\infty}\frac{(-1)^n}{(2n+1)!}\left(\frac{x}{3}\right)^{2n+1}, x\in(-\infty,+\infty)$;

(3) $\sum_{n=1}^{\infty}\frac{(-1)^{n-1}2^n-1}{n}x^n, x\in\left(-\frac{1}{2},\frac{1}{2}\right]$; (4) $\sum_{n=0}^{\infty}\frac{(-1)^n x^n}{5^{n+1}}, x\in(-5,5)$;

(5) $1+\sum_{n=1}^{\infty}\frac{-\frac{1}{2}\left(-\frac{1}{2}-1\right)\left(-\frac{1}{2}-2\right)\cdots\left(-\frac{1}{2}-n+1\right)}{n!}x^n, x\in(-1,1)$;

(6) $\frac{1}{3}\sum_{n=0}^{\infty}\left[\frac{(-1)^{n+1}}{2^{n+1}}-1\right]x^n, x\in(-1,1)$.

2. $\sum_{n=0}^{\infty}\frac{(-1)^n}{2n+1}x^{2n+1}, x\in(-1,1)$. **3.** $\ln 2+\sum_{n=1}^{\infty}\frac{(-1)^{n-1}}{n}\left(\frac{x-2}{2}\right)^n, x\in(0,4]$.

4. $\sum_{n=0}^{\infty}\left(1-\frac{1}{2^{n+1}}\right)(-1)^n(x-3)^n, x\in(2,4)$.

自测题七

1. (1) $e^{x^2}-1$; (2) $(-2,4)$; (3) $\sum_{n=0}^{\infty}\frac{(\ln 2)^n}{n!}x^n, x\in(-\infty,+\infty)$; (4) 级数一般项极限不存在.

2. (1) D; (2) D; (3) B; (4) A; (5) C.

3. (1) $[-2,2]$; (2) $[2,4)$.

4. (1) 发散; (2) 收敛; (3) 收敛; (4) 收敛.

5. $\frac{2}{(1-x)^3}, x\in(-1,1)$.

6. $\sum_{n=0}^{\infty}\frac{e}{n!}(x-1)^{n+1}+\sum_{n=0}^{\infty}\frac{e}{n!}(x-1)^n, x\in(-\infty,+\infty)$.

7. $8+3\sum_{n=1}^{\infty}\frac{1+2^n+3^{n-1}}{n!}x^n, x\in(-\infty,+\infty)$.

第 8 章 行列式与矩阵

习题 8-1(A)

1. (1)1; (2)−15; (3)−6; (4)0. **2.** (1)0; (2)0; (3)0; (4)0.

习题 8-1(B)

1. (1) $\begin{cases}x_1=1,\\x_2=1;\end{cases}$ (2) $\begin{cases}x_1=2,\\x_2=3.\end{cases}$ **2.** (1)−39; (2)−11; (3)0; (4)0; (5)6; (6)87.

3. (1)1; (2)2; (3)4; (4)6. **4.** (1)正号; (2)正号. **5.** (1) $(-1)^n$; (2) $(-1)^n$; (3) $n!$.

习题 8-2(A)

(1)0; (2)1; (3) $(a+3)(a-1)^3$; (4)32; (5) $8abcd$; (6) $-2(x^3-y^3)$.

习题 8-2(B)

1. (1)−8; (2)−9; (3) $(a+3b)(a-b)^3$; (4)0; (5) $4abcdef$; (6) $[x+(n-1)a](x-a)^{n-1}$.

2. 略.

习题 8-3(A)

(1) $abcd+ab+ad+cd+1$; (2)−15.

习题 8-3(B)

1. (1)−2; (2) $(a^2-b^2)^2$; (3)−24. **2.** (1)5; (2) $1+(-1)^{n+1}$.

习题 8-4(A)

(1)$\begin{cases} x=2, \\ y=3; \end{cases}$ (2)$\begin{cases} x_1=-1, \\ x_2=3. \end{cases}$

习题 8-4(B)

(1)$\begin{cases} x_1=2, \\ x_2=1, \\ x_3=0; \end{cases}(2)\begin{cases} x_1=1, \\ x_2=1, \\ x_3=1; \end{cases}(3)\begin{cases} x_1=2, \\ x_2=-3, \\ x_3=4, \\ x_4=-5. \end{cases}$

习题 8-5(A)

1. (1)$\begin{bmatrix} -7 & -7 & 2 \\ -1 & 2 & 0 \end{bmatrix}$;(2)$\begin{bmatrix} 1 & 5 \\ 12 & 8 \end{bmatrix}$.

2. $x_1=2,x_2=1,x_3=2,y_1=5,y_2=3,y_3=2,\boldsymbol{B}=\begin{bmatrix} 3 & 2 & 1 \\ 2 & 4 & 2 \\ 1 & 2 & 3 \end{bmatrix},\boldsymbol{C}=\begin{bmatrix} 0 & 5 & 3 \\ -5 & 0 & 2 \\ -3 & -2 & 0 \end{bmatrix}$.

3. $\begin{bmatrix} -3 & 2 & -1 \\ 2 & 3 & 1 \\ -2 & 1 & 0 \end{bmatrix}$. **4.** (1)$\begin{bmatrix} 29 & -1 \\ 3 & -1 \\ 35 & 2 \end{bmatrix}$;(2)$\begin{bmatrix} -1 & 2 \\ -2 & 4 \\ -3 & 6 \end{bmatrix}$;(3)$9x^2-24xy+16y^2$.

习题 8-5(B)

1. $\begin{bmatrix} -2 & -4 & 16 \\ 6 & 2 & 6 \end{bmatrix}$. **2.** $\begin{bmatrix} -3 & 0 & 0 \\ 0 & -12 & 0 \\ 0 & 0 & 0 \end{bmatrix}$. **3.** $a=1,b=6,c=0,d=-2$.

4. $x=0,y=-4,z=-8$. **5.** $\begin{bmatrix} 1 & -5 \\ 0 & -3 \\ 0 & -11 \end{bmatrix}$. **6.** 略.

习题 8-6(A)

1. (1)否;(2)否. **2.** (1)不可逆;(2)可逆,$\begin{bmatrix} -11 & 7 \\ 8 & -5 \end{bmatrix}$;(3)可逆,$\begin{bmatrix} -11 & 2 & 2 \\ -4 & 0 & 1 \\ 6 & -1 & -1 \end{bmatrix}$.

习题 8-6(B)

1. (1)$\begin{bmatrix} \frac{1}{3} & \frac{1}{3} & \frac{1}{3} \\ \frac{1}{3} & \frac{5}{6} & -\frac{1}{6} \\ \frac{1}{3} & -\frac{1}{6} & -\frac{1}{6} \end{bmatrix}$;(2)$\begin{bmatrix} 1 & -4 & -3 \\ 1 & 5 & -3 \\ -1 & 6 & 4 \end{bmatrix}$;(3)$\begin{bmatrix} 8 & -4 & 2 & 1 \\ 0 & 8 & -4 & 2 \\ 0 & 0 & 8 & -4 \\ 0 & 0 & 0 & 8 \end{bmatrix}$. **2.** $\begin{bmatrix} 3 & -2 \\ 2 & -1 \end{bmatrix}$.

习题 8-7(A)

1. (1)不成立;(2)成立;(3)不成立;(4)成立. **2.** $\begin{bmatrix} 0 & 1 & 0 \\ 1 & 0 & 0 \\ 0 & 0 & 1 \end{bmatrix}$;$\begin{bmatrix} 1 & 0 & 0 \\ 0 & 1 & 0 \\ 0 & 0 & 5 \end{bmatrix}$;$\begin{bmatrix} 1 & 0 & 0 \\ -1 & 1 & 0 \\ 0 & 0 & 1 \end{bmatrix}$.

3. (1)2;(2)3. **4.** $\lambda=\frac{9}{4}$,秩为 2.

习题 8-7(B)

1. (1)5;(2)3. **2.** $a=2$. **3.** $k=3$.

习题 8-8(A)

1. $\begin{cases}x_1=\frac{1}{3},\\x_2=-1,\\x_3=\frac{1}{2},\\x_4=1.\end{cases}$ 2. (1)$\frac{1}{9}\begin{bmatrix}1&2&2\\2&1&-2\\2&-2&1\end{bmatrix}$;(2)$\begin{bmatrix}22&-6&-26&17\\-17&5&20&-13\\4&-1&-5&3\end{bmatrix}$.

3. (1)$\boldsymbol{X}=-\frac{1}{5}\begin{bmatrix}13&2\\4&11\\15&5\end{bmatrix}$;(2)$\boldsymbol{X}=\frac{1}{7}\begin{bmatrix}6&-29\\2&9\end{bmatrix}$.

习题 8-8(B)

1. $\begin{cases}x_1=-26\\x_2=-22.\\x_3=-18\end{cases}$ 2. (1)$\begin{bmatrix}0&2&-1\\1&1&-1\\-2&-5&4\end{bmatrix}$;(2)$\begin{bmatrix}2&0&0&-1\\-1&1&0&0\\0&-1&1&0\\0&0&-1&1\end{bmatrix}$.

3. (1)$\boldsymbol{X}=\begin{bmatrix}-1&-13\\-1&8\\2&1\end{bmatrix}$;(2)$\boldsymbol{X}=\frac{1}{14}\begin{bmatrix}-11&-1&-9\\-9&3&-1\\14&-14&0\end{bmatrix}$.

自测题八

1. (1) C; (2) B; (3) D; (4) D; (5) A; (6) B.

2. (1) 24. (2) B,A; (3) +; (4) -5; (5) 0; (6) $(-1)^{n-1}c$; (7) $(-1)^n c$. (8) 0.

3. (1)-4;(2)$(a+b+c)(ac+bc+ab-a^2-b^2-c^2)$;(3)$(b-a)(c-a)(c-b)$;(4)2.

4. (1)-32;(2)40;(3)189;(4)-215;(5)$(a-b)^3$;(6)720.

5. $\begin{bmatrix}-5&4\\-2&5\\5&-3\\-9&0\end{bmatrix}$. 6. (1)$\frac{1}{10}\begin{bmatrix}-25&10&-5\\15&-4&3\\-5&2&1\end{bmatrix}$;(2)$\begin{bmatrix}1&0&0&0\\0&2&-1&0\\0&-3&2&0\\0&0&0&-\frac{1}{4}\end{bmatrix}$.

第9章 概率与数理统计初步

习题 9-1(A)

1. 略. 2. (1)D 必然事件,B 不可能事件;(2)B 必然事件,A 不可能事件.

3. (1)$A\subset B$;(2)$D\subset C$;(3)$E\subset F$.

4. (1)$\overline{A}$={抽到的3件产品至少有一件次品};(2)$\overline{B}$={甲、乙两人下象棋,乙胜或甲、乙和棋};(3)$\overline{C}$={抛掷一颗骰子,出现奇数点}.

5. (1)$A\overline{B}$;(2)$\overline{A}\cup\overline{B}=\overline{AB}$;(3)$\overline{A}\cap\overline{B}$;(4)$A=B$.

习题 9-1(B)

1. (1)$\Omega=\{3,4,5,6,7,8,9,10\}$;(2)$\Omega=\{10,11,12,13,\cdots\}$;(3)$\Omega=\{t\mid 0<t\leqslant 5\}$;
(4)①Ω={(红,红),(红,白),(白,白)};②$\Omega=\{(1,2),(1,3)(1,4),(2,3),(2,4),(3,4)\}$.

2. Ω={(红,红),(红,黄),(红,蓝),(黄,黄),(黄,红),(黄,蓝)(蓝,蓝),(蓝,红),(蓝,黄)},A={(红,红),(红,黄),(红,蓝)},B={(红,黄),(红,蓝),(黄,红),(黄,蓝),(蓝,红),(蓝,黄)}.

3. (1)$A\cup B=\{x\mid 0\leqslant x\leqslant 10\}$;(2)$\overline{A}=\{x\mid 5<x\leqslant 20\}$;(3)$A\overline{B}=\{x\mid 0\leqslant x<3\}$;
(4)$A\cup(BC)=\{x\mid 0\leqslant x\leqslant 5,7\leqslant x\leqslant 10\}$;(5)$A\cup(B\overline{C})=\{x\mid 0\leqslant x<7\}$.

4. (1)$A_1A_2A_3A_4$;(2)$\overline{A_1A_2A_3A_4}$;(3)$\overline{A_1}A_2A_3A_4\cup A_1\overline{A_2}A_3A_4\cup A_1A_2\overline{A_3}A_4\cup A_1A_2A_3\overline{A_4}$.

5. (1)$A\overline{BC}$;(2)$A\cup B$;(3)$\overline{A}\cup\overline{B}\cup\overline{C}$;(4)$(\overline{AB})\cup(\overline{AC})\cup(\overline{BC})$.

6. $A=A_1A_2A_3$，$B=(A_1A_2A_3)\cup(\overline{A_1}A_2A_3)\cup(A_1\overline{A_2}A_3)\cup(A_1A_2\overline{A_3})$，
$C=(\overline{A_1A_2}A_3)\cup(\overline{A_1}A_2\overline{A_3})\cup(A_1\overline{A_2A_3})$，$D=\overline{A_1A_2A_3}=\overline{A_2}\cup\overline{A_2}\cup\overline{A_3}$.
其中 $A\subset B$，$C\subset D$；A 与 C，A 与 D，B 与 C 分别互不相容；A 与 D 相互独立.

习题 9-2(A)

1. (1)0.076，0.092，0.14，0.188，0.18，0.144，0.104，0.076；(2)0.652；(3)略.

2. 正数$\frac{4}{9}$，负数$\frac{5}{9}$.　3. (1)$\frac{1}{120}$；(2)$\frac{1}{5}$；(3)$\frac{1}{60}$.　4. $\frac{99}{392}$.　5. 0.99，0.01.

6. $P(B)=0.3$，$P(A\mid B)=0.63$，$P(AB)=0.189$.　7. (1)0.973；(2)0.25.

习题 9-2(B)

1. (1)$a+b$；(2)0；(3)$1-b$；(4)a；(5)$1-a-b$.　2. 0.06.

3. 0.37.　4. 0.18.　5. 0.75，0.25.　6. 0.0083.

7. $P(A\cup B)=\frac{19}{30}$；$P(A|B)=\frac{3}{14}$；$P(B|A)=\frac{3}{8}$.

8. (1)0.032；(2)0.5625，0.28125，0.15625.　9. 0.458.

习题 9-3(A)

1. (1)$M=\{0,1,2\}$，

η	0	1	2
p_k	$\frac{1}{10}$	$\frac{3}{5}$	$\frac{3}{10}$

；(2)$\frac{7}{10}$.

2. (1)$\frac{19}{30}$；(2)$\frac{3}{10}$.　3. (1)$P(\xi=k)=C_{25}^{k}0.2^{k}0.8^{25-k}$；(2)4 或 5.

4. 0.3940，0.0137.　5. (1)0.1587；(2)0.84；(3)0.0013；(4)0.9574.　6. 0.1192.

习题 9-3(B)

1. (1)$\frac{2}{3}$；(2)$\frac{1}{2}$.　2.

ξ	2	3
p_k	$\frac{1}{3}$	$\frac{2}{3}$

η	3	4	5
p_k	$\frac{1}{3}$	$\frac{1}{3}$	$\frac{1}{3}$

3. $P(\xi=k)=p(1-p)^{k-1}(k=1,2,\cdots)$.

4. (1)0.0014；(2)

ξ	0	80	100
p_k	0.0014	0.1898	0.8088

5. 8.　6. (1)0.3012；(2)0.0273.

7. 0，0.0918.　8. (1)303；(2)606.　9. (1)1.645；(2)1.8331；(3)3.325，16.919；(4)2.98，0.336.

习题 9-4(A)

1. $\frac{n=1}{2}$，$\frac{n^2-1}{12}$.　2. $\frac{b+a}{2}$，$\frac{(b-a)^2}{12}$.　3. 0，$\frac{1}{6}$.　4. 0.6，0.43.　5. 略.　6. 略.

习题 9-4(B)

1. (1)$\frac{1}{3}$；(2)$\frac{1}{3}$；(3)$\frac{35}{24}$；(4)$\frac{97}{72}$；(5)$\frac{97}{18}$.　2. 机床 A.　3. 4.5，0.45.

4. $\frac{3}{10}$，0.3191.　5. 0.9，0.61.　6. 2，12.　7. 3，2.　8. (1)1；(2)$\frac{1}{3}$.

习题 9-5(A)

1. (1)，(2)，(5).　2. 略.　3. (1)$N\left(\mu,\frac{\sigma^2}{8}\right)$；(2)$\chi^2(8-1)$；(3)$t(8-1)$；(4) $N(0,1)$；(5)$\chi^2(8)$.

4. 50，0.042，49.99，0.1，0.00084.　5. 0.7262.　6. 比较标准差系数，后者稳定性较好.

习题 9-5(B)

1. 0.00392.　2. 0.01.　3. 86.

习题 9-6(A)

1. 0.51，2.088.　2. (14.87，15.03)，(14.74，15.06).　3. (2).　4. (0.953，0.987).

习题 9-6(B)

1. (1)(5002.398,7287.6);(2)(816286.747,7734437.87). **2.** (−5.76,0.56). **3.** (65.4,134.6).

4. (0.454,0.915). **5.** (1) (1200±46.79);(2) (0.566,0.710).

习题 9-7(A)

1. 正常. **2.** 合格. **3.** 符合标准. **4.** 有显著性差异. **5.** 能出厂.

习题 9-7(B)

1. 无显著差异. **2.** 方差无显著差异,期望有显著差异.

3. (1)强力有显著差异;(2)方差无显著差异.

习题 9-8(A)

1. (1) 散点图略;(2) $\hat{y}=6.456-3.5175x$;(3) $\hat{\sigma}^2=1.5643$.

2. (1)$\hat{y}=-30.219x+642.920$;(2)两信度下,线性相关性均显著.

习题 9-8(B)

1. (1)可以;(2)$\hat{y}=6.28+0.18x$;(3)(9.04,9.38). **2.** $\hat{\beta}_0=-11.3$,$\hat{\beta}_1=36.95$,不为零.

自测题九

1. (1) ①$B\overline{A}$;②$A\cup B\cup C$;③$\overline{ABC}\cup\overline{AB}C\cup\overline{A}B\,\overline{C}\cup A\,\overline{BC}$.

(2) 至少有一次击中,没有一次击中,击中次数小于等于 2; (3) ≤,≤,≤;

(4) 87%,91.95%,78.16%,15%,80%; (5) 5; (6) $\frac{1}{6}$,36.

(7) $E(\hat{\theta})=\theta$; (8) $\left(\bar{\xi}\pm u_{1-\frac{\alpha}{2}}\frac{\sigma}{\sqrt{n}}\right),\left(\bar{\xi}\pm t_{\frac{\alpha}{2}}(n-1)\frac{S^*}{\sqrt{n}}\right)$;

(9) $\left(\bar{\xi}-\bar{\eta}\pm u_{1-\frac{\alpha}{2}}\sqrt{\frac{\sigma_1^2}{n_1}+\frac{\sigma_2^2}{n_2}}\right),\left((\bar{\xi}-\bar{\eta})\pm t_{\frac{\alpha}{2}}(n_1+n_2-2)\sqrt{(n_1-1)S_1^{*2}+(n_2-1)S_2^{*2}}\cdot\sqrt{\frac{n_1+n_2}{n_1n_2(n_1+n_2-2)}}\right)$;

(10) 小概率,样本; (11) $U=\frac{\bar{\xi}-\mu_0}{\sigma/\sqrt{n}},T=\frac{\bar{\xi}-\mu_0}{S^*/\sqrt{n}},\chi^2=\frac{(n-1)S^{*2}}{\sigma_0^2}$; (12) 函数关系和相关关系;

(13) $y=a+bx+\varepsilon,\varepsilon\sim N(0,\sigma^2)$;$N(0,\sigma^2)$;随机误差;回归系数;可控;$\hat{y}=\hat{a}+\hat{b}x$; (14) $\frac{L_{xy}}{L_{xx}},\bar{y}-\hat{b}\bar{x}$.

2. (1) D; (2) D; (3) C; (4) D; (5) A; (6) BC; (7) A; (8) BD; (9) D; (10) A.

3. (1)$1-z,y-z,1-x+z,1-x-y+z,\frac{z}{y}$;(2)$1-xy,(1-x)y,1-x+xy,(1-x)(1-y)x$;

(3)$1,y,1-x,1-x-y,0$.

4. (1)0.496;(2)0.504. **5.** (1)$\frac{1}{2}$;(2)$\frac{3}{4}$. **6.** (4.69,6.47),(0.18,4.32).

7. (3.18,36.82). **8.** (0.411,3.722). **9.** (71.91%,78.89%).

10. 可以认为零件的平均长度为 37 cm.

11. 可以认为该村水稻亩产量的标准差不超过 75 kg.

12. 不能认为两厂灯泡平均寿命相同. **13.** 可以认为这天生产是正常的.